Network Security Technology

网络安全技术

微课视频版

王 群 李馥娟◎编著

Wang Qun Li Fujuan

清華大学出版社

北京

内 容 简 介

本书共分10章，主要内容包括计算机网络安全概述、网络安全密码学基础、PKI/PMI技术及应用、身份认证技术、TCP/IP体系的协议安全、恶意代码与防范、网络攻击与防范、防火墙技术及应用、VPN技术及应用和网络安全前沿技术等。其中，带“*”的章节内容可根据教学要求和时间安排选学。

本书适合作为高等学校网络安全相关课程的教材，也可作为计算机、通信和电子工程等领域的科技人员掌握网络安全基本原理和网络安全管理的参考用书。

图书在版编目(CIP)数据

网络安全技术：微课视频版/王群，李馥娟编著.—北京：清华大学出版社，2020.11(2021.2重印)
(清华科技大讲堂丛书)
ISBN 978-7-302-56347-1

Ⅰ.①网… Ⅱ.①王… ②李… Ⅲ.①计算机网络—网络安全 Ⅳ.①TP393.08

中国版本图书馆CIP数据核字(2020)第167332号

策划编辑：魏江江
责任编辑：王冰飞　吴彤云
封面设计：刘　键
责任校对：李建庄
责任印制：沈　露

出版发行：清华大学出版社
网　　址：http://www.tup.com.cn，http://www.wqbook.com
地　　址：北京清华大学学研大厦A座　　**邮　　编**：100084
社 总 机：010-62770175　　**邮　　购**：010-83470235
投稿与读者服务：010-62776969，c-service@tup.tsinghua.edu.cn
质量反馈：010-62772015，zhiliang@tup.tsinghua.edu.cn
课件下载：http://www.tup.com.cn，010-83470236
印 装 者：三河市铭诚印务有限公司
经　　销：全国新华书店
开　　本：185mm×260mm　　**印　　张**：25.25　　**字　　数**：614千字
版　　次：2020年11月第1版　　**印　　次**：2021年2月第2次印刷
印　　数：1501～3000
定　　价：59.80元

产品编号：088282-01

前言

本书在知识体系的构建和内容选择上进行了科学安排，在信息呈现方式上花费了大量时间和精力，力求能够体现以下特色。

一是实。作为一本适用于本科生和研究生教学需要的专业教材，在内容组织上必须全面系统，尤其是基础知识要成体系，不能存在知识点上的盲区。同时，在内容的表述上要准确，要言简意赅，词要达意，而且全书应保持语言风格上的一致性，尽量不让读者在语言理解上花费时间。还有，要善于凝练和总结，计算机网络安全内容涉及许多标准和规范，但在教材中不能简单地将其罗列，而需要在吃透内容的同时，再用易于被读者接受的叙述语言和图表方式表述出来。

二是新。在专业知识的学习上，不能一味地追求实用主义，而必须强调专业的基础理论，以培养专业知识扎实、有专业后劲的专门人才。但是，对于计算机网络安全来说，作为一门非常“接地气”的课程，在内容的选择上必须体现“新”字，即教材内容要能够充分反映网络安全现状，对于常见网络安全问题的解决，要能够在教材中找到具体的方法或给予必要的指导。同时，在学习了本课程后，能够形成针对网络空间的整体安全观，掌握系统解决各类网络安全问题的方法或思路。

三是全。这里所讲的全是指内容的完整性。其实，在网络安全事件频发、安全风险不断增加的今天，要将计算机网络安全涉及的内容放在一本书中讲解几乎是不现实的。为了使本书内容尽可能全面地涵盖计算机网络安全知识，在章节安排及每章内容选择上都进行了充分考虑和周密安排，尽可能使计算机网络安全中所涉及的主要内容和关键技术（尤其是一些新技术）都能够在教材中得以体现。

本书主要内容包括计算机网络安全概述、网络安全密码学基础、PKI/PMI技术及应用、身份认证技术、TCP/IP体系的协议安全、恶意代码与防范、网络攻击与防范、防火墙技术及应用、VPN技术及应用和网络安全前沿技术等。其中，书中带“*”的章节是目前计算机网络安全中较新的内容，在具体教学过程中可根据教学目标、课程设置、课时安排等教学计划来选用。

考虑到教学需要，也为了能够充分体现每章内容在结构上的连续性，本书内容不再涉及具体的实验和操作指导，而单独编写了另一本实验指导书——《计算机网络安全实验实训》，书中有针对性地设计了大量的实验和实训内容，用以指导实验课程和实训项目的进行。

本书提供教学大纲、教学课件、电子教案、教学进度表等配套资源；本书还提供220分钟的微课视频。

资源下载提示

课件等资源：扫描封底的“课件下载”二维码，在公众号“书圈”下载。

素材(源码)等资源：扫描目录上方的二维码下载。

视频等资源：扫描封底刮刮卡中的二维码，再扫描书中相应章节中的二维码，可以在线学习。

本书由王群、李馥娟编著，夏玲玲老师负责第1章和第10章的编写工作，李馥娟、夏玲玲、周倩、纪佩宇、滕丽萍、聂明辉等老师负责全书视频的录制工作。本书在编写过程中得到了清华大学出版社魏江江分社长的大力支持，也得到了作者家人及同事们的帮助，尤其是诸葛程晨博士、徐杰博士、刘家银博士对书中文字内容进行了校对，并细心制作了教学课件。在此对他们一并表示感谢！

由于作者水平有限，书中难免存在疏漏之处，希望广大师生和读者批评指正。

作者

2020年8月

目录

素材下载

第1章

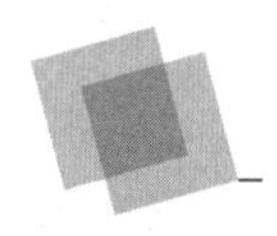

计算机网络安全概述

近年来，随着互联网技术的发展，其应用快速向各个领域渗透并不断取代原有的实现方式，IP网络已经成为事实上的计算机网络的代名词。然而，传输控制协议/网际协议(Transmission Control Protocol/Internet Protocol，TCP/IP)体系结构及主要协议在设计之初就存在大量缺陷，许多安全问题在应用中逐渐暴露了出来，而且随着应用的不断深入，潜在的安全风险也越来越大。本章将从网络安全概念、安全现状、安全策略、安全管理和主流技术等方面，对计算机网络的安全进行综述性介绍。

1.1 计算机网络安全研究的动因

视频讲解

现在广泛使用的基于IPv4通信协议的网络，在设计之初就存在着大量缺陷和安全隐患。虽然下一个版本IPv6在一定程度上解决了IPv4中存在的安全问题，但是IPv6走向全面应用还需要一定时间。同时，从IPv4网络的应用历史来看，许多安全问题也是随着应用的出现而暴露出来的，所以不能肯定地讲IPv6网络的应用就一定能够解决IPv4中存在的所有安全问题。

1.1.1 网络自身的设计缺陷

如果对比分析公共交换电话网络(Public Switched Telephone Network，PSTN)、异步传输模式(Asynchronous Transfer Mode，ATM)、帧中继网络(Frame Relay，FR)等网络技术，就会发现TCP/IP体系结构和主要协议在设计上存在着缺陷，尤其没有充分考虑安全防御功能。

1. 协议本身的不安全性

1973年，罗伯特·卡恩(Robert Elliot Kahn)与温顿·瑟夫(Vinton G. Cerf)开发出了

TCP/IP 协议中最核心的两个协议：TCP 协议和 IP 协议。1974 年 12 月，卡恩与瑟夫正式发表了 TCP/IP 协议并对其进行了详细的说明。自 1983 年 1 月 1 日起，TCP/IP 成为人类共同遵循的互联网传输控制协议。

从体系结构来看，受当时开发环境和设计要求的限制，TCP/IP 协议存在严重的安全隐患。从协议实现来看，TCP/IP 协议强调了功能的实现，而忽视了安全的防护。网络体系结构缺少攻防功能，主要网络通信协议缺乏主动防御功能。

例如，在 TCP/IP 体系结构的传输层提供了传输控制协议(Transmission Control Protocol，TCP)和用户数据报协议(User Datagram Protocol，UDP)(2000 年提出的传输层的另一个协议——流控制传输协议(Stream Control Transmission Protocol，STCP)，到目前尚未得到普遍使用)，其中 UDP 本身就是一种不可靠、不安全的协议，而 TCP 当初力求通过三次握手机制保障数据传输的可靠性和安全性，但近年来利用 TCP 三次握手协议的网络攻击事件频繁发生。再如，曾经在局域网中泛滥的地址解析协议(Address Resolution Protocol，ARP)欺骗和动态主机配置协议(Dynamic Host Configuration Protocol，DHCP)欺骗攻击，其根源是这些协议在当初设计时只考虑应用功能的实现，而没有或很少考虑安全防范功能。像 DNS、POP3、SMTP、SNMP 等应用层的协议几乎都存在安全隐患。

2. 应用中出现的不安全因素

因特网(Internet)起源于 20 世纪 50 年代末，其前身是美国国防高级研究计划局(Defense Advance Research Projects Agency，DARPA)主持研制的 ARPAnet(阿帕网)。当时美国军方希望自己的计算机网络在受到袭击或自然界不可抗拒的因素导致部分网络被摧毁时，其余部分仍能保持通信联系。这一设计要求强调了网络的自我修复能力，即当某条或某部分链路出现故障时，网络能够快速建立或启用另一条通信线路，确保主要计算机节点之间的网络连接不会中断。但整个实现过程缺少针对具体协议的安全性设计和抗网络攻击功能。

ARPAnet 于 1969 年正式启用，当时仅连接了 4 台计算机，供科学家们进行计算机联网实验。这时，在阿帕网上传输的主要是一些以纯代码为主的文本信息，主要应用于电子邮件的收发。随着社会、科技、文化和经济的发展，特别是计算机网络技术和通信技术的快速发展，人类社会已从工业社会过渡到信息社会，人们对信息的意识，对开发和使用信息资源越来越重视，这些都强烈刺激了互联网的发展。今天的 Internet 已不再是计算机研究人员和军事部门进行科研的领域，而成为一个开发和使用信息资源的覆盖全球的信息海洋，大量传统的社会组织行为开始向 Internet 转移，如广告公司、航空公司、书店、通信业务、娱乐产业、经贸、旅馆等，覆盖了社会生活的方方面面，在 Internet 上构成了一个信息社会的缩影。

回顾计算机网络应用的发展历程，一方面是各种新的应用技术层出不穷；另一方面是 TCP/IP 体系结构没有发生变化，但是要求越来越高的应用需要争抢有限的网络资源，因此需要更多网络资源的支撑。这时，研究者和用户开始发现在解决了应用功能的同时，安全问题随之而来。在这种情况下，像虚拟专用网络(Virtual Private Network，VPN)、互联网安全协议(Internet Protocol Security，IPSec)等安全协议开始出现，力求解决网络应用中存在的安全问题。但现实情况是，随着时间的推移和应用需求的不断发展，新的安全问题又会出现。针对这种现象，究其根源还是 TCP/IP 体系结构和主要协议自身的缺陷，因为 TCP/IP 体系中的许多协议(如应用层的 DNS、传输层的 UDP、网络层的 IP 等)本身就缺乏必要的安全防御功能，TCP/IP 网络本身就是一个“尽力而为”的不可靠的网络。

ARPAnet 最早使用的是网络控制协议(Network Control Protocol,NCP),但 NCP 仅能工作在所有计算机都运行相同操作系统的“同构”网络环境中,这一缺点限制了 ARPAnet 的发展。所以,自 1983 年 1 月 1 日起,TCP/IP 完全取代了 NCP,ARPAnet 开始向“异构”的分布式环境发展。1983 年,ARPAnet 首次启用 DNS。然而,即使是在 TCP/IP 取代了 NCP 后,也主要是解决从“同构”向“异构”转变,而没有考虑到随着分布式应用的发展,可能出现的安全问题。设计者在设计 TCP/IP 之初根本没有想到网络会成为今天这种状态,或者说 IP 网络本身就不适合今天的许多网络应用。另外,DNS 存在的设计缺陷使大量针对域名解析服务器的拒绝服务/分布式拒绝服务攻击频繁发生,而且愈演愈烈。实践证明,当大量的应用强加到网络中的时候,带来的最大问题就是安全。

以 IPv4 为代表的 IP 网络目前遇到的困境与今天的道路交通非常相似。目前,一些城市的道路还是几年前甚至是几十年前根据当时的交通需求而建设的,但是近几年来交通工具的快速发展导致交通堵塞和交通事故频繁发生。现代社会生活又离不开这些交通工具,所以只能在忍受交通堵塞带来的烦恼的同时,解决不断出现和可能遇到的安全问题。

3. 网络基础设施的发展带来的不安全因素

从应用角度来看,早期的计算机网络多为有线网络。随后,在铜缆、光纤等有线网络得到大量应用的同时,基于微波、无线电、红外线等无线介质的无线通信方式得到了快速发展,并逐步实现了与有线网络的融合。从用户角度来看,早期用户端多使用有线方式进行连接,随着 IEEE 802.11 无线局域网技术的发展,大量用户终端尤其是移动终端开始通过 WiFi 方式接入 Internet。就通信实现和管理方式而言,基于局域网、以太网上的点对点协议(Point-to-Point Protocol Over Ethernet,PPPoE)、x 数字用户线路(x Digital Subscriber Line,xDSL)、光纤同轴电缆混合网(Hybrid Fiber Coax,HFC)等有线接入的安全性要明显优于基于 WiFi 的接入方式。

从另外一个角度来看,早期计算机网络的应用有其局限性,主要供单位内部近距离低速通信。后来,计算机网络的应用逐渐延伸到整个通信领域,通信方式从模拟到数字的转换已成为现实,而且通信速率不断提升。今天,无论是计算机网络还是电信网络,无论是固定通信还是移动通信,已基本实现了全网数字化,并在此基础上将提供稳定可靠的高速接入服务作为新的衡量标准。例如,与原有的 4G 网络相比,目前正在推广的 5G 网络的最大特点是其通信速率、稳定性和调频传输技术。同样,在用户享受高质量的网络接入服务的同时,新的安全问题也随之出现。就以 5G 网络为例,它与 4G 网络一样仍然存在虚拟网络固有的脆弱性,容易被攻击。另外,在强调 5G 网络带来的高速接入的同时,还应考虑现有设备的性能是否满足要求,现有对终端的管理机制是否适应新的应用环境。还有,5G 网络对设备安全性以及信息安全性有着更高的要求和标准,在今后的具体应用中必然会面临新的安全考验。

在计算机网络技术的发展过程中,虽然针对有线网络的窃听和物理接入等不安全因素一直存在,但与今天无线通信中存在和将要面对的安全问题相比,有线通信中存在的安全问题相对要少一些。然而,有线与无线的融合已成为不争的事实,所以随着网络基础设施的不断发展,出现更多的安全问题也是一个不争的事实。

1.1.2 Internet应用的快速发展带来的安全问题

1983年，在ARPAnet向TCP/IP的转换全部结束的同时，美国国防部国防通信局将ARPAnet分解为两部分：一部分供民用，名称仍为ARPAnet；另一部分供军方的非机密通信使用，称为MILnet。随着TCP/IP协议的标准化，ARPAnet的规模不断扩大，不仅美国国内有很多网络与ARPAnet连接，许多国家也通过远程通信线路将本地的计算机与网络接入ARPAnet，即成为今天Internet的雏形。

Internet出现后，使用者主要是一些高校和科研院所的学者，Internet主要用于科学研究和学术领域。但到了20世纪90年代初，Internet的商业应用快速发展，各公司逐渐意识到Internet在产品推销、信息传播及商品交易等方面的价值。Internet的商业应用，致使用户数量不断增加，应用不断扩展，新技术不断出现，Internet的规模不断扩大，使Internet几乎深入到社会生活的每一个角落。在这种情况下，由于Internet本身存在的缺陷以及Internet商业化带来的各种利益驱动，Internet上各种攻击和窃取商业信息的现象频繁发生，网络安全问题日益明显。因此，可以将网络安全的动因主要归纳为以下3个方面。

(1) 技术缺陷。该缺陷是TCP/IP体系结构和主要协议与生俱来的，而且在今天的IPv4网络中更加明显。

(2) 经济利益所驱。由于Internet的商业化及其经济效益不断显现，攻击者开始利用Internet窃取个人或企业的信息，并从中非法获得经济利益，这成为目前Internet和Intranet(使用TCP/IP的单位或行业内部网络)上的最大安全风险。例如，2017年5月12日起在全球范围内爆发的基于Windows网络共享协议进行攻击和传播的蠕虫恶意代码“永恒之蓝”(WannaCry)，便是不法分子通过改造之前泄露的美国国家安全局(National Security Agency，NSA)黑客武器库中攻击程序发起的网络攻击事件，5个小时内，包括英国、俄罗斯、整个欧洲以及中国在内的多个高校校内网、大型企业内网和政府机构专网被攻击，被勒索支付高额赎金才能解密恢复文件，对重要数据造成严重损失。

(3) 利用Internet炫耀个人才能。有些病毒、木马或攻击软件的开发者，并不是为了进行破坏或取得经济利益，而是为了显示自己的计算机专业水平。例如，“硬盘终结者”病毒在发作时将弹出一个信息分析窗口，它的作者以此来炫耀自己的技术，并希望业内的病毒作者能与其合作。

1.2 信息安全、网络安全、网络空间安全

信息安全、网络安全、网络空间安全是近年来国内外非传统安全领域出现频率较高的词汇，开始广泛出现在各国的安全战略和政策文件、相应的国家管理机构名称、新闻媒体、学术理论研究的名词术语以及各类相关活动用语中。为了便于对本书内容的学习，以及为读者课外学习提供较为清晰的逻辑界线，下面对这些概念进行必要的说明。

1.2.1 信息安全

人们今天所说的信息和信息安全是狭义的信息和信息安全，其中，信息特指存在和流动于信息载体(如磁盘、光盘、网络、数字终端、服务器等)上的信息，信息安全也特指存在和流

动于信息载体上的信息不受威胁和侵害。

1. 信息安全的内涵与外延

20 世纪 50 年代，科技文献中开始出现“信息安全”用词，至 20 世纪 90 年代，“信息安全”一词陆续出现在各国和地区的政策文献中，相关的学术研究文献也逐步增多。国际信息系统安全认证组织（International Information Systems Security Consortium）将信息安全划分为十大领域，包括物理安全、商务连续和灾害重建计划、安全结构和模式、应用和系统开发、通信和网络安全、访问控制领域、密码学领域、安全管理实践、操作安全、法律侦察和道德规划。可见，“信息安全”概念涉及的范围很广，在各类物理安全的基础上，包括了“通信和网络安全”的要素。

进入 21 世纪后，“信息安全”成为各国安全领域聚焦的重点，既有理论的研究，也有国家及商业机密和个人隐私保护的探讨；既有国家战略的策划，也有信息安全内容的管理；既有信息安全技术标准的制定，也有国际行为准则的起草。信息安全已成为全球总体安全和综合安全最重要的非传统安全领域之一。

在当前环境下，可以将信息安全理解为保障国家、机构、个人的信息空间、信息载体和信息资源不受来自内外各种形式的危险、威胁、侵害和误导。信息安全作为一个大的概念，也引申出一系列相关的概念，如信息主权、信息疆域、信息战等。

1）信息主权

信息主权是指一个国家对本国的信息传播系统和传播数据内容进行自主管理的权利，是信息时代国家主权的重要组成部分。

2）信息疆域

信息疆域是指与国家安全有关的信息空间及物理载体。在世界上，一些信息强国利用技术、语言、文化以及经济等方面的优势，控制、限制乃至压制他国信息内容的多样性、信息传播的自主性及信息管理的安全性。

3）信息战

信息战是为夺取和保持信息主权而进行的斗争，也指战争中敌对双方为争取信息的获取权、控制权和使用权，通过利用、破坏敌方和保护己方的信息系统而展开的一系列作战活动。

2. 信息安全的目标与安全需求

从技术层面讲，信息安全的目标是信息系统的硬件、软件及其系统中的数据受到保护，不会因偶然的或恶意的原因而遭到破坏、更改和泄露，系统连接可靠、正常地运行，使信息服务不中断。所有的信息安全技术都是为了达到一定的安全目标，其核心包括 CIA（Confidentiality，Integrity，Availability），即保密性、完整性和可用性。三者之间的关系如图 1-1 所示。在此基础上，根据信息安全的发展需要，又提出了可追溯性（Accountability）和可审查性（Assurance），与 CIA 一起共同形成了信息安全的五大要素。

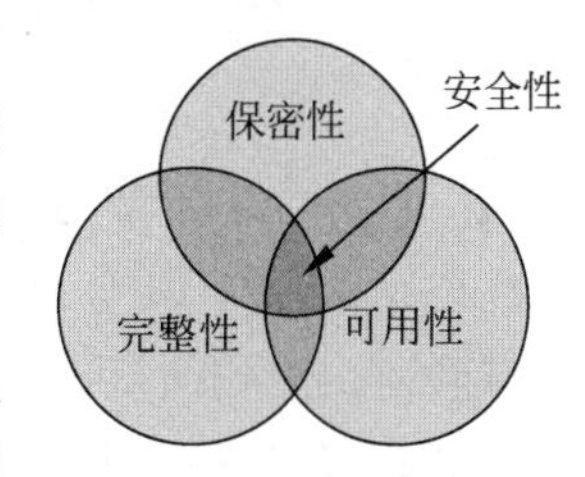

图 1-1　信息安全的 CIA 模型

（1）保密性又称为机密性，确保信息不暴露给未经授权的人或应用进程。保密性可使机密信息不被窃听，或窃听者不能了解信息的真实含义。

(2) 完整性保护信息和信息处理方法的准确性、原始性,只有得到允许的人或应用进程才能修改数据,并且能够判别出数据是否已被更改(主要指信息在生成、传输、储存和使用过程中没有被篡改和丢失)。完整性包括数据完整性和系统完整性。数据完整性指数据没有被非授权操作,非授权操作可能发生在数据存储、处理和传输过程中。系统完整性表示系统没有被非授权访问。

(3) 可用性指只有得到授权的用户在需要时才可以访问数据,即使在网络被攻击时也不能阻碍授权用户对网络的使用。系统可用性保证系统能够正常工作,合法用户对信息和资源的使用不会被不合理地拒绝。可用性是对信息资源服务功能和性能可靠性的度量,是对信息系统总体可靠性的要求。

(4) 可追溯性又称为可控性,是指能够对授权范围内的信息流向和行为方式进行控制。可追溯性的需求是确保实体的行动可被跟踪,常常是一个组织策略要求,直接支持不可否认、故障隔离、入侵检测、事后恢复、事后取证和诉讼等要求。

(5) 可审查性指当网络出现安全问题时,能够提供调查的依据和手段。可审查性是安全措施信任的基础,是指系统具有足够的能力保护无意的错误以及能够抵抗故意的攻击渗透。没有可审查性需求,其他的安全要求将不能满足。

信息安全的五大要素之间是相互关联和相互依存的,它们之间的相互关系如图 1-2 所示。可以看出,保密性依赖于完整性,如果系统没有完整性,保密性就会失去意义。同样,完整性依赖于保密性,如果不能保证保密性,完整性也将不能成立。可用性和可追溯性都由保密性和完整性支持。保密性、完整性、可用性和可追溯性都依赖于可审查性。

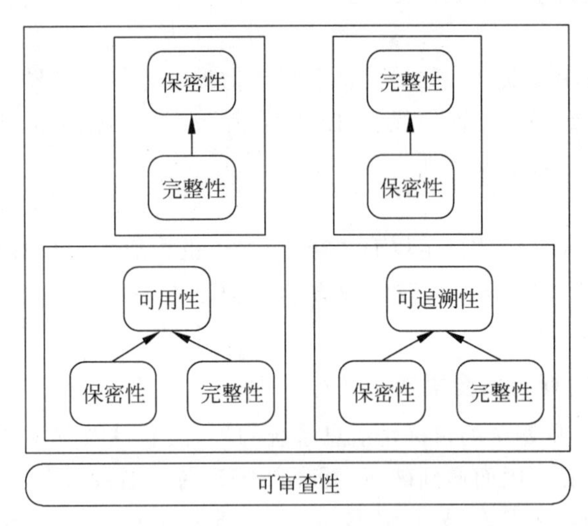

图 1-2 信息安全的五大要素之间的关系

1.2.2 网络安全

随着以数字化、网络化、智能化、互联化、泛在化为特征的信息社会的到来,信息安全的内涵也随着新技术、新环境和新形态的出现发生着变化,信息安全开始更多地体现在网络安全领域,反映在跨越时空的网络系统和网络空间之中,以及全球化的互联互通之中。

1. 网络安全的概念

随着计算机技术的飞速发展,以信息共享为主要目的的计算机网络已经成为社会发展的重要保证。但是,网络中存在很多敏感信息,难免会引起攻击行为的发生,如窃取信息、篡改数据、散播计算机病毒等。同时,网络实体还要经受诸如水灾、火灾、地震、电磁辐射等可能发生的外部因素的考验。

今天人们常说的“网络”和“网络安全”,是指当代信息技术和信息安全相关的网络及网络安全,具体指由计算机、服务器、线路和其他信息设备组成的通信网络,以及它们的安全问题。为此,可以将计算机网络定义为以共享资源为目的,利用通信手段把地域上相对分散的若干独立的计算机系统、终端设备和数据设备连接起来,并在通信协议的控制下进行数据交换的系统。将网络安全定义为一个网络系统不受任何威胁与侵害,能正常地实现资源共享功能。显然,要使网络能正常地实现资源共享,首先要保证网络的硬件、软件能正常运行,然后要保证数据信息交换的安全。

2. 从信息安全到网络安全

信息安全重在信息,网络安全重在网络。信息安全是一个不断演进的概念,最初指信息、信息系统和设备的安全,强调信息的保密性、完整性、可用性、可追溯性和可审查性,如通信安全、计算机安全等。后来,随着信息化进程的推进,信息安全又指一国社会信息技术和产业体系以及信息化发展不受外来的威胁与侵害。网络安全是20世纪80年代后期,尤其是90年代互联网发展及网络广泛应用的产物。网络安全强调的是在互联网普及、社会网络化程度不断提高、网络化国家逐渐成形的背景下,整个网络环境、基础设施、网络空间以及网络各个环节的安全。

在互联网还未应运而生和普及应用之前,信息安全指的是有关通信传输与计算机数据的信息安全。如今,通信、计算机、数据库和其他信息系统都通过网络整合在一起,从而使信息和网络形成了相互联系、彼此依存、不可分割的安全关系,即网络是形式,是载体;信息是内容,是数据。网络已经成为社会信息化发展的基础,如果这个基础不安全,其他的安全则无从谈起。正所谓“皮之不存,毛将焉附”。

然而,从安全政策与安全监管角度来说,区分信息安全与网络安全之间的不同仍然是有必要的。信息安全重在“信息”本身,即信息的处理、制作、获取、传播、交换、应用、存储等方面的安全。网络安全则重在“网络”,即生产控制、公共服务、信息传播以及数据流动等系统与平台,以及网络基础设施的安全。从国际关系角度来说,信息安全与网络安全作为一个新议题、新领域,前者涉及信息交流、信息舆论、信息威慑、信息战等方面;后者涉及网络主权、规则标准、网络监管、黑客攻击、网络武器、网络战等方面。对二者进行这样的区分,有助于加深相关研究、战略与政策制定以及促进信息与网络安全领域的国际合作。

1.2.3 网络空间安全

随着互联网在全世界的普及与应用,信息安全更多地聚焦于网络空间,网络空间安全开始受到各方面的关注。

1. 网络空间的概念

受技术和应用限制，传统“网络”概念中针对的对象较为具体，边界相对清晰，功能较为明确。然而，随着技术的快速发展及应用的纵深拓展，尤其是物联网、云计算、大数据等技术的应用，如今的网络呈现出多网融合后的泛在化、物理空间与虚拟空间的一体化、固定接入与移动应用的无差异化、虚拟与现实的整体化等特点，人们对传统网络概念的理解在现实应用中存在一些困难甚至混淆。

出于战略考虑，美国在 2001 年 1 月发布了《信息系统保护国家计划》，首次提出了“网络空间”(Cyberspace)一词，并在随后颁布的系列文件中对“网络空间”的概念进行了完善：“网络空间是连接各种信息技术基础设施的网络，包括互联网、各种电信网、各种计算机系统、各类关键工业设施中的嵌入式处理器和控制器，还涉及人与人之间相互影响的虚拟信息环境。”2016 年 12 月 27 日，经中央网络安全和信息化领导小组批准，国家互联网信息办公室发布了《国家网络空间安全战略》，指出网络空间由“互联网、通信网、计算机系统、自动化控制系统、数字设备及其承载的应用、服务和数据等组成”。综合国内外现状，本节将从以下几个方面对网络空间进行描述。

(1) 从空间维度来看，网络空间是继陆、海、空、天(太空)之后的第五大空间，是对传统网络范围的扩展和延伸。

(2) 从战略发展来看，网络空间安全已经上升到国家安全的高度。习近平总书记指出：“没有网络安全，就没有国家安全；没有信息化，就没有现代化。”

(3) 从时间维度来看，网络空间是人类社会在经历了狩猎社会、游牧社会、农业社会和工业社会，进入信息社会之后出现的一个新的社会特征。

(4) 从针对对象来看，研究网络空间中的安全威胁和防御问题，既要研究信息的保密性、完整性和可用性等传统的信息安全问题，又要研究信息在产生、存储、传输和处理等环节可能遇到的涉及信息自身以及与信息相关的信息系统和信息基础设施的安全问题。

(5) 从学科建设的角度来看，网络空间安全学科是计算机、通信、数学、电子及管理学等多学科交叉融合后形成的一门新型学科。

为此，本节将网络空间描述为信息社会赖以存在和发展的基础，是信息本身以及信息赖以依附的一切载体与环境的集合。这里所指的“载体”泛指各类磁、光、电和量子介质，互联网、通信网、物联网、工业控制网络等信息基础设施，以及社交平台和计算系统。这里的“环境”指由“人—机—物”组成的泛在虚拟空间。

另外，至于“信息空间”(Information Space)与“网络空间”(Cyberspace)两个词，“网络空间”一词的使用更为普遍，也较为恰当，因为从古至今人类活动都是在一定空间里的活动。

随着互联网在国家、社会以及全球各个领域内的广泛渗透与扩展，逐步形成的网络空间变得越来越大，它的社会、国家和国际空间的属性和特性也越来越明显，即网络社会、网络化国家、网络世界与全球网络正在形成或已经出现。

2. 网络空间安全的概念

网络空间安全是在涵盖包括人、机、物等实体在内的基础设施安全的基础上，同时实现涉及其中产生、处理、传输、存储各种信息数据的安全，是包含物理和虚拟空间以及信息数据全生命周期的整体安全。

对于网络空间安全概念的理解和描述不能简单地从“网络安全”过渡而来，而要充分考虑网络空间具有的泛在性及国家战略地位。对于网络空间安全概念的描述必须与传统的信息安全和网络安全紧密联系起来，用发展的眼光来看待，应突出不同概念的内涵及相互间的关联性，而不应完全隔离。其中，信息安全强调信息（数据）的安全属性，具有基础性和广泛性，是网络安全和网络空间安全的核心；网络安全同时涉及线上的技术层面的安全，以及线下的社会层面的安全；网络空间安全针对无明确边界、无集中控制权威这一基本特征，强调立体防控这一综合治理理念。

1.2.4 信息安全、网络安全、网络空间安全的区别

信息安全、网络安全和网络空间安全都是伴随着全球信息化而产生和发展起来的，每个概念的出现有着各自特有的特殊的环境，同时，这 3 个概念相互间也存在着一定的关联性。

1. 信息安全、网络安全、网络空间安全的相同点

虽然信息安全、网络安全和网络空间安全分别产生于不同的历史条件，但在实际应用中这 3 个概念之间仍然存在着一定的关联性。

(1) 三者均属于非传统安全领域。相对于军事、政治和外交的传统安全而言，信息安全、网络安全、网络空间安全都属于非传统安全领域，是进入 20 世纪末特别是 21 世纪初以来人类所共同面临的日益突出的安全问题。

(2) 三者都聚焦于信息安全。信息安全可以理解为保障国家、机构、个人的信息空间、信息载体和信息资源不受来自内外各种形式的危险、威胁、侵害和误导。网络安全和网络空间安全的核心也是信息安全，只是出发点和侧重点有所差别。

(3) 三者可以互相指代，但各有侧重点。信息安全使用范围最广，可以指传统的信息系统安全和计算机安全等类型的信息安全，也可以指网络安全和网络空间安全，但无法完全替代网络安全与网络空间安全的内涵；网络安全可以指信息安全或网络空间安全，但侧重点是网络本身的安全和网络社会安全；网络空间安全可以指信息安全或网络安全，但侧重点是与陆、海、空、太空等并行的空间概念，从一开始就具有军事性质；与信息安全相比较，网络安全与网络空间安全反映的信息安全更立体、更宽域、更多层次，也更多样，更能体现网络和空间的特征，并与其他安全领域更多地渗透与融合。

根据信息论的基本观点，系统是载体，信息是内涵。因此，网络空间安全的核心内涵仍是信息安全，没有信息安全，就没有网络安全和网络空间安全。

2. 信息安全、网络安全、网络空间安全的不同点

作为当前信息社会频繁出现的 3 个概念，信息安全、网络安全、网络空间安全在研究的侧重点、应用背景、概念的内涵与外延等方面存在差异。

(1) 三者研究的侧重点不同。信息安全（Information Security）所反映的安全问题基于“信息”，网络安全（Network Security 或 Cyber Security）所反映的安全问题基于“网络”，网络空间安全（Security in Cyberspace）所反映的安全问题基于“空间”。

(2) 三者提出的背景不同。信息安全最初是基于现实社会的信息安全所提出的概念，随着网络社会的来临，也可以指网络安全或网络空间安全；网络安全则是相对于现实社会

的信息安全而言，基于互联网的发展以及网络社会到来所面临的信息安全新挑战所提出的概念；而网络空间安全则是基于对全球五大空间的新认知，网域与现实空间中的陆域、海域、空域、太空一起，共同形成了人类自然与社会以及国家的公域空间，具有全球空间的性质。

(3) 三者涉及的内涵与外延不同。信息安全作为非传统安全的重要领域，以往较多地注重信息系统的物理安全和技术安全。随着信息技术的发展，先后出现了物联网、智慧城市、云计算、大数据、移动互联网、智能制造、空间地理信息集成等新一代信息技术和载体，这些新技术和新载体都与网络紧密相连，伴随着这些新技术和新载体的发展，带来了新的信息安全问题。与网络安全相比较，网络空间安全作为一个相对的概念，具有针对性和专指性，与网络安全有细微的差别。尽管两者都聚焦于网络，但所提出的对象有所不同；较之网络安全，网络空间安全更注重空间和全球的范畴。

3. 案例说明

下面通过3个案例进一步认识信息安全、网络安全与网络空间安全三者的异同。

1) 信息安全案例

我国古代在边疆面临侵犯危险时，多在高台上烧柴或狼粪以报警，称为烽火、烽烟、狼烟、烽燧等，春秋战国时期及后来历代修筑的长城即筑有烽火台。公元前400年，斯巴达人发明了“塞塔式密码”，即把长条纸螺旋地斜绕在一个多棱棒上，将文字沿棒的水平方向从左到右书写，写一个字旋转一下，写完一行再另起一行从左到右写，直到写完。解下来后，纸条上的文字消息杂乱无章，无法理解，这就是密文，但将它绕在另一个同等尺寸的棒子上后，就能看到原始的消息，这是最早的密码技术。注重高台、烽火的作用，以及使用密码等信息安全技术，这些都是传统信息安全的案例，具有现实社会信息安全的性质。

2) 网络安全案例

2006年12月，阿桑奇创办了维基解密网站，目的是在全球范围内公开秘密信息，这些信息来自匿名的个人、机构，以及网络泄露的信息。该网站没有总部或传统的基础设施，主要依靠《纽约时报》等5家合作媒体以及数十个国家的支持者发布重大消息。2010年7月，该网站公开了多达9.2万份驻阿富汗美军的秘密文件，引起全球的广泛关注。这一案例说明，网络安全具有载体虚拟化、传播网络化、影响跨国界的特点，注重网络系统软硬件的互联互通，关注网络系统中的数据内容是否遭到破坏、更改、泄露，系统是否连续可靠地正常运行等。

3) 网络空间安全案例

2011年7月，美国国防部发布了《网络空间行动战略》，这一战略将网络空间列为与陆、海、空、天并列的行动领域，将网络空间列为作战区域，提出了变被动防御为主动防御的网络战进攻思想，推动了网络空间军事化的进程。这一行动战略与同年美国政府发布的另两个政策文件一起，形成了系列的网络空间国家安全战略框架体系，这两个文件分别是2011年4月的《网络空间可信身份国家战略》和2011年5月的《网络空间国际战略》。其中，《网络空间可信身份国家战略》以构建网络空间安全、高效、易用的身份生态体系为目标；《网络空间国际战略》以塑造并主导网络空间的全球秩序为目标；《网络空间行动战略》则以形成主动防御和技术创新的网络空间主导地位为目标。这是网络空间安全的案例，具有网络空间安全在特定空间领域的针对性、专指性和相对性，注重网络空间中信息安全的全球治理方案和各类战略举措。

为此，信息安全、网络安全、网络空间安全三者既有相互交叉的部分，又有各自独特的部分。信息安全可以泛称各类信息安全问题，网络安全可以指称网络所带来的各类安全问题，网络空间安全则特指与陆域、海域、空域、太空并列的全球五大空间中的网络空间安全问题。

需要特别说明的是：考虑到目前互联网的普及性以及大家对互联网的依赖性，本书中主要使用网络安全，不再过于强调网络安全与信息安全、网络空间安全之间的细微区别。

1.3　网络安全威胁的类型

视频讲解

网络安全威胁指网络中对存在缺陷的潜在利用，这些缺陷可能导致信息泄露、系统资源耗尽、非法访问、资源被盗、系统或数据被破坏等。针对网络安全的威胁来自许多方面，并且会随着技术的发展不断变化。网络所涉及的威胁主要包括以下几个方面。

1.3.1　物理威胁

物理安全是一个非常简单的概念，即不允许其他人拿到或看到不属于自己的东西。目前，计算机和网络中所涉及的物理威胁主要有以下几个方面。

(1) 窃取，包括窃取设备、信息和服务等。

(2) 废物搜寻，指从已报废的设备(如废弃的硬盘、软盘、光盘、U 盘等介质)中搜寻可利用的信息。

(3) 间谍行为，指通过不道德的手段获取有价值信息的行为。例如，直接打开别人的计算机复制所需要的数据，或利用间谍软件入侵他人的计算机窃取信息等。

(4) 假冒，指一个实体假扮成另一个实体后，在网络中从事非法操作的行为。这种行为对网络数据构成了巨大的威胁。

另外，电磁辐射或线路干扰也属于物理威胁的范围。

1.3.2　软件漏洞威胁

软件漏洞(Vulnerability)指的是存在于一个系统内的弱点或缺陷，系统对一个特定的威胁攻击或危险事件的敏感性，或进行攻击的威胁作用的可能性。软件漏洞涉及软件生命周期中有关安全的设计错误(Error)、编码缺陷(Defect)和运行故障(Fault)。软件漏洞是网络安全风险的主要根源之一，是网络攻防对抗中的重要目标。软件漏洞的发现与利用在网络安全中处于十分重要的地位。

1. 软件漏洞的产生原因

软件漏洞数量众多，种类繁杂，产生的原因非常复杂。从软件开发生命周期的角度，软件漏洞产生的直接原因主要来自以下 3 个方面。

(1) 系统设计。架构、协议和密码的安全强度不足，如 SSL2.0、MD5、RC4 等安全协议和标准都存在这些问题。

(2) 技术实现。系统存在疏漏和错误，如 MS SQL Server 2000 Resolution Service 的缓

冲区溢出等。

(3) 部署。为保证易用性而在安全性上采取妥协,如允许用户使用空密码、允许JavaScript 直接调用 ActiveX 控件等。

从软件技术角度,导致软件漏洞更加频繁产生的主要因素如下。

(1) 软件规模迅速增大。例如,Windows 系统已经从 Windows 95 的 1000 万行代码增加到了 Windows 10 的几千万行代码,如此庞大的系统,不可能在安全性上考虑得非常周全。

(2) 软件技术越来越复杂。例如,类、模板、动态类型、COM 和 Aspect 等大幅增加了软件内部结构的复杂性。

(3) 对软件架构的安全性考虑不足。模块间耦合过于紧密,如进程内的单一地址空间、可执行代码的跨进程传递等。

对软件厂商而言,软件的安全性不是显性价值,要提高安全性,就要额外付出更高的代价。软件漏洞的根源在技术上来自软件自身不断增加的复杂性超过了安全验证的能力,而在经济学上来自软件安全质量信息非对称效应导致的外在性。无论是技术上的根源,还是经济学上的根源,都注定了软件漏洞无法简单消除。难以消除的漏洞,能够破坏现有的安全规则,给攻击者带来巨大的利益,给防守者带来巨大的损失。

2. 软件漏洞的利用

软件漏洞的发展与漏洞攻击技术的发展是密不可分的。漏洞攻击技术主要包含漏洞挖掘技术和漏洞利用技术两个方面。漏洞挖掘技术是发现漏洞的主要手段,漏洞数量在近几年内的大幅增加,除了软件自身固有的漏洞缺陷外,漏洞挖掘技术的体系化和理论化也是重要原因之一。漏洞利用技术则是通过研究已发掘漏洞,开发出相应的利用代码,生成具有攻击性的文件或程序。该文件或程序在被浏览或运行后可以触发软件漏洞,从而达到攻击的目的。

1) 漏洞挖掘技术

漏洞挖掘是漏洞攻击的重要环节,只有先挖掘出漏洞,才能够通过漏洞利用技术进行漏洞攻击。一般未公开的漏洞称为 0-day 漏洞,由于软件生产商还没有公布漏洞补丁,甚至都不知道漏洞的存在,因此,0-day 漏洞的危害性十分巨大。通过漏洞挖掘技术发现的漏洞一般都是 0-day 漏洞,这对于漏洞攻击者是很有吸引力的。

2) 漏洞利用技术

需要说明的是,不是所有软件漏洞都能够被利用,能被利用的漏洞也不一定值得利用。一般而言,危险等级高的,特别是漏洞描述中提到了"任意代码执行"的漏洞,利用价值最高,危害程度也最大。这类漏洞触发之后,通常会造成溢出,从而获得代码执行的控制权。漏洞利用技术主要就是通过构造畸形数据造成溢出,进而执行恶意代码。一般的溢出主要是栈溢出和堆溢出,它们被统称为缓冲区溢出。

1.3.3 身份鉴别威胁

所谓身份鉴别,是指对网络访问者的身份(主要有用户名和对应的密码等)真伪进行鉴别。目前,身份鉴别威胁主要包括以下几个方面。

(1) 口令圈套。常用的口令圈套是通过一个编译代码模块实现的。该模块是专门针对某些系统的登录界面和过程而设计的,运行后与系统的真正登录界面完全相同。该模块一般会插入正常的登录界面之前,所以用户先后会看到两个完全相同的登录界面。一般情况下,当用户进行第一次登录时系统会提示登录失败,然后要求重新登录。其实,第一次登录的用户名和密码并未出错(除非真的输入有误),而是一个圈套,它会将正确的登录数据写入数据文件中。

(2) 口令破解。这是最常用的一种通过非法手段获得合法用户名和密码的方法。口令破解的主要方法包括弱口令扫描法、字典破解法、暴力破解法等。其中,弱口令扫描法是指遍历低位数或简单字符空间的口令集;字典破解法是指用预置密码口令进行破解尝试;暴力破解法是指依次试遍所有可能位数长度的口令字符组合。

(3) 算法考虑不周。密码输入过程必须在满足一定的条件下才能正常工作,这个过程通过某些算法实现。在一些攻击入侵方法中,入侵者采用超长的字符串来破坏密码算法,从而成功地进入系统。

(4) 编辑口令。编辑口令需要依靠操作系统的漏洞,如为部门内部的人员建立一个虚设的账户,或修改一个隐含账户的密码,这样任何知道这个账户(指用户名和对应的密码)的人员便可以访问该系统。

1.3.4　线缆连接威胁

线缆连接威胁主要指借助网络传输介质(线缆)对系统造成的威胁,主要包括以下几个方面。

(1) 窃听。使用专用的工具或设备,直接或间接截获网络上的特定数据包并进行分析,进而获取所需的信息。一般要将窃听设备连接到通信线缆上,通过检测从线缆发射出来的电磁波来获得所需要的信号。解决被窃听的有效手段是对数据进行加密,或者使用屏蔽线缆。

(2) 拨号进入。利用调制解调器等设备,通过拨号方式远程登录并访问网络。当攻击者已经拥有目标网络的用户账户时,就会对网络造成很大的威胁。

(3) 冒名顶替。通过使用别人的账户和密码获得对网络及其数据、程序的使用权。由于别人的用户账户和密码不易获得,所以这种方法实现起来需要借助技术方法,如暴力破解、流量分析等。

1.3.5　有害程序威胁

计算机和网络中的有害程序是相对的,例如,有害程序不是出于恶意目的,却被恶意利用。有害程序威胁主要包括以下几个方面。

(1) 病毒。计算机病毒是一个程序,是一段可执行的代码。就像生物病毒一样,计算机病毒有独特的复制能力。计算机病毒可以很快地蔓延,又常常难以根除。它们能把自身附着在各种类型的文件上。当文件在不同的计算机或设备之间被复制时,它们就随文件一起蔓延开来。

(2) 逻辑炸弹。逻辑炸弹是嵌入某个合法程序的一段代码,被设置为当满足某个特定条件时就会发作。逻辑炸弹具有病毒的潜伏性。一旦条件成熟导致逻辑炸弹爆发,就会改变或删除数据或文件,引起机器关机或完成某种特定的破坏性操作。

(3) 特洛伊木马。特洛伊木马是一个包含在合法程序中的非法程序。该非法程序被用户在不知情的情况下执行。一般的木马都有客户端和服务器端两个执行程序,其中客户端程序是攻击者进行远程控制的程序,而服务器端程序即是木马程序。攻击者如果要通过木马攻击某个系统,其先决条件是要把木马的服务器端程序植入要控制的计算机中。

(4) 间谍软件。间谍软件是一种恶意程序,它可能在用户浏览网页或安装软件时,在不知情的情况下被安装到计算机上。间谍软件一旦安装就会监视计算机的运行,窃取计算机上的重要信息或记录计算机的软件、硬件设置,严重危害到计算机中的数据和个人隐私。

除以上介绍的主要安全威胁之外,像核心技术没有掌控、安全管理水平不高等问题也是网络安全的主要威胁源。例如,目前常用的操作系统(如个人操作系统、企业操作系统、移动智能终端操作系统等)、数据库平台(如 MS SQL、Oracle、My SQL 等)以及大量的应用软件,采用的多是国外产品,许多关键技术并没有被掌握,如果这些被广泛使用的产品存在安全漏洞或"后门",其潜在的安全威胁影响的不仅仅是个人或单位信息的安全,更涉及国家层面的安全。再如,随着网上新业务的开展以及传统业务向互联网的迁移,各类应用遭受攻击的可能性不断增大,这对网络安全管理提出了新的更高要求。"三分技术,七分管理",但许多时候并不是没有采取技术保障手段,而是管理没有跟上,安全管理制度没有落实到位。

1.4 安全策略和安全等级

在实际应用中,没有绝对意义上的安全网络存在。对于一个网络来说,在安全方面要做的首要工作便是制定一个合理可行的安全策略,并根据不同的应用需求制定安全等级和规范。

1.4.1 安全策略

安全策略是指在某个安全区域内实行的与安全活动相关的一套规则,这些规则由该安全区域中所设立的一个安全权力机构建立,并由安全控制机构描述、实施或实现。安全策略通常建立在授权的基础之上,未经适当授权的实体,信息不可给予、不被访问、不允许引用、任何资源也不得使用。制定安全策略是一件非常复杂的事情,通常可从以下两个方面来考虑。

1. 物理安全策略

物理安全策略包括以下几个方面：一是保护计算机系统、网络服务器、打印机等硬件实体和通信链路,以免受自然灾害、人为破坏和搭线攻击；二是验证用户的身份和使用权限,防止用户越权操作；三是确保计算机系统有一个良好的电磁兼容工作环境；四是建立完备的安全管理制度,防止非法进入计算机控制室和各种偷窃、破坏活动的发生。

2. 访问控制策略

访问控制是对要访问系统的用户进行识别,并对访问权限进行必要的控制。访问控制策略是维护计算机系统安全、保护其资源的重要手段。访问控制的内容有入网访问控制、目录级安全控制、属性安全控制、网络服务器安全控制、网络监测和锁定控制、网络端口和节点的安全控制等。另外，还有加密策略、防火墙控制策略等。

1.4.2　安全性指标和安全等级

制定安全策略时，往往需要在安全性和可用性之间采取一个折中的方案，重点保证一些主要的安全性指标。

(1) 数据完整性：在传输过程时，数据是否保持完整。

(2) 数据可用性：在系统发生故障时，数据是否会丢失。

(3) 数据保密性：在任何时候，数据是否有被非法窃取的可能。

1985年12月由美国国防部公布的美国可信计算机安全评价标准(Trusted Computer System Evaluation Criteria，TCSEC)是计算机系统安全评估的第一个正式标准，该标准最初只是军用标准，后来应用至民用领域。TCSEC将计算机系统的安全划分为4个等级，7个级别。

1) D类安全等级

D类安全等级只包含D1一个级别。D1的安全等级最低，D1系统只为文件和用户提供安全保护。D1系统最普通的形式是本地操作系统，或者是一个完全没有保护的网络。

2) C类安全等级

C类安全等级能够酌情提供安全保护，并为用户的行动和责任提供审计能力。C类安全等级可划分为C1和C2两类。

C1系统的可信任运算基础体制(Trusted Computing Base，TCB)通过将用户和数据分开来达到安全的目的。在C1系统中，所有用户以同样的灵敏度处理数据，即用户认为C1系统中的所有文档都具有相同的机密性。

C2系统比C1系统加强了可调的酌情控制。在连接到网络时，C2系统的用户分别对各自的行为负责。C2系统通过登录过程、安全事件和资源隔离增强这种控制。C2系统具有C1系统中所有的安全性特征。

3) B类安全等级

B类安全等级可分为B1、B2和B3三类，B类系统具有强制性保护功能。强制性保护意味着如果用户没有与安全等级相连，系统就不会让用户存取对象。

B1系统满足下列要求：

(1) 系统对网络控制下的每个对象都进行灵敏度标记；

(2) 系统使用灵敏度标记作为所有强迫访问控制的基础；

(3) 系统在把导入的、非标记的对象放入系统前标记它们；

(4) 灵敏度标记必须准确地表示其所联系的对象的安全级别；

(5) 当系统管理员创建系统或增加新的通信通道或I/O设备时，管理员必须指定每个通信通道和I/O设备是单级还是多级，并且管理员只能手动改变指定；

(6) 单级设备并不保持传输信息的灵敏度级别；

(7) 所有直接面向用户位置的输出(无论是虚拟的还是物理的)都必须产生标记，指示关于输出对象的灵敏度；

(8) 系统必须使用用户的口令或证明决定用户的安全访问级别，系统必须通过审计来记录未授权访问的企图。

B2 系统必须满足 B1 系统的所有要求。另外，B2 系统的管理员必须使用一个明确的、文档化的安全策略模式作为系统的可信任运算基础体制。B2 系统必须满足下列要求：

(1) 系统必须立即通知系统中的每一个用户所有与之相关的网络连接的改变；

(2) 只有用户能够在可信任通信路径中进行初始化通信；

(3) 可信任运算基础体制能够支持独立的操作者和管理员。

B3 系统必须符合 B2 系统的所有安全需求。B3 系统具有很强的监视委托管理访问能力和抗干扰能力。B3 系统必须设有安全管理员。B3 系统应满足以下要求：

(1) 除了控制对个别对象的访问外，B3 系统必须产生一个可读的安全列表；

(2) 每个被命名的对象提供对该对象没有访问权的用户列表说明；

(3) B3 系统在进行任何操作前，要求用户进行身份验证；

(4) B3 系统验证每个用户，同时还会发送一个取消访问的审计跟踪消息；

(5) 设计者必须正确区分可信任的通信路径和其他路径；

(6) 可信任的通信基础体制为每一个被命名的对象建立安全审计跟踪；

(7) 可信任的运算基础体制支持独立的安全管理。

4) A 类安全等级

A 系统的安全级别最高。目前，A 类安全等级只包含 A1 一个安全类别。A1 类与 B3 类相似，对系统的结构和策略不做特别要求。A1 系统的显著特征是，系统的设计者必须按照一个正式的设计规范分析系统。对系统分析后，设计者必须运用核对技术来确保系统符合设计规范。A1 系统必须满足下列要求：

(1) 系统管理员必须从开发者那里接收到一个安全策略的正式模型；

(2) 所有安装操作都必须由系统管理员进行；

(3) 系统管理员进行的每一步安装操作都必须有正式文档。

1.5 网络安全模型

以网络体系结构为基础，基于网络分层和整体安全的思想，有针对性地进行安全架构设计，并从安全协议和实现技术上为网络安全提供服务保障。

1.5.1 综合安全服务模型

综合安全服务是基于计算机网络特有的分层架构提出的系统性的安全机制，为具体的安全协议和技术的实现提供规范。综合安全服务模型揭示了主要安全服务和支撑安全服务之间的关系。如图 1-3 所示，综合安全服务模型主要由支撑服务、预防服务和检测与恢复服务 3 部分组成。

1. 支撑服务

支撑服务为其他类型的服务提供基本保障，是其他所有服务实现的基础，主要包括以下

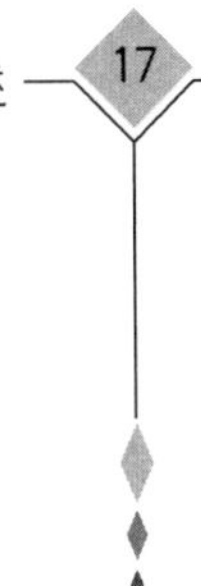

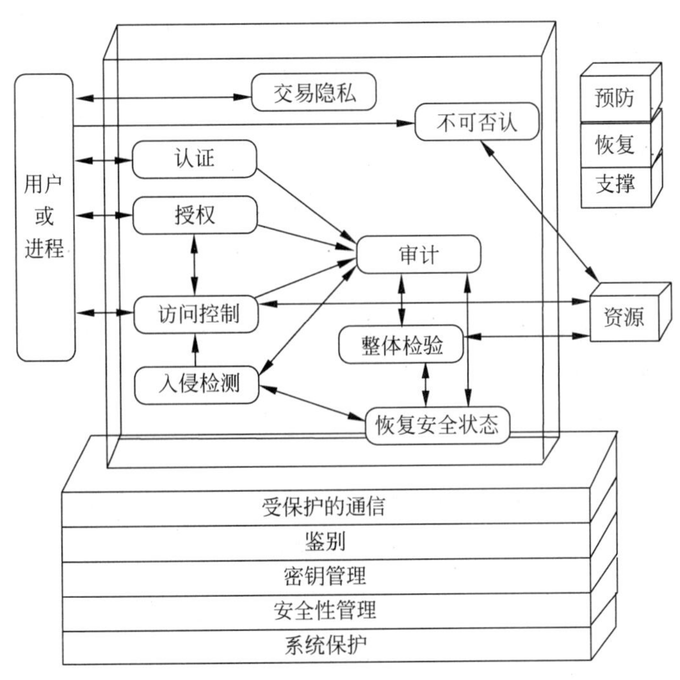

图 1-3　综合安全服务模型

几方面。

(1) 鉴别(Identification)。鉴别是一个能够对系统中的用户、进程或信息资源等实体进行识别的系统和管理过程。

(2) 密钥管理。由于在进行实体鉴别时需要使用加密机制，而加密机制中的一个非常重要的内容是密钥管理。密钥管理服务表示以安全的方式管理密钥。

(3) 安全性管理。对系统的所有安全属性进行管理，如安装新的服务、更新已有的服务、监控以保证所提供的服务是可操作的等。

(4) 系统保护。系统保护是指对系统的操作需要建立在安全的基础上，如剩余信息保护、过程分离、最小权限、模块性和信息的最小化等。

2. 预防服务

预防服务是通过采取安全手段预防或阻止安全漏洞的发生，包括以下几方面。

(1) 受保护的通信。实现在通信环境中通过实体之间通信的有效保护，为信息安全的完整性、可用性以及机密性提供基础保证。

(2) 认证(Authentication)。认证是指在通信中验证对方实体身份的真实性，保证通信的实体是彼此认可和依赖的实体。

(3) 授权(Authorization)。授权是指允许一个实体对一个给定系统能够进行的操作。例如，允许访问某一个系统中特定的资源。

(4) 访问控制(Access Control)。防止非授权使用资源，即允许谁在什么条件下可以访问某一资源。

(5) 不可否认(Non-repudiation)。它是与责任相关的服务，指参与通信的双方不能彼此否认对方的行为(如发送或接收信息、对某一数据的操作等)。

(6) 交易隐私(Transaction Privacy)。该服务用于保护任何数字交易的隐私性。

3. 检测与恢复服务

检测与恢复服务主要是关于安全漏洞的检测,以及采取行动恢复或降低这些安全漏洞产生的影响,主要包括以下几方面。

(1) 审计(Audit)。审计是指在系统发现错误或受到攻击时能够定位错误并找到被攻击的原因及痕迹,以便对系统进行恢复。当安全漏洞被检测到时,审计安全相关的事件是非常重要的。

(2) 入侵检测(Intrusion Detection)。该服务主要监控危害系统安全的可疑行为,以便及时采用安全手段阻止该入侵行为。

(3) 整体检验(Proof of Wholeness)。整体检验服务主要是检验系统或数据是否仍然是完整的。

(4) 恢复安全状态(Restore Secure State)。该服务指当安全漏洞发生时,系统必须能够恢复到安全的状态。

1.5.2 网络通信和访问安全模型

在大多数情况下,信息安全涉及网络中通信实体之间传输的数据安全,以及数据在计算机系统中的安全。

1. 网络通信安全模型

图 1-4 所示为一个网络通信安全模型。其中,参与通信的两个实体之间,当一方要通过网络将数据发送给另一方时,由于网络提供的传输通道是开放的,存在安全隐患。为保护数据在网络中传输时的安全性,防止攻击者窃取数据,一般数据发送方先要对数据进行安全处理,以得到一个被安全变换(加密)的数据后再发送出去,这样可以防止攻击者破坏通信的保密性和真实性。被加密处理的密文数据到达接收方后,根据数据安全变换机制,接收方经过解密后便得到原始数据。

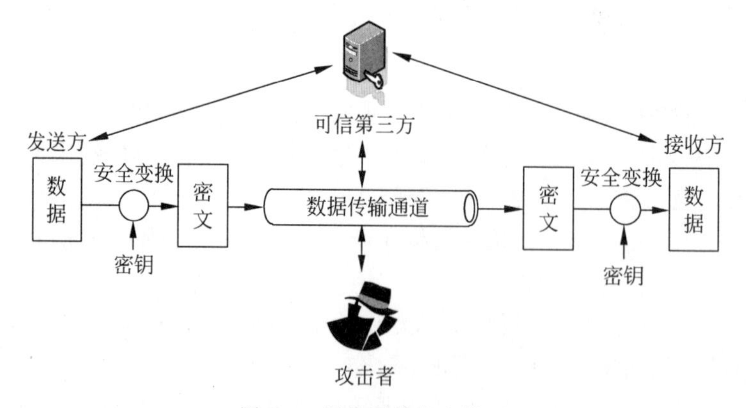

图 1-4 网络通信安全模型

需要说明的是,使用安全变换机制的目的是保护数据在网络中传输的安全性,但在具体应用中还需要保证加密系统的安全,密码算法不能被攻击者破译。

为了保证数据传输的安全，需要借助一个大家都信赖的第三方机构，由其负责为通信双方提供数据的安全变换服务。另外，当通信双方就数据发送的真实性出现争执时，将由第三方负责仲裁。

从网络通信安全模型可以看出，设计安全服务时应包括以下的内容：首先，设计一个恰当的数据安全变换算法，该算法应有足够强的安全性，整个安全变换机制不会被攻击者攻破；其次，应创建加密系统中需要的密钥；还有，设计分配和共享密钥的方法，能够对密钥进行安全管理；最后，指明通信双方使用的协议，该协议利用安全算法和密钥实现系统所需要的安全服务。

2. 网络访问安全模型

图 1-5 所示为用户通过网络访问信息系统时的安全模型。该模型能够保护信息系统不被非法访问，如能够阻止攻击者的攻击、能够阻止有意和恶意的破坏行为或能够阻止恶意软件利用系统存在的安全弱点来影响应用程序的正常运行等。

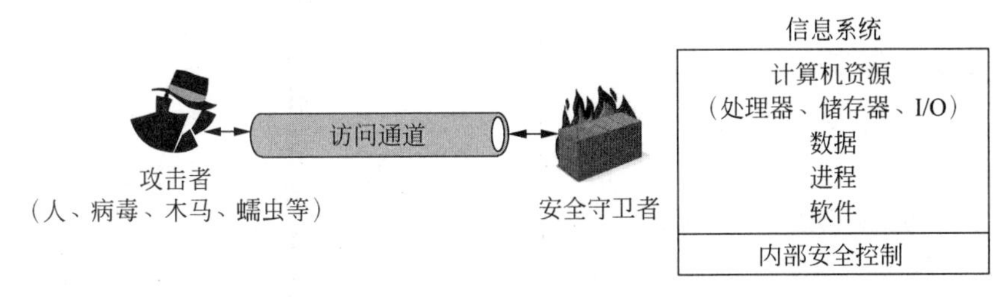

图 1-5　网络访问安全模型

应对有害访问的安全机制可以分为两类：一类是具有门卫功能的守卫者，包含基于身份认证的登录过程，只允许授权的实体在授权范围内合法使用系统资源；另一类称为信息系统内部安全机制，用于检测和防止入侵者在突破了守卫者后对信息系统内部的破坏。

*1.6　信息安全等级保护

信息安全等级保护是指对信息和信息载体按照其重要性分级别进行保护的一项措施，是世界上许多国家针对信息安全采取的一种保护制度和技术规范。

1.6.1　信息安全等级保护的等级划分和实施原则

近年来，随着信息技术的快速发展，我国的网络建设及应用取得了巨大成就。与此同时，各类安全问题也相伴而生，安全威胁日益严重。然而，我国的网络安全中还存在着攻防能力不强、打防管控的综合防控能力不强等现象，无法适应日益严峻的网络安全形势。为了应对复杂多变的网络安全问题，需要综合运用政策、法律、管理、技术等各种手段来对网络进行综合管控。

1. 信息安全等级保护的基本概念

2007 年，公安部联合国家保密局、国家密码管理局与国务院信息工作办公室颁布了《信息安全等级保护管理办法》，标志着信息安全等级保护 1.0 的正式启动。等级保护 1.0 规定了等级保护需要完成的"规定动作",即定级备案、建设整改、等级测评和监督检查。为了指导用户完成等级保护的"规定动作",在2008—2012年陆续发布了等级保护的一些标准,构成等级保护1.0的标准体系。

信息安全等级保护是指对国家秘密信息、法人和其他组织及公民的专有信息及公开信息和存储、传输、处理这些信息的信息系统分等级实行安全保护,对信息系统中使用的信息安全产品实行按等级管理,对信息系统中发生的信息安全事件分等级响应、处置。

信息安全等级保护中所指的信息系统特指由计算机及其相关和配套的设备、设施构成的,按照一定的应用目标和规则对信息进行存储、传输、处理的系统或网络。信息是指在信息系统中存储、传输、处理的数字化信息。

从具体实施方法来看,信息安全等级保护是指有关部门对我国各个领域非涉密信息系统按照其重要性程度进行分级保护的制度,具体包括定级、备案、建设整改、等级测评、信息安全检查5个环节。信息安全等级保护要求不同安全等级的信息系统应具有不同的安全保护能力。

2. 信息安全等级保护的等级划分

《信息安全等级保护管理办法》规定,国家信息安全等级保护坚持自主定级、自主保护的原则。信息系统的安全保护等级应当根据信息系统在国家安全、经济建设、社会生活中的重要程度,以及信息系统遭到破坏后对国家安全、社会秩序、公共利益以及公民、法人和其他组织的合法权益的危害程度等因素确定。信息系统的安全保护等级分为以下5级,一至五级等级逐级增高。

第一级:信息系统受到破坏后,会对公民、法人和其他组织的合法权益造成损害,但不损害国家安全、社会秩序和公共利益。第一级信息系统运营、使用单位应当依据国家有关管理规范和技术标准进行保护。

第二级:信息系统受到破坏后,会对公民、法人和其他组织的合法权益造成严重损害,或者对社会秩序和公共利益造成损害,但不损害国家安全。国家信息安全监管部门对该级信息系统安全等级保护工作进行指导。

第三级:信息系统受到破坏后,会对社会秩序和公共利益造成严重损害,或者对国家安全造成损害。国家信息安全监管部门对该级信息系统安全等级保护工作进行监督、检查。

第四级:信息系统受到破坏后,会对社会秩序和公共利益造成特别严重损害,或者对国家安全造成严重损害。国家信息安全监管部门对该级信息系统安全等级保护工作进行强制监督、检查。

第五级:信息系统受到破坏后,会对国家安全造成特别严重损害。国家信息安全监管部门对该级信息系统安全等级保护工作进行专门监督、检查。

3. 信息安全等级保护的实施原则

根据《信息系统安全等级保护实施指南》精神,明确了以下基本原则。

(1) 自主保护原则。信息系统运营、使用单位及其主管部门按照国家相关法规和标准,自主确定信息系统的安全保护等级,自行组织实施安全保护。

(2) 重点保护原则。根据信息系统的重要程度、业务特点,通过划分不同安全保护等级的信息系统,实现不同强度的安全保护,集中资源优先保护涉及核心业务或关键信息资产的信息系统。

(3) 同步建设原则。信息系统在新建、改建、扩建时应当同步规划和设计安全方案，投入一定比例的资金建设信息安全设施，保障信息安全与信息化建设相适应。

(4) 动态调整原则。跟踪信息系统的变化情况，调整安全保护措施。由于信息系统的应用类型、范围等条件的变化及其他原因，安全保护等级需要变更的，应当根据等级保护的管理规范和技术标准的要求，重新确定信息系统的安全保护等级，根据信息系统安全保护等级的调整情况，重新实施安全保护。

1.6.2　信息安全等级保护 2.0

2017 年 6 月 1 日，《中华人民共和国网络安全法》正式实施，标志着信息安全等级保护 2.0 的正式启动。《网络安全法》明确“国家实行网络安全等级保护制度”(第 21 条)、“国家对一旦遭到破坏、丧失功能或者数据泄露，可能严重危害国家安全、国计民生、公共利益的关键信息基础设施，在网络安全等级保护制度的基础上，实行重点保护”(第 31 条)。上述要求为网络安全等级保护赋予了新的含义，重新调整和修订等级保护 1.0 标准体系，配合网络安全法的实施，指导用户按照网络安全等级保护制度的新要求，履行网络安全保护义务。等级保护 2.0 在覆盖范围、技术要求等方面进行了多项调整。

1. 保护对象发生了变化

随着信息技术的发展，等级保护对象已经从狭义的信息系统扩展到网络基础设施、云计算平台、大数据平台、物联网、工业控制系统、采用移动互联技术的系统等领域，基于新技术和新手段提出新的分等级的技术防护机制和完善的管理手段是信息安全等级保护 2.0 标准必须考虑的内容。关键信息基础设施在网络安全等级保护制度的基础上，实行重点保护，基于等级保护提出的分等级的防护机制和管理手段提出关键信息基础设施的加强保护措施，确保等级保护标准和关键信息基础设施保护标准的顺利衔接也是信息安全等级保护 2.0 标准体系需要考虑的内容。

2. 设计理念发生了变化

设计理念从传统纵深防御升级为主动动态防御。网络安全技术要求的总体设计思路从原来的分层设计转变为“一个中心，三重防护”。其中，“一个中心”即安全管理中心，“三重防护”即安全计算环境、安全区域边界、安全通信网络。

安全管理中心要求在系统管理、安全管理、审计管理 3 个方面实现集中管控，从被动防护转变为主动防护，从静态防护转变为动态防护，从单点防护转变为整体防护，从粗放防护转变为精准防护。

三重防护要求用户单位通过安全设备和技术手段实现身份鉴别、访问控制、入侵防范、数据完整性、保密性、个人信息保护等安全防护措施，实现网络基础设施或系统的全方位安全防护。

3. 加强了对密码的使用

信息安全等级保护 2.0 对密码的使用提出了严格要求，并强调了可信计算技术的重要作用。在密码方面，要求系统设计初期和采购阶段就应该考虑加密需求，同时在网络通信传输、计算环境的身份鉴别、数据完整性、数据保密性等方面明确了使用密码技术实现安全防护的要求。

针对云计算还特别提出镜像和快照的加固和完整性校验保护要求。在密码应用方案中，对采用国产密码算法提出了明确的采购标准和要求。2020 年 1 月 1 日起实施的《中华人民共和国密码法》对规范密码应用和管理，保障网络与信息安全，提升密码管理的科学化、规范化、法制化水平从法律上做了明确规定。

在可信计算方面，对等级保护的各个级别都明确提出信任链构建与验证的要求，从一级的初级信任链构建与验证能力，到四级完整的信任链、全面可信验证与信任受损处置都有明确要求。

4. 细化了等级保护阶段

信息安全等级保护 2.0 更加细化了等级保护阶段，更加注重对于每个阶段的细粒度保护。在沿用等级保护 1.0 的 5 个规定动作（定级、备案、建设整改、等级测评和监督检查）的同时，增加风险评估、安全检测、通报预警、安全事件处置、漏洞风险管理等内容。

信息安全等级保护 2.0 并非 1.0 的简单延续，而是一次跨越式升级。2.0 的实施需要各方在深入理解相关法规、标准、技术与管理体系的基础上，将自身的能力从 1.0 升级为 2.0。具体表现为以下几个方面。

(1) 管理部门在推进自身全体系认知升级的同时，须着力推进用户部门、产业单位对信息安全等级保护 2.0 的宣传贯彻，实现整体上对其内涵和外延的认知升级。

(2) 管理部门需要系统性提升自身在云计算、大数据、移动互联网、物联网、工业控制等新型应用场景下的管理与技术监管能力。

(3) 用户单位在深化自身安全管理体系和主动防御理念的同时，需要提升风险评估、安全检测、通报预警等新增管理过程的实施能力、运维能力。

(4) 网络安全产业单位与技术研发单位应突破云计算、大数据等新技术体系安全的核心技术，开发能够满足信息安全等级保护 2.0 要求的多场景安全解决方案，从产品与服务层面有效支撑信息安全等级保护 2.0 在用户单位的具体应用。

1.7 常用的网络安全管理技术

针对目前互联网应用和管理中存在的各类安全问题，为了保护网络信息的安全可靠，在运用法律和管理手段的同时，还需要依靠相应的技术加强对网络的安全管理。随着互联网的快速发展和广泛应用，出现过许多曾经和正在广泛使用的网络安全管理技术，有些技术在发展过程中被新技术替代和集成，有些技术随着网络应用环境的变化在实现方式上不断发展、创新和迭代。本节主要介绍一些常用的、功能相对单一的安全管理技术和管理概念，有关防火墙、入侵检测、入侵防御、网络安全态势感知、VPN 等安全技术，将在本书中单独进行详细介绍。

视频讲解

1.7.1 物理安全技术

在所有的安全技术和措施中，物理安全是基础，只有在确保物理安全时，才能发挥其他安全因素的作用。

1. 物理安全的概念

在网络安全中，物理安全就是要保证信息系统有一个安全的物理环境，对接触信息系统的人员有一套完善的技术控制措施，且充分考虑到自然事件对系统可能造成的威胁并加以规避。具体地讲，物理安全就是保护信息系统的软硬件设备、设施以及其他介质免遭地震、水灾、火灾、雷击等自然灾害，人为破坏或操作失误，以及各种计算机犯罪行为导致破坏的技术和方法。物理安全是基础，如果物理安全得不到保证，使计算机设备遭到破坏、非法接触或控制，那么其他安全措施都将失去作用。

2. 物理环境安全

要保证信息系统的安全、可靠，必须保证系统实体处于安全的环境中。这个安全环境就是机房及其设施，主要包括以下内容。

1）物理位置选择

网络设备机房应安置在具有防震、防风和防雨能力的建筑物内，且应避免设在建筑物的高层或地下室，以及用水设备的下层或隔壁。具体来说，对于重要行业单位的主机房和备份机房，一般要选择自然灾害较少的地区。

2）物理访问控制

物理访问控制是指在未授权人员和被保护的信息来源之间设置物理保护区域，常见的门禁分级系统就是用于控制未授权人员访问不同物理空间安全设施。

3）防盗窃和防破坏

为了防止失窃和人为破坏，需要进行防盗窃和防破坏方面的设置，主要包括将主要设备设置在机房内、将设备或主要部件进行固定并设置明显不易去除的标记、将通信线缆铺设在专用管道或隐蔽处、对机房设置监控报警系统等。

4）防雷击

雷击是容易导致物理设备损坏、信息丢失的一种自然破坏力，要对抗此类自然力的破坏，应使用一定的防毁措施保护计算机信息系统设备和部件，主要包括以下措施。

（1）接闪：让闪电能量按照人们设计的通道释放到大地中。

（2）接地：让已经纳入防雷系统的闪电能量释放到大地中。

（3）分流：所有从室外来的导线与接地线之间并联一种适当的避雷器，将闪电电流分流到大地。

（4）屏蔽：用金属网、箔、壳、管等导体把需要保护的对象包裹起来，阻隔闪电的脉冲电磁场从空间入侵的通道。

5）防火

引起火灾的原因主要是电气因素（电线破损、电气短路等）、人为因素（吸烟、放火、接线错误等）或外部火灾蔓延。对于计算机机房而言，主要的防火措施包括消除火灾隐患、设置火灾报警系统、配置灭火器材、加强防火管理和操作规范等。

6）防水和防潮

做好防水和防潮措施，以避免因水淹、受潮等影响系统安全。常见的措施包括对水管进行安全保护、采取措施防止雨水通过屋顶或墙壁渗透、采取措施防止室内水蒸气结露和地下积水的转移与渗透等。

7）防静电

静电的产生一般是由“接触→电荷→转移→偶电层形成→电荷分离”引起的。静电是一种电能，具有高电位、低电量、小电流和作用时间短的特点。静电放电的火花会造成火灾、大规模集成电路损坏，而且这种损坏可能是在不知不觉中造成的。需要采取零线接地的方式进行静电的泄漏和常耗散、静电中和、静电屏蔽与增湿等。防范静电的基本原则是“抑制或减少静电的产生，严格控制静电源”。

8）温湿度控制

应设置恒温恒湿系统，使机房温湿度的变化在设备运行所允许的范围内；应做好防尘和有害气体控制；机房中应无爆炸、导电、导磁性及腐蚀性尘埃。

9）电力供应

机房供电应与其他市电供电分开；应设置稳压器和过电压防护设备；应提供短期的备用电力供应（如不间断电源（Uninterruptible Power Supply，UPS）设备）；应建立备用供电系统（如备用发电机），以备常用供电系统停电时启用。

10）电磁防护

当电子设备辐射出的能量超过一定程度时，就会干扰设备本身以及周围的其他电子设备，这种现象称为电磁干扰。计算机与各种电子设备、广播、电视、雷达等无线设备及电子仪器都会发出电磁干扰信息，对计算机及网络设备的正常运行产生影响。常见的电磁泄漏形成包括辐射泄漏和传导泄漏。

（1）辐射泄漏是指以电磁波的形式将信号信息辐射出去，一般由计算机内部的各种传输线、印制电路板线路（主板、总线等）产生。电磁波的发射借助于这些部件来实现。

（2）传导泄漏是指通过各种线路和金属管将信息传导出去，如各种电源线、网线、电话线等。金属导体有时也起天线的作用，将传导的信号辐射出去。这样，会使各系统设备相互干扰，降低设备性能，造成信息泄露。

可以采取以下措施防止电磁干扰。

（1）以接地方式防止外界电磁干扰和相关设备寄生耦合干扰。

（2）电源线和通信线缆应隔离，避免互相干扰。

（3）抑制电磁发射，采取各种措施减小电路电磁发射或相关干扰，使相关电磁发射泄漏即使被接收到也无法识别。

（4）屏蔽隔离，在信号源周围利用各种屏蔽材料使敏感信息的信号电磁发射场衰减到足够小，使其不易被接收，甚至检测不到。

1.7.2 安全隔离

随着新型网络攻击手段的不断出现和一些企事业单位对网络安全要求的不断提高，安全隔离技术应运而生。安全隔离技术的目标是在确保把有害攻击隔离在可信网络之外，并保证可信网络内部信息不外泄的前提下，完成不同网络之间信息的安全交换和共享。我国自 2000 年 1 月 1 日起实施的《计算机信息系统国际联网保密管理规定》中就明确规定：“涉及国家秘密的计算机信息系统，不得直接或间接地与国际互联网或其他公共信息网络相连接，必须实行物理隔离。”

1. 网络安全隔离卡

网络安全隔离卡是以物理方式将一台个人计算机逻辑地划分为两台独立运行的计算机，这两台逻辑计算机的工作状态完全隔离，从而可以实现两台逻辑计算机分别接入不同安全要求的网络，如一个为内网(安全要求高)，另一个为外网(安全要求低)。

网络安全隔离卡的一种实现方式是在一台计算机上安装两块硬盘，每块硬盘上安装和运行独立的操作系统，通过控制硬盘及切换网线，在内、外网的环境中使一个硬盘仅对于一个网络有效，其网络物理连线上是完全分离的且不存在公用存储信息，从而实现一台个人计算机在两个网络之间真正的物理隔离，单台计算机低成本实现了传统两台计算机才能实现的网络物理隔离功能，在保证网络安全的前提下，提高了计算机系统的资源利用率。

2. 物理隔离网闸

物理隔离可以阻断网络的直接连接，即同一台设备不可能同时连接两个不同的网络。物理隔离网闸是其中较为成熟的一种物理隔离技术。

如图 1-6 所示，当通过物理隔离网闸将内、外两个不同安全要求的网络“连接”起来后，当协议数据(如使用 TCP/IP 协议的数据)从一个网络经过物理隔离网闸进入另一个网络时，物理隔离网闸将协议数据的协议部分(如 TCP/IP 协议)全部剥离，将原始数据通过存储介质以“摆渡”的方式导入另一个网络，从而实现信息的交换。

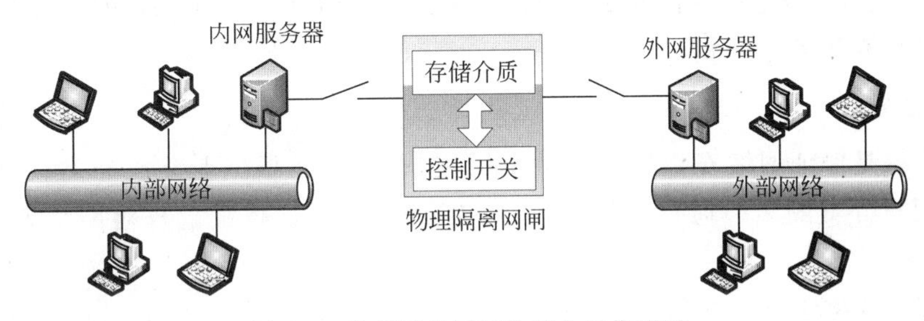

图 1-6　物理隔离网闸的基本工作原理

“摆渡”意味着物理隔离网闸在任意时刻只能与一个网络的主机系统建立与协议无关的数据连接，即当它与外部网络的主机系统相连接时，它与内部网络的主机系统必须是断开的，反之亦然。物理隔离网闸的原始数据“摆渡”机制是原始数据通过存储介质的存储(写入)和转发(读出)来实现的。

3. 安全芯片

当前，密码技术的应用是实现网络安全的基础，但是密钥管理却是加密系统中最薄弱的安全环节。为保证密钥的安全性，应确保密钥不离开系统的边界，甚至不应在芯片间传递，否则就为攻击者提供了可乘之机。实践证明，最安全的做法是将密钥始终保持在芯片内部，并用它实现数据的加密和认证，由此带有安全协处理器的安全芯片应运而生。安全芯片是为系统提供安全配置、数据加密、安全存储、密钥管理和数字签名等安全功能的专用芯片。

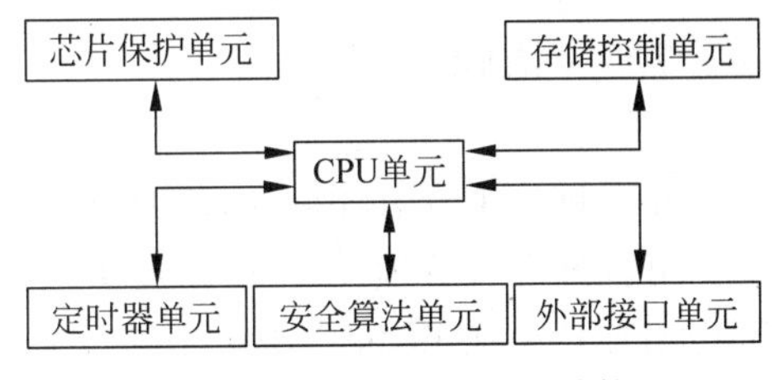

图 1-7　安全芯片的一般结构

安全芯片的一般结构如图 1-7 所示，这种芯片具有固化的核心密码算法和安全存储的密钥信息，信息加解密、数字签名和认证等安全保护行为都在芯片内部完成，使这些数据很难被非法窃取。

利用安全芯片可以实现的基本功能包括数据加解密、安全数据移动共享、保密通信、身份识别、数字签名等，能广泛应用于嵌入式终端、数字网络设备和安全服务器中。以安全芯片为基础的安全应用可以从以下几个方面来实施：用户身份认证、终端软硬件的配置和保护、终端应用程序的授权和合法性，以及网络与终端之间的相互认证。

安全芯片与其他信息安全措施相比，主要有以下几点安全优势。

(1) 安全芯片固定焊接在主板上，不易被窃取。

(2) 采用公钥机制的私钥来标识终端，无法冒充或复制。

(3) 保密数据固化在芯片中，与其他单元隔离，仅芯片内部可见，并有防御机制防止其泄露。

(4) 数字签名、数据加密运算在芯片内部完成，外界无法获取。

(5) 利用加密数据通过与密钥绑定这一机制来实现加密文件与终端绑定，加密文件不能在其他终端解密。

(6) 使用方便，用户只需要记忆个人密码，无须携带额外的硬件(如 USBKey)。

除上述安全性方面考虑外，安全芯片在速度上远远高于软件或软硬结合的实现方式，应用范围更加广泛，尤其是物联网的安全应用。因此，安全芯片在保障信息安全方面有着无可比拟的优点和不可替代的作用。

4. 网络分段

网络分段是保证网络安全的一项基本措施，其宗旨是根据业务或分类级别的不同，将网络和用户分类隔离。通过设定不同的权限控制，防止越级越权对网络资源的非法访问。

网络分段有物理分段和逻辑分段两种方式。其中，物理分段通常是指将网络从物理层上分为若干网段，各网段之间无法进行直接通信。在物理层分段主要使用集线器或物理隔离方式。逻辑分段则是指将整个系统在数据链路层或网络层上进行分段。在交换机上，可以通过创建虚拟局域网(Virtual Local Area Network，VLAN)实现对接入用户端设备的分段管理，并可借助网络层设备(路由器或三层交换机)控制不同网段之间的通信。对于TCP/IP 网络，可以根据 IP 地址将网络分成若干子网，各子网间必须通过可路由的网关设备(三层交换机或路由器)进行连接，并通过这些设备自身的安全机制(如访问控制表、QoS等)控制各子网间的相互访问。与物理分段相比较，逻辑分段的应用灵活，适应范围广，是目前研究和应用的重点。

1.7.3 访问控制

在互联网这个开放环境中，如何将受保护资源按照要求授权给指定用户访问，实现资源访问的可控性和可管理性，这就需要访问控制技术。近年来，随着互联网应用的发展，针对不同应用环境出现了多种不同的访问控制技术。本节主要以授权策略的划分方法为基础，介绍几种主流的访问控制方式。

1. 访问控制的概念

访问控制是通过某种途径允许或限制主体对客体访问能力及范围的一种方法。它是针对越权使用系统资源的防御措施，通过限制对关键资源的访问，防止非法用户的侵入或因为合法用户的不慎操作而造成的破坏，从而保证系统资源受控地、合法地使用。访问控制的目的在于限制系统内用户的行为和操作，包括用户能做什么和系统程序根据用户的行为应该做什么两个方面。

访问控制涉及了主体和客体两个基本概念，具体含义如下。

(1) 主体(Subject)是可以对其他实体实施操作的主动实体，通常是系统用户或代理用户行为的进程。

(2) 客体(Object)是接受其他实体动作的被动实体，通常是可以识别的系统资源，如文件。一个实体在某一时刻是主体，而在另一时刻又可能变成了客体，这取决于该实体是动作的执行者还是承受者。

访问控制的核心是授权策略。授权策略是用于确定一个主体是否能对客体拥有访问能力的一套规则。在统一的授权策略下，得到授权的用户就是合法用户，否则就是非法用户。访问控制模型定义了主体、客体、访问是如何表示和操作的，它决定了授权策略的表达能力和灵活性。

2. 传统的访问控制

传统的访问控制一般分为两类：自主访问控制(Discretionary Access Control，DAC)和强制访问控制(Mandatory Access Control，MAC)。

1) 自主访问控制

DAC的基本思想是：系统中的主体可以自主地将其拥有的对客体的访问权限(全部或部分地)授予其他主体。DAC的实现方法一般是建立系统访问控制矩阵，矩阵的行对应系统的主体，列对应系统的客体，元素表示主体对客体的访问权限。为了提高系统性能，在实际应用中常常是建立基于行(主体)或列(客体)的访问控制方法。

访问控制表(Access Control List，ACL)是DAC中常用的一种安全机制，系统安全管理员通过维护ACL控制用户访问有关数据。ACL的优点在于它的表述直观，易于理解，而且比较容易查出对某一特定资源拥有访问权限的所有用户，有效地实施授权管理。但当用户数量多，管理数据量大时，ACL就会很庞大，维护就变得非常困难。另外，对于分布式网络系统，DAC不利于实现统一的全局访问控制。

2) 强制访问控制

MAC最早出现在20世纪70年代，是美国政府和军方源于对信息机密性的要求以及防止特洛伊木马等恶意软件的攻击而研发的。它是一种基于安全级标记的访问控制方法，即对于系统中的每一个主体和客体都赋予一个安全级，用于限制主体对客体的访问操作。大多数系统中的安全级分为4级：绝密(Top Secret，T)、秘密(Secret，S)、机密(Confidential，C)和无级别(Unclassified，U)，安全级从高到低分别表示为T＞S＞C＞U。Bell-LaPudula模型是MAC的一个经典应用，表1-1列出了访问控制判定规则，其中R表示读，W表示写。

表 1-1 Bell-LaPudula 模型的访问控制规则

主体的安全等级 \ 客体的安全等级	T	S	C	U
T	R/W	R	R	R
S	W	R/W	R	R
C	W	W	R/W	R
U	W	W	W	R/W

表 1-1 中的规则可以描述为：如果主体的安全级高于客体的安全级，则主体可读客体；如果主体的安全级低于客体的安全级，则主体可写客体。该规则可以简单地概括为：下读/上写。在该规则下，可以防止低安全级的主体读取高安全级的信息，原则上制止了信息从高级别的实体流向低级别的实体，它是一种基于保密性的强制访问控制模型。但是，由于低安全级的主体对于高安全性的客体拥有写权限，可以修改其中的内容，因此这种模型无法保证客体的完整性不被破坏。

MAC 的缺点主要在于实现工作量较大，管理不便，不够灵活，而且它过于强调保密性，对系统连续工作能力、授权的可管理性方面考虑不足。

3. 基于角色的访问控制

随着网络技术尤其是 Internet 的发展，对于网络信息的完整性要求超过了机密性，而传统的 DAC/MAC 策略难以提供这方面的支持。20 世纪 90 年代以来，美国国家标准与技术研究院(National Institute of Standards and Technology，NIST)提出了基于角色的访问控制(Role-Based Access Control，RBAC)的概念，RBAC 被广为接受。

1) RBAC 的基本功能

RBAC 的特点是简化了各种环境下的授权管理，在 DAC/MAC 系统中访问权限直接授予用户，而系统中的用户数量众多且经常变动，这就增加了授权管理的复杂性。RBAC 的核心思想就是将访问权限与角色相联系，通过给用户分配合适的角色，让用户与访问权限相联系。角色是根据单位内部为完成各种不同的任务需要而设置的，根据用户在单位中的职权和责任设定他们的角色。用户可以在角色间进行转换，系统可以添加、删除角色，还可以对角色的权限进行添加、删除。这样通过应用 RBAC 将安全性放在一个接近组织的自然层面上进行管理。

2) 相关概念

在 RBAC 中涉及一些具体的概念，除前文已经介绍的主体和客体之外，还包括以下内容。

(1) 用户(User)指希望访问系统的人员。在系统中，每个用户都有一个唯一的用户标识(UID)，当用户需要进入系统时，都要提供其 UID，系统根据提供的 UID 进行用户身份认证以确认用户身份。

(2) 角色(Role)是系统中一组职责和权限的集合。角色的划分涉及组织内部的岗位职责和安全策略的综合考虑。不过在 RBAC 中，角色与现实生活中角色的概念有所不同。在 RBAC 中，角色可以看作是一组操作的集合，不同的角色具有不同的操作集，这些操作集由系统管理员分配给角色。

(3) 访问权限(Permission)是在受系统保护的客体上执行某一操作的许可。在客体上能够执行的操作常与系统的类型有关。访问权限决定了某一用户可以访问的资源情况。

(4) 用户角色分配(User-to-Role Assignment)。为用户分配一定的角色,即建立用户与角色之间的关系,这种关系可以是一对一、一对多或多对多的。

(5) 角色权限分配(Permission-to-Role Assignment)。为角色分配一组访问权限,即建立角色与访问权限之间的关系。这样通过角色将用户与访问权限联系起来。RBAC中,用户角色与权限之间的关系如图1-8所示。可以看出,同一个用户可以是多个角色的成员,即同一个用户可以扮演多种角色。同样,一个角色可以拥有多个用户成员。这与现实是一致的,因为一个人可以在同一个部门中担任多种职务,而且担任相同职务的可能不止一人。因此,RBAC提供了一种描述用户和权限之间的"多对多"关系。

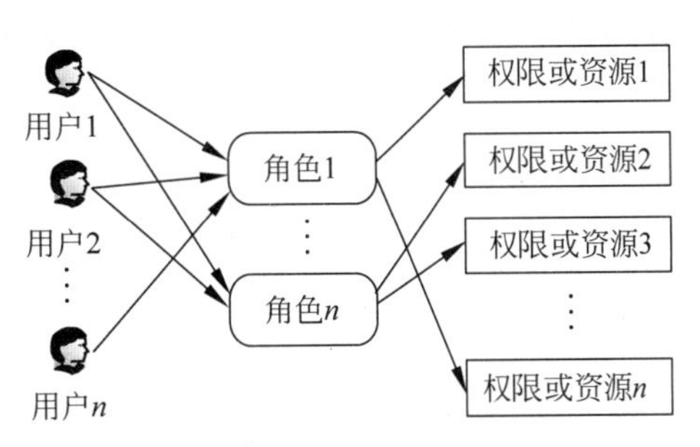

图1-8　角色与权限之间的关系

(6) 会话(Session)是在特定环境下一个用户与一组角色的映射,即用户为完成某项任务而激活其所属角色的一个子集,对于某一用户来说,已经激活的角色权限的集合即为该用户的当前有效访问权限。

3) RBAC的特点

RBAC的应用具有以下的特点。

(1) 访问权限与角色相关联,不同的角色拥有不同的权限。用户以什么样的角色对资源进行访问,决定了用户拥有的权限以及可执行何种操作。

(2) 角色继承。角色之间可能有互相重叠的职责和权力,属于不同角色的用户可能需要执行一些相同的操作。RBAC采用角色继承的概念,如果要使角色2继承角色1,那么管理员在定义角色2时就可以只设定不同于角色1的属性及访问权限,避免了重复定义。

(3) 最小权限原则,即指用户所拥有的权限不能超过他执行具体工作时所需的权限。实现最小特权原则,需要分清用户的工作职责,确定完成该工作的最小权限集,然后把用户限制在这个权限结合的范围之内。一定的角色就确定了其工作职责,而角色所能完成的操作包含了其完成工作所需的最小权限。用户要访问信息,首先必须具有相应的角色,用户无法绕过角色直接访问信息。

(4) 职责分离。例如,在银行业务中,授权付款与实施付款应该是分开的职能操作,否则可能发生欺骗行为。

(5) 角色容量。在一个特定的时间段内,有一些角色只能由一定人数的用户占用。在创建新的角色时应该指定角色的容量。

4) RBAC的应用优势

RBAC最突出的优点就在于系统管理员能够按照部门、单位的安全策略划分不同的角色,执行特定的任务。一个RBAC系统建立起来后,主要的管理工作就是为用户授权分配角色,或取消已经分配的用户角色。用户的职责变化时,只需要改变角色即可改变其权限;当组织的功能变化或演进时,只需要删除角色的旧功能,增加新功能,或定义新角色,而不必更新每一个用户的权限设置。这极大地简化了授权管理,使对信息资源的访问控制能更好地适应特定单位的安全策略。

RBAC 的另一优势体现在为系统管理员提供了一种比较抽象的、与单位通常的业务管理相类似的访问控制层次。通过定义、建立不同的角色、角色的继承关系、角色之间的联系以及相应的限制,管理员可动态或静态地规范用户的行为。

1.7.4 加密通道

给网络通信提供加密通道,也是普遍使用的一项安全技术。随着技术的发展,尤其是密码技术的成熟,目前在网络体系结构的不同层可以建立加密通道,加强数据传输的可靠性。

1. 物理层加密

根据 TCP/IP 体系结构的规定,物理层解决的主要问题是如何将与数据链路层交互的二进制比特数据流转换成传输介质上能够发送与接收的物理信号波形。简单地讲,就是解决信息传输交换过程中的电气特性、机械特性、功能特性和过程特性。由于传输介质的多样性,包括无线信道、光纤、电缆等,所对应的物理层类型也不一样。在无线网络中,主要以无线电、微波等无线通信来对物理层进行描述。

以一个典型的无线通信为例,其物理层处理主要包括 3 个方面:信道编码与解码、信号调制与解调和信号扩频与解扩。如果在物理层实施加密,则需要从这 3 个环节进行。图 1-9 所示为在信道编解码环节进行加密处理流程。其实现过程为:发送方在信道编码之后进行了一次加密处理,如果攻击者从传输信道上截获到发送方的信号,在对物理信号进行处理后,可获得经过信道编码之后的密文,但如果攻击者没有相应的密钥,是无法进行解密的。

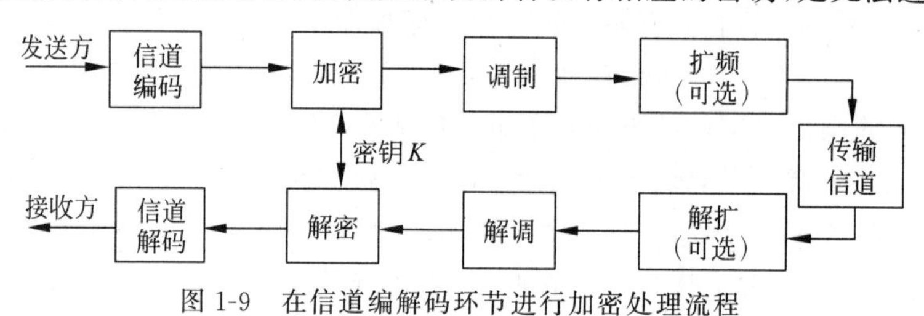

图 1-9 在信道编解码环节进行加密处理流程

2. 数据链路层加密

数据链路层加密通常在数据链路层与物理层之间的接口处配置加密设备,对通过此接口的所有数据进行加密,包括数据、路由信息、协议信息等。由于几乎所有的数据都被加密,密码分析者只能得到密文,而不能得到关于传输数据结构的相关信息。

数据链路层加密可以使用专用的链路加密设备,其加密机制是点对点的加/解密。在通信链路两端,都应该配置链路加密设备,通过位于两端加密设备的协商配合实现传输数据的加密和解密过程。

近年来,虚拟专用网(VPN)技术得到了快速发展,并得到了广泛应用。其中,位于数据链路层的 VPN 可以实现链路层加密。目前这样的 VPN 技术主要有 3 种:第二层转发(Layer 2 Forwarding,L2F)、点到点隧道协议(Point-to-Point Tunneling Protocol,PPTP)、第二层隧道协议(Layer 2 Tunneling Protocol,L2TP)。在进行网络通信时,链路层 VPN 首先会将各种网络协议封装到点到点协议(Point-to-Point Protocol,PPP)中,再把整个数据包装入隧道协议中,这种双层封装形成的数据包依靠链路层协议传输,最终起到点对点加密通信的效果。

3. 网络层加密

网络层加密是将加密处理置于网络层和传输层之间,加密设备配置于网络的两端,根据网络下两层(物理层和数据链路层)的协议来理解数据,并且只能加密传输层的数据单元。这些加密的数据单元与未加密的路由信息重新组合,然后送到下一层(数据链路层)进行传输。由此可见,由于路由信息未被加密,所以如果该层信息被第三方截获,就可以根据此信息分析出是谁和谁在通信、在何时通信、通信时间有多长。

网络层加密通过网络层 VPN 技术来实现,最典型的就是 IPSec。现在许多提供 VPN 功能的防火墙设备中都支持 IPSec。

网络层 VPN 也需要对原始数据包进行多层封装,但最终形成的数据包是依靠第三层协议(一般是 IP 分组)进行传输的,本质上是端到端的数据通信。

4. 传输层加密

传输层通常采用公钥体制的身份认证,可以实现进程到进程的安全通信。典型的安全协议包括安全套接层和传输层安全协议,为 TCP/IP 连接提供数据加密、服务器认证、消息完整性和客户机认证。

传输层加密通道可以采用安全套接层(Secure Socket Layer,SSL)和传输层安全(Transport Layer Security,TLS)技术。SSL 是一种应用比较广泛的传输层安全协议,它介于应用层协议和 TCP/IP 之间,为传输层提供安全性保证。

TLS 是国际互联网工程任务组(Internet Engineering Task Force,IETF)的标准,它建立在 SSL 3.0 基础之上,只是所支持的加密算法不同,这两种加密协议不能互通。

此外,还有一些其他的传输层安全技术,如安全外壳协议(Secure Shell,SSH)、防火墙安全会话转换协议(SOCKS)等。

5. 应用层加密

应用层可独立于网络所使用的通信结构,采用端到端的加密方式。应用层加密手段主要包括公钥证书、密钥交换(公钥加密)、数据加密(私钥加密)、数字签名和加密散列等。

应用层加密与具体的应用类型结合紧密,典型的有安全超文本传输协议(Secure Hyper Text Transfer Protocol,SHTTP)、加密多用途 Internet 邮件扩展(Secure Multipurpose Internet Mail Extensions,SMIME)等。SHTTP 是面向消息的安全通信协议,可以为单个 Web 主页定义加密安全措施。而 SMIME 则是一种电子邮件加密和数字签名技术。应用层加密还包括利用各种加密算法开发的加密程序。

1.7.5　蜜罐技术

视频讲解

蜜罐(Honeypot)是一种计算机网络中专门为吸引并“诱骗”那些试图非法入侵他人计算机系统的人而设计的“陷阱”系统。

1. 蜜罐的概念和作用

蜜罐是一种被侦听、被攻击或已经被入侵的资源,使用和配置蜜罐的目的是使系统处于被侦听、被攻击状态。蜜罐组织的专家 L. Spitzner 对蜜罐的定义为:蜜罐是一种资源,它的价值是被攻击或攻陷。这就意味着蜜罐是用来被探测、被攻击甚至最后被攻陷的,蜜罐不会修补任何东西,这样就为使用者提供了额外的、有价值的信息。蜜罐不会直接提高计算机网络安全,但它却是其他安全策略所不可替代的一种主动防御技术。

蜜罐并非一种安全解决方案,因为蜜罐并不会对产生的侦听、攻击等行为采取任何阻止手段。蜜罐只是一种工具,是对系统和应用的仿真,可以创建一个能够将攻击者困在其中的环境。蜜罐技术已经发展成为诱骗攻击者的一种非常有效而实用的方法,它不仅可以转移入侵者的攻击,保护用户的主机和网络不受入侵,而且可以为入侵的取证提供重要的线索和信息。

蜜罐技术已经被广泛应用于互联网的安全研究中。对于一个安全研究组织来说,面临的最大问题是缺乏对入侵者的了解。他们最需要了解的是谁正在攻击、攻击的目的是什么、攻击者如何进行攻击、攻击者使用什么方法进行攻击以及攻击者何时进行攻击等。目前解决这些问题的最好方法之一是蜜罐技术。蜜罐可以为安全专家们提供一个学习各种攻击的平台。在研究攻击入侵中,没有其他方法比观察入侵者的行为并一步步记录攻击过程直至整个系统被入侵更具有应用价值。

蜜罐是一个可以模拟具有一个或多个攻击弱点的主机系统,为攻击者提供一个易于被攻击的目标。蜜罐中所有的假终端、子网等都经过设计人员的精心策划,以吸引攻击者的攻击。例如,蜜罐设计人员可以在互联网上定义这样一台主机,其主机名为 www.bank.com.cn,并在该系统中提供一些让攻击者可以很容易猜测到的用户账户。当攻击者闯入系统时,对进行的操作进行记录,并收集相关的数据。这些数据是分析网络安全的最好资料。

2. 蜜罐的分类

蜜罐可以分为牺牲型蜜罐、外观型蜜罐和测量型蜜罐 3 种基本类型。

1)牺牲型蜜罐

牺牲型蜜罐是一台简单的为某种特定攻击设计的计算机。牺牲型蜜罐一般放置在易受攻击的地点,并假扮为攻击的受害者,为攻击者提供极好的攻击目标。牺牲型蜜罐的不足是提取攻击数据比较难,而且本身也会被攻击者利用来攻击其他的主机。

2)外观型蜜罐

外观型蜜罐仅对网络服务进行仿真,而不会导致主机真正被攻击,所以安全不会受到威胁。研究人员对外观型蜜罐记录的数据的访问更加方便,可以更容易地检测到攻击者。外观型蜜罐是一种最简单的蜜罐,通常由某些应用服务的仿真程序构成。外观型蜜罐也具有与牺牲型蜜罐相同的弱点。

3)测量型蜜罐

测量型蜜罐综合了牺牲型蜜罐和外观型蜜罐的特点,与牺牲型蜜罐类似,测量型蜜罐为攻击者提供了高度可信的系统;与外观型蜜罐类似,测量型蜜罐非常容易访问,但攻击者很难绕过。

目前,成熟的蜜罐产品也比较多,如 DTK(Deception Tool Kit)、BOF(Back Orifice

Friendly)、Specter、Home-made、Honeyd 等。对网络攻击感兴趣的读者可以选择一款蜜罐产品,研究攻击现象的详细发生过程。

1.7.6 灾难恢复和备份技术

灾难恢复技术,也称为业务连续性技术,是信息安全领域的一项重要的技术。它能够为重要的计算机系统提供在断电、火灾等各种意外事故发生时,甚至在如洪水、地震等严重自然灾害发生时保持持续运行的能力。对企业和社会关系重大的计算机系统都应当采用灾难恢复技术予以保护。

进行灾难恢复的前提是对数据的备份,之所以要进行数据备份,是因为现实生活中有种种人为或非人为因素造成的意外的或不可预测的灾难发生,其中包括计算机或网络系统的软硬件故障、人为操作故障、资源不足引发的计划性停产、生产场地的灾难等。

传统的备份技术,主要采用主机内置或外置的磁带机或磁盘对数据进行冷备份,这种方法在数据量不大、操作系统种类单一、服务器数量有限的情况下,不失为一种既经济又简单的备份手段。但随着企业计算机系统规模的扩大,数据量几何级增长,以及分布式网络环境的兴起,企业将越来越多的业务分布在不同的机器和不同的操作平台上,这种单机的人工冷备份方式已不再适应新的需求。

一个好的备份系统应该是全方位、多层次的,它应该具有下列特点。

(1) 集中式管理。

(2) 自动化的备份。

(3) 对大型数据库的备份和恢复。

(4) 具备较强的备份索引功能。

(5) 归档管理。

(6) 系统灾难恢复。

(7) 具有较好的可扩展性。

一个完整的备份及灾难恢复方案应该包括备份硬件、备份软件、备份制度和灾难恢复计划4个部分。选用了先进的备份硬件后,绝不能忽略备份软件的选择,因为只有优秀的备份软件才能充分发挥硬件的先进功能,保证快速、有效的数据备份和恢复。此外,还需要根据企业自身情况制定日常备份制度和灾难恢复计划,并由管理人员切实执行备份制度,否则系统安全将仅仅是纸上谈兵。

目前许多知名的IT厂商都提供完整的备份和灾难恢复解决办法,如IBM的SSA磁盘系统、Magstar磁带系统、ADSM存储管理软件,惠普的单键灾难恢复技术(OBDR)等,具体选用什么样的产品,还要根据企业的实际需求及当前存储产品的功能特点来决定。

1.7.7 上网行为管理

随着以Internet为代表的计算机网络的快速发展,如何用好网络资源,使其更好地为用户提供服务,已是刻不容缓的责任和压力。伴随着网络的发展,各种网络犯罪、网络诈骗和有害资源肆意蔓延。员工在上班时间上网聊天、购物、游戏等行为严重影响了工作效率;部分缺乏保密意识的员工则通过微信、QQ 等即时通信软件，或博客和邮件等方式有意或无意地将组织内部机密信息泄露；日益流行的 BT、迅雷等下载软件非常容易导致关键业务应用系统带宽无法保证。这些现象已严重影响了网络的安全，亟需采取相应的措施进行管理。

员工上网行为管理(Employee Internet Management，EIM)为解决上述难题提供了可选择的方案。EIM 可以为政府监管部门、各行业信息主管部门及企业管理用户提供帮助，能有效平衡员工上网所带来的影响，在开放网络资源的同时，最大限度地保障网络资源不被滥用。

EIM 相关产品和应用已经过了以下几个发展阶段：第一个阶段是 Internet 访问控制(Internet Access Control，IAC)，通过建立企业网络地址数据库，规定哪些网站不能访问，这样可以将禁止访问的几乎大部分网站都屏蔽，不允许员工在企业网内访问；第二个阶段是 Internet 访问管理(Internet Access Management，IAM)，该阶段属于 Internet 接入管理的初级阶段，以保证企业的工作效率为目的，通过建立相关的 Internet 接入策略和管理功能，对不同人员、不同部门的机构实施上网权限管理和资源分配，并用报表形式系统显示员工访问 Internet 的记录；第三个阶段即 EIM，属于真正的上网行为管理阶段，以提高企业的工作效率为目的，企业不但建立相关上网策略，还进一步与企业信息系统的安全管理结合起来，能够根据用户对象的不同分配网络资源，并能够建立详细的员工访问 Internet 的日志，提供详细的报表，帮助企业管理层分析员工的上网行为，并对上网的策略进行相关调整。

图 1-10 所示为某单位 EIM 系统的部署情况。其中，EIM 的核心设备“网络行为分析系统”可以接入单位的中心交换机，从中心交换机获得网络的流量，再通过“管理控制台”进行实时查看和统计分析。一个完整的 EIM 系统应具有以下的功能。

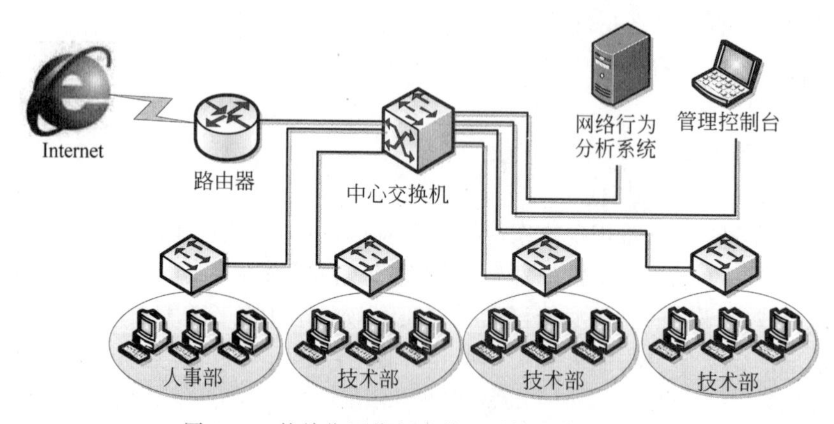

图 1-10 某单位网络行为管理系统网络示意图

(1) 控制功能。可合理分配不同部门、员工的上网权限，如什么时间可以上网、什么时间不能上网、能够访问哪些 Internet 网站的内容、哪些 Internet 资源是严格禁止使用的。另外，还可以对代理软件进行封堵，防止不允许上外网的员工通过代理软件上外网。

(2) 监控与审计功能。可以将所有与上网相关的行为记录下来。例如，对企业研发、财务等关键部门的上网行为、聊天内容、邮件内容进行记录，以便事后审计，并在内部起到威慑的效果。

(3) 报表分析功能。可以方便、直观地统计分析员工的上网情况，据此掌握单位内部网络(Intranet)的使用情况。

(4) 流量控制与带宽管理。支持对不同员工进行分组，通过一段时间的数据统计，限定每个组的上网流量，对 BT、迅雷等 P2P 下载软件进行封堵，避免其对网络带宽资源的消耗。

习题 1

1-1　结合目前网络的应用，简述为什么要研究网络安全。

1-2　计算机网络的不安全性主要由哪些因素引起？如何解决？

1-3　分别简述信息安全、网络安全、网络空间安全的概念以及三者之间的关系。

1-4　计算机网络主要存在哪些安全威胁？

1-5　在计算机网络的安全管理中，物理安全策略和访问控制策略有何特点？

1-6　在计算机网络中，常用的安全管理技术有哪些？

1-7　结合单位网络的应用特点，谈谈上网行为管理的重要性。

1-8　什么是密罐技术？在计算机网络安全研究中蜜罐能够发挥什么作用？

1-9　什么是物理隔离？在计算机网络安全管理中有何意义？

1-10　什么是信息安全等级保护？为什么要实施信息安全等级保护？信息安全等级保护 2.0 与 1.0 之间的区别是什么？

1-11　简述综合安全服务模型的组成及主要的服务功能。

1-12　介绍两种常见的网络安全模型的特点。

第2章

网络安全密码学基础

加密技术是目前网络安全的基础。数据加密技术是指对在网络中所发送的明文消息用加密密钥加密成密文进行传送，接收方用解密密钥进行解密再现明文消息，从而保证传输过程中密文信息即使被泄露，在无密钥的情况下仍是安全保密的。目前，数据加密技术已被普遍应用于计算机网络信息的安全管理中。通过本章的学习，读者将对网络安全的基础理论有比较全面的了解，对密码学的主要算法、技术和应用有比较全面的认识。

视频讲解

2.1 数据加密概述

在计算机网络中，需要一种措施来保护数据的安全性，防止被一些别有用心的人利用或破坏，这在客观上就需要一种强有力的安全措施保护机密数据不被窃取或篡改。数据加密技术是为了提高信息系统及数据的安全性和保密性，防止秘密数据被外部破解和分析所采用的主要技术手段之一。随着信息技术的发展，网络安全与信息保密日益引起人们的关注。除在法律、制度和管理手段上加强数据的安全管理外，还需要推动数据加密技术和物理防范技术的应用和不断发展。

2.1.1 数据加密的必要性

自从有了消息的传递，就有了对消息保密的要求，因此，密码学的历史非常悠久。但在很长一段时间内，密码学主要用于军事、政治和外交等领域。

到了20世纪70年代，随着信息的剧增，人们对信息的保密需求也迅速发展到民用和商用领域，从而导致了密码学理论和密码技术的快速发展。同时，计算机技术和微电子技术的发展，也为密码学理论的研究和实现提供了强有力的手段和工具。进入20世纪80年代以来，随着计算机网络和传统通信网络的广泛应用，对密码理论和技术的研究更呈快速上升的趋势。密码学在雷达、导航、遥控、遥测等领域发挥着重要作用的同时，开始渗透到通信、计算机及各种信息系统中。目前，密码学已成为信息安全研究的基础，数据加密技术成为网络安全的基本保障。

举例来说，学校的各项管理越来越依赖计算机网络，如人事管理系统、工资管理系统、财务管理系统、教务管理系统和科研成果管理系统等，其中的重要数据都存放在计算机中，不仅要求数据具有较高的安全性和保密性，而且要求对数据的完整性及访问方式进行科学管理。对企业来说，产品的核心技术需要保密，新产品的研发需要保密，企业的产、销、利润及市场策略等关键信息需要保密。即使对家庭用户来说，个人隐私、家庭收入、现金储蓄和投资等信息都需要保密。

因此，在全社会越来越依赖信息的同时，人们的信息安全意识越来越高，密码学和安全技术越来越受到人们的关注。

2.1.2　数据加密的基本概念

密码技术通过信息的变换或编码，将机密的敏感消息转换为难以读懂的乱码字符，以此达到两个目的：一是使不知道如何解密的窃听者不可能从其截获的乱码中得到任何有意义的信息；二是使窃听者不可能伪造任何乱码型的信息。研究密码技术的学科称为密码学，其中，密码编码学主要对信息进行编码，实现信息隐蔽；而密码分析学研究分析破译密码的内容。两者相互对立，而又相互促进。

1. 加密与解密

加密的目的是防止机密信息的泄露，同时还可以用于证实信息源的真实性，验证接收到的数据的完整性。加密系统是指对信息进行编码和解码所使用的过程、算法和方法的统称。加密通常需要使用隐蔽的转换，这个转换需要使用密钥进行加密，并使用相反的过程进行解密。

通常，将加密前的原始数据或消息称为明文(Plaintext)，而将加密后的数据称为密文(Ciphertext)，在密码中使用并且只有收发双方才知道的信息称为密钥(Key)。通过使用密钥将明文转换为密文的过程称为加密，其反向过程(将密文转换为原来的明文)称为解密。对明文进行加密时采用的一组规则称为加密算法；对密文解密时采用的一组规则称为解密算法。加密算法和解密算法是在一组仅有合法用户知道的密钥的控制下进行的，加密和解密过程中使用的密钥分别称为加密密钥和解密密钥。加密和解密的转换关系如图 2-1 所示。

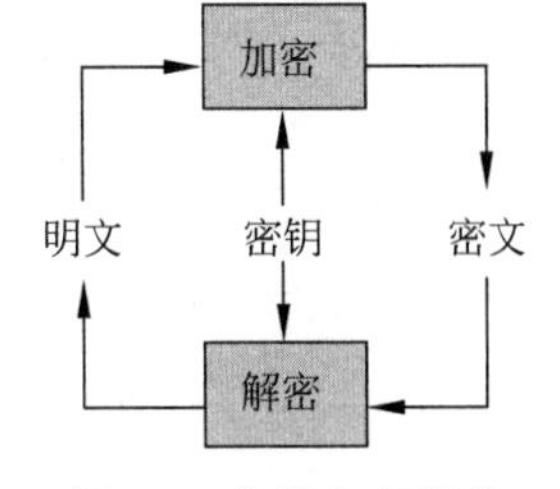

图 2-1　加密与解密的转换关系

需要说明的是，解密主要针对合法的接收者，而非法接收者在截获密文后试图从中分析出明文的过程称为“破译”。

2. 密码通信系统模型

图 2-2 是对图 2-1 的数学表示，称为密码通信系统模型，它由以下几个部分组成。

- M：明文消息空间。
- E：密文消息空间。

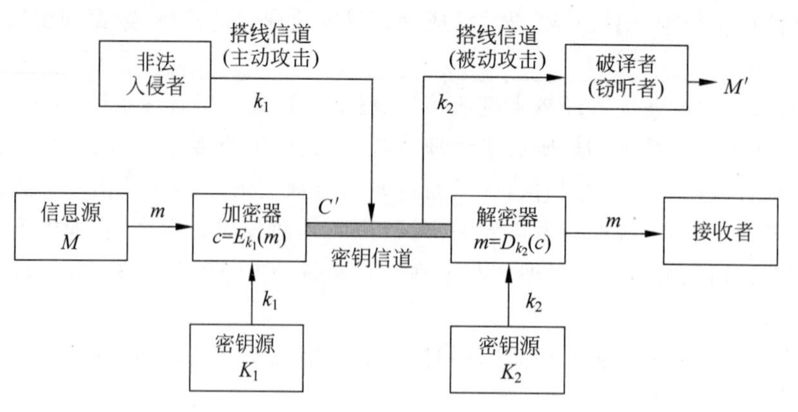

图 2-2 密码通信系统模型

- K_1 和 K_2：密钥空间。
- 加密变换：$E_{k_1}:M\to E, k_1\in K_1$。
- 解密变换：$K_{k_2}:E\to M, k_2\in K_2$。

$(M,E,K_1,K_2,E_{k_1},D_{k_2})$称为密码系统。例如，给定明文消息 $m\in M$，密钥 $k_1\in K$，将明文 m 转换为密文 c 的过程为

$$c=f(m,k_1)=E_{k_1}(m),\quad m\in M,k_1\in K_1$$

合法接收者利用其知道的解密密钥 K_2 对收到的密文进行变换，恢复出明文消息。

$$m=D_{k_2}(c),\quad m\in M,k_2\in K_2$$

如果是窃听者，则利用其选定的变换函数 h，对截获的密文 c 进行变换，得到的明文是明文空间的某个元素 m'，其中

$$m'=h(c)$$

一般情况下 $m'\neq m$，如果 $m'=m$，则窃听者已破译成功。

2.1.3 对称加密和非对称加密

目前已经设计出的密码系统是各种各样的。如果以密钥之间的关系为标准，可将密码系统分为单钥密码系统和双钥密码系统。其中，单钥密码系统又称为对称密码或私钥密码系统，双钥密码系统又称为非对称密码或公钥密码系统。相应地，采用单钥密码系统的加密方法，同一个密钥可同时用作信息的加密和解密，这种加密方法称为对称加密，也称作单密钥加密。另一种是采用双钥密码系统的加密方法，在一个过程中使用两个密钥，一个用于加密，另一个用于解密，这种加密方法称为非对称加密，也称为公钥加密，因为其中的一个密钥是公开的(另一个则需要保密)。

1. 对称加密

对称加密的特点是在针对同一数据的加密和解密过程中，使用的加密密钥和解密密钥完全相同。对称加密的缺点是密钥需要通过直接复制或网络传输的方式由发送方传给接收方，同时无论加密还是解密都使用同一个密钥，所以密钥的管理和使用很不安全。如果密钥泄露，则此密码系统便被攻破。另外，通过对称加密方式无法解决消息的确认问题，并缺乏

自动检测密钥泄露的能力。对称加密的优点是加密和解密的速度快。最具有影响力的对称加密方式是1977年美国国家标准技术委员会(NIST,前身为美国国家标准局NBS)颁布的数据加密标准(Data Encryption Standard,DES)算法。

2. 非对称加密

在非对称加密中,加密密钥与解密密钥不同,此时不需要通过安全通道传输密钥,只需要利用本地密钥发生器产生解密密钥,并以此进行解密操作。由于非对称加密的加密和解密不同,且能够公开加密密钥,仅需要保密解密密钥,所以不存在密钥管理问题。非对称加密的另一个优点是可以用于数字签名。但非对称加密的缺点是算法一般比较复杂,加密和解密的速度较慢。非对称加密源于1976年W. Diffie和M. E. Hellman提出的一种新型密码体制,最著名的非对称加密方式是1977年由Rivest、Shamir和Adleman共同提出的RSA密码体制。

在实际应用中,一般将对称加密和非对称加密两种方式混合在一起使用,即在加密和解密时采用对称加密方式,密钥传送则采用非对称加密方式。这样既解决了密钥管理的困难,又解决了加密和解密速度慢的问题。

2.1.4 序列密码和分组密码

根据密码算法对明文处理方式的标准不同,可以将密码系统分为序列密码和分组密码两类。

1. 序列密码

序列密码也称为流密码,其思想起源于20世纪20年代,最早的二进制序列密码系统是Vernam密码。Vernam密码将明文消息转化为二进制数字序列,密钥序列也为二进制数字序列,加密是按明文序列与密钥序列逐位模2相加(即异或操作XOR)进行,解密也是按密文序列与密钥序列逐位模2相加进行。例如,明文消息的二进制数字序列为01101010,密钥序列为10110110,则密文序列11011100的产生方法为

$$\begin{array}{r l} 01101010 & \text{明文} \\ \oplus\ 10110110 & \text{密钥} \\ \hline 11011100 & \text{密文} \end{array}$$

在解密时需要使用相同的密钥序列,具体的产生方法为

$$\begin{array}{r l} 11011100 & \text{密文} \\ \oplus\ 10110110 & \text{密钥} \\ \hline 01101010 & \text{明文} \end{array}$$

当Vernam密码中的密钥序列是完全随机的二进制序列时,就是著名的“一次一密”密码(在本章随后专门进行介绍)。一次一密密码是完全保密的,但它的密钥产生、分配和管理都不方便。随着微电子技术和数学理论的发展,基于伪随机序列的序列密码应运而生。序列密码的加密过程是先把报文、语音、图像和数据等原始明文转换成明文数据序列,然后将它同密钥序列进行逐位加密生成密文序列发送给接收者。接收者用相同的密钥序列对密文序列进行逐位解密恢复明文序列。序列密码不存在数据扩展和错误传播,实时性好,加密和解密实现容易,因而是一种应用广泛的密码系统。

在这里对随机数进行必要的说明。随机数在网络安全中是一个非常重要的概念,大量应用于对称密码机制、非对称密码机制以及身份认证中。一般来说,产生随机数有两种方式:一是通过一个确定的算法,由数字电路或软件实现,把一个初始值扩展为一个长的数字序列;二是选取真实环境中的随机源(如热噪声、振荡器等)。其中,前一种方法产生的序列通常称为伪随机序列,而后者通常称为真随机序列。

2. 分组密码

分组密码的加密方式是先将明文序列以固定长度进行分组,然后将每一组明文用相同的密码和加密函数进行运算。为了减小存储量,并提高运算速度,密钥的长度一般不大,因而加密函数的复杂性成为系统安全的关键。分组密码的优点是不需要密钥同步,具有较强的适用性,适宜作为加密标准;缺点是加密速度慢。DES、数据加密算法(Data Encryption Algorithm,DEA)是典型的分组密码。

2.1.5 网络加密的实现方法

基于密码算法的数据加密技术是所有网络上的通信安全所依赖的基本技术。目前对网络数据加密主要有链路加密、节点对节点加密和端对端加密 3 种实现方式。

1. 链路加密

链路加密又称在线加密,它是对在两个网络节点间的某一条通信链路实施加密,是目前网络安全系统中主要采用的方式。链路加密能为网上传输的数据提供安全保证,所有消息在被传输之前进行逐位加密,在每一个节点对接收到的消息进行解密,然后使用下一个链路的密钥对消息进行加密后再进行传输。在链路加密方式中,不仅对数据报文的正文加密,而且把路由信息、校验和等控制信息全部加密。所以,当数据报文传输到某一个中间节点时,必须先被解密以获得路由信息和校验和,进行路由选择、差错检测,然后再被加密,发送给下一个节点,直到数据报文到达目的节点为止。

如图 2-3 所示,在链路加密方式下,只对通信链路中的数据加密,而不对网络节点内的数据加密。因此,在中间节点上的数据报文是以明文出现的,而且要求网络中的每一个中间节点都要配置安全单元(即信息加密设备)。相邻两个节点的安全单元使用相同的密钥。这种使用不是很方便,因为需要网络设施的提供者(如线路运营商)的配合,修改每一个交换节点,这种方式在广域网上显然是不太现实的。在传统的加密算法中,用于解密消息的密钥与用于加密的密钥是相同的,该密钥必须被秘密保存,并按一定规则进行变化。这样,密钥分配在链路加密系统中就成了一个问题,因为每一个节点必须存储与其相连接的所有链路的加密密钥,这就需要对密钥进行物理传送或建立专用网络设施。而网络节点地理分布的广

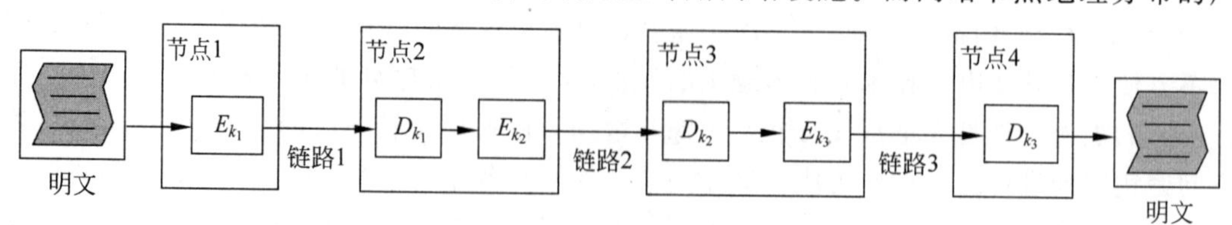

图 2-3 链路加密过程示意图

阔性使这一过程变得复杂，同时增加了密钥连续分配时的费用。链路加密方式的优点是应用系统不受加密和解密的影响，所以容易被采用。

2. 节点对节点加密

节点对节点加密是为了解决在节点中的数据是明文的这一缺点，在中间节点内装有用于加密和解密的保护装置，由这个装置来完成一个密钥向另一个密钥的交换。因而，除了在保护装置里，即使在节点内也不会出现明文。

尽管节点对节点加密能为网络数据提供较高的安全性，但它在操作方式上与链路加密类似：两者均在通信链路上为传输的消息提供安全性；都在中间节点先对消息进行解密，然后进行加密。因为要对所有传输的数据进行加密，所以加密过程对用户是透明的。然而，与链路加密不同，节点对节点加密不允许消息在网络节点以明文形式存在，它先把收到的消息进行解密，然后采用另一个不同的密钥进行加密，这一过程是在节点上的一个安全模块中进行的。节点对节点加密要求报头和路由信息以明文形式传输，以便中间节点能快速得到路由信息和校验和，加快消息的处理速度。

但是，节点对节点加密与链路加密方式一样存在一个共同的弱点：需要公共网络提供者的配合，修改公共网络的交换节点，增加安全单元或保护装置。

3. 端对端加密

为了解决链路加密和相邻节点之间加密中存在的不足，人们提出了端对端加密方式。端对端加密又称为脱线加密或包加密，它允许数据在从源节点被加密后，到终点的传输过程中始终以密文形式存在，消息在到达终点之前不进行解密，只有消息到达目的节点后才被解密。因为消息在整个传输过程中均受到保护，所以即使有节点被损坏也不会使消息泄露。因此，端对端加密方式可以实现按各通信对象的要求改变加密密钥以及按应用程序进行密钥管理等，而且采用这种方式可以解决文件加密问题。

链路加密方式是对整个链路通信采取保护措施，而端对端加密方式则是对整个网络系统采取保护措施。端对端加密系统更容易设计、实现和维护，且成本相对较低。端对端加密还避免了其他加密系统所固有的同步问题，因为每个报文段均是独立加密的，所以一个报文段所发生的传输错误不会影响后续的报文段。此外，端对端加密不依赖于底层网络基础设施，不但在局域网内部可以实施，也可以在广域网上实施。端对端加密系统通常不允许对消息的目的地址进行加密，这是因为每一个消息所经过的节点都要用此地址确定如何传输消息。因此，端对端加密方式是目前互联网应用的主流，应用层加密的实现多采用端对端加密方式。

由于端对端加密方法不能掩盖被传输消息的源节点与目的节点，因此它对于防止攻击者分析通信业务是脆弱的。

2.1.6　软件加密和硬件加密

目前具体的数据加密实现方法主要有两种：软件加密和硬件加密。

1. 软件加密

软件加密一般是用户在发送信息前，先调用信息安全模块对信息进行加密处理，然后进行发送。到达接收端后，由用户用相应的解密软件进行解密处理，还原成明文。采用软件加密方式的优点是：已有标准的安全应用程序接口(Application Programming Interface, API)(信息安全应用程序模块)产品，且实现方便，兼容性好。但是采用软件加密方式有一些安全隐患：一是密钥的管理很复杂，这也是目前安全API实现的一个难点，从目前已有的API产品来看，密钥分配协议均存在一定的缺陷；二是因为加密和解密过程都是在用户的计算机内部进行，所以容易使攻击者采用程序跟踪、反编译等手段进行攻击；三是软件加密的速度相对较慢。

2. 硬件加密

硬件加密是采用专门的硬件设备实现消息的加密和解密处理。随着微电子技术的发展，现在许多加密产品都是特定的硬件加密形式。这些加、解密芯片被嵌入通信线路中，然后对所有通过的数据进行加密和解密处理。虽然软件加密在今天变得很流行，但是硬件加密仍然是商业和军事应用的主要选择。硬件加密的特点如下。

(1) 易于管理。硬件加密可以采用标准的网络管理协议，如SNMP或通用管理信息协议(Common Management Information Protocol, CMIP)等进行管理，也可以采用统一的自定义网络管理协议进行管理，因此密钥的管理比较方便。

(2) 处理速度快。加密算法通常含有很多对明文位的复杂运算，这要求处理设备具有较强的处理能力。例如，目前常用的加密算法DES和RSA在普通用途的微处理器上的运行效率是非常低的。另外，加密通常是高强度的计算任务，微处理器显然不适合处理此类工作。如果将加密操作移植到专用芯片上，可以分担计算机微处理器的工作，使整个系统的速度加快。

(3) 安全性提高。可以对加密设备进行物理隔离，使攻击者无法对其进行直接攻击。对运行在没有物理保护的一般主机上的每个加密算法，很可能被攻击者用各种跟踪工具攻击。硬件加密设备可以安全的封装起来，以避免此类事情的发生。

(4) 易于安装。在用于加密的两个节点之间部署加密设备非常简单，不需要修改计算机和网络的任何配置。对用户来说，加密设备是透明的，不会影响用户的使用。如果要实现软件加密，需要将加密程序写入操作系统或应用软件，实现比较复杂。

2.2 古典密码介绍

本节简要介绍几种古典密码体制。虽然这些密码现在已经很少使用，但它们对于理解和分析现代实用密码是很有意义的。

2.2.1 简单替换密码

简单替换密码是古典密码中使用最早的一种密码机制，其实现方法是将明文按字母表中当前的位置向后移动 n 位，便得到加密后的密文，这里的 n 就是密钥。例如，当 $n=3$(即以 $n=3$ 为密钥)时，字符表的替换如下(为便于表述，我们约定在明文中使用小写字母，而在密文中使用大写字母)。

明文：a b c d e f g h i j k l m n o p q r s t u v w x y z

密文：D E F G H I J K L M N O P Q R S T U V W X Y Z A B C

在简单替换密码体制中，加密时，将明文的每一个字母根据字母表中的位置向后移动 n 位得到密文。解密时，将密文中的每一个字母根据字母表中的位置向前移动 n 位便得到明文。使用简单替换密码时，明文“attack”将被变换为“DWWDFN”。

$n=3$ 的密码体制由于被凯撒(Caesar)成功使用，所以也称为凯撒密码。

在简单替换密码中，所有可能的 n 的取值为 $n\in\{1,2,3,\cdots,25\}$。当 $n=0$ 和 $n=26$ 时明文和密文相同。

当攻击者得到一个密文，并且知道该密码是采用简单替换密码加密处理而来时，最多可经过 25 种尝试，就可以得到明文。所以简单替换密码的密钥空间是很有限的。

由于简单替换密码的不可靠性，所以后来人们对它进行了改进，让明文中的每一个符号(包括字母、数字及特殊符号等)都映射到另一个指定的符号上，如下所示(以字母映射为例)。

明文：a b c d e f g h i j k l m n o p q r s t u v w x y z

密文：Q W E R T Y U I O P A S D F G H J K L Z X C V B N M

这种“符号对符号”进行替换的通用系统称为“单字母表替换”，其密钥是对应于整个字母表的 26 个字母串。明文“attack”将被变换为“QZZQEA”。

与简单替换密码相比，这种“符号对符号”的密码是非常安全的，因为密码分析者要想试遍所有的密钥不是一件容易的事情。以 26 个字母之间的映射为例，密钥的可能性总共有 $26!\approx 4\times 10^{26}$ 种。

2.2.2　双重置换密码

使用双重置换密码进行加密时，首先将明文写成给定大小的矩阵形式，然后根据给定的置换规则对行和列分别进行置换。例如，将明文“attackattomorrow”写成如下 4×4 的矩阵形式。

$$\begin{bmatrix} a & t & t & a \\ c & k & a & t \\ t & o & m & o \\ r & r & o & w \end{bmatrix}$$

然后，按照(1,2,3,4)→(2,3,4,1)的规则进行行置换，然后再按照(1,2,3,4)→(3,4,2,1)的规则进行列置换，操作如下。

$$\begin{bmatrix} a & t & t & a \\ c & k & a & t \\ t & o & m & o \\ r & r & o & w \end{bmatrix} \to \begin{bmatrix} c & k & a & t \\ t & o & m & o \\ r & r & o & w \\ a & t & t & a \end{bmatrix} \to \begin{bmatrix} a & t & k & c \\ m & o & o & t \\ o & w & r & r \\ t & a & t & a \end{bmatrix}$$

从而得到的密文为“ATKCMOOTOWRRTATA”。

在双重置换密码体制中，密钥由矩阵的大小以及行、列置换规则组成。接收者如果知道密钥，就可以通过加密过程使用的矩阵大小以及行、列的置换规则进行逆向操作，从而恢复得到明文。例如，对于前面得到的密文，可以先写成 4×4 的矩阵形式，然后将列进行

(3,4,2,1)→(1,2,3,4)的置换,再将行进行(2,3,4,1)→(1,2,3,4)的置换,操作如下。

$$\begin{bmatrix} A & T & K & C \\ M & O & O & T \\ O & W & R & R \\ T & A & T & A \end{bmatrix} \to \begin{bmatrix} C & K & A & T \\ T & O & M & O \\ R & R & O & W \\ A & T & T & A \end{bmatrix} \to \begin{bmatrix} A & T & T & A \\ C & K & A & T \\ T & O & M & O \\ R & R & O & W \end{bmatrix}$$

于是得到明文"attackatwomorrow"。

与简单替换密码相比,双重置换密码并不改变消息中的字符,只是对字符进行重新组合,这样可以抵抗基于明文中包含的统计信息的攻击。虽然双重置换密码目前已很少使用,但其明文与密文信息之间的转换思想在现代密码学中被广泛采用。

2.2.3 "一次一密"密码

最著名的序列密码是"一次一密"密码,也称为"一次一密乱码本加密机制"。其中,一次一密乱码本是一个大的不重复的随机密钥字符集,这个密钥字符集被写在几张纸上,并粘合成一个本子,该本子称为乱码本。每个密钥仅对一个消息使用一次。发送方用乱码本中的密钥对所发送的消息加密,然后销毁乱码本中用过的一页或用过的磁带部分。接收方有一个同样的乱码本,并依次使用乱码本上的每一个密钥去解密密文的每个字符。接收方在解密消息后销毁乱码本中用过的一页或用过的磁带部分。新的消息则用乱码本的新的密钥进行加密和解密。"一次一密"密码是一种理想的加密方案,理论上讲,实现了"一次一密"密钥管理的密码是不可破译的。

为了描述方便,我们假设明文全部使用 ASCII 码中的字符。首先需要将明文(本例假设为"attack")转换成为 7 位的 ASCII 码。"attack"对应的 ASCII 码如下。

明　文: a t t a c k

ASCII 码: 01100001 01110100 01110100 01100001 01100011 01101011

使用"一次一密"密码体制加密时,需要与明文长度相同的随机二进制字符串作为密钥。密钥与明文进行一对一的逐位模 2 相加运行得到密文。假设,发送者使用的加密密钥为

11000101 10011101 01011000 00111011 11001011 00011010

那么加密过程如下。

a t t a c k

明文: 01100001 01110100 01110100 01100001 01100011 01101011

密钥: 11000101 10011101 01011000 00111011 11001011 00011010

密文: 10100100 11101001 00101100 01011010 10101000 01110001

$ i , Z (q

通过以上转换,得到的密文字符为"$i,Z(q"。当接收者收到该密文后,使用相同的密钥进行解密操作。因为根据模 2 相加运行的法则,将二进制的 x 和 y 的模 2 相加记作 $x \oplus y$,其中 $x \oplus y \oplus y = x$,所以解密过程是将密文与同样的密钥进行模 2 相加运算。具体操作如下。

$ i , Z (q

密文: 10100100 11101001 00101100 01011010 10101000 01110001

密钥：11000101 10011101 01011000 00111011 11001011 00011010

明文：01100001 01110100 01110100 01100001 01100011 01101011

a　t　t　a　c　k

通过以上操作，原始的明文就恢复了出来。

通过以上的加密和解密过程可以发现，如果密钥是随机产生的，“一次一密”密码是非常安全的。当然该安全性是建立在密码被正确使用的前提下：一是密钥是随机产生的；二是密钥只使用一次；三是只有发送者和接收者知道该密钥。

2.3 对称加密——流密码

流密码（即序列密码）是一种类似于“一次一密”的密码体制，因为在加密过程中是将密钥流（密钥的二进制位）与等长的明文的二进制位进行模 2 运算，在解密过程中是将密钥流与密文进行逐位模 2 运算，所以流密码是一种对称加密方式。

2.3.1 流密码的工作原理

在现代计算机网络中，由于报文、数据和图像等消息都可以通过某一编码技术转化为二进制数字序列，因而可假定流密码中的明文空间 M 是由所有可能的二进制数字序列组成的集合。设 K 为密钥空间，由于流密码应使用尽可能长的密钥，而太长的密钥在存储、分配等方面都有一定的困难，于是研究人员采用一个短的密钥 $k\in K$ 控制某种算法 A 产生出长的密钥序列，供加密和解密使用。而短密钥 k 的存储和分配在实现方式上都比较容易。根据密码学的约定，算法 A 是公开的，而密钥 k 是保密的。

流密码系统的工作过程如图 2-4 所示。即对于每一个短密钥 $k\in K$，由算法 A 确定一个二进制序列 $A(k)=k_1k_2\cdots k_n$，当明文为 $m\in M$，$m=m_1m_2\cdots m_n$ 时，使用密钥 k 的加密过程为：对于 $i=1,2,\cdots,n$，计算 $c_i=m_i\oplus k_i$，密文为 $c=E(m,k)=c_1c_2\cdots c_n$。其中，$\oplus$表示模 2 运算。对密文 c 的解密过程为：对于 $i=1,2,\cdots,n$，计算 $m_i=c_i\oplus k_i$，由此恢复出明文 m。通常称密钥 k 为种子密钥或子密钥，由 k 通过算法 A 产生的序列 $A(k)=k_1k_2\cdots$称为密钥序列。

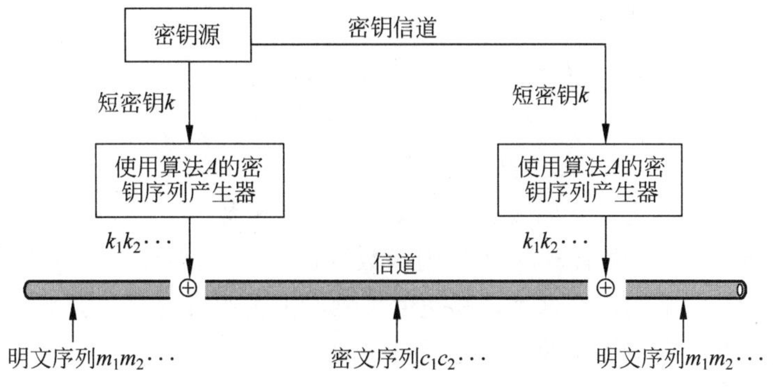

图 2-4　流密码系统的工作过程

由此可以看出，流密码的安全性主要依赖于密钥序列 $A(k)=k_1k_2\cdots k_n$，当 $k_1k_2\cdots k_n$ 是离散的不便于记忆的二进制密钥源产生的随机序列时，该系统就是“一次一密”密码。但通常 $A(k)$ 是一个由 k 通过确定算法 A 产生的伪随机序列，因而此时该系统就不再是完全安全的。

到目前为止，流密钥序列的产生大多数是基于硬件的移位寄存器实现的，因为移位寄存器结构简单，运行速度快，便于实现。

2.3.2 A5/1 算法

A5/1 是一个可以在硬件上高效实现的流密码算法，是在欧洲数字蜂窝移动电话系统(Global System for Mobile Communications，GSM)中采用的流密码加密标准。

1. A5/1 算法的数学描述

A5/1 使用标号为 X、Y 和 Z 的 3 个线性移位寄存器。其中，寄存器 X 占用 19b 的存储空间，编号为$(x_0,x_1,\cdots,x_{18})$；寄存器 Y 占用 22b 的存储空间，编号为$(y_0,y_1,\cdots,y_{21})$；寄存器 Z 占用 23b 的存储空间，编号为$(z_0,z_1,\cdots,z_{22})$。这 3 个寄存器共占用 64b 的存储空间。

根据流密码的要求，密钥同样也需要占用 64b 的空间，用于初始化 X、Y 和 Z 这 3 个寄存器。当用密钥填充完 3 个寄存器(即初始化操作)后，就做好了产生密钥流的准备。

在描述密钥流的产生之前，先介绍 X、Y 和 Z 这 3 个寄存器的操作方式。其中，X 寄存器的操作过程为

$$t=x_{13}\oplus x_{16}\oplus x_{17}\oplus x_{18}$$

$$x_i=x_{i-1},i=18,17,16,\cdots,1$$

$$x_0=t$$

Y 寄存器的操作过程为

$$t=y_{20}\oplus y_{21}$$

$$y_i=y_{i-1},i=21,20,19,\cdots,1$$

$$y_0=t$$

Z 寄存器的操作过程为

$$t=z_7\oplus z_{20}\oplus z_{21}\oplus z_{22}$$

$$z_i=z_{i-1},i=22,21,20,\cdots,1$$

$$z_0=t$$

在计算密钥流时，给定 3 比特 x、y 和 z，定义一个函数 $\mathrm{maj}(x,y,z)$，该函数确定了这样一个法则：如果 x、y、z 中的多数为 0，则函数返回值为 0，否则返回值为 1。这样，A5/1 每步操作将产生 1b 的密钥流。这种计算速度虽然看上去很慢，但因为 A5/1 是专门根据硬件实现设计的，所以产生密钥流的速度还是很快的。

2. A5/1 算法的硬件实现

A5/1 是用硬件实现的。硬件实现必须考虑其时钟周期，A5/1 的时钟周期的计算为

$$m = \mathrm{maj}(x_8, y_{10}, z_{10})$$

这样，X、Y 和 Z 这 3 个寄存器将根据以下规则进行操作：如果 $x_8 = m$，则进行 X 操作；如果 $y_{10} = m$，则进行 Y 操作；如果 $z_{10} = m$，则进行 Z 操作。最后密码流按照如下方式产生。

$$s = x_{18} \oplus y_{21} \oplus z_{22}$$

加密时，密钥流 s 与明文进行模 2 运算。解密时，使用密钥流 s 与密文进行模 2 运算。

图 2-5 所示为 A5/1 密钥流生成器的工作过程。其中，密钥流中比特的产生速度与该硬件系统的时钟频率相当。

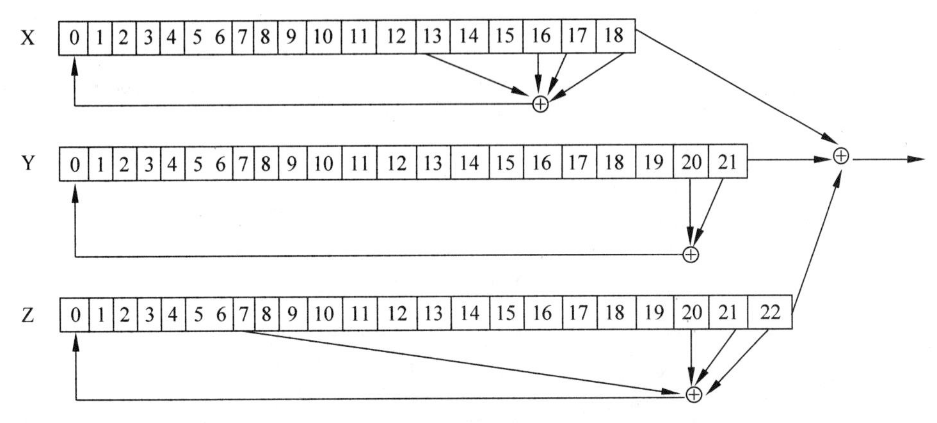

图 2-5　A5/1 密钥流生成器的工作过程

需要说明的是，基于移位寄存器及硬件实现的 A5/1 算法是早期流密码的应用代表，它曾经是对称密码的主流。但是随着近年来分组密码的广泛应用，A5/1 在许多应用中已经被分组密码所替代。另外，目前基于软件实现的流密码 RC4 的应用较为广泛。

2.3.3　RC4 算法

RC4 是 1987 年由 Ron Rivest 为 RSA 公司设计的一种流密码，但直到 1994 年才在 Internet 上公开。与 A5/1 算法主要通过硬件实现不同的是，RC4 算法非常适合软件实现。RC4 的应用非常广泛，它被集成在 SSL/TLS 标准、IEEE 802.11 无线局域网的有线等效保密（Wired Equivalent Privacy，WEP）协议，以及 Microsoft Windows、Lotus Notes、Apple AOCE、Oracle Secure SQL 等系统中。

1. RC4 算法的实现特点

RC4 是一种基于非线性数据表变换的流密码，它以一个足够大的数据表为基础，对表进行非线性变换，产生非线性密钥流序列。RC4 是一个可变密钥长度、面向字节操作的流密码，字节的大小可以根据用户需要来定义，但一般应用中取 8 位（b），即一字节（B）。

RC4 算法的实现可简单描述为：根据用户需要，用一个从 1～256B（一般应用中取 1B）的可变长度密钥来初始化一个 256B 的状态向量 $\boldsymbol{S}$，$\boldsymbol{S}$ 的元素记作 $S_i (i=0,1,2,\cdots,255)$，$\boldsymbol{S}$ 中的每个元素都是 1B。对于加密和解密需要的密钥 k，按一定方式从 $\boldsymbol{S}$ 中的元素中选出其中一个。每生成一个密钥 k 的值，$\boldsymbol{S}$ 中的元素就会重新置换一次。图 2-6 显示了 RC4 算法中密钥的产生过程。

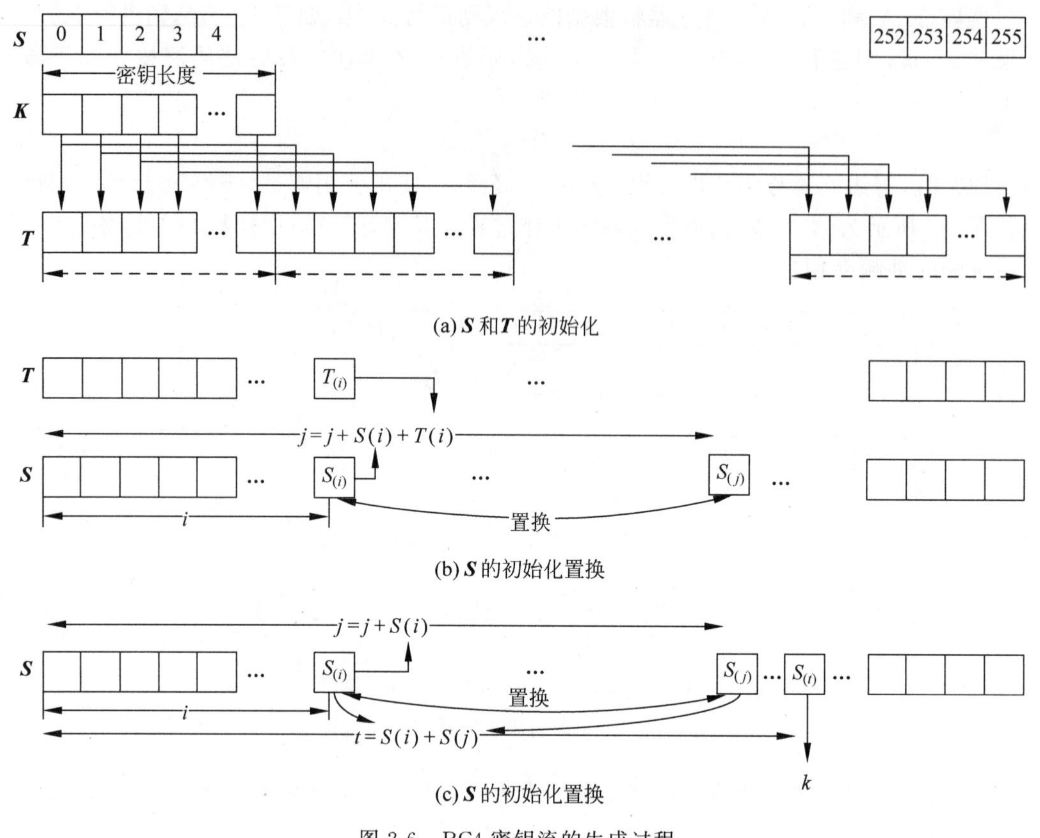

图 2-6 RC4 密钥流的生成过程

2. RC4 流密钥的生成过程

RC4 流密钥的生成需要两个处理过程：一个是密钥调度算法（Key-Scheduling Algorithm，KSA），用来设置向量 **S** 的初始排列；另一个是伪随机产生算法（Pseudo Random-Generation Algorithm，PRGA），用来选取随机元素并修改 **S** 的原始排列顺序。

1）KSA 初始化 **S**

KSA 初始化 **S** 的过程如下。

（1）对向量 **S** 中的元素从 0～255 由小到大进行填充，即 $S_0=0, S_1=1, S_2=2, \cdots, S_{255}=255$。

（2）建立一个 256B 的临时密钥向量 **T**，用种子密钥 **K** 填充该向量中的元素，即 $K_0=T_0, K_1=T_1, K_2=T_2, \cdots, K_n=T_n$，其中 n 为该种子密钥 **K** 的长度（元素个数）。如果种子密钥的长度 $n<256$，则依次重复填充，直到将 **T** 填满。

步骤（1）和步骤（2）的操作如图 2-6(a)所示。

（3）通过 $S_i=K_i$ 转换向量 **S** 中的元素，具体操作如图 2-6(b)所示。

KSA 初始化 **S** 的实现操作如下。

```
for i = 0 to 255 do
        S(i) = i;
```

$$
\begin{aligned}
&\quad T_{(i)} = K(i \bmod \text{keylen}) \\
&j = 0; \\
&\text{for } i = 0 \text{ to } 255 \text{ do} \\
&\quad j = (j + S_{(i)} + T_{(i)}) \bmod 256 \\
&\quad \text{swap}(S_{(i)}, S_{(j)});
\end{aligned}
$$

其中，keylen 为种子密钥的长度。通过以上操作，实现了对 **S** 向量中元素的初始化和元素之间的交换。**S** 向量中的元素仍然是 256 个，其值仍然为 0～255，只是顺序发生了变化。

2）密钥流的生成

向量 **S** 一旦完成初始化，将不再使用种子密钥。当 KSA 完成 **S** 的初始化后，紧接着由 PRGA 完成后续的操作，为密钥流选取相应的字节，即从向量 **S** 中选取随机元素，并修改 **S** 以便下一次选取。密钥流的生成是从 $S_0 \sim S_{255}$，对每个 S_i，根据当前 **S** 的值，将 S_i 与 **S** 中的另一元素（字节）进行置换。当 S_{255} 完成置换后，操作继续重复从 S_0 开始。密钥流的选取过程如下。

$$
\begin{aligned}
&i, j = 0; \\
&\text{while(true)} \\
&\quad i = (i + 1) \bmod 256; \\
&\quad j = (j + S_{(i)}) \bmod 256; \\
&\quad \text{swap}(S_{(i)}, S_{(j)}); \\
&\quad t = (S_{(i)} + S_{(j)}) \bmod 256; \\
&\quad k = S_{(t)};
\end{aligned}
$$

加密时，将 k 的值与下一明文字节进行异或操作；解密时，将 k 的值与下一密文字节进行异或操作。

3）例题

假如使用 3 位（0～7）的 RC4，其操作将对 8 取模。向量 **S** 只有 8 个元素。其中，初始化为

S	0	1	2	3	4	5	6	7
	0	1	2	3	4	5	6	7

选取一个种子密钥，该种子密钥是由 0～7 的数以任意顺序组成的。假设，选取 5、6 和 7 作为种子密钥，密钥长度为 3。将该种子密钥填充到临时向量 **T** 中（**T** 与 **S** 的长度相同）。

T	0	1	2	3	4	5	6	7
	5	6	7	5	6	7	5	6

（前 3 个元素：密钥长度）

利用如下循环构造实际向量 **S**。

$$
\begin{aligned}
&j = 0; \\
&\text{for } i = 0 \text{ to } 7 \text{ do} \\
&\quad j = (j + S_{(i)} + K_{(i)}) \bmod 8; \\
&\quad \text{swap}(S_{(i)}, S_{(j)});
\end{aligned}
$$

该循环以 $j=0$ 和 $i=0$ 开始,使用更新公式后的 j 为

$$\begin{aligned} j &= (0 + S_{(0)} + K_{(0)}) \bmod 8 \\ &= (0 + 0 + 5) \bmod 8 \\ &= 5 \end{aligned}$$

因此,向量 **S** 的第一个操作是将 S_0 与 S_5 进行交换,其结果为

S	0	1	2	3	4	5	6	7
	5	1	2	3	4	0	6	7

i 加 1 后,j 的下一个值为

$$\begin{aligned} j &= (5 + S_{(1)} + K_{(1)}) \bmod 8 \\ &= (5 + 1 + 6) \bmod 8 \\ &= 4 \end{aligned}$$

即将向量 **S** 的 S_1 与 S_4 进行互换,互换结果为

S	0	1	2	3	4	5	6	7
	5	4	2	3	1	0	6	7

当该循环执行结束后(后续操作,由读者自行推算),向量 **S** 被随机化为

S	0	1	2	3	4	5	6	7
	5	4	6	3	1	7	0	2

这样,向量 **S** 就可以用来生成随机的密钥流。从 $j=0$ 和 $i=0$ 开始,RC4 将通过以下方法计算第一个字节的密钥流。

$i=(i+1) \bmod 8=(0+1) \bmod 8=1$;

$j=(j+S_{(i)}) \bmod 8=(0+S_{(1)}) \bmod 8=(0+4) \bmod 8=4$;

$\text{swap}(S_{(1)}, S_{(4)})$;

交换后,向量 **S** 变为

S	0	1	2	3	4	5	6	7
	5	1	6	3	4	7	0	2

然后,先通过如下方式计算 t。

$$\begin{aligned} t &= (S_{(i)} + S_{(j)}) \bmod 8 \\ &= (S_{(1)} + S_{(4)}) \bmod 8 \\ &= (1 + 4) \bmod 8 \\ &= 5 \end{aligned}$$

再将 $t=5$ 代入以下公式,计算 k。

$$k = S_{(t)} = S_{(5)} = 7$$

第一个密钥字节为 7,其二进制数表示为 111。重复该过程,直到生成的二进制的数量等于要加密的明文位数。

2.4 对称加密——分组密码

流密码和分组密码都属于对称密钥算法,流密码的基本思想是利用密钥产生一个密钥流,并通过相应的规则对明文串进行加密和解密处理。而分组密码是将明文分为固定长度的分组,然后通过若干轮(Round)函数的迭代操作来产生密文。函数由于在每一轮的操作中都使用,所以称为轮函数,其本轮的输入是上一轮的输出加上密钥。

2.4.1 Feistel 密码结构

Feistel 密码结构是以密码学的先驱——Horst Feistel 的名字命名的,这是密码设计的一个结构,而非一个具体的密码产品。现在正在使用的几乎所有重要的对称分组密码都使用 Feistel 结构。

如图 2-7 所示,在 Feistel 密码结构中,大小为 $2w$ b 的明文 P 被平均分成左右两部分(各 w b,分别用 L_0 和 R_0 表示)。

$$P=(L_0,R_0)$$

第 1 轮加密时,分别输入明文 L_0 和 R_0 以及子密钥 k_1。输出也分为左右两部分,其中左半部分 L_1 直接用原来的右半部分 R_0 替换,而右半部分 R_1 的获得要经过两步操作:第一步是以子密钥 k_1 为参数对右边半部分 R_0 用轮函数 F 进行计算,第二步是利用第一步的函数输出值(密钥)与左半部分 L_0 进行模 2 运算,以上两步操作得到的值即为 L_1。

采用相同的方法,每一轮(第 i 轮)以前一轮得到的 L_{i-1} 和 R_{i-1} 为输入,另外的输入还有从总的密钥 k 生成的子密钥 k_i。对数据的左半部分进行替换操作,替换的方法是对数据右半部分应用轮函数 F,然后用这个函数的输出和数据的左半部分进行模 2 运算。之后,算法做一个置换操作,把数据的左右两个部分进行互换。以上加密操作的数学描述如下。

$$L_i=R_{i-1}$$
$$R_i=L_{i-1}\oplus F(R_{i-1},k_i)$$

在以上操作中,其中每一轮操作中的子密钥 k_i 是由密钥 k 通过密钥扩展算法产生的,子密钥在每一轮操作中的结构一样,但内容不同。另外,轮函数在每一轮操作中有着相同的结构,但是以各轮的子密钥 k_i 为参数进行区分。最后,密文 C 是最后一轮的输出,即

$$C=(L_{n+1},R_{n+1})$$

Feistel 密钥的具体实现依赖于以下的参数和设计特点。

(1) 分组大小。在其他条件相同的情况下,分组越大意味着安全性越高,但加密和解密的速度也就越慢。64b 的分组大小是一个较为合理的选择。目前在分组密码设计中几乎使用 64b 的分组大小。

(2) 密钥长度。密钥长度越长,安全性越高,但加密和解密的速度也就越慢。64b 或更小的密钥长度目前已被认为不安全,所以多使用 128b 或更大的密钥长度。

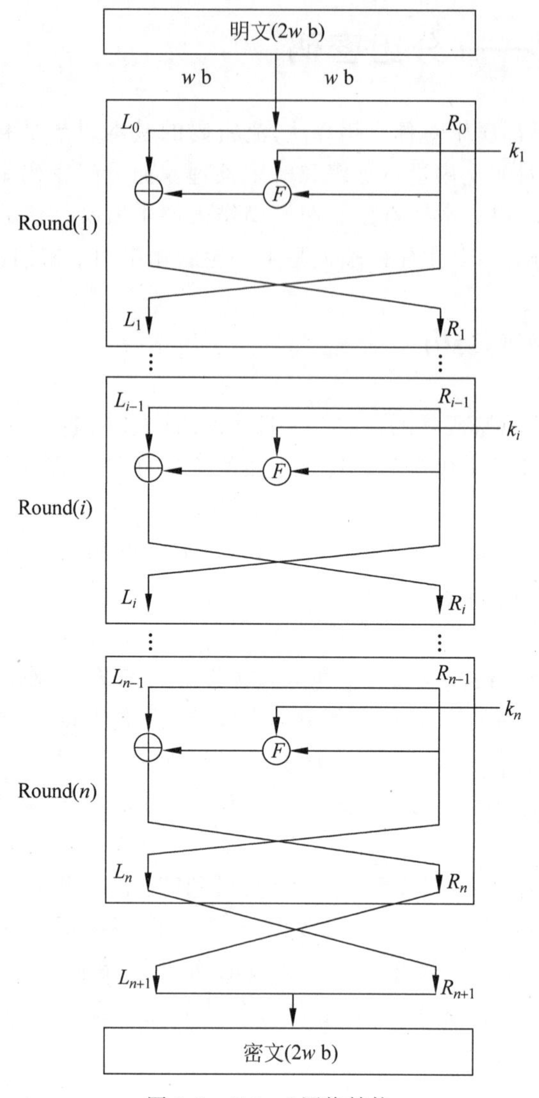

图 2-7　Feistel 网络结构

(3) 循环次数。Fetstel 密码的特点是一个循环不能保证足够的安全性,循环越多,安全性越高。目前通常使用 16 次循环。

(4) 轮(Round)函数。复杂性越高,则抗击密码分析的能力就越强。从实现过程来看,Feistel 结构的所有安全问题几乎都集中在轮函数的设计上。

Feistel 加密和解密的详细过程如图 2-8 所示。对比 Feistel 的加密和解密过程可以发现,无论使用何种特殊的轮函数 F,我们都能够很容易地进行解密操作。对加密的数学描述求解 R_{i-1} 和 L_{i-1},就可以将整个加密过程还原,得到加密之前的明文。解密规则的数学描述如下。

$$R_{i-1}=L_i$$

$$L_{i-1}=R_i \oplus F(R_{i-1},k_i)$$

最终的结果就是原始的明文 $P=(L_0,R_0)$。

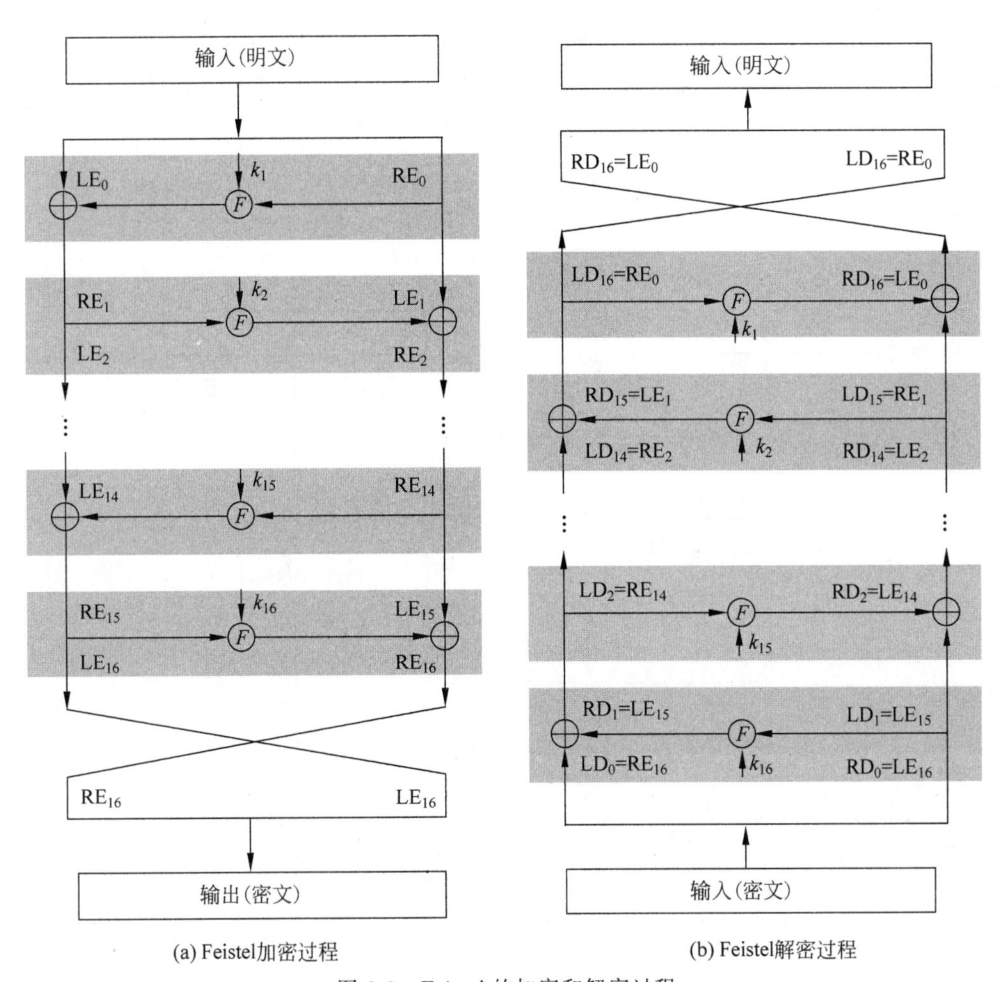

图 2-8　Feistel 的加密和解密过程

2.4.2　数据加密标准

数据加密标准(DES)是由 IBM 公司在 1971 年设计的一个加密算法。1977 年由美国国家标准局(现美国国家标准技术委员会)作为第 46 号联邦信息处理标准。之后,DES 成为金融界及其他非军事行业应用最广泛的对称加密标准。DES 是分组密码的典型代表,也是第一个被公布出来的标准算法。DES 的算法完全公开,在密码学史上开了先河。DES 是迄今为止世界上应用最广泛的一种分组密码算法。虽然美国政府已经用新的高级加密标准(Advanced Encryption Standard,AES)取代 DES,但 DES 在现代分组密码理论的发展和应用中起到了决定性作用,DES 的理论和设计思想仍有重要的参考价值。

1. DES 的算法描述

DES 是一个完全遵循 Feistel 密码结构的分组密码算法。DES 将明文以 64b 为单位分组进行加密,在一次加密过程中以 64b 为一组的明文从算法的一端输入,同时在另一端输出

64b 的密文。DES 中密钥的长度通常应为 64b，但其中后面的 8b 作为奇偶校验使用，所以实际使用的只有 56b。

如图 2-9 所示，DES 的基本加密过程共有 19 个步骤。其中，第一步是一个与密钥无关的置换操作，它直接将 64b 的明文分为左右两部分，每一部分为 32b。最后一步(即第 19 步)是对

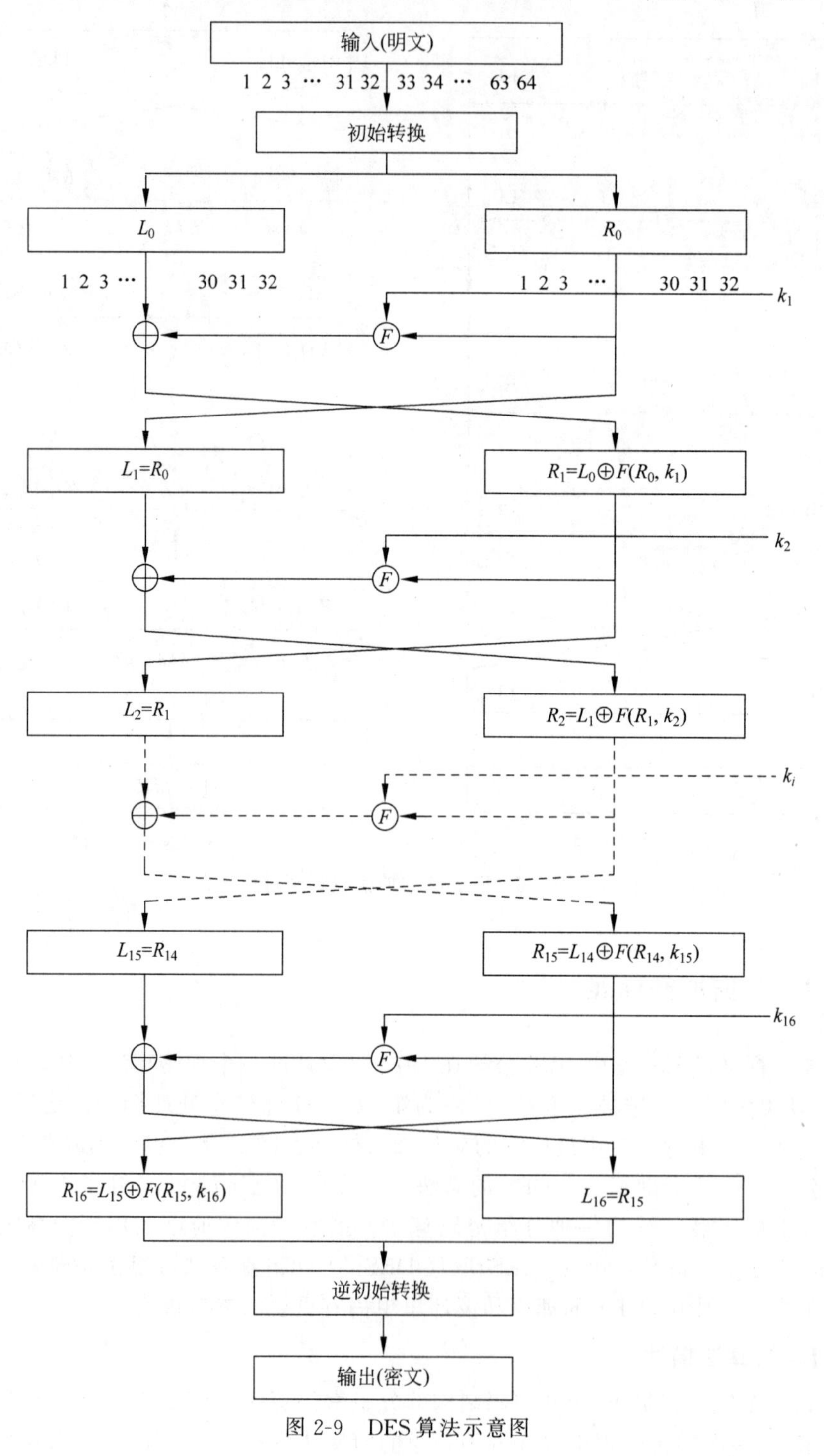

图 2-9 DES 算法示意图

第一步中置换的逆操作。而第 18 步是交换左 32b 和右 32b。其他 16 步的功能完全相同，但使用了原始密钥的不同子密钥 k_i 作为轮函数 F 的参数。

DES 算法的设计允许使用同样的密钥完成解密过程，而且解密是加密的逆过程。这正是任何一个对称密钥算法必须满足的一个条件。

下面是对 DES 的总结。

(1) 使用 16 轮操作的 Feistel 结构密码。

(2) 分组长度为 64b。

(3) 使用 56b 的密钥。

(4) 每一轮使用 48b 的子密钥，每一个子密钥都是由 56b 的密钥的子集构成。

2. DES 中每一轮操作的过程

图 2-10 是对 16 轮 Feistel 结构密码操作中其中一轮的示意图。下面结合图 2-10，对图 2-9 中每一轮操作进行介绍。因为 DES 算法中每一组明文的长度为 64b，所以根据 Feistel 结构密码的规则，将其分为左右两部分，每一部分为 32b。与所有 Feistel 结构密码一样，每一轮的处理都遵循以下的数学描述。

$$L_i = R_{i-1}$$

$$R_i = L_{i-1} \oplus F(R_{i-1}, k_i)$$

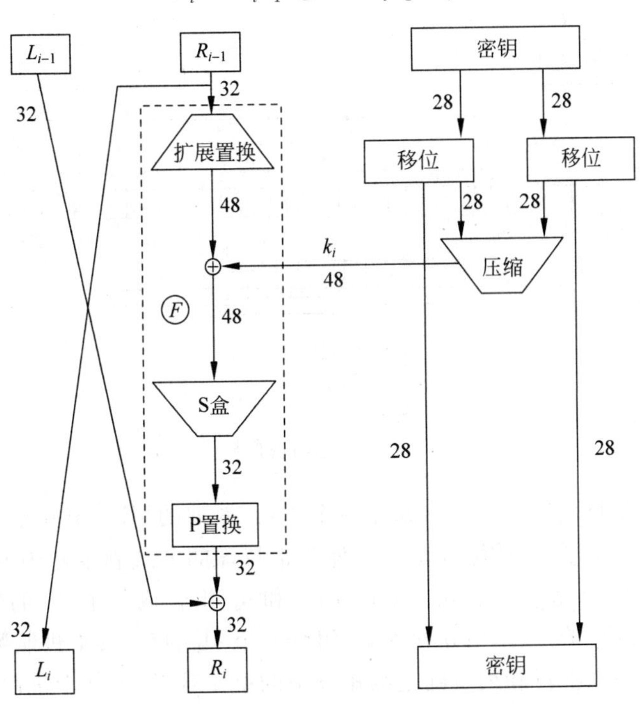

图 2-10　DES 中每一轮操作的示意图

其中轮函数 F 进行了扩展置换、子密钥相加、S 盒和 P 置换的组合操作。扩展置换将 32b 的输入扩展为 48b，其结果再与 48b 子密钥按位进行模 2 加运算。然后 S 盒将这 48b 压缩为 32b，随后对 S 盒的输出进行 P 置换。P 置换的输出再与原来的左半部分(L_{i-1})按位进行模 2 加运算，最终得到新的右半部分(R_i)。

图 2-10 的右半部分给出了 56b 密钥的使用方式。算法开始之前,先在 56b 的密码上执行一个 56b 的置换操作(通过置换函数)。在每一轮操作之前,密钥被分为两部分,每一部分为 28b,然后分别进行按位的“移位”操作(具体为左移),移动的位数取决于当前的轮操作号(具体为 0～16)。移位操作后,再执行另一个 56b 的“压缩”处理,即生成 48b 的子密钥 k_i。在每一次循环中,置换函数是相同的,但由于密钥进行了移位,所以每一次产生的子密钥并不相同。

3. DES 中的 S 盒

S 盒是 DES 算法中的核心。正是由于 S 盒的重要性,所以相关技术细节一直未被公开。这也是有人怀疑 DES 算法留有安全后门的一个原因,不过 S 盒确实增加了 DES 算法抵抗密码攻击的能力。

S 盒在轮函数 F 中的替换操作如图 2-11 所示。一次替换由一组共 8 个 S 盒组成。其中每一个 S 盒都接受 6b 的输入,产生 4b 的输出。这样,48b 的输入最后得到 32b 的输出。

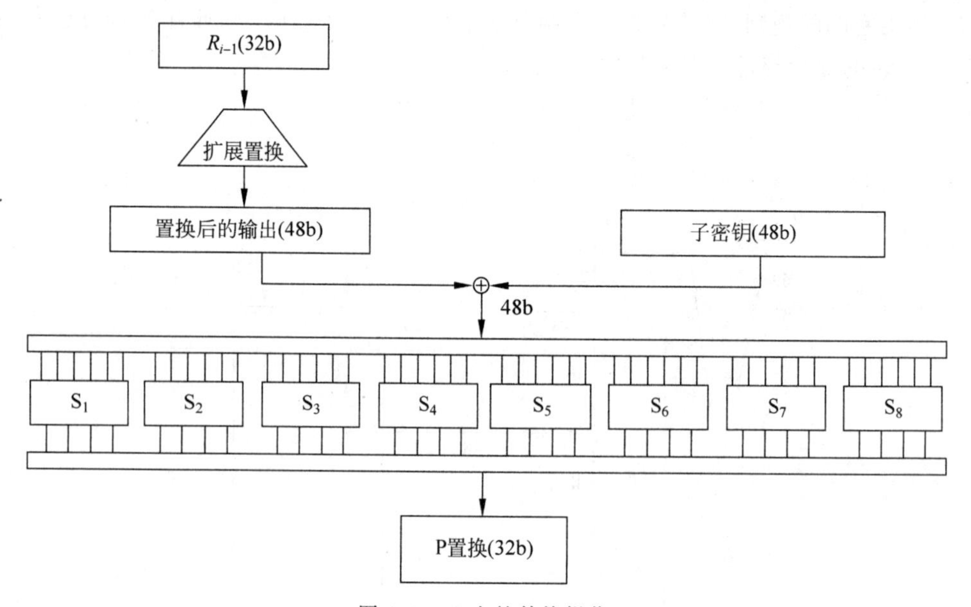

图 2-11 S 盒的替换操作

这 8 个 S 盒是不同的。每一个 S 盒是一个 4 行 16 列的矩阵,其中盒中 6b 的输入确定了其对应的输出值。盒子 S_i 的输入位以一种非常特殊的方式确定盒中的项。假设将盒中的 6b 输入分别标记为 $b_1b_2b_3b_4b_5b_6$,其中由 b_1 和 b_6 组合成一个 2b 的数(其十进制数为 0～3),用以确定矩阵中的一行,由 $b_2b_3b_4b_5$ 组合一个 4b 的数(其十进制数为 0～15),用以确定矩阵中的列。由以上行和列所确定的矩阵中的单元号码,将其十进制数转换为一个 4b 的二进制数后就产生了输出值。

具体对应关系如图 2-12 所示。例如,其中一个盒子 S_1 的输入值为 011011,因为行的组合为 01(十进制数为 1),所以对应矩阵中的第 1 行;因为列的组合为 1101(十进制数为 13),所以对应矩阵中的第 13 列。如图 2-12 所示,矩阵中第 1 行第 13 列对应的是数字 5。所以,S_1 盒的输出值则为 1001。

有关 P 置换的实现思想与 S 盒类似,详细介绍读者可参阅相关的文献说明。

b_1b_6	$b_2b_3b_4b_5$															
	0	1	2	3	4	5	6	7	8	9	10	11	12	13	14	15
0	14	4	13	1	2	15	11	8	3	10	6	12	5	9	0	7
1	0	15	7	4	14	2	13	1	10	6	12	11	9	5	3	8
2	4	1	14	8	13	6	2	11	15	12	9	7	3	10	5	0
3	15	12	8	2	4	9	1	7	5	11	3	14	10	0	6	13

图 2-12　S 盒的置换结构

4. DES 算法的特点

DES 算法综合应用了置换、替换、移位等多种密码技术。在算法结构上采用了 Feistel 密码结构，结构紧凑，便于实现。在一次加密过程中，DES 使用了初始置换和逆初始置换各一次，置换操作 16 次，这样做的目的是将数据彻底打乱重排。S 盒是 DES 保密性的关键，它将 6b 的输入映射为 4b 的输出，是一个非线性变换（其本质是数据压缩），具有较高的保密性。

DES 算法也存在一些问题：一是 56b 的密钥长度太短，影响了 DES 的保密性；二是在 16 次迭代加密过程中，使用的 16 个子密钥可能存在弱密钥或半弱密钥现象。由于 DES 中子密钥产生过程设计不当，在理论上有可能产生 16 个完全相同子密钥的弱密钥现象，也有可能产生 16 个子密钥中部分子密钥相同的半弱密钥现象。但是，由于弱密钥和半弱密钥的数量与子密钥的总数相比仍然是微不足道，因此在实际应用中并不会对 DES 的保密性造成较大的威胁。

2.4.3　三重数据加密标准

1979 年，在 DES 的使用过程中，IBM 已经意识到 DES 的密钥长度太短，于是设计了一种能够有效增加加密长度的算法，即三重数据加密标准（Triple DES），常写作 3DES。

3DES 使用两个密钥，并执行 3 次 DES 算法。使用两个密钥的原因是考虑到密钥长度对系统的开销，两个 DES 密钥加起来的长度为 112b，这对于商业应用已经足够了，如果使用 3 个密钥其长度将会达到 168b，对系统的要求将会提高。3DES 加密和解密过程如图 2-13 所示，加密时为“加密→解密→加密”（即 EDE），即第一步按照常规的方式使用密钥 K_1 对明文执行 DES 加密，第二步利用密钥 K_2 对第一步中的加密结果进行解密，第三步使用密钥 K_1 对第二步的结果进行 DES 加密。令 P 为明文，K 为密钥，C 为相应的密文分组，3DES 的数学描述为

$$C=E(D(E(P,K_1),K_2),K_1)$$

而不是

$$C=E(E(E(P,K_1),K_2),K_3)$$

3DES 的解密过程为“解密→加密→解密”（即 DED），数学描述为

$$P=D(E(D(C,K_1),K_2),K_1)$$

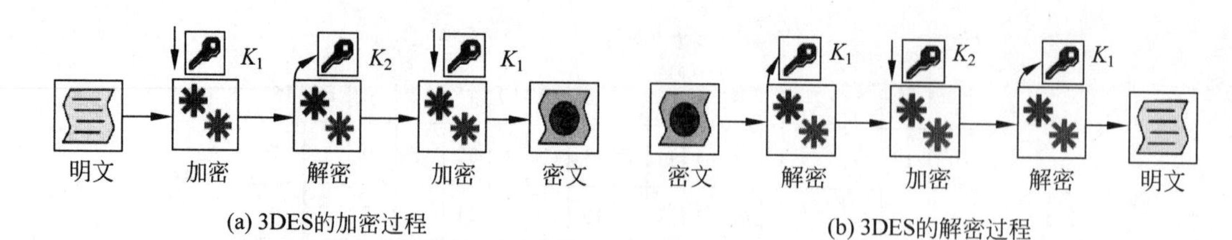

图 2-13 3DES 的加密和解密过程

通过以上介绍,读者对 3DES 的加密过程可能产生这样的疑问:为什么使用"加密→解密→加密"(即 EDE),而不使用"加密→加密→加密"(即 EEE)呢?这是因为采用 EDE 是为了与已经被广泛使用的 DES(也称为"单密钥 DES")系统保持兼容性。由于 DES 的加密和解密都是 64b 整数集之间的映射关系,使用 EDE 方式的 3DES 系统就可以与使用单密钥 DES 的系统进行通信,在实现过程中只需要设置 $K_1=K_2$ 即可。单密钥 DES 的数学描述为

$$C=E(P,K)$$

使在 3DES 中,如果令 $K_1=K_2=K$,那么结果就与单密钥 DES 相同,数学描述为

$$C=E(D(E(P,K),K),K)=E(P,K)$$

2.4.4 高级加密标准

由于 DES 存在的缺陷,出现了 3DES,但 3DES 在应用中也难以避免类似于 DES 的厄运。为此,美国标准和技术委员会(NIST)于 1997 年开始向世界各地的研究人员发出邀请,征集一个新的加密标准方案,这个方案就是高级加密标准(Advanced Encryption Standard, AES)。该加密标准要求具有以下的功能特点。

(1) 必须是一个对称加密算法。

(2) 必须公开所有的算法设计。

(3) 必须支持 128b、192b 和 256b 密钥长度。

(4) 可同时支持软件和硬件两种实现方式。

1. AES 的特点

1998 年 8 月,NIST 根据对算法的安全性、效率、简单性、灵活性和内存需求等方面的综合考虑,从收到的 15 个提案中确定了其中 5 个方案。通过对这 5 个方案的无记名投票表决,于 2001 年 10 月确定了 Rijndael 作为美国政府标准,并作为联邦信息处理标准(Federal Information Processing Standards,FIPS)FIPS197 正式发表。

在 Rijndael 中,密钥长度和数据块长度可以单独选择,它们之间没有必然的联系。密钥和数据块的长度以 32b 为间隔递增,从 128～256b。在具体实施中,AES 一般有两种方案:一种是数据块为 128b,密钥也为 128b;另一种是数据块为 128b,而密钥为 256b。而原定的 192b 的密钥几乎不使用。在下面内容中,主要以数据块和密钥都为 128b 为例进行介绍。

与 DES 一样,AES 也是一种迭代分组密码,同样使用了多轮置换和替换操作,并且操作是可逆的。但与 DES 不同的是,AES 算法不是 Feistel 密码结构,AES 的操作轮数为 10～14。其中当数据块和密钥都为 128b 时,轮数为 10;随着数据块和密钥长度的增加,操

作轮数也会随之增加，最大值为 14。不过，在每一次操作中，DES 是直接以位为单位，而在 AES 中则以字节为单位。这样做的目的是便于通过硬件和软件实现。AES 的每一轮操作包括以下 4 个函数。

(1) ByteSub(字节替换)。用一张称为 S 盒的固定表执行字节到字节的替换。

(2) ShiftRow(行移位置换)。行与行之间执行简单的置换。

(3) MixColumn(列混淆替换)。列中的每一个字节替换成该列所有字节的一个函数。

(4) AddRoundKey(轮密钥加)。用当前的数据块与扩充密钥的一部分进行简单的 XOR 运算。

以上 4 个函数中，具体为一次置换，3 次替换。

2. Rijndael 的工作原理及过程

图 2-14 所示为 Rijndael 的 state 与 rk 数组的工作示意图。其中，128b(16B)的明文以字节的形式存储在 4×4 的矩阵中，具体存放在 state 数组中，如下所示。

$$\begin{bmatrix} a_{00} & a_{01} & a_{02} & a_{03} \\ a_{10} & a_{11} & a_{12} & a_{13} \\ a_{20} & a_{21} & a_{22} & a_{23} \\ a_{30} & a_{31} & a_{32} & a_{33} \end{bmatrix}$$

在算法开始时，state 数组被初始化为 128b 的明文数据块，其中前 4 字节被存放在 state 数组的第 0 列，接下来的 4 字节被存放在第 1 列，以此类推。然后在轮操作过程中的每一步，state 数组都要被修改，其中包括数组内部字节对字节的置换，以及数组内部字节的替换。在算法的最后，state 数组中的内容就是加密后输出的密文。

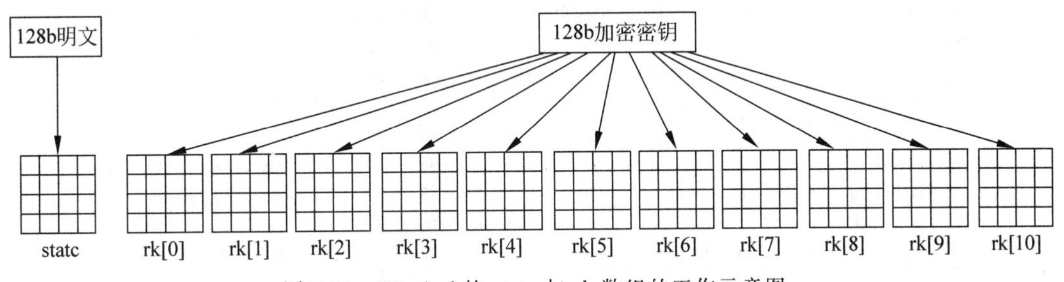

图 2-14　Rijndael 的 state 与 rk 数组的工作示意图

在进行 state 数组初始化的同时，128b 的密钥也被扩展到 11 个与 state 数组同样结构的状态数组 rk[i]中，$i=0,1,2,\cdots,10$。rk 数组中存放的是由 128b 加密密钥扩展出的轮密码(也称为子密码)。其中，有一个 rk 数组被用在计算过程的开始处，其他 10 个 rk 数组被分别用在 10 轮计算中，每一轮使用一个数组。从 128b 的加密密钥扩展得到轮密码的过程基本上是通过反复地对密钥中的不同位进行循环移位和 XOR 运行生成的，具体实现非常复杂，在这里不再讨论。有兴趣的读者可以参考相关的文献资料。

至此，state 数组中已经存放了 128b 的明文。同时，假设由 128b 加密密钥扩展得到的轮密码已分别存放在 rk[i]数组中。

在开始轮操作之前，还需要进行一次 state 数组与 rk[0]数组之间的逐字节 XOR 运算，结果存放在 state 数组中。即在进行轮操作之前，state 数组中每一个字节都被它与 rk[0]数组中对应的字节进行 XOR 运算后的结果取代。

接下来便进行主循环。这一循环将执行 10 次,即进行 10 次迭代。在每一次迭代中都分别要将 rk[i]数组与 state 数组之间的操作结果替换 state 数组中的数据。每一轮的操作都需要经过以下 4 个步骤。

(1) 使用 ByteSub 操作,在 state 数组中进行逐字节的替换。state 数组中每个字节用 a_{ij} 表示,替换后的每一个字节用 b_{ij} 表示,则有 $b_{ij}=\text{ByteSub}(a_{ij})$,数学描述如下。

$$\begin{bmatrix} a_{00} & a_{01} & a_{02} & a_{03} \\ a_{10} & a_{11} & a_{12} & a_{13} \\ a_{20} & a_{21} & a_{22} & a_{23} \\ a_{30} & a_{31} & a_{32} & a_{33} \end{bmatrix} \rightarrow \text{ByteSub} \rightarrow \begin{bmatrix} b_{00} & b_{01} & b_{02} & b_{03} \\ b_{10} & b_{11} & b_{12} & b_{13} \\ b_{20} & b_{21} & b_{22} & b_{23} \\ b_{30} & b_{31} & b_{32} & b_{33} \end{bmatrix}$$

在进行 ByteSub 操作时,实现方法与 DES 中的 S 盒相似,可以直接通过查表(见图 2-15)得到替换值。为便于表述,在图 2-15 中用十六进制数表示。例如,ByteSub(2e)=98,即在图 2-15 的表格中,第 2 列第 e 行对应的数值是 98。在 AES 和 DES 中虽然都使用了 S 盒,但 AES 中的 S 盒与 DES 中的不同,DES 中有 8 个 S 盒,而在 AES 只有一个。

	0	1	2	3	4	5	6	7	8	9	a	b	c	d	e	f
0	63	7c	77	7b	f2	6b	6f	c5	30	01	67	2b	fe	d7	ab	76
1	ca	82	c9	7d	fa	59	47	f0	ad	d4	a2	af	9c	a4	72	c0
2	67	fd	93	26	36	3f	f7	cc	34	a5	e5	f1	71	d8	31	15
3	04	c7	23	c3	18	96	05	9a	07	12	80	e2	eb	27	b2	75
4	09	83	2c	1a	1b	6e	5a	a0	52	3b	d6	b3	29	e3	2f	84
5	53	d1	00	ed	20	fc	b1	5b	6a	cb	be	39	4a	4c	58	cf
6	d0	ef	aa	fb	43	4d	33	85	45	f9	02	7f	50	3c	9f	a8
7	51	a3	40	8f	92	9d	38	f5	bc	b6	da	21	10	ff	f3	d2
8	cd	0c	13	ec	5f	97	44	17	c4	a7	7e	3d	64	5d	19	73
9	60	81	4f	dc	22	2a	90	88	46	ee	b8	14	de	5e	0b	db
a	e0	32	3a	0a	49	06	24	5c	c2	d3	ac	62	91	95	e4	79
b	e7	c8	37	6d	8d	d5	4e	a9	6c	56	f4	ea	65	7a	ae	08
c	ba	78	25	2e	1c	a6	b4	c6	e8	dd	74	1f	4b	bd	8b	8a
d	70	3e	b5	66	48	03	f6	0e	61	35	57	b9	86	c1	1d	9e
e	e1	f8	98	11	69	d9	8e	94	9b	1e	87	e9	ce	55	28	df
f	8c	a1	89	0d	bf	e6	42	68	41	99	2d	0f	b0	54	bb	16

图 2-15 ByteSub 的对照表

(2) 对 state 数组中的每一个字节 a_{ij} 用 ShiftRow 操作向左进行移位。将步骤(1)操作得到的结果的行向左移位置换。具体方法为:第 0 行不变,第 1 行左移一字节,第 2 行左移两字节,第 3 行左移 3 字节。这一步操作是通过 ShiftRow 将整个块中的数据混合起来,数学描述如下。

$$\begin{bmatrix} a_{00} & a_{01} & a_{02} & a_{03} \\ a_{10} & a_{11} & a_{12} & a_{13} \\ a_{20} & a_{21} & a_{22} & a_{23} \\ a_{30} & a_{31} & a_{32} & a_{33} \end{bmatrix} \rightarrow \text{ShiftRow} \rightarrow \begin{bmatrix} a_{00} & a_{01} & a_{02} & a_{03} \\ a_{11} & a_{12} & a_{13} & a_{10} \\ a_{22} & a_{23} & a_{20} & a_{21} \\ a_{33} & a_{30} & a_{31} & a_{32} \end{bmatrix}$$

(3) 使用 MixColumn 操作,将 state 数组中每一列的字节混合起来,列与列之间互不影响。这里的操作类似于 DES 中的 S 盒，包括移位和 XOR 运算，可以通过查表（类似于图 2-15 中的表）实现，数学描述如下。

$$\begin{bmatrix} a_{0i} \\ a_{1i} \\ a_{2i} \\ a_{3i} \end{bmatrix} \to \text{MixColumn} \to \begin{bmatrix} b_{0i} \\ b_{1i} \\ b_{2i} \\ b_{3i} \end{bmatrix}, \quad i=0,1,2,3$$

（4）使用 AddRoundKey 操作，与本轮的轮密钥 XOR 到 state 数组中。与 DES 相似，密钥扩展算法产生每一轮的轮密钥，并保存在 rk[i]中。为了表述方便，在这里用 k_{ij} 代替 rk[i]，但 k_{ij} 中的 i 和 j 分别表示存放轮密钥的矩阵的行和列（$i,j=0,1,2,3$），而 rk[i]中的 i 则表示是第 i 轮使用的轮密钥（$i=1,2,\cdots,10$）。将轮密钥 k_{ij} 与当前 4×4 字节矩阵元素 a_{ij} 进行 XOR 操作生成 b_{ij} 的过程描述如下。

$$\begin{bmatrix} a_{00} & a_{01} & a_{02} & a_{03} \\ a_{10} & a_{11} & a_{12} & a_{13} \\ a_{20} & a_{21} & a_{22} & a_{23} \\ a_{30} & a_{31} & a_{32} & a_{33} \end{bmatrix} \oplus \begin{bmatrix} k_{00} & k_{01} & k_{02} & k_{03} \\ k_{10} & k_{11} & k_{12} & k_{13} \\ k_{20} & k_{21} & k_{22} & k_{23} \\ k_{30} & k_{31} & k_{32} & k_{33} \end{bmatrix} = \begin{bmatrix} b_{00} & b_{01} & b_{02} & b_{03} \\ b_{10} & b_{11} & b_{12} & b_{13} \\ b_{20} & b_{21} & b_{22} & b_{23} \\ b_{30} & b_{31} & b_{32} & b_{33} \end{bmatrix}$$

通过以上 XOR 操作，生成的 b_{ij} 再替换掉 state 数组中的 a_{ij}，这时的 a_{ij} 就是加密后的密文。

在以上操作中，由于每一步都是可逆的，所以解密过程也非常简单，只要将加密算法反过来运行就可以实现。

2.4.5　其他分组密码算法

在分组密码算法中，本节重点介绍了 DES、3DES 和 AES。除此之外，下面将简要介绍几种重要的分组密码算法。

1. IDEA 算法

DES 加密标准的出现在密码学上具有划时代的意义，但比 DES 更安全的加密算法也在不断出现，除 3DES 外，另一个对称加密系统是国际数据加密算法（International Data Encryption Algorithm，IDEA）。

IDEA 的明文和密文都为 64b，但密钥长度为 128b，因而更加安全。IDEA 和 DES 相似，也是先将明文划分为一个个 64b 的数据块，然后经过 8 轮编码和一次替换，得出 64b 的密文。同时，对于每一轮的编码，每一个输出位都与每一个输入位有关。IDEA 比 DES 的加密性好，加密和解密的运算速度很快，无论是软件还是硬件，实现起来都比较容易。

2. RC5/RC6 算法

RC5 和 RC6 分组密码算法是由麻省理工学院的 Ron Rivest 于 1994 年提出的，并由 RSA 实验室对其性能进行分析。RC5 适合硬件和软件实现，只使用在微处理器上。RC5 的设计特性如下。

（1）快速。RC5 是面向字的，在基本操作中每次对数据的整个字进行处理。

(2) 适用于不同字长的处理器。一个字中的位数作为 RC5 的一个参数,不同的字长使用不同的算法。

(3) 可变的循环次数。循环次数是 RC5 的另一个参数,这个参数使 RC5 可以在更高的速度和更高的安全性之间进行折中选择。

(4) 可变长度的密钥。密钥长度是 RC5 的第 3 个参数,这个参数可以用来在更高的速度和更高的安全性之间进行折中选择。

(5) 结构简单。RC5 的结构简单,易于实现,并简化了确定算法的操作强度。

(6) 内存要求低。由于 RC5 算法对设备内存的要求很低,所以可以应用在智能卡等有限内存的设备上。

(7) 大量使用数据依赖循环。RC5 中移位的位数依赖于数据的循环操作,以加强算法对密码分析的抵抗能力。

RC5 已经被用于 RSA 的主要产品中,包括 BSAFE、S/MAIL 等。RC5 中使用的 3 个参数如表 2-1 所示。

表 2-1　RC5 算法中的 3 个参数说明

参　　数	定　　义	取 值 范 围
w	字的大小,RC5 对 2 字(word)的分组进行加密	16,32,64
r	循环次数	0,1,2,…,255
b	密钥 K 中字节数	0,1,2,…,255

具体来说,RC5 可以将 32b、64b 或 128b 长度的明文分组进行加密,生成同样长度的密文分组。使用的密钥长度为 0～2040b,加密的循环次数可在 0～255 选择。所以,RC5 的一个特定的版本被写成 RC5-$w/r/b$,如 RC5-32/12/16,即明文分组的字大小为 32b(加密操作时为 64b,32b 的明文和 32b 的密文分组),加密和解密算法包含 12 次循环,密钥长度为 16B(128b)。Ron Rivest 建议把 RC5-32/12/16 作为指定版本使用。

RC6 是在 RC5 的基础上设计出来的。1997 年美国国家标准技术委员会征集 ADE 算法时,RSA 实验室想在 RC5 的基础上设计一种新密码,力争在满足 AES 要求的同时,还具有更简单的设计、更高的安全性和更好的性能。但在 2001 年公布的结果中,RC6 落选。

RC6 继承了 RC5 的优点,并且为了符合美国国家标准技术委员会提出的分组长度为 128b 的要求,RC6 使用了 4 个寄存器,并加入了 32b 的整数乘法,用于加强扩展性。与 RC5 的表示一样,RC6 可以更精确地表示为 RC6-$w/r/b$,其中字长 w 为 32b(与 RC5 相同),加密轮数 r 为 20,加密密钥的字节数 b 为 16B、24B 或 32B。

3. TEA 算法

微型加密算法(Tiny Encryption Algorithm,TEA)是由剑桥大学计算机实验室的 David J. Wheeler 和 Roger M. Needham 于 1994 年提出的一种对称分组密码算法。它采用 128b 的密钥对 64b 的数据分组进行加密,其循环次数可由用户根据加密强度需要设定。

在前面介绍的分组密码设计中,需要在每轮操作的复杂度和执行轮数之间进行折中。其中,DES 在两者之间进行平衡,而 AES 减少了轮数却增加了轮函数的复杂度。TEA 使用非常简单的轮函数,它通过增加循环的轮数来提高算法的安全性。

由于 TEA 不是 Feistel 结构密码,所以需要设计加密和解密的程序,不过同时实现加密和解密的程序对 TEA 只需要几行代码。另外，由于 TEA 近似于 Feistel 结构密码，所以可使用加法和减法运算代替 XOR 操作。TEA 在加密和解密过程中，加法运算和减法运算用作可逆的操作。算法轮流使用异或运算和加法运算提供非线性特性，双移位操作使密钥和数据的所有比特重复地混合。

一般认为，32 轮循环就具备足够的加密强度。当循环次数达到 32 轮以上时，TEA 算法将具有很强的抗攻击能力。另外，由于 TEA 采用了 128b 的密钥，并且不存在 DES 算法中的 S 盒问题，算法本身非常简练，所以无论采用软件方式还是硬件方式，实现起来都非常容易。因此，TEA 是一种较为优秀的对称分组密码算法。

其他的分组加密算法还有 LOKI、CAST-256、CRYPTON、E2、DEAL、FROG、SAFER＋、MAGENTA、SERPENT、MARS、DFC、Twofish 和 HPC 等。这 13 个算法都是 1998 年公布的 AES 中的候选算法，另两个是前面介绍的 RC6 和 Rijndael。

2.5　非对称加密

非对称加密也称为公钥加密。在对称加密系统中，加密和解密的双方使用的是相同的密钥。在实际情况下，怎么才能实现加密和解密的密钥一致呢？一般有两种方式：事先约定和用信使传送。如果加密和解密的双方对密钥进行了事先约定，就会给密钥的管理和更换带来极大的不便；如果使用信使来传送密钥，很显然是不安全的。另一种可行的方法是通过密钥分配中心（Key Distribution Center，KDC）管理密钥，这种方法虽然安全性较高，但成本也会增大。非对称加密可以解决此问题。

2.5.1　非对称加密概述

非对称加密的出现在密码学史上是一个重要的里程碑。非对称加密中使用的公开密钥（或公钥密钥）的概念是在解决对称加密的单密码方式中最难的两个问题时提出的，这两个问题是：密钥分配和数字签名。

1. 非对称加密的概念

在使用单钥密码进行加密通信时，对于密钥的分配和管理一般有两种方式：一种是通信双方拥有一个共享的密钥；另一种是借助一个密钥分配中心。如果是前者，可用人工方式传送双方的共享密钥，其成本较高，而且安全性要依赖于信使的可靠性。如果是后者，则完全依赖于密钥分配中心的可靠性。第二个问题是数字签名。考虑的是如何对数字化的消息或文件提供一种类似于书面文件的手书签名方式。1976 年，W. Diffice 和 M. Hellman 为解决以上问题，提出了公钥密码体制。

在非对称加密体系中，密钥被分解为一对，即公开密钥和私有密钥。这对密钥中的任何一把都可以作为公开密钥（加密密钥）通过非保密方式向他人公开，而另一把作为私有密钥（解密密钥）加以保存。在加密系统中，公开密钥用于加密，私有密钥用于解密。私有密钥只能由生成密钥的交换方掌握，公开密钥可广泛公布，但它只对应生成密钥的交换方。

2. 非对称加密的特点

非对称加密算法具有如下特点。

(1) 使用公开密钥加密的数据(消息),只有使用相应的私有密钥才能解密,这一过程称为加密。

(2) 使用私用密钥加密的数据(消息),也只有使用相应的公开密钥才能解密,这一过程称为数字签名。

如图 2-16 所示,如果某一用户要给用户 A 发送一个数据,这时该用户会在公开的密钥中找到与用户 A 所拥有的私有密钥对应的一个公开密钥,然后用此公开密对数据进行加密后发送到网络中传输。用户 A 在接收到密文后便通过自己的私有密钥进行解密,因为数据的发送方使用接收方的公开密钥加密数据,所以只有用户 A 才能够读懂该密文。当其他用户获得该密文,因为他们没有加密该信息的公开密钥对应的私有密钥,所以无法读懂该密文。

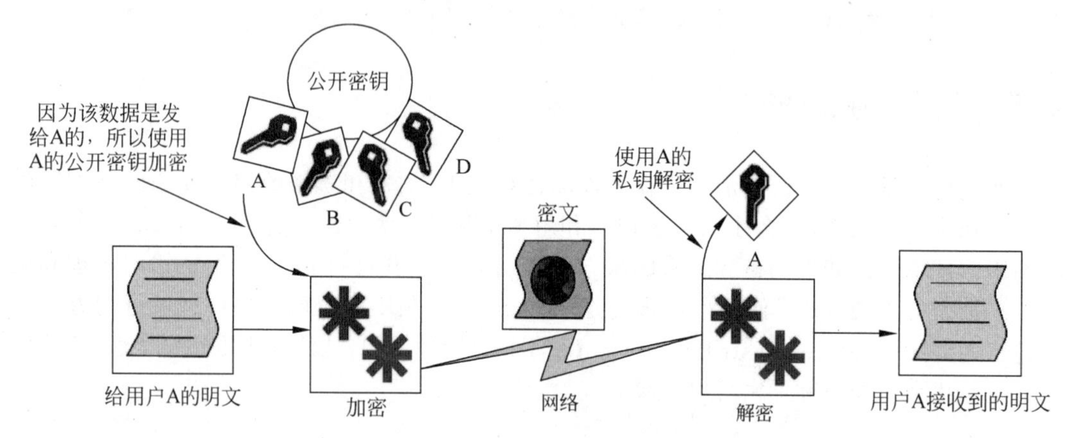

图 2-16 非对称密钥的加密和解密过程

在非对称加密中,所有参与加密通信的用户都可以获得每个用户的公开密钥,而每一个用户的私有密钥由用户在本地产生,不需要被事先分配。在一个系统中,只要能够管理好每一个用户的私有密钥,用户收到的通信内容则是安全的。任何时候,一个系统都可以更改它的私有密钥并公开相应的公开密钥来替代它原来的公开密钥。

非对称加密方式可以使通信双方无须事先交换密钥就可以建立安全通信,广泛应用于身份认证、数字签名等信息交换领域。公开密钥体系是基于"单向陷门函数"的,即一个函数正向计算是很容易的,但是反向计算则是非常困难的。陷门的目的是确保攻击者不能使用公开的信息得出秘密的信息。例如,计算两个质数 p 和 q 的乘积 $n=pq$ 是很容易的,但是要分解已知的 n 成为 p 和 q 是非常困难的。

遵循业界的约定,本章在介绍对称加密时,明文为 P,密文为 C。而在非对称加密中,用 M 表示要加密的信息,加密结果仍然用 C 表示。

2.5.2 RSA 算法

RSA 算法是 Rivest、Shamir 和 Adleman 于 1977 年提出的第一个完善的公开密钥算法(RSA 即 3 个发明人名字的第一个字母),其安全性是基于分解大整数的困难性。在 RSA 算法中使用了这样一个基本事实:到目前为止,无法找到一个有效的算法来分解两个大质数之积。

1. RSA 的原理

RSA 公开密钥算法的原理如下。

(1) 选择两个互异的大质数 p 和 q(p 和 q 必须保密,一般取 1024b);

(2) 计算出 $n=pq$,$z=(p-1)(q-1)$;

(3) 选择一个比 n 小且与 z 互质(没有公因子)的数 e;

(4) 找出一个 d,使得 $ed-1$ 能够被 z 整除,其中,$ed=1 \bmod (p-1)(q-1)$;

(5) 于是,因为 RSA 是一种分组密码系统,所以公开密钥为(n,e),私有密钥为(n,d)。

在以上的关系式中,n 称为模数,通信双方都必须知道;e 为加密运算的指数,发送方需要知道;而 d 为解密运算的指数,只有接收方才能知道。

将以上的过程进一步描述如下。

公开密钥:$n=pq$(p、q 分别为两个互异的大素数,p、q 必须保密);

e 与$(p-1)(q-1)$互质;

私有密钥:$d=e^{-1}\{\bmod (p-1)(q-1)\}$;

加密:$C=M^e(\bmod n)$,其中 M 为明文,C 为密文;

解密:$M=C^d(\bmod n)=(M^e)^d(\bmod n)=M^{ed}(\bmod n)$。

2. RSA 应用举例

下面举一个例子。为了对字母表中的第 M 个字母加密,加密算法为 $C=M^e(\bmod n)$,第 C 个字母即为加密后的字母。对应的解密算法为 $M=C^d(\bmod n)$。下面以一个简单的例子进行计算。

(1) 设 $p=5$,$q=7$;

(2) 所以 $n=pq=35$,$z=(5-1)(7-1)=24$;

(3) 选择 $e=5$(因为 5 与 24 互质);

(4) 选择 $d=29$($ed-1=144$,可以被 24 整除);

(5) 所以公开密钥为(35,5),私有密钥为(35,29)。

如果被加密的是 26 个字母中的第 12 个字母(L),则它的密文为

$$C=12^5(\bmod 35)=17$$

第 17 个字母为 Q,解密得到的明文为

$$M=17^{29}(\bmod 35)=12$$

通过以上的计算可以看出,当两个互质数 p 和 q 取的值足够大时,RSA 的加密是非常安全的。

2.5.3 Diffie-Hellman 密钥交换

DH(Diffie-Hellman)密钥交换算法是 W. Diffie 和 M. Hellman 于 1976 年提出的第一个公开密钥算法,它是一种"密钥交换"算法,主要为对称密码的传输提供安全的共享信道,而不是用于加密或数字签名。

1. DH 算法的原理

DH 算法的数学描述相对简单。令 p 为质数，a 为基本原根，将 p 和 a 公开。假设在用户 A 与用户 B 之间希望交换会话密钥(对称密钥)。用户 A 的操作如下。

(1) 随机选取一个大的随机整数 x_A，将其保密，其中 $0 \leqslant x_A \leqslant p-2$；

(2) 计算公开量 $y_A = a^{x_A} \bmod p$，将其公开。

用户 B 的操作如下。

(1) 随机选取一个大的随机整数 x_B，将其保密，其中 $0 \leqslant x_B \leqslant p-2$。

(2) 计算公开量 $y_B = a^{x_B} \bmod p$，将其公开。

用户 A 计算：$K = y_B^{x_A} \bmod p$。

用户 B 计算：$K = y_A^{x_B} \bmod p$。

用户 A 和用户 B 各自计算的 K 即是他们共享的会话密钥，如图 2-17 所示。显然，用户 A 和用户 B 各自计算的 K 值应该是相同的，因为

$$y_A^{x_B} \bmod p = y_B^{x_A} \bmod p = a^{x_A \cdot x_B} \bmod p$$

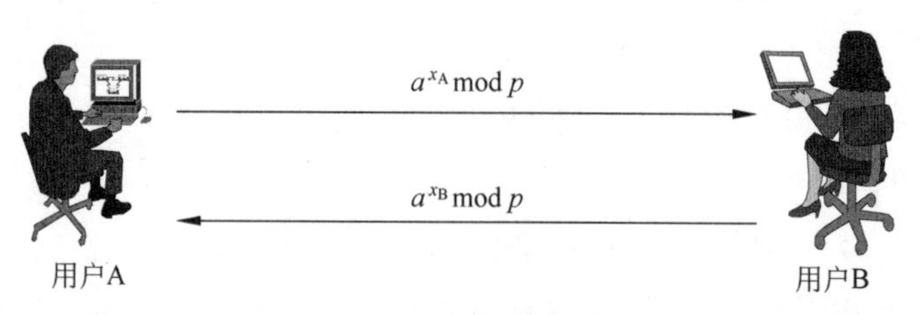

图 2-17　DH 密钥交换方式

2. DH 算法应用举例

假定用户 A 和用户 B 之间交换密钥。选择素数 $p=353$ 以及基本原根 $a=3$(可由一方选择后发给对方)。具体实现方法如下。

(1) 用户 A 和用户 B 各自选择随机密钥数。例如，用户 A 选择 $x_A=97$，用户 B 选择 $x_B=233$。

(2) 用户 A 和用户 B 分别计算公开数。

用户 A 计算：$y_A = 3^{97} \bmod 353 = 40$；

用户 B 计算：$y_B = 3^{233} \bmod 353 = 248$。

(3) 双方各自计算共享的会话密钥。

用户 A 计算：$K = y_B^{x_A} \bmod 353 = 248^{97} \bmod 353 = 160$；

用户 B 计算：$K = y_A^{x_B} \bmod 353 = 40^{233} \bmod 353 = 160$。

通过以上计算，用户 A 和用户 B 之间的会话密钥为 160。

2.5.4　椭圆曲线密码

椭圆曲线密码(Elliptic Curve Cryptography，ECC)是自 RSA 后出现的一个有竞争力的公开密钥算法。椭圆曲线密码系统的安全强度不但依赖于椭圆曲线上离散对数的分解难

度，也依赖于曲线的选择。

椭圆曲线离散对数问题(Elliptrc Curve Discrete Logarithm Problem，ECDLP)是椭圆曲线密码学的基础。椭圆曲线离散对数问题可描述如下：给定(或根据某一法则构造)一条椭圆曲线E，并在曲线上取一点P，并用xP表示点P与自身相加x次，即$xP=P+P+\cdots+P$，共有x个P相加。假设曲线E上有一点Q，使$Q=xP$成立，那么椭圆曲线离散对数问题就是给定点P和点Q，求解x的问题。下面是ECC的ECDLP算法。

(1) 系统的建立。选取一个基域F_q，一个定义在F_q上的椭圆曲线E和E上一个为质数阶n的点P，点P的坐标用(x_p,y_p)表示。有限域F_q、椭圆曲线参数(即域元素a和b，元素a和b用于定义椭圆曲线的参数)、点P和阶n是公开的。

(2) 密钥的生成。系统建成后，通信双方执行如下计算。

① 在区间$[1,n-1]$中随机选取一个整数d；

② 计算点$Q=dP$；

③ 用户的公开密钥包含点Q，用户的私有密钥是整数d。

(3) 加密过程。假设，当用户B发送信息M给用户A时，用户B将执行如下操作。

① 查找用户A的公钥Q；

② 将数据M表示成一个域元素M；

③ 在区间$[1,n-1]$内选择一个随机整数k；

④ 计算点$(x_1,y_1)=kP$；

⑤ 计算点$(x_2,y_2)=kQ$，如果$x_2=0$，则回到步骤③；

⑥ 计算$c=Mx_2$；

⑦ 传送加密数据(x_1,y_1,c)给用户A。

(4) 解密过程。当用户A解密从用户B收到的密文(x_1,y_1,c)时，用户A执行如下操作。

① 使用用户A的私有密钥d，计算点$(x_2,y_2)=d(x_1,y_1)$；

② 通过计算$M=c/x_2$，得到明文数据M。

基于离散对数问题的椭圆曲线密码体制有两方面的特点：一方面，它把实数域上的乘法运算、指数运算等映射成椭圆曲线上的加法运算，无论是用硬件实现还是用软件实现，都比其他公开密钥体系更快，更容易实现，成本更低；另一方面，在有限数域的椭圆曲线上要求出上面的d，同时涉及整数因式分解问题和离散对数问题，解决这些问题的难度在很大程度上增加了ECC的安全性。

2003年5月12日我国颁布的无线局域网国家标准GB 15629.11—2003中，包含了全新的无线局域网鉴别和保密基础结构(WLAN Authentication and Privacy Infrastructure，WAPI)安全机制，其中的数字签名就采用了ECC算法。另外，国际上最著名的ECC密码技术公司加拿大Certicom公司已授权300多家企业使用ECC密码技术，包括思科、摩托罗拉等企业。微软公司将Certicom公司的VPN嵌入Windows Server系列操作系统中。

2.6　数字签名

视频讲解

多少年来，人们一直在根据亲笔签名或印章鉴别书信或文件的真实性。但随着基于计算机网络所支持的电子商务、网上办公等平台的广泛应用，原始的亲笔签名和印章方式已无法满足应用需要,数字签名技术应运而生。

2.6.1 数字签名的概念和要求

数字签名(Digital Signature)在TS 07498-2标准中的定义为:"附加在数据单元上的一些数据,或是对数据单元所做的密码变换。这种数据和变换允许数据单元的接收者用以确认数据单元来源和数据单元的完整性,并保护数据,防止被人(如接收者)进行伪造"。

1. 数字签名的条件

数字签名必须同时满足以下的要求。

(1) 发送者事后不能否认对报文的签名。

(2) 接收者能够核实发送者发送的报文签名。

(3) 接收者不能伪造发送者的报文签名。

(4) 接收者不能对发送者的报文进行部分篡改。

(5) 网络中的其他用户不能冒充成为报文的接收者或发送者。

2. 数字签名的作用

数字签名是实现安全认证的重要工具和手段,它能够提供身份认证、数据完整性、不可抵赖等安全服务。

(1) 防冒充(伪造)。其他人不能伪造对消息的签名,因为私有密钥只有签名者自己知道和拥有,所以其他人不可能构造出正确的签名数据。

(2) 可鉴别身份。接收者使用发送者的公开密钥对签名报文进行解密运算,并证明对方身份是真实的。

(3) 防篡改。即防止破坏信息的完整性。签名数据和原有文件经过加密处理已形成了一个密文数据,不可能被篡改,从而保证了数据的完整性。

(4) 防抵赖。数字签名可以鉴别身份,不可能冒充伪造。

数字签名是附加在报文(数据或消息)上并随报文一起传送的一串代码,与传统的亲笔签名和印章一样,目的是让接收方相信报文的真实性,必要时还可以对真实性进行鉴别。现在已有多种数字签名的实现方法,但采用较多的还是技术上非常成熟的数据加密技术,既可以采用对称加密,也可以采用非对称加密,但非对称加密要比对称加密更容易实现和管理。

2.6.2 利用对称加密方式实现数字签名

我们已经知道,对称加密在通信过程中存在一定的缺陷,主要是密钥的交换比较困难。在对称加密中,由于加密密钥和解密密钥是相同的,如果将其用于数字签名,则要求消息的发送者和接收者都要使用相同的密钥,发送者用密钥对消息进行加密处理(签名)生成密文,接收者对接收到的密文利用同一个密钥进行解密。在这一过程中,读者会发现违反了数字签名的一个原则:防抵赖。由于在加密(签名)和解密(鉴别身份)过程中,参与者只有消息的发送方和接收方,而没有第三方,一旦出现签名的抵赖,则无法进行判别。

为解决这一问题,在利用对称加密方式实现数字签名的过程中,需要一个大家共同信赖的权威机构作为第三方。数字签名的用户都要向该权威机构申请一个密钥，这个密钥在该系统中是唯一的，即唯一标识了某一个用户。当权威机构向用户分配了密钥后，将该密钥的副本保存在该机构的数据库中，用以识别用户的真实性。

现在，假设用户 A 和用户 B 之间要实现数字签名，具体过程如下，如图 2-18 所示。

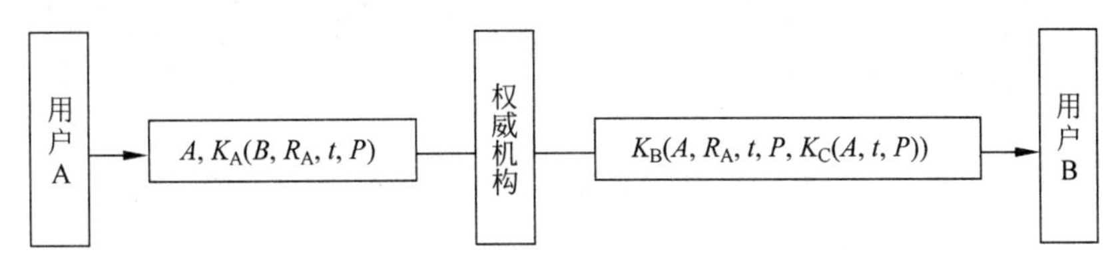

图 2-18　利用对称加密实现数字签名

(1) 用户 A 对要发送的明文消息 P 进行签名处理，生成 $K_A(B, R_A, t, P)$。其中，K_A 是用户 A 的加密密钥，即从权威机构申请到的密钥；B 是用户 B 的标识，在网络上是公开的；R_A 是用户 A 选择的一个随机数，以防止用户 B 收到重复的签名消息；t 是一个时间戳，用来保证该消息是最新的；P 是用户 A 要发送的明文消息。

(2) 用户 A 将利用自己的密钥加密生成的签名消息 $K_A(B, R_A, t, P)$ 发送出去，当权威机构接收到该消息后，通过数据库中用户 A 的密钥副本 K_A 知道该消息是用户 A 发送的，所以将利用密钥副本 K_A 进行解密处理，得到用户 A 发送的明文 P，并根据用户的标识符知道该消息是发送给用户 B 的。

(3) 权威机构利用用户 B 的密钥副本 K_B 生成消息 $K_B(A, R_A, t, P, K_C(A, t, P))$。其中，$K_C(A, t, P)$ 是一条由权威机构经过签名的消息，一旦将来出现抵赖，则可以通过该消息证明。

(4) 用户 B 在接收到消息 $K_B(A, R_A, t, P, K_C(A, t, P))$ 后，利用自己的密钥 K_B 解密得到用户 A 发送的明文。

在如图 2-18 所示的数字签名方式中，系统的安全性主要决定于两个方面：一是用户密钥的保存中的安全性；二是权威机构的可信赖性。

2.6.3　利用非对称加密方式实现数字签名

在利用对称加密实现的数字签名中，用户必须依赖第三方的权威机构，所以权威机构的可信度是决定该方式能否正常使用的关键。然而，非对称加密解决了这一问题。

利用非对称加密方式实现数字签名，主要是基于在加密和解密过程中 $D(E(P))=P$ 和 $E(D(P))=P$ 两种方式的同时实现，其中前面介绍的 RSA 算法就具有此功能。

具体实现过程如图 2-19 所示，首先发送方利用自己的私有密钥对消息进行加密（这次加密的目的是实现签名），接着对经过签名的消息利用接收方的公开密钥再进行加密（这次加密的目的是保证消息传送的安全性）。这样，经过双重加密后的消息（密文）通过网络传送到接收方。接收方在接收到密文后，首先利用接收方的私有密钥进行第一次解密（保证数据的完全性），接着再用发送方的公开密钥进行第二次解密（鉴别签名的真实性），最后得到明文。

现在，假设发送方否认自己给接收方发送过消息 P。这时，接收方只需要同时提供 P

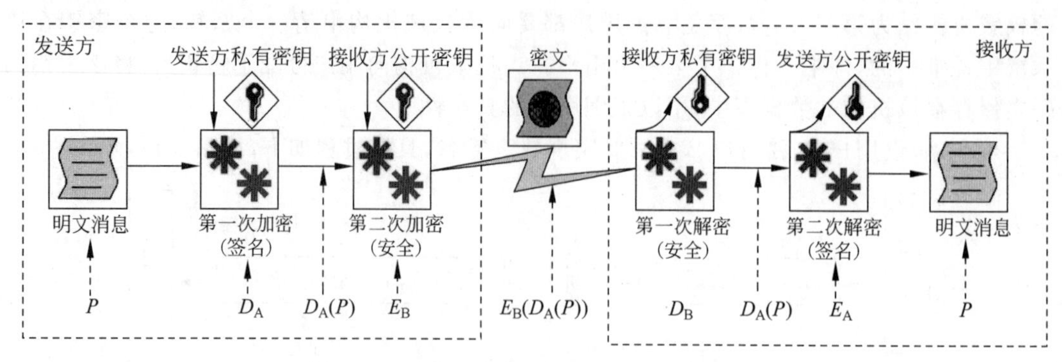

图 2-19 具有保密功能的数字签名实现过程

和 $D_A(P)$。第三方可对接收方提供的 $D_A(P)$ 利用 E_A 进行解密，即 $E_A(D_A(P))$。由于 $D_A(P)$ 是由发送方使用自己的私有密钥签名的，而 E_A 是发送方的公开密钥，第三方很容易得到且不需要发送方的许可。如果 $E_A(D_A(P))=P$，则说明该消息肯定是发送方发送的，因为只有发送方才有签名密钥 D_A。

2.7 消息认证和 Hash 函数

消息认证(Message Authentication)是在信息领域防止各种主动攻击(如信息的篡改与伪造)的有效方法。消息认证要求报文的接收方能够验证所收到的报文的真实性，包括发送者姓名、发送时间、发送内容等。

2.7.1 消息认证的概念和现状

消息认证也称为"报文认证"或"报文鉴别"，是一个证实收到的报文来自可信任的信息源且未被篡改的过程。消息认证也可用于证实报文的序列编号和及时性，因此，利用消息认证方式可以避免以下现象的发生。

(1) 伪造消息。攻击者伪造消息发送给目标端，却声称该消息源来自一个已授权的实体(如计算机或用户)，或攻击者以接收者的名义伪造假的确认报文。

(2) 内容篡改。以插入、删除、调换或修改等方式篡改消息。

(3) 序号篡改。在 TCP 等依赖报文序列号的通信协议中，对通信双方的报文序号进行修改，包括插入、删除、重排序号等。这在目前的网络攻击事件中很常见。

(4) 计时篡改。篡改报文的时间戳以达到报文延迟或重传的目的。

产生消息认证符的方法可归纳为 3 种：一是对报文进行加密，以整个报文的密文作为鉴别符；二是用消息认证码(Message Authentication Code，MAC)，该算法使用一个密钥，以报文内容为输入，产生一个较短的定长值作为鉴别符；三是用哈希(Hash)函数，也叫散列函数或杂凑函数，是一个将任意长的报文映射为定长 Hash 值的公共函数，以 Hash 值作为鉴别符。

目前，对称加密、非对称加密等常规的加密技术已十分成熟，但出于多种原因，常规加密技术没有被简单地应用到消息认证符，实际应用中一般采用独立的消息认证码。用避免加密的方法提供消息认证越来越受到重视。在最近几年，消息认证研究的热点转向由 Hash 函数导出消息认证码。

互联网的应用类型非常丰富。在某些环境中，需要通过数据加密方式达到数据传输的保密性，防止未授权的用户访问到该数据；而在某些环境中，对数据的完整性要求比保密性更高，要求数据在传输过程中没有被篡改过。消息认证是实现数据完整性的有效手段。

2.7.2　消息认证码

消息认证码(MAC)是一种使用密码的认证技术，它利用密钥来生成一个固定长度的短数据块，并将该数据块附着在消息之后，形成一个针对具体消息和该消息认证码的组合体，通过消息认证码实现对消息完整性的认证。需要说明的是，消息认证中的“消息”在网络环境下即为“数据”，网络环境下的消息认证码其实质为数据验证码。

1. 消息认证码的产生方式和使用特点

假定发送方 A 和接收方 B 在通信过程中共享密钥 K，发送方 A 使用密钥 K 对发送的消息 M 计算 MAC$=C(K,M)$，其中，M 为输入的可变长消息，$C()$为 MAC 函数，K 为共享密钥，MAC 为消息认证码，即消息 M 的认证符，也称为密码校验和。

如图 2-20 所示，发送方将消息 M 和 MAC 一起发送给接收方 B。接收方 B 在接收到消息后，假设该消息为 M'，将使用相同的密钥 K 进行计算得出新的 MAC$'=C(K,M')$，再比较 MAC$'$和接收到的 MAC。如果 MAC$'=$MAC，在双方共享密钥没有被泄露的情况下，则可以确认以下信息。

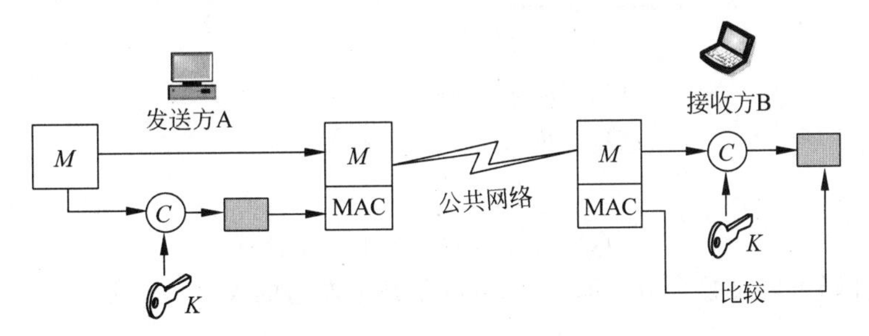

图 2-20　消息认证码使用特点

(1) 确认消息的完整性，即该消息在传输过程中没有被篡改。因为如果攻击者篡改了该消息，也必须同时篡改对应的 MAC 值。在攻击者不知道密钥 K 的前提下，是无法对 MAC 值进行修改的。

(2) 确认消息源的正确性，即接收方 B 可以确认该消息来自发送方 A。因为在无法获得密钥 K 的前提下，攻击者是无法生成正确的 MAC 值的，所以攻击者也无法冒充成消息的发送方 A。

(3) 确认序列号的正确性，即接收方 B 可以确认接收到的消息的顺序是正确的。

通过以上应用可以看出，MAC 函数与加密函数类似，在生成 MAC 和验证 MAC 时需要共享密钥，但加密算法必须是可逆的，而 MAC 函数不需要。

图 2-20 所示的消息认证码的应用，只是对传输消息提供认证功能。在实际应用中，MAC 可以和加密算法一起提供消息认证和保密性。如图 2-21 所示，消息发送方 A 在加密消息 M 之前，先计算 M 的认证码 MAC，然后使用加密密钥将消息及其 MAC 一起加密；接收方 B 在收到消息后，先解密得到消息及对应的 MAC，然后验证解密得到的消息和 MAC 是否匹配，如果匹配，则说明该消息在传输过程中没有被篡改。

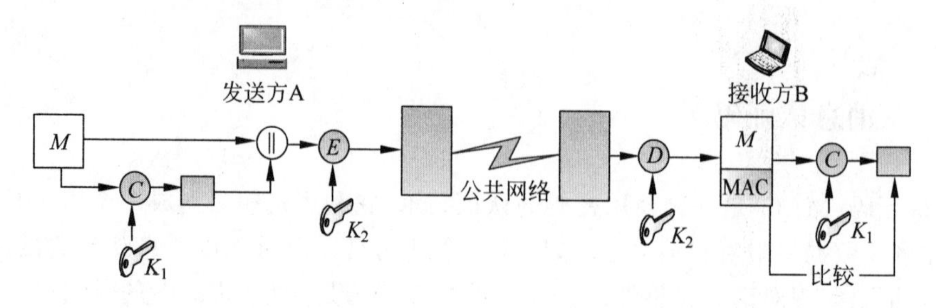

图 2-21　消息认证码与加密算法结合使用示意图

2. 基于 DES 的消息认证码

数据认证算法（FIPS-PUB-113）建立在 DES 算法之上，利用了密文分组链接模式（Cipher-Block Chaining，CBC）对消息进行加密处理，是使用最为广泛的 MAC 算法之一，目前多应用于银行、证券等金融领域。

如图 2-22 所示，数据认证算法取初始值为 0，这个初始值没有实际意义，只是用于第一次计算，需要认证的消息被划分成 64b 的分组 $D_1, D_2, \cdots, D_N$，如果最后的分组不足 64b，则在最后填充 0 直到形成一个 64b 的分组。利用 DES 加密算法 E 和密钥 K，计算认证码 MAC 的过程为

$$O_1 = E_K(D_1)$$
$$O_2 = E_K([D_2 \oplus O_1])$$
$$O_3 = E_K([D_3 \oplus O_2])$$
$$\vdots$$
$$O_N = E_K([D_N \oplus O_{N-1}])$$

其中，数据认证码可以是整个分组 Q_N，也可以是其最左边的 M 位，一般 $16 \leqslant M \leqslant 64$。

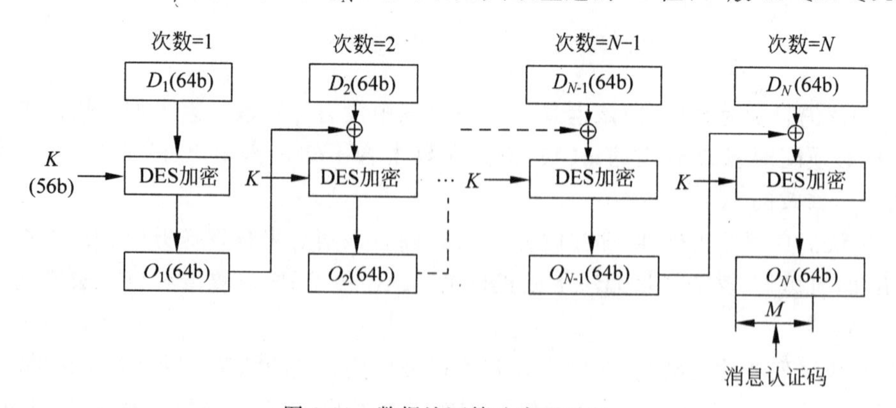

图 2-22　数据认证算法实现过程

2.7.3　Hash 函数

Hash(单向散列)函数是消息认证码的一种变形,是一种能够将任意长度的消息压缩到某一固定长度的消息摘要(Message Digest)的函数。与 MAC 一样,Hash 函数的输入长度是不固定的,而输出是固定长度的。但与 MAC 不同的是,Hash 函数值的计算并不使用密钥。

1. Hash 函数的特点

Hash 函数的基本思想是把其函数值看成输入报文的报文摘要,当输入中的任何一个二进制位发生变化时都将引起 Hash 函数值的变化,其目的就是要产生文件、消息或其他数据块的“指纹”。密码学上的 Hash 函数能够接受任意长的消息为输入,并产生定长的输出。为了满足消息认证的数据完整性需要,Hash 函数必须满足以下条件。

(1) 效率。对于任意给定的输入 x,计算 $y=H(x)$要相对容易。并且,随着输入 x 长度的增加,虽然计算 $y=H(x)$的工作量会增加,但增加不会太快。

(2) 压缩。对于任意给定的输入 x,都会输出固定长度的 $y=H(x)$,且 y 要比 x 小得多。

(3) 单向性。对于给定的任意值 y,寻找一个 x,且使得 $H(x)=y$ 在计算上不可行。

(4) 弱抗碰撞。对于任意给定的 x 和 $H(x)$,寻找 y,且 $y \neq x$,使得 $H(x)=H(y)$在计算上不可行。

(5) 强抗碰撞。寻找任意的 x 和 y,并且 $y \neq x$,使得 $H(x)=H(y)$在计算上是不可行的。

其中,条件(1)可以看作是 Hash 函数用作消息认证的实际应用需求,后 4 条条件是针对 Hash 函数在应用中的安全性而特别提出的要求;条件(1)和条件(2)指出了 Hash 函数的单向性(One-Way);条件(3)和条件(4)是对使用 Hash 函数的数字签名方法所做的安全保障,否则攻击者可以由已知的明文及相应的数字签名任意伪造对其他明文的数字签名;条件(5)的主要作用是防止攻击。通常,将满足条件(1)～条件(4)的 Hash 函数称为“弱 Hash 函数”,同时满足条件(1)～条件(5)的 Hash 函数称为“强 Hash 函数”。

2. Hash 函数的基本结构

在 Hash 函数中,任何输入字符串中单个位的变化,将会导致输出位串中大约一半的位发生变化。图 2-23 所示为 Hash 函数的基本结构,该结构称为迭代 Hash 函数,目前广泛应用的 MD5、SHA、Ripend160、Whirlpool 等算法的实现都遵循该结构。其中,函数 f 称为压缩函数,用于对分组进行迭代处理,Hash 函数重复使用压缩函数 f,它的输入是前一步得出的 n 位输出(称为链接值)和一个 b 位的消息分组,输出为一个 n 位分组。链接值 CV 的初始值 IV 由算法在开始时指定,而最后的输出值即为 Hash 函数值。基于图 2-23 所示的迭代 Hash 函数算法实现可以归纳为

$$\mathrm{CV}_0=\mathrm{IV}=n \text{ 位初始值}$$

$$\mathrm{CV}_i=f(\mathrm{CV}_{i-1},Y_{i-1}),\quad 1 \leqslant i \leqslant L$$

$$H(M)=\mathrm{CV}_L$$

其中，Hash 函数的输入为消息 M，经填充后的消息分成 $Y_0, Y_1, \cdots, Y_{L-1}$ 共 L 个分组。

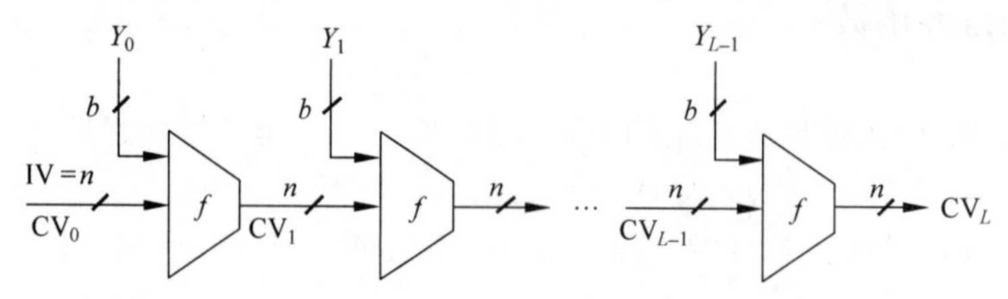

图 2-23 Hash 函数的基本结构

2.7.4 消息认证的一般实现方法

Hash 函数主要用于完整性校验和提高数字签名的有效性。例如，在进行电子数据的固定时，一般要先取得其 Hash 函数值，并以此作为证据。

1. 消息认证的实现过程

Hash 函数可以分为两类：带密钥的 Hash 函数和不带密钥的 Hash 函数。使用没有密钥的 Hash 码作为消息认证码的体制是不安全的，容易遭受到一些攻击。带密钥的 Hash 函数通常可以用来产生报文的鉴别码，对于通信双方之间传输的任何消息 m，用带密钥的 Hash 函数 $H()$对 m 做变换，产生 $H(m)$作为 Hash 函数值附于报文 m 之后，保证通信双方之间消息的完整性，使双方之间的消息没有被第三方篡改或伪造，常用的消息认证的实现需要加密技术。目前，实际应用的消息认证系统的具体实现过程如下所示。

(1) 发送方和接收方首先要确定一个固定长度的报文摘要 $H(m)$。

(2) 发送方通过 Hash 函数将要发送的报文 m“嚼碎”为报文摘要 $H(m)$。

(3) 发送方对报文摘要 $H(m)$进行加密，得到密文 $E_k(H(m))$。

(4) 发送方将 $E_k(H(m))$追加到报文 m 后面发送给接收方。

(5) 接收方在成功接收到 $E_k(H(m))$和报文 m 后，先对 $E_k(H(m))$进行解密得到 $H(m)$，然后再对报文 m 进行同样的报文摘要运算得到报文摘要 $H'(m)$。

(6) 接收方对 $H(m)$和 $H'(m)$进行比较，如果结果是 $H(m)=H'(m)$，可以断定收到的报文 m 是真实的，否则 m 在传送中被篡改或伪造。

由以上的实现过程可以看出，不管传输的报文 m 有多大，但其报文摘要 $H(m)$是不变的。同时，系统仅对报文摘要 $H(m)$进行加密和解密操作，报文 m 是以明文方式传送。另外，报文摘要算法的特点也很简单，两个不同的报文 m 不可能产生同一个报文摘要 $H(m)$。所以，这种认证方式对系统的要求较低，很适合 Internet 网络的应用。

2. Hash 函数在消息认证中的应用

在计算机网络中，Hash 函数经常与对称加密、非对称加密结合使用，以提供不同的安全服务。图 2-24 给出了两种常见的 Hash 函数的应用。

其中，图 2-24(a)是 Hash 函数和数字签名结合的典型应用。为了提高系统的效率，先

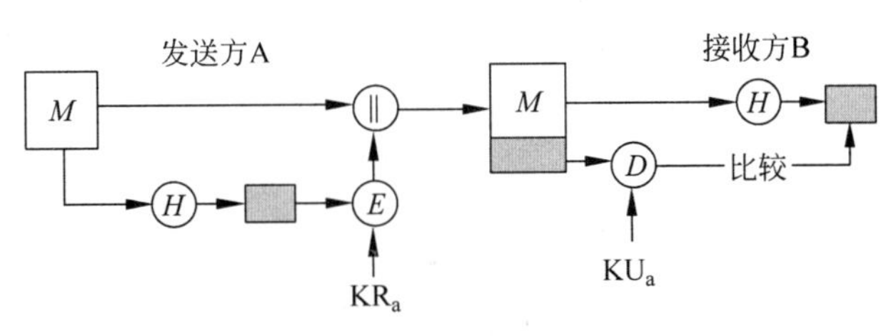

(a) Hash函数与数字签名结合应用

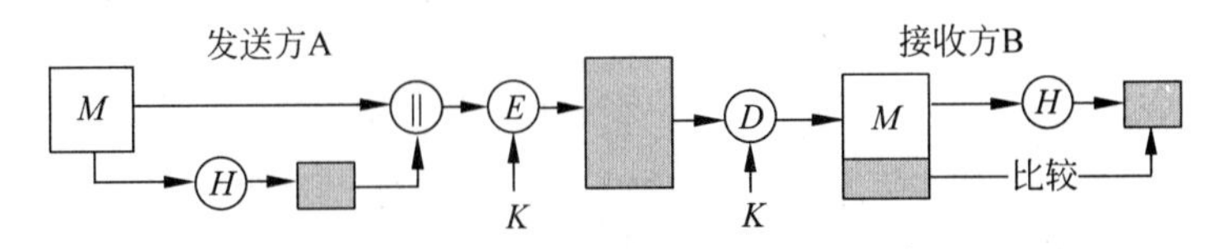

(b) Hash函数与数据加密结合应用

图 2-24　Hash 函数的基本应用

对要发送的消息 M 通过 Hash 函数计算其散列值，然后对该散列值利用发送方的私密 KR_a 进行数字签名，以此提供对消息的认证；图 2-24(b)提供的安全服务集成了保密性和认证性，发送方在对消息计算了 Hash 值后与消息一起进行加密处理，网络中传输的是密文。除此之外，根据应用需要，Hash 函数还可以与其他密码机制结合，提供不同的应用模式。

2.7.5　报文摘要 MD5

MD5 是 Ronald Rivest 设计的一系列消息摘要算法中的第 5 个算法，其前一个版本的算法是 MD4。在 RFC 1321 中规定的报文摘要 MD5 算法已经得到了广泛应用。MD5 算法的特点是可以对任意长度的报文进行运算，得到的报文摘要长度均为 128b。

MD5 算法的输入是一个"字节串"(而非"字符串")，每个字节为 8b，所以下面的介绍以字节(B)为单位进行说明。MD5 算法的原理如图 2-25 所示，具体过程如下。

(1) 填充。MD5 算法先对输入的数据进行填充补位，使得数据的长度(以 B 为单位)对 64 求余的结果是 56。即数据扩展至长度 $len=k\times64+56B$，其中 k 为正整数。具体填充方法为：第一位是 1，其他位全部为 0，直到满足上述要求。这一步总共补充的字节数为 0～63B。

(2) 添加数据长度。用一个 8B(64b)的整数表示数据的原始长度，将这个数字的 8 字节按低位在前，高位在后的顺序附加在"填充"位后的"数据长度"后面。这时，整个数据的长度为 $len=k\times64+56+8=(k+1)\times64B$。

(3) 初始化 MD5 缓存。使用一个 128b 的缓存来存放该 Hash 函数的中间变量及最终结果。该缓存被设置为由 4 个 32b 的寄存器(A，B，C 和 D)组成。这 4 个寄存器变量的初始值如下(以十六进制数表示的数值)。

A：01 23 45 67

B：89 ab cd ef

C：fe dc ba 98

D：76 54 32 10

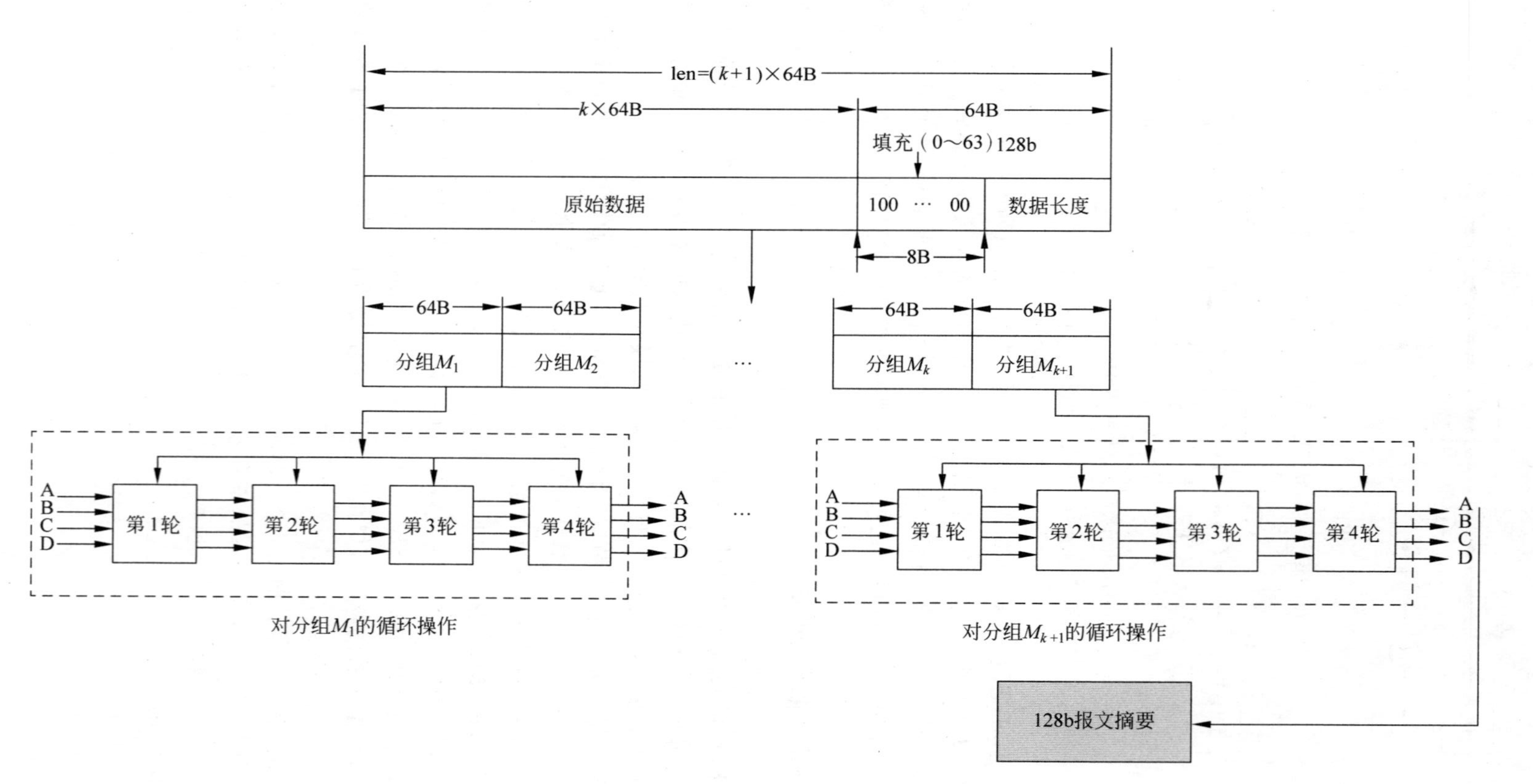

图 2-25 MD5 算法原理

(4) 处理每一个64B(512b)的分组。算法的核心是一个包含4个循环的压缩函数,4个循环有相似的结构,但每一次循环使用不同的原始逻辑函数 $F()$、$G()$、$H()$和 $I()$。

$$F(X,Y,Z)=(X \text{ and } Y) \text{ or } (\text{not}(X) \text{ and } Z)$$
$$G(X,Y,Z)=(X \text{ and } Z) \text{ or } (Y \text{ and } \text{not}(Z))$$
$$H(X,Y,Z)=(X \text{ and } Z) \text{ or } (Y \text{ and } \text{not}(Z))$$
$$I(X,Y,Z)=Y \text{ xor } (X \text{ or } \text{not}(Z))$$

其中,X,Y,Z 为32位整数;and表示按位与;or表示按位或;not表示按位取反;xor表示按位异或。

以上过程,从第一个分组(M_1)开始,每一个分组都要执行4轮操作。这一过程不断进行,直至所有的输入分组(共 $k+1$ 个)都被执行完毕。

(5) 输出报文摘要。所有 $k+1$ 个以64B为单位的分组处理完成后,最后产生的输出结果便是128b的报文摘要。

由此可以看出,MD5算法中每一个输出位都要受到每一个输入位的影响,所以MD5可以有效防止消息被篡改,保证了消息的原始性和完整性。目前,MD5算法已经较为完善,大部分编程语言(环境)都提供了MD5算法的实现,在很多应用系统中MD5已被确定为标准使用。

2.7.6　安全散列算法 SHA-512

MD5目前的应用已经很广泛。另一个应用较为广泛的标准是由美国国家标准技术委员会(NIST)提出的安全散列算法(Secure Hash Algorithm,SHA)。安全散列标准(Secure Hash Standard,SHS)于1992年1月31日公布,1993年5月11日起作为标准。1995年4月17日公布了修改后的版本(108-1),通常称为SHA-1。SHA-1产生160b的散列值。2002年,NIST发布了修改后的SHA版本(FIPS 180-2),通常称为SHA-2。SHA-2系列算法包括SHA-224、SHA-256、SHA-384和SHA-512。这些算法的主要不同在于操作数长度、初始向量值、常量值和最后产生信息摘要的长度。表2-2列出了SHA-1和SHA-2系列算法的主要区别。本节主要介绍SHA-512算法。

表2-2　SHA-1和SHA-2系列算法特性对比

SHA标准	信息块大小/b	循环次数	字长/b	散列值/b
SHA-1	$<2^{64}$	80	32	160
SHA-224	$<2^{64}$	64	32	224
SHA-256	$<2^{64}$	64	32	256
SHA-384	$<2^{128}$	80	64	384
SHA-512	$<2^{128}$	80	64	512

SHA-512算法中规定的输入消息最大不超过 2^{128}b,输出为512b固定长度的散列值。如图2-26所示(实现过程参照图2-23),SHA-512算法的实现与MD5类似,其实现过程主要包含以下步骤。

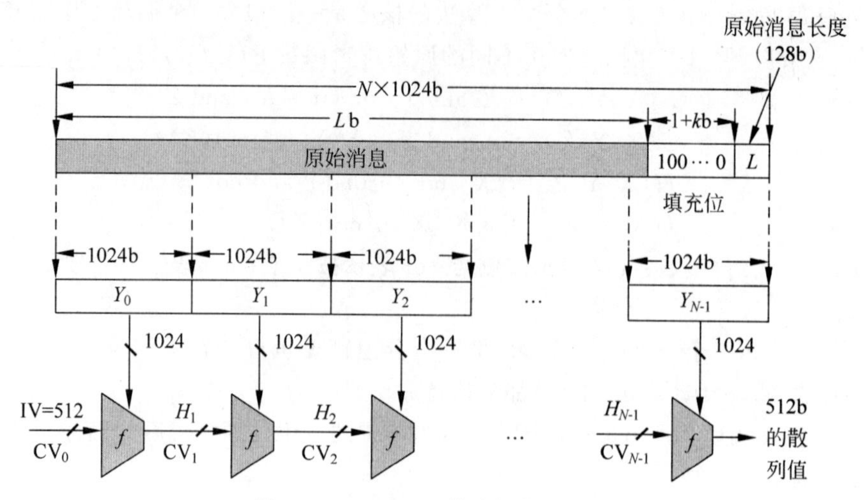

图 2-26　SHA-512 算法的实现过程

(1) 消息填充。SHA-512 算法规定，输入消息以 1024b 的分组为单位进行处理。为此，在算法开始时，首先要对原始消息进行填充，使其长度为 1024b 的整数倍。由于在消息的最后还要添加消息长度信息，所以即使原始消息正好是 1024b 的整数位，仍然需要进行填充，此时的填充位在 1～1024 之间。

具体的填充方法是：假设消息的长度为 Lb，首先将“1”添加到消息的末尾，再添加 k 个“0”，满足条件 $L+1+K+128=N\times1024$。其中，N 为正整数，128b 用于表示原始消息的长度。通过消息填充操作，扩展后的消息被表示为一串长度为 1024b 消息分组 $y_0,y_1,\cdots,y_{N-1}$，扩展后消息的总长度为 $N\times1024$b。

(2) 初始化散列函数缓冲区。Hash 函数计算的中间结果和最终结果都保存在 512b 的缓冲区中，分别用 8 个 64b 的寄存器(A，B，C，D，E，F，G，H)表示，并将这些寄存器初始化为下列 64b 的整数(十六进制值)。

A＝6A09E667F3BCC908　E＝510E527FADE682D1
B＝BB67AE8584CAA73B　F＝9B05688C2B3E6C1F
C＝3C6EF372FE94F82B　G＝1F83D9ABFB41BD6B
D＝A54FF53A5F1D36F1　H＝5BE0CD19137E2179

这些值以高端格式存储，即字的最高有效字节存于低地址字节位置(最左边)。

(3) 以 1024b 分组(16 个字)为单位处理消息。该操作的核心是针对图 2-26 中模块 f，该模块要进行 80 轮的运算。图 2-27 给出了模块 f 的逻辑原理。

① 每一轮处理中都把步骤(2)形成的 512b 散列函数缓冲区中初始值 A，B，C，D，E，F，G，H 作为输入，并更新缓冲区的值；

② 在进行第一轮操作时，缓冲区的值是中间的 Hash 函数值 H_{i-1}；

③ 每一轮使用一个 64b 的值 W_t ($0\leqslant t\leqslant79$)，该值由当前被处理的 1024b 消息分组 Y_i 导出，导出算法采用消息调度算法(具体实现本文不再介绍，感兴趣的读者可参阅相关文献)；

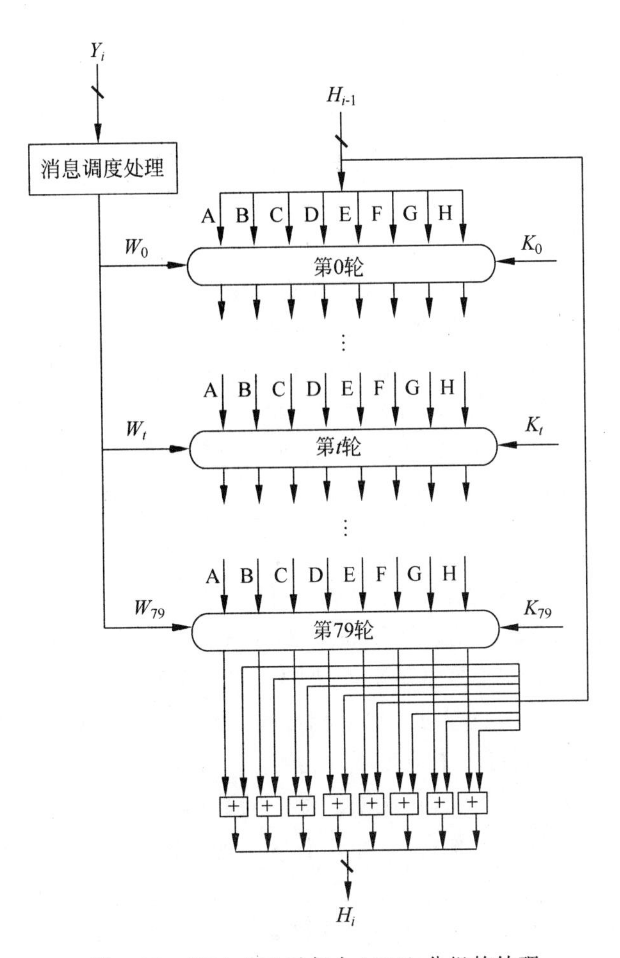

图 2-27　SHA-512 对每个 1024b 分组的处理

④ 每一轮还将使用常数 $K_t(0\leqslant t\leqslant 79)$，这些常数的获取方法为：前 80 个素数取 3 次根，然后取小数部分的前 64 位，这些常数提供了 64b 随机串集合，可以消除输入数据里存在的任何规则性；

⑤ 最后一轮的输出和第一轮的输入 H_{i-1} 相加产生 H_i。缓冲区里的 8 个字和 H_{i-1} 里的相应字独立进行模 2^{64} 的加法运算。

(4) 输出。所有的 N 个 1024b 分组都处理结束后，最后输出的便是 512b 的消息散列值。

通过以上介绍，可以对 SHA-512 的运算进行如下总结。

$$H_0=\mathrm{IV}$$

$$H_i=\mathrm{SUM}_{64}(H_{i-1},\mathrm{ABCDEFGH}_i)$$

$$\mathrm{MD}=H_N$$

其中，HV 为上述操作步骤(2)中定义的 A，B，C，D，E，F，G，H 缓冲区的初始值；$\mathrm{ABCDEFGH}_i$ 为第 i 个消息分组处理的最后一轮的输出；N 为消息(包含填充和 128b 消息长度)的 1024b 分组数；SUM_{64} 为对输入中的每一个字进行独立的模 2^{64} 加运算；MD 为最后的消息散列值。

2.7.7 基于 Hash 的消息认证码

消息认证码(MAC)是一种需要使用密钥的算法,它存在于各种保护信息安全的协议中,有着广泛的应用。MAC 的作用是验证消息的完整性,确保数据的真实性,同时能够验证发送方身份的有效性。

MAC 的构造方式通常有两种:一种是基于分组对称密码,如 3DES、AES 等算法,利用 CBC 模式对消息进行分组加密,最终得到固定长度的输出值作为消息验证码;另一种是基于 Hash 函数,如 MD5、SHA-1/2 等,这种算法充分利用 Hash 函数的压缩特性,把任意字节长度的消息输入压缩成固定长度的输出,它的处理速度远快于基于分组加密算法的消息验证码。而且,经过大量的论证表明,基于哈希的消息认证码(Hash-based Message Authentication Code,HMAC)的安全强度远高于 Hash 算法本身。

1. HMAC 的特点

HMAC 算法是一种执行"校验和"的算法。HMAC 通过对数据进行"求和"来检查数据是否被更改了。在发送数据以前,HMAC 算法对数据块和双方约定的公钥进行"散列操作",以生成"认证码",附加在待发送的数据块中。当数据和认证码到达其目的端时,就使用 HMAC 生成另一个校验和。如果两个数字相匹配,那么证明数据未被做任何篡改。否则,就意味着数据在传输或存储过程中遭到了攻击。

简单地讲,校验和类似于指纹,它根据消息中的数据生成一个唯一的认证码,正如指纹一样,如果消息块中有一个字节改变了,那么消息认证算法将会在另一端检测到这一改变,因为每个认证码是独一无二的。

HMAC 由 H. Krawezyk、M. Bellare 和 R. Canetti 于 1996 年提出,它是一种基于 Hash 函数和密钥进行消息认证的方法,并于 1997 年作为 RFC2104 公布,随后在 IPSec 和其他网络协议(如 SSL)中得以广泛应用,目前在 Internet 中得到了广泛应用,成为事实上的安全标准。HMAC 也已经成为 FIPS 标准发布(FIPS 198)。

2. HMAC 的设计目标

HMAC 的设计目标如下。

(1) 可以直接使用现在的 Hash 函数。

(2) 不针对某个特定的 Hash 函数,可以根据应用需要选择或更换 Hash 函数。例如,在应用中当安全要求提高后,可以使用安全性更高的 Hash 函数替换原来使用的 Hash 函数,而不影响原有系统的运行。

(3) 可保持 Hash 函数的原有性能,不能过分降低其性能。

(4) 对密钥的使用和处理应相对简单。

(5) 如果已知嵌入的 Hash 函数的强度,则可以知道认证机制抵抗密码分析的强度。

根据所使用的 Hash 函数的不同,HMAC 算法的实现有多种方式,如 HMAC-SHA、HMAC-MD5 等。

3. HMAC 算法

图 2-28 给出了 HMAC 的总体结构,其中相关符号的定义如下。

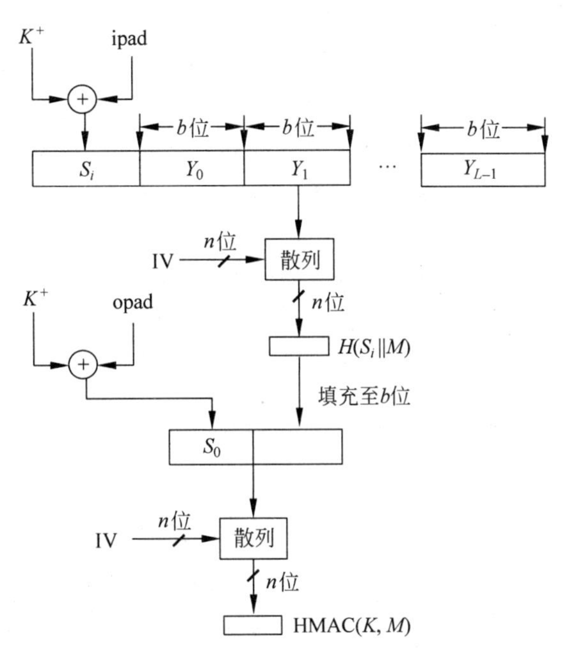

图 2-28　HMAC 的总体结构

H：嵌入的 Hash 函数，如 MD5、SHA-1/2、RIPEMD-160 等。

IV：Hash 函数输入的初始值。

M：HMAC 的全部输入消息(包括输入的原始消息，以及使用的 Hash 函数中定义的填充位)。

Y_i：M 的第 i 个分组，$0 \leqslant i \leqslant L-1$。

L：M 中的分组数。

b：每一个分组所包含的位数。

n：使用的 Hash 函数所产生的散列值的位长。

K：密钥，建议密钥长度大于 n。如果密钥长度大于 b，则将密钥作为 Hash 函数的输入，以便产生一个 n 位的密钥。

K^+：为使 K 为 b 位而在 K 左边填充 0 后所得的结果。

ipad：00110110(十六进制数 36)重复 $b/8$ 次的结果。

opad：01011100(十六进制数 5C)重复 $b/8$ 次的结果。

HMAC 算法可描述如下。

$$\mathrm{HMAC}(K,M)=H[(K^+ \oplus \mathrm{opad}) \parallel H(K^+ \oplus \mathrm{ipad}) \parallel M]$$

算法的具体流程如下。

(1) 在密钥 K 后面(左边)填充 0，得到 b 位的 K^+。假设 K 是 160 位，$b=512$，则在 K 中加入 44 个 0 字节(0×00)。

(2) K^+ 与 ipad 执行异或(XOR)运算，产生 b 位的分组 S_i。

(3) 将 M 附在 S_i 后面。

(4) 将 H 作用于步骤(3)所得出的结果。

(5) K^+与 opad 执行异或(XOR)运算,产生 b 位的分组 S_0。

(6) 将步骤(4)中的散列值附在 S_0 后。

(7) 将 H 作用于步骤(6)所得出的结果,输出最终结果(HMAC 值)。

在上述操作中,K 与 ipad 异或后,其信息位有一半发生了变化;同样,K 与 opad 异或后,其信息位的另一半也发生了变化。这样,通过将 S_i 和 S_0 传给 Hash 算法中的压缩函数,可以从 K 伪随机地产生出两个密钥。

如图 2-29 所示,为了提升 HMAC 的性能,HMAC 算法在实现过程中执行了 3 次 Hash 运算(分别对 S_i、S_0 和 $H(S_i \| M)$),可以采用预计算的方式求出下面两个值。

$$f(\text{IV},(K^+ \oplus \text{ipad}))$$

$$f(\text{IV},(K^+ \oplus \text{opad}))$$

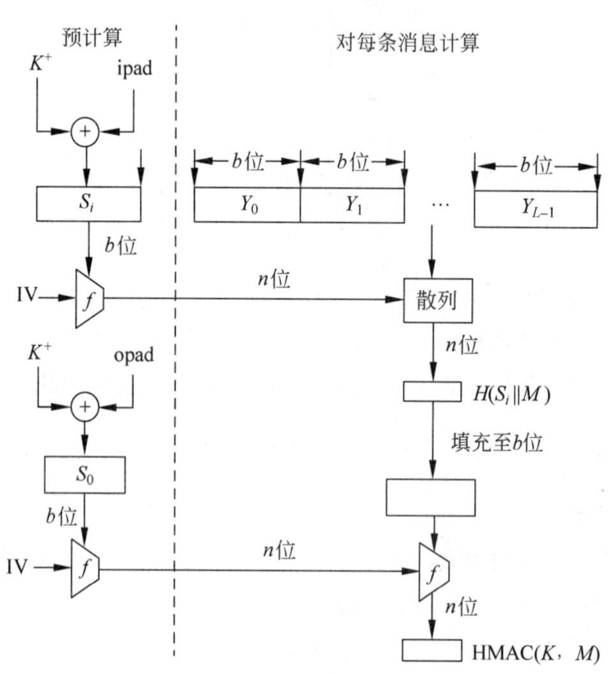

图 2-29 HMAC 的实现方案

其中,$f()$是 Hash 函数中的压缩函数,其输入是 n 位的链接变量和 b 位的消息分组,输出是 n 位的链接变量。上述这些值只在初始化或密钥改变时才需要计算。实际上,这些预先计算的值取代了 Hash 函数中的初始值 IV。这样的处理方式使得 HMAC 只需要多执行一次压缩函数,但这种处理方式只有在对较长消息处理时可以显示出效果,对于较短消息的处理,发挥的作用不大。

2.8 密钥的管理

在加密技术中,加密算法是公开的,而产生的密钥却要进行安全管理。密钥管理包括密钥的产生、分配、使用和验证等环节,其中密钥的分配和维护是非常重要的。

2.8.1　对称加密系统中的密钥管理

对称加密的一个缺点是密钥分配和管理非常复杂。对于每个加密设备，都需要使用单独的密钥，如果这个加密设备有多个联系对象，每个联系对象都必须拥有一个密钥。这时，就需要采取一定的方法将密钥分配给每一个联系对象。很显然，不管是采取人工方式还是网络分发（如通过加密的邮件进行群发）方式，所涉及的安全问题都是很明显的。

美国麻省理工学院开发了著名的密钥分配协议 Kerberos。Kerberos 协议通过使用密钥管理中心（KDC）分配和管理密钥。如图 2-30 所示的是利用 KDC 进行密钥管理的一种实施方案，用户 A 和 B 都是 KDC 的注册用户，注册密钥分别为 K_a 和 K_b，密钥分配需要 3 个步骤（图中分别用①、②和③表示）。

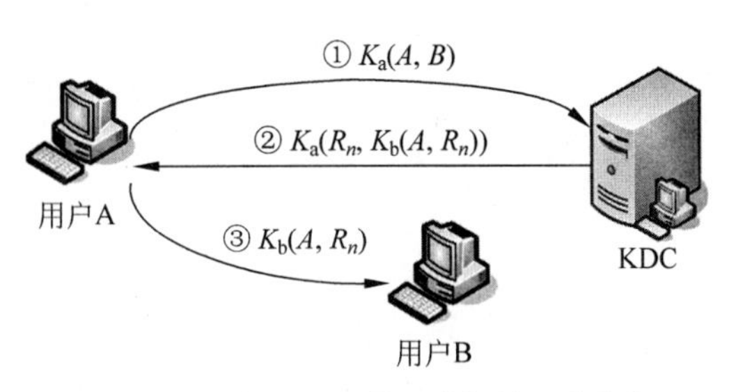

图 2-30　利用 KDC 管理密钥的一种方案

(1) 用户 A 向 KDC 发送用自己的注册密钥 K_a 加密的报文 $K_a(A,B)$，告诉 KDC 希望与用户 B 建立通信关系。

(2) KDC 随机地产生一个临时密钥 R_n，供用户 A 和 B 在本次通信中使用。然后向 A 发送应答报文，报文中包括 KDC 分配的临时密钥 R_n 和 KDC 请 A 转给 B 的报文 $K_b(A,R_n)$。此报文再用 A 自己的注册密钥 K_a 进行加密（因为是对称加密）。需要说明的是，虽然 KDC 向 A 发送了用 B 的注册密钥加密的报文 $K_a(A,R_n)$，但由于 A 并没有 B 的注册密钥，所以 A 根本无法知道明文的内容。

(3) 用户 B 收到 A 转来的报文 $K_b(A,R_n)$ 时，一方面知道 A 要与自己通信，另一方面知道本次通信中使用的密钥是 R_n。

此后，用户 A 与 B 之间就可以利用密钥 R_n 进行通信了。由此可以看出，KDC 每次分配给用户的对称密钥是随机的，所以保密性较高。另外，KDC 分配给每个注册用户的密钥（如 K_a、K_b 等）都可以定期更新，以增加系统的安全性。

2.8.2　非对称加密系统中的密钥管理

在非对称加密系统中，如果某一用户知道其他用户的公开密钥就可以实现安全通信。在非对称加密系统中为了实现对密钥的管理，一般可通过一个值得依赖的第三方机构来完成，这个第三方机构称为认证中心（Certification Authority，CA）。CA 负责证明所有成员的身份，每个实体（人或设备）都可以通过一定的方式在 CA 中申请证书（Certificate）。

目前使用的证书标准为 ITU 制定的 X.5093，许多政府机关和公司在从事 CA 证书的分配和管理工作。对于学校或企业用户来说，也可以在内部网络中创建自己的 CA。例如，Windows 2003 Server 等操作系统就提供了 CA 功能。

有关非对称加密系统中密钥管理的详细内容将在本书第 3 章进行详细介绍。

习题 2

2-1 在现代通信中,为什么要使用数据加密技术?

2-2 名词解释:数据加密、对称加密和非对称加密、序列密码和分组密码、软件加密和硬件加密。

2-3 以“凯撒密码”为例,说明简单替换密码在古典密码学应用上的作用。

2-4 什么是“一次一密”密码?举例说明其应用特点。

2-5 以 A5/1 算法为例,介绍流密码的工作原理。

2-6 结合 A5/1 算法的实现,介绍 RC4 算法的实现过程,并分析 RC4 算法与 A5/1 算法的区别。

2-7 介绍 Feistel 密码结构的工作原理。

2-8 联系 Feistel 密码结构,分别介绍 DES、3DES 和 AES 的算法特点。

2-9 与对称加密相比,非对称加密在实现原理和应用上有哪些特点?

2-10 介绍 RSA 算法的工作原理。

2-11 什么是数字签名?在对称加密方式和非对称加密方式中分别是如何实现的?有何特点?

2-12 什么是消息认证?Hash 函数在消息认证的实现上有何特点?

2-13 介绍消息认证的一般实现方法,并分析其报文的原始性和完整性是如何实现的。

2-14 介绍 MD5 算法的工作原理。

2-15 与 MD5 相比,SHA 有何特点?

2-16 简述在数据加密中密钥管理的重要性。

2-17 分别介绍对称加密和非对称加密系统中密钥管理的特点和实现方法。

2-18 在 RC4 算法中,假设 $\boldsymbol{S}$ 向量中有 8 个元素,使用的种子密钥为 8 个元素中的 3、4 和 5,试计算前 3 个密钥字节的生成过程。

2-19 对比分析 Hash 函数与 MAC 在实现方式和应用上的异同。

2-20 结合对称密钥算法的应用特点,分析 DH 算法的实现过程和应用功能。

2-21 试分析比较 MD5 和 SHA-512 算法的实现原理及应用特点。

2-22 与 MAC 算法相比,HMAC 算法在实现上有何特点?

第3章

PKI/PMI技术及应用

随着公钥密钥技术在网络安全领域的应用，以提供身份认证、数据完整性和消息保密性等安全服务为核心的公钥基础设施（Public Key Infrastructure，PKI）已成为在开放网络环境中为各类应用系统提供安全支撑的重要技术，而基于角色的访问控制（Role Based Access Control，RBAC）技术是在PKI的基础上发展起来的授权管理基础设施（Privilege Management Infrastructure，PMI），为网络环境中的各类应用提供了统一的授权管理和访问控制策略与机制。概括地讲，PKI证明用户是谁，而PMI证明这个用户有什么权限，能做什么，而且PMI需要PKI为其提供身份认证。本章在第2章的基础上，将系统介绍PKI和PMI的基本概念、功能和应用特点，使读者更加深入地掌握系统安全的相关技术和方法。

3.1 PKI概述

视频讲解

PKI是在公开密钥的理论和技术基础上发展起来的安全技术，它是一个为用户提供数据加密、数字签名等安全应用中所需要的密钥和证书的综合基础平台，是信息安全基础设施的一个重要组成部分。

3.1.1 PKI的概念

公钥基础设施（PKI）是利用密码学中的公钥概念和加密技术为网上通信提供的符合标准的一整套安全基础平台。PKI能为各种不同安全需求的用户提供各种不同的网上安全服务所需要的密钥和证书，这些安全服务主要包括身份识别与鉴别（认证）、数据保密性、数据完整性、不可否认性及时间戳服务等，从而达到保证网上传递信息的安全、真实、完整和不可抵赖的目的。利用PKI可以方便地建立和维护一个可信的网络应用环境，从而使得人们在这个无法直接相互面对的环境里，能够确认彼此的身份和所交换的信息，能够安全地从事各种活动。

PKI的技术基础之一是公开密钥机制。因为在公开密钥机制中加密密钥和解密密钥各不相同，信息的发送者利用接收者的公开密钥对信息进行加密，接收者再利用自己的私有密钥进行解密。这种方式既保证了信息的机密性，又能保证信息的不可抵赖性。

PKI的技术基础之二是加密机制。在PKI中，所有在网络中传输的信息都是经过加密处理的。为此，加密算法的可靠性决定了PKI系统的可靠性，加密系统的效率决定了PKI系统的效率。

因此，从技术上讲，PKI可以作为支持认证、完整性、机密性和不可否认性的技术基础，从技术上解决网上身份认证、信息完整性和不可抵赖等安全问题，为网络应用提供可靠的安全保障。然而，PKI绝不只涉及技术层面的问题，还涉及电子政务、电子商务以及国家信息化的基础设施，是相关技术、应用、组织、规范和法律的总和，是一个综合各方面因素的宏观体系。

3.1.2 PKI与网络安全

随着以计算机网络为基础的现代信息技术的发展，电子政务、电子商务等网上电子业务已被人们所接受，并得到不断普及。在网上电子业务的活动中，一方面需要确认双方的合法身份，防止出现虚假身份；另一方面必须保证业务信息的安全性，防止信息被窃取。同时，一旦发生纠纷，必须能够提供充足的证据以供仲裁。所以，要推动电子业务活动的正常运行，就必须从技术上实现身份认证和安全传输，保证服务的权威性、不可否认性和数据的完整性。

在网上电子业务活动中需要确定可依赖的身份，因为仅拥有一对公钥和私钥是不足以确立一个可依赖的身份认证的。如果要在计算机网络中创建一个与传统纸上交易等效的环境，还需要一套公钥基础设施的支持，具体要求如下。

(1) 安全策略，以规定加密系统在何种规则下运行。

(2) 产生、存储、管理密钥的产品。

(3) 如何产生、分发、使用密钥和证书的一整套过程。

PKI提供了一个安全框架，使各类构件、应用、策略组合起来为网络环境中的相关活动提供以下安全功能。

(1) 保密性。保证信息的私有性。

(2) 完整性。保证信息没有被篡改。

(3) 真实性。证明一个人或一个应用的身份。

(4) 不可否认性。保证信息不能被否认。

在实现方式上，PKI支持SSL、IP over VPN、S/MIME等协议，这使得PKI可以支持Web加密、VPN、安全邮件等应用。而且，PKI支持不同认证机构间的交叉认证，并能实现证书、密钥对的自动更换。一个完整的PKI产品除主要功能外，还包括交叉认证、支持轻型目录访问协议(Lightweight Directory Access Protocol，LDAP)、支持用于认证的智能卡等功能。基于PKI技术的IPSec协议现在已经成为架构VPN的基础，可以为路由器之间、防火墙之间或路由器和防火墙之间提供经过加密和认证的通信。另外，安全电子邮件协议(S/MIME)也采用了PKI数字签名技术并支持消息和附件的加密，收发双方无须共享相同密钥。同时，在网络资源的安全访问、身份认证等系统中，PKI 提供了所需的安全支撑。

PKI 机制的主要思想是通过公钥证书对某些行为进行授权，其目标是可以根据管理者的安全策略建立起一个分布式的安全体系。PKI 的核心是要解决网络环境中的信任问题，确定网络环境中行为主体(包括个人和组织)身份的唯一性、真实性和合法性，保护行为主体合法的安全利益。

作为提供信息安全服务的公共基础设施，PKI 已成为世界各国共同采用的最佳的安全体系。在我国，已在金融、政府、电信等部门建立了大量的 PKI 认证服务中心，在此基础上正在加强系统之间、部门之间以及国家之间 PKI 体系的互联互通，提供更广泛、更权威的网络安全认证服务。

3.1.3 PKI 的组成

一个典型的 PKI 组成如图 3-1 所示，其中包括 PKI 安全策略、软硬件系统、认证机构(Certificate Authority，CA)、注册机构(Registration Authority，RA)、证书发布系统和 PKI 应用等。

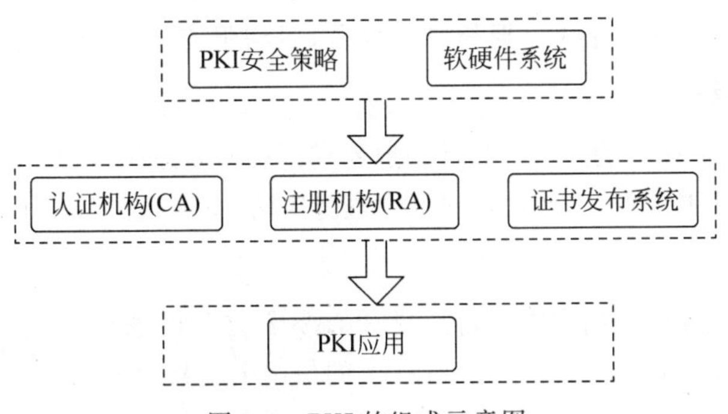

图 3-1 PKI 的组成示意图

1. PKI 安全策略

PKI 安全策略创建并定义了一个用于实施信息安全的策略，同时也定义了密码系统的使用方法和原则。一般情况下，在 PKI 中有两种类型的策略：一是证书策略，用于管理证书的使用，如确认某一 CA 是在 Internet 上的公有 CA 还是某一企业内部的私有 CA；另一种是认证操作管理规范(Certificate Practice Statement，CPS)。一些由商业证书发放机构或可信任的第三方管理的 PKI 系统需要 CPS。PKI 安全策略包括：

(1) CA 的创建和运作方式；

(2) 证书的申请、发行、接收和废除方式；

(3) 密钥的产生、申请、存储和使用方式。

2. 认证机构

认证机构(CA)也称为“认证中心”，它是 PKI 的信任基础，它管理公钥的整个生命周期，其作用包括发放证书、规定证书的有效期和通过发布证书废除列表(Certificate Revocation List，CRL)确保必要时可以废除证书。CA 必须是各行业、各部门及公众共同信任的、认可的、权威的、不参与交易的第三方网上身份认证机构。CA 制定了一些规则，这些规则可以使申请和使用证书的用户确信该CA是可以依赖的。描述CA在各方面受约束的情况及运作方式的规则都被定义在CPS这一文件中，CPS最初是由美国律师协会在其数字签名指南(Digital Signature Guidelines)中提出来的。管理证书的CA必须将其认证操作管理规范在用户申请证书时以方便用户查阅的方式提供给用户，由用户确定是否需要在该CA申请数字证书。如果一个CA没有CPS，那么人们就很可能怀疑该CA的真实性，并降低对该CA所颁发的数字证书的信任程度。本章随后将对CA进行详细介绍。

3. 注册机构

注册机构(RA)提供用户和CA之间的一个接口，它获取并认证用户的身份，向CA提出证书请求。RA主要完成收集用户信息和确认用户身份的功能。这里的用户，是指向CA申请数字证书的客户，可以是个人、组织或政府机构等。注册管理一般由一个独立的RA承担。它接受用户的注册申请，审查用户的申请资格，并决定是否同意CA向其签发数字证书。

需要说明的是，RA并不向用户签发证书，而只是对用户进行资格审查。因此，RA可以设置在直接面对客户的业务部门，如银行的营业部、机构认证部门等。当然，对于一个规模较小的PKI应用系统，注册管理的职能可以由认证中心CA来完成，而不设立独立运行的RA。但这并不是取消了PKI的注册功能，而只是将其作为CA的一项功能而已。PKI国际标准推荐由一个独立的RA完成注册管理的任务，以增强应用系统的安全性。

4. 证书发布系统

证书发布系统负责证书的发放。目前一般要求证书发布系统以Web方式与Internet用户交互，用于处理在线证书业务，方便用户对证书进行申请、下载、查询、注销、恢复等操作。

5. PKI应用

PKI的应用非常广泛，包括在Web服务器和浏览器之间的通信、电子邮件、电子数据交换(Electronic Data Interchange，EDI)、在Internet上的信用卡交易和虚拟私有网(VPN)等。同时，随着以Internet为主的计算机网络的发展，新的PKI的应用也在不断出现和发展。

另外，为了为应用程序提供PKI服务，在PKI系统的组成中还应有"PKI应用接口"。PKI应用接口是通过PKI的协议标准规范PKI系统各部分之间相互通信的格式和步骤。而应用程序接口(API)则定义了如何使用这些协议，并为上层应用提供PKI服务。当应用程序需要使用PKI服务，如获取某一用户的公钥、请求证书撤销信息或请求证书时，将会用到API。目前API没有统一的国际标准，大部分都是操作系统或某一公司产品的扩展，并在其产品应用的框架内提供PKI服务。

一个简单的PKI系统包括CA、RA和相应的PKI存储库。CA用于签发并管理证书；RA可作为CA的一部分，也可以独立，其功能包括个人身份审核、CRL管理、密钥产生和密钥对备份等；PKI存储库包括LDAP目录服务器和普通数据库，用于对用户申请信息、证书、密钥、CRL和日志等信息进行存储和管理，并提供一定的查询功能。

3.2 认证机构

PKI系统的关键是如何实现对密钥的安全管理。公开密钥机制涉及公钥和私钥，私钥由用户自己保存，而公钥在一定范围内是公开的，需要通过网络传输。所以，公开密钥机制的密钥管理主要是对公钥的管理，目前较好的解决方法是采用大家共同信任的认证机构(CA)。

3.2.1 CA的概念

认证机构(CA)是整个网上电子交易等安全活动的关键环节，主要负责产生、分配并管理所有参与网上安全活动的实体所需的数字证书。在公开密钥体制中，数字证书是一种存储和管理密钥的文件。它是一种采用特定格式的具有权威性的电子文档，其主要作用是证明证书中列出的用户名称与证书中列出的公开密钥相对应，并且所有信息都是合法的。如果要验证其合法性，就必须要有一个可信任的主体对用户的证书进行公证，证明主体的身份以及与公钥之间的对应关系，CA便是这样一个能够管理和提供相关证明的机构。

CA是一个具有权威性、可信赖性和公正性的第三方信任机构，专门解决公开密钥机制中公钥的合法性问题。CA是整个PKI系统的核心，负责发放和管理数字证书，其功能类似于办理居民身份证、护照等证件的发证机关。在PKI系统中，CA采用公开密钥机制，专门提供网络身份认证服务，负责签发和管理数字证书。同时，在证书发布后CA还负责对证书的撤销、更新、归档等管理。

由此可见，CA是保证电子商务、电子政务、网上银行、网上证券等安全交易的权威的、可信任的和公正的第三方机构，是PKI系统的核心。

从证书管理的角度来看，每一个CA的功能是有限的，需要按照上级策略认证机构制定的策略，负责具体的用户公钥证书的签发、生成和发布，以及CRL的生成和发布等职能。CA的主要职能如下。

(1) 制定并发布本地CA策略。但本地CA策略只能是对上级CA策略的补充，而不能违背。

(2) 对下属各成员进行身份认证和鉴别。

(3) 发布本地CA的证书，或代替上级CA发布证书。

(4) 产生和管理下属成员证书。

(5) 证实RA的证书申请，向RA返回证书制作的确认信息，或返回已制作好的证书。

(6) 接收和认证对它所签发的证书的撤销申请。

(7) 产生和发布它所签发的证书和CRL。

(8) 保存证书信息、CRL信息、审计信息和它所制定的策略。

3.2.2 CA的组成

一个典型CA系统包括安全服务器、CA服务器、注册机构(RA)、LDAP服务器和数据库服务器等，如图3-2所示。

1. 安全服务器

安全服务器是面向证书用户的提供安全策略管理的服务器，该服务器主要用于提供证书申请、浏览、证书撤销列表(CRL)以及证书下载等安全服务。作为CA系统的安全保障，用户与安全服务器之间的通信一般采取SSL加密方式，但不需要对用户进行身份认证。

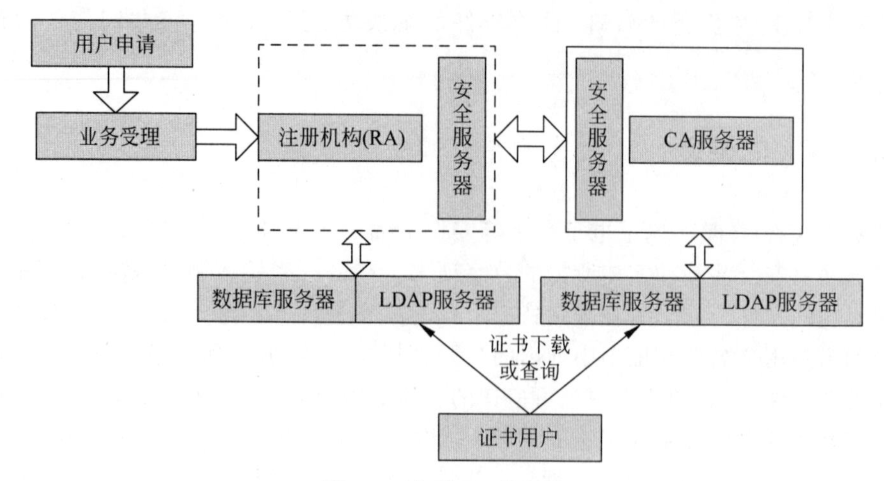

图 3-2 典型 CA 的组成

当 CA 颁发了证书后，该证书首先交给安全服务器。用户一般从安全服务器上获得证书，然后用户与各类服务器之间的所有通信，包括用户填写的申请信息以及浏览器生成的公钥均以安全服务器的密钥进行加密传输，只有安全服务器利用自己的私钥解密才能得到明文，这样可以防止其他人通过窃听得到明文，从而保证了证书申请和传输过程中信息的安全性。

2. CA 服务器

CA 服务器是整个认证机构的核心，负责证书的签发。CA 首先产生自身的私钥和公钥(密钥长度至少为 1024 位)，然后生成数字证书，并且将数字证书传输给安全服务器。CA 还负责为操作员、安全服务器以及注册机构服务器生成数字证书。安全服务器的数字证书和私钥也需要通过安全方式传输给安全服务器。CA 服务器中存储有 CA 的私钥以及发行证书的脚本文件，出于安全的考虑，应将 CA 服务器与其他服务器隔离，确保认证机构的安全。

3. 注册机构

注册机构(RA)服务器面向注册机构的操作员，在 CA 体系结构中起着承上启下的作用：一方面向 CA 转发安全服务器传输过来的证书申请请求；另一方面向 LDAP 服务器和安全服务器转发 CA 颁发的数字证书和证书撤销列表。

4. LDAP 服务器

LDAP 服务器提供目录浏览服务，负责将注册机构服务器传输过来的用户信息以及数字证书加入服务器。这样其他用户通过访问 LDAP 服务器就能够得到数字证书。

5. 数据库服务器

数据库服务器是认证机构中的关键组成部分，用于认证机构中数据(如密钥和用户信息等)、日志等统计信息的存储和管理。根据数据库技术和网络存储技术的发展，在实际应用中数据库系统应采取多种安全措施(如磁盘阵列、双机备份和分布式处理等)，以维护数据库系统的安全性、稳定性、可伸缩性和高效性。

3.2.3　CA之间的信任关系

认证机构(CA)用于创建和发布证书,但一个CA一般仅为一个称为安全域(Security Domain)的有限群体发放证书。每个CA只覆盖一定的作用范围,不同的用户群体往往拥有各自不同的CA。在X.509规范中对于信任的定义是:如果实体A认为实体B会严格地按照A对它的期望那样行动,我们就说A信任B。信任关系是PKI系统中的重要组成部分,用来研究用户与CA的信任关系以及CA间的相互信任关系。

从实际应用来看,不同的组织或单位往往具有自己的PKI系统,而这些不同的PKI系统之间又需要建立彼此之间的联系。因此,解决单个PKI系统中用户与CA之间的信任问题,以及各个独立PKI系统间的交叉信任问题就显得尤为重要。

1. 单CA信任模型

如图3-3(a)所示,单CA信任模型是最基本的信任模型,也是目前许多组织或单位在Intranet中普遍使用的一种模型。在这种模型中,整个PKI系统只有一个CA,该CA为PKI中的所有终端用户签发和管理证书。PKI中的所有终端用户都信任这个CA。每个证书路径都起始于该CA的公钥,该CA的公钥成为PKI系统中唯一的用户信任节点。信任节点也称为"认证起点"或"信任锚"(Trust Anchor),它是整个PKI系统中CA的根。

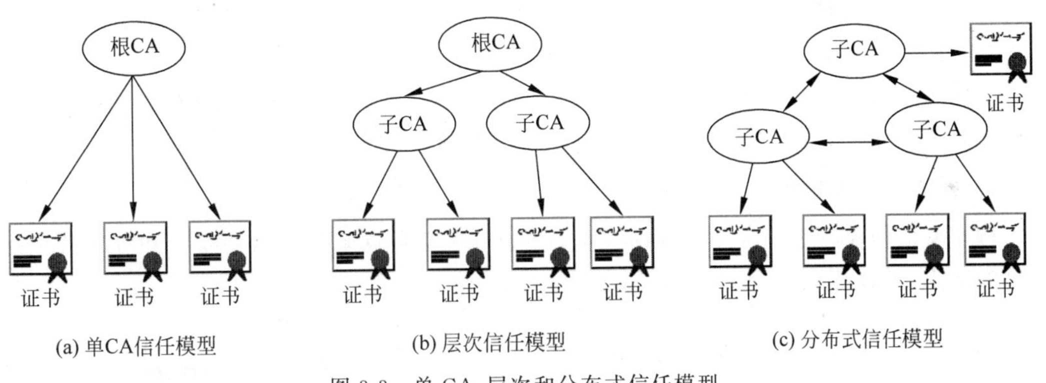

图3-3　单CA、层次和分布式信任模型

单CA信任模型的优点是容易实现,易于管理,只需要建立一个根CA,所有的用户都能实现相互认证;缺点是不易扩展,无法满足不同群体的用户需求。

2. 层次信任模型

层次信任模型也称为分级信任模型,它是一个以主从CA关系建立的分级PKI结构,具体结构如图3-3(b)所示。层次信任模型是典型的树状结构,树根为根CA,是整个PKI的信任锚,所有实体都信任它。树枝向下伸展,树叶在末端,代表申请和使用证书的终端用户。

作为信任锚,根CA通常不直接为终端用户颁发证书,而只为子CA颁发证书。在根CA下面可以存在多层子CA,子CA是所在实体集合的根。两个不同的终端用户进行交互时,双方都提供自己的证书和数字签名,通过根CA对证书进行有效性和真实性的认证。信任关系是单向的,即上级CA可以而且必须认证下级CA,而下级CA不能认证上级CA。

基于层次信任模型的PKI系统由于其简单的结构和单向的信任关系,具有以下优点。

(1) 增加新的子 CA 比较容易。新的子 CA 可以直接加到根 CA 下面,也可以加到某个子 CA 下面。这两种情况都很方便,容易实现。

(2) 证书路径由于其单向性,所以容易扩展,可生成从终端用户证书到信任锚的简单明确的路径。

(3) 证书短小、简单,因为用户可以根据 CA 在 PKI 中的位置来确定证书的用途。

层次信任模型也具有其缺点(整个 PKI 系统信任单个根 CA 是导致这些缺点的根源)。

(1) 单个 CA 的失败会影响整个 PKI 系统。与根 CA 的距离越短,则造成的影响越大。另外,由于所有的信任都集中在根 CA,一旦根 CA 出现故障,将导致整个 PKI 系统瘫痪。

(2) 创建一个所有国家、地区、组织或单位都信任的根 CA 存在很多困难。

3. 分布式信任模型

分布式信任模型也称为网状信任模型,在这种模型中 CA 间存在着交叉认证,如图 3-3(c)所示。如果任何两个 CA 间都存在着交叉认证,则这种模型就成为严格的网状信任模型。与在 PKI 系统中的所有实体都信任唯一根 CA 的层次信任模型相反,网状信任模型把信任分散到两个或更多个 CA 上。分布式信任模型的优点如下。

(1) 具有更好的灵活性。因为存在多个信任锚,所以单个 CA 安全性的削弱不会影响到整个 PKI 系统。

(2) 增加新的 CA 更为容易。当一个组织想要整合各个独立开发的 PKI 系统时,这种信任方式是很有效的。

(3) 系统的安全性较高。

分布式信任模型的主要缺点是路径发现比较困难。从终端用户证书到信任锚建立证书的路径是不确定的,因为存在多种选择,使得路径发现比较困难。

4. 桥 CA 信任模型

桥 CA 信任模型也称为中心辐射式信任模型,它用来克服层次信任模型和分布式信任模型的缺点,并连接不同的 PKI 系统,如图 3-4 所示。

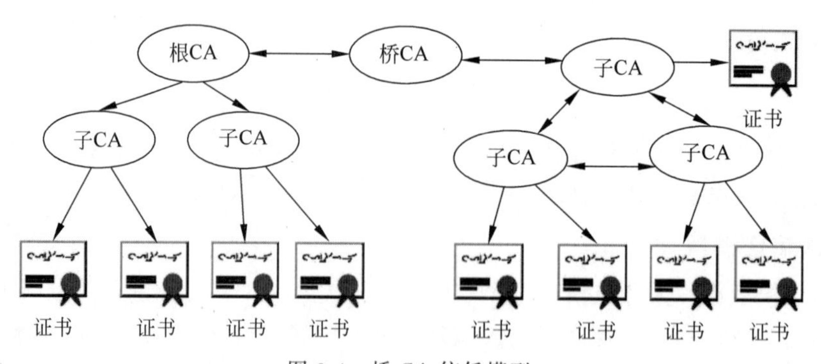

图 3-4 桥 CA 信任模型

不同于分布式信任模型中的 CA,桥 CA 与不同的信任域(子 CA)建立对等的信任关系,允许用户保持原有的信任锚。这些关系被结合起来形成信任桥,使得来自不同信任域的用户通过桥 CA 相互作用。其中,桥 CA 不是一个树状结构的 CA,也不像分布式信任模型中的 CA,它不直接向用户颁发证书。根 CA 是一个信任锚,而桥 CA 只是一个单独的 CA

而非信任锚。桥 CA 与不同的信任域之间建立对等的信任关系，允许用户保留自己的原始信任锚。

正如我们在网络中所使用的 Hub 一样，任何结构类型的 PKI 都可以通过桥 CA 连接在一起，实现彼此之间的信任，每一个单独的信任域都可以通过桥 CA 扩展到整个 PKI 系统中。桥 CA 信任模型的优点如下。

(1) 实用性强。该模型非常符合目前证书管理机构的特点。

(2) 证书路径较易发现，证书路径较短。桥 CA 架构的 PKI 比起具有相同数量 CA 分布式信任模型的 PKI 系统具有更短的可信任路径。

桥 CA 信任模型的缺点如下。

(1) 证书路径的有效发现和确认仍然不很理想。因为基于桥 CA 模型的 PKI 系统可能包括部分的分布式信任模型。

(2) 大型 PKI 目录的互操作仍不方便。

(3) 证书复杂。在基于桥 CA 信任模型的 PKI 系统中，桥 CA 需要利用证书信息限制不同 PKI 的信任关系，这会导致证书的处理更为复杂。

(4) 证书和证书状态信息不易获取。

5. Web 信任模型

Web 信任模型构建在 Web 浏览器的基础上，浏览器厂商在浏览器(如 Internet Explorer、Tencent Traveler、Mozilla Firefox、Opera 等)中内置了多个根 CA，每个根 CA 是相互平行的，浏览器用户同时信任多个根 CA 并把这些根 CA 作为自己的信任锚。以 Internet Explorer 为例，选择“工具→Internet 选项→内容→证书”，在打开的如图 3-5 所示的对话框中就会看到 Internet Explorer 的信任锚。

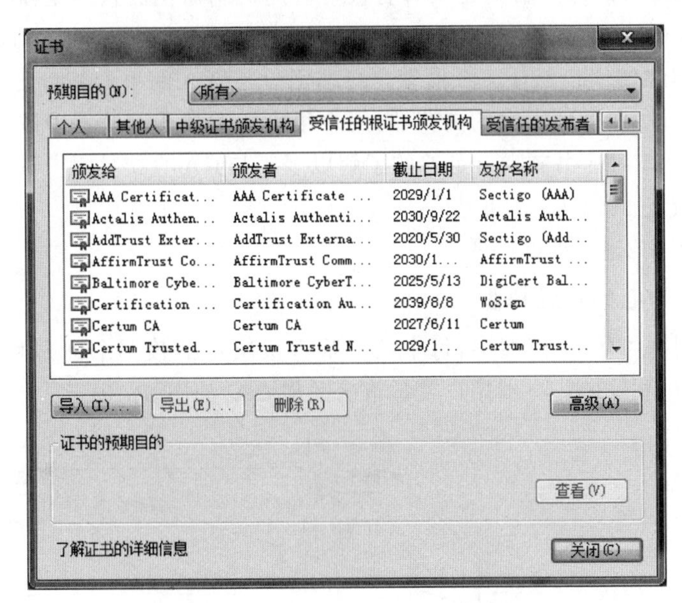

图 3-5　Internet Explorer 的信任锚

Web 信任模型表面上看起来与分布式信任模型非常相似，实际上它更接近层次信任模型。Web 信任模型通过与相关域进行互联而不是扩大现有的主体群来使用户实体成为在浏览器中所给出的所有域的依托方,如图 3-6 所示。各个嵌入的根 CA(见图 3-5)直接内置在各个浏览器软件中,使用中这些根 CA 不会显示有关的信息。由于各个根 CA 是浏览器厂商内置的,浏览器厂商隐含认证了这些根 CA,这样浏览器厂商就成为事实上的隐含的根 CA。

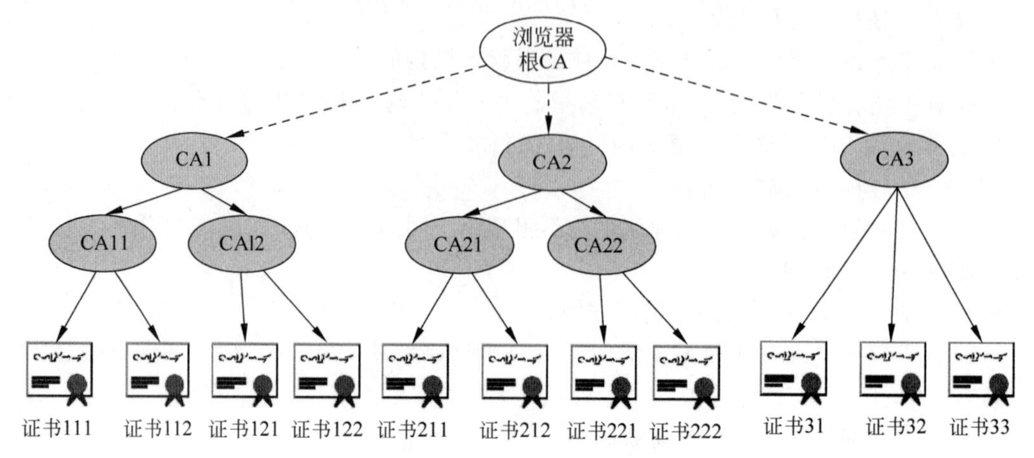

图 3-6 Web 信任模型

Web 信任模型的优点为:方便简单,操作性强,对终端用户的要求较低。用户只需要简单地信任嵌入的各个根 CA 即可,尤其适合目前在 Internet 和 Intranet 中的应用。

Web 信任模型的缺点如下。

(1) 安全性较差。如果这些根 CA 中有一个存在安全问题,即使其他根 CA 仍然值得用户信赖,安全性也将被破坏。目前还没有有效可行的机制撤销嵌入浏览器中的根 CA(即密钥)。用户也难以查出到底哪一个根 CA 存在安全问题,这一切都依赖于浏览器厂商。

(2) 根 CA 与终端用户信任关系模糊。终端用户与嵌入的根 CA 间交互十分困难。终端用户可在不同的站点得到不同的浏览器,用户很难知道某个浏览器中嵌入了哪些根 CA,并且用户一般不可能对证书颁发有足够的了解以至于与 CA 直接接触。同样,嵌入的根 CA 也无法知道和确定它的依托方是谁。

(3) 根 CA 预先安装,难以扩展。

6. 以用户为中心的信任模型

在以用户为中心的信任模型中,每个用户都直接决定信赖哪个证书和拒绝哪个证书。没有可信的第三方作为 CA,终端用户就是自己的根 CA,如图 3-7 所示。

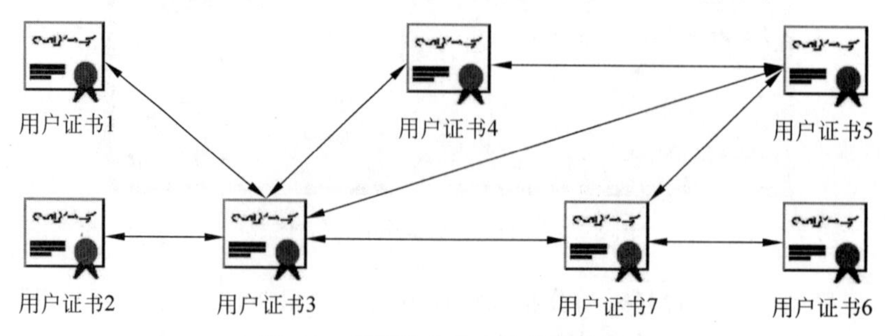

图 3-7 以用户为中心的信任模型

以用户为中心的信任模型的优点如下。

(1) 安全性很强。

(2) 用户可控性很强。用户可自己决定是否信赖某个证书。也就是说,每个用户可以直接和独立地决定信赖哪个证书和拒绝哪个证书。

以用户为中心的信任模型的缺点如下。

(1) 使用范围较窄。由于普通用户很少关心安全方面的问题,也缺乏相应的安全知识,将发放和管理证书的任务交给用户在许多应用中是不现实的。

(2) 这种信任模型在某些企业、金融机构或政府机关的网络环境中是不适用的。因为在这些群体中,往往需要以组织的方式控制一些公钥,而不希望完全由用户自己控制。

表 3-1 对前面介绍的各种 CA 信任模型的特点进行了描述。

表 3-1 各种 CA 信任模型的性能说明

信任模型	实用性	方便性	可扩展性	安全性	高效性	灵活性	互操作性	应用范围
单 CA	低	高	高	高	高	低	低	窄
层次	中	高	高	高	高	低	高	窄
分布式	中	低	低	高	低	高	高	广
桥 CA	高	低	高	高	低	高	高	广
Web	低	高	低	低	高	低	低	窄
以用户为中心	中	低	低	高	低	低	高	窄

3.2.4 密钥管理

密钥管理也是 PKI 系统(主要指 CA)中的一个核心问题。密钥管理主要是指密钥对的安全管理,包括密钥产生、密钥备份、密钥恢复和密钥更新等。

1. 密钥产生

密钥对的产生是证书申请过程中重要的一步,其中产生的私钥由用户保留,公钥和其他信息则交由 CA 中心进行签名,从而产生证书。根据证书类型和应用的不同,密钥对的产生也有不同的形式和方法。对于普通用户证书,一般由浏览器或固定的终端应用程序产生,这样产生的密钥强度较低,不适用于安全要求较高的领域。而对于比较重要的证书,如机构证书(CA 证书、RA 证书)等,密钥对一般由专用应用程序或 CA 中心直接产生,这样产生的密钥强度高,适合重要的应用场合。

另外,根据密钥对应用场合的不同,也可能有不同的产生方式。例如,签名密钥可能在客户端或 RA 中心产生,而加密密钥则需要在 CA 中心直接产生。

2. 密钥备份和恢复

在一个 PKI 系统中,对密钥对的安全管理非常重要,其中备份是最常用到的一种方式。如果没有安全保障,当密钥丢失后,将意味着使用该密钥加密的数据无法打开,对于一些重要数据,这将是灾难性的事故。所以,密钥的备份和恢复也是 PKI 系统中非常重要的一个安全环节。在部署和使用 PKI 系统时,PKI 系统的提供者必须确保即使密钥丢失,受密钥加密保护的重要信息也必须能够恢复。

企业级的 PKI 系统至少应该提供对加密的安全密钥的存储、备份和恢复。密钥一般用口令进行保护,而口令丢失则是管理员最常见的安全疏漏之一。所以,PKI 系统应该能够备份密钥,即使口令丢失,它也能够让用户在一定条件下恢复该密钥,并设置新的口令。

另外,使用 PKI 系统的企业也应该考虑所使用密钥的生命周期,它包括密钥和证书的有效时间以及已撤销密钥和证书的归档等。

3. 密钥更新

每一个由 CA 颁发的证书都会存在有效期,密钥对生命周期的长短由签发证书的 CA 中心来确定,每一个 CA 系统所颁发的证书的有效期限有所不同,一般大约为 2～3 年。当用户的私钥被泄露或证书的有效期快到时,用户应该更新私钥。

3.3 证书及管理

PKI 采用证书管理公钥,通过第三方的可信任机构 CA 把用户的公钥和用户的其他标识信息捆绑在一起,在 Internet 或 Intranet 上验证用户的身份。数字证书的管理方式在 PKI 系统中起着关键作用。

3.3.1 证书的概念

数字证书也称为数字标识(Digital Certificate,或 Digital ID)。它提供了一种在 Internet 等公共网络中进行身份验证的方式,是用来标识和证明网络通信双方身份的数字信息文件,其功能与驾驶员的驾照或日常生活中的身份证相似。数字证书由一个权威的证书认证机构(CA)发行,在网络中可以通过从 CA 中获得的数字证书来识别对方的身份。在网上进行电子商务活动时,交易双方需要使用数字证书来表明自己的身份,并使用数字证书来进行有关交易操作。例如,在进行网上银行的相关操作时,必须安装与银行账号相对应的数字证书,否则系统是无法完成相关操作的。目前,银行等单位为用户提供的数字证书文件既可以安装在用户的计算机中,也可以保存在 U 盘等存储介质中。例如,在现在的公安专网中,每一个民警都有一个用于标识自己身份的 U 盘,在该 U 盘中保存了民警自己的数字证书,每个民警访问网络的权限都集中在该数字证书中。通俗地讲,数字证书就是个人或单位在 Internet 等公共网络上的身份证。

比较专业的数字证书的定义是:数字证书是一个经证书授权中心数字签名的包含公开密钥拥有者信息以及公开密钥的文件。最简单的证书包含一个公开密钥、名称以及证书授权中心的数字签名。一般情况下,证书中还包括密钥的有效时间、发证机关(证书授权中心)的名称、该证书的序列号等信息,证书的格式遵循相关国际标准。

通过数字证书就可以使信息传输的保密性、数据交换的完整性、发送信息的不可否认性、交易者身份的确定性这四大网络安全要素得到保障。

3.3.2　数字证书的格式

在TCP/IP网络环境中，应用程序使用的证书都来自不同的厂商或组织，为了实现可交互性，要求证书能够被不同的系统识别，符合一定的格式，并实现标准化。目前有X.509、无线安全传输层(Wireless Transport Layer Security，WTLS)和优良保密协议(Pretty Good Privacy，PGP)等多种数字证书，但应用最为广泛的是X.509，X.509为数字证书及其CRL格式提供了一个标准。其中，WTLS是无线应用协议(Wireless Application Protocol，WAP)应用中提供数据安全传输的一种服务。PGP是一系列采用公钥加密体制、用于消息加密与验证的应用程序。

需要说明的是，X.509本身不是Internet标准，而是国际电信联盟(International Telecommunication Union，ITU)的标准，它定义了一个开放的框架，并在一定范围内可以进行扩展。为了提供公用网络用户目录信息服务，ITU于1988年制定了X.500系列标准。其中X.500和X.509是安全认证系统的核心，X.500定义了一种区别命名规则，以类似互联网中DNS命名树确保用户名称的唯一性；而X.509则为X.500用户名称提供了通信实体鉴别机制，并规定了实体鉴别过程中广泛适用的证书语法和数据接口，X.509称之为证书。

X.509目前有4个版本：X.509 v1、v2、v3和v4。其中，X.509 v1提供了基于X.509公钥证书的目录访问认证协议；1993年，ITU公布了X.509 v2，其中增强了对目录访问控制和鉴别的支持。证书由用户公开密钥和用户标识符组成，此外还包括版本号、证书序列号、CA标识符、签名算法标识、签发者名称、证书有效期等信息，还定义了包含扩展信息的数字证书，该版数字证书提供了一个扩展信息字段，用来提供更多的灵活性及特殊应用环境下所需的信息传送；1997年，国际标准化组织/国际电工委员会(International Organization for Standardization/International Electrotechnical Commission，ISO/IEC)[①]和ANSI X9开发了X.509 v3，它是基于公开密钥证书的目录鉴别协议。v3定义的公开密钥证书协议比v2证书协议增加了14项预留扩展域，如发证者或证书用户的身份标识、密钥标识、用户或公钥属性、策略(Policy)扩展等，同时v3对CRL结构也进行了扩展；X.509 v4(X.509-2000)于2000年推出，v4在扩展了v3的同时，利用属性证书定义了特权管理基础设施(PMI)模型，即如何利用PKI-CA对用户访问进行授权管理。X.509证书的通用格式如图3-8所示，每一个组成域的功能描述如下。

证书版本号(Version)
证书序列号(Serial Number)
签名算法标识符(Signature)
颁发机构名(Issuer)
有效期(Validity)
实体名称(Subject)
证书持有者的公开密钥信息(Subject Public Key Info)
颁发者唯一标识符(Issuer Unique Identifier)
证书持有者唯一标识符(Subject Unique Identifier)
签名值(Issuer's Signature)

图3-8　X.509数字证书的基本格式

(1) 证书版本号(Version)。版本号指明X.509证书的格式版本。0表示X.509 v1标准，1表示X.509 v2标准，以此类推。目前最新的版本为X.509 v4。

① 1947年，当ISO成立后，IEC曾并入ISO。从1976年开始，ISO和IEC成为法律上独立的两个组织，其中IEC负责有关电工、电子领域的国际标准化工作，其他领域由ISO负责。

(2) 证书序列号(Serial Number)。序列号指定由CA分配给证书的唯一数字型标识符。当证书被取消时,实际上是将此证书的序列号放入由CA签发的CRL中,这也是序列号唯一的原因。

(3) 签名算法标识符(Signature)。签名算法标识用来指定由CA签发证书时所使用的签名算法。算法标识符用来指定CA签发证书时所使用的公开密钥算法和Hash算法,须向国际知名标准组织(如ISO)注册。

(4) 颁发机构名(Issuer)。此域用来标识签发证书的CA的X.500 DN(Distinguished Name)名字,包括国家、省市、地区、组织机构、单位部门和通用名。其中,DN是类似于DNS的名称服务方式,在LDAP中目录记录的标识名称为DN,用来读取某个条目。

(5) 有效期(Validity)。指定证书的有效期,包括证书开始生效的日期和时间,以及失效的日期和时间。每次使用证书时,需要检查证书是否在有效期内。

(6) 实体名称(Subject)。指定证书持有者的X.500唯一名字,包括国家、省市、地区、组织机构、单位部门和通用名,还可包含E-mail地址等个人信息。

(7) 证书持有者的公开密钥信息(Subject Public Key Info)。证书持有者公开密钥信息域包含两个重要信息:证书持有者的公开密钥的值和公开密钥使用的算法标识符。此标识符包含公开密钥算法和Hash算法。

(8) 颁发者唯一标识符(Issuer Unique Identifier)。颁发者唯一标识符在v2中开始加入。此域用在当同一个X.500名字用于多个认证机构时,用1b字符唯一标识颁发者的X.500名字。该域为一个可选项。

(9) 证书持有者唯一标识符(Subject Unique Identifier)。证书持有者唯一标识符在v2中开始加入。此域用在当同一个X.500名字用于多个证书持有者时,用1b字符唯一标识证书持有者的X.500名字。该域为一个可选项。

(10) 签名值(Issuer's Signature)。证书颁发机构对证书上述内容的签名值。

3.3.3 证书申请和发放

证书的申请一般有两种方式:在线申请和离线申请。其中,在线申请就是用户登录认证机构的相关网站下载申请表格,然后按要求填写内容;或通过浏览器、电子邮件等在线方式申请证书,这种方式一般用于申请普通用户证书。离线方式一般通过人工的方式直接到认证机构证书受理点办理证书申请手续,通过审核后获取证书,这种方式一般用于比较重要的场合,如网上银行的在线支付证书等。下面主要以在线申请方式为例进行介绍,申请的步骤如下。

(1) 用户申请。用户使用浏览器通过Internet或Intranet访问安全服务器,下载CA的数字证书,该证书称为根证书。然后在证书的申请过程中使用SSL安全方式与服务器建立连接,用户填写个人信息,浏览器生成私钥和公钥对,将私钥保存在客户端的特定文件中,并且要求用口令保护私钥,同时将公钥和个人信息提交给安全服务器。安全服务器将用户的申请信息传送给注册机构服务器。

(2) 注册机构(RA)审核。用户与注册机构人员联系,证明自己身份的真实性,或者请求代理人与注册机构联系。注册机构操作员利用自己的浏览器与注册机构服务器建立SSL安全通信,该服务器需要对操作员进行严格的身份认证,包括操作员的数字证书、IP地址等。操作员首先查看目前系统中的申请人员，从列表中找出相应的用户，单击用户名，核对用户信息，并且可以进行适当的修改。如果操作人员同意用户的申请证书请求，必须对证书申请信息进行数字签名。操作员也有权利拒绝用户的申请。操作员与服务器之间的所有通信都采用加密和签名方式，具有安全性、抗抵赖性，保证了系统的安全性和有效性。

(3) CA发放证书。注册机构(RA)向CA传输用户的证书申请与操作员的数字签名，CA操作员查看用户的详细信息，并且验证操作员的数字签名，如果签名验证通过，则同意用户的证书请求，发放该证书。然后CA将证书输出。如果CA操作员发现签名不正确，则拒绝证书申请。CA发放的数字证书中包含的内容如图3-8所示。

(4) 注册机构证书转发。注册机构(RA)操作员从CA服务器得到新的证书，首先将证书输出到LDAP服务器以提供目录浏览服务，最后操作员向用户发送一封电子邮件，通知用户证书已经发布成功，并且把用户的证书序列号告诉用户，要求用户到指定的站点下载自己的数字证书。同时，在电子邮件中会告诉用户如何使用安全服务器上的LDAP配置、修改浏览器的客户端配置文件以便访问LDAP服务器、获得他人的数字证书等。

(5) 用户获取证书。一般情况下，利用在线方式申请证书后，用户需要使用申请证书时的计算机上的浏览器到指定的站点下载由注册机构转发的证书。需要输入用户的证书序列号。服务器要求用户必须使用申请证书时的浏览器，因为浏览器需要用该证书相应的私钥去验证数字证书。只有保存了相应私钥的浏览器才能成功下载用户的数字证书。

这时用户打开浏览器的安全属性(见图3-5)，就可以发现自己已经拥有了CA颁发的数字证书。然后，可以利用该数字证书与其他人或拥有相同CA颁发证书的应用系统使用加密、数字签名方式进行安全通信。

3.3.4　证书撤销

在证书的有效期内，由于私钥丢失或证书持有者解除了与某一组织或单位的关系，该用户所使用的数字证书需要撤销。证书的撤销操作由CA完成，当CA接收到用户撤销证书的申请时，立即执行证书撤销操作，同时通知用户证书的撤销情况。其实，出于安全考虑，在证书的正常使用中，当用户每次使用证书时系统都要检查用户的证书是否合法和有效。

证书的撤销一般通过两种方式实现：一种是利用周期性发布机制，主要有证书撤销列表(CRL)；另一种是利用在线查询机制，如在线证书状态协议(Online Certificate Status Protocol，OCSP)。下面分别进行介绍。

1. 利用CRL撤销证书

证书撤销列表(CRL，又称证书黑名单)为应用程序和其他系统提供了一种检验证书有效性的方式。任何一个证书撤销以后，认证机构CA会通过发布CRL的方式来通知各个相关方。X.509中CRL所包含的主要内容格式如下，结构如图3-9所示。

证书版本号
签名算法
证书签发机构名
本次签发时间
下次签发时间
用户公钥信息
签名算法
签名值

图3-9　证书撤销列表

(1) 证书版本号。CRL的版本号，0表示X.509 v1标准，1表示X.509 v2标准，以此类推。目前最新的版本为X.509 v4。

(2) 签名算法。包含算法标识和算法参数，用于指定证书签发机构用来对CRL内容进行签名的算法。

（3）证书签发机构名。签发机构的 DN 名，由国家、省市、地区、组织机构、单位部门和通用名等组成。

（4）本次签发时间。本次 CRL 签发时间，遵循 ITU-T X.509 v2 标准，CA 在 2049 年之前把这个域编码为 UTCTime 类型，在 2050 或 2050 年之后把这个域编码为 GeneralizedTime 类型。

（5）下次签发时间。下次 CRL 签发时间，遵循 ITU-T X.509 v2 标准，CA 在 2049 年之前把这个域编码为 UTCTime 类型，在 2050 年或 2050 年之后把这个域编码为 GeneralizedTime 类型。

（6）用户公钥信息。其中包括撤销的证书序列号和证书撤销时间。撤销的证书序列号是指要撤销的由同一个 CA 签发的证书的唯一标识号，同一机构签发的证书不会有相同的序列号。

（7）签名算法。对 CRL 内容进行签名的签名算法。

（8）签名值。证书签发机构对 CRL 内容的签名值。

另外，CRL 中还包含扩展域和条目扩展域。CRL 扩展域用于提供与 CRL 有关的额外信息，允许团体和组织定义私有的 CRL 扩展域传送他们独有的信息；CRL 条目扩展域则提供与 CRL 条目有关的额外信息，允许团体和组织定义私有的 CRL 条目扩展域传送他们独有的信息。

基于 CRL 的周期发布证书状态信息机制主要有以下优点。

（1）证书撤销列表的安全性是通过 CA 中心（或 CA 授权的机构）签名保证的，所以证书存储的地址并没有受到严格的控制，这样就可以根据需要在适当的地方存储需要的 CRL。

（2）在 CRL 中，包含一个本列表的颁发日期，以及下一次 CRL 的颁发时间。这两个属性可以帮助管理 CRL 缓冲区。如果证书的撤销频率不是很高，CRL 将会是一个有效的、有较好伸缩性的证书状态信息分发机制。

（3）使用增量 CRL 机制，仅发布那些自某个基本 CRL 颁发以来新撤销的证书，这样减少了单个签名的信息量，同时增加了 CRL 的实时性并且提高了证书状态响应器（服务器）的应答时间。

在 PKI 系统中，CRL 是自动完成的，而且对用户是透明的。CRL 中并不存放撤销证书的全部内容，只存放证书的序列号，以便提高检索速率。CRL 产生的主要步骤如下。

（1）RA 建立与 CA 的连接，提出撤销申请。该申请中包括撤销证书的序列号和撤销理由。

（2）CA 将撤销证书的序列号签发到 CRL 中。

（3）系统通过数据库或 LDAP 目录等方式发放新的 CRL，并且提供用户在线查询。

2. 利用 OCSP 撤销证书

尽管利用 CRL 撤销证书具有许多优点，但该方式本身固有的 CRL 存储位置分散、CRL 的更新无法准确统计、客户端程序比较复杂等缺点，致使基于 CRL 的证书撤销机制在实际应用中存在不足。

在线证书状态协议（OCSP）是 IETF 工作组颁布的用于检查数字证书在当前时刻是否有效的标准协议。该协议提供给用户一条便捷的证书状态查询通道，使 PKI 体系能够更有效、更安全地应用于各个领域。OCSP可以作为周期性CRL的一种替代机制或补充机制，它对于获得一个证书撤销状态的及时信息是必要的。与CRL相比，OCSP对获得证书撤销信息的及时性更强，所以OCSP一般用于网上银行、网上证券、电子政务中的某些关键部门。

OCSP协议是用于OCSP请求者(客户端)和OCSP响应器(服务器)之间的一个请求/响应协议。客户端生成一个OCSP请求，它包含一个或多个待查询证书的标识符，客户端可以选择性地对该请求进行数字签名。然后，客户端将请求发送给服务器。OCSP响应器对收到的请求返回一个响应(出错信息或是确定的回复)。OCSP响应器返回出错信息时，该响应不用签名。出错信息包括请求编码格式不正确、内部错误、稍后再试、请求需要签名、未授权等内容。OCSP响应器返回确定的回复时，该响应必须进行数字签名。

OCSP是一种相对简单的请求/响应协议，它使得客户端应用程序可以测定需要验证的证书状态。协议对OCSP请求者和OCSP响应器之间需要交换的数据进行了描述。一个OCSP请求包含以下数据：协议版本、服务请求、目标证书标识和可选的扩展项等。一个确定的响应由以下信息组成：版本号、响应器名称、对每一张被请求证书的回复、可选扩展项、签名算法、对象标识和签名等组成。

OCSP机制的主要优点如下。

(1) 从OCSP响应器得到的信息总是能够反映该证书的真实状态。

(2) 与CRL相比，每一次证书查询需要处理的信息量要小得多，因为用户只关心当前查询的证书状态，而且客户端应用程序需要处理的返回信息也要少一些。

尽管OCSP有许多优点，但基于证书响应状态协议的机制也存在一些问题与不确定性。

(1) 证书状态响应器应该是一个可信的在线服务器，并为每一个请求提供及时的响应。而且，证书状态响应器不能完全替代CRL存储库，一定条件下仍然需要访问CRL存储库去查找证书。

(2) 证书状态响应器难以实现镜像，也难以备份，从而可能成为通信中的瓶颈。而且，在线响应系统的访问流量可能非常不均匀，从而使得服务器系统经常处于一种不稳定的状态，这样很容易受到拒绝服务(DoS)等攻击。

(3) 证书状态响应器必须生成大量的签名，以保证每次响应的真实性和有效性，同时也可能需要验证大量的签名，这些过程将降低服务器的性能，甚至可能出现由于请求等待时间过长而丢失请求信息的现象。

3.3.5　证书更新

在PKI系统中，每一份数字证书被颁发以后都有其生命周期。当证书超出了其有效期就被作废而要求更新。进行证书更新的主要原因如下：一是与证书相关的密钥可能达到它有效的生命终点；二是证书即将到期；三是证书中的一些属性发生了改变，而且必须进行改变。在这些情况下，必须颁发一个新的证书，称为证书更新或重新证明。根据证书应用对象的不同，证书更新分为普通用户证书更新和机构证书更新两种类型。

1. 普通用户证书更新

普通用户证书一般是指由普通用户根据个人(包括组织或单位)需要所申请和使用的数字证书。普通用户证书更新一般有以下两种方式。

(1) 人工更新。用户向注册机构(RA)提出更新证书的申请,RA根据用户申请信息更新用户的证书。

(2) 自动密钥更新。PKI系统采用对管理员和用户透明的方式,对快要过期的证书进行自动更新,生成新的密钥对。

2. 机构证书更新

机构证书也是一种证书,只是这种证书专门用来证实机构(如CA、RA)的真实性、合法性、可靠性以及可信任性。机构证书与普通用户证书一样,如果在有效期快到期时,就要进行更新并将更新消息告知所有的相关用户及机构。因此,这就需要一套完整的机制保证机构证书的顺利更新,从而保证整个系统的有效性和安全性。在一个PKI系统中,机构的类型分为各级CA机构及RA机构,因而机构证书的类型也相应地分为RA机构证书和CA机构证书。

当机构证书快到期时,就需要对它进行更新操作,以保证整个系统的安全性、稳定性和连续性。作为用户证书申请和签发的机构,其证书稳定性、连续性和安全性至关重要,它的更新操作与一般普通用户证书有很大的差别。普通用户证书在更新时,只需要向签发机构发出申请,由签发机构撤销旧的证书,并重新产生新的公私密钥对和颁发新的证书,用户证书就更新结束。相比之下,机构证书的更新就复杂得多,它分为根CA的更新和下级CA的更新。

为了保证系统的连续性,在机构证书更新期间,根CA就有多个证书存在。如下所示,根CA在更新期间,共有3类证书存在(其中old表示旧证书,new表示新证书)。

(1) oldwithnew:表示用新证书签发的旧证书。

(2) newwithold:表示用旧证书签发的新证书。

(3) newwithnew:表示根CA自签发的新证书。

其中,oldwithnew和newwithold证书是为了在证书更新期间保持证书认证的连续性,它们在根CA证书更新结束时要被全部撤销。oldwithnew用于旧的用户证书的认证以及新旧用户证书的相互认证;newwithold用于新旧证书的相互认证;newwithnew用于新证书的认证和颁发新的下级证书。在根CA更新的同时,也需要用newwithnew对证书撤销列表进行操作,并生成新的证书链文件。

下级机构证书的撤销相对根CA而言就要简单些。下级机构证书快到期时,由下级机构向上级CA申请证书更新,上级CA通过为下级机构颁发新的证书并同时撤销旧的证书来达到下级机构证书的更新目的。但是,下级机构证书更新后,如果是CA机构,则要同时重签证书撤销列表并发布到证书目录服务器上,以供用户使用及认证使用。

需要说明的是,由于证书的不断更新,一段时间后同一个用户(或机构)可能存在多个"旧"证书,这一系列的"旧"证书形成了证书的历史档案,需要对其进行归档,并集中管理,以备需要时使用。

3.3.6 数字证书类型

随着电子商务、电子政务、网上银行等应用的快速发展，数字证书所提供的保密性、完整性、不可否认性等认证功能得到了发挥，数字证书无论从载体还是应用环境上都在发生着变化。

1. 数字证书的应用类型

目前，在互联网应用中使用的数字证书，根据应用功能和环境的不同主要分为以下 5 种类型，如图 3-10 所示。

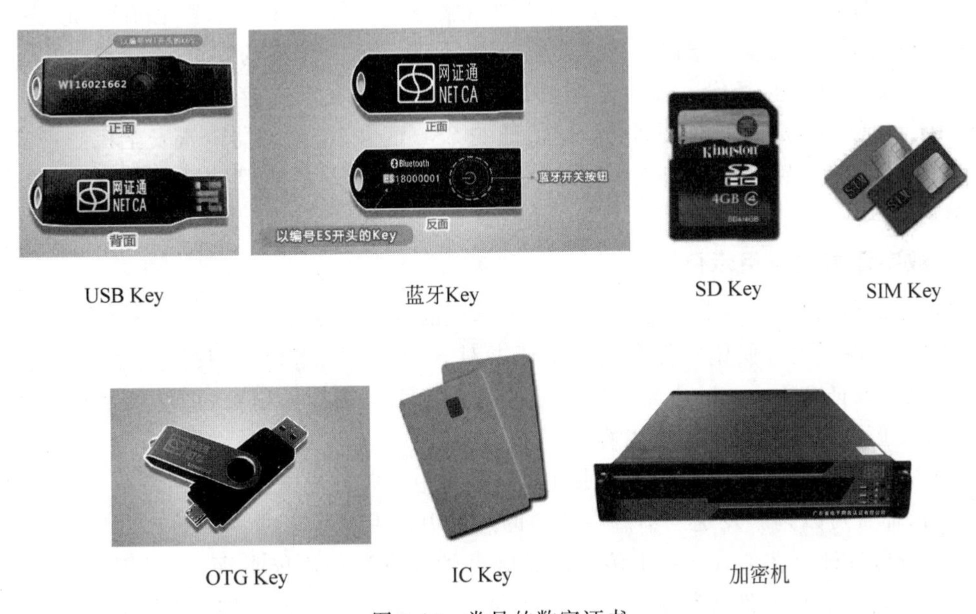

图 3-10 常见的数字证书

1）机构证书

机构证书是符合 X.509 标准的数字证书，证书中包含使用者(单位)信息和使用者的公钥，用于标识证书持有者的身份，可以用于机构在网上银行系统、电子政务、电子商务等业务中。

2）机构员工证书

颁发给独立的机构员工，在网上证明机构中个人的身份，机构员工证书对外代表单位中具体的某一位员工，进行合法的电子签名。

3）个人证书

个人证书是符合 X.509 标准的数字证书，证书中包含个人身份信息和个人的公钥，用于标识证书持有人的个人身份，可以签名，也可以加密，用于个人在网上进行网银交易、个人安全电子邮件、合同签订、支付等活动中表明身份。

4）代码签名证书

代码签名证书为软件开发商提供的针对软件代码进行数字签名的证书，可以有效防止软件代码被篡改，使用户免遭病毒与黑客程序的侵扰，同时可以保护软件开发商的版权利益。为了规范应用软件的管理，防止软件被篡改后重新封装上传，手机 App 应用软件在上传到平台供用户下载之前一般都要利用数字证书进行签名。

5）SSL 服务器证书

SSL 服务器证书是遵守 SSL 协议的一种数字证书，由全球信任的证书颁发机构（CA）验证服务器身份后颁发。将 SSL 证书安装在网站服务器上，可实现网站身份验证和数据加密传输功能。它的主要应用功能如下。

（1）实现加密传输。用户通过超文本传输协议（Hyper Text Transfer Protocol，HTTP）访问网站时，浏览器和服务器之间是明文传输，这就意味着用户填写的密码、账号、交易记录等机密信息都是明文，随时可能被泄露、窃取、篡改，被攻击者获取并利用。安装 SSL 证书后，使用超文本传输安全协议（Hyper Text Transfer Protocol over Secure Socket Layer，HTTPS）访问网站，可建立客户端浏览器到网站服务器之间的 SSL 加密通道（SSL 协议），实现加密传输，防止传输数据被泄露或篡改，确保信息在网上传输的安全。

（2）认证网站真实身份。随着互联网的广泛运用，互联网上存在着许多假冒、钓鱼网站，让用户无法分辨真伪。网站部署全球信任的 SSL 证书后，浏览器内置安全机制，实时查验证书状态，通过浏览器向用户展示网站认证信息，让用户轻松识别网站真实身份，防止钓鱼网站仿冒。

2. 数字证书的应用示例

以电子邮件为例，数字证书在电子邮件中体现的主要作用如下。

（1）保密性。通过使用收件人的数字证书对电子邮件加密，只有收件人才能阅读加密的邮件，这样保证在 Internet 上传递的电子邮件信息不会被他人窃取，即使发错邮件，收件人由于无法解密而不能看到邮件内容。

（2）完整性。利用发件人数字证书在传送前对电子邮件进行数字签名不仅可以确定发件人身份，而且可以判断发送的信息在传递的过程中是否被篡改过。

（3）身份认证。在 Internet 上传递电子邮件的双方互相不能见面，所以必须有办法确定对方的身份。利用发件人数字证书在传送前对电子邮件进行数字签名即可确定发件人身份，而不是他人冒充的。

（4）不可否认性。发件人的数字证书只有发件人唯一拥有，故发件人利用其数字证书在传送前对电子邮件进行数字签名后，就无法否认发送过此电子邮件。

视频讲解

3.4 PMI 技术

授权管理基础设施（PMI）是国家信息安全基础设施的一个重要组成部分，目标是向用户和应用程序提供授权管理服务，提供用户身份到应用授权的映射功能，提供与实际应用处理模式相对应的、与具体应用系统开发和管理无关的授权和访问控制机制，简化具体应用系统的开发和维护。

3.4.1 PMI 的概念

PMI 是在 PKI 发展过程中为了将用户权限的管理与其公钥的管理分离，由 IETF 提出的一种标准。PKI 以公钥证书为基础，实现用户身份的统一管理，而 PMI 以 2000 年推出的

X.509 v4 标准中提出的属性证书为基础，实现用户权限的统一管理。

在过去的几年里，PKI 已成为电子商务、电子政务等网络应用中不可或缺的安全支撑系统。PKI 通过方便灵活的密钥和证书管理方式，提供了在线身份认证的有效手段，为访问控制、抗抵赖、保密性等安全机制在系统中的实施奠定了基础。随着网络应用的扩展和深入，仅仅能确定“他是谁”已经不能满足需要，安全系统要求提供一种手段，能够进一步确定“他能做什么”。为了解决这个问题，PMI 应运而生。就像现实生活中一样，网络世界中的每个用户也有各种属性，属性决定了用户的权限。PMI 的最终目标就是提供一种有效的体系结构来管理用户的属性。这包括两个方面的含义：首先，PMI 系统保证用户获取他们有权获取的信息、在他们的权限范围内进行相关操作；其次，PMI 应能提供跨应用、跨系统、跨企业、跨安全域的用户属性的管理和交互手段。

概括地讲，PMI 以资源管理为核心，对资源的访问控制权统一交由授权机构统一处理。与 PKI 相比，主要区别在于 PKI 证明用户是谁，而 PMI 证明这个用户有什么权限、能干什么。PMI 需要 PKI 为其提供身份认证。PMI 实际提出了一个新的信息保护基础设施，能够与 PKI 紧密地集成，并系统地建立起对认可用户的特定授权，对权限管理进行系统的定义和描述，完整地提供授权服务所需过程。

3.4.2　PMI 的组成

PMI 与 PKI 不同，PKI 主要进行身份鉴别，证明用户身份。而 PMI 主要进行授权管理，证明用户有什么权限。PMI 主要由属性权威(Attribute Authority，AA)、属性证书(Attribute Certification，AC)和属性证书库 3 部分组成。

1. 属性权威

属性权威(AA)也称为“授权管理中心”或“属性权威机构”，是整个 PMI 系统的核心，它为不同的用户和机构进行属性证书(AC)创建、存储、签发和撤销，负责管理 AC 的整个生命周期。表面上，PMI 中的 AA 有一些类似于 PKI 中的 CA，但两者在逻辑上是完全独立的。PKI 中的 CA 主要用来管理用户的身份，而 PMI 中的 AA 主要管理用户的权限。另外，有可能在 PMI 建立之前 PKI 就已经存在。

图 3-11 所示的是 AA 的层次结构。其中，在该树状结构最顶端(树根)的是权威源(Source of Authority，SOA)。SOA 是授权管理的中心业务服务节点，所有的实体(包括 AA、终端用户等)都信任由 SOA 授予的部分或所有权利。在不存在授权委托的情况下，SOA 是 AC 的初始签发者，它将授权分配给授权持有者(如终端用户)。然而，如果存在着授权委托，SOA 可以授权给 AA，使得 AA 可以作为代理点，委托授权给其他实体。SOA 也可以对 AA 的权限委托施加一些限制(如限制路径长度等)。

在 AA 层次结构中，下一层 AA 的产生有两种情况：一种是上一层 AA 需要将某些相对独立的证书创建、颁发工作委托给一个子 AA；另外一种情况是某个已经存在的 AA 主动申请加入 PMI 系统中，并成为某一个 AA 的子节点。一般情况下，上一层 AA 充分了解自己的子节点 AA 和自己直接管理的终端用户的情况，而不一定充分了解子节点 AA 所负责管理的终端用户的情况。一般情况下，应用功能相近的终端用户可以在同一个 AA 下。

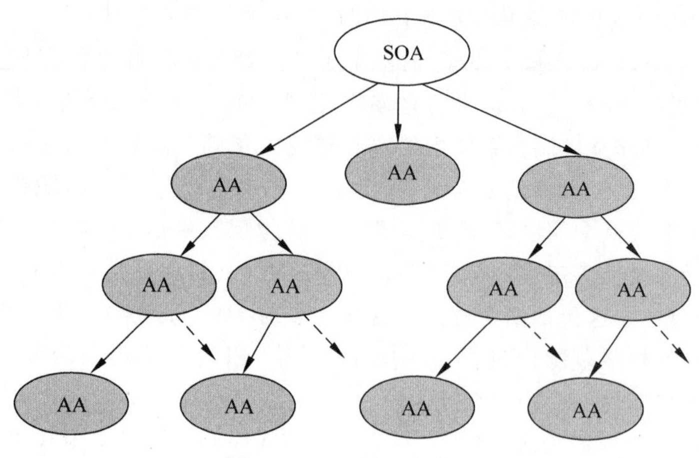

图 3-11　AA 的层次结构

2. 属性证书

属性证书(AC)是由 PMI 的权威机构(即属性权威,AA)签发的将实体与其享有的权限属性捆绑在一起的数据结构,权威机构的数字签名保证了绑定的有效性和合法性。AC 主要用于授权管理。

AC 建立在基于 PKI 公钥证书的身份认证基础上。PKI 中的公钥证书保证实体及其公钥的对应性,为数据完整性、实体认证、保密性、授权等安全机制提供身份服务。那么,为什么不直接用公钥证书加密属性而使用独立的 AC 呢？首先,身份和属性的有效时间有很大差异。身份往往相对稳定,变化较少；而属性(如职务、职位、部门等)的变化较快。因此,属性证书的生命周期往往远低于用于标识身份的公钥证书。举例来说,公钥证书类似于居民身份证,而属性证书类似于工作证。居民身份证代表了一个人的身份,签发时间一般都比较长；而工作证的有效期一般要视具体的工作单位和性质而定,时间相对比较短。

其次,公钥证书和属性证书的管理颁发部门有可能不同。仍以居民身份证和工作证为例进行说明。居民身份证实行一人一证,并由唯一的国家机关签发；而工作证可能存在一人多证,并分别由不同的单位签发。与此相似,公钥证书由身份管理系统进行控制,而属性证书的管理则与应用紧密相关。目前,许多高校都建立了数字化校园平台,在该平台上集成了教务管理、学生管理、财务管理、资产管理等应用系统。对于学校的教工,每人都需要一个进入数字化校园的唯一账号,该账号用于确定用户的身份；但是,不同的人员在进入数字化校园后,可能根据工作性质的不同,对不同的系统具有不同的权限。例如,普通教师只可以访问教务系统,财务人员只可以访问财务管理系统,而学校领导则可以同时访问所有的系统。

版本
主体名称
签发者
签发者唯一标识符
签名算法
序列号
有效期
属性
扩展项

图 3-12　属性证书的格式

所以,在一个系统中每个用户只有一张合法的公钥证书,而属性证书的签发则比较灵活。多个应用可使用同一属性证书,但也可为同一应用的不同操作颁发不同的属性证书。属性证书的格式如图 3-12 所示。

(1) 版本说明 PMI 中 AC 的版本号,具体含义与 PKI 中的

数字证书相同。

(2) 主体名称用于说明该授权证书的持有者。

(3) 签发者为签发该 AC 的 AA 名称。

(4) 签发者唯一标识符为签发该 AC 的 AA 的唯一标识符，以比特串形式表示。

(5) 签名算法为签发证书时所使用的算法。

(6) 序列号为该证书的有效序列号，在 PMI 系统中该序列号是唯一的。

(7) 有效期为该证书的有效使用期限。

(8) 属性为拥有者所具有的权限属性。

(9) 扩展项用于功能的扩展。

PMI 中的属性证书的撤销与 PKI 中的公钥证书相似，也是通过证书撤销列表(CRL)的方式实现的，在 PMI 系统中，需要维护属性证书撤销列表(Attribute Certificate Revocation List，ACRL)进行证书的撤销操作。

3. 属性证书库

属性证书库用于存储属性证书，一般情况下采用 LDAP 服务器。在属性证书库中采用 LDAP 服务器主要出于以下几点考虑：一是由于 LDAP 服务器能够处理大量的用户并发，这样便于属性证书的检索，并具有更快的响应速度；二是 LDAP 服务器具有完善的安全机制，可以通过访问控制列表(ACL)设置对目录数据的读和写的权限，通过支持基于 SSL 的安全机制完成对明文的加密，可以为属性证书的管理提供安全保障；三是 LDAP 服务可以跨平台操作，支持 Windows、UNIX、Linux、NetWare 等几乎所有的主流操作系统；四是同步复制功能，如分布在不同地理位置的两台 LDAP 服务器可以通过使用"推""拉"技术使服务器保持数据的同步和一致；五是 LDAP 服务器的数据的组织方式采用树状层次结构，便于扩展。

3.4.3　基于角色的访问控制

随着现代信息技术的迅速发展，在网络中传输和处理的信息和数据越来越多。对于一个资源可控的网络来说，在资源数量迅速扩大的同时需要加强对资源的控制和管理。

在分布式网络环境下，对于安全性要求较高的信息资源，既要求能够由信息资源的管理部门统一进行管理，确保信息资源受控、合法、安全地使用，又需要授权管理和访问控制的复杂度不能因为资源和用户数量的增长而迅速增加，以确保授权和访问控制的可管理性，实现统一、高效、灵活的访问控制。传统的访问控制机制主要有自主访问控制(Discretionary Access Control，DAC)和强制访问控制(Mandatory Access Control，MAC)。

自主访问控制(DAC)又称为基于身份的访问控制，其主要思想是系统的主体可以自主地将其拥有的对客体的访问权限授予其他主体，且这种授予具有可传递性。特点是灵活性高，但授权管理复杂，安全性低。而强制访问控制(MAC)又称为基于规则的访问控制，其主要思想是将主体与客体分级，根据主体和客体的级别标识来决定访问控制，特点是便于管理，但灵活性差，完整性方面控制不够。

随着网络应用的不断发展，传统的 DAC 和 MAC 两种访问控制方式已远远不能满足访问控制的上述要求。20 世纪 90 年代以来发展起来的基于角色的访问控制(RBAC)技术可以降低授权管理的复杂度和管理开销，提高访问控制的安全性，而且能够实现基于策略的授权管理和访问控制。

以资源分配管理为主的PMI系统，其授权管理是基于角色的。角色是给用户分配权限的一种间接手段，是对用户拥有的职能和权限的一种抽象。通过定义角色，为每个角色分配一定的权限。RBAC的基本思想是：根据用户在组织内的职称、职务及所属的业务部门等信息来定义用户拥有的角色。而授权给用户的访问权限，由用户在组织中担当的角色来确定。

鉴于基于角色的访问控制技术的优势，需要在PMI中采用基于角色的访问控制技术进行授权管理和访问控制。具体以角色为中介，建立以对象与操作、权限、角色、组织结构、系统结构为核心的层次化的资源结构和关系的描述、定义和管理框架，充分反映信息系统资源配置和部署的现状以及未来资源结构动态变化和业务发展的需求，为授权管理和访问控制提供基础信息，并通过角色的分配实现对用户的授权，提高授权的可管理性和安全性，降低授权管理的复杂度，降低资源管理和授权管理的成本，提高管理的效率。

与传统的访问控制机制相比，在PMI系统中的基于角色的授权管理模式主要有以下3个方面的优势。

(1) 授权管理的灵活性。基于角色的授权管理模式可以通过属性证书(AC)的有效期以及委托授权机构来灵活地进行授权管理，从而实现了传统的访问控制技术领域中的强制访问控制(MAC)模式与自主访问控制(DAC)模式的有机结合，其灵活性要优于传统的授权管理模式。

(2) 授权操作与业务操作相分离。基于角色的授权管理模式将业务管理工作与授权管理工作完全分离，更加明确了业务管理员和安全管理员之间的职责分工，可以有效地避免由于业务管理人员参与到授权管理活动中而可能带来的一些问题。

(3) 多授权模型的灵活支持。基于角色的授权管理模式将整个授权管理体系从应用系统中分离出来，授权管理模块自身的维护和更新操作将与具体的应用系统无关。因此，可以在不影响原有应用系统正常运行的前提下，实现对多授权模型的支持。

3.4.4 PMI系统框架

授权管理基础设施(PMI)在体系上可以分为3级，分别是权威源(SOA)、属性权威(AA)和AA代理点。在实际应用中，这种分级体系可以根据需要进行灵活配置，可以是三级、二级或一级。PMI系统的基本框架如图3-13所示。

1. 权威源

权威源(SOA)是整个授权管理体系的中心业务节点，也是整个授权管理基础设施(PMI)的最终信任源和最高管理机构。SOA的职责主要包括授权管理策略的管理、应用授权受理、AA的设立审核及管理和授权管理体系业务的规范化等。

2. 属性权威

属性权威(AA)是授权管理基础设施(PMI)的核心服务节点，是对应于具体应用系统的授权管理分系统，由具有设立AA业务需求的各应用单位负责建设，并与SOA中心通过业

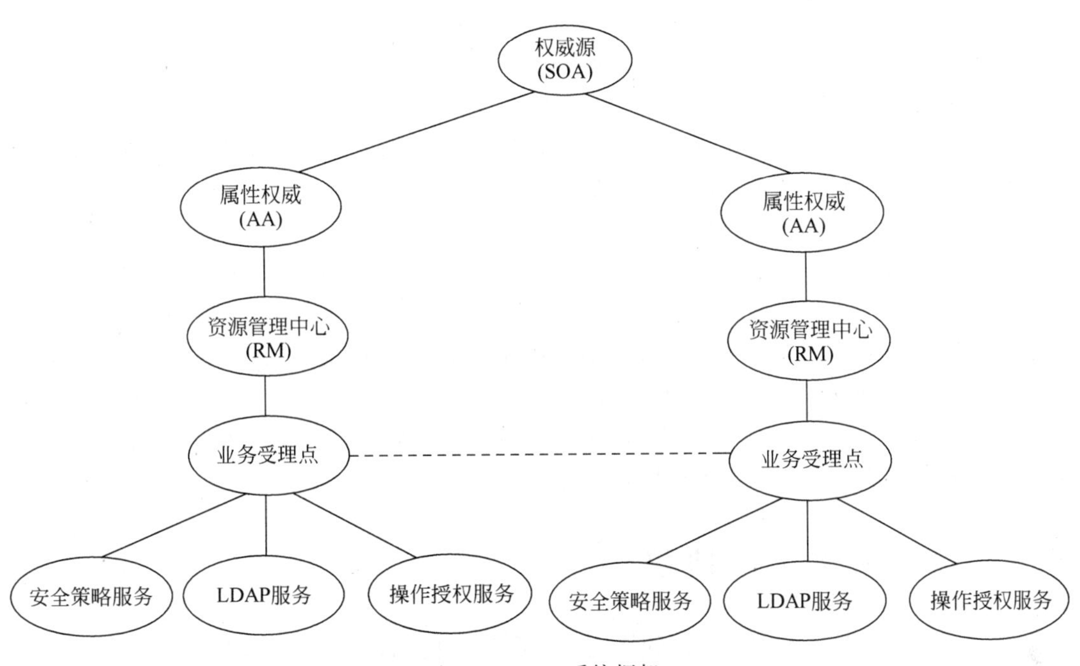

图 3-13 PMI 系统框架

务协议达成相互的信任关系。AA 的职责主要包括应用授权受理、属性证书(AC)的发放和管理以及 AA 代理点的设立审核和管理等。AA 需要为其所发放的所有 AC 维持一个历史记录和更新记录。

3. AA 代理点

AA 代理点是授权管理基础设施(PMI)的用户代理节点,也称为"资源管理中心",AA 代理点与具体应用直接联系,是对应 AA 的附属机构,接受 AA 的直接管理,由各 AA 负责建设,但必须经过 SOA 的同意,并签发相应的证书。AA 代理点的设立和数目由各 AA 根据自身的业务发展需求而定。AA 代理点的职责主要包括应用授权服务代理和应用授权审核代理等,负责对具体的用户应用资源进行授权审核,并将 AC 的操作请求提交到 AA 进行处理。

4. 访问控制执行者

访问控制执行者是指用户应用系统中具体对授权验证服务的调用模块。实际上访问控制执行者并不属于授权管理基础设施(PMI)的一部分,却是授权管理体系的重要组成部分。

访问控制执行者的主要职责是将最终用户针对特定的操作授权所提交的授权信息(AC)连同对应的身份验证信息(公钥证书)一起提交到 AA 代理点,并根据 AA 返回的授权结果,进行具体的应用授权处理。

3.4.5 PMI 与 PKI 之间的关系

在建设 PMI 设施时,必须拥有足够安全性的 PKI 设施。其中,PKI 负责公钥信息的管理,而 PMI 负责权限的管理。PMI 设施中的每一个 AA 实体和终端用户都是 PKI 设施的用户，所以从应用角度来看，PMI和PKI的发展是相辅相成并互为条件的。虽然PMI是在PKI的基础上提出的，但是PMI的应用和发展离不开PKI设施的支持。

可以将PMI和PKI绑定在一起，也可以将PMI与PKI在物理上分开。因为与PMI相比，PKI相对比较稳定，其属性的变化较小。而PMI则会因为应用类型的变化(如增加或删除)而动态更新。所以PMI在逻辑上必然与PKI相联系，而在物理上可分离也可合并。

PMI和PKI有很多相似的概念，如属性证书(AC)与公钥证书(Public Key Certificate，PKC)，属性权威(AA)与认证机构(CA)。公钥证书是对用户名称和其公钥进行绑定，而属性证书是将用户名称与一个或更多的权限属性进行绑定。数字签名公钥证书的实体被称为CA，签名属性证书(AC)的实体被称为AA。PKI和PMI之间的主要区别在于：PMI主要进行授权管理，证明这个用户有什么权限，能干什么，即“你能做什么”；而PKI主要进行身份鉴别，证明用户身份，即“你是谁”。将PKI和PMI技术结合，实现可信的身份认证和可信授权管理是目前较为完善的安全保障措施。

*3.5 轻型目录访问协议

随着Internet和各类网络应用的快速发展和广泛应用，人们可以在世界范围内共享各种资源和信息。网络中的资源纷繁复杂，种类众多，因此，有效管理各种资源信息以利于检索查询至关重要。目录服务技术就是适应网络信息飞速发展而产生的，它是一种管理资源信息以方便查询的技术。由于轻型目录访问协议(LDAP)已经成为目录服务的事实上标准，本节主要介绍LDAP的相关概念和应用特点。

3.5.1 目录服务与LDAP

目录(Directory)是用来存储用户账户、组、打印机、共享文件夹等对象(Object)的一个集合。像我们使用的电话号码簿，它包括了用户的姓名、性别、电话、地址、出生时间等基本信息，所以从应用功能来看，电话号码簿也是一种目录。另外，我们在计算机系统中使用的文件目录，它记录了文件的名称、大小、时间、存储位置等信息，文件目录是一种最常见的数字资源目录。因此，我们可以将目录理解为一个特定的管理单元，将存储目录中相关组成元素的数据库称为目录数据库(Directory Database)。

1. 目录服务的概念

目录服务(Directory Service，DS)是一个代表网络用户及资源的基于对象的数据库，主要用于存放用户的信息及网络配置数据，便于管理人员和应用程序对信息进行添加、修改和查询。目录服务的功能就是让用户很容易地在目录内方便、快速地查找到所需要的数据。

概括地讲，目录服务就是按照树状信息组织模式，实现信息管理和服务接口的一种方法。目录服务系统一般由两部分组成：第一部分是数据库，它是一种分布式的数据库，且拥有一个描述数据的规则；第二部分则是访问和处理数据库时使用的访问协议。虽然目录服务由于应用环境和具体实现的不同而呈现各种特点，但是其中具有以下5个方面的共同特点。

(1) 目录服务专门为读信息而做了特殊优化。

(2) 目录服务实施分布存储模型。

(3) 目录服务应能扩展它所存储的信息的种类。

(4) 目录服务应具有高级检索功能。

(5) 目录信息在目录服务器之间可以松散地复制。

目前,应用最为广泛的目录服务主要有 Novell 公司的 Novell 目录服务(Novell Directory Services,NDS)、微软公司的活动目录(Active Directory,AD)、SUN 公司的 iPlanet 目录服务(iPlanet Directory Server,iDS)和 LDAP。

2. LDAP

LDAP 是一个新的目录访问协议,它是在继承了 X.500 标准的所有优点的基础上发展起来的一个基于 TCP/IP 体系的目录服务协议,也是目前在网络上应用最广泛的目录服务协议。

X.500 协议是最早的具有完备意义的目录服务协议,它由 CCITT 和 ISO 两大国际组织各自对目录服务的开发成果融合而产生,并于 1988 年被认可,1990 年初由 CCITT 发布,之后曾数次更新,目前仍在发展中。由于 X.500 协议是基于开放式系统互联(Open System Interconnection,OSI)体系结构的,所以早期设计人员过多地考虑了其通用性和可扩展性,致使 X.500 协议内容庞杂,开发和部署都极其复杂,同时性能不高。

随着 Internet 的发展,TCP/IP 成为事实上的网络标准。与 X.500 协议不同,LDAP 直接运行在更简单和更通用的 TCP/IP 或其他可靠的传输协议层上,避免了在 OSI 体系会话层和表示层的开销,使连接的建立和数据的传输更加简单、快捷,适应了以 Internet 为主的互联网和企业内部网络(Intranet)的应用需要。具体来说,LDAP 从以下几方面对 X.500 协议做了简化和发展。

(1) 功能方面。缩减了 X.500 中冗余的和使用频率较小的功能,以较低的开销完成了原来 X.500 协议中 90%的功能。

(2) 数据表示方面。统一采用文本字符串形式,避免数据解释时可能产生的二义性。

(3) 编码方面。仅采用 X.500 协议的一个子集(基本编码规则(Basic Encoding Rules,BER)),节约了空间,而且大大简化了其实现过程。

(4) 传输方面。直接运行于 TCP/IP 体系的传输层,对系统的开销较小,在提高了性能的同时,使目录服务的部署更加简单易行。

1993 年 7 月,第一个 LDAP 规范在 RFC 1487 文档中发布;同年,LDAP v2 发布,其功能在 RFC 1777 文档中进行了描述;1997 年,随着 LDAP v3 的发布(详见 RFC 2251 文档),LDAP 进入一个更加成熟的阶段。与 LDAP v2 相比,LDAP v3 提供了更多的功能,如使用 UNICODE 支持国际化,支持强度认证及使用 TLS(SSL)进行完整性和安全保护等。目前,LDAP v3 已成为 Internet 的标准。

3. LDAP 的目录结构

与 UNIX 的文件系统类似,在 LDAP 中目录按照树状结构组织,该树状结构称为目录信息树(Directory Information Tree,DIT)。LDAP 标准定义了目录中访问信息的协议,规定了信息的形式和特性、信息存放的索引和组织方式、分布式的操作模型,并且使 LDAP 协议本身和信息模型都是可以被扩展的。LDAP 目录中可以存放文本、图片、统一资源定位符

(Uniform Resource Locator,URL)、二进制数据、证书等不同类型的数据。

LDAP树状信息中的基本数据单元称为条目(Entry),条目可以理解为关系数据库中表的记录;条目是具有标识名(DN)的属性(Attribute)集合,DN可以理解为关系数据库表中的关键字(Primary Key);属性由类型(Type)和多个值(Values)组成。LDAP中的属性可以理解为关系数据库中的域(Field),域由域名和数据类型组成,在LDAP中为了便于检索类型,一个类型可以同时拥有多个值(Value)。与关系数据一样,LDAP服务器也是用来处理查询和更新的,但LDAP与关系数据库具有较大的不同,LDAP不具有关系数据库完备的关系运算处理能力,也没有很强的数值计算能力。但是LDAP目录服务对读、浏览和搜索等操作进行了优化。

LDAP中条目的设计一般按照地理位置或组织关系进行组织,应用中非常直观。LDAP把数据存放在文件中,为提高效率可以使用基于索引的文件数据库,而不是关系数据库。LDAP还规定了DN的命名方法、访问控制方法、搜索格式、复制方法、URL格式、开发接口等功能。

LDAP是一个类似于DNS的关于目录服务的网络协议。如图3-14所示,在LDAP的DIT结构中,最顶部被称为根,即"基准DN",代表一个国家、组织或学校;下一层是组织单元(Organization Unit,OU),可以代表该国家、组织或学校中的一个内部机构;更低一层的OU可用来对上一层的OU进行更细的归类,如对某一机构内部的人员按照职务进行细分等。其中,DC表示Domain Component。

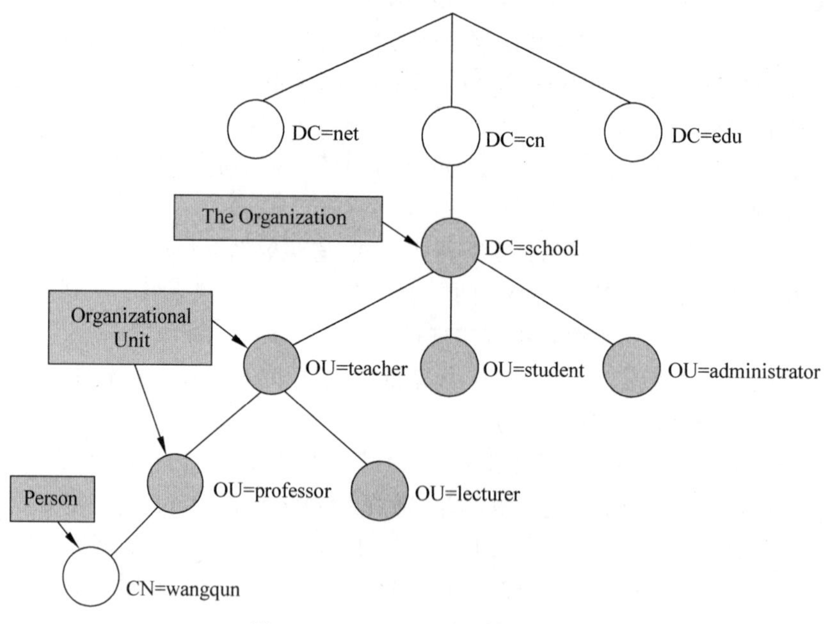

图3-14 LDAP目录的树状结构

3.5.2 LDAP的模型

LDAP通过定义4种基本模型描述其工作机制,具体说明什么样的数据可以存放在LDAP目录中以及如何操作这些数据。下面分别介绍这4种模型的功能。

1. 信息模型

LDAP 的信息模型定义了目录中存储的数据的基本单位和数据的类型。其中,目录中数据的基本单位为条目(Entry),即关于对象的信息集合,每一个条目为一个属性集合,每一个属性含有一个属性类型和一个(或几个)值。条目相当于现实世界中的一个对象(如一个部门、一台计算机等),属性则从某一方面反映对象的特征(如部门的归属、计算机的型号等)。另外,目录模式(Directory Schema)规定了哪些属性是必须具有的,哪些只是允许存在的。

2. 命名模型

LDAP 的命名模型定义了目录的组织和查询方式。LDAP 中的条目都有自己的 DN 和相对标识名(Relative Distinguished Name,RDN),其中 DN 为该条目在整个目录树中的唯一名称标识,而 RDN 是条目在父节点下的唯一名称标识。LDAP 目录树的根(Root)是虚根,树的每一个节点都存储信息,每一个节点都有一个属性作为 RDN。从其中一个节点回溯到根,经过的 RDN 依次连接后组成该节点的 DN,DN 在整个 LDAP 目录树中是唯一的。在 LDAP 目录中存储的记录内容都要有一个名字,这个名字通常存在于共同名(Common Name,CN)这个属性里,在 LDAP 中存储的对象都用其他的 CN 值作为 RDN 的基础。图 3-15 所示的是 LDAP 目录树中 RDN 和 DN 的组成。

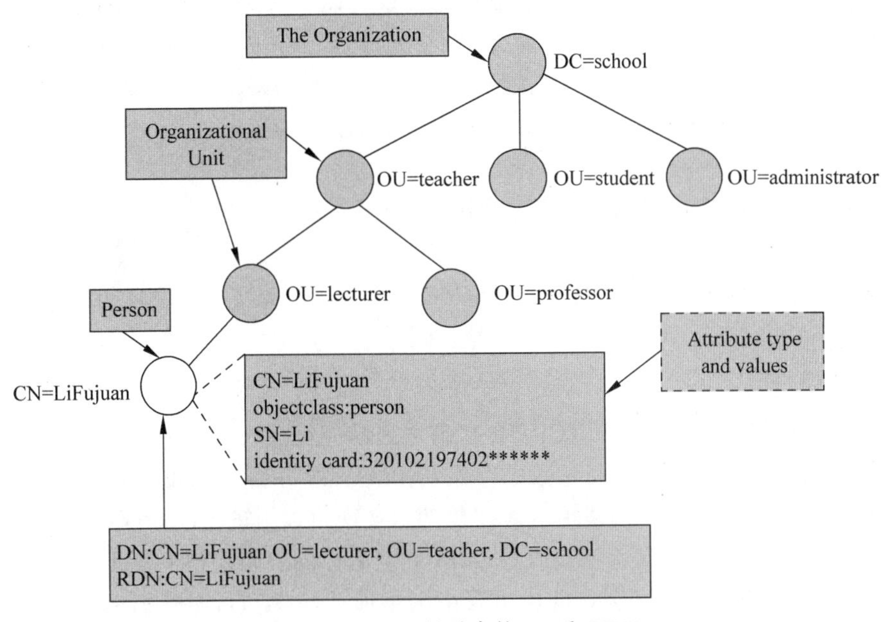

图 3-15 LDAP 目录中的 DN 和 RDN

3. 功能模型

LDAP 的功能模型也称为函数模型,具体定义了访问和更新目录的 4 类操作。

(1) 查询类操作。查询某个条目并返回结果,LDAP 同时支持根据 DN 的查询和根据某一属性的检索,如检索、比较等。

(2) 更新类操作。进行条目或其属性的增加、删除及重命名。

(3) 认证类操作。对客户端进行认证,控制某些交互行为,如绑定、解绑定等。

(4) 其他类操作,如放弃、扩展操作等。

4. 安全模型

LDAP 安全模型定义了如何保护目录信息,防止未授权用户对目录信息的访问和修改。其中应用最广泛的主要有绑定操作,而且绑定操作的不同使得安全机制有所不同,主要有以下 3 种。

(1) 无认证。无认证是指 LDAP 客户端与服务器之间的通信不进行认证。这种方法只在没有数据安全问题且不涉及访问控制权限(如匿名访问)的时候才能使用。

(2) 基本认证。当使用基本认证方式时,客户进程通过网络向服务进程发送一个用于进行身份标识的 DN 和口令,服务进程检查客户进程发送的 DN 和口令,如果与目录数据库中存储的匹配,则通过认证,并进行访问授权;否则,拒绝用户的访问。

(3) SASL 认证。简单认证与安全层(Simple Authentication and Security Layer,SASL)是一种为基于连接的网络应用协议(如 LDAP、IMAP、SMTP 等)增加认证支持的标准,主要在 RFC 2222 文档中进行了描述。SASL 支持多种认证机制,并且允许用户根据自己的需要进行扩充,目前已被多种网络协议所支持,具有十分广阔的应用前景。SASL 认证的基本过程由服务器的请求和客户端的应答组成,根据认证机制的要求,这个过程可以重复,直到服务器发送成功或失败消息为止。这个认证过程不仅可以执行必要的认证,而且还能传送安全层的标识信息和协商选项。如果协商成功了一个安全层,它将在认证过程完成后立即生效,为后续的协议通信提供一个安全的通道。目前常用的 SASL 认证机制主要有 Kerberos v4、GSS-APIS、Key 与 OTP、CRAM-MD5 和 EXTERNAL 等。

3.5.3 LDAP 的功能模块和工作过程

LDAP 认证过程的实现,由相应的认证功能模块组成。各功能模块之间协调操作,完成认证操作。

1. 功能模块

LDAP 的目录服务是建立在 TCP/IP 基础之上的应用层协议,客户端与服务器之间以 Client/Server 模式工作,所有的目录数据存储在 LDAP 服务器上。如图 3-16 所示,出于安全和分布式访问的需要,同一网络中一般需要两台或两台以上的 LDAP 服务器组成 LDAP 目录树,每一个 LDAP 服务器由目录服务模块、复制服务模块和管理模块 3 部分组成。

(1) 目录服务模块。目录服务模块主要由网络通信模块和目录数据库两部分组成,其中位于前端的网络通信模块主要负责 LDAP 服务器与 LDAP 客户端之间的通信;目录数据库负责 LDAP 目录数据的管理。

(2) 复制服务模块。复制服务模块负责不同 LDAP 服务器之间的目录数据的复制,以保证目录服务的一致性。

(3) 管理模块。管理模块负责目录信息的管理,为用户提供所期望的反应时间、通信的管理性、数据传输的完整性和服务的一致性。

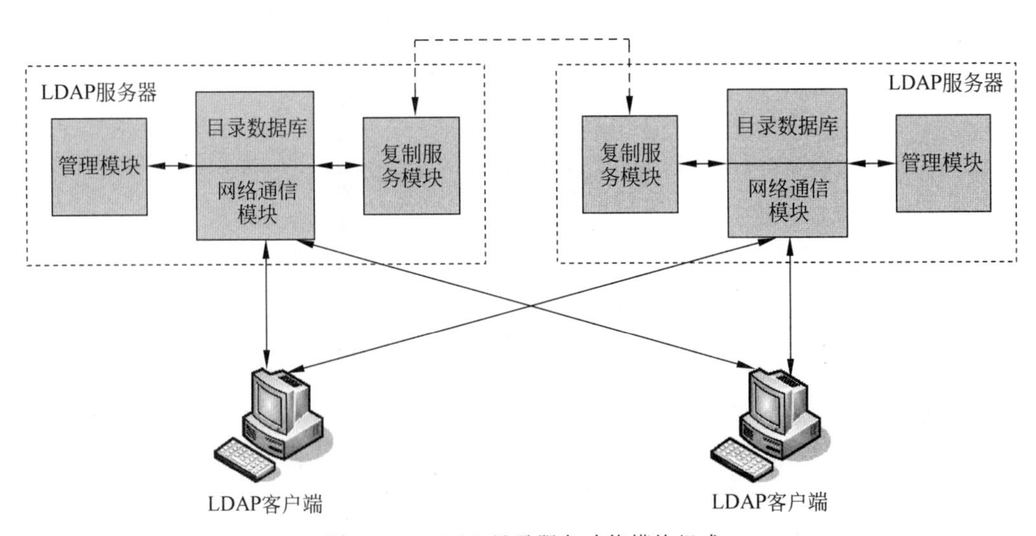

图 3-16　LDAP 目录服务功能模块组成

2. 工作过程

LDAP 是基于面向连接的 TCP 协议实现的，定义了 LDAP 客户端与 LDAP 服务器之间的通信过程和数据格式。LDAP 服务器在服务端口(默认 TCP 端口为 389)进行监听，当收到客户端的请求后，建立连接，开始会话。LDAP 的工作过程如下，如图 3-17 所示。

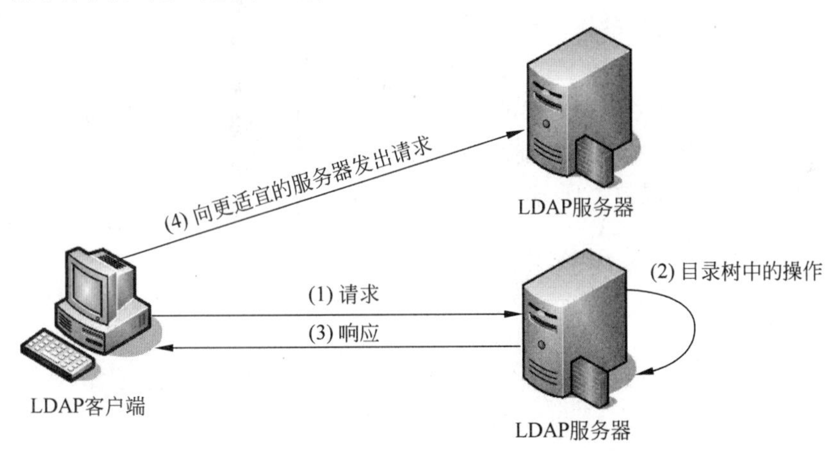

图 3-17　LDAP 的工作过程

(1) LDAP 客户端根据访问需求向 LDAP 服务器发送操作请求。

(2) LDAP 服务器负责对目录树中的条目进行必要的操作。

(3) LDAP 服务器向 LDAP 客户端返回一个应答(响应)。这个应答可能包含查询结果，或包含操作出错信息，或者是一个引用。引用(Referral)是一种重定向机制，表明客户所需要的目录服务不在本地服务器，并向客户端返回一个能够提供服务(或能够提供更好的服务)的服务器的 URL。

(4) 如果步骤(3)在响应信息中包含的操作是引用，那么客户端则向该 URL 指定的 LDAP 服务器发送请求。

习题 3

3-1 什么是PKI？PKI与数据加密算法之间存在什么关系？PKI主要解决网络安全中的什么问题？

3-2 从消息的保密性、完整性、真实性和不可否认性等方面，分析PKI与网络安全之间的关系。

3-3 从PKI策略、认证机构CA、注册机构RA、证书发布系统和PKI应用等方面，分析PKI系统的特点。

3-4 在PKI系统中，CA的作用是什么？

3-5 结合实际应用，从安全服务器、注册机构RA、CA服务器、LDAP服务器和数据库服务器等方面，分析CA各组成部分的功能特点。

3-6 联系实际，说明CA之间是如何建立信任关系的，并分析不同CA之间信任模型的特点。

3-7 什么是数字证书？在网络安全中数字证书的作用是什么？

3-8 详细分析数字证书的签发和撤销方式。

3-9 在PKI系统中为什么要进行数字证书的更新操作？如何实现？

3-10 联系PKI技术，介绍PMI的概念和应用特点。

3-11 什么是基于角色的访问控制方式？

3-12 联系实际应用，分析PKI与PMI之间的关系。

3-13 什么是目录服务？结合Internet应用系统，介绍目录服务的功能。

3-14 介绍LDAP的模型和功能组成。

3-15 通过实验，掌握数字证书的使用方法。

第4章

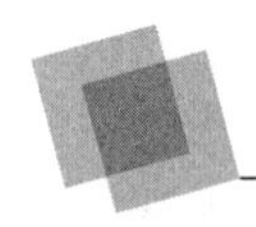

身份认证技术

身份认证也称为“身份验证”或“身份鉴别”，是指在计算机以及计算机网络系统中确认操作者身份的过程。相信读者都听说过这个经典的故事，一条狗在计算机前一边打字一边对另一条狗说：“在互联网上，没有人知道你是一个人还是一条狗！”这个故事听起来虽然颇具讽刺意味，却说明了在互联网上身份识别的重要性和迫切性。计算机系统和计算机网络系统是一个虚拟的数字世界。在这个虚拟数字世界中，包括用户身份的一切信息都是用 0 和 1 组成的特定数据表示，计算机只能识别用户的数字身份，所以，对用户的授权也是针对用户数字身份进行的。本章将较为系统地介绍身份认证的相关技术及实现方法。

4.1 身份认证概述

视频讲解

对于一个要求确认彼此身份的完整通信过程来说，身份认证是通信前首先要完成的一项工作。身份认证机制可以识别网络中各实体的身份，防止出现身份欺诈，保证参与通信的实体之间身份的真实性。

4.1.1 身份认证的概念

身份认证(Authentication)是系统审查用户身份的过程，从而确定该用户是否具有对某种资源的访问和使用权限。身份认证通过标识和鉴别用户的身份，提供一种判别和确认用户身份的机制。身份认证需要依赖其他相关技术，确认系统访问者的身份和权限，使计算机和网络系统的访问策略能够可靠、有效地执行，防止攻击者假冒合法用户获得资源的访问权限，从而保证系统和数据的安全以及授权访问者的合法权益。

计算机网络中的身份认证是通过将一个证据(凭证)与实体身份绑定来实现的。实体可能是用户、主机、应用程序甚至是进程。证据与身份之间是一一对应的关系，双方通信过程中，一方实体向另一方实体提供证据证明自己的身份，另一方通过相应的机制验证证据，以确定该实体是否与证据所显示的身份一致。

身份认证技术在信息安全中处于非常重要的地位，是其他安全机制的基础。只有实现了有效的身份认证，才能保证访问控制、安全审计、入侵防范等安全机制的有效实施。随着电子商务、网上支付、网上银行等业务的快速发展，账户被盗用的事件频繁发生，用户对于使用网络进行商务和支付缺乏安全感，使得计算机网络在这些领域的发展受到限制。提供安全的身份认证方法是解决这些问题的关键。

在现实生活中每一个人都有一个真实的物理身份证明，如居民身份证、户口本等。在计算机网络中如何保证以数字代码标识用户身份时的真实性呢？如何通过技术手段保证用户的实体身份与数字身份是一致的呢？这便是身份认证要解决的问题。在真实世界中，验证一个用户的身份主要通过以下 3 种方式。

(1) 用户所知道的(What You Know)。根据用户所知道的信息证明用户的身份。假设某些信息只有某个用户知道，如暗号、知识、密码等，通过询问这个信息就可以确认这一用户的身份。

(2) 用户所拥有的(What You Have)。根据用户所拥有的东西证明用户的身份。假设某一样东西只有某个用户拥有，如印章、身份证、护照、信用卡等，通过出示这些东西也可以确认用户的身份。

(3) 用户本身的特征(Who You Are)。直接根据用户独一无二的体态特征证明用户的身份，如人的指纹、笔迹、DNA、视网膜及身体的特殊标志等。

在以上 3 种验证身份的方式中，只有本身的特征是独一无二且不可伪造的，而其他两种方式都存在安全风险。在网络环境中，身份认证一般有多种方式。例如，当用户通过银行的自动柜员机(Automatic Teller Machine，ATM)取款时，首先要插入银行卡(所拥有的)，然后再输入其密码(所知道的)，当这两个条件同时具备时才能够在 ATM 上取到钱。但是，这两个条件都具有安全风险，银行卡可能丢失，捡到银行卡的人可能猜到或通过其他手段得到其密码。但是，如果这里的组合不是“银行卡＋密钥”，而是“银行卡＋指纹”或“银行卡＋视网膜”，那么系统的安全性将会提高许多。当然，在网络世界里没有绝对的安全，无论采取哪一种或哪一些安全认证方式，总会存在相应的安全风险。

4.1.2 认证、授权与审计

本书第 3 章介绍了“访问控制”的概念，用它表示与系统资源访问相关的问题。在这个定义中涉及认证和授权两部分内容。在计算机网络安全领域，将认证、授权与审计统称为 AAA 或 3A，即 Authentication(认证)、Authorization(授权)和 Accounting(审计)。

1. 认证

认证是一个解决确定某一个用户或其他实体是否被允许访问特定的系统或资源的问题。在网络中，任何一个用户或实体在进行任何操作之前，必须要有相应的方法来识别用户或实体的真实身份。为此，认证又称为鉴别或确认。身份认证主要鉴别或确认访问者的身份是否属实，以防止攻击，保障网络安全。

2. 授权

授权是指当用户或实体的身份被确认为合法后，赋予该用户系统访问或资源使用权限。

只有通过认证的用户才允许访问系统资源,然而在许多情况下当一个用户通过认证后通常不可能赋予访问所有系统资源的权限。例如,在 Windows 操作系统中,通过认证的系统管理员账户(Administrator)可以对系统配置进行设置,而通过认证的临时账户(Guest)只能查看系统的一些基本信息。为此,我们必须根据用户身份的不同,向用户授予不同的权限,限制通过认证的用户的行为。

3. 审计

审计也称为记账(Accounting)或审核,出于安全考虑,所有用户的行为都要留下记录,以便进行核查。所采集的数据应该包括登录和注销的用户名、主机名及时间。对于安全要求较高的网络,审计数据应该包括任何人所有试图通过身份认证和获得授权的尝试。另外,对于以匿名(Anonymous)或临时账户(Guest)身份对公共资源的访问情况也应该进行采集,以便于进行安全性评估(Security Assessment)时使用。

安全性评估是审计操作的进一步扩展。在安全性评估中,专业人员对网络中容易受到入侵者攻击的部分进行内部检查,对网络存在的薄弱环节进行阶段性评估。通过对评估结果的分析,既可以发现网络中存在的设计缺陷,又可以为今后的网络调整提供权威的数据支撑。

用户对资源的访问过程如图 4-1 所示。

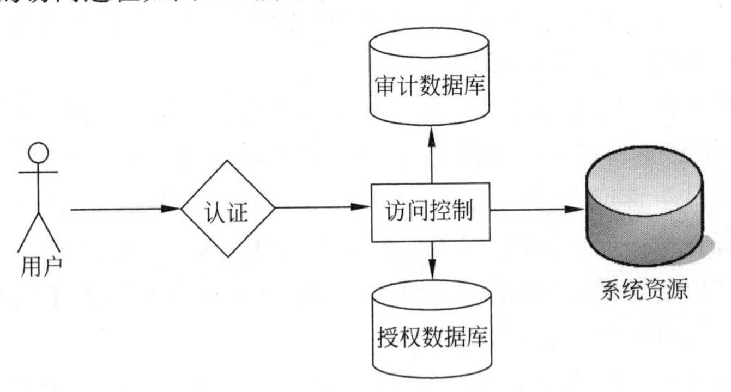

图 4-1　用户访问系统资源的过程

审计信息一般存放在日志文件中,是对系统安全性进行评估的基础。目前所使用的网络入侵检测、网络入侵防御、网络安全动态感知等系统,其工作依据主要来源于各系统和设备产生的日志信息。为此,从网络安全的角度,加强对审计信息的管理、分析和应用是非常重要和必要的。

4.2 基于密码的身份认证

密码认证也称为"口令认证",它是计算机系统和网络系统中应用最早也最为广泛的一种身份认证方式。

4.2.1 密码认证的特点

密码是用户与计算机之间以及计算机与计算机之间共享的一个秘密,在通信过程中,其中一方向另一方提交密码,表示自己知道该秘密,从而通过另一方的认证。密码通常由一组字符串组成，为便于用户记忆，一般用户使用的密码都有长度的限制。但出于安全考虑，在使用密码时需要注意以下几点。

(1) 不使用默认密码。许多系统和软件都提供了一些初始用户账号和密码，如许多系统的初始用户账号为"administrator"或"admin"，对应的密码为"password"或干脆为空(即没有密码)。为了提高系统的安全性，建议用户不要使用这些默认账号及密码，更不能使用空密码。

(2) 设置足够长的密码。密码至少应该包含6个以上的数字或字母，一般来说，密码越长越安全，这主要是为了降低密码被暴力破解的概率。

(3) 不要使用结构简单的词或数字组合。不管是什么语言的名称或单词，都可以通过一些专门的扫描程序快速猜出密码。

(4) 增加密码的组合复杂度。密码中尽量包含数字、标点、上画线以及大小写字母。从安全角度考虑，凡是能使用户的密码变得难以破解的一切手段都是可取的。

(5) 使用加密。一般情况下不建议用户将密码写在纸上或以文件的形式存放在计算机中。如果用户必须写下密码，应该将其放在加密的文件夹里。另外，还有一些专门的密码管理软件可以帮助网络管理员管理大量的设备或系统密码。

(6) 避免共享密码。不同的设备或系统使用不同的密码。当同一个设备或系统被多个用户管理时，建议创建各自的密码，而不要共享。

(7) 定期更换密码。定期更换密码是十分有必要的。一般建议用户至少应该3个月更换一次密码，对于保密要求很高的设备和系统而言，可以使用一次性密码。

因为密码认证易于管理、操作简单，而且不需要额外的成本，用户只要记住账号与密码，就可以进行系统资源的访问。所以，为了防止非法用户进入计算机系统，最常用的方法是密码认证，以保护计算机或网络系统不被入侵者破坏。合法用户利用正确的密码，可以登录计算机和网络系统，非法用户则被拒之门外。

传统的密码认证方式是先建立用户账号，然后为每一个用户账号分配一个密码。用户登录首先发送一个包含用户账号与密码的请求登录信息，主机系统根据储存在用户数据库中的用户账号与密码，验证该账号及所对应的密码是否正确。如果正确，认证过程结束，允许用户登录，否则拒绝用户登录。

随着计算机网络的迅速发展和应用系统的不断增加，大多数的用户不得不通过网络远程登录主机系统，用户和主机系统之间就必须在网上进行密码认证。而互联网上泛滥的网络监听工具(如Sniffer等)可以非常容易地监听到网络上传递的各类明文信息，包括文件传输协议(File Transfer Protocol，FTP)、Telnet、POP3等网络服务的账号及密码。如果在网络上传送的账号和密码没有经过加密处理，就很容易被窃取，这是一种非常不安全的密码认证方式。

入侵者经常通过窃取密码数据库或监听网络信息，获得合法用户的账号及密码，然后入侵网络和计算机系统，进行非法攻击和违法活动。为此，对于密码的安全使用，计算机系统应该具备下列安全性。

(1) 入侵者即使取得储存在系统中的密码也无法达到登录的目的。这需要在密码认证的基础上再增加其他的认证方式，如地址认证。

(2) 通过监听网络上传送的信息而获得的密码是不能用的。最有效的方式是数据加密。

(3) 计算机系统必须能够发现并防止各类密码尝试攻击。可使用密码安全策略。

4.2.2　密码认证的安全性

由于密码被窃听、盗用、入侵等问题，密码认证的安全性问题多年来一直是人们讨论的焦点，密码认证的操作方式直接影响着计算机系统的安全性。

早在1974年，Purdy就提到为了保护密码的安全，绝对不能以明文的方式储存密码，提出将密码以单向函数 $y=f(x)$ 转换后，以加密的方式将密码与账户资料存放在一个验证表中，单向函数应具有下列特性。

(1) 知道 x，可以很容易计算出 y。

(2) 知道 y，要算出 x，在计算上是不可行的。

此后便有很多关于密码认证的方法被提出，这些方法有的着重讨论加密的运算，有的强调加密和解密的效率，但其目的都是保护密码数据库，即使密码数据库文件被别人窃取，要想破解出密码的明文也是非常困难的。例如，在UNIX系统中，为了防止密码泄露，对密码进行Hash函数变换后再存放在/etc/passwd或/etc/shadow系统密码文件中。

但是，在这种方式中却忽略了重放攻击(Replay Attacks)。当入侵者从网络上窃听到合法用户的账号和密码，然后进行重放攻击，主机系统将无法判断密码认证请求的信息是来自合法用户还是重放攻击。只要密码认证的请求信息被复制重放，计算机系统就会处于不安全的状态。重放攻击也称为新鲜性攻击(Freshness Attacks)，即攻击者通过重放消息或消息片段达到对目标主机进行欺骗的攻击行为，其主要用于破坏认证的正确性。重放攻击是攻击行为中危害较为严重的一种。例如，客户C通过签名授权银行B转账给客户A，如果攻击者P窃听到该消息，并在稍后重放该消息，银行将认为客户需要进行两次转账，从而使客户账户遭受损失。

4.2.3　S/Key 协议

身份认证是进入授权管理系统的第一道关卡，系统的授权和访问控制等其他安全模块都是建立在身份认证的基础上，可以这么说，身份认证模块被攻破，那么系统其他的所有安全模块都形同虚设。

1. 一次性口令认证

为了保证口令的私密性，使用一种容易加密但很难解密的“单向散列”方法(Hash算法)处理口令。也就是说，操作系统本身并不真的知道用户输入的口令，它只知道口令经过加密的形式，这使得口令不再以明文方式进行传输，攻击者要想获取“明文”口令的唯一办法就是采用暴力方法在口令可能的区间内进行穷举。

一次性口令(One Time Password，OTP)认证技术是一种比传统口令认证技术更加安全的身份认证技术，其基本思想是在登录过程中加入不确定因素，使每次登录时计算的密码都不相同，系统也做同样的运算验证登录，以提高登录过程的安全性。

一次性口令认证是一种相对简单的身份认证机制，它可以简单快速地加载到需要认证的系统，而无须添加额外的硬件，也不需要存储诸如密钥或口令等敏感信息，避免了遭受重放攻击的可能。不管是基于静态口令还是基于动态口令，一次性口令认证的原理仍然是基于“用户知道什么”实现的。例如,静态密码是使用者和认证系统之间所共同知道的信息,但其他人或系统不知道,这样认证系统通过验证使用者提供的口令就能够判断用户是否是合法用户。动态口令也是这样,用户和认证系统之间必须共同遵守相同的被称为通行短语的“通信暗语”,对于外界这条通行短语是保密的。和静态口令不同的是,这个通行短语是不在网络上进行传输的,所以攻击者无法通过网络窃听方式获得通行短语。每条动态口令一般由如下3个参数按照一定Hash算法进行计算所得。

(1) 种子(Seed)。种子是认证服务器为用户分配的一个非密文的字符串,一个用户对应于一个种子,种子在认证系统中具有唯一性。

(2) 序号(Seq)。序号指Hash函数的迭代次数,是系统通知用户将生成的本次口令在一次性序列中的顺序号。在动态口令认证中,迭代次数一般是不断变化的,即本次计算动态口令时Hash函数的迭代次数一般与上一次不同。迭代次数的作用就是让动态口令不断地发生变化。

(3) 通行短语(Pass Phrase)。它是只有用户知道的值,这个值是保密的。

在动态口令认证中,通行短语和种子一般是不变的,而序号是动态变化的;种子和序号是可以公开的,但通行短语是保密的。

2. 动态口令认证的实现方式

动态口令认证的实现方式较多,根据不确定因子选择方式的不同,可将动态口令的实现方式分为以下3种类型。

1) 时间同步方式

时间同步(Time Synchronization)就是利用用户的登录时间作为随机数,连同用户的通行短语一起生成一个口令。这种方式对客户端和认证服务器时间准确度的要求较高。该方式的优点是方便使用,管理容易;缺点是在分布式环境下对不同设备的时间同步难度较大,因为时间的改变可能造成密码输入的错误码。

2) 挑战/应答方式

当客户端发出登录请求时,认证系统会生成一个挑战信息发送给客户端。客户端再使用某种Hash函数把这条消息连同自己的通行短语连起来生成一个口令,并将这个口令发送给认证系统。认证系统用同样的方法生成一个口令,然后通过比较就可以验证用户身份。该方式的优点是不需要考虑同步的问题,安全性较高,是目前身份认证中常采用的一种认证方式;缺点是使用者输入信息较多,操作比较复杂。

挑战/应答(Challenge/Response)方式的工作原理是当客户端试图访问一个服务器主机时,在认证服务器收到客户端的登录请求后,将给客户端返回它生成的一个信息,用户在客户端输入只有自己知道的通行短语,并将其发送给认证服务器,并由动态口令计算器生成一个动态口令。这个动态口令再通过网络传送到认证服务器。认证服务器检测这个口令。如果这个动态口令和认证服务器上生成的动态口令相同,则认证成功,使用者被认证服务器授权访问,同时这个动态口令将不能再次使用。由于客户端用户所输入通行短语生成的动态口令在网上传输,而使用者的通行短语本身不在网上传输,也不保存在客户端和服务器端中的任何地方,只有使用者本人知道,所以这个通行短语不会被窃取,而此动态口令即使在网络传输过程中被窃取,也无法再次使用,避免了重放攻击的发生。挑战/应答机制的实现过程如图4-2所示。

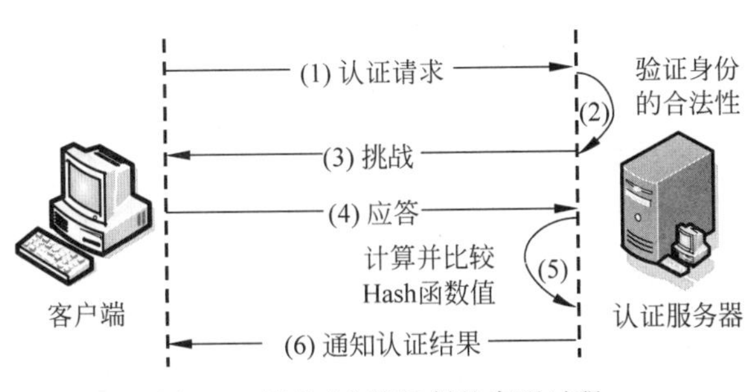

图 4-2　挑战/应答机制的实现过程

(1) 客户向认证服务器发出请求，要求进行身份认证；

(2) 认证服务器从用户数据库中查询用户是否是合法的用户，如果不是，则不做进一步处理；

(3) 认证服务器内部产生一个随机数，作为"提问"(挑战)，发送给客户；

(4) 客户端将自己的密钥(通行短语)和随机数合并，使用 Hash 函数(如 MD5 算法)运算得到一个结果作为认证证据传给服务器(应答)；

(5) 认证服务器使用该随机数与存储在服务器数据库中的该客户密钥(通行短语)进行相同的 Hash 运算，如果运算结果与客户端传回的响应结果相同，则认为客户端是一个合法用户；

(6) 认证服务器通知客户认证成功或失败。

3) 事件同步方式

事件同步方式的基本原理是将特定事件次序及相同的种子值作为输入，通过特定算法运算出相同的口令。事件动态口令是让用户的密码按照使用的次数不断动态地发生变化。每次用户登录时(当作一个事件)，用户按下事件同步令牌上的按键产生一个口令(如银行的密码器)，与此同时系统也根据登录事件产生一个口令，两者一致则通过验证。与时钟同步的动态口令不同的是，事件同步不需要精准的时间同步，而是依靠登录事件保持与服务器的同步。因此，相比时钟同步，事件同步适用于恶劣的环境中。

实际应用中，基于时间同步的密码器、基于挑战/应答的密码器和基于事件同步的密码器如图 4-3 所示。

(a) 基于时间同步的密码器

(b) 基于挑战/应答的密码器

(c) 基于事件同步的密码器

图 4-3　常用的动态口令生成密码器

3. S/Key 协议的实现过程

使用一次性密码(即“一次一密”)技术可以防止重放攻击的发生,这相当于用户随身携带一个密码本,按照与目标主机约定好的次序使用这些密码,并且每一个密钥只使用一次,当密码全部用完后再向系统管理员申请新的密码本。S/Key 认证系统就是基于这种思想的一次性密码认证系统。

在 S/Key 认证系统中,用户每一次登录系统所用的密码都是不一样的,攻击者通过窃听得到的密码无法用于下一次认证,这样 S/Key 认证系统很好地防止了密码重放攻击。相对于可重放的密码认证系统,S/Key 认证系统具有很好的安全性,而且符合安全领域的发展趋势。可以将 S/Key 协议的实现过程描述如下。

(1) 客户端向认证服务器发送认证连接请求。

(2) 认证服务器返回应答,应答报文中包含种子(Seed)和序号(Seq)两个参数。

(3) 客户端输入密钥(通行短语),客户端程序将密钥与 Seed 结合,并做 Seq 次的意向 Hash 运算(MD4 或 MD5),产生一次性口令,将其传给认证服务器。

(4) 认证服务器中存在一个保存用户登录的一次性口令的数据库文件(UNIX 为 etc/skeykeys)。服务器在收到用户传过来的一次性口令后,再进行一次 Hash 运算,并将结果与数据库中保存的口令(该用户上次登录的口令)进行比较,如果相同,则通过认证,并用本次一次性口令更新数据库中该用户原有的记录。

(5) 下次登录时,认证服务器将给客户端返回 Seq=Seq−1,这样,如果用户没有发生变化(输入相同的密钥),则口令的匹配不会存在问题。

S/Key 安全协议是经典的基于挑战/应答(Challenge/Response)思想的一次性口令协议,服务器保存的用户认证信息是变化的,能有效防止攻击者利用嗅探窃听进行重放攻击,同时 S/Key 采用了 Hash 算法将口令转化为密文进行传输,提高了认证的安全性,加之实现简单,对应用环境要求低,S/Key 协议得到了广泛使用。

但是,S/Key 协议中缺少双向身份认证,很容易受到中间人攻击,同时 S/Key 也存在明文传输问题,认证信息很容易被篡改,无法抵抗小数攻击、改进型小数攻击以及多种攻击方式的组合攻击。

4.2.4 Lamport 算法

Lamport 算法是另一种防止重放攻击的有效方法。Lamport 算法使用安全单向 Hash 函数 $y=F(x)$的动态密码认证方法,使用者每一次登录的密码都不同。用 $y=F(x)$对用户的密码明文经过多次迭代运算,产生一系列一次性口令,即

$$PW_i = F^{N+1-i}(\text{password}), \quad i=1,2,\cdots,N$$

根据以上函数关系,可以计算出第一个一次性密码为 PW_1,这时用户的密码明文经过了 N 次迭代运算;第二个一次性密码为 PW_2,这时用户的密码明文经过 $N-1$ 次迭代运算;以此类推,得到所有的一次性密码列表。

把第一个一次性密码 PW_1 和迭代次数 N 存放到服务器上。当用户通过网络对服务器进行访问时,服务器把迭代次数 $m(m<N)$发送给用户端,用户端根据迭代次数 m 计算出

下一个一次性密码 PW_{m+1}，并通过网络发送到服务器。服务器经过一次 Hash 函数运算，把结果和保留在服务器上的用户密码进行比较，如果两者相等，通过认证，允许访问；否则拒绝访问。如果成功进行访问，则用刚传过来的一次性密码 PW_{m+1} 替换掉服务器端存储的用户密码 PW_m，并把迭代次数 m 减 1。

这样攻击者即使从网络上窃取了用户密码，也无法计算出下一个正确的用户密码，因为单向函数是不可逆的，知道函数输出值，无法计算得到函数的输入值。这个方法必须依赖 $F(x)$ 是一个安全的函数，也就是 $F(x)$ 函数不可被破解，而且在系统运行中不能更换 $F(x)$ 函数。

一次性口令有其安全的地方，但在实际应用中很不方便，如密码更改问题、初始化问题等。本次密码列表中的密码被全部使用后，用户必须向系统管理员重新申请新的密码和迭代函数。

4.2.5　密码认证中的其他问题

通过用户账号和密码进行认证是操作系统和应用程序主要采用的身份认证方式。但是，在实际应用中，大量用户都不可能使用一次性密码，而是使用大量的弱密码。大量弱密码的存在，增加了网络的不安全因素。下面通过对常用的密码攻击手段的介绍，说明弱密码存在的严重安全威胁。

1. 社会工程学

社会工程学(Social Engineering)是一种通过对受害者心理弱点、本能反应、好奇心、信任、贪婪等心理陷阱进行的诸如欺骗、伤害等危害手段，以取得自身利益的手法，近年来已呈迅速上升甚至滥用的趋势。

运用社会工程学进行网络攻击有很多方法，并且许多方法并不需要较强的技术支持，攻击者只需要懂得如何利用人的弱点(轻信、健忘、胆小、贪婪等)就可以轻易地潜入防护最严密的网络系统。例如，“网络钓鱼”就是近来社会工程学的代表应用，在“网络钓鱼”中利用欺骗性的电子邮件和伪造的网络站点来进行诈骗，专门骗取电子邮件接收者身份证号、银行密码、信用卡卡号等个人信息，然后再利用这些信息从事非法行为。

2. 按键记录软件

按键记录软件是一种间谍软件，它以木马方式植入用户的计算机后，可以偷偷地记录下用户的每次按键动作，并按预定的计划把收集到的信息通过电子邮件等方式发送出去。例如，如果用户在运行有按键记录软件的计算机上登录了网上银行，那么用户的账号和密码无疑就暴露给了犯罪分子，后果可想而知。

3. 搭线窃听

攻击者通过窃听网络数据，如果密码使用明文传输，可被非法获取。目前，在 IP 网络中 Telnet、FTP、HTTP 等大量的通信协议用明文传输密码，这意味着在客户端和服务器端之间传输的所有信息(其中包括明文密码和用户数据)都有可能被窃取。

4. 字典攻击

大多数用户习惯选取自己的姓名、生日以及相关信息等容易记忆的密码，由此产生的密码容易被攻击者猜到。攻击者可以把所有用户可能选取的密码列举出来生成一个文件，这样的文件称为"字典"。当攻击者得到了一些与密码有关的可验证信息后,就可以结合字典进行一系列的运算,猜测用户可能的密码,并利用得到的信息来验证猜测的正确性。为此,许多系统要求用户在密码中使用特殊字符,以增加密码的安全性。

5. 暴力破解

暴力破解也称为"蛮力破解"或"穷举攻击",是一种特殊的字典攻击。在暴力破解中所使用的字典是字符串的全集,对可能存在的所有组合进行猜测,直到得到正确的信息为止。从理论上讲,只要计算机的处理能力足够强、时长允许,所有密码都是可以被破解的。如果用户的密码较短,可以在较短的时间内被穷举出来。所以许多系统建议用户使用长密码。

6. 窥探

窥探是攻击者利用与被攻击系统接近的机会,安装监视设备或亲自窥探合法用户输入的账户和密码。窥探还包括攻击者在用户计算机中植入木马。

7. 垃圾搜索

垃圾搜索是攻击者通过搜索被攻击者的废弃物(如硬盘、U 盘、光盘等),得到与攻击系统有关的信息。如果用户将账户和密码写在纸上,这些记录用户私密信息的纸张如果没有被安全保管,则很有可能成为攻击者的搜索对象。

4.3 基于地址的身份认证

在计算机网络中,除密码外,地址是应用较为广泛的一种身份认证方式。基于地址的身份认证的优点是不需要使用密码验证身份,可以防止密码窃听现象的发生。

4.3.1 地址与身份认证

在计算机网络出现的早期,由于计算机网络的规模比较小,应用比较单一,所以网络地址很自然地成为彼此之间建立信任关系的主要依据。例如,UNIX 操作系统中的 rlogin、rsh、rcp 等一系列远程计算工具都是依据对方的地址判断身份的。

Internet 中主机之间的通信是利用 IP 地址认证的,所以在 Internet 中主机的唯一身份就是 IP 地址。一方面,通过 IP 地址的规范管理,确保 Internet 的有序运行和发展;另一方面,通过对 IP 地址的控制,可以限制主机之间的通信。如果将 IP 地址作为身份认证的依据,在理论上是可行的,但在实际应用中是不可靠的。IP 地址可以用于广义的身份认证,例如在发布 Web 网站时,我们可以限制只允许某一个 IP 地址段的用户能够访问,在进行防火墙的配置时可以限制某些 IP 地址段的用户无法访问外部网络等。但是,由于 IP 地址与系统资源之间以及 IP 地址与用户或设备之间没有确定的一一对应关系,而认证的目的是为授权提供身份的真实性,只有通过认证的用户才可以访问系统资源,所以将 IP 地址用于身份认证是不安全的,也是不可行的。

计算机网络中的地址可以分为逻辑地址和物理地址两大类,其中 IP 地址属于逻辑地址,而设备的硬件地址(如网卡的 MAC 地址等)属于物理地址。凡是工作于 OSI 七层模型的第二层(数据链路层)的设备都拥有一个全球唯一的物理地址,这个地址就是 MAC 地址。

由于 MAC 地址的唯一性，所以在理想条件下可以利用 MAC 地址进行身份认证。例如，我们在思科交换机上可以通过以下命令进行主机 MAC 地址与交换机端口的绑定。

- Switch(config)＃int fa0/1(进入交换机的 fa0/1 端口)
- Switch(config-if)＃switchport port-security(启动端口安全模式)
- Switch(config-if)＃switchport port-security maximum 1(设置该端口的最大可用地址为 1)
- Switch(config-if)＃switchport port-security mac-address(设置该端口绑定的 MAC 地址)

通过以上设置，当交换机的 f0/1 端口接收到通信请求时，交换机首先要检查收到的数据帧的 MAC 地址与该端口已绑定的 MAC 地址是否相同，如果相同，认证通过，允许进行通信，否则认证失败，拒绝进行通信。

通过前面的例子可以看出，物理地址在身份认证中似乎是可靠的。但事实上并非如此，不但目前的主流操作系统(如 Windows 7/8/10、Linux 等)都可以直接修改网卡的 MAC 地址，而且近一段时间在网络中泛滥的 ARP 欺骗病毒可以伪造任何一个 MAC 地址进行攻击。所以，基于地址的认证方式的可靠程度越来越低。

4.3.2　智能卡认证

智能卡(Smart Card)也称为 IC 卡，是由一个或多个集成电路芯片(包括固化在芯片中的软件)组成的设备，可以安全地存储密钥、证书和用户数据等敏感信息，防止硬件级别的篡改。智能卡芯片在很多应用中可以独立完成加密、解密、身份认证、数字签名等对安全较为敏感的计算任务，从而能够提高应用系统抗病毒攻击以及防止敏感信息的泄露。

智能卡具有硬件加密功能，所以安全性较高。每个用户持有一张智能卡，智能卡存储用户个人的秘密信息，同时在验证服务器中也存放该秘密信息。进行认证时，用户输入个人身份识别码(Personal Identification Number，PIN)，智能卡认证 PIN 成功后，即可读出智能卡中的秘密信息，进而利用该秘密信息与主机之间进行认证。

智能卡认证是基于“What You Have”的手段，通过智能卡硬件不可复制保证用户身份不会被仿冒。基于智能卡的认证方式是一种双因素的认证方式，首先认证 PIN(可以理解为具有唯一性的地址)，当 PIN 通过认证后再认证智能卡。所以，除非 PIN 和智能卡被同时窃取，否则用户不会被冒充。

本节提到了“双因素认证”的概念。所谓双因素身份认证，简单地讲是指在身份认证过程中至少提供两个认证因素，如“密码＋PIN”等。双因素认证与利用 ATM 取款很相似：用户必须持银行卡(认证设备)，再输入密码，才能提取其账户中的款项。双因素认证提供了身份认证的可靠性。

4.4　生物特征身份认证

前面分别介绍了基于密码的身份认证和基于地址的身份认证，从技术发展来看，这两种传统的认证方式都存在缺陷，取而代之的将是目前正在兴起的基于生物特征的认证方式。

4.4.1 生物特征认证的概念

生物特征认证又称为“生物特征识别”，是指通过计算机利用人体固有的物理特征或行为特征鉴别个人身份。在信息安全领域，推动基于生物特征认证的主要动力来自基于密码认证的不安全性，即利用生物特征认证来替代密码认证。

人的生理特征与生俱来，一般是先天性的。行为特征则是习惯养成，多为后天形成。生理和行为特征统称为生物特征。常用的生物特征包括脸像、虹膜、指纹、声音、笔迹等。同时，随着现代生物技术的发展，尤其对人类基因研究的重大突破，研究人员认为 DNA 识别技术将是未来生物识别技术的又一个发展方向。满足以下条件的生物特征才可以用来作为进行身份认证的依据。

(1) 普遍性，即每一个人都应该具有这一特征。

(2) 唯一性，即每一个人在这一特征上有不同的表现。

(3) 稳定性，即这一特征不会随着年龄的增长或生活环境的改变而改变。

(4) 易采集性，即这一特征应该便于采集和保存。

(5) 可接受性，即人们是否能够接受这种生物识别方式。

生物特征认证的核心在于如何获取这些特征，并将其转换为数字形式存储在计算机中，以及利用可靠的匹配算法来完成验证与识别个人身份的过程。生物识别系统包括采集、解码、比对和匹配几个处理过程。

与传统的密码、地址等认证方式相比，生物特征认证具有依附于人体、不易伪造、不易模仿等特点和优势，已成为身份认证技术中发展最快、应用前景最好的一项关键技术。目前，生物特征识别主要包括人脸识别、指纹识别和虹膜扫描。国际民航组织已规定利用生物特征识别护照的标准，如 ISO 14443 标准(暂时并无视网膜扫描认证方式)。每样证件持有人的生物特征通常以 JPEG 格式的文件储存在非接触晶片(如射频卡)内。与此同时，全球生物特征技术产品也迅速发展起来。

4.4.2 指纹识别

利用人的生物特征可以实现“以人识人”，其中指纹是人的生物特征的一种重要表现形式，具有“人人不同”和“终身不变”的特征，以及附属于人的身体的便利性和不可伪造的安全性。

1. 指纹识别的特点

指纹识别技术也称为“指纹认证技术”，早在 1858 年，William Hershel 就使用指纹和掌纹作为合同签名的一种形式。目前，在全球范围内都建立了指纹鉴定机构及罪犯指纹数据库，我国早在 20 世纪 80 年代的重点人口管理中就开始采集具有犯罪前科的重点人口的指纹，并相继建立了全国范围内联网的指纹比对数据库。早期的指纹认证主要用于司法鉴定，现在已广泛应用于门禁系统、考勤、部分笔记本电脑和移动存储设备，认证技术在不断成熟，应用范围也在不断拓宽。

指纹识别的特点如下。

(1) 独特性。19世纪末,英国学者亨利提出了基于指纹特征进行认证的原理和方法。根据亨利的理论,一般人的指纹在出生后9个月便成形,并终生不会改变;每一个指纹都有70～90个基本特征点。另外,据最近的一项统计,世界上没有两个人的指纹是完全相同的。因此,指纹具有高度的不可重复性,如图4-4所示。

图4-4　不同的指纹形状

(2) 稳定性。指纹脊的样式终生不变。指纹不会随着人的年龄、健康状况的变化而发生变化。

(3) 方便性。目前已建有标准化的指纹样本库,以便指纹认证系统的开发。同时,在指纹识别系统中用于指纹采集的硬件设备也较容易实现。

2. 指纹识别系统的组成

如图4-5所示,指纹识别包括两个过程:指纹注册过程和指纹比对过程。

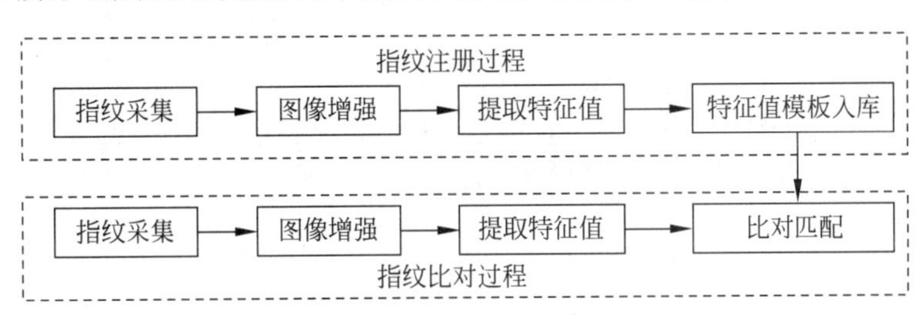

图4-5　指纹识别系统的组成

(1) 指纹采集。通过指纹传感器获取人的指纹图像数据,其本质是指纹成像。指纹采集大都通过各种采集仪,可分为光学和CMOS两类,其中光学采集仪采集图像失真小,但成本较高,而CMOS采集仪成本低,但图像质量较差。

(2) 图像增强。根据某种算法,对采集到的指纹图案进行效果增强,以便后续对指纹特征值的提取。

(3) 提取特征值。对指纹图案上的特征信息进行选择(见图4-6)、编码并形成二进制数据。

(4) 特征值模板入库。根据指纹算法的数据结构,即特征值模板,对提取的指纹特征值进行结构化并保存起来。

(5) 比对匹配。把当前取得的指纹特征值集合与已存储的指纹特征值模板进行匹配。

图4-6　指纹图案信息的选择

3. 指纹识别技术的应用

"指纹"是指人的手指表面由交替的"脊"和"谷"组成的平滑纹理模式,这些皮肤的纹路在图案、断点和交叉点上各不相同,是唯一的。依靠这种唯一性,可以把一个人与他的指纹对应起来,通过和预先保存的指纹比较,就可以进行身份认证。

20世纪90年代,指纹识别技术就在国内兴起,当时应用仅限于刑侦领域,它可以提高公安机关破案率,同时有效节省成本。近年来,随着计算机网络的广泛应用和生物识别技术的不断成熟,指纹识别技术的应用越来越广泛,门禁系统、第三方支付平台和网上银行软件都采用了这项技术。同时,像手机等移动智能终端大量使用指纹识别,指纹识别已经进入人们的日常生活。

但是,指纹识别在应用中也存在一些问题。每个人的指纹、面部纹路都具有唯一性,但人体表面组织会随着岁月的流逝或意外事故的发生而有所改变,如果指纹识别设备不能精确识别这些变化,那么指纹密码也就无从谈起。据英国《每日邮报》报道,老年人、体力劳动者和癌症患者的指纹很可能因为衰老、磨损以及治疗副作用等因素而发生改变,从而导致指纹无法被识别。

另外,指纹识别在日常应用中也存在一些安全隐患。据媒体报道,来自德国的黑客组织已成功"利用简单的日常方法"绕过了苹果的指纹识别系统,并演示了如何从玻璃杯上获取某人指纹后成功解锁 iPhone 5s。类似的报道很多。另外,由于指纹可以被复制,可以通过制作指纹模具骗过认证系统,也可以通过提供指纹照片使认证系统产生错误的识别结果。

不过,各种生物识别技术都具有自身特点和优势,而指纹识别技术的一个发展方向是利用生物识别技术的特点将指纹和其他生物识别技术相结合,实现互补。例如,把指纹识别技术和脸形结合,将人脸识别结果作为一种检索,从而实现辨识模式下的指纹识别,这样识别的速度将得到显著提高。随着技术的发展,未来基于生物特征的身份认证会变得更加具有唯一性、准确性和安全性。

4.4.3 虹膜识别

作为生物特征认证的依据,指纹的应用已经比较广泛,然而指纹识别易受脱皮、出汗、干燥等外界条件的影响,并且这种接触式的识别方法要求用户直接接触公用的传感器,给使用者带来了不便。例如,2003年爆发的"非典型性肺炎"、2014年爆发的"非洲埃博拉病毒"、2020年爆发的"新型冠状病毒肺炎"等疫情的传播,如果使用这样直接接触式的认证就会存在一定风险。为此,非接触式的生物特征认证将成为身份认证发展的必然趋势。与脸像、声音等其他非接触式的身份鉴别方法相比,虹膜以其更高的准确性、可采集性和不可伪造性,成为目前身份认证研究和应用的热点。

基于虹膜的身份认证要求对被认证者的虹膜特征进行现场实时采集,用户在使用虹膜进行身份认证时无须输入ID号等标识信息。

1993年,英国剑桥大学计算机实验室的J. G. Daugman 率先研制出基于 Gabor 变换的虹膜识别算法,实现了一个高性能的虹膜识别系统。1994年,澳大利亚的 R. P. Wildes 研制出基于图像配准技术的虹膜识别系统。1997年,W. W. Boles 等用小波变换进行虹膜的识别。虹膜身份识别技术涉及数学、信号处理、模式识别、图像处理等多个领域,是当今计算机应用领域的研究课题之一。

从理论上讲，虹膜认证是基于生物特征的最好的一种认证方式。虹膜(眼睛中的彩色部分)是眼球中包围瞳孔的部分(见图 4-7)，上面布满极其复杂的锯齿网络状花纹，而每个人虹膜的花纹都是不同的。虹膜识别技术就是应用计算机对虹膜花纹特征进行量化数据分析，用以确认被识别者的真实身份。

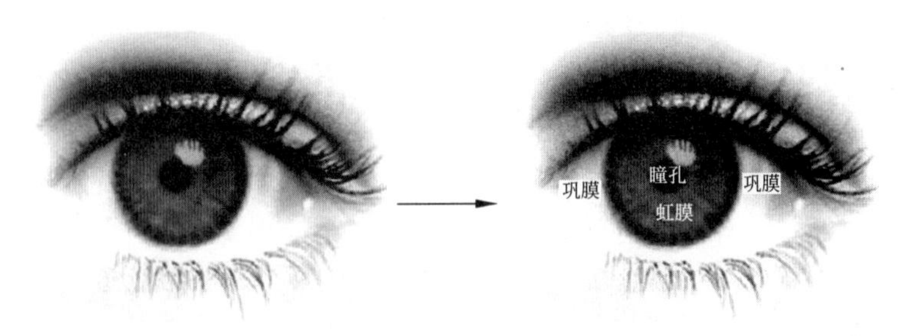

图 4-7 虹膜在眼球中的位置

每一个人的虹膜具有随机的细节特征和纹理图像。这些特征在人的一生中保持相对的稳定性，不易改变。据统计，到目前为止，虹膜认证的错误率在所有的生物特征识别中是最低的(相同纹理的虹膜出现概率为 10^{-46})。所以虹膜识别技术在国际上得到广泛的关注，有很好的应用前景。

如图 4-8 所示，一个虹膜识别系统一般由 4 部分组成：虹膜图像采集、预处理、特征提取及模式匹配。

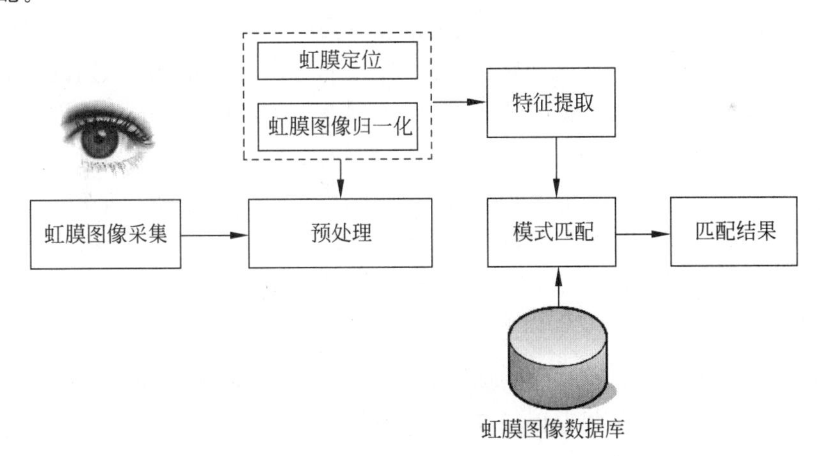

图 4-8 虹膜识别系统的组成

(1) 虹膜图像采集。虹膜图像采集是虹膜识别系统一个重要的且困难的步骤。因为虹膜尺寸比较小且颜色较暗，所以用普通的照相机获取质量好的虹膜图像是比较困难的，必须使用专门的采集设备。

(2) 预处理。这一操作分为虹膜定位和虹膜图像归一化两个步骤。其中，虹膜定位就是要找出瞳孔与虹膜之间(内边界)、虹膜与巩膜之间(外边界)的两个边界，再通过相关的算法对获得的虹膜图像进行边缘检测。由于光照强度及虹膜震颤的变化，瞳孔的大小会发生变化，而且在虹膜纹理中发生的弹性变形也会影响虹膜模式匹配。因此，为了实现精确的匹配,必须对定位后的虹膜图像进行归一化,补偿大小和瞳孔缩放引起的变异。

(3) 特征提取。采用转换算法将虹膜的可视特征转换成为固定字节长度的虹膜代码。

(4) 模式匹配。识别系统将生成的代码与代码数据库中的虹膜代码进行逐一比较,当相似率超过某一个预设值时,系统判定检测者的身份与某一个样本相符;否则系统将认为检测者的身份与该样本不相符,接着进入下一轮的比较。

以上过程,虽然介绍起来比较简单,但实现起来非常复杂,需要解决大量的技术问题。

4.4.4 人脸识别

人脸识别技术就是通过计算机提取人脸的特征,并根据这些特征进行身份验证的一种技术。人脸与人体的其他生物特征(如前面介绍的指纹和虹膜等)一样与生俱来,它们所具有的唯一性和不易被复制的良好特性为身份鉴别提供了必要的前提。与其他生物特征识别技术相比,人脸识别技术具有操作简单、结果直观、隐蔽性好的优越性。

1. 人脸识别的原理

人脸识别技术是基于人的脸部特征,对输入的人脸图像或视频流,首先判断其是否存在人脸,如果存在,则进一步给出每个脸的位置、大小和各个主要面部器官的位置信息。依据这些信息,进一步提取每个人脸中所蕴含的身份特征,并将其与存放在数据库中的已知的人脸信息进行对比,从而识别每个人脸的身份。

人脸识别技术从最初对背景单一的正面灰度图像的识别,经过对多姿态(正面、侧面等)人脸的识别研究,发展到能够动态实现人脸识别,目前正在向三维人脸识别的方向发展。在此过程中,人脸识别技术涉及的图像逐渐复杂,识别效果不断提高。人脸识别技术融合了数字图像处理、计算机图形学、模式识别、计算机视觉、人工神经网络和生物特征技术等多个学科的理论和方法。另外,人脸自身及所处环境的复杂性,如表情、姿态、图像的环境光照强度等条件的变化以及人脸上的遮挡物(眼镜、胡须)等,都会使人脸识别方法的正确性受到很大影响。

2. 人脸识别方法

从人脸识别的过程来看,可以将人脸识别过程划分为四部分:人脸图像采集及检测、人脸图像预处理、人脸图像特征提取以及匹配与识别。

1) 人脸图像采集及检测

人脸图像采集及检测包括人脸图像采集和人脸检测两个过程。其中,人脸图像采集是指通过摄像头采集人脸的图像,包括静态图像、动态图像、不同的位置以及不同表情等。被采集者进入采集设备的拍摄范围内时,采集设备会自动搜索并拍摄被采集者的人脸图像。人脸检测在实际中主要用于人脸识别的预处理,即在图像中准确标定出人脸的位置和大小。人脸图像中包含的模式特征十分丰富,如直方图特征、颜色特征、模板特征、结构特征等。人脸检测就是把其中有用的信息挑出来,并利用这些特征实现人脸检测。

2) 人脸图像预处理

人脸图像预处理是基于人脸检测结果,对图像进行处理并最终服务于特征提取的过程。

系统获取的原始图像由于受到各种条件的限制和随机干扰，往往不能直接使用，必须在图像处理的早期阶段对它进行灰度校正、噪声过滤等图像预处理。对于人脸图像，其预处理过程主要包括人脸图像的光线补偿、灰度变换、直方图均衡化、归一化、几何校正、滤波以及锐化等。

3）人脸图像特征提取

人脸识别系统可使用的特征通常分为视觉特征、像素统计特征、人脸图像变换系数特征、人脸图像代数特征等。人脸特征提取就是针对人脸的某些特征进行的。人脸特征提取也称为人脸表征，它是对人脸进行特征建模的过程。人脸特征提取的方法归纳起来分为两大类：一类是基于知识的表征方法；另一类是基于代数特征或统计学习的表征方法。其中，基于知识的表征方法主要是根据人脸器官的形状描述以及它们之间的距离特性获得有助于人脸分类的特征数据，其特征分量通常包括特征点间的欧氏距离、曲率和角度等。人脸由眼睛、鼻子、嘴、下巴等局部构成，对这些局部和它们之间结构关系的几何描述，可作为识别人脸的重要特征，这些特征称为几何特征。基于知识的人脸表征主要包括基于几何特征的方法和模板匹配法。

4）匹配与识别

将提取的人脸图像的特征数据与数据库中存储的特征模板进行搜索匹配，通过设定一个阈值，当相似度超过这一阈值，则把匹配得到的结果输出。人脸识别就是将待识别的人脸特征与已得到的人脸特征模板进行比较，根据相似程度对人脸的身份信息进行判断。这一过程又分为两类：一类是确认，是一对一进行图像比较的过程；另一类是辨认，是一对多进行图像匹配对比的过程。

3. 人脸识别技术的应用

人脸识别主要用于身份识别。近年来，随着视频监控的快速普及，众多的视频监控应用迫切需要一种远距离、用户非配合状态下的快速身份识别技术，以求远距离快速确认人员身份，实现智能预警。人脸识别技术无疑是最佳的选择，采用快速人脸检测技术可以从监控视频图像中实时查找人脸，并与人脸数据库进行实时比对，从而实现快速身份识别。

国际民航组织确定，从 2010 年 4 月 1 日起，其 118 个成员国家和地区，必须使用机读护照，人脸识别技术是首推识别模式，该规定已经成为国际标准。另外，人脸识别技术可在机场、体育场、超级市场等公共场所对人群进行监视，如在机场安装监视系统可以限制部分人员登机。另外，对于公安部门，通过查询目标人像数据，可以寻找数据库中是否存在重点人口或犯罪嫌疑人。

人脸识别技术在应用中也存在一些需要在技术上进一步解决的问题。例如，对周围的光线环境敏感，可能影响识别的准确性；人体面部的头发、饰物等遮挡物，人脸变老等因素，都需要在技术上寻找更好的解决方法。

与其他身份识别中所需信息相比，人脸信息更能以自然、直接的方式获取，特别是在非接触环境和不影响被检测人的情况下，因此，计算机人脸识别技术已成为最活跃的研究领域之一。同时，随着三维获取和人工智能等技术的发展，人脸识别技术有望取得突破性的进展并得到更加广泛的应用。

4.5 零知识证明身份认证

在前面介绍的身份认证过程中，一般验证者在收到证明者提供的认证账号和密码(或生物特征信息)后，在数据库中进行核对，如果在验证者的数据库中找到了证明者提供的账号和密码(或完全匹配的生物特征信息)，认证通过，否则认证失败。在这一认证过程中，验证者必须事先知道证明者的账号和密码(或生物特征信息)，这显然会带来不安全因素。那么，能否实现在验证者不需要知道证明者任何信息(包括用户账号和密码)的情况下就能够完成对证明者的身份认证呢？零知识证明身份认证就可以实现这一功能。

4.5.1 零知识证明身份认证的概念

零知识证明(Zero-Knowledge Proof)是 20 世纪 80 年代初出现的一种身份认证技术。零知识证明是指证明者能够在不向验证者提供任何有用信息的情况下，使验证者相信某个论断是正确的。

零知识证明实质上是一种涉及两方或多方的协议，即两方或多方完成一项任务需要采取的一系列步骤。证明者向验证者证明并使验证者相信自己知道某一消息或拥有某一物品，但证明过程不需要(也不能够)向验证者泄露。零知识证明分为交互式零知识证明和非交互式零知识证明两种类型。下面给出一个零知识证明的例子。

用户 A 要向用户 B 证明自己是某一房间的主人，即 A 要向 B 证明自己能够正常进入该房间。现在假设该房间只能用钥匙打开锁后进入，而其他任何方法都不能进入。这时有两种办法：一种是 A 把钥匙交给 B，B 拿着这把钥匙打开该房间的锁，如果 B 能够打开，则证明 A 是该房间的主人；另一种是 B 确定该房间内有一个物品，只要 A 用自己的钥匙打开该房间后，将该物品拿出来出示给 B，就可以证明 A 是该房间的主人。其中，后一种方式属于零知识证明。虽然两种方式都证明了用户 A 是该房间的主人，但在后一种方式中用户 B 始终没有得到用户 A 的任何信息(包括没有拿到用户 A 的钥匙)，从而可以避免用户 A 的信息(钥匙)被泄露。

下面，结合公开密钥算法来介绍零知识证明的特点。用户 A 拥有用户 B 的公钥，现在用户 B 需要向 A 证明自己的身份是真实的。同样有两种证明方法：一种是用户 B 把自己的私钥交给 A，A 用这个私钥对某个数据进行加密操作，然后将加密后的密文用 B 的公钥来解密，如果能够成功解密，则证明用户 B 的身份是真实的；另一种是用户 A 给出一个随机值，B 用自己的私钥对该随机值进行加密操作，然后把加密后的数据交给 A，A 用 B 的公钥进行解密操作，如果能够得到原来的随机值，则证明用户 B 的身份是真实的。其中，后一种方式属于零知识证明，在整个过程中 B 没有向 A 提供自己的私钥。

零知识证明中，验证者 B 选择随机数，证明者 A 根据随机数出示不同的证明。一方面，A 不能欺骗 B，因为他的随机数要求使用其私钥运算；另一方面，B 也不能伪装成 A 欺骗 C，因为随机数将由 C 选择，B 不能重发他与 A 之间的验证信息。证明者欺骗验证者的概率随着随机数选择的位数和验证次数的增加而降低。

4.5.2　交互式零知识证明

零知识证明协议可定义为证明者(Prover,简称 P)和验证者(Verifier,简称 V)之间进行交互时使用的一组规则。交互式零知识证明是由这样一组协议确定的：在零知识证明过程结束后,P 只告诉 V 关于某一个断言成立的信息,而 V 不能从交互式证明协议中获得其他任何信息。即使在协议中使用欺骗手段,V 也不可能揭露其信息。这一概念其实就是零知识证明的定义。

如果一个交互式证明协议满足以下 3 点,就称此协议为一个零知识交互式证明协议。

(1) 完备性。如果 P 的声称是真的,则 V 以绝对优势的概率接受 P 的结论。

(2) 有效性。如果 P 的声称是假的,则 V 也以绝对优势的概率拒绝 P 的结论。

(3) 零知识性。无论 V 采取任何手段,当 P 的声称是真的,且 P 不违背协议时,V 除了接受 P 的结论以外,得不到其他额外的信息。

简单地讲,交互式零知识证明就是为了证明 P 知道一些事实,希望验证者 V 相信他知道的这些事实而进行的交互。为了安全起见,交互式零知识证明是由规定轮数组成的一个“挑战/应答”协议。通常每一轮由 V 挑战和 P 应答组成。在规定的协议结束时,V 根据 P 是否成功地应答了所有挑战决定是否接受 P 的证明。

前面介绍的用户 A 要向用户 B 证明自己是某一房间的主人的例子便是一个交互式零知识证明的示例。在这一认证过程中,只进行了一轮挑战和应答。出于安全考虑,还可以通过其他方式再增加几轮挑战和应答。

4.5.3　非交互式零知识证明

在交互式零知识证明过程中,证明者(P)和验证者(V)之间必须进行交互。20 世纪 80 年代末,出现了“非交互式零知识证明”的概念。在非交互式零知识证明过程中,通信双方不需要进行任何交互,任何人都可以对 P 公开的消息进行验证。

在非交互式零知识证明中,证明者 P 公布一些不包括他本人任何信息的秘密消息,却能够让任何人相信这个秘密消息。在这一过程(其实是一组协议)中,起关键作用的因素是一个 Hash 函数。如果 P 要进行欺骗,他必须能够知道这个 Hash 函数的输出值。但事实上由于他不知道这个 Hash 函数的具体算法,所以无法实施欺骗。也就是说,这个 Hash 函数在协议中是 V 的代替者。

目前非交互式零知识证明的实现可采用多种算法,具体算法不再介绍,读者可参阅相关的资料。

4.6　Kerberos 协议

视频讲解

计算机网络中的身份认证协议是指对参与通信的主体(如用户、计算机等)之间提供安全认证的协议。网络环境中的身份认证协议及系统,在网络安全中占据十分重要的位置,对于网络应用的安全有着非常重要的作用。从本节开始,介绍几种典型的身份认证协议。

4.6.1 Kerberos 协议简介

Kerberos 协议是美国麻省理工学院(MIT)开发的基于 TCP/IP 网络设计的可信第三方认证协议,它是目前分布式网络计算环境中应用最为广泛的认证协议。

Kerberos 是为基于 TCP/IP 的 Internet 和 Intranet 设计的安全认证协议,它工作在 Client/Server 模式下,以可信赖的第三方密钥分配中心(KDC)实现用户身份认证。在认证过程中,Kerberos 使用对称密钥加密算法,提供了计算机网络中通信双方之间的身份认证。

Kerberos 设计的目的是解决在分布式网络环境中用户访问网络资源时的安全问题。Kerberos 的安全性不依赖于用户端计算机或要访问的主机(如服务器),而是依赖于 KDC。Kerberos 协议中每次通信过程都有 3 个通信参与方:需要验证身份的通信双方和一个双方都信任的第三方 KDC。将发起认证服务的一方称为客户端,客户端需要访问的对象称为服务器端。在 Kerberos 中,客户端通过向服务器端提交自己的"凭据"(Ticket)证明自己的身份,该凭据是由 KDC 专门为客户端和服务器端在某一阶段内通信而生成的。Kerberos 保存一个它的客户端以及密钥的数据库,这些密钥是 KDC 与客户端之间共享的,是不能被第三方知道的。

由于 Kerberos 是基于对称加密实现认证的,这就涉及加密密钥对的产生和管理问题。在 Kerberos 中会对每一个用户分配一个密钥对,如果网络中存在 N 个用户,则 Kerberos 系统会保存和维护 N 个密钥对。同时,在 Kerberos 系统中只要求使用对称密码,而没有限定具体算法和标准,这样便于 Kerberos 协议的推广和应用。

Kerberos 已广泛应用于 Internet 和 Intranet 服务的安全访问,具有高度的安全性、可靠性、透明性和可伸缩性。目前许多远程访问认证服务系统都支持 Kerberos 认证协议,如微软公司的可扩展认证协议(Extensible Authentication Protocol,EAP)、思科公司的终端访问控制器访问控制系统(Terminal Access Controller Access-Control System,TACACS)以及远程用户认证拨号服务(Remote Authentication Dial in User Service,RADIUS)等,同时 Windows 2000/2003 操作系统也将 Kerberos 集成作为本地认证协议。

目前广泛使用的 Kerberos 版本是第 4 版(v4)和第 5 版(v5),其中 Kerberos v5 弥补了 v4 中存在的一些安全漏洞。Kerberos v5 已成为 Internet 标准(RFC 1510)。

4.6.2 Kerberos 系统的组成

一个完整的 Kerberos 系统主要由以下几个部分组成。

(1) 用户端(Client)。需要提供身份认证的一方,有可能是用户账号,也有可能是设备的地址。如果是用户账号,用户端的密钥是通过账号对应的密码得出的。

(2) 服务器端(Server)。为用户端提供资源的服务器,当用户访问这些资源时需要进行身份认证,只有当认证通过后才允许访问。该服务器一般也称为资源服务器。

(3) 密钥分配中心(KDC)。Kerberos 使用了一个可依赖的第三方 KDC 为需要认证的用户提供对称密钥,如 K_A、K_B、K_C 等。为每一个用户提供的对称密钥只有该用户和 KDC 知道。另外,在 KDC 中还有一个主密钥 K_{KDC},这个密钥是在 KDC 内部使用的密钥。由于

KDC 在 Kerberos 系统中的重要性，所以 KDC 的安全在很大程度上决定了 Kerberos 系统的安全。在 Kerberos 系统中设置了两个服务器：认证服务器和票据分配服务器。

(4) 认证服务器(Authentication Server，AS)。在 KDC 中，由 AS 为用户提供身份认证，AS 将用户的密码保存在 KDC 的数据库中。当用户需要进行身份认证时，AS 在收到密钥后与数据库中的密码进行比对，如果比对通过，AS 将向用户发放一个票据。用户根据该票据去访问资源服务器上的资源。

(5) 票据分配服务器(Ticket Granting Server，TGS)。在用户访问服务器端的资源时，为了避免 AS 每次都要向用户发放票据，所以在 KDC 中提供了 TGS。TGS 的作用是向已经通过 AS 认证的用户发放用于获取资源服务器上提供的服务的票据。当用户资源要访问资源服务器上的资源时，AS 发放一个"票据许可票据"(Tickettgs)，用户会保存该票据。以后，当用户再次访问资源服务器上的资源时，只需向 TGS 出示 Tichettgs，TGS 会向用户发放一个"服务许可票据"(Tickettv)，用户根据 Tickettv 在资源服务器上访问所需要的资源。

(6) 票据。票据的作用是在身份认证服务器(AS 和 TGS)与资源服务器之间安全地传递用户的身份信息，同时也将身份认证器对用户的信任信息转发给资源服务器。票据中包括服务器名称、用户名称、用户的地址、时间标记、生命周期以及一个随机的会话密钥。票据在服务器之间传递时都是进行加密的。

(7) 时间戳。在计算机网络系统的安全管理中经常要用到时间戳的概念。当用户获得一个访问资源服务器的票据时，在票据中则包含一个时间戳，指明票据发出的日期、时间以及它的生命周期。通过时间戳，用户可知道票据的有效性。需要说明的是，当时间戳用于认证时，不同设备之间的时钟需要进行精确同步，或提供必要的时钟偏差。在 Kerberos 中，时钟偏差被设置为 5min。

另外，还有保证票据、密码等信息安全传输中所需要的密钥。

4.6.3　Kerberos 的基本认证过程

如图 4-9 所示，下面介绍 Kerberos 的基本认证过程。

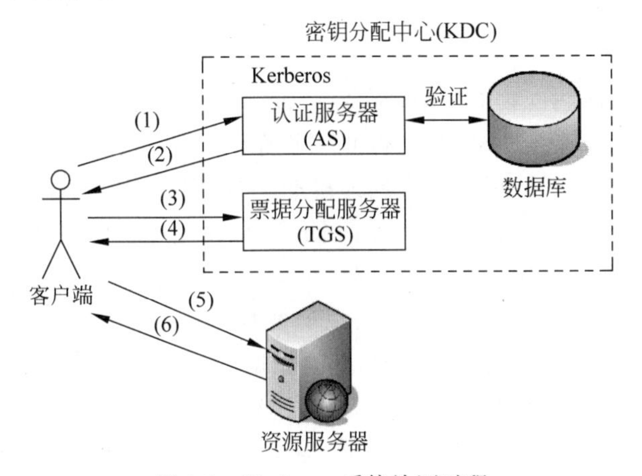

图 4-9　Kerberos 系统认证过程

(1) 客户端在计算机上向 AS 发送一个包含客户端名称(用户名)、资源服务器名称的认证信息。

(2) 首先,AS 验证客户端的真实性访问权限后,随机生成一个加密密钥作为下一阶段客户端与 TGS 通信时使用的会话密钥;接着,AS 构造一个包含客户端、会话密钥以及开始和失效时间等信息的"票据许可票据"(Tickettgs),并将该票据用 TGS 的密钥进行加密;然后,AS 将新的会话密钥用客户端的密钥 K_C 加密(对称加密),并与"票据许可票据"(Tickettgs)一起发送给客户端;最后,客户端计算机利用用户输入的密码生成密钥 K_C,并用该密钥 K_C 解密收到的信息,得到所需要的会话密钥 $K_{C,TGS}$ 以及"票据许可票据"(Tickettgs),并利用时间戳确保"票据许可票据"(Tickettgs)是最新的。

(3) 客户端向 TGS 发送一个包含访问 TGS 时使用的"票据许可票据"(Tickettgs)、需要访问的资源服务器名称、客户端名称及客户端密钥 K_C 的信息,该信息使用步骤(2)中得到的会话密钥进行加密,以防止信息在发给 TGS 的过程中被篡改。

(4) TGS 用自己的密钥验证"票据许可票据"(Tickettgs)后,获得在步骤(2)中构造的会话密钥 $K_{C,TGS}$ 和客户端要访问的资源服务器的名称,并从数据库中获得资源服务器的密钥 K_S 后随机生成客户端与资源服务器之间通信时使用的会话密钥和"服务许可票据"(Tickettv)。TGS 将客户端与资源服务器之间使用的新的会话密钥用从"票据许可票据"(Tickettgs)中获得的会话密钥 $K_{C,TGS}$ 加密后与新的"服务许可票据"(Tickettv)一起发给客户端。

(5) 客户端向资源服务器发送包含有认证者身份和"服务许可票据"(Tickettv)的信息。

(6) 资源服务器通过解密获得客户端的信息,完成认证。

4.7 SSL 协议

安全套接字层(Secure Socket Layer,SSL)协议最初是由 Netscape Communication 公司设计开发的安全认证协议,也是国际上最早应用于电子商务的一种网络安全协议。SSL 刚开始制定时是面向 Web 应用的安全解决方案,目前 SSL 已经成为 Web 上应用最为广泛的信息安全协议之一,大部分 Web 服务器和浏览器都内置了该协议。

4.7.1 SSL 概述

在 Internet 体系结构中,套接字层(Socket Layer)位于应用层和传输层之间。而套接字(Socket)的概念起源于 20 世纪 80 年代的 UNIX 操作系统,它定义了客户端与服务器之间的通信方式。这种通信方式既可以是面向连接的(如使用 TCP 协议),也可以是面向非连接的(如使用 UDP 协议)。Socket 可以看成是通信中的一个端点,其中客户端上的应用程序利用一个 Socket 地址呼叫服务器上的 Socket,一旦服务器上的 Socket 与客户端上的 Socket 建立了连接,这两台计算机之间就可以交换数据。

SSL 是一种点对点构造的安全通道中传输数据的协议,它运行在传输层之上、应用层之下,是一种综合利用对称密钥和公开密钥技术进行安全通信的工业标准。在通信过程中,允许一个支持 SSL 协议的服务器在支持 SSL 协议的客户端使协议本身获得信任,使客户端得到服务器的信任,从而在两台机器间建立一个可靠的传输连接。SSL 协议主要提供了

3 个方面的安全服务。

(1) 认证。利用数字证书技术和可信任的第三方认证机构，为客户端和服务器之间的通信提供身份认证功能，以便于彼此之间进行身份识别。为了验证证书持有者的合法性，防止出现用户名欺骗，SSL 要求证书持有者在进行握手时相互交换数字证书，通过验证证书来保证对方的合法性。

(2) 机密性。在 SSL 客户端和服务器之间传输的所有数据都经过了加密处理，以防止非法用户进行窃取、篡改和冒充。

(3) 完整性。SSL 利用加密算法和 Hash 函数保证客户端和服务器之间传输的数据的完整性。

如图 4-10 所示，SSL 协议分为上下两部分：上层为 SSL 握手协议，下层为 SSL 记录协议。其中，SSL 握手协议主要用来建立客户端与服务器之间的连接，并协商密钥；而 SSL 记录协议则定义了数据的传输格式。由此可以看出，SSL 协议是建立在可靠的传输层协议(如 TCP)之上的，与应用层协议无关，它在应用层协议通信之前就已经完成加密算法、通信密钥的协商以及服务器认证工作，高层的应用层协议(如 HTTP、FTP、Telnet 等)可以透明地建立在 SSL 协议之上，应用层协议所传送的数据都会被加密，从而保证通信的机密性。

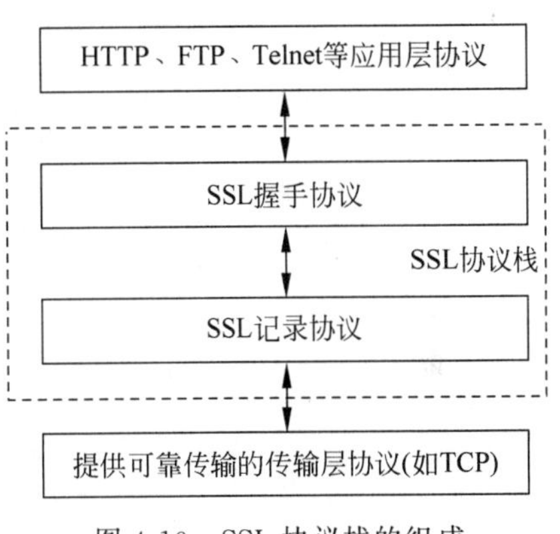

图 4-10　SSL 协议栈的组成

4.7.2　SSL 握手协议

SSL 握手协议提供了客户端与服务器之间的相互认证，协商加密算法，用于保护在 SSL 记录中发送的加密密钥。握手协议在任何应用程序的数据传输之前进行。如图 4-11 所示，SSL 握手协议的一次握手操作包含了以下几个过程。

(1) 通信的初始化阶段。客户端向服务器发送一个会话消息(Client Hello)，服务器对该会话消息给予应答(Server Hello)。这一过程主要用于协商以下的信息：协议版本号、加密算法、会话 ID、压缩方法和一个初始随机数。其中，初始随机数是客户端与服务器之间对每个连接选择的字节序列。

(2) 如果客户端需要服务器的认证，则服务器开始发送它的数字认证证书，以证明其身份，包括证书消息(Certificate)、服务器密钥交换消息(Sever Key Exchange)和证书请求消息(Certificate Request)。

(3) 服务器发送一个服务器完成消息(Server Hello Done)，向客户端表明服务器的应答以及提供的证书等消息已结束。

(4) 客户端在接收到服务器的服务器完成消息(Server Hello Done)后，如果收到了服务器发送的证书请求消息(Certificate Request)，即服务器需要对客户端进行认证，则客户端将向服务器发送证书消息(Certificate)；也可以不发送证书消息，客户机发送自己的密钥交换消息(Client Key Exchange)给服务器，发送之前需要用服务器公开密钥进行加密。如

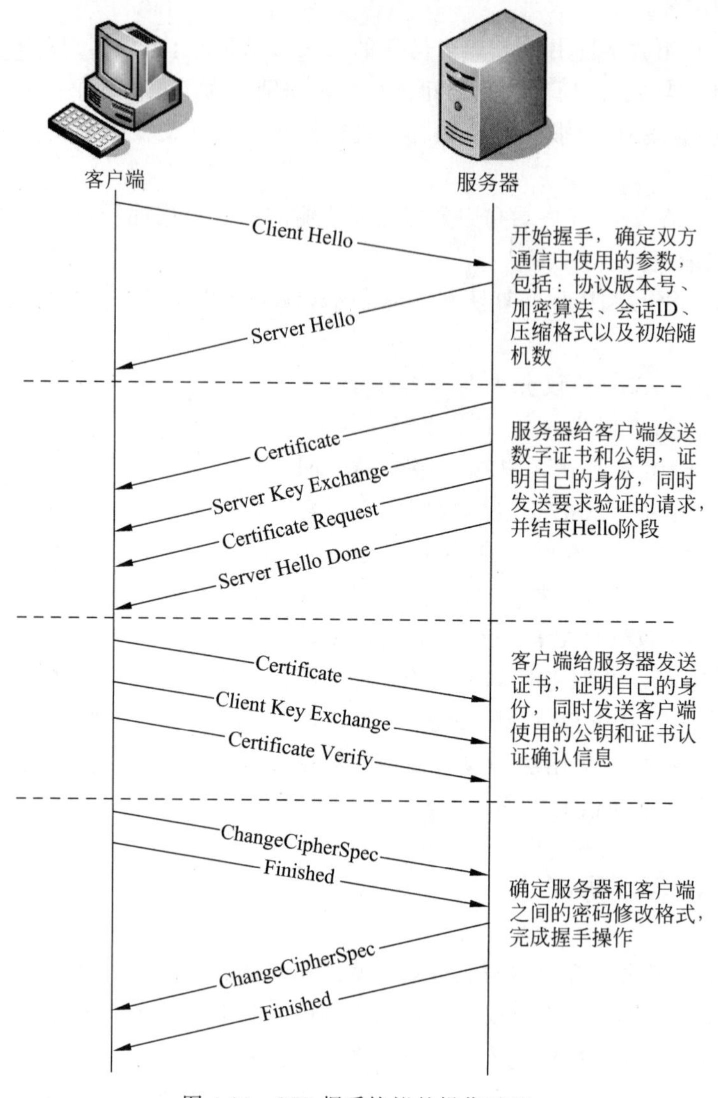

图 4-11 SSL 握手协议的操作过程

果服务器需要对客户端进行认证同时客户端也接受了此请求，即客户端已经向服务器发送了证书消息(Certificate)，则客户端首先利用自己的私钥对已发送的证书消息(Certificate)进行数字签名，然后再发送给服务器，该签名后的消息为证书验证消息(Certificate Verify)，以证明自己是证书的真正持有者。

(5) 客户端和服务器分别发送修改密码格式消息(Change Cipher Spec)，完成密钥交换；客户端和服务器相互发送完成消息(Finished)，完成认证过程。

在 SSL 握手协议操作的任意步骤中，如果协商结果不符合某一方的要求，通信的任意一方都可以终止握手进程。在完成握手后，客户端和服务器即可以开始交换应用层数据。传输数据时，用对称密码进行加密，对称密钥用非对称算法加密，再把加密消息与被加密的密钥数据绑定后进行传输。接收的过程与发送过程正好相反，首先用接收者的私钥打开对称密钥的加密包，再用得到的对称密钥对消息进行解密，得到明文数据。

4.7.3 SSL 记录协议

SSL 记录协议建立在可靠的传输层协议(如 TCP)之上,为高层协议(如 HTTP、FTP 等)提供数据封装、压缩、加密等基本功能的支持。如图 4-12 所示,SSL 记录协议的操作过程如下。

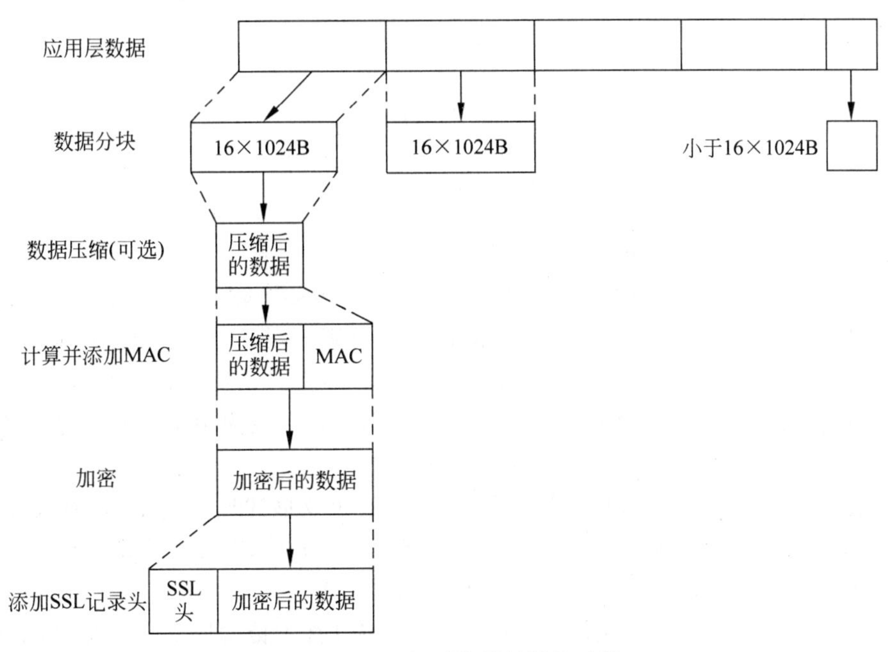

图 4-12 SSL 记录协议的操作过程

(1) 数据分块。将应用层的数据分解为大小为 16×1024B 或更小的数据块。

(2) 数据压缩(可选)。压缩必须是无损的,压缩后的数据长度未必比压缩前的数据短,但增加的内容长度不能超过 1024B。在 SSL v3 中,没有说明采用哪一种压缩方式,所以系统默认为空,即不进行压缩。

(3) 计算并添加 MAC(消息认证码)。对压缩后的数据,采用 Hash 函数计算 MAC,并添加到压缩后的数据后面。

(4) 加密。对压缩数据和 MAC 进行加密。加密对数据长度的增加不能超过 1024B。允许采用的加密算法及相应的密钥长度如表 4-1 所示。

表 4-1 SSL 协议中使用的加密算法及其密钥长度

分组密钥		流密钥	
算法	密钥长度/b	算法	密钥长度/b
IDEA	128	RC4-40	40
RC2-40	40	RC4-128	128
DES-40	40		
3DES	168		
Fortezza	80		
DES	56		

(5) 添加 SSL 记录头。在加密后的数据头部添加一个 SSL 记录头,使数据形式一个完整的 SSL 记录。该 SSL 记录头由以下字段组成,如图 4-13 所示。

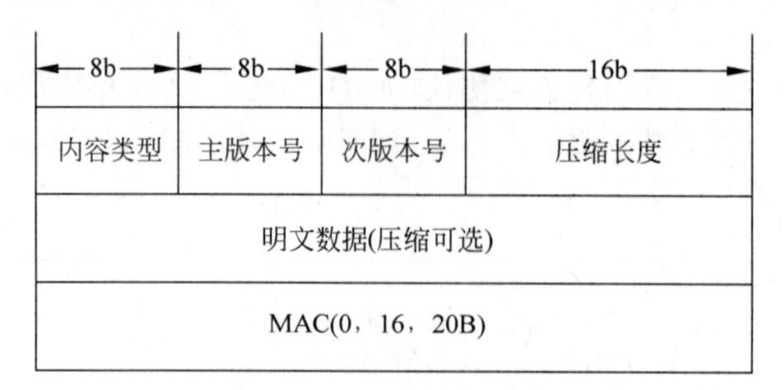

图 4-13　SSL 记录协议字段

- 内容类型(8b)。封装的高层协议类型。
- 主版本号(8b)。使用的 SSL 主版本号,如果采用 SSL v3 协议,该字段值为 3。
- 次版本号(8b)。使用的 SSL 次版本号,如果采用 SSL v3 协议,该字段值为 0。
- 压缩长度(16b)。以字节为单位的数据长度。有两种情况:如果采用了压缩,该字段值为压缩后的数据块长度;如果没有压缩,则该字段为明文数据块的长度。但两种长度都应该包括 MAC。

SSL 是一个通信协议。为了实现安全性,SSL 的协议描述比较复杂,具有较完备的握手过程。这也决定了 SSL 不是一个轻量级的网络协议。另外,SSL 还涉及大量的计算密集型算法:非对称加密算法、对称加密算法和数据摘要算法。

IETF 将 SSL 进行了标准化,即 RFC 2246,并将其称为传输层安全性协议(Transport Layer Security,TLS)。从技术上讲,TLS v1.0 与 SSL v3.0 的差别非常小。有关 TLS 的详细介绍,读者可参阅相关的技术文档。

4.8　RADIUS 协议

远程认证拨号用户服务(Remote Authentication Dial-In User Server,RADIUS)是一种应用于分布式环境的 C/S 架构的信息交互协议,常用于对安全性要求较高且允许远程用户访问的网络环境中。

4.8.1　RADIUS 协议的功能和结构

RADIUS 协议最初的设计目的是为拨号用户进行认证和计费,后来经过多次改进,形成了一项通用的认证计费协议。RADIUS 协议由 RFC 2865、RFC 2866 文档定义,是应用最广泛的 AAA 协议。

1. RADIUS 协议的功能

RADIUS 是一种 C/S 结构的协议,它的客户端最初是网络接入服务器(Net Access Server,NAS),当一台客户端计算机运行了 RADIUS 客户端软件后就成为一个 RADIUS 的客户端。RADIUS 协议认证机制灵活,可以采用口令认证协议(Password Authentication

Protocol，PAP）、挑战—握手认证协议（Challenge-Handshake Authentication Protocol，CHAP）或UNIX登录认证等多种方式。

RADIUS在AAA架构中的应用如图4-14所示。其中，NAS作为RADIUS客户端，向远程接入用户提供接入并与RADIUS服务器交互的服务。RADIUS服务器上存储着用户的身份信息、授权信息和访问记录，为用户提供认证、授权和审计（记账）服务。

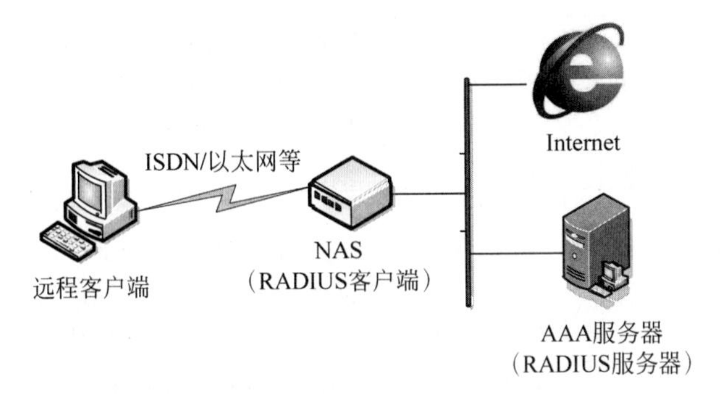

图4-14 RADIUS在AAA架构中的应用

RADIUS服务器通常要维护以下3个数据库。

（1）用户（Users）。用于存储用户信息（图4-14中的“远程客户端”），如用户名、口令以及使用的协议、IP地址等配置信息。

（2）客户端（Clients）。即RADIUS客户端，用于存储RADIUS客户端的信息，如共享密钥。

（3）目录（Dictionary）。目录中存储的信息用于解释RADIUS协议中的属性和属性值所代表的含义。

由于RADIUS协议实现简单，可扩展性好，因此得到了广泛应用，包括普通电话、非对称数字用户线路（Asymmetric Digital Subscriber Line，ADSL）、综合业务数字网（Integrated Services Digital Network，ISDN）、以太网、IP电话、基于拨号用户的虚拟专用拨号网（Virtual Private Dialup Networks，VPDN）、移动电话预付费等业务。

IEEE提出的802.1x标准是一个基于C/S的访问控制和认证协议，在认证时采用RADIUS协议。IEEE 802.1x可以限制未经授权的用户/设备通过接入端口（Access Port）访问局域网或互联网。在获得交换机或局域网提供的各种业务之前，802.1x对连接到交换机端口上的用户/设备进行认证。在认证通过之前，802.1x只允许基于局域网的扩展认证协议（EAP over LANs，EAPOL）数据通过设备连接的交换机端口；认证通过以后，正常的数据可以顺利地通过以太网端口。

2. RADIUS协议结构

RADIUS协议的结构如图4-15所示。

Code(1B)	Identifier(1B)	Length(2B)
Authenticator（16B）		
Attribute		

图4-15 RADIUS协议结构

(1) Code(代码)。Code 字段长度为 1B,用于标明 RADIUS 报文的类型,如果 Code 域中的内容是无效值,报文将被丢弃。RADIUS 报文的主要类型如表 4-2 所示(共定义了 16 种类型)。

表 4-2 RADIUS 报文的主要类型及功能说明

类型	功　能	说　明
1	认证请求(Access-Request)	RADIUS 报文交互过程中的第一个报文,用来携带用户的认证信息(如用户名、密码等)。该报文由 RADIUS 客户端发送给 RADIUS 服务器,RADIUS 服务器根据该报文中携带的用户信息判断是否允许接入
2	认证接受(Access-Accept)	服务器对客户端发送的 Access-Request 报文的接受响应报文。如果 Access-Request 报文中的所有属性都可以接受(即认证通过),则发送该类型报文。客户端收到此报文后,认证用户才能认证通过并被赋予相应的权限
3	认证拒绝(Access-Reject)	服务器对客户端的 Access-Request 报文的拒绝响应报文。如果 Access-Request 报文中的任何一个属性不可接受(即认证失败),则 RADIUS 服务器返回 Access-Reject 报文,用户认证失败
4	计费开始请求(Accounting-Request)	如果客户端使用 RADIUS 模式进行计费,客户端会在用户开始访问网络资源时,向服务器发送计费开始请求报文
5	计费开始响应(Accounting-Response)	服务器接收并成功记录计费开始请求报文后,需要回应一个计费开始响应报文
11	认证挑战(Access-Challenge)	EAP 认证时,RADIUS 服务器接收到 Access-Request 报文中携带的用户名信息后,会随机生成一个 MD5 挑战字,同时将该挑战字通过 Access-Challenge 报文发送给客户端。客户端使用该挑战字对用户密码进行加密处理后,将新的用户密码信息通过 Access-Request 报文发送给 RADIUS 服务器。RADIUS 服务器将收到的已加密的密码信息和本地经过加密运算后的密码信息进行对比,如果相同,则该用户为合法用户

(2) Identifier(标识符)。长度为 1B,用来匹配请求报文和响应报文,以及检测在一段时间内重发的请求报文。客户端发送请求报文后,服务器返回的响应报文中的 Identifier 值应与请求报文中的 Identifier 值相同。

(3) Length(长度)。长度为 2B,用来指定 RADIUS 报文的长度。超过 Length 取值的字节将作为填充字符而忽略。如果接收到的报文的实际长度小于 Length 的取值,则该报文会被丢弃。

(4) Authenticator(认证者)。该字段占用 16B,用于 RADIUS 客户端和 RADIUS 服务器之间消息认证的有效性和密码隐藏算法。访问请求 Access-Request 报文中的认证字的值是 16B 随机数,认证字的值是不能被预测的,并且在一个共享密钥的生命期内是唯一的。

(5) Attribute(属性)。该字段的长度不定,主要为报文的内容主体,用来携带专门的认证、授权和计费信息,提供请求和响应报文的配置细节。

4.8.2　RADIUS 工作原理

用户接入 NAS,NAS 使用 Access-Require 报文向 RADIUS 服务器提交用户信息,包括用户名、密码等相关信息,其中用户密码是经过 MD5 加密的,双方使用共享密钥,这个密钥不经过网络传输。RADIUS 服务器对用户名和密码的合法性进行检验,必要时可以提出一个挑战(Challenge),要求进一步对用户认证,也可以对 NAS 进行类似的认证。如果合法,给 NAS 返回 Access-Accept 报文,允许用户进行下一步工作,否则返回 Access-Reject 报文,拒绝用户访问;如果允许访问,NAS 向 RADIUS 服务器发送计费请求 Account-Require 报文,RADIUS 服务器以 Account-Accept 报文作为响应,对用户的计费开始,同时用户可以进行自己的相关操作。

RADIUS 服务器和 NAS 服务器通过 UDP 协议进行通信,RADIUS 服务器的 1812 端口负责认证,1813 端口负责计费工作(如果是思科设备,认证和授权为 UDP 的 1645 端口,计费为 1646 端口)。采用 UDP 的基本考虑是因为 NAS 和 RADIUS 服务器大多在同一个局域网中,使用 UDP 更加快捷方便,而且 UDP 是无连接的,会减轻 RADIUS 的压力。

RADIUS 协议的工作过程如图 4-16 所示,其中接入设备作为 RADIUS 客户端,负责收集用户信息(如用户名、密码等),并将这些信息发送到 RADIUS 服务器。RADIUS 服务器则根据这些信息完成用户身份认证以及认证通过后的用户授权和计费。用户、RADIUS 客户端和 RADIUS 服务器之间的交互过程的主要环节描述如下。

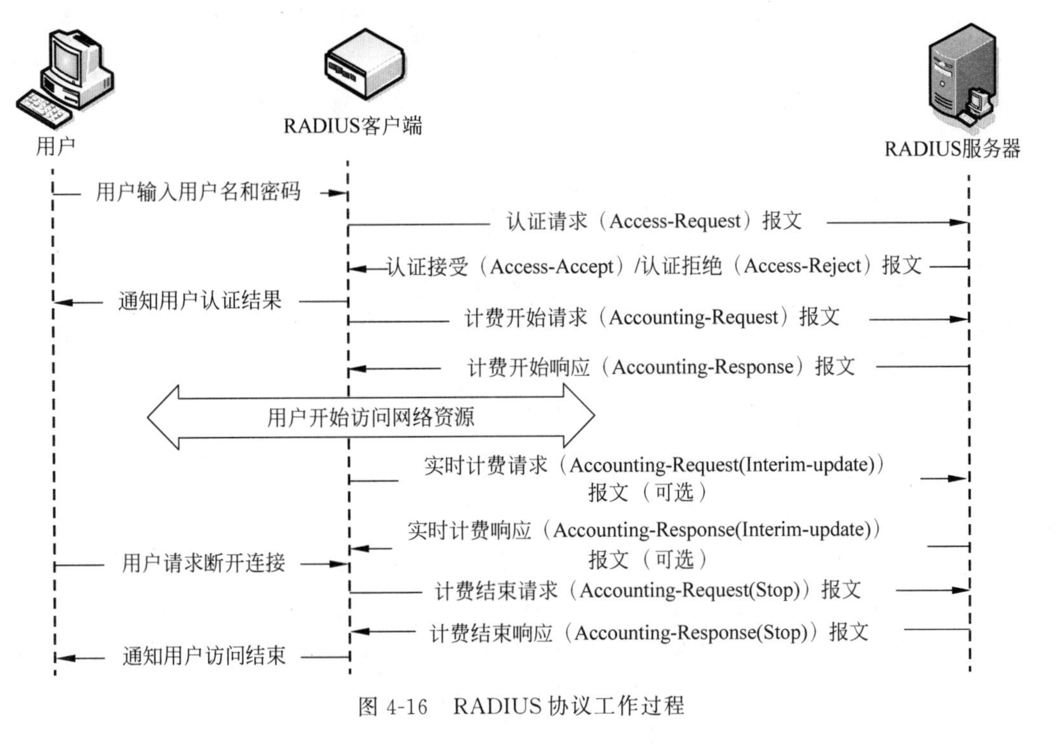

图 4-16　RADIUS 协议工作过程

(1) 用户输入用户名和口令(密码)。

(2) RADIUS 客户端根据获取的用户名和密码,向 RADIUS 服务器发送认证请求

Access-Require 报文。

(3) RADIUS 服务器将该用户信息与用户(Users)数据库信息进行对比分析，如果认证成功，则将用户的权限信息以认证响应 Access-Accept 报文发送给 RADIUS 客户端；如果认证失败，则返回认证拒绝 Access-Reject 报文。

(4) RADIUS 客户端根据接收到的认证结果接入或拒绝用户。如果可以接入用户，则 RADIUS 客户端向 RADIUS 服务器发送计费开始请求 Accounting-Request 报文，其中报文的状态类型(status-type)为开始(start)。

(5) RADIUS 服务器返回计费开始响应 Accounting-Response 报文。

(6) RADIUS 客户端向 RADIUS 服务器发送计费停止请求 Accounting-Request 报文，其中报文的状态类型(status-type)为停止(stop)。

(7) RADIUS 服务器返回计费结束响应 Accounting-Response 报文。

RADIUS 客户端和 RADIUS 服务器之间认证消息的交互是通过共享密钥的参与来完成的，并且共享密钥不能通过网络传输，增强了信息交互的安全性。另外，为防止用户密码在不安全的网络上传递时被窃取，RADIUS 协议利用共享密钥对 RADIUS 报文中的密码进行了加密。

*4.9 统一身份认证技术

认证针对访问者的具体身份，而授权针对可访问的资源权限，认证是授权的前提，授权是认证的目的，某一用户只有通过了身份认证才能根据在具体系统中所扮演的具体角色给予相应的授权。本节结合互联网应用，介绍 3 种主流的统一身份认证技术。

4.9.1 基于 SAML 2.0 的身份认证

安全断言标记语言 (Security Assertion Markup Language，SAML)是身份认证领域出现较早的基于 XML 语言的信息架构，其主要功能是实现逻辑安全域中身份提供者与服务提供者之间的认证和授权信息传输以及断言形式表达。SAML 提供了基于 Web 方式的单点登录(Single Sign On，SSO)解决方案，是企业网络中整合不同应用系统的首选方案。

1. SAML 2.0 规范

SAML 规范定义了基于可扩展标记语言(Extensible Markup Language，XML)的 4 种组件：断言(Assertion)、协议(Protocol)、绑定(Binding)和配置(Profile)。

(1) 断言。SAML 断言分为认证、属性和授权 3 种类型，认证断言确认用户的身份，属性断言包含用户的特定信息，授权断言确认用户得到授权。

(2) 协议。协议定义了 SAML 如何请求和接收断言，主要涉及请求(Request)和响应(Respond)两种信息类型。

(3) 绑定。绑定定义了如何将 SAML 请求和响应映射到标准的报文和协议上，简单对象访问协议(Simple Object Access Protocol,SOAP)是SAML中一个重要的绑定,另外SAML可以与HTTP、SMTP、FTP等主要协议实现绑定。如图4-17所示,SAML断言可以直接嵌入SOAP信息头部,SOAP再嵌入标准的HTTP报文后进行传输。

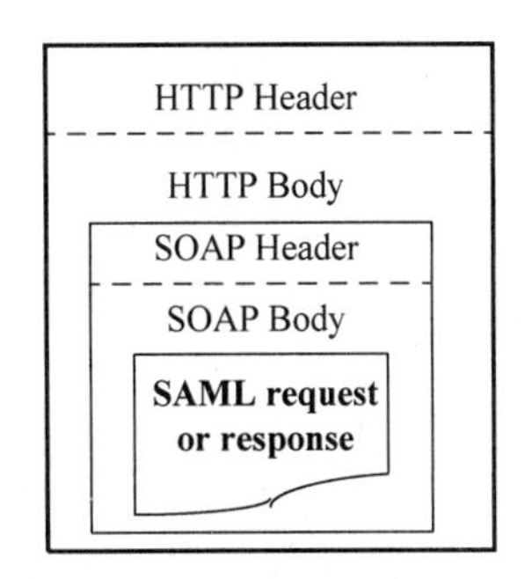

图4-17 SAML与HTTP和SOAP的嵌套式绑定

(4) 配置是已定义的特定应用实例的具体表现,它由断言、协议和绑定组合而成。

SAML规范中定义了3种不同的角色(Role):用户代理(通常为Web浏览器)、身份提供者(IdP)和服务提供者(SP)。用户代理访问SP,当SP接收到该访问请求后便向IdP发送身份认证请求,此时IdP将要求该用户提供类似于用户名、密码等能够证明其身份的信息,并以此作为其合法性的断言,当SP从IdP获取该身份断言后,便可以决定是否为该用户提供服务。在此过程中,因为一个IdP可以同时为多个SP提供SAML断言,从而在一个逻辑安全域中实现了SSO。

SAML使用SSL/TLS实现点到点的安全性,使用安全令牌来避免重放攻击。仅从协议角度来看,SAML的工作原理类似于中央认证服务(Central Authentication Service,CAS)和Kerberos,CAS协议依赖于CAS Server,Kerberos依赖于KDC,而SAML则依赖于IdP。

根据SP和IdP的交互方式,SAML可以分为SP拉方式(POST/Artifact Bindings)和IdP推方式(Redirect/POST Bindings)两种模式。在SAML中,最重要的环节是SP如何获取对问题的断言,其中SP拉方式是SP主动到IdP去了解用户的身份断言,而IdP推方式则是IdP主动把用户的身份断言通过某种途径告诉SP。

2. SAML的SP拉方式

SAML的SP拉方式的工作过程是:SP获得用户的凭证之后,主动向IdP请求对用户凭证的断言。如图4-18所示,用户通过凭证访问SP,凭证代表了用户的身份。用户访问SP的受保护资源,SP发现用户的请求中没有包含任何的授权信息,于是重定向用户访问IdP。

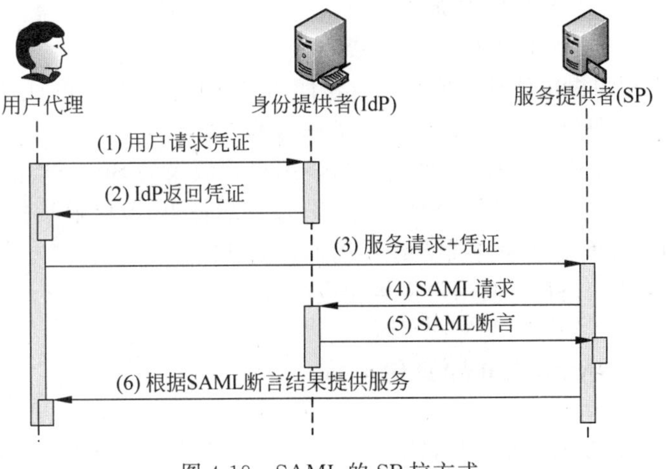

图4-18 SAML的SP拉方式

具体执行过程如下。

(1) 用户向 IdP 请求凭证(具体方式一般为提交用户名和密码)。

(2) IdP 通过验证用户提供的信息,确定是否提供凭证给该用户。

(3) 假如用户的认证信息正确,用户将向 IdP 请求并获取凭证,并将服务请求同时提交给 SP。

(4) SP 接收到该用户的凭证,因为 SP 在提供服务之前必须对用户凭证进行验证,所以生成一个 SAML 请求,要求 IdP 对凭证断言。

(5) 由于凭证是 IdP 生成的,所以它自然知道凭证的具体内容,于是 IdP 回应一个 SAML 断言给 SP。

(6) SP 信任 IdP 的 SAML 断言,会根据断言结果确定是否为用户提供服务。

3. SAML 的 IdP 推方式

与 SP 拉方式不同,在 IdP 推方式中,IdP 交给用户的不是凭证,而是断言,如图 4-19 所示。具体协议的执行过程如下。

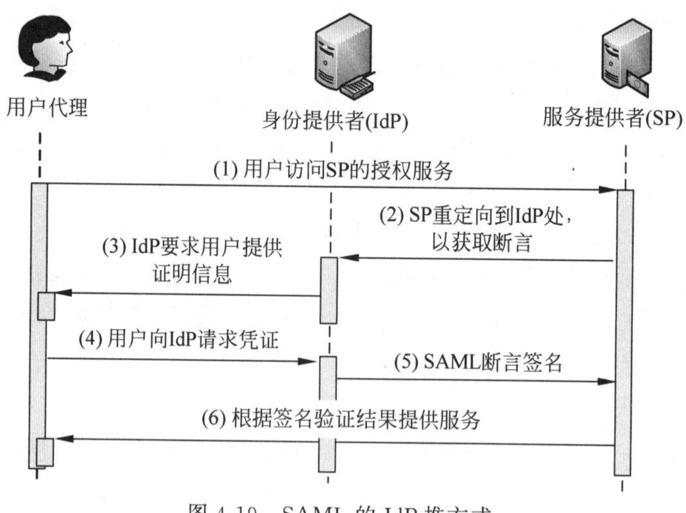

图 4-19 SAML 的 IdP 推方式

(1) 用户访问 SP 上的受保护资源。

(2) SP 重定向用户到 IdP 处,以获取断言。

(3) IdP 要求用户提供能够证明自己身份的信息(如密码、X.509 证书等)。

(4) 用户向 IdP 提供自己的身份信息(如账号和密码)。

(5) IdP 验证该账号和密码后,将重定向该用户到原来的 SP。SP 校验 IdP 的断言(注意,IdP 会对自己的断言签名,由于 SP 信任 IdP 颁发的证书,所以通过校验签名 SP 能够确信用户发送来的断言确实是来自授信的 IdP,而非其他的 IdP)。

(6) 如果签名正确,SP 将向用户提供相应的服务。

4.9.2 基于 OAuth 2.0 的身份认证

开放授权(Open Authorization,OAuth)是一个开放标准的联合协议,旨在帮助用户将受保护的资源授权给第三方使用,且支持细粒度的权限控制。在授权过程中,OAuth 不需要将用户名和密码以及其他认证凭证提供给第三方，加强了授权过程的安全性。OAuth 标准主要针对个人用户对资源的开放授权，目前多应用于社会性网络服务(Social Networking Services,SNS)环境中，如谷歌、微软、Facebook、腾讯、新浪的交互式服务等。同时，OAuth 也在企业网络中发挥了其功能优势，可以与 OpenID 等认证技术配合实现开放标准的基于 SSO 的授权服务。

1. OAuth 2.0 协议

OAuth 2.0 定义了 4 种不同的角色：资源拥有者(Resource Owner,RO)、资源服务器(Resource Server,RS)、Client(客户端)和授权服务器(Authorization Server,AS)。

(1) 资源拥有者(RO)。RO 是指能够对受保护资源进行授权的实体，一般是指一个具体的进行授权操作的人。根据授权管理需要，授权操作既可以通过“在线授权”方式手动执行，也可以通过系统设置由系统默认“离线授权”。

(2) 资源服务器(RS)。RS 用于存放受保护资源，并处理对资源的访问请求。

(3) 客户端(Client)。Client 指第三方应用(而非“客户端”)，它在获得 RO 的授权许可后便可以去访问由 RO 管理的在 RS 上的资源。Client 可能是一个 Web 站点、一段 JavaScript 代码或安装在本地的一个应用程序。不同的 Client 类型可使用不同的授权类型进行授权，如授权码许可(Authorization Code Grant)授权、Client 凭证许可(Client Credentials Grant)授权等。

(4) 授权服务器(AS)。AS 用于对 RO 的身份进行验证和资源授权管理，并颁发访问令牌(Access Token)。在具体应用中，AS 和 RS 一般由同一个服务器提供服务。

如图 4-20 所示，OAuth 2.0 协议的基本工作流程如下。

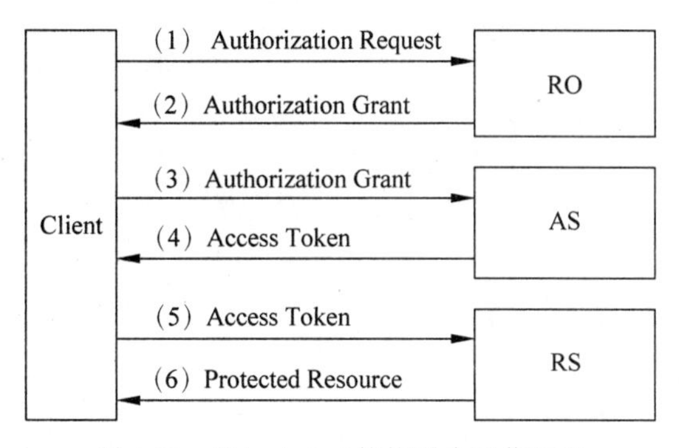

图 4-20　OAuth 2.0 协议基本工作流程

(1) Client 向 RO 发送“授权请求”(Authorization Request)，请求报文中一般包含要访问的资源路径、操作类型、Client 的身份等信息。

(2) RO 同意 Client 的授权请求，并将“授权许可”(Authorization Grant)发送给 Client。一般情况下，在 AS 上会提供权限分配操作界面，让 RO 进行细粒度的在线授权，或由系统自动完成离线授权操作。

(3) Client 向 AS 请求“访问令牌”(Access Token)。此时，AS 需要验证 Client 提交给自己的“授权许可”，并要求 Client 提供用于验证其身份的信息(多为用户名和密码)。

(4) AS 在通过对 Client 的身份验证后，便向它返回一个“访问令牌”，只有持有访问令牌的 Client 才能访问资源。

(5) Client 向 RS 提交“访问令牌”。

(6) RS 验证“访问令牌”的有效性，具体由令牌的颁发机构、令牌颁发日期、时间戳等属性决定。当验证通过后，才允许 Client 访问受保护的资源。其中，在令牌的有效期内，Client 可以多次携带同一个“访问令牌”去访问受保护的资源。

在 OAuth 协议的整个授权过程中没有直接用到第三方(Client)的私有信息，而是使用“访问令牌”和数字签名方式，提高了协议的安全性。同时，任何第三方都可以使用 OAuth AS，任何服务提供者都可以组建自己的 OAuth 授权服务系统，所以 OAuth 是一个开放的标准。

2. OAuth 授权应用实例

目前，OAuth 2.0 已经成为开放平台认证授权的事实上的标准。因为 OAuth 的开放性，所以在公有云计算环境不仅可以直接使用 SNS 中的 OAuth 授权服务系统，如新浪、腾讯、人人网的 OAuth AS 等，在私有云环境也可以组建自己的授权服务系统，为云计算安全域中的用户提供分布式的访问授权服务。

如图 4-21 所示，作为 Client 的 abc.net 需要 xyz AS 对其用户进行授权来访问 xyz.com 上的受保护资源 xyz RS，RO 通过 Web 浏览器进行操作。为了实现此功能，abc.net 事先在 xyz AS 上进行了注册，获得了 Client 标识符 client_id 和共享密钥 client_secret。其中，4 种不同角色的工作流程如下。

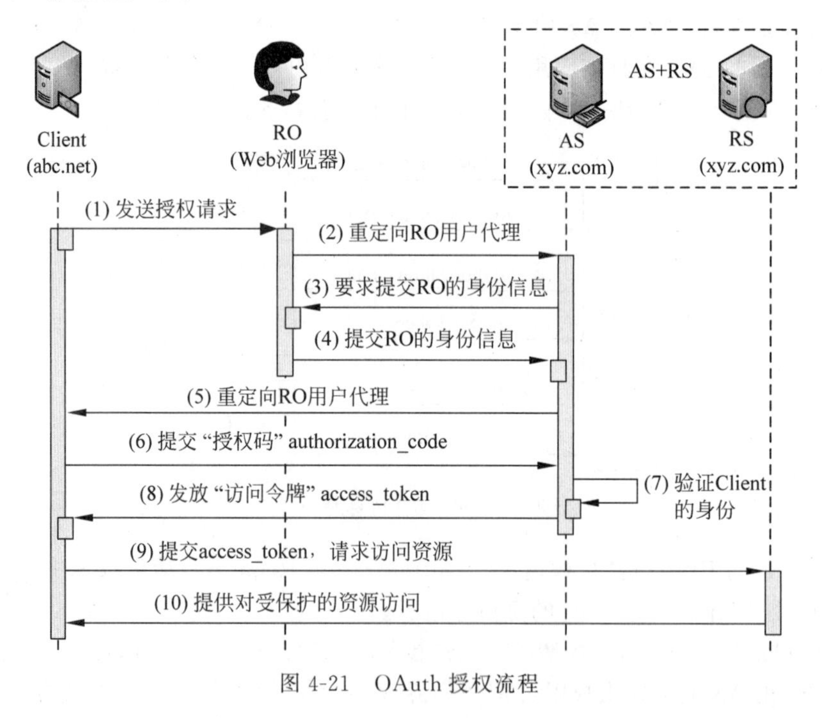

图 4-21 OAuth 授权流程

(1) 站点 abc.net 的用户通过 www.xyz.com 链接(注意，该流程在图中未标出)向 RO 发送授权请求。

(2) 通过 HTTP 302 状态码将 RO 用户代理重定向到 AS。其中，abc.net 在重定向统一资源标识符(Uniform Resource Identifier，URI)(redirect_uri)中携带了用于在 xyz RS 上

标识自己的 client_id 标识符(一般为一段数字代码),以及访问类型 access_type、被访问范围 scope 等参数。

(3) AS 要求 RO 提供其身份验证信息,实现对其身份合法性的验证。同时,AS 还会向 RO 提供一个用于决定是否同意 abc.net 的本次请求的审批界面。

(4) RO 向 AS 提交身份认证信息。

(5) 当验证 RO 身份的合法性后,AS 将向 Client 发送一个授权码 authorization_code,并根据步骤(2)中提供的 redirect_uri,AS 将 RO 的身份代理重定向到 Client。

(6) Client 向 AS 提交 authorization_code,请求换取 AS 的 access_token。该请求信息中携带有用于 Client 身份信息的 client_id 以及步骤(2)中的 redirect_uri 等参数。

(7) AS 在接收 authorization_code 后,提取其中的 client_id 和 redirect_uri,对 Client 的身份进行双因子验证。

(8) 当通过身份认证后,AS 向 Client 发送"访问令牌"access_token。

(9) Client 向 RS 提交 access_token,请求资源授权。

(10) RS 为 Client 提供受保护的资源访问。

4.9.3　基于 OpenID 的身份认证

OpenID 技术的出现适应了互联网中分布式应用与分散式控制的认证特点,由于它的开放、分散、自由以及以用户为中心的特征,成为数字身份认证的基本架构。

1. OpenID 认证技术

正如 OpenID 在其官方网站的介绍:OpenID 以免费、简捷的方式实现在 Internet 中单一数字身份认证,通过 OpenID 服务,用户可以登录所有喜欢的 Web 站点,而不需要关心是否在线。在云计算中,用户需要以 SSO 方式同时登录多个应用系统,实现以统一身份认证为核心的开放应用,无论是公有云还是私有云环境,OpenID 都发挥了其功能优势。

与 SAML 不同的是,OpenID 是一个以 Internet 框架为基础的数字身份认证规范,在 Internet 空间中,以统一资源标识符(URI)命名、定位和标识信息资源,OpenID 采用了类似的方式,也以 URI 来标识用户身份的唯一性,而放弃了目前大部分系统基于用户名和密码验证的身份认证方式,逐步实现用户身份标识与信息空间中资源标识的统一。在 OpenID 认证过程,请求/应答信息通过 HTTPS 协议在公共网络中传输,OpenID 认证服务器成为整个认证的中心,可以采取冗余方式提供服务保障,用户身份信息全部集中在 OpenID 认证服务器上,避免了分散存储带来的不安全因素。

OpenID 主要由标识符(Identifier)、依赖方(Relying Party,RP)和 OpenID 提供者(OpenID Provider,OP)组成。其中,标识符为 HTTP/HTTPS 形式的 URI(目前在互联网中多使用 URL)或可扩展的资源标识符(eXtensible Resource Identifier,XRI)。XRI 是一套与 URI 兼容的抽象标识符体系;RP 是需要对访问者的身份进行验证的 Web 系统或受保护的在线资源,依赖 OP 的身份认证服务;OP 即 OpenID 认证服务器,在为用户提供和管理标识符的同时,还为用户提供在线身份认证服务,是整个 OpenID 系统的核心。

2. OpenID 认证流程

在采用 OpenID 的网络中,用户首先需要向 OP 申请一个标识符,之后当访问受 OpenID

保护的 RP 时，RP 会将该访问重定向到 OP。OP 通过标识符对访问者的身份进行验证，无误后将用户访问返回到 RP(同时，OP 也将验证结果告知 RP)。具体认证过程如图 4-22 所示。

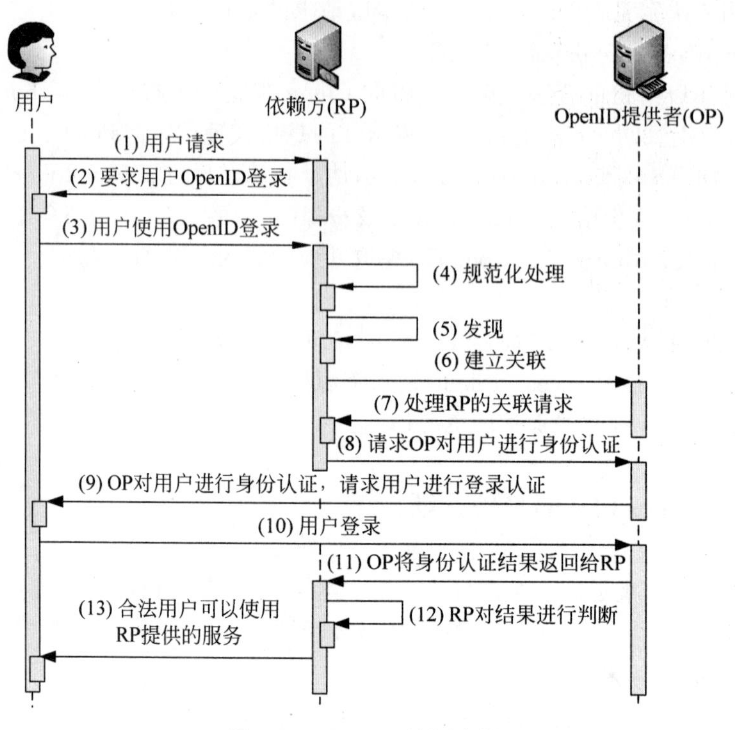

图 4-22 OpenID 认证流程

(1) 用户访问支持 OpenID 的 RP，并选择以 OpenID 方式登录(该网站可能还提供其他的登录方式)。

(2) RP 同意用户采用 OpenID 方式登录。

(3) 用户重新以 OpenID 方式登录，并让 RP 提供自己的标识符。

(4) RP 对标识符进行规范化处理，将用户的标识符规范化为 OP 确定的格式。

(5) RP 用规范化的标识符向 OP 请求身份认证。其中，如果 OpenID 是 XRI，则采用 XRI 解析；如果是 URL，则采用 Yadis 协议解析，当 Yadis 解析失败时则用 HTTP 发现。

(6) 建立 RP 与 OP 之间的关联，并通过 Diffie-Hellman 算法在不安全的网络中建立一条安全的密钥交换通道。

(7) OP 处理 RP 的关联请求。

(8) RP 向 OP 发送身份认证要求，同时将用户重定向到 OP 的身份认证入口处。

(9) 如果用户是首次认证，OP 要求用户提交必要的认证信息，以便对其身份进行验证。

(10) 用户向 OP 提交必要的身份认证信息。

(11) 通过对用户的身份认证后，OP 将结果通知 RP，并缓存该用户的登录信息，以实现 SSO 功能。

(12) RP 对 OP 的反馈结果进行判断，决定是否允许该用户访问其资源。

(13) 当通过身份认证后，用户便可以使用该 RP 提供的服务。

之后，在合理的时间范围内(具体根据用户与系统之间的交互时间，由 OP 设定)，当该用户登录安全逻辑域中其他受该 OP 保护的 RP 时，OP 发现该用户的登录信息已经在缓存区中并与之建立了关联，所以不再要求用户提交认证信息，而是直接将结果告知 RP，实现 SSO。

习题 4

4-1　什么是身份认证？分析身份认证中 3 种不同方式的特点。

4-2　名称解释：认证、授权、审计。

4-3　在密码认证中如何设置和使用安全性高的密码？

4-4　介绍 Lamport 算法的过程和方法，说明一次性密码在密码认证中的特点。

4-5　名称解释：社会工程学、按键记录软件、搭线窃听、暴力破解、字典攻击、窥探、垃圾搜索、双因素认证。

4-6　什么是生物特征认证？与传统的密码认证等方式相比，生物特征认证有哪些优势？比较分析指纹识别、虹膜认证和人脸识别的实现技术和应用特点。

4-7　什么是零知识证明认证？它有什么特点？

4-8　简述 Kerberos 协议的特点及其基本认证过程。

4-9　在 TCP/IP 体系结构中，SSL 协议是如何工作的？

4-10　简述 SSL 握手协议和 SSL 记录协议的工作过程。

4-11　什么是静态口令和动态口令？简述动态口令的生成方式。

4-12　结合实际应用，介绍 S/Key 协议的实现过程和应用特点。

4-13　介绍 RADIUS 协议的工作原理和工作过程，并结合 IEEE 802.1x 协议介绍其应用特点。

4-14　分别介绍 SAML 2.0 规范、OAuth 2.0 协议和 OpenID 认证技术的实现过程，并对比分析其应用特点。

第5章

TCP/IP体系的协议安全

随着以 Internet 为主的互联网络的广泛应用，TCP/IP 体系成为目前计算机网络的基础，IP 网络已基本成为现代计算机网络的代名词。然而，由于当初设计 TCP/IP 体系时存在的局限性以及随后信息技术对 IP 网络的依赖性，致使目前 IP 网络存在的安全问题日渐突出，各类安全隐患日益严重。本章以 IPv4 为基础，首先简要介绍 TCP/IP 体系的分层结构和各层的功能定义以及 TCP/IP 体系的主要安全问题，然后联系实际应用，重点介绍 TCP/IP 协议栈中 ARP、DHCP、TCP、DNS 等子协议的安全问题及目前行之有效的安全防范方法。

视频讲解

5.1 TCP/IP 体系

OSI 参考模型的研究初衷是希望为网络体系与协议发展提供一种国际标准。但是，Internet 在全球范围的飞速发展将 TCP/IP 体系推向了研究和应用的前台。在 TCP/IP 协议栈中已集成了大量的子协议并以 Internet 标准发布，同时随着 Internet 应用的不断发展，新的子协议及对已有协议的升级版本也将不断出现，并成为 TCP/IP 协议栈的成员。本节将简要介绍 TCP/IP 体系的分层特点及各层次的功能划分。

5.1.1 TCP/IP 体系的分层特点

ARPAnet 是应用最早的计算机网络类型之一，现代计算机网络的许多概念源自 ARPAnet。ARPAnet 是由美国国防部资助的一个研究性网络，当初它通过租用的电话线将几百所大学和政府部门的计算机设备连接起来，要求通过一种灵活的网络体系结构实现不同设备、不同网络的互联和互通。后来，卫星通信系统和无线电通信系统得到发展并应用到 ARPAnet 中，ARPAnet 最初开发的网络协议使用在通信可靠性较差的通信子网中时出现了问题，这就导致了 TCP/IP 协议的出现。

TCP/IP 开始仅有两个协议：传输控制协议（Transfer Control Protocol，TCP）和网际

协议(Internet Protocol,IP)。后来,TCP/IP 演变为一种体系结构,即 TCP/IP 参考模型。现在的 TCP/IP 已成为一个工业标准的协议集,它最早应用于 ARPAnet。因为当时的 ARPAnet 要求在任何条件下甚至是战争中都可以正常运行,这就决定了运行 TCP/IP 的网络具有很好的兼容性,并可以使用铜缆、光纤、微波以及通信卫星等多种链路。同时,在 TCP/IP 网络中所有的数据都以分组的形式传输。

与 OSI 参考模型不同,TCP/IP 模型由应用层(Application Layer)、传输层(Transport Layer)、网际层(Internet Layer,也称为 Internet 层)和网络接口层(Network Interface Layer) 4 部分组成,如图 5-1 所示。这 4 层大致对应 OSI 参考模型的 7 层。但与 OSI 模型不同的是,TCP/IP 协议栈更加侧重于互联设备间的数据传送,而不是严格的功能层次的划分。

为了便于对 TCP/IP 体系的理解,可以将 TCP/IP 体系分为协议层和网络层两层,如图 5-2 所示。其中,协议层包括 TCP/IP 体系的上面两层(应用层和传输层),具体定义了有关网络通信协议的类型;而网络层包括 TCP/IP 模型的下面两层(网际层和网络接口层),具体定义了网络的类型(如局域网和广域网)和设备之间的路径选择。

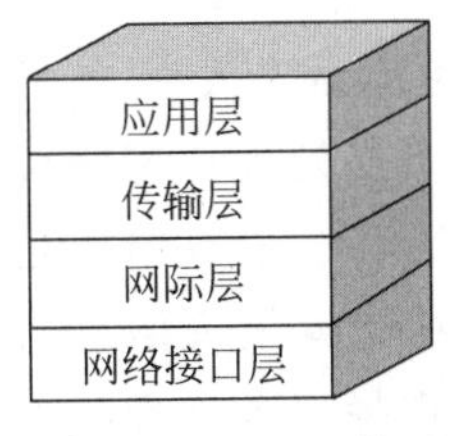

图 5-1　TCP/IP 体系

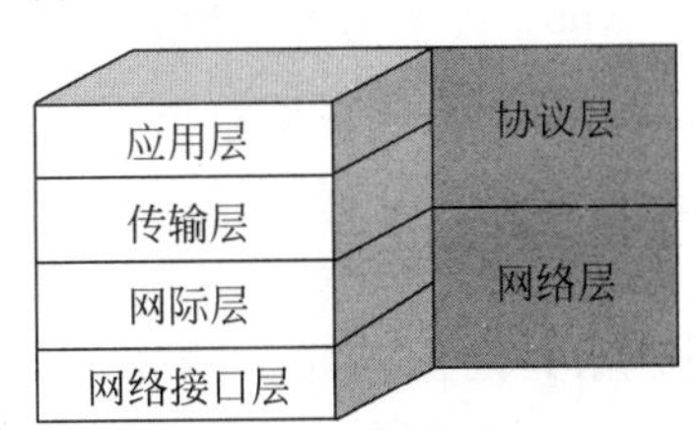

图 5-2　将 TCP/IP 体系划分为协议层和网络层

TCP/IP 是一个协议簇或协议栈,它是由多个子协议组成的集合。图 5-3 列出了 TCP/IP 体系中包括的一些主要协议以及与 TCP/IP 体系的对应关系。理解这个图中的结构(尤其是每一层对应的协议)对于后面的学习非常重要。

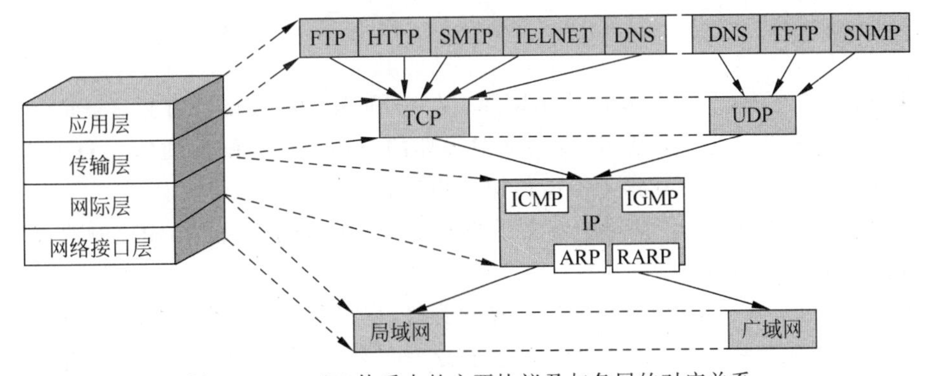

图 5-3　TCP/IP 体系中的主要协议及与各层的对应关系

5.1.2　TCP/IP 各层的主要功能

TCP/IP 体系也称为 TCP/IP 参考模型,该模型从下到上共分为网络接口层、网际层、传输层和应用层,共 4 个子层。各层的主要功能如下。

1. 网络接口层

在TCP/IP参考模型中,网络接口层属于最低的一层,它负责通过网络发送和接收分组。由于TCP/IP参考模型并没有明确规定在网络接口层应该使用哪些设备、网络和协议,这就带来了以下的好处:一是对于网际层及以上各层来说网络接口层是透明的,网际层及以上各层在功能实现过程中不需要考虑网络接口层使用什么类型的网络、设备或协议;二是有利于TCP/IP网络的发展。由于在TCP/IP参考模型中,网络接口层的定义是空白的,所以已有的各种类型的物理网络都可以作为TCP/IP的网络接口层存在,如目前已经使用的电路交换机、分组交换网(如X.25、帧中继等)和局域网(如以太网、令牌网、光纤分布式数据接口等)。

2. 网际层

网际层也称为"Internet层",它相当于OSI参考模型网络层的无连接网络服务。网际层的任务是允许位于同一网络或不同网络中的两台主机之间以分组的形式进行通信。更具体地讲,网际层提供了以下服务功能:一是处理从传输层接收的报文段发送请求,然后将报文段封装到IP数据报中,并根据源主机和目的主机的IP地址来填充报头,然后根据目的主机的IP地址选择一条链路将封装后的IP数据报发送出去;二是处理从网络接口层接收到的由其他主机发送过来的数据报,根据数据报中的目的地址决定这个数据报是发送给本主机的还是要发送给其他主机的,如果是发送给本主机的,则在去掉报头信息后提交给传输层,如果是发送给其他主机的,则根据数据报的目的IP地址选择一条链路进行转发;三是当本主机连接两个不同的网络(称为"子网")时,对接收到的数据报进行路由选择和转发,并进行流量控制和阻塞管理。

TCP/IP参考模型中网际层的协议是唯一的,即IP协议。IP协议是一个面向非连接的、不可靠的数据报传输服务协议,所以网际层的IP协议提供了一种"尽力而为"(Best-Effort)的服务。IP协议的协议数据单元(Protocol Data Unit,PDU)称为分组,所以TCP/IP网络也称为分组交换网络。

3. 传输层

在TCP/IP参考模型中,传输层位于网际层与应用层之间,其设计目标是:允许在源和目的主机的对等体之间进行会话,负责会话对等体的应用进程之间的通信。TCP/IP参考模型的传输层功能类似于OSI参考模型传输层的功能。

在TCP/IP参考模型的传输层中定义了两个端到端的传输协议:传输控制协议(TCP)和用户数据报协议(UDP)。

其中,TCP协议是一个可靠的、面向连接的协议,它实现了将一台主机发送出去的字节流(Byte Stream)无差错地传输到目的主机。在这一过程中,发送主机的传输层首先把从应用层接收到的数据流划分成为多个小的字节段(Byte Segment),并对每一个字节段进行编号。然后,每一个字节段可以通过不同的路径到达目的主机,如果某一个字节段在传输过程中出错或丢失,则要求发送端进行重传。当目的主机接收到字节段后,根据其编号重组为原来的字节流,并提交给应用层进行处理。TCP协议还负责处理流量控制,当发送端的发送速率与接收端的接收速度不匹配时(一般是发送速率大于接收速率),协调收、发双方的速率,以确保字节段的可靠传输。

UDP是一个不可靠的、面向非连接的传输层协议，主要用于不要求分组顺序到达的传输，分组的先后顺序检查与排列由应用层的应用程序完成。同时，UDP主要应用于“快速交付比精确交付更加重要”的应用，如语音传输、视频传输等。

4. 应用层

应用层属于TCP/IP参考模型的最高层。应用层主要包括根据应用需要开发的一些高层协议，如Telnet、FTP、SMTP、DNS、SNMP、HTTP等。而且，随着网络应用的不断发展，新的应用层协议还会不断出现。

需要说明的是，在OSI参考模型中，在传输层之上还定义了会话层和表示层，而在TCP/IP参考模型中却没有这两层。这是因为在当初设计时，研究人员认为OSI参考模型的高层划分过于复杂，而且每一层的功能设计并不明确或过于单一，这样在设计TCP/IP参考模型时就去掉了这两层。从目前的应用来看，TCP/IP参考模型当初的这种设计是正确的。

5.1.3 TCP/IP网络中分组的传输示例

在掌握了TCP/IP参考模型的分层特点及各层的功能后，下面通过一个具体的实例介绍TCP/IP网络中分组的传输过程，网络拓扑如图5-4所示。

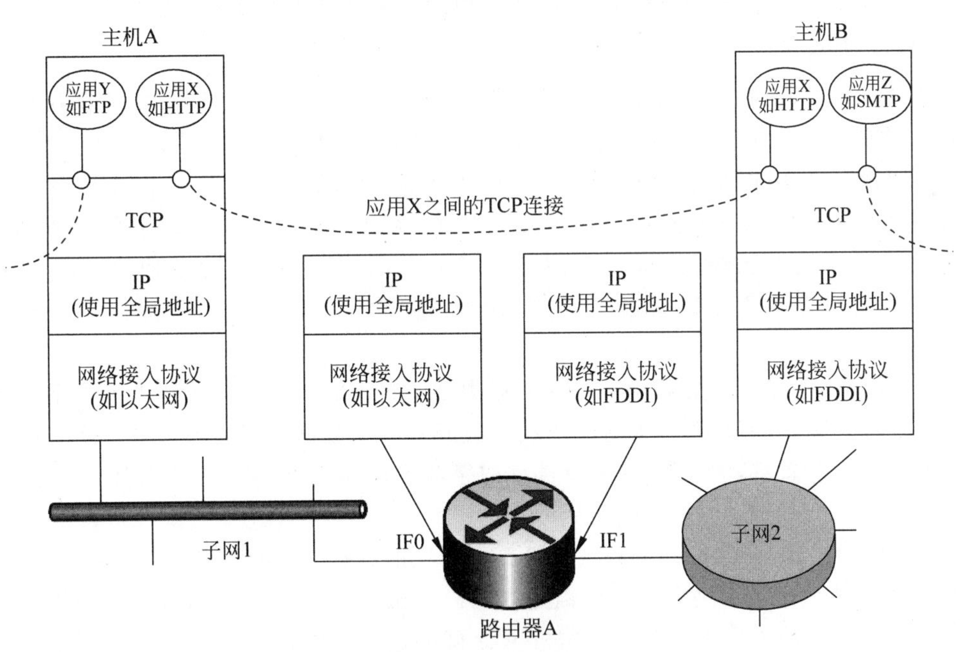

图5-4　TCP/IP网络中数据的传输过程

1. 重要概念

在如图5-4所示的通信过程中，涉及一些关键技术和概念。为便于对操作过程的描述，下面对一些重要概念进行简要介绍。

(1) 子网。一个大型的通信网络由多个子网(Subnetwork)组成，每一个子网属于某一种特定类型的网络,如局域网中的以太网、令牌环网、FDDI,广域网中的 x.25、帧中继等。不同子网之间一般需要路由器进行连接,由路由器负责 IP 分组在不同子网之间的转发。

(2) 网络接入协议。当计算机接入网络中时,必须使用这一子网中规定的接入协议。通过网络接入协议,可以让一台主机将数据通过子网发送到其他的主机。例如,当计算机接入以太网时,就需要使用以太网的接入协议,通过主机的 MAC 地址进行数据的转发。

(3) 路由器。它是连接不同子网的设备,一台路由器相当于一个中继站,将一个 IP 分组从某一子网中的一台主机通过一个或多个子网发送到目的主机。路由器转发分组的依据是位于每一台路由器中的路由表。当源主机向目的主机发送数据时,为了保证数据能够正确到达,其首要条件是每一台路由器中的路由表必须是完善的,即在任何一台路由器中都有同一网络中其他子网的路由信息。路由表就好像电话查号台的电话号码簿,如果要保证能够通过查号台查到用户需要的电话,前提条件是电话号码簿中的记录是完整的。路由器工作在 TCP/IP 参考模型的网际层。

(4) 全局地址。对于 Internet 等互联网络,每一台主机必须拥有一个全网唯一的 IP 地址作为其身份的唯一标识,这个 IP 地址称为全局地址。当源主机发送数据到目的主机时,源主机首先要知道目的主机的 IP 地址。

(5) 端口。主机中的每一个进程必须具有一个在本主机中唯一的地址,这个地址称为端口(Port)。通过端口,端到端的协议(如 TCP)才能够将数据正确地交付给相应的进程。IP 地址确定了网络中唯一的一台主机,而端口确定了主机中唯一的一个进程。

2. 操作过程

如图 5-4 所示,下面简要描述主机 A 与主机 B 进程之间的通信过程,即数据在主机 A 与主机 B 之间的转发过程。假设通信中使用了 TCP 协议,主要过程如下。

(1) 假设主机 A 中的某一个应用程序(进程)要向主机 B 发送数据,这时主机 A 中的这个进程将在本机中获得一个端口,之后这个进程就使用这个确定的端口进行通信,直到本次通信过程结束,该端口被释放。由于 TCP 是一个可靠的、面向连接的通信协议,所以在主机 A 与主机 B 之间正式传输数据之前,主机 B 也需要为这一次通信过程建立一个唯一的端口。

(2) 主机 A 上的进程通过端口将字节流(数据)交给 TCP 协议,TCP 协议根据网络中的约定将字节流划分为字节段,即将大块数据划分为小块数据。然后给每一个字节段添加控制信息,即 TCP 首部,添加了 TCP 首部后的字节段称为 TCP 报文段。TCP 首部主要包括以下内容。

① 目的端口(Destination Port)。主机 B 上对应的进程使用的端口,这个端口是在主机 A 与主机 B 正式发送数据之前双方协商建立的。主机 B 在接收到 TCP 报文段时,根据端口交付给对应的进程。主机 B 除了与主机 A 之间的这一进程通信之外,还有可能与主机 A 或其他主机的不同进程之间在同时进行通信。

② 序号(Sequence Number)。根据在字节流中位置的先后顺序对字节段进行编号。编号的目的之一是每一个字节段单独选择自己的路由在网络中传输,目的之二是当某一个字节段在传输过程中丢失或出错时,接收方可以让发送方重传该字节段,而不需要重传整个字节流。

③ 校验和(Checksum)。校验和是对每一个字节段(不是报文段,因为不包括 TCP 首

部)利用某一函数运行产生的值。当接收端(主机B)接收到该字节段时,也会使用相同的函数进行运算,并将运算值与校验和进行比较,如果相同,说明该字节段在传输过程中没有出错,否则需要让对方进行重传。

(3) 主机A将TCP报文段下传给IP层,并要求它将数据发送到主机B。这时主机A会添加一个IP首部,IP首部包括了源主机(主机A)的IP地址和目的主机(主机B)的IP地址。添加了IP首部的数据称为IP数据报或IP分组。

(4) 当IP分组到达网络接口层时,网络接口层又加上自己的首部,即网络首部,这时数据进入了第一个子网(子网1)。网络首部由接入网络类型确定,如以太网、令牌环、FDDI等。但在网络首部中一般要包含以下的内容。

① 目的子网地址。子网必须知道应将数据帧发送给哪一个相连设备,如路由器A上物理接口IF0的物理地址。

② 设施请求。网络接入协议可能请求使用特定的子网设施,如优先级等。

将添加了网络首部的数据单元称为网络级分组或数据帧。

(5) 数据帧到了路由器A后,首先被去掉网络首部,得到IP数据报,并根据IP首部的信息得知目的主机的IP地址。然后在路由表中查询该IP地址,如果找到对应的表项,则根据表项中的信息(其中主要包括路由器上对应的物理接口,如IF1)将该IP数据报转发出去。为了实现这一过程,在路由器A上还需要根据下一子网的类型添加网络首部。如果网络中存在多个子网,连接不同子网的路由器都要进行类似于路由器A的操作。

(6) 当数据到达主机B后,其操作过程与主机A的相好相反。在每一层都要去掉相应的首部,并进行相应的约定操作(如校验等),然后将数据交付给上层,直到将原始数据(字节流)交付给指定的进程。

在TCP/IP参考模型中,每一层的数据称为协议数据单元(PDU),例如,TCP报文段也称为TCP PDU。在数据发送端,在每一层添加首部信息的过程称为数据封装,如图5-5所示。在数据接收端,每一层去掉首部信息的过程称为数据解封。

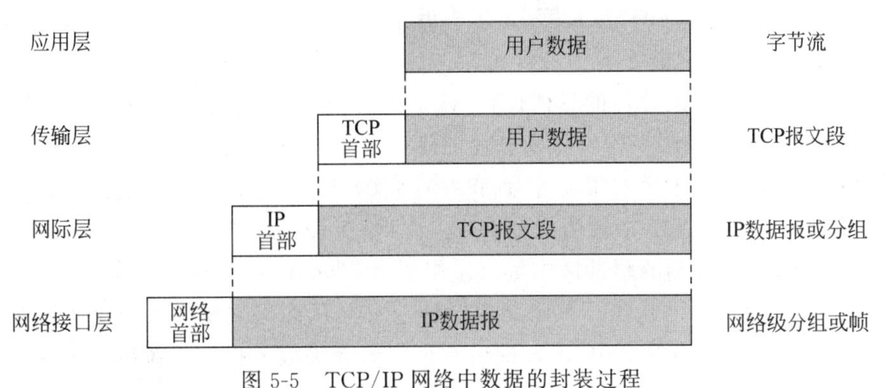

图5-5　TCP/IP网络中数据的封装过程

5.2　TCP/IP体系的安全

TCP/IP是目前互联网遵循的分层模型,受历史环境、设计要求以及设计者自身因素等方面的影响,协议和应用在设计与实现中都会存在漏洞和缺陷,成为攻击者实施攻击行为的选择和依据。本节立足于漏洞和缺陷的产生根源，将 TCP/IP 体系的安全划分为针对头部的安全、针对协议实现的安全、针对验证的安全和针对流量的安全 4 个方面进行介绍。

5.2.1 针对头部的安全

不管是计算机应用程序还是网络通信，不同用户、程序和进程都是根据头部信息识别数据类型和来源，并根据头部字段约定对数据进行处理。每一类应用、每一个协议、相同协议在不同层的实现，其头部都不相同。

基于头部的漏洞是指实际的协议头部与标准之间发生了冲突。例如，对于某一协议，其头部每个字段都有严格的字义（如字段长度、允许填充的内容等），但攻击者可以构造一个特殊的头部，使其字段内容不按照协议要求来设置，出现无效值，这样就形成了一个针对头部字段的攻击行为。

在 TCP/IP 体系中，每一层从其上层接收到数据后都要给它添加一个本层的头部，从而形成本层的协议数据单元（PDU）。PDU 由本层头部（添加的协议）和数据（上层的 PDU）组成，其中头部就是由本层执行的协议功能，以便于与其另一端的同层（对等层）之间进行通信。基于这一实现原理，攻击者可以违背协议约定（规范），设置头部某个控制字段，实施针对协议执行的攻击。例如，协议中规定某个字段不能全部为 0，而攻击者却将其全部设置为 0，从而产生一个无效头部。针对无效头部，不同的协议或操作系统，处理方式和结果不尽相同，有些协议或系统会将其作为出错信息而丢弃，而有些协议或系统会做进一步分析处理。不管采取哪一种处理方式，都会占用系统资源。对于一个协议或系统，如果大量的资源用于处理这些包含无效头部数据，轻则效率下降，重则导致资源耗尽，形成典型的拒绝服务攻击效果。

一个典型的针对头部漏洞的攻击方式为“碎片攻击”。针对 IP 协议头部的攻击行为很多，但安全问题最多的是 IP 报文头部的长度、标识、偏移量等字段。其他许多字段如果无效会造成数据包被拒绝。“碎片攻击”就是借助于 IP 报文头部的“总长度”和“偏移量”这两个字段来进行。IP 报文头部的“总长度”用于告诉接收端该报文的总长度，该字段占用 16b，所以一个 IP 报文的总长度最大应为 $2^{16}=65536$B(64KB)；而“偏移量”用于指出在接收端的缓冲区进行分片重组时该分片的具体位置，该字段占用 13b，在缓冲区中进行重组时需要乘以 8（因为在发送端填写该字段时将该分片的第 1 个字节的编号除以 8）。如果攻击者构造一个“偏移量”为 8191（分片的第 1 个字节编号应为 $8191\times8=65528$，这是偏移量的最大值）、数据包的长度大于 8B（本例假设为 9B）、“标识”字段的第 3 个位为 1（表示是最后一个分片）的攻击包，在接收端的缓冲区中等待重组时，因为操作系统分配给该 IP 报文的缓冲区值最大为 64KB，而实际已超出了该限制值（见图 5-6），从而出现操作系统瘫痪等现象。

在图 5-6 所示的攻击报文中，正好最后一个字节无法放入操作系统的缓冲区中。同时，攻击者还可以构造一个 IP 报文的多个分片，让分片之间存在重叠，这样在接收端的缓存区中同样无法正常对 IP 报文进行重组，达到攻击效果。

典型的“死亡之 Ping”（Death of Ping）攻击也是基于“碎片攻击”的原理。Internet 控制报文协议（Internet Control Message Protocol，ICMP）报文通过 IP 报文进行传输，由于 IP 报文的最大长度为 65536B，因此早期路由器也限定 ICMP 报文的最大长度为 64KB(65536B)，并在读取 ICMP 头部后，根据其中的“类型”和“代码”字段判断为哪一种 ICMP（如主机不可

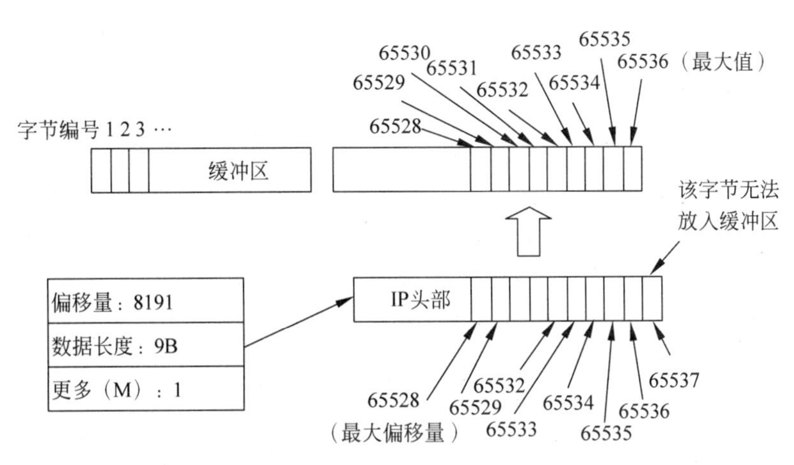

图 5-6 “碎片攻击”缓冲区重组 IP 报文时的情形

到达、网络不可到达等)报文,并分配相应的内存作为缓冲区。当攻击者构造一个不符合协议规范的 ICMP 报文(如 ICMP 报文总长度超过 64KB)时,就会使探测对象出现内存分配错误,导致协议崩溃。

基于头部的攻击利用了头部字段在设计及软件实现上存在的缺陷或不严格的约束等特点,攻击易于实施,而且很难发现和防范。

5.2.2 针对协议实现的安全

针对协议实现的安全是利用协议规范及协议实现过程中存在的漏洞所产生的安全问题。协议漏洞指所有的数据包都是符合协议的规范的、有效的,但它们与协议的执行过程之间存在冲突。一个协议就是为了实现某个功能而设计的按照一定顺序交换的一串数据包,它涉及如何建立连接、如何互相识别等环节。只有遵守这个约定,计算机之间才能相互通信交流。协议的 3 个要素包括语法、语义和时序。为了使协议的局部改变不会影响到整个协议的操作,协议的实现往往分成几个层次进行定义,各层在实际细节上具有相对的独立性。

通过对协议概念的理解,不难发现:协议是一个整体的概念,它的每一个实现细节都可以因为考虑不周而存在漏洞,而且某一层的实现由于对其他层是透明的,所以也可能隐藏着一些不安全因素。针对协议实现过程中存在漏洞的攻击主要包括以下几个方面。

(1) 不按序发送数据包。因为协议的实现是有序的,通信双方数据包的收发应该严格按照协议约定来执行。但是,如果一方不按照协议约定的顺序发送数据包,就会引起协议执行的错误。例如,TCP 协议建立连接时需要进行连接请求、请求应答和连接建立 3 个过程,它是一个封闭的环节,如果缺少一个环节整个协议将无法完整的执行。假设在发起通信一方发送了连接请求(第一次握手)后,通信的另一方返回了请求应答(第二次握手),但发起通信的一方迟迟不给予连接建立(第三次握手),而是频繁地发送连接请求,将会使另一方长期处于等待(等待第三次握手)状态而使资源耗尽。无序数据包的另一个例子是向指定对象连续发送不必要的数据包。例如,在某个连接已经打开的情况下,不断发送打开该连接的请求数据包,很显然这些数据包是多余的,但会消耗资源。

(2) 数据包到达太快或太慢。协议在执行过程中一般会进行一系列的交互,如请求、应答、确认等。其中,任何一个环节都应在约定的时间范围内执行结束,如果大于要求的最大时间,就会产生数据包到达太慢的现象,否则就会出现数据包到达太快的现象。数据包到达太慢的攻击是最常见的,如在双方共享资源的过程中,如果一方太慢,将会使对方长时间处于等待状态;如果太快,也会影响对方后续操作的正常执行,容易产生拒绝服务攻击。

(3) 数据包丢失。数据包丢失的产生原因很多,如网络线路的质量问题、协议中超时计时器的设置等。在不同协议的实现过程中,对丢包的处理不尽相同。如果丢包后要求对方重传,就需要对双方的缓存区设计提出严格要求,可能存在缓存区溢出攻击。

针对协议漏洞的网络攻击现象非常普遍,因为协议是网络通信的基础,而协议是设计者(人)为特定的功能实现制定的一系列规范。其间,至少有两个因素会导致漏洞的产生:人和功能描述。人是协议设计的主导者,其设计理念、技术路线、实现方法等都会因个人认知能力等因素而存在差异,常说的"山外有山,人外有人"就是这个道理;另一个是设计功能的描述,协议规范和实现过程中都会出现协议制定和实现上的漏洞,在某些情况下,规范本身的设计就存在缺陷,设计中存在的漏洞往往被利用,成为安全隐患。

目前广泛使用的无线局域网(Wireless Local Area Network,WLAN)的实现要比有线网络(以太网)复杂,越是复杂的协议越容易存在安全隐患,所以针对 WLAN 协议的攻击事件要比针对以太网协议的攻击事件多。例如,在 WLAN 中为了帮助无线移动终端(如智能手机、笔记本电脑等)找到无线访问节点(Access Point,AP)接入网络,可以在 AP 上设置用于标识当前网络接入服务的服务集标识(Service Set Identifier,SSID),并将其广播出去。这样,当移动终端探测到 SSID 后,就可以选择其中的一个(因为同一台移动终端可能同时会探测到多个 SSID,如图 5-7 所示)为其提供接入服务。很显然,无线 AP 中使用 SSID 的目的是便于用户选择无线接入服务,但攻击者利用该协议可以实施多种攻击行为。例如,攻击者通过提供虚假的 AP,当用户接入后收集用户的上网信息;再如,通过分析和破解 AP 的登录账号信息(用户名和密码)假冒合法用户等。

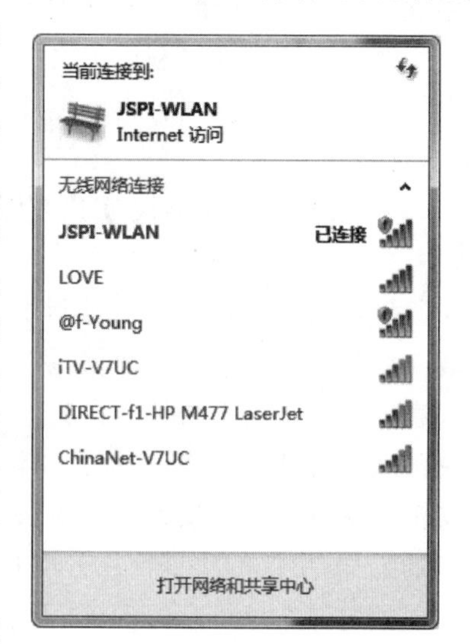

图 5-7 同一个移动终端探测到的多个 SSID

5.2.3 针对验证的安全

验证是一个用户对另一个用户进行身份识别的过程,如在访问受限系统时要求输入用户名和密码等。在网络安全中,验证是指一个实体对另一个实体的识别,并执行该实体的功能。例如,本章后续介绍的 ARP 欺骗、DHCP 欺骗、DNS 欺骗等,都是针对某个实体验证的攻击现象。

验证的实现方法多种多样,最常见的是某个用户对另一个用户证明自己的身份,即用户到用户的验证;另外,当一个用户在访问某个受限资源时,需要向某个应用程序、主机或协议层证明自己的身份，即用户到主机的验证。其间，验证者都会向被验证者提交能够证明自己身份合法性的信息，常用的有用户名/密码、数字证书等。但不管采取哪一种验证方法，在实现过程中都存在安全隐患。

通信子网涉及 TCP/IP 体系网络层及以下各层，通信子网中节点之间的验证属于主机与主机之间的验证，通常需要借助主机的 IP 地址或 MAC 地址来实现。但是，由于 IP 地址和 MAC 地址都是可以伪造的，存在 IP 地址欺骗攻击和 MAC 地址欺骗攻击等安全威胁，所以仅从验证方式来看，基于地址的验证是不可靠的。对于任何一个 IP 分组来说，其包含的 IP 地址（源 IP 地址和目标 IP 地址）是在发送端主机上添加的，在到达目标主机之前任何节点都不允许修改（除网络地址转换（Network Address Translation，NAT）外），但是攻击者可以冒充为合法的数据发送者伪造一个 IP 分组，也可以在截获一个 IP 分组后修改其中的 IP 地址后重新发送。

图 5-8 所示的是一个典型的 IP 欺骗攻击方式，其中攻击者向计算机 A 发送一个返回地址为计算机 B 的数据包，即该数据包的源 IP 地址为计算机 B 的 IP 地址。根据协议约定，计算机 A 在接收到该数据包后，会根据数据包中的源 IP 地址向计算机 B 返回一个数据包。这就产生了一个针对 IP 地址欺骗的攻击。

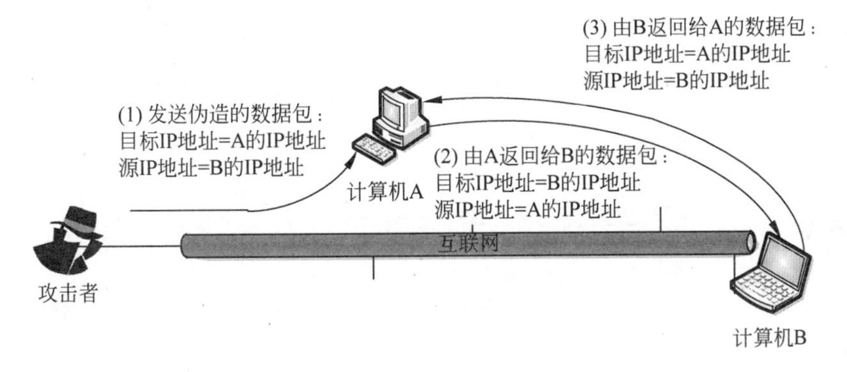

图 5-8　基于 IP 地址欺骗的攻击

经常遇到的一类基于 IP 欺骗的攻击是攻击者使用一个欺骗性 IP 地址向网络中发送一个 ICMP 应答请求报文。这将引起目标计算机向欺骗性 IP 地址（受害者）返回一个 ICMP 应答报文。当只有一个 ICMP 欺骗发生时并不会对网络安全产生影响，但攻击者可以用多种方法放大这种攻击行为。例如，当存在一个或多个攻击者向受害者产生大量的 ICMP 应答报文时，受害者将遭受 ICMP 应答报文的拒绝服务攻击；再如，可以向一个网络直接广播 ICMP 报文，连接该网络的路由器接收到该广播 ICMP 报文后，在没有进行对进入网络的 ICMP 报文限制的情况下，路由器将向该网络中的所有主机广播该 ICMP 报文。然后，该网络中的所有主机要对该 ICMP 请求报文进行应答，大量的 ICMP 应答报文将对路由器产生拒绝服务攻击。

5.2.4　针对流量的安全

针对流量漏洞的利用是流量安全的主要表现形式，是指通过对网络流量的嗅探和分析，窃取有价值信息的一种行为。在互联网中，所有的信息都以比特形式在网络中传输或存储，一旦获取完整信息的流量后对其进行分析，就有可能获得流量中包含的真实数据。

针对流量漏洞的利用的另一个表现是大量的数据被发送到节点后，由该节点的某层或多层处理，但节点提供的资源（如缓存区大小、CPU处理能力等）是有限的，无法满足超出一定数量的处理要求，所以引起数据包的丢失或节点崩溃等现象。

与针对流量的嗅探窃取信息相比较，利用流量使网络处理节点瘫痪所带来的危害性更大，而且防范方法很难。例如，通过数据加密技术可以防止数据的窃取，但单纯地通过增加节点的数据存储空间和提高处理能力应对流量攻击在互联网中是不现实的。

利用广播协议的特点，通过发送一个单一的请求报文就可以产生大量的应答报文，从而产生泛洪（雪崩）流量。图5-9所示为基于流量的漏洞，由单一请求报文产生大量应答报文实现攻击行为的例子。其中，攻击者发送一个广播报文到远程网络，该广播报文要求接收者必须进行应答。在图5-9所示的网络中，攻击者发送一个经过特殊设计的报文到目标网络，当连接该网络的路由器将该广播报文广播到每一个用户端设备时，每一个接收到该广播报文的用户端设备都会向转发该广播报文的路由器返回一个应答报文。如果目标网络中有大量的正在运行的用户端设备，路由器将收到大量的应答报文，当应答报文的流量超出路由器的处理能力时，目标网络将瘫痪。

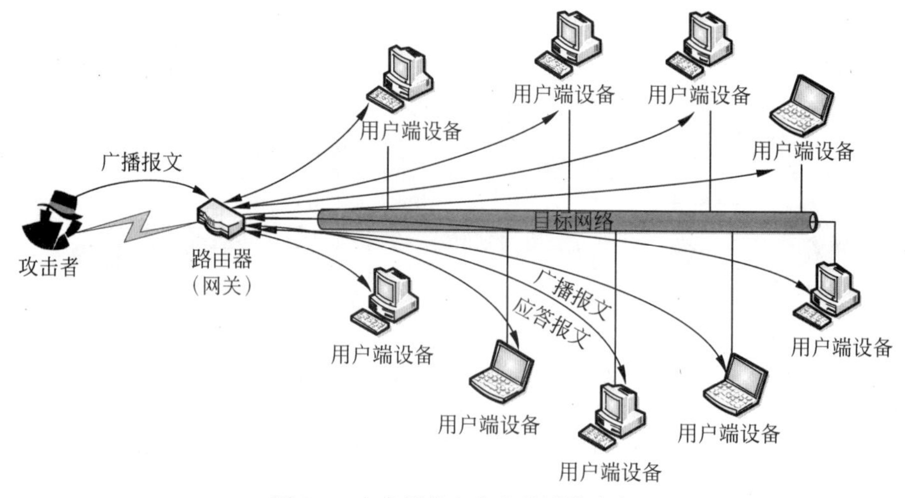

图5-9　由广播报文产生的泛洪攻击

视频讲解

5.3　ARP安全

地址解析协议（ARP）用来将IP地址映射到MAC地址，以便设备能够在共享介质的网络（如以太网）中通信。

5.3.1　ARP概述

下面的例子很好地说明ARP是如何工作的。老师要将一封信交给教室里的某个学生，但是她并不认识这个学生，她只知道这个学生的姓名（IP地址），于是她对教室里所有的人说："谁是王××，有你的信！"（ARP请求），当王××听到这个消息时（地址匹配），他站起来回答,然后老师就知道了他坐在几排几座(MAC 地址),最后把信送到他座位上。

在 ARP 协议的实现中还有如下一些注意事项。

(1) 每台计算机上都有一个 ARP 缓存,它保存了一定数量的从 IP 地址到 MAC 地址的映射,同时当一个 ARP 广播到来时,虽然这个 ARP 广播可能与它无关,但 ARP 协议软件也会将其中的物理地址与 IP 地址的映射记录下来,这样做的好处是能够减少 ARP 报文在局域网上发送的次数。

(2) 按照默认设置,ARP 高速缓存中的项目是动态的,ARP 缓存中 IP 地址与物理地址之间的映射并不是一旦生成就永久有效的,每一个 ARP 映射表项都有自己的寿命,如果在一段时间内没有使用,那么这个 ARP 映射就会从缓存中被删除,这一点和交换机 MAC 地址表的原理一样。这种老化机制大大减少了 ARP 缓存表的长度,加快了查询速度。

在以太网中,当主机要确定某个 IP 地址的 MAC 地址时,它会先检查自己的 ARP 缓存表,如果目标地址不包含在该缓存表中,主机就会发送一个 ARP 请求(广播形式),网段上的任何主机都可以接收到该广播,但是只有目标主机才会响应此 ARP 请求。由于目标主机在收到 ARP 请求时可以学习到发送方的 IP 地址到 MAC 地址的映射,因此它采用一个单播消息来回应请求。这个过程如图 5-10 所示。

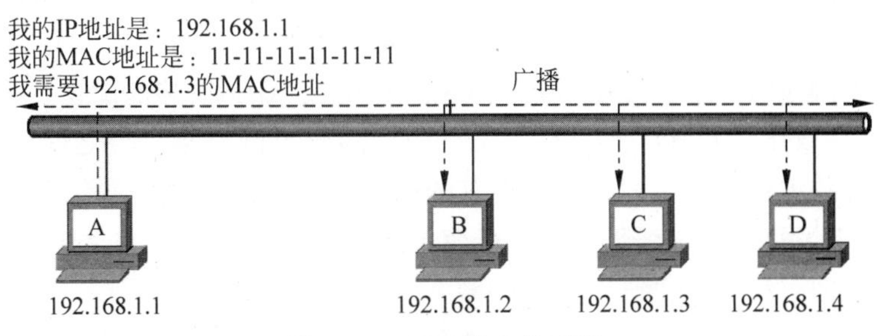

图 5-10 ARP 请求的过程

在图 5-10 中,主机 A 以广播形式发送 ARP 请求查询 IP 地址为 192.168.1.3 的主机的 MAC 地址,网段上所有的主机都会收到该 ARP 请求。

如图 5-11 所示,主机 B、主机 D 收到主机 A 发来的 ARP 请求时,它们发现这个请求不是发给自己的,因此它们忽略这个请求,但是它们还是将主机 A 的 IP 地址到 MAC 地址的映射记录到自己的 ARP 缓存表中。当主机 C 收到主机 A 发来的 ARP 请求时,它发现这个 ARP 请求是发给自己的,于是它用单播消息回应 ARP 请求,同时记录下其 IP 地址到 MAC 地址的映射。

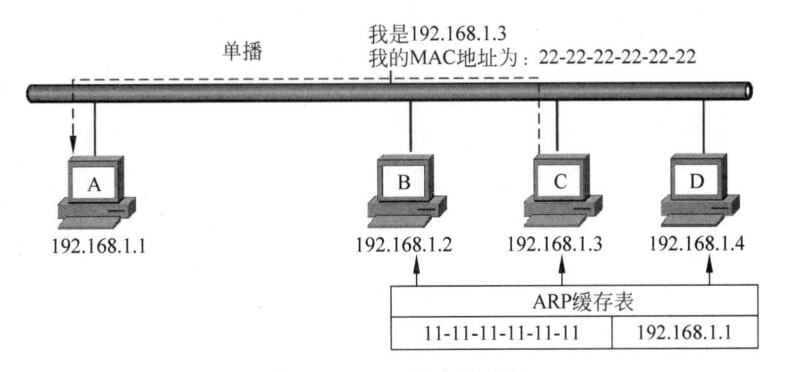

图 5-11 ARP 回应的过程

反向 ARP(Reverse Address Resolution Protocol,RARP)是 ARP 的逆过程,即通过 MAC 地址找到对应的 IP 地址。

5.3.2 ARP 欺骗

通过对 5.3.1 节内容的学习,读者会发现 ARP 本来是局域网中计算机之间通信时所采用的一种非常有效的协议。但是,由于一台主机在向另一台主机发送 ARP 响应时,并不一定首先要得到另一台主机的 ARP 请求,局域网中的任何一台主机都可以向其他主机发送公告:我的 IP 地址是××,我的 MAC 地址是××。这种协议设计上的漏洞便为网络攻击提供了可乘之机。

1. ARP 欺骗的概念和现状

由于 ARP 协议在设计中存在主动发送 ARP 报文的漏洞,使得主机可以发送虚假的 ARP 请求报文或响应报文,报文中的源 IP 地址和源 MAC 地址均可以进行伪造。在局域网中,可以伪造成某一台主机(如服务器)的 IP 地址和 MAC 地址的组合,也可以伪造成网关的 IP 地址和 MAC 地址的组合,等等。这种组合可以根据攻击者的意图进行任意搭配,而现有的局域网中却没有相应的机制和协议防止这种伪造行为。近几年来,局域网中的 ARP 欺骗已经泛滥成灾,几乎没有一个局域网未遭受过 ARP 欺骗的侵害。

由于 ARP 协议工作在 TCP/IP 参考模型的网际层与网络接口层之间(对应 OSI 参考模型的网络层与数据链路层之间),所以现有的网管软件和防病毒软件几乎对 ARP 欺骗无能为力,网络管理员只能通过地址绑定等最简单和原始的方法来防御 ARP 欺骗,而缺乏一种行之有效的全网解决方案。

从大量的 ARP 欺骗行为来看,虽然一部分是为了窃取他人计算机上发送的报文信息,但占的比例并不大。目前,绝大部分 ARP 欺骗是为了扰乱局域网中合法主机保存的 ARP 缓存表,使得网络中的合法主机无法正常通信,如表示为计算机无法上网或上网时断时续等。ARP 欺骗中的主机是指主要以 MAC 地址作为通信地址的设备,如局域网中的计算机、交换机等。所以,下面将分别针对计算机和交换机介绍 ARP 欺骗的现象。

2. 针对计算机的 ARP 欺骗

要全面理解 ARP 欺骗,首先要掌握如图 5-3 所示的 TCP/IP 体系结构的工作特点,即明确 ARP 协议在 TCP/IP 参考模型中的位置——网际层与网络接口层之间。目前,局域网中的 ARP 欺骗形式多种多样,下面仅以最常见的一种 ARP 欺骗现象为例进行介绍。

如图 5-12 所示,假设主机 A 向主机 B 发送数据。在主机 A 中,当应用程序要发送的数据到了 TCP/IP 参考模型的网际层与网络接口层之间时,主机 A 在 ARP 缓存表中查找是否有主机 B 的 MAC 地址(其实是主机 B 的 IP 地址与 MAC 地址的对应关系),如果有,则直接将该 MAC 地址(22-22-22-22-22-22)作为目的 MAC 地址添加到数据单元的网络首部(位于网络接口层),成为数据帧。在局域网(同一 IP 网段,如本例的 192.168.1.x)中,主机利用 MAC 地址作为寻址的依据,所以主机 A 根据主机 B 的 MAC 地址,将数据帧发送给主机 B。

如果主机 A 在 ARP 缓存表中没有找到目标主机 B 的 IP 地址对应的 MAC 地址,主机 A

主机	IP地址	MAC地址
主机A	192.168.1.1	11-11-11-11-11-11
主机B	192.168.1.2	22-22-22-22-22-22
主机C	192.168.1.3	33-33-33-33-33-33
主机D	192.168.1.4	44-44-44-44-44-44
主机E	192.168.1.5	55-55-55-55-55-55

图 5-12 主机中 IP 地址与 MAC 地址的对应关系

就会在网络上发送一个广播帧，该广播帧的目的 MAC 地址是“FF. FF. FF. FF. FF. FF”，表示向局域网内的所有主机发出这样的询问：IP 地址为 192.168.1.2 的 MAC 地址是什么？在局域网中所有的主机都会接收到该广播帧，但在正常情况下因为只有主机 B 的 IP 地址是 192.168.1.2，所以主机 B 会对该广播帧进行 ARP 响应，即向主机 A 发送一个 ARP 响应帧：我(IP 地址是 192.168.1.2)的 MAC 地址是 22-22-22-22-22-22。

这样，主机 A 就知道了主机 B 的 MAC 地址，它就可以向主机 B 发送数据了。同时主机 A 还会更新自己的 ARP 缓存表，将主机 B 的 IP 地址与 MAC 地址的对应关系保存在自己的 ARP 缓存表中，以供下次通信时直接使用，避免进行广播查询。

但是，主机的 ARP 缓存表中并不会保存所有参与过通信的主机的 IP 地址和 MAC 地址的对应关系，而是采用了老化机制防止 ARP 缓存表过于庞大，因为过于庞大的 ARP 缓存表会影响主机的通信效率。在一段时间内，如果 ARP 缓存表中的某一条记录没有使用，就会被删除。

从上面的例子可以看出，ARP 协议的基础就是信任局域网内所有的主机，这样就很容易实现在局域网内的 ARP 欺骗。假设现在主机 D 要对主机 A 进行 ARP 欺骗，冒充自己是主机 C。具体实施中，当主机 A 要与主机 C 进行通信时，主机 D 主动告诉主机 A 自己的 IP 地址和 MAC 地址的组合是“192.168.1.3＋44-44-44-44-44-44”，这样当主机 A 要发送给主机 C 数据时，会将主机 D 的 MAC 地址 44-44-44-44-44-44 添加到数据帧的目的 MAC 地址中，从而将本来要发给主机 C 的数据发给了主机 D，实现了 ARP 欺骗。在整个 ARP 欺骗过程中，主机 D 称为“中间人”(Man in the Middle)，对于这一中间人的存在，主机 A 根本没有意识到。

通过以上的 ARP 欺骗，主机 A 与主机 C 之间断开了联系。如图 5-13 所示，现在假设主机 C 是局域网中的网关，而主机 D 为 ARP 欺骗者。这样，当局域网中的计算机要与其他网络进行通信(如访问 Internet)时，所有发往其他网络的数据全部发给了主机 D，而主机 D 并非真正的网关，这样整个网络将无法与其他网络进行通信。这种现象在 ARP 欺骗中非常普遍。

3. 针对交换机的 ARP 欺骗

交换机的工作原理是通过主动学习下连设备的 MAC 地址，建立和维护端口和 MAC 地址的对应表，即交换机中的 MAC 地址表。通过 MAC 地址表，实现下连设备之间的通信。交换机中的 MAC 地址表也称为内容可寻址存储器(Content Addressable Memory, CAM)，如图 5-14 所示。

①正常访问；②进行ARP欺骗；③被欺骗主机更新自己的ARP缓存表；④被欺骗主机无法正常访问Internet

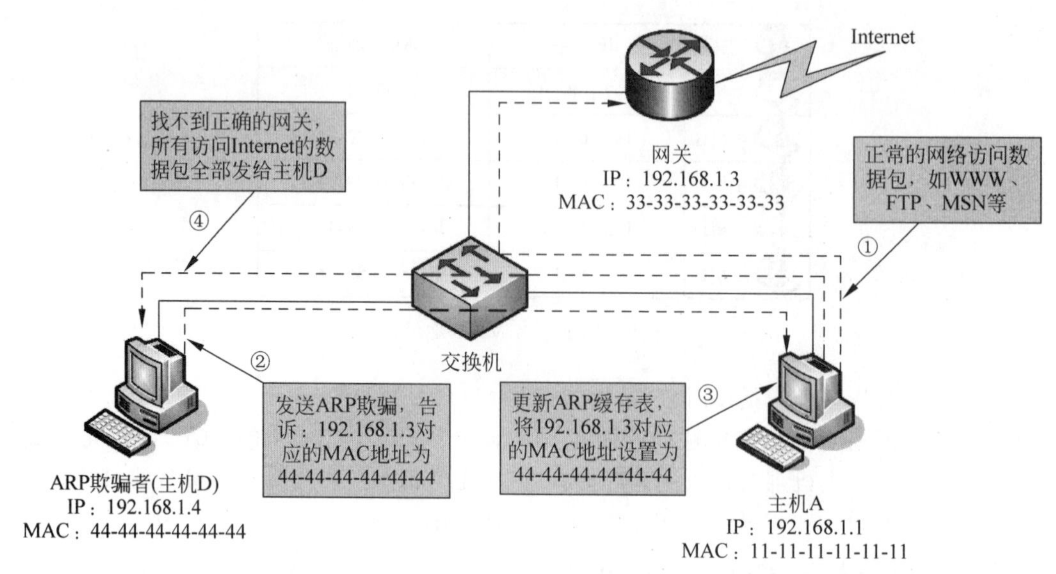

图 5-13　ARP 欺骗的实现过程

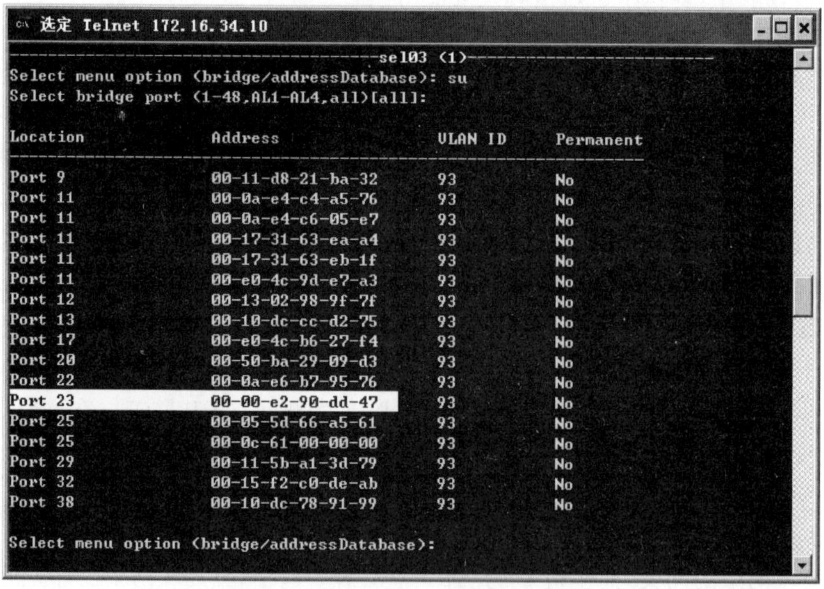

```
选定 Telnet 172.16.34.10
---------------------------------------sel03 (1)---------------------------
Select menu option (bridge/addressDatabase): su
Select bridge port (1-48,AL1-AL4,all)[all]:

Location                Address              VLAN ID      Permanent
-------------------------------------------------------------------
Port 9                  00-11-d8-21-ba-32    93           No
Port 11                 00-0a-e4-c4-a5-76    93           No
Port 11                 00-0a-e4-c6-05-e7    93           No
Port 11                 00-17-31-63-ea-a4    93           No
Port 11                 00-17-31-63-eb-1f    93           No
Port 11                 00-e0-4c-9d-e7-a3    93           No
Port 12                 00-13-02-98-9f-7f    93           No
Port 13                 00-10-dc-cc-d2-75    93           No
Port 17                 00-e0-4c-b6-27-f4    93           No
Port 20                 00-50-ba-29-09-d3    93           No
Port 22                 00-0a-e6-b7-95-76    93           No
Port 23                 00-00-e2-90-dd-47    93           No
Port 25                 00-05-5d-66-a5-61    93           No
Port 25                 00-0c-61-00-00-00    93           No
Port 29                 00-11-5b-a1-3d-79    93           No
Port 32                 00-15-f2-c0-de-ab    93           No
Port 38                 00-10-dc-78-91-99    93           No

Select menu option (bridge/addressDatabase):
```

图 5-14　交换机中的 MAC 地址表

交换机中的 CAM 表详细地记录了参与通信的下连设备的 MAC 与交换机端口的一一对应关系。CAM 表在交换机加电启动时是空的，当下连的某一台主机要通信时，交换机会自动将该主机的 MAC 地址与下连端口的对应关系记录下来，在 CAM 表中形成一条记录，将这一过程称为交换机的学习。CAM 表的大小是固定的，不同交换机的 CAM 表大小可能不同。

在进行 ARP 欺骗时，ARP 欺骗者利用工具产生欺骗 MAC，并快速填满 CAM 表。交换机的 CAM 表被填满后，交换机便以广播方式处理通过交换机的数据帧，这时 ARP 欺骗者可以利用各种嗅探攻击获取网络信息。CAM 表被填满后，流量便以洪泛(Flood)方式发送到所端口，其中交换机上连端口(Trunk 端口)上的流量也会发送给所有端口和邻接交换机。这时的交换机其实已成为一台集线器。与集线器不同，由于交换机上有 CPU 和内存，大量的 ARP 欺骗流量会对交换机产生流量过载，其结果是下连主机的网络速度变慢，并造成数据包丢失，甚至产生网络瘫痪。

在计算机网络中曾经出现的 SQL 蠕虫病毒就是利用组播功能，构造虚假的目的 MAC 地址将交换机的 CAM 表填满，对网络安全运行造成了非常大的威胁。

5.3.3　ARP 欺骗的防范

由于 ARP 欺骗方式多种多样，所以对 ARP 欺骗的防范方法也不尽相同。下面，针对前面介绍的针对计算机的 ARP 欺骗和针对交换机的 ARP 欺骗，分别介绍与之对应的防范方法。

1. 针对计算机的 ARP 欺骗的防范

ARP 缓存表中的记录可以是动态的(基于前面介绍的 ARP 响应)，也可以是静态的。如果 ARP 缓存表中的记录是动态的，即为了减少 ARP 缓存表的长度，加快查询速度，ARP 缓存表采用了老化机制，在一段时间内如果表中的某一条记录没有使用就会被删除。其中，Windows 操作系统的老化时间默认为 2min，而网络设备(如路由器、交换机等)默认为 5min。

静态 ARP 缓存表中的记录是永久性的，用户可以使用 TCP/IP 工具创建和修改，如 Windows 操作系统自带的 ARP 工具。下面，我们要用类似于图 5-13 所示的网络环境，以 Windows 操作系统为例，通过在用户计算机上绑定网卡的 IP 地址和 MAC 地址的方法防范出现网关地址的 ARP 欺骗。具体操作如下。

(1) 进入“命令提示符”窗口，在确保网络连接正常的情况下，使用 Ping 命令 Ping 网关的 IP 地址，如“ping 172.16.2.1”。

(2) 在保证 Ping 网关 IP 地址正常的情况下，输入“arp -a”命令，可以获得网关 IP 地址对应的 MAC 地址，如图 5-15 所示。

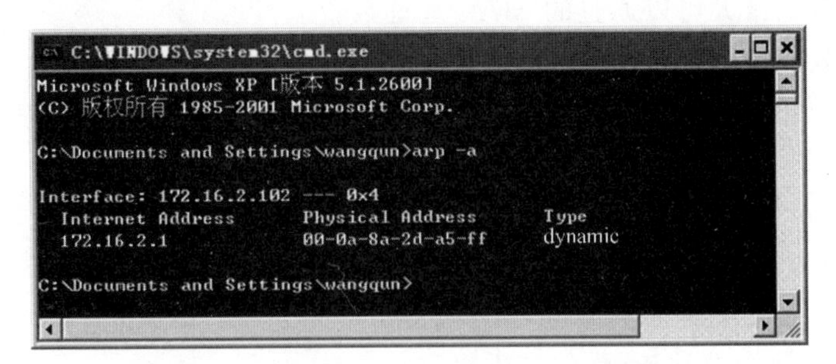

图 5-15　使用“arp -a”命令显示网关 IP 地址对应的 MAC 地址

读者会发现，这时该计算机上网关对应的 ARP 记录类型(Type)是动态(Dynamic)的。

(3) 利用“arp -s 网关 IP 地址 网关 MAC 地址”命令将本机中 ARP 缓存表中网关的记录类型设置为静态(Static)，如图 5-16 所示。

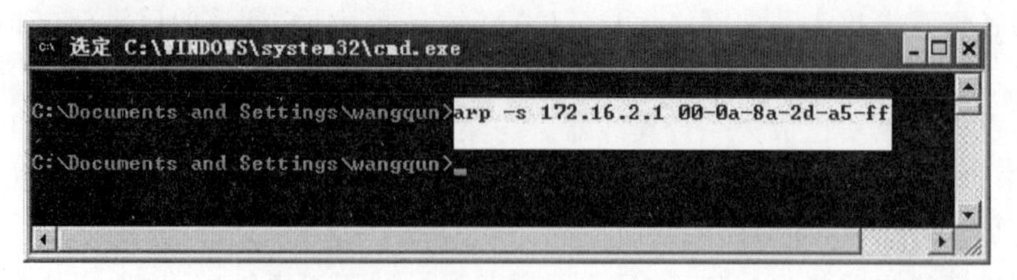

图 5-16　将 ARP 缓存表中的网关记录设置为静态类型

(4) 如果再次输入“arp -a”命令，就会发现 ARP 缓存表中网关的记录已被设置为静态类型。

以上操作仅适用于实验环境，因为利用以上手工设置方式修改 ARP 缓存表中的记录，会在计算机重新启动后失效，需要再次绑定。这显然在实际的网络环境中是不适用的。为解决这一问题，针对以上操作，可以编写一个批处理文件(如 arp. bat)，然后将该批处理文件添加到 Windows 操作系统的“启动”栏中，这样每次开机后系统便会进行自动绑定。批处理文件的内容如下。

```
@echo off
arp -d
arp -s 172.16.2.1 00-0a-8a-2d-a5-ff
```

以上方法是针对网关进行设置的。如果用户的计算机需要经常与另一台计算机进行可靠的通信，则可以将对方计算机的 ARP 记录以静态方式添加到本机的 ARP 缓存表中。

2. 针对交换机的 ARP 欺骗的防范

在交换机上防范 ARP 欺骗的方法与在计算机上防范 ARP 欺骗的方法基本相同，还是使用将下连设备的 MAC 地址与交换机端口进行一一绑定的方法实现。在不同交换机上实现地址绑定的操作方法可能不同，思科系列交换机上实现地址绑定的操作方法可参考本书 4.3.1 节的内容。

目前，主流的交换机(如 Cisco、H3C、3COM 等)都提供了端口安全功能(Port Security Feature)。通过使用端口安全功能，可以进行如下控制。

(1) 指定端口上最大可以通过的 MAC 地址数量。

(2) 端口上只能使用指定的 MAC 地址。

对于不符合以上规定的 MAC 地址，进行相应的违背规则的处理，一般有以下 3 种方式(交换机类型和型号不同，具体方式可能有所不同)。

(1) Shutdown。即关闭端口，虽然这种方式是最有效的一种保护方式，但会给管理员带来许多不便，因为被关闭的端口一般需要通过手工方式进行重启。

(2) Protect。直接丢弃非法流量，但不报警。

(3) Restrict。丢弃非法流量，但产生报警。

通过利用端口安全功能，可以防范交换机 MAC/CAM 攻击。下面，以思科系列交换机为例进行介绍，其他交换机的配置原理与此基本相同，具体的配置命令可参阅相关的技术文档。

在进行端口安全功能设置时，端口上的 MAC 地址既可以通过交换机的自动学习功能获得，也可以通过手工方式进行 MAC 地址与端口的绑定。当通过自动学习功能获得 MAC 地址时，交换机重启后会主动学习下连端口设备的 MAC 地址，直到学习到的 MAC 地址数达到设置的数量。但是，当交换机关机或重启后又要进行重新学习。下面以交换机的端口 fastethernet0/1 为例，介绍端口安全的配置方法。

```
Switch #conf t  (进入配置模式)
Switch(config) #interface fastethernet0/1  (选择 fastethernet0/1 端口，进入该端口配置状态)
Switch(config-if) #switchport port-security maximum 2  (设置最大 MAC 地址数为 2)
Switch(config-if) # switchport port-security violation shutdown  (当违背安全规则后自动关闭端口)
Switch(config-if) #end  (退出配置模式)
Switch #wr  (保存设置)
```

目前较新的端口安全技术是 Sticky Port Security，它克服了 Port Security Feature 存在的交换机重启后 CAM 表中自动学习获得的 MAC 地址会丢失的不足，交换机可以将学到的 MAC 地址写入端口配置中，即使交换机重启或关机，配置仍然存在。

还需要说明的是，由于 ARP 欺骗的严重性，许多交换机设备制造商纷纷推出了具有防范 ARP 欺骗功能的交换机产品。这些产品的效果确实不错，但有一个前提是该网络中所有的交换机都必须使用同一个厂商的产品，而且对交换机的型号也有一定的要求，有些早期的交换机可能无法支持此功能。

视频讲解

5.4 DHCP 安全

动态主机配置协议（DHCP）是一个客户端/服务器协议，在 TCP/IP 网络中对客户端动态分配和管理 IP 地址等配置信息，以简化网络配置，方便用户使用及管理员的管理。

5.4.1 DHCP 概述

一台 DHCP 服务器可以是一台运行 Windows Server 2012/2016、UNIX 或 Linux 的计算机，也可以是一台路由器或交换机。DHCP 的工作过程如图 5-17 所示。

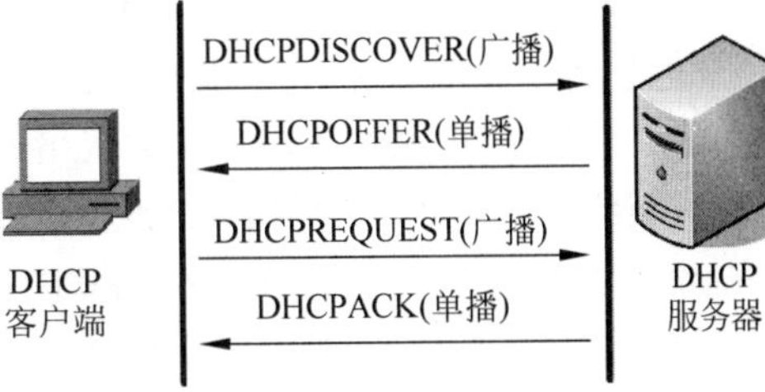

图 5-17　DHCP 的工作过程

具体操作过程如下。

（1）DHCP 客户端首次初始化时会向 DHCP 服务器发送一个请求（DHCPDISCOVER），请求获得 IP 寻址信息，这个寻址信息包括 IP 地址、子网掩码、默认网关、DNS 服务器地址等，请求中同时也包含了客户端自己的 MAC 地址信息。DHCPDISCOVER 以广播形式发送，网段上的所有设备都会收到这个请求。

（2）当 DHCP 服务器接收到请求时，它会从自己的地址池中选择一个 IP 地址分配给客户端，并且把其他 TCP/IP 配置一起发送过去（DHCPOFFER）。DHCPOFFER 以单播形式发送，因为它是针对某个具体主机的消息，DHCP 服务器可以从 DHCPDISCOVER 消息中获得客户端的MAC地址。

(3) 当客户端接收到服务器所提供的信息时,它又以广播方式发送一个DHCPREQUEST消息,指明:我需要得到你的服务。

需要注意的是,为什么还要以广播形式发送DHCPREQUEST消息呢?如果一个网段上存在多个DHCP服务器,那么DHCP客户端可能收到多个DHCP服务器响应的DHCPOFFER消息,DHCP客户端只会选择最先收到的那个DHCPOFFER消息。所以,以广播方式发送DHCPREQUEST消息有两个作用:一是通知那个服务器已经收到它所提供的IP地址,以及需要它的服务;二是通知网络上其他DHCP服务器,拒绝它们提供的IP寻址信息。

(4) DHCP服务器接收到DHCPREQUEST消息后,它会将所提供的IP地址和其他设置交给数据库,并且向DHCP客户端以单播形式发送一个DHCPACK消息,确认DHCP过程已经完成。

经过以上几个步骤,这个IP地址就会租给这个客户端一段时间,在租用期间,客户端每次登录时都会向服务器发出这个IP地址的续定请求(DHCPREQUEST)。如果租用期到了,但是客户端没有续租,这个IP地址就会退回到DHCP服务器的地址池中等待重新分配。

5.4.2 DHCP的安全问题

在通过DHCP提供客户端IP地址等信息分配的网络中,存在一个非常大的安全隐患:当一台运行有DHCP客户端程序的计算机连接到网络中时,即使是一个没有权限使用网络的非法用户也能很容易地从DHCP服务器获得一个IP地址及网关、DNS等信息,成为网络的合法使用者。由于在TCP/IP网络中,很多权限是基于IP地址来设置的,与设备的MAC地址不同的是IP地址属于逻辑地址,IP地址具有不确定性,所以如果要进行基于IP的认证或权限控制是没有意义的(此问题已在第4章进行了讨论)。

由于DHCP客户端在获得DHCP服务器的IP地址等信息时,系统没有提供对合法DHCP服务器的认证,所以DHCP客户端从首先得到DHCP响应(DHCPOFFER)的DHCP服务器处获得IP地址等信息。为此,不管是人为的网络攻击或破坏,还是无意的误操作,一旦在网络中接入了一台DHCP服务器,该DHCP服务器就可以为DHCP客户端提供IP地址等信息的服务。其结果是客户端从非法DHCP服务器获得了不正确的IP地址、网关、DNS等参数,无法实现正常的网络连接;或客户端从非法DHCP服务器处获得的IP地址与网络中正常用户使用的IP地址冲突,影响了网络的正常运行。尤其当客户端获得的IP地址与网络中某些重要的服务器的IP地址冲突时,整个网络将处于混乱状态。

如图5-18所示,一台非法DHCP服务器接入网络中,并“冒充”为这个网段中的合法DHCP服务器。这时,如果有一台DHCP客户端接入网络,将向网络中广播一个DHCPDISCOVER的请求信息,由于非法DHCP服务器与DHCP客户端处于同一个网段,而正确的DHCP服务器位于其他网段,所以一般情况下非法DHCP服务器优先发送DHCPOFFER响应给DHCP客户端,而DHCP客户端并不采用后到的正确的DHCP服务器的DHCPOFFER响应。这样,DHCP客户端将从非法DHCP服务器处获得不正确的IP地址、网关、DNS等配置参数。

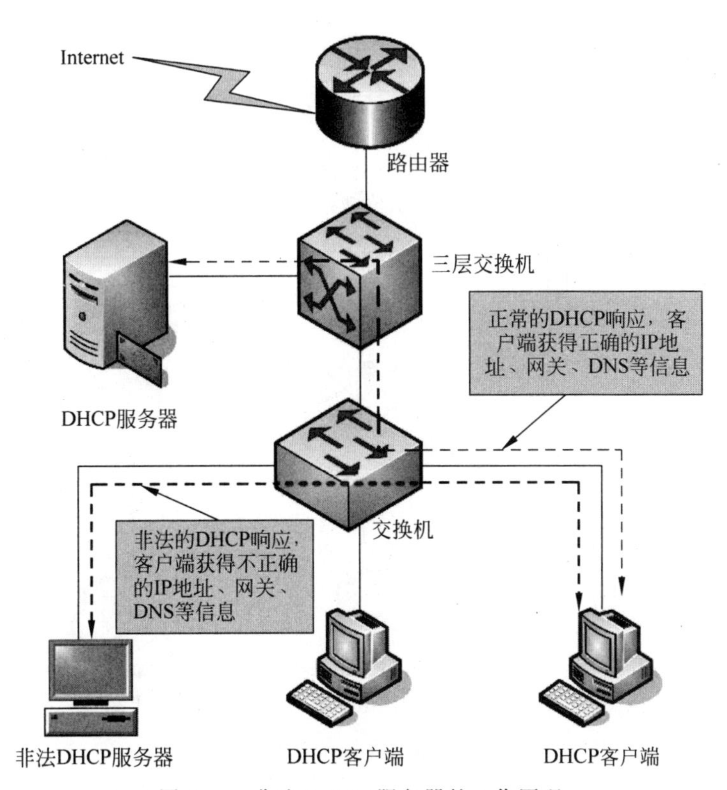

图 5-18　非法 DHCP 服务器的工作原理

5.4.3　非法 DHCP 服务的防范

非法 DHCP 服务存在大量的安全隐患，如果将非法 DHCP 服务器与一些攻击程序结合使用，则可以很方便地获得网络中用户的有用信息，如操作系统的用户账号和密码等。本节将结合应用实际，介绍几种防范非法 DHCP 服务的有效方法。

1. 使用 DHCP Snooping 信任端口

DHCP Snooping 能够过滤来自网络中非法 DHCP 服务器或其他设备的非信任 DHCP 响应报文。在交换机上，当某一端口设置为非信任端口时，可以限制客户端特定的 IP 地址、MAC 地址或 VLAN ID 等报文通过。为此，可以使用 DHCP Snooping 特性中的可信任端口防止用户私置 DHCP 服务器或 DHCP 代理。一旦将交换机的某一端口设置为指向正确 DHCP 服务器的接入端口，则交换机会自动丢失从其他端口上接收到的 DHCP 响应报文，如图 5-19 所示。

在配置时，可将交换机上与 DHCP 服务器连接的端口设置为 DHCP Snooping 的信任端口，其他端口默认情况下都为非信任端口。在如图 5-19 所示的网络中，DHCP 客户端发出 DHCPDISCOVER 请求报文，由于非信任端口并不限制该请求报文，所以非法 DHCP 服务器也会接收到该请求并发送 DHCPOFFER 响应报文。但是，非信任端口会阻断 DHCPOFFER 响应报文的通过，所以 DHCP 客户端只能接收到正确的 DHCP 服务器的响应，避免了非法 DHCP 服务器提供 IP 地址等信息给客户端。

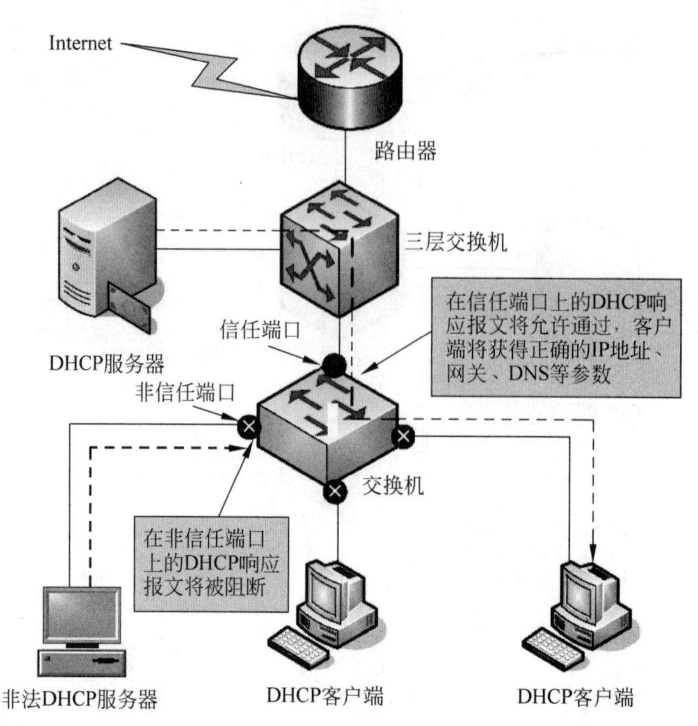

图 5-19　DHCP Snooping 的工作原理

下面介绍在思科交换机上 DHCP Snooping 特性的实现方法。假设要将交换机的第一个端口 fastethernet0/1 设置为信任端口，DHCP 服务器将连接在该端口上。具体配置方法如下。

```
Switch #conf t  (进入配置模式)
Switch(config) #interface fastethernet0/1  (选择 fastethernet0/1 端口，进入该端口配置状态)
Switch(config-if) # ip dhcp snooping trust  (将该端口设置为受信任端口)
Switch(config-if) # ip dhcp snooping limit rate 500  (设置每秒钟最多处理 500 个 DHCP 报文)
Switch(config-if) #end
Switch #wr
Switch #sh ip dhcp snooping  (显示交换机上 DHCP Snooping 的配置情况)
```

2. 在 DHCP 服务器上进行 IP 与 MAC 地址的绑定

在通过 DHCP 服务器进行客户端 IP 地址等参数分配的网络中，对于一些重要部门的用户，可以通过在 DHCP 服务器上绑定 IP 与 MAC 地址，实现对指定计算机 IP 地址的安全分配。下面以 Windows Server 2012 操作系统集成的 DHCP 服务为例，介绍实现方法。

(1) 确保 DHCP 服务器的运行正常。如果读者的计算机上还没有安装 DHCP 服务器，在以 Administrator 身份登录系统后，可通过选择“服务器管理器→仪表板→添加角色和功能”，在出现的“选择服务器角色”界面中选取“DHCP 服务器”进行安装。安装好 DHCP 组件后，还要通过“新建作用域”指定为客户端分配的 IP 地址段、网关、DNS 等信息。读者可参阅 Windows Server 2012 系统操作手册或帮助文档来完成该操作。

(2) 选择“开始→系统管理工具→DHCP”，打开“DHCP”窗口。

(3) 选择"作用域→保留",右击,在出现的快捷菜单中选择"新建保留",打开如图 5-20 所示的对话框。在"保留名称"后面输入客户端用户的名称,在"IP 地址"后面输入该作用域中一个未分配的 IP 地址,在"MAC 地址"后面输入指定客户端计算机的 MAC 地址,在"支持的类型"下面选择"两者"或"仅 DHCP"。

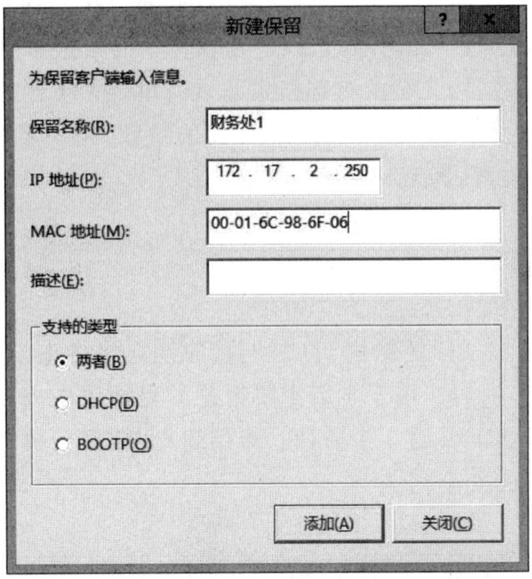

新建保留
为保留客户端输入信息。
保留名称(R):
财务处1
IP 地址(P):
172 . 17 . 2 . 250
MAC 地址(M):
00-01-6C-98-6F-06
描述(E):
支持的类型
两者(B)
DHCP(D)
BOOTP(O)
添加(A)
关闭(C)

图 5-20 进行 IP 地址与客户端 MAC 地址的绑定

(4) 单击"添加"按钮,完成对该客户端 IP 地址与 MAC 地址的绑定操作。

采用相同的方法,完成对其他 DHCP 客户端 IP 地址与 MAC 地址的绑定操作,如图 5-21 所示。

DHCP
文件(F) 操作(A) 查看(V) 帮助(H)
DHCP
wldhj
IPv4
作用域 [172.17.2.0] 教学楼
地址池
地址租用
保留
作用域选项
策略
服务器选项
策略
筛选器
IPv6
保留
[172.17.2.250] 财务处1
[172.17.2.251] 学生处2
操作
保留
更多操作

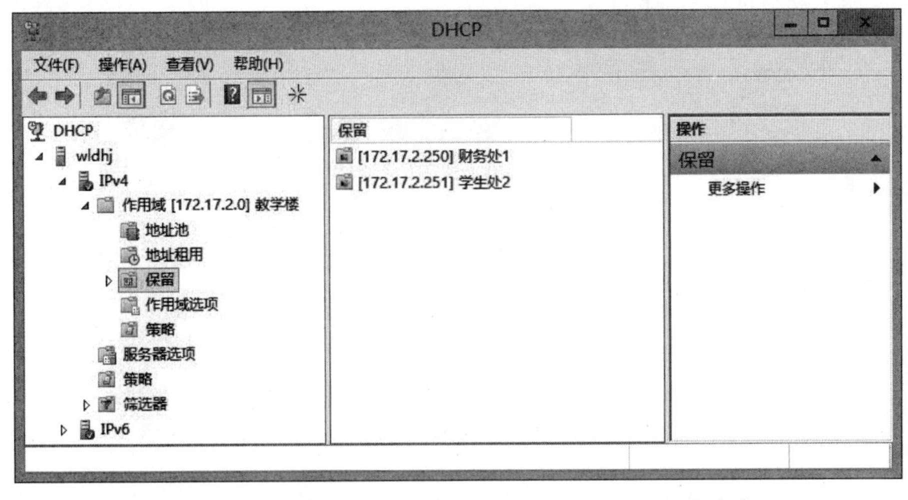

图 5-21 显示已创建的客户端 IP 地址与 MAC 地址的绑定关系

加强对网络中 DHCP 服务器的安全管理,可以防止出现 DHCP 攻击或欺骗。针对网络中所使用的交换机等设备和 DHCP 服务器软件的不同,所采取的安全技术和策略也不尽相同。读者可通过参阅相关设备和软件的技术文档,加强对 DHCP 服务的管理。

5.5 TCP安全

UDP和TCP是TCP/IP参考模型传输层的两个通信协议。其中,UDP是一种不可靠的、面向非连接的通信协议,而TCP是一种可靠的、面向连接的通信协议。将通过UDP协议传输的数据单位称为数据报,而将通过TCP协议传输的数据单位称为报文段。由于两种协议的功能不同,所以传输层UDP的首部格式非常简单,而TCP的首部格式非常复杂。与UDP不同的是,TCP是为可靠的通信过程而开发的协议,但在实际应用中却出现了针对TCP协议漏洞的不安全因素,甚至是网络攻击。

视频讲解

5.5.1 TCP概述

TCP协议涉及TCP报文段的结构、TCP连接的建立与终止、TCP数据的传输、流量控制、差错控制、数据重传等内容。由于本章主要讨论的是协议的安全问题,所以在这里仅关注TCP面向连接的传输所需要的3个阶段:连接建立、数据传输和连接终止,对其工作过程进行介绍,并发现存在的安全问题。

1. 连接建立

TCP是面向连接的。在面向连接的环境中,开始传输数据之前,在两个终端之间必须先建立一个连接。建立连接的过程可以确保通信双方在发送用户数据之前已经准备好了传送和接收数据。对于一个要建立的连接,通信双方必须用彼此的初始化序列号SEQ和来自对方成功传输确认的确认序号ACK进行同步(ACK号指明希望收到的下一个字节的编号)。习惯上将同步信号写为SYN,应答信号写为ACK。整个同步的过程称为三次握手,图5-22说明了这个过程,具体如下。

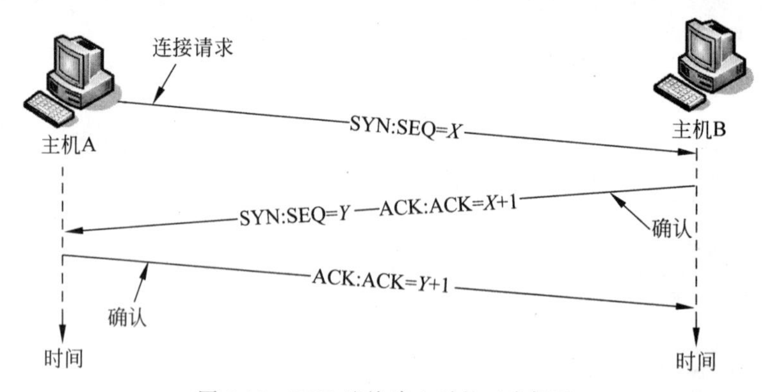

图5-22 TCP连接建立时的三次握手

(1) 主机A发送SYN给主机B:我的初始化序列号SEQ是X。主机A通过向主机B发送SYS报文段,实现从主机A到主机B的序列号的同步,即确定SEQ中的X。

(2) 主机B发送SYN、ACK给主机A:我的初始化序列号SEQ是Y(如果主机B同意与主机A建立连接),确认序号ACK是$X+1$(等待接收第$X+1$号字节的数据流)。主机B向主机A发送SYN报文段的目的是实现从主机B到主机A的序列号的同步,即确定

SEQ 中的 Y。主机 B 向主机 A 发送确认信息 ACK＝$X+1$，这是因为在 TCP 连接过程中，把正确接收到的最后一个序列号再加 1 的和，作为现在的确认号。

(3) 主机 A 发送 ACK 给主机 B：我的确认序号 ACK 是 $Y+1$。

通过以上 3 个步骤(三次握手)，TCP 连接建立，开始传输数据。

2. 数据传输

在连接建立后，TCP 将以全双工方式传送数据，在同一时间主机 A 与主机 B 之间可以同时进行 TCP 报文段的传输，并对接收到的 TCP 报文段进行确认。如图 5-23 所示，当通过三次握手建立了主机 A 与主机 B 之间的 TCP 连接后，现在假设主机 A 要向主机 B 发送 1800B 的数据，主机 B 要向主机 A 发送 1500B 的数据。

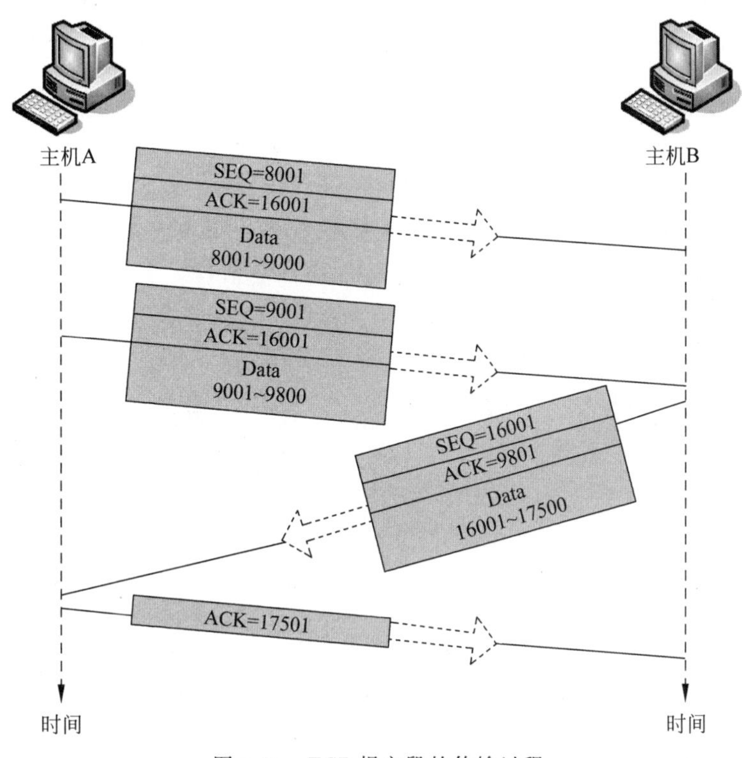

图 5-23　TCP 报文段的传输过程

在 TCP 报文段的首部信息中有一个序号字段和一个确认序号字段，在数据传输过程中要用到这两个字段的功能特性。TCP 把一个连接中发送的所有数据都按字节进行编号，而且在两个方向上的编号是互不影响的。当主机要发送数据时，TCP 从应用进程中接收数据，并将其存储在发送缓存中，然后按字节进行编号，这也是为什么将 TCP 报文称为字节流的原因。编号并不一定从 0 开始，而是在 0～$(2^{32}-1)$之间取一个随机数作为第一个字节的编号。例如，在本例中主机 A 正好取了 8001 作为第一个字节的编号，由于数据总长度为 1800，所以字节的编号从 8001～9800。同理，主机 B 的字节编号假设为 16001～17500。

当对字节进行编号后，TCP 就给每一个报文段分配一个序号，该序号即这个报文段中的第一个字节的编号。在本例中，主机 A 发送的数据被分成两个报文段(每 1000B 为一段)，由于第一个字节的编号为 8001，所以第一个报文段的序号 SEQ＝8001。第二个报文段只有800B,第二个报文段中的第一个字节的编号为9001,所以第二个报文段的序号SEQ=9001。主机B正好以1500B为一个报文段,所以主机B发送给主机A的数据正好存放在一个报文段中,该报文段的序号SEQ=16001。

每一个报文段可以选择不同的路径在网络中进行传输,在接收端需要对接收到的报文段进行确认。前面已经提到,在TCP中确认序号被定义为下一个希望接收到的字节的编号,所以在本例中当主机B成功接收到主机A发送过来的第二个报文段时,由于该报文段中的字节编号为9001～9800,所以主机B发送给主机A的确认序号ACK=9801。

另外,在本例中还有3个问题需要说明:一是确认信息由发送信息同时捎带,每一个报文段中的ACK序号就是对已成功接收到的报文段的确认;二是为了提高TCP的传输效率,主机并不会对接收到的每一个报文段报送确认信息,而是当同时接收到多个报文段后再发送确认信息,所以在本例中主机B只对主机A发送了一个确认信息;三是主机A在最后一次只发送了一个ACK=17501的确认信息,表示已成功接收到主机B发送过来的报文段。这是因为主机A在本次TCP连接中已经没有数据进行发送。

3. 连接终止

对于一个已经建立的连接,TCP使用改进的三次握手释放连接(使用一个带有FIN附加标记的报文段,即在TCP报文段首部中将FIN字段的值置为1)。TCP关闭连接的步骤如图5-24所示。

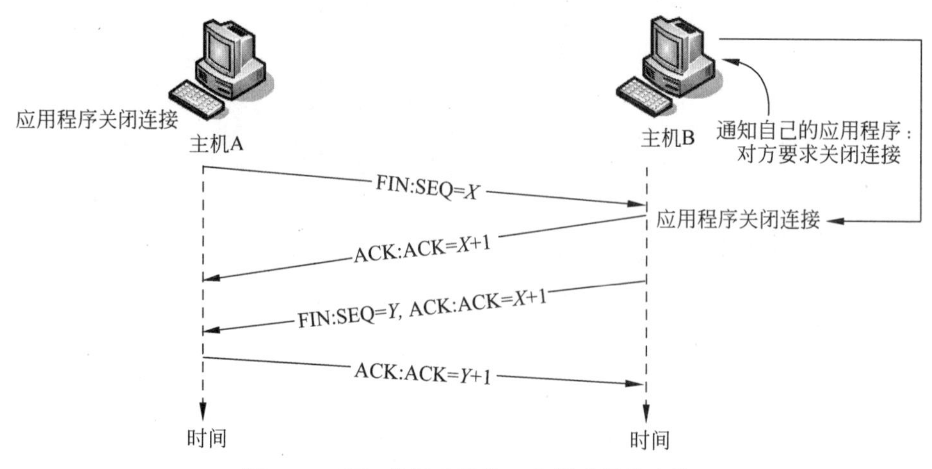

图5-24 TCP使用改进的三次握手释放连接

(1) 当主机A的应用程序通知TCP数据已经发送完毕时,TCP向主机B发送一个带有FIN附加标记的报文段(FIN表示英文Finish)。

(2) 主机B收到这个FIN报文段之后,并不立即用FIN报文段回复主机A,而是先向主机A发送一个确认序号ACK,同时通知自己相应的应用程序对方要求关闭连接(先发送ACK的目的是防止在这段时间内,对方重传FIN报文段)。

(3) 主机B的应用程序告诉TCP:我要彻底关闭连接。TCP向主机A送一个FIN报文段。

(4) 主机A收到这个FIN报文段后,向主机B发送一个ACK报文段,表示彻底释放连接。

5.5.2　TCP 的安全问题

在 TCP/IP 网络中，如果两台主机之间要实现可靠的数据传输，首先要通过三次握手方式建立主机之间的 TCP 连接，但在 TCP 连接过程中很容易出现一个严重的安全问题——TCP SYN 泛洪攻击。

按照 TCP 连接建立时三次握手的协议约定，当源主机 A 要建立与目的主机 B 之间的 TCP 连接时，源主机 A 首先发送一个用于同步的 SYN 报文段(第一次握手)。当目的主机 B 接收到这个报文段时，在正常情况下目的主机会打开连接端口，并向源主机 A 返回一个 SYN+ACK 的报文段(第二次握手)。同时，目的主机 B 将这个处于"半开放状态"的连接放在等待队列中，等待源主机 A 的 ACK 确认报文段(即等待第三次握手的实现)。这段等待时间一般为 75s～25min。

TCP SYN 泛洪攻击的工作过程如图 5-25 所示。如果在第一次握手过程中，源主机 A 发送给目的主机 B 的 SYN 报文段中的 IP 地址是伪造的，同时源主机 A 向目的主机 B 发送大量的 SYN 报文段，这时，目的主机 B 会正常接收这些 SYN 报文段，并发送 SYN+ACK 确认报文段。由于目的主机 B 接收到的 SYN 报文段中的 IP 地址都是伪造的，所以发送出去的 SYN+ACK 确认报文段全部得不到回复。在目的主机 B 的队列中存在大量的"半开放状态"的连接，最终将队列的存储空间填满，主机 B 因资源耗尽而瘫痪。

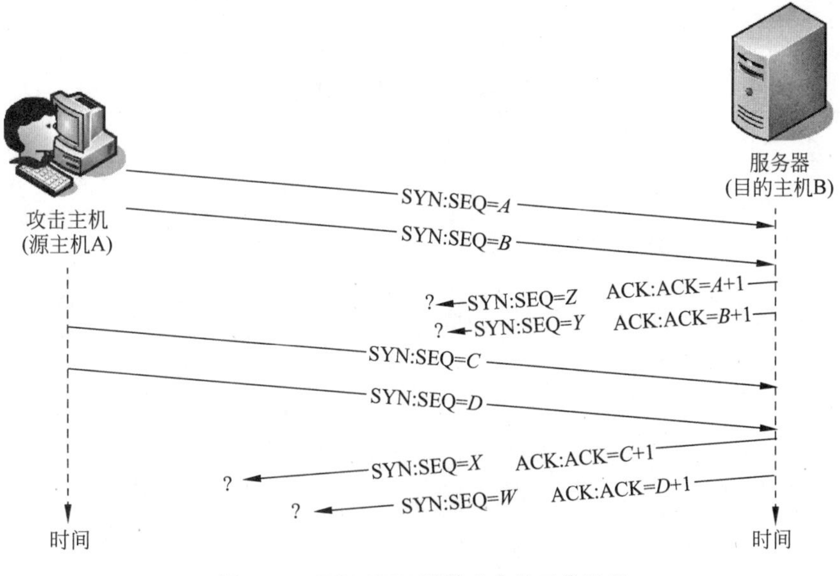

图 5-25　TCP SYN 泛洪攻击的工作过程

这种 TCP SYN 泛洪攻击属于一种典型的拒绝服务攻击(DOS 攻击)，即攻击者使用大量的服务请求耗尽了服务器的资源，使服务器无法处理正常的服务请求，最终造成系统的瘫痪。

5.5.3 操作系统中 TCP SYN 泛洪的防范

可以在 Windows 注册表内配置 TCP/IP 参数，以保护服务器免遭网络级别的 TCP SYN 泛洪攻击。下面以 Windows Server 2012 为例进行介绍。

1. 启用 TCP SYN 攻击保护

启用 TCP SYN 泛洪攻击保护的命名值，位于注册表项 HKEY_LOCAL_MACHINE\SYSTEM\CurrentControlSet\Services 下，如表 5-1 所示。

表 5-1 启用 TCP SYN 攻击保护

值 名 称	建议值	有效值	说 明
SynAttackProtect	2	0～2	使 TCP 调整 SYN+ACK 的重传。配置此值后，在遇到 TCP SYN 攻击时，对连接超时的响应将更快速。在超过 TcpMaxHalfOpen 或 TcpMaxHalfOpenRetried 的值后，将触发 SYN 攻击保护

2. 设置 TCP SYN 保护阈值

下列值确定触发 SYN 保护的阈值。这一部分中的所有注册表项和值都位于注册表项 HKEY_LOCAL_MACHINE\SYSTEM\CurrentControlSet\Services 下。这些注册表项和值如表 5-2 所示。

表 5-2 设置 TCP SYN 保护阈值

值 名 称	建议值	有效值	说 明
TcpMaxPortsExhausted	5	0～65535	指定触发 TCP SYN 泛洪攻击保护所必须超过的 TCP 连接请求数的阈值
TcpMaxHalfOpen	500	100～65535	在启用 SynAttackProtect 后，该值指定处于 SYN_RCVD 状态的 TCP 连接数的阈值。在超过 SynAttackProtect 后，将触发 TCP SYN 泛洪攻击保护
TcpMaxHalfOpenRetried	400	80～65535	在启用 SynAttackProtect 后，该值指定处于至少已发送一次重传的 SYN_RCVD 状态中的 TCP 连接数的阈值。在超过 SynAttackProtect 后，将触发 TCP SYN 泛洪攻击保护

3. 设置其他保护

这一部分中的所有注册表项和值都位于注册表项 HKEY_LOCAL_MACHINE\SYSTEM\CurrentControlSet\Services 下。这些注册表项和值如表 5-3 所示。

表 5-3 设置其他保护

值名称	建议值	有效值	说明
TcpMaxConnectResponseRetransmissions	2	0～255	控制在响应一次 SYN 请求之后、在取消重传尝试之前 SYN+ACK 的重传次数
TcpMaxDataRetransmissions	2	0～65535	指定在终止连接之前 TCP 重传一个数据段(不是连接请求段)的次数
EnablePMTUDiscovery	0	0,1	将该值设置为 1(默认值)可强制 TCP 查找在通向远程主机的路径上的最大传输单元或最大数据包大小。攻击者可能将数据包强制分段,这会使堆栈不堪重负。对于不是来自本地子网的主机的连接,将该值指定为 0 可将最大传输单元强制设为 576B
KeepAliveTime	300000	80～4294967295	指定 TCP 尝试通过发送持续存活的数据包来验证空闲连接是否仍然未被触动的频率
NoNameReleaseOnDemand	1	0,1	指定计算机在收到名称发布请求时是否发布其 NetBIOS 名称

使用表 5-4 中汇总的值可获得最大限度的保护。

表 5-4 建议值

值名称	值(REG_DWORD)
SynAttackProtect	2
TcpMaxPortsExhausted	1
TcpMaxHalfOpen	500
TcpMaxHalfOpenRetried	400
TcpMaxConnectResponseRetransmissions	2
TcpMaxDataRetransmissions	2
EnablePMTUDiscovery	0
KeepAliveTime	300000(5min)
NoNameReleaseOnDemand	1

5.6 DNS 安全

视频讲解

为了解决主机 IP 地址与主机名之间的对应关系,Internet 网络信息中心(Internet Network Information Center,InterNIC)制定了一套称为域名系统(DNS)的分层名字解析方案,当 DNS 用户提出 IP 地址查询请求时,就可以由 DNS 服务器中的数据库提供所需的数据。DNS 技术目前已广泛地应用于 Internet 和 Intranet 中。

5.6.1 DNS 概述

DNS 是一组协议和服务,它允许用户在查找网络资源时使用层次化的对用户友好的名字取代 IP 地址。当 DNS 客户端向 DNS 服务器发出 IP 地址的查询请求时,DNS 服务器可以从其数据库内寻找所需要的 IP 地址给 DNS 客户端。这种由 DNS 服务器在其数据库中找出客户端 IP 地址的过程叫作“主机名称解析”。

1. DNS 的功能及组成

简单地讲,DNS 协议的最基本功能是为主机名与对应的 IP 地址之间建立映射关系。例如,新浪网站的一个 IP 地址是 202.106.184.200,几乎所有浏览该网站的用户都是使用 www.sina.com.cn,而并非使用 IP 地址访问。使用主机名(域名)具有以下两个优点。

(1) 主机名便于记忆,如 sina.com.cn;

(2) 数字形式的 IP 地址可能由于各种原因而改变,而主机名可以保持不变。

DNS 的工作任务是在计算机主机名与 IP 地址之间进行映射。DNS 位于 TCP 参考模型的最高层,使用 TCP 和 UDP 作为传输协议(一般多使用 UDP,因为 UDP 的系统开销较小)。DNS 模型相当简单,客户端向 DNS 服务器提出访问请求(如 www.sina.com.cn),DNS 服务器在收到客户端的请求后在数据库中查找相对的 IP 地址(202.106.184.200),并作出反应。如果该 DNS 服务器无法提供对应的 IP 地址(如数据库中没有该客户端主机名对应的 IP 地址)时,就转给下一个它认为更好的 DNS 服务器去处理。

当需要给某人打电话时,你可能知道这个人的姓名,而不知道他的电话号码。这时,可以通过查看电话号码簿查得他的电话号码,从而与他进行通话。由此可以看出,电话号码簿的功能便是建立姓名与电话号码之间的映射关系。而 DNS 的功能与这里的电话号码簿很类似。

DNS 是为 TCP/IP 网络提供的一套协议和服务,是由名字分布数据库组成的。它建立了名为域名空间的逻辑树结构,是负责分配、改写、查询域名的综合性服务系统。该空间中的每个节点或域都有一个唯一的名字。

组成 DNS 系统的核心是 DNS 服务器,它是回答域名服务查询的计算机,它允许为私人 TCP/IP 网络和连接公共 Internet 的用户提供并管理 DNS 服务,维护 DNS 名字数据并处理 DNS 客户端主机名的查询。DNS 服务器保存了包含主机名和相应 IP 地址的数据库。例如,如果提供了域名 www.sina.com,DNS 服务器将返回新浪网站的 IP 地址 202.106.184.200。

DNS 是一种看起来与磁盘文件系统的目录结构类似的命名方案,域名也通过使用“.”分隔每个分支,标识一个域在逻辑 DNS 层次中相对于其父域的位置。但是,当定位一个文件位置时,是从根目录到子目录再到文件名,如 C:\winnt\win.exe;而当定位一个主机名时,是从最终位置到父域再到根域,如 sina.com。

图 5-26 显示了顶级域的域名空间及下一级子域之间的树状结构关系,图中的每一个节点以及其下的所有节点叫作一个域。域可以有主机(计算机)和其他域(子域)。例如,在图 5-26 中,pc1.sd.cninfo.net 就是一个主机,而 sd.cninfo.net 则是一个子域。一般在子域

中含有多个主机，例如，ah. cninfo. net 子域下就含有 pc1. ah. cninfo. net 和 pc30. ah. cninfo. net 两台主机。

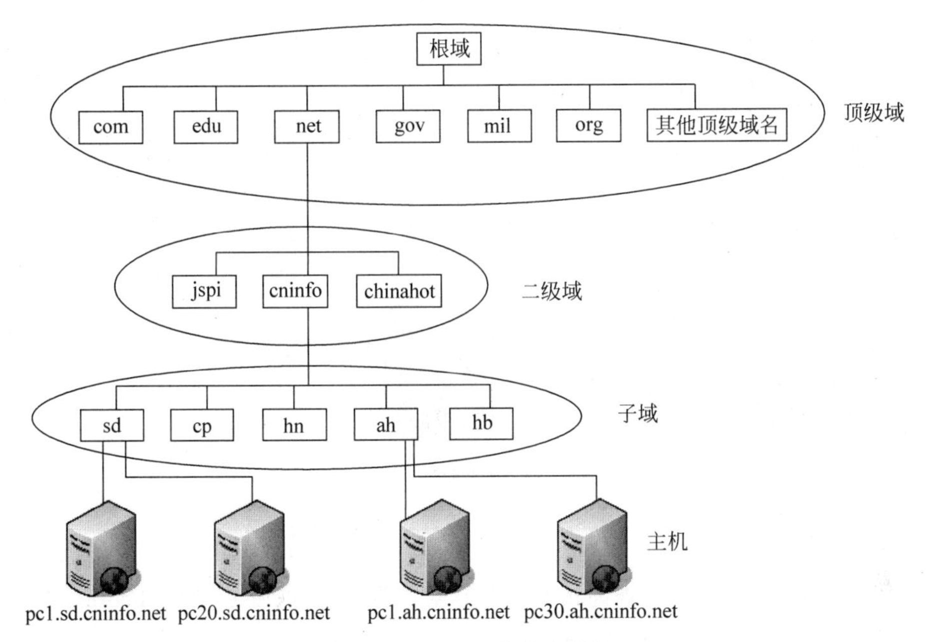

图 5-26　Internet 的域名结构

（1）根域。代表域名命名空间的根，这里为空。

（2）顶级域。直接处于根域下面的域，代表一种类型的组织和一些国家。在 Internet 中，由 InterNIC 进行管理和维护。例如，在顶级域名中，com 代表商业组织，edu 代表教育和学术机构等；在域名的国家代码中，cn 代表中国，us 代表美国等。

（3）二级域。在顶级域下面，用来标明顶级域以内的一个特定的组织。在 Internet 中，也是由 InterNIC 负责对二级域名进行管理和维护，以保证二级域名的唯一性。

（4）子域。在二级域下面所创建的域，它一般由各个组织根据自己的要求自行创建和维护。

（5）主机。域名空间中的最底层，它被称为完全合格的域名（Fully Qualified Domain Name，FQDN）。

2. DNS 的解析过程

现在假设客户端 Web 浏览器要访问网站 www. sina. com，整个访问过程如图 5-27 所示，具体描述如下。

（1）Web 浏览器调用 DNS 客户端程序（该程序称为“解析器”），先在本地的 DNS 缓存中查询是否有 www. sina. com 的记录。如果有该记录（例如，Web 浏览器刚刚访问过 www. sina. com，缓存中的记录系统还没有删除），则直接访问。

（2）如果在本地的缓存中没有找到相关的记录，客户端就会根据已设置的 DNS 服务器记录，向 DNS 服务器发出查询请求。如果该 DNS 服务器正好是创建 www. sina. com 记录的服务器，或在特定的时间段内处理过相同的查询，那么它就会从自己的区域记录或缓存中检索到该域名相应的资源记录（Resource Record，RR），并返回给客户端。

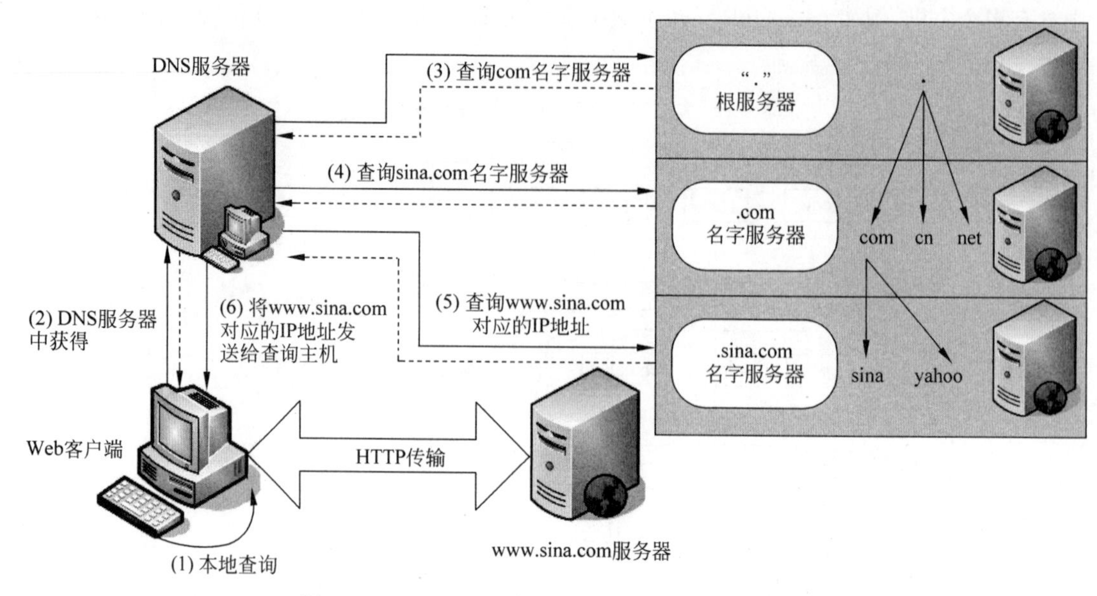

图 5-27 Internet 上对 www.sina.com 的访问过程

(3) 否则 DNS 服务器就将查询转发给根域服务器，由根域服务器找到 com 名字服务器地址，并发送给 DNS 服务器。

(4) DNS 服务器向 com 名字服务器继续发出查询 sina.com 地址的请求，com 名字服务器在找到 sina.com 的地址后，将结果发送给 DNS 服务器。

(5) DNS 服务器向 sina.com 名字服务器发出查询 www.sina.com 的请求，sina.com 名字服务器检索到 www.sina.com 对应的 IP 地址，并将结果发送给 DNS 服务器。

(6) DNS 服务器将 www.sina.com 对应的资源记录发送给 Web 客户端，Web 客户端利用 IP 地址访问相应的主机。

同时，在以上的递归查询过程中，Web 客户端、DNS 服务器以及各级的名字服务器都会记录这一次查询结果，以便下一次查询时直接调用。

5.6.2 DNS 的安全问题

DNS 服务是一种最基础的网络服务，但是 DNS 在设计之初并没有考虑安全问题，只是为了方便人们使用，简单地在域名与 IP 地址之间进行映射，并将映射记录提供给人们查询，DNS 内部没有为数据提供任何安全认证和数据完整性检查，留下了极大的安全隐患。如果 DNS 服务器被入侵者控制，则有可能篡改 DNS 服务器数据中 IP 地址与主机名之间的映射关系，从而会使主机遭受各类攻击(如 DOS 攻击、Web 欺骗攻击等)，严重时有可能造成单位内部网络(Intranet)或 Internet 中域名解析的混乱。下面，介绍几种常见的 DNS 安全威胁。

1. 缓存中毒

DNS 为了提高查询效率，采用了缓存机制，把用户查询过的最新记录存放在缓存中，并设置生存周期(Time To Live，TTL)。在记录没有超过 TTL 之前，DNS 缓存中的记录一旦被客户端查询，DNS服务器(包括各级名字服务器)将把缓存区中的记录直接返回给客户端，而不需要进行逐级查询，提高了查询速率。

DNS缓存中毒利用了DNS缓存机制，在DNS服务器的缓存中存入大量错误的数据记录主动供用户查询。由于缓存中大量错误的记录是攻击者伪造的，而伪造者可能根据不同的意图伪造不同的记录。例如，将查询指向某一个特定的服务器，使所有通过该DNS查询的用户都访问某一个网站的主页；或将所有的邮件指向某一台邮件服务器，拦截利用该DNS进行解析的邮件，等等。

由于DNS服务器之间会进行记录的同步复制，所以在TTL内，缓存中毒的DNS服务器有可能将错误的记录发送给其他的DNS服务器，导致更多的DNS服务器中毒。正如DNS的发明者Paul Mockapetris所说：中毒的缓存就像是“使人们走错方向的假冒路牌”。

2005年8月，数十万台互联网上的DNS服务器遭受到DNS缓存中毒的攻击，攻击者将存储在DNS服务器上的流行网站的IP地址更换为恶意网站的IP地址，将毫不知情的互联网用户由合法的网站引导到恶意网站，并要求用户透露机密信息或安装恶意软件。

DNS数据库对互联网上的用户是完全开放的，它既没有在DNS内部对数据提供认证机制和完整性检查，也没有对DNS服务器提供的服务进行访问控制和限制。所以攻击者可以将一些未经验证的数据存入DNS服务器的缓存中，同时当用户在DNS服务器上进行地址查询时，DNS服务器也不对用户进行任何身份认证。DNS的这种工作机制造成了大量的安全漏洞，使DNS遭受到了各种各样的安全攻击。

2. 拒绝服务攻击

DNS服务器在互联网中的关键作用使它很容易成为攻击者进行攻击的目标，加上DNS服务器对大量的攻击没有相应的防御能力，所以攻击过程很容易实现，且造成的后果非常严重。现在使用的DNS采用了树状结构，一旦DNS服务器不能提供服务，其所辖的子域都将无法解析客户端的域名查询请求。

对DNS服务器进行拒绝服务攻击比较容易。目前针对DNS服务器的拒绝服务攻击主要有两种方式：一种是直接攻击DNS服务器，将DNS服务器作为被攻击对象，由多台攻击主机向被攻击的DNS服务器频繁发送大量的DNS查询请求，最终使DNS服务器崩溃；另一种是利用DNS服务器作为“中间人”，去攻击网络中的其他主机。攻击者可以向多个DNS服务器发送大量的查询请求，这些查询请求数据分组中的源IP地址为被攻击者的IP地址。DNS服务器将大量的查询结果发送给被攻击主机，使被攻击主机无法提供正常的服务，如使DNS服务器无法为用户提供正常的查询等。

3. 域名劫持

域名劫持通常是指采用非法手段获得某一个域名管理员的账号和密码，或者域名管理邮箱，然后将该域名的IP地址指向其他的主机(该主机的IP地址有可能不存在)。域名被劫持后，不仅有关该域名的记录会被改变，甚至该域名的所有权可能落到其他人的手里。

2001年3月25日，“我要”(51.com)电子商务网站遭到攻击，其域名被删除长达一天之久。这是我国第一例涉嫌域名劫持的事件。就其事件的整个过程，就是攻击者首先通过电子邮件获得51.com网站的域名管理员账号和密码，然后删除正常的域名解析记录。

5.6.3 域名系统安全扩展

为了弥补 DNS 最初设计时存在的安全缺陷，1994 年，IETF 成立了 DNSSEC(DNS Security)工作组，通过在原有协议上增添 DNSSEC 部分，从整体上解决 DNS 的安全问题。1999 年 3 月，IETF 以 RFC 2535 文档发布了域名系统安全扩展(Domain Name System Security Extensions，DNSSEC)，提出了解决 DNS 安全问题的一系列措施。

1. DNSSEC 的基本原理

域名系统安全扩展(DNSSEC)是在原有的域名系统(DNS)上通过公钥技术，对 DNS 中的信息进行数字签名，从而提供 DNS 的安全认证和信息完整性检验。具体原理如下。

发送方：首先使用 Hash 函数对要发送的 DNS 信息进行计算，得到固定长度的"信息摘要"；然后对"信息摘要"用私钥进行加密，此过程实现了对"信息摘要"的数字签名；最后将要发送的 DNS 信息、该 DNS 信息的"信息摘要"以及该"信息摘要"的数字签名，一起发送出来。

接收方：首先采用公钥系统中的对应公钥对接收到的"信息摘要"的数字签名进行解密，得到解密后的"信息摘要"；接着用与发送方相同的 Hash 函数对接收到的 DNS 信息进行运算，得到运算后的"信息摘要"；最后，对解密后的 "信息摘要"和运算后的"信息摘要"进行比较，如果两者的值相同，就可以确认接收到的 DNS 信息是完整的，即是由正确的 DNS 服务器得到的响应。

由此可以看出，在 DNSSEC 中所有返回给域名解析器(DNS 客户端程序)的响应都附加了数字签名。域名解析器通过数字签名来验证这些记录与权威的域名服务器上的记录是否完全一致。数字签名采用的是公钥加密系统，它产生的密钥对分为公钥和私钥两部分。其中，私钥需要保密存储，用来对区域文件中的 DNS 信息的"数字摘要"进行加密；公钥需要在 DNS 服务器上公开发布，域名解析器接收到域名服务器发送的响应记录后，使用公钥对响应记录中的数字签名进行解密，将得到的值与所接收到的 DNS 信息进行 Hash 运算获得的值进行对比，如果相同，说明该记录是合法的。

为了实现上述功能，DNSSEC 定义了 3 种资源记录(RR)：用于存放 DNS 信息数字签名的 SIG RR；用于存放解密公钥的 KEY RR；用于存放否定应答(即不存在资源记录)的 NXT RR。

2. DNSSEC 的工作机制

在 DNS 系统中，每一个 DNS 服务器可以管理一个区域。例如，com. cn 就是一个区域(Zone)，在该区域上再创建子区域(称为"子域")，如 sina. com. cn、yahoo. com. cn 等。

DNSSEC 对 DNS 区域中的记录进行签名和验证是建立在对该区域信任的基础上。为了实现对区域密钥的信任，需要由父域对子域进行验证。DNS 系统是一个树状结构，DNS 客户端通过递归方式进行域名的查询，在一个完整的 DNS 递归查询过程中，第一个要查询的名字服务器为根域服务器(见图 5-27)。在 DNSSEC 系统中，DNS 客户端的域名解析器首先确保根域是可信任的，然后信任由根域签名的子域，并以此类推。

这种从根域开始，由上到下逐级签名验证的方式称为信任链(Trusted Chain)，即父域与子域之间逐级建立信任关系。由此可以看出，根域是整个 DNSSEC 的安全入口，每一个支持 DNSSEC 的 DNS 客户端解析器都需要建立与根域之间的信任关系，即需要安装根域的公钥。同时，根域以下的 DNS 服务器之间也要通过公钥系统建立信任关系。一般情况下，每一个区域通过相应的密码算法产生一个公钥/私钥对，并保存在该区域的一个权威名字服务器内。在域名查询过程中，当查询到某一个区域时，由该区域的权威名字服务器用自己的私钥对 DNS 信息的“摘要信息”进行数字签名，该区域(父域)的下级区域(子域)用公钥对签名数据进行解密。

图 5-28 所示为一个 DNSSEC 系统的查询和应答过程。其中，系统中的所有客户端和服务器都支持 DNSSEC，区域 abc. cn 的权威名字服务器为 auth. abc. cn，区域 xyz. net 的权威名字服务器为 auth. xyz. net。

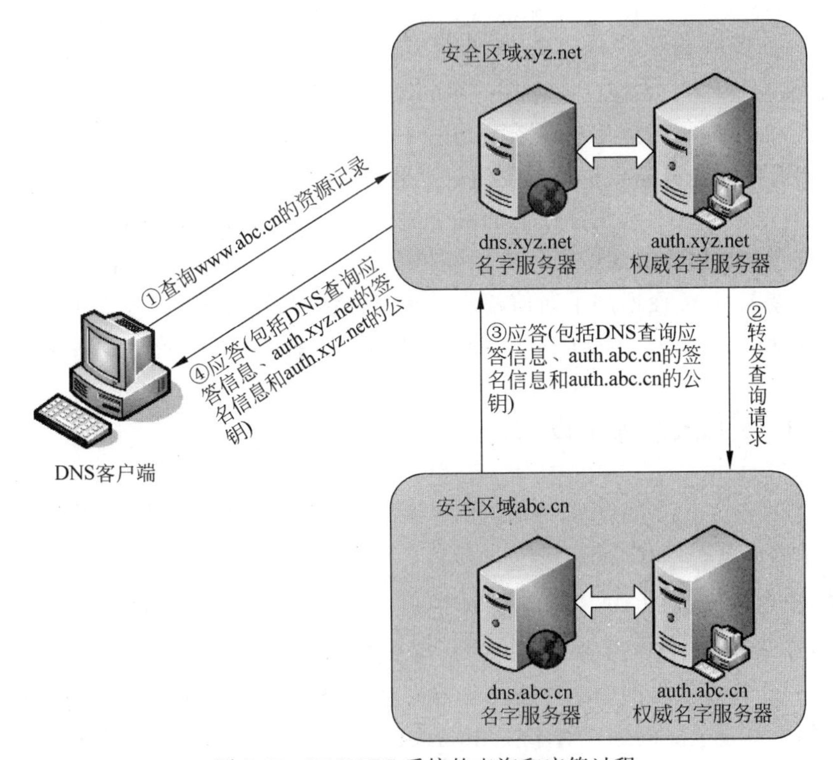

图 5-28　DNSSEC 系统的查询和应答过程

现在，客户端要查询 www. abc. cn，具体查询过程如下。由于 DNS 客户端设置的 DNS 服务器的地址指向了 dns. xyz. net，所以 DNS 客户端向名字服务器 dns. xyz. net 服务器发送一个查询请求，请求 www. abc. cn 的资源记录。假设 dns. xyz. net 服务器的缓存中没有该记录，dns. xyz. net 服务器便将该查询请求发给 dns. abc. cn 服务器，最后由 dns. abc. cn 服务器查询到了 www. abc. cn 的资源记录。因为安全区域 abc. cn 授权 auth. abc. cn 服务器管理本区域中的密钥，而安全区域 xyz. net 授权 auth. xyz. net 服务器管理本区域中的密钥，所以 auth . abc. cn 服务器将 www. abc. cn 查询的应答信息用自己的私钥进行签名并转发给 auth. xyz. net 服务器，auth. xyz. net 服务器用接收到的签名信息用 auth. abc. cn 服务器的公钥进行解密，以验证应答信息的安全性和完整性。当 auth. xyz. net 服务器通过验证后，再将应答信息转发给 DNS 客户端，此过程也要利用数字签名验证应答信息的安全性和完整性。

3. DNSSEC 的应用现状

DNSSEC 作为对目前 DNS 的安全扩展，可有效地防范 DNS 存在的各种攻击，保证客户端收到的 DNS 记录的真实性和完整性。此外，DNSSEC 与原有的 DNS 具有向下的兼容性，在实现上具有可行性。但是，由于 Internet 的特殊性，就像从 IPv4 到 IPv6 的迁移一样，从 DNS 到 DNSSEC 的转换不可能在短期内完成，需要一个渐进的过程。可以先有针对性地建立一些安全区域，如. cn、. net 等，然后再向其他区域扩展。当整个 Internet 部署了 DNSSEC 后，所有的信任将集中到根域下。

在 DNSSEC 系统中，不但 DNS 服务器要支持安全扩展功能，而且 DNS 客户端也要支持该功能。目前，基于 Windows Server 2012/2016、Linux、UNIX 等操作系统的 DNS 服务器都可以支持 DNSSEC，Windows XP/Vista、Linux 等较新操作系统的 DNS 客户端也已支持 DNSSEC。

但是，目前在推广 DNSSEC 上存在许多问题或困难。一是由于整个 Internet 上的 DNS 记录非常庞大，如果要部署适用于整个 Internet 的 DNSSEC，需要投入大量时间和设备，同时还要得到所有区域服务器提供商的支持；二是 DNSSEC 只是提供了对 DNS 记录真实性的验证，只在有限的程度上为用户通信的安全提供了保证，要完全保证用户信息的安全，还需要对应用程序和数据传输的各个环节加强其安全性；三是 DNSSEC 在 DNS 请求和应答中添加了数字签名，一方面增加了通信的流量和复杂性，另一方面，安全性主要依赖于公钥技术的安全性，所以对于 DNSSEC 系统来说是否会存在新的安全问题也是一个未知数。

5.6.4 DNS 系统的安全设置

DNS 系统的安全涉及 DNS 服务器、DNS 客户端、路由器、防火墙等设备或系统，下面仅介绍一些常用的安全技术和措施。

1. 选择安全性较高的 DNS 服务器软件

Internet 上大量的 DNS 服务器使用的是基于 UNIX/Linux 的 BIND 软件，目前最新版本为 BIND 9. x。最新版本的 BIND 软件支持许多安全特性，如支持 DNSSEC，解决了早期版本中存在的一些安全漏洞等。对于在 Internet 上的 DNS 服务器建议采用 BIND 软件，并将其升级为最新版本。

随着 Windows Server 操作系统的广泛使用，许多中小企业使用 Windows Server 操作系统自带的 DNS 软件组建 DNS 服务器。对于这些用户，一是建议使用 Windows Server 2012/2016 作为服务器操作系统，利用 Windows Server 2012/2016 操作系统自身的安全性增加 DNS 服务器的安全性；二是在一台 Windows Server 2012/2016 的域控制器上创建 DNS 服务器，这样可以利用活动目录的安全功能加强对 DNS 的安全管理。如果用户的 DNS 服务器建立在没有域的独立服务器上，建议将其升级为一台域控制器。

2. 限制端口

DNS 在工作时使用 UDP 53 和 TCP 53 端口进行通信。其中，DNS 服务器会同时监听这两个端口，DNS 客户端通过 UDP 53 端口与 DNS 服务器之间进行域名解析的请求和应答，而 TCP 53 端口用于 DNS 区域之间的数据复制。

为此，对于专用 DNS 服务器，可以通过防火墙或直接在操作系统只开放 UDP 53 和 TCP 53 两个端口，限制其他端口的通信，通过端口限制功能来加强系统的安全性。

根据教学需要，本章结合 TCP/IP 参考模型介绍重点介绍了 ARP、DHCP、TCP、DNS 协议的工作原理及存在的安全问题，并结合实际应用提出了一些可行的解决方法。其实，本章的内容仅是对 TCP/IP 参考模型中安全问题的一个初探，从目前的应用和研究来看，TCP/IP 中的每一个协议几乎都存在安全问题。为此，希望读者通过本章的学习，通过参阅相关资料，加深对通信协议的理解和分析，在以后的工作中实现提高网络的安全性。

习题 5

5-1　联系 OSI 参考模型，介绍 TCP/IP 参考模型的分层特点以及各层的功能。

5-2　结合图 5-4，描述网络中两台主机之间的通信过程。

5-3　结合 ARP 协议的工作特点，描述 ARP 欺骗的工作原理。

5-4　结合 TCP/IP 网络中计算机和交换机的工作原理，分别描述针对计算机和交换机的 ARP 欺骗的特点。

5-5　在中小网络中如何防范 ARP 欺骗？并通过实验进行验证。

5-6　结合 DHCP 的工作原理和网络运行实际，指出目前计算机网络中针对 DHCP 存在的主要安全问题及产生的危害。

5-7　如何通过对交换机和操作系统的设置加强 DHCP 服务的安全？

5-8　在掌握 TCP 传输 3 个过程的基础上，分析 TCP 协议存在的安全问题，并结合实际提出相应的解决方法。

5-9　结合 DNS 的工作过程，描述 DNS 缓存中毒、拒绝服务攻击、域名劫持的实现过程。

5-10　描述 DNSSEC 的工作原理和工作过程。

5-11　结合 TCP/IP 体系结构，简述存在安全隐患的原因。

5-12　结合互联网应用，试分别分析针对头部的安全、针对协议实现的安全、针对验证的安全和针对流量的安全产生的原因。

第6章

恶意代码与防范

近年来，随着计算机网络的广泛应用，全球信息化不断加快，以计算机网络为平台的信息技术和应用已触及社会生活的各个角落。但由于计算机网络所固有的结构松散、系统开放、主机和终端具有多样性等特点，致使网络易受病毒、黑客、恶意软件和其他不良行为的破坏或影响。针对这些安全隐患，应该对计算机网络进行全方位的安全防范，以保障网络系统的正常运行，其中恶意代码的防范是最为普遍和有效的一种安全措施。本章所提到的恶意代码是指人为编制或设置的、对网络或系统安全存在威胁或潜在威胁的计算机代码，主要包括计算机病毒、特洛伊木马、计算机蠕虫、后门、间谍软件等。本章将从出现较早、影响面较广的计算机病毒的特征、危害、发展等基本知识入手，在对计算机病毒、木马和间谍软件有一个总体认识后，将有针对性地介绍一些恶意代码的特征及防范方法。

6.1 恶意代码概述

在基于程序代码的攻击方面，最早出现的是计算机病毒，所以一直以来用计算机病毒囊括计算机中基于代码的破坏程序。后来，随着计算机应用范围的迅速扩大，尤其是互联网的广泛应用，使基于程序代码的攻击现象远远超出了人们对计算机病毒原有的理解，从而出现了恶意代码这一概念。

6.1.1 恶意代码的概念、类型和特征

在具体介绍计算机病毒、蠕虫、木马等破坏性程序之前，本节先从宏观角度介绍恶意代码的概念和基本特点。

1. 恶意代码的概念

恶意代码(Malware)又称为恶意软件或恶意程序，是指运行在计算机上，使系统按照攻

击者的意愿执行恶意任务的病毒、蠕虫和特洛伊木马的总称。恶意代码从出现发展到现在，其内涵和外延一直在不断变化。目前，从广义上讲，凡是人为编制的、干扰计算机正常运行并造成计算机软硬件故障，甚至破坏数据的计算机程序或指令集合都认为是恶意代码。

恶意代码的编写主要是出于商业或探测他人隐私等目的，如宣传某个产品、提供网络收费服务或对他人的计算机进行破坏等。从定义可以看出，典型的恶意代码应具有以下 3 个基本特征。

(1) 恶意代码是一段可以执行的程序。恶意代码首先是一种程序，它通过将代码在不被察觉的情况下嵌入另一段程序中，通过运行宿主程序而加载自己，从而达到破坏被感染计算机的数据、程序以及对被感染计算机进行信息窃取等目的。

(2) 恶意代码的编写通常是以趋利或破坏为目的。恶意代码的编写通常是攻击者通过危害他人的计算机系统而达到获取利益或故意实施破坏的目的。以计算机病毒为代表的早期的恶意代码主要是实施破坏行为，相当一部分攻击者通过实施破坏获得自己的“成就感”。目前，以木马、广告软件为代表的恶意代码，其目标是获取经济利益。例如，一些广告类恶意代码通过劫持用户的浏览器模拟用户行为，进行广告的点击访问，以提高广告点击率来获取经济利益。更有一些类似于键盘记录软件的间谍软件直接通过记录用户的网上行为，而窃取用户的信用卡、银行卡等信息，然后擅自以持卡人的名义使用其信用卡进行消费、转账、还款、提现等各种骗取钱财的行为。

(3) 恶意代码只有在执行后才能发挥作用。作为一段程序，恶意代码如果要发挥其自身的作用，必须使程序能够执行。这涉及恶意代码在隐藏后如何伺机执行、由哪些条件促使程序执行、执行时和执行后又无法被发现等一系列技术细节。

2. 恶意代码的类型

按照恶意代码的运行特点，可以将其分为两类：需要宿主的程序和独立运行的程序。前者实际上是程序片段，它们不能脱离某些特定的应用程序或系统环境而独立存在；后者是完整的程序，操作系统能够调度和运行它们。

按照恶意代码的传播特点，还可以将其分为不能自我复制和能够自我复制的两类。不能自我复制的是程序片段，当调用宿主程序完成特定功能时，就会激活它们；能够自我复制的可能是程序片段(如计算机病毒)，也可能是一个独立的程序(如蠕虫)。具体的恶意代码类型如表 6-1 所示。

表 6-1　恶意代码类型

恶意代码名称	类型及主要特征
计算机病毒	需要宿主；可自动复制
蠕虫独立程序	可自动复制；人为干预少
恶意移动代码	由轻量级程序组成；独立程序
后门	独立程序或片段，提供入侵通道
特洛伊木马	一般需要宿主；隐蔽性较强
Rootkit	一般需要宿主；替换或修改系统状态
WebShell	需要宿主；以 ASP、PHP、JSP 或 CGI 等网页文件形式存在
组合恶意代码	上述几种技术的组合，以增强破坏力，如僵尸网络

3. 恶意代码的生成过程

恶意代码是指在一定环境下执行的对计算机系统或网络系统机密性、完整性、可用性产生威胁、具有恶意企图的代码序列。恶意代码的编写流程如图 6-1 所示。可以看出，恶意代码的编写流程与正常应用程序的编写基本相似，具体包括以下 4 个过程。

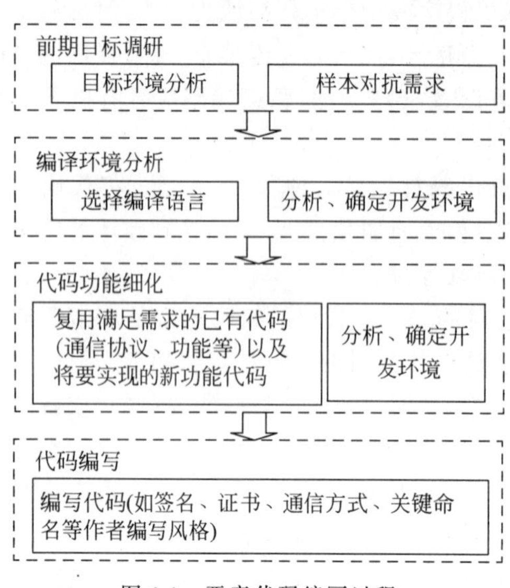

图 6-1 恶意代码编写过程

(1) 前期目标调研。制定自己代码功能需求，分析目标环境，主要获取目标环境信息。

(2) 编译环境分析。根据前期目标调研阶段的分析结果，确定恶意代码的开发语言与集成开发环境(通常包括编辑器、编译器、调试器和图形用户界面工具等)等，为代码的编写提供开发调试环境条件。

(3) 代码功能细化。结合前两个阶段的代码功能的分析，进一步细化代码行为功能和对抗功能。全新编写代码或从已有的样本源码库中选择满足自己需求功能的代码片段，并作为创建新程序的复用代码片段。选择合适混淆和对抗环境识别分析的方法，用于编写能够逃避静态和动态分析与检测的恶意代码。

(4) 代码编写。编写者按照自己的代码编写风格与习惯进行编码实现，并选择合适的数字证书(针对 App 开发)进行签名，完成恶意代码的全部实现。

需要说明的是，上述内容的目的不是让读者掌握如何编写恶意代码，而是通过掌握恶意代码的主要编写过程，掌握恶意代码的工作原理和实现方法，为进一步学习计算机病毒、蠕虫、木马等奠定基础。

恶意代码的编写风格是编写者在长期的编写过程中形成的不易改变的代码风格，利用代码编写风格的相似性可以实现对作者的溯源；另外，代码开发环境(如特殊的代码路径、非默认编译参数等)也可能成为作者溯源特征。

恶意代码遵循正常软件开发流程，但实现的功能往往是破坏计算机系统或窃取用户隐私等。为了使代码中敏感操作能够逃避检测，恶意代码编写者往往会采用与正常程序不一样的编码方式，从而表现出作为软件与生俱来的软件特性(如复用性、固有缺陷性等)以及作为恶意软件所特有的多种恶意特性(如代码敏感性、对抗性等)。此外，在进行恶意代码编写时，功能代码和特有对抗代码的复用可能导致前后衍生软件的相似性。因此，恶意代码的编码特性可为溯源分析提供有效线索，这一点在网络攻防的事后取证中是非常重要的。

4. 恶意代码的编码特征

恶意代码个体的编码特性指编写者在编写恶意代码过程中所呈现出来的代码编写特性，为恶意代码文件的溯源分析提供了良好理论和技术支撑，有助于溯源特征的提取。

(1) 代码复用性。复用性是指恶意代码编写者在进行代码复用行为后形成的一种代码衍生特性，该特性推动了恶意代码的快速生成。复用行为是恶意代码编写者采用的一种将已有恶意代码中满足自己功能需求的代码片段提取出来，不修改或进行稍微修改并应用于创建新的恶意代码的行为。大部分恶意软件都是已存在恶意软件的变种而不是重新创建的新型恶意软件。

(2) 代码固有缺陷性。固有缺陷性主要指恶意代码的编写缺陷。编写缺陷是指恶意代码编写者因为个人水平或其他原因，在进行某些功能的编码时，有时候会产生一些编写或逻辑上的错误，而这种错误在其编写类似代码时每次都会犯，这就形成了作者的固有缺陷。如果多个恶意软件均存在类似缺陷，则可能为同一编写者所为。

(3) 代码对抗性。对抗性是指恶意代码具有的可以遏制逆向分析以及绕过杀毒软件、穿透代理、防火墙以及对抗入侵检测系统(Intrusion Detection System，IDS)等防护手段。恶意软件的对抗性使恶意代码在系统设备中长期潜伏成为可能，这对系统资源和用户数据造成了严重的潜在威胁。

(4) 代码敏感性。敏感性是指恶意代码在进行行为隐蔽触发和敏感资源访问时所表现出来的特性，常见的恶意代码关键示例敏感点主要包括触发条件、系统(API)调用、代码结构、常量(关键字符串)等。

6.1.2　恶意代码的演进过程及特性

通过对恶意代码的个体编码特性的学习，可以看出大部分恶意代码是对已有代码的修改。根据实现应用特点，本节从传统个人计算机端和移动平台两个方面介绍恶意代码的演进过程以及分别表现出的特性。

1. 个人计算机端恶意代码的演进过程及特性

了解恶意代码的演化，有助于更好地把握恶意代码的发展趋势，为发现新的恶意软件提供辅助信息，同时为恶意代码的防范提供思路。表6-2给出了恶意软件典型功能演变历程。

表6-2　个人计算机端恶意代码的演进过程及特性

时间	代表样本	软件类型	目的或影响	代码特征
1971	Creeper	一般程序	实验	能够在计算机之间移动
1974	Wabbit	一般程序	致使系统崩溃	具有自我复制功能
1982	Elk Cloner	病毒	克隆	具有传播、自我复制功能
1986	PC-Write Trojan	病毒	测试公司软件漏洞	可以感染MS-DOS计算机
1991	Michelangelo Virus	病毒	在3月6日擦除硬盘中信息	感染、擦除硬盘信息
1999	Melissa Virus	病毒	群发邮件	感染计算机，获取其Outlook地址簿，群发邮件
2000	ILOVEYOU Worm	蠕虫	损害大型企业和政府机构	以良性主题发送电子邮件传播，感染5000万台计算机，蔓延至全球
2001	Annna Kournikova Virus	病毒	传播恶意软件，进行破坏	将恶意软件隐藏在吸引人的照片中，通过电子邮件发送进行传播

续表

时间	代表样本	软件类型	目的或影响	代码特征
2003	SQL Slammer Worm	蠕虫	感染计算机实施破坏	利用漏洞,传播速度快,感染范围广
2005	Koobface Virus	病毒	针对社交网络进行攻击	感染个人计算机然后传播到社交网站
2008	ConFicker Worm	蠕虫	造成自Slammer出现以来最严重的破坏	感染并实施破坏
2010	Stuxnet Worm	蠕虫	攻击伊朗的核电站,包括其硬件与软件功能	具有APT团队开发的复杂性和先进性,具有密集的资源信息
2011	Zeus Trojan	木马	窃取银行信息	影响范围广,通过浏览器按键记录和表单抓取来窃取银行信息
2014	Backoff	后门	盗取信用卡数据	破坏POS系统以窃取信用卡数据
2017	Wannacry Ransomware	勒索软件	获取支付赎金	利用漏洞,将用户数据锁定,致使感染150多个国家超过23万台Windows计算机系统瘫痪

对于表6-2所示的恶意软件的演化过程,可以划分为以下3个不同的阶段。

(1) 第1阶段(1971—1999年)。恶意软件主要以原始程序的形式出现,恶意软件功能单一,破坏程度小,无对抗行为。

(2) 第2阶段(2000—2008年)。恶意软件的破坏性增强,恶意软件及其工具包数量急剧增长,借助网络感染速率加快,电子邮件类蠕虫、受损网站、SQL注入攻击成为主流。

(3) 第3阶段(2009年至今)。经济利益和国家利益的驱使下的恶意软件存在团队协作紧密、功能日趋复杂、可持续性强及对抗性强等特点。

上述演变过程中,一方面将恶意软件扩展到了不同平台,如从早期的个人算机扩展到了后来的工控行业,但更重要的是恶意代码功能的进化。恶意代码在前一阶段的个别特性,会在后面阶段中持续增强。促进这种进化的因素主要是恶意代码功能的不断改进以及攻防对抗技术的不断博弈。其中,在这一演进过程中,恶意软件的攻击行为具体表现为以下几个方面。

(1) 定向性。攻击者利用Web服务、浏览器和操作系统中的漏洞,或使用社会工程学发现目标用户,并使用户运行恶意代码来散播恶意软件。

(2) 隐蔽性。一旦进入系统,恶意代码隐藏(加密流量等)并禁用主机保护,达到正常运行的目的。

(3) 持续性。安装完成后,恶意代码会调用命令并控制服务器以获取进一步的指令(如窃取数据、感染其他机器并允许侦察等指令),从而持续性地控制目标机器。

(4) 技术先进性。恶意软件编写者使用混淆技术,如无效的代码插入、寄存器重新分配、子程序重新排序、指令替换、代码转换和代码集成等,以逃避传统防御措施(如防火墙、防病毒软件等)。

基于上述行为描述，说明目前的高级恶意软件在功能和防御策略方面更为先进，其造成的影响和损失也更为严重。另外，目前新的恶意软件很少从头开始创建，而是采用自动生成工具、第三方库以及借用现有的恶意软件代码生成，许多恶意软件都是已存在恶意软件的变体。一个恶意代码变种与原来恶意代码形式上有所不同，但实现行为相似，那么这两个恶意代码称为同一个家族，新生成的恶意代码称为家族变体。随着恶意代码家族功能和对抗策略的不断调整，新的恶意软件变种及其早期版本在运行时行为通常非常相似，但样本的演化可能带来家族的进化，以适应新的计算机环境。

为此，传统个人计算机平台恶意软件的行为演化描述了恶意软件在生成之后所表现的攻击特性。学习这些知识可以为恶意代码的安全防御提供基础知识，进而加强安全防范。恶意代码的攻击行为和生成特性作为恶意软件演化过程中的关键要素，有助于加深对传统平台恶意软件的认识，并了解未来恶意软件的发展方向。

2. 移动平台恶意代码的演进过程及特性

第一种智能手机病毒起源于 2004 年，称为 Cabir，内容和功能均比较简单，使用传统的白名单即可以准确地对其检测。随着时间的推移，由于恶意代码编写者对目标的修改以及尝试逃避检测，使得构造出的恶意代码不断改变。同时，随着代码复用以及现成工具的广泛应用，恶意代码的数量不断攀升。

本节以目前广泛使用的 Android 平台为基础，介绍移动平台恶意代码的演化特性，具体如表 6-3 所示。

表 6-3 Android 平台恶意代码的行为及特性

行为名称	行为特性
隐私侵犯	对 Android Content Resolver 框架的查询、使用文件访问系统、访问用户位置等信息
数据窃取(Exfiltration)	将网络的使用与隐私侵犯行为结合，致使个人信息泄露
欺诈	旨在从用户或用户使用的服务中获得直接利润，如恶意软件可能通过 SMS 管理器发送额外费率消息，或者可能通过更改会员 ID 重定向收入来滥用广告网络
逃避	硬件序列号、固件版本和其他操作系统配置通常用于沙箱指纹，以避开动态分析
混淆	使用混淆和其他隐藏技术以逃避静态分析，Android 提供了在运行时动态加载代码的选项
漏洞利用(Exploitation)	某些应用程序实现技术漏洞，并在安装后尝试获得 Root 访问权限。大部分漏洞都是在 Native 代码中实现的，并使用与资源目录中的应用程序打包在一起的 Bash 脚本触发

(1) 隐私侵犯。自 2014 年以来，与隐私侵犯相关的 API 调用增加。例如，HttpURLConnection. connect()等，该调用结合 ContentResolver. query()可用于查询用户的隐私信息。这反映了移动平台恶意软件具备向隐私侵犯行为演化的趋势。

(2) 数据窃取。2012—2014 年，基于短信方式窃取数据的行为较多；而在 2014 年之后，主要以网络通道窃取数据。窃取数据方式的改变表明互联网技术的发展在为人们带来方便的同时，也给攻击者带来了更多的机会。由此也可以看出，随着移动互联网的广泛使用，数据保护愈发重要，这也对 App 开发者提出了更高的安全需求。

(3) 欺诈。传统的基于高级短信的收费欺诈形式已经演变为僵尸网络广告欺诈、按次付费下载的分发诈骗以及勒索软件欺诈。目前的诈骗方式伪装手段更高级，迷惑性更强，可持续时间更久。

(4) 逃避。自 2014 年之后，重命名、字符串加密是使用量增长最快的技术，紧随其后的是动态加载、逃避动态分析等技术，恶意软件行为具有向逃避动态分析发展的趋势。

(5) 漏洞利用。与漏洞利用相关的 API 调用增加，利用漏洞获取 Root 权限后可以对系统配置进行任意修改。其中，2017 年后，手机银行类木马软件(如 Marcher Malware)增加趋势明显，用作虚假更新或通过针对性的电子邮件或短信进行网络钓鱼。

通过以上介绍可以看出，Android 恶意代码向更复杂、更具有针对性和逃避性的方向发展，这也对移动安全防御系统提出了更高的挑战。

视频讲解

6.2 计算机病毒概述

从单机操作开始，计算机病毒的危害性已被大多数人所共知。在计算机网络广泛使用的今天，计算机病毒几乎遍及每一台计算机，只是所造成的危害不同而已。就像每一个人会不同程度地存在一些不健康因素一样，每一台计算机都面临着病毒的侵害。

6.2.1 计算机病毒的概念

计算机病毒(Virus)的传统定义是指人为编制或在计算机程序中插入的破坏计算机功能或毁坏数据、影响计算机使用并能自我复制的一组计算机指令或程序代码。现在计算机病毒的定义已远远超出了上述定义，其中破坏的对象不仅仅是计算机，同时还包括交换机、路由器等网络设备；影响的不仅仅是计算机的使用，同时还包括网络的运行性能。就像许多生物病毒具有传染性一样，绝大多数计算机病毒具有独特的复制能力和感染良性程序的特性。

借助计算机网络，计算机病毒可以快速地蔓延，一旦某一病毒发作，将很难进行控制和根除。计算机病毒将其自身附着在各种类型的文件(如可执行文件、图片文件、电子邮件等)上，当附有计算机病毒的文件被复制或从一台主机传送到另一台主机时，它们就随文件一起蔓延开来。目前，计算机病毒已成为网络安全的主要威胁之一。

种类繁多的计算机病毒将导致计算机或网络系统瘫痪，程序和数据严重破坏；使网络产生阻塞，运行效率大大降低；使计算机或网络系统的一些功能无法正常使用；使电子银行、电子政务等网上信息交换存在欺骗性等诸多影响。层出不穷的计算机病毒活跃在网络的每个角落，如近几年的冲击波(Blaster)、震荡波(Shockwave)、灰鸽子、QQ 尾巴、网游盗号木马、熊猫烧香病毒等，已经给用户的正常工作造成了严重威胁。

6.2.2 计算机病毒的特征

计算机或网络病毒本身也是一个或一段计算机程序，只是该程序是用来破坏计算机系统或影响计算机系统正常运行的“恶性”程序。从计算机病毒的本质来看，它具有以下几个明显特征。

1. 非授权可执行性

通常用户在调用并执行一个程序时,系统会将控制权交给这个程序,并分配给该程序相应的系统资源(如内存等),从而使之能够运行,满足用户的需求。因此,程序执行的过程对用户是透明的。而计算机病毒是非法程序,不过正常用户不知道该程序是病毒程序,从而像调用正常的程序一样调用并执行它。但由于计算机病毒具有正常程序的一切特性——可存储性和可执行性,计算机病毒隐藏在合法的程序或数据中,用户运行正常程序时,病毒便会伺机窃取到系统的控制权,并抢先运行。然而,此时用户还认为在执行正常程序。

2. 隐蔽性

计算机病毒是一种由编程人员编写的短小精悍的可执行程序。它通常附着在正常程序或磁盘的引导扇区中,同时也会存储在表面上看似损坏的磁盘扇区中,因此计算机病毒具有隐蔽性。计算机病毒无论是在存储还是传播途径上都会想方设法地隐藏自己,以尽量避开用户或查病毒软件。

3. 传染性

传染性是计算机病毒最重要的特征,也是各类病毒查杀软件判断一段程序代码是否为计算机病毒的一个重要依据。病毒程序一旦侵入计算机系统,就开始搜索可以传染的程序或磁介质,然后通过自我复制迅速进行传播。由于目前计算机网络的应用非常广泛,这就使计算机病毒可以在极短的时间内传播到其他的计算机上,尤其是 Internet 的应用,更为计算机病毒的传播提供了全球性的高速通道。

4. 潜伏性

计算机病毒具有依附于其他程序的能力,所以计算机病毒具有寄生能力。将用于寄生计算机病毒的程序(良性程序)称为计算机病毒的宿主。依靠病毒的寄生能力,计算机病毒在传染良性程序后,有时不会马上发作,而是隐藏一段时间后在一定的条件(如时间)下开始发作。这样,病毒潜伏得越隐蔽,它在系统中存在的时间也就越长,病毒传染的范围越广,其危害性也就越大。

5. 破坏性

无论是何种病毒程序,一旦侵入计算机系统,都会对操作系统的运行造成不同程度的影响。即使不直接产生破坏作用的病毒程序也要占用系统的资源(如内存空间、磁盘存储空间等)。而绝大多数病毒程序在运行时要显示一些文字或图像,会影响系统的正常运行。还有一些病毒程序会删除系统中的文件,或加密磁盘中的数据,甚至摧毁整个系统,使系统无法恢复,造成无法挽回的损失。因此,病毒程序轻则降低系统的运行效率,重则导致系统崩溃或数据丢失。计算机病毒的破坏性体现了绝大多数计算机病毒设计者的真正意图。

6. 可触发性

计算机病毒一般都有一个或几个触发条件,当满足该触发条件后计算机病毒便会开始发作。触发的实质是一种条件的控制,病毒程序可以依据设计者的要求,在一定条件下实施攻击。这个条件可以是输入的特定字符、特定文件、特定日期或特定时刻,也可以利用病毒内置的计数器实现触发。

6.2.3 计算机病毒的分类

有些病毒被设计为通过损坏程序、删除文件或重新格式化硬盘损坏计算机；有些病毒不损坏计算机，而只是复制自身，并通过显示文本、视频和音频消息表明它们的存在。即使是这些良性病毒也会给计算机用户带来影响。通常它们会占用合法程序使用的计算机内存，使正常的程序运行产生异常，甚至导致系统崩溃。另外，许多病毒包含大量错误，这些错误可能导致系统崩溃和数据丢失。根据Symantec等公司的总结，目前可识别的计算机病毒可以分为以下5类。

1. 文件传染源病毒

文件传染源病毒感染程序文件。这些病毒通常感染可执行代码，如 .com 和 .exe 文件等。当受感染的程序在软盘、U盘或硬盘上运行时，可以感染其他文件。这些病毒中有许多是内存驻留型病毒。内存受到感染之后，运行的任何未感染的可执行文件都会受到感染。已知的文件传染源病毒有Jerusalem、Cascade等。

2. 引导扇区病毒

引导扇区病毒感染磁盘的系统区域，即软盘、U盘和硬盘的引导记录。所有软盘、U盘和硬盘（包括仅包含数据的磁盘）的引导记录中都包含一个小程序，该程序在计算机启动时运行。引导扇区病毒将自身附加到磁盘的这一部分，并在用户试图从受感染的磁盘启动时激活。这些病毒本质上通常都是内存驻留型病毒。大部分引导扇区病毒是针对DOS操作系统编写的，但所有计算机（无论使用什么操作系统）都是此类病毒的潜在目标。只要试图用受感染的软盘或U盘启动计算机就会被感染。此后，由于病毒存在于内存中，因此访问软盘或U盘时，所有未写保护的软盘或U盘都会受到感染。引导扇区病毒有Form、Disk Killer、Michelangelo、Stoned等。

3. 主引导记录病毒

主引导记录病毒是内存驻留型病毒，它感染磁盘的方式与引导扇区病毒相同。这两种病毒的区别在于病毒代码的位置。主引导记录感染源通常将主引导记录的合法副本保存在另一个位置，受到引导扇区病毒或主引导扇区病毒感染的Windows NT/2000/2003计算机将不能启动，这是由于Windows NT/2000/2003操作系统访问其引导信息的方式与Windows 9x不同。早期，如果Windows NT使用FAT分区格式化，通常可以通过启动DOS系统，并使用防病毒软件清除病毒。如果引导分区是NTFS，则必须使用3张Windows NT安装盘才能恢复系统。不过，现在的DOS启动可以同时支持FAT和NTFS两种方式。主引导记录病毒有NYB、AntiExe、Unashamed等。

4. 复合型病毒

复合型病毒同时感染引导记录和程序文件，并且被感染的记录和程序较难修复。如果清除了引导区，但未清除文件，则引导区将再次被感染。同样，只清除受感染的文件也不能完全清除该病毒。如果未清除引导区的病毒，则清除过的文件将被再次感染。复合型病毒有One_Half、Emperor、Anthrax、Tequilla等。

5. 宏病毒

宏病毒是目前最常见的病毒类型,它主要感染数据文件。随着 Microsoft Office 97 中 Visual Basic 的出现,编写的宏病毒不仅可以感染数据文件,还可以感染其他文件。宏病毒可以感染 Microsoft Office Word、Excel、PowerPoint 和 Access 文件。目前,这类新威胁也出现在其他程序中。所有这些病毒都使用其他程序的内部程序设计语言,创建该语言的原意是使用户能够在该程序内部自动执行某些任务。这些病毒很容易创建,现在传播着的就有几千种,曾经广泛流行的宏病毒主要有 W97M. Melissa、Macro. Melissa、WM. NiceDay、W97M. Groov 等。

6.2.4 计算机病毒的演变过程

20 世纪 80 年代早期,出现了第一批计算机病毒。这些病毒的工作原理相对比较简单,一般是自行完成文件的复制,并在执行时显示简单的恶作剧而已。

1986 年,媒体报道了攻击 Microsoft MS-DOS 个人计算机的第一批病毒,人们普遍认为 Brain 病毒是这些计算机病毒中的第一种病毒。同时出现的病毒还有 Virdem(第一个文件病毒)和 PC-Write(第一个木马),在 PC-Write 中木马程序伪装成一个同名的字处理应用程序。

随着更多的人开始研究病毒技术,病毒的数量、被攻击的平台类型以及病毒的复杂性和多样性都开始显著提高。病毒在某一时期曾经主要感染启动扇区,然后又开始感染可执行文件。1988 年出现了第一个通过 Internet 传播的蠕虫病毒 Morris Worm,它曾导致 Internet 的通信速度大大降低。

从 1990 年开始,Internet 的应用为计算机病毒编写者提供了一个可实现快速交流的平台,一些典型的计算机病毒是大量病毒编写者"集体智慧的结晶"。同年,开发出了第一个多态病毒(通常称为 Chameleon 或 Casper)。多态病毒是指每次传染产生的病毒副本在外观形态上都发生变化的病毒。因此,多态病毒在外观形态上没有固定的特征码。由于多态病毒具有在每次复制时都可以更改其自身的能力,这使得当时用于"识别"病毒的基于签名的防病毒软件程序很难检测出这种病毒。此后不久,即出现了 Tequila 病毒,这是第一个比较严重的多态病毒攻击。接着在 1992 年,出现了第一个多态病毒引擎和病毒编写工具包。

从此,病毒就变得越来越复杂:病毒开始访问电子邮件通讯簿,并将其自身添加到通讯簿中;宏病毒将其自身附加到各种办公软件的应用程序文件(主要是 Microsoft Office 系列文件)并攻击这些文件;此外,还出现了专门利用操作系统和应用程序漏洞的病毒。电子邮件、对等(P2P)文件共享网络、网站、共享驱动器产品漏洞和网络设备(主要有交换机、路由器等)的地址表都为病毒复制和攻击提供了平台。在已感染系统上创建的后门使得病毒编写者(或黑客)可以返回和运行他们所选择的任何软件。

有些病毒附带其自身的嵌入式电子邮件引擎,可以使已感染的系统直接通过电子邮件传播病毒,而绕过此用户的电子邮件客户端或服务器中的相关设置。病毒编写者还开始认真地设计病毒攻击的结构并开发具有可信外观的电子邮件。这种方法旨在获取用户的信任,使其打开附加的病毒文件,来显著增加大规模感染的可能性。

随着计算机和网络的普遍使用,计算机病毒技术也在飞速发展,各种新病毒也层出不穷。从1986年Brain病毒通过5.25英寸软盘首次大规模感染计算机起，人们与计算机病毒的斗争就从未停止过。现在的计算机病毒不但种类繁多，而且危害性不断提高，同时病毒开发工具多种多样，且对开发者的技术要求明显降低。例如，2006年年底曾轰动一时的“熊猫烧香”病毒的制作者李俊只是一名中专毕业生，且在求职中多次受挫。

6.3 蠕虫的清除和防范方法

视频讲解

结合对计算机病毒的学习，本节介绍蠕虫(Worm)的概念及其清除和防范方法。其中，蠕虫与病毒之间既存在相似性，也存在差异性。

6.3.1 蠕虫的概念和特征

早期恶意代码的主要形式是计算机病毒。1988年Morris蠕虫爆发后，开始将恶意代码分为蠕虫和病毒。

1. 蠕虫的概念

在蠕虫出现后，对计算机病毒重新进行了定义，即计算机病毒是一段代码，能把自身加到其他程序包括操作系统上，但计算机病毒不能独立运行，需要由它的宿主程序运行激活它。与计算机病毒不同，网络蠕虫强调自身的主动性和独立性，网络蠕虫是通过网络传播，无须用户干预，能够独立地或依赖文件共享主动攻击的恶意代码。根据传播策略，网络蠕虫主要分为电子邮件蠕虫、文件共享蠕虫和传统蠕虫。

网络蠕虫是一种智能化、自动化，综合网络攻击、密码学和计算机病毒技术，不需要计算机使用者干预即可运行的攻击程序或代码。它会扫描和攻击网络上存在系统漏洞的节点主机，通过局域网或互联网从一个节点传播到另外一个节点。

网络蠕虫由攻击模块、感染模块、传播模块和功能模块4个模块组成。其中，攻击模块和感染模块最为关键，决定了蠕虫的影响范围和传播速度，关系到能否对目标主机造成破坏。网络蠕虫的一般传播过程如图6-2所示。

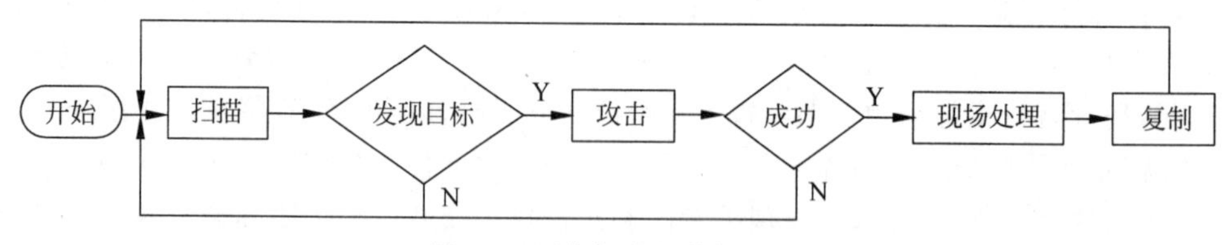

图6-2 网络蠕虫的传播过程

(1) 扫描。由蠕虫的扫描功能负责探测存在漏洞的主机。当程序向某个主机发送探测漏洞信息并收到成功的反馈信息后，就得到一个可传播的对象。

(2) 攻击。攻击模块自动攻击在步骤(1)中找到的对象，取得该主机的权限，一般为管理员权限。

(3) 现场处理。使计算机在被感染后保留一个后门以便发动分布式拒绝服务攻击。

(4) 复制。复制模块通过原主机和新主机的交互将蠕虫程序复制到新主机并激活。

计算机网络系统的建立是为了使多台计算机能够共享数据资料和外部资源，然而也给计算机蠕虫带来了更为有利的生存和传播的环境。在网络环境下，蠕虫可以按指数增长模式进行传染。蠕虫侵入计算机网络，可以导致计算机网络效率急剧下降，系统资源遭到严重破坏，短时间内造成网络系统的瘫痪。

2. 蠕虫传播的特性

蠕虫的传播主要在网络环境，所以蠕虫也称为网络蠕虫。在网络环境中，蠕虫表现出的特性主要体现在以下几个方面。

(1) 传播速度快。在单机上，病毒只能通过软盘或U盘等可移动存储介质从一台计算机传染到另一台计算机，而在网络中则可以通过网络通信机制，借助高速通信网络迅速扩散。由于蠕虫在网络中传染速度非常快，使其扩散范围很大，不但能迅速传染局域网内所有计算机，还能通过Internet将蠕虫在一瞬间传播到千里之外。

(2) 清除难度大。在单机中，再顽固的病毒也可通过删除带毒文件、低级格式化硬盘等措施将其清除，而网络中只要有一台主机未能杀毒干净，就可使整个网络重新全部被病毒感染，甚至刚刚完成杀毒工作的一台主机马上就能被网上另一台主机的病毒程序所传染。因此，仅对主机进行病毒清除不能彻底解决网络蠕虫的问题，而需要借助防火墙等安全设备进行管理。

(3) 破坏性强。网络中的蠕虫将直接影响网络的工作状态，轻则降低速度，影响工作效率，重则造成网络系统的瘫痪，破坏服务器系统资源，使系统数据毁于一旦。例如，目前在局域网中泛滥的ARP欺骗就属于蠕虫。

(4) 功能不断扩展。之前的蠕虫主要攻击单一的操作系统实施某一攻击功能，但目前的一些网络蠕虫能够同时针对Linux和Windows操作系统，将挖掘加密货币、僵尸网络和勒索软件功能结合在一个自我扩展的蠕虫软件包中，实施更广泛、更复杂的攻击行为。

6.3.2 蠕虫的分类和主要感染对象

蠕虫的最重要特征是它本身就是一个独立的个体，不需要依附于其他程序，而且自身能够进行复制和传播，同时它以网络作为传播途径来感染计算机。

1. 蠕虫的分类

将"蠕虫"称为"蠕虫病毒"，是因为蠕虫具有病毒的一些共性，如传播性、隐蔽性、破坏性等。同时，蠕虫不同于其他的病毒，是因为它具有自己的一些特征，如不利用文件寄生(即没有宿主程序)，在IP网络中利用系统的漏洞进行扫描和入侵，导致网络被阻塞，以及与黑客技术相结合对网络进行攻击等。另外，从破坏性上看，由于蠕虫利用了现代计算机网络的特点，可以在很短时间内蔓延到整个网络，造成网络瘫痪。所以，蠕虫的破坏性是其他病毒所无法比拟的。

根据蠕虫对系统进行破坏的过程，可以将蠕虫分为两类：一类是利用系统漏洞进行攻击，对整个网络(包括企业内部网络和互联网)产生威胁，可造成网络瘫痪，主要有红色代码、尼姆达、SQL蠕虫王等；另一类是通过电子邮件及恶意网页的形式进行，主要针对个人用户，主要有爱虫病毒、求职信病毒等。其中，前者具有很大的主动攻击性和突发性，但由于它主要利用系统的漏洞对网络进行破坏，所以这类蠕虫的清除和防范并不困难；后者的传播方式比较复杂和多样，多利用 Microsoft 应用程序的漏洞和社会工程学对用户进行欺骗和诱使，所以这类病毒较难完全根除。除这两类典型的蠕虫外，目前还存在着一类利用 TCP/IP 网络协议的缺陷而出现的蠕虫，如 ARP 欺骗、DHCP 欺骗等，这些内容已在本书第 5 章专门进行了介绍。

2. 蠕虫的感染对象

蠕虫一般不依赖于某一个文件，而是通过 IP 网络进行自身复制。例如，病毒的传染能力主要是针对计算机内的文件系统而言，而蠕虫的传染目标是网络内的所有主机，如局域网中的共享文件夹、电子邮件、恶意网页、存在一定漏洞的主机（多为服务器和交换机）等都是蠕虫传播的主选途径。

6.3.3 系统感染蠕虫后的表现

当蠕虫感染计算机系统后，表现为系统运行速度和上网速度均变慢；如果网络中有防火墙，防火墙会产生报警，等等。下面根据不同类型蠕虫的传播和破坏方式，分别介绍几类主要的蠕虫及系统感染该类蠕虫后的表现。

1. 利用系统漏洞进行破坏的蠕虫

此类蠕虫主要有尼姆达、红色代码、SQL 蠕虫王等，它们利用 Windows 操作系统中 IE 浏览器的漏洞（iframe execCommand）。当通过 Web 方式接收邮件时，感染了尼姆达病毒的邮件，即使用户不打开它的附件，该类病毒也能够被激活，进而对系统进行破坏；红色代码则是利用 Windows 操作系统中互联网信息服务（Internet Information Service，IIS）的漏洞（idq.dll 远程缓存区溢出）传播；而 SQL 蠕虫王是利用微软公司的 SQL Server 数据库系统的漏洞进行大肆攻击。

例如 2003 年 8 月 11 日开始出现的冲击波病毒，病毒运行时会不停地利用 IP 扫描技术寻找网络上 Windows 2000 或 Windows XP 系统的计算机，找到后就利用 DCOM RPC 缓冲区漏洞攻击该系统，一旦攻击成功，病毒体将会被传送到对方计算机中进行感染，使系统操作异常、频繁重启（见图 6-3），甚至导致系统崩溃。另外，该病毒还会对微软的一个升级网站进行拒绝服务攻击，导致该网站堵塞，使用户无法通过该网站升级系统。

再如 2004 年 5 月 1 日出现的震荡波病毒。震荡波病毒主要感染 Windows 2000/XP/2003 等操作系统的计算机，感染震荡波病毒的系统将开启上百个线程去攻击其他网上的用户，可造成机器运行缓慢、网络堵塞，并让系统不停地进行倒计时重启，如图 6-4 所示，其中毒现象非常类似于“冲击波”。

2. 通过网页进行触发的蠕虫

蠕虫的编写技术与传统的病毒有所不同，许多蠕虫是利用当前最新的编程语言与编程技术来编写的，而且同一蠕虫程序易于修改，从而产生新的变种，以逃避反病毒软件的搜索。现在大量的蠕虫用 Java、ActiveX、VB Script 等技术，多潜伏在 HTML 页面文件里，当打开相应的网页时则自动触发。

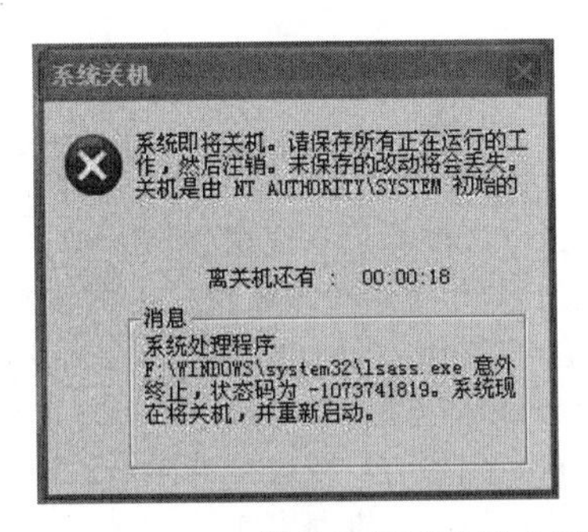

图 6-3　Windows 操作系统感染冲击波后显示的关机界面

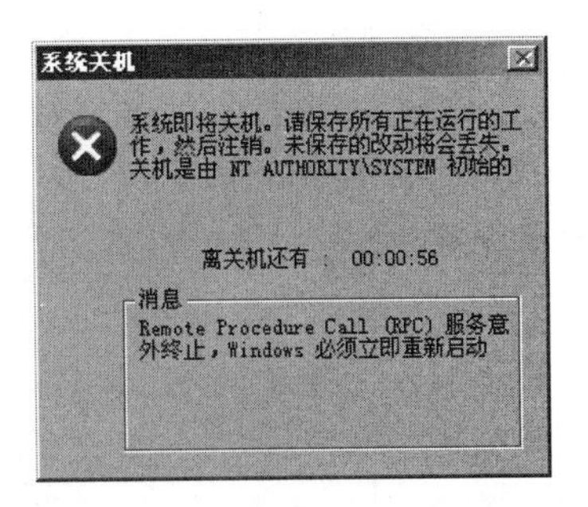

图 6-4　Windows 操作系统感染震荡波后显示的关机界面

3. 蠕虫与黑客技术相结合

现在的许多蠕虫不仅仅是单独对系统破坏，而是与黑客技术相结合，为黑客入侵提供必要的条件。例如，当系统感染“红色代码”后，在计算机的 Web 目录的\scripts 子目录下将生成一个 root.exe，利用该文件可以远程执行任何命令，从而使黑客能够再次进入。

另外，像“尼姆达”“求职信”等蠕虫可通过文件、电子邮件、Web 服务器、网络共享等多种途径进行传播。表 6-4 列出了一些主要的蠕虫及产生的损失情况。

表 6-4　一些主要蠕虫及产生的损失情况

蠕虫名称	发作时间	造成损失
莫里斯蠕虫	1988 年	这是世界上第一个蠕虫，造成 6000 多台计算机停机，直接经济损失达 9600 万美元
美丽杀手	1999 年	政府部门和一些大公司紧急关闭了网络服务器，经济损失超过 12 亿美元
爱虫病毒	2000 年	众多用户计算机被感染，损失超过 100 亿美元
尼姆达	2001 年	利用电子邮件、IIS、网上邻居等多种途径对网络产生阻塞，感染主机在 800 万台以上，造成经济损失 6 亿多美元
红色代码	2001 年 7 月	网络瘫痪，直接经济损失超过 26 亿美元，这也是首个黑客病毒
求职信	2001 年 12 月	大量病毒邮件堵塞服务器，损失超过 100 亿美元
SQL 蠕虫王	2003 年 1 月	网络大面积瘫痪，银行自动提款机运作中断，直接经济损失超过 26 亿美元
冲击波	2003 年	首个利用微软公司公布的系统漏洞发动恶性攻击的蠕虫，利用计算机网络在一夜之间造成 1000 多台主机感染，直接经济损失 100 亿美元
震荡波	2004 年	继冲击波后，利用微软公司公布的系统漏洞发动恶性攻击的另一个蠕虫，直接经济损失与冲击波发作时基本相当
熊猫烧香	2006 年	一款拥有自动传播、自动感染硬盘能力和强大破坏能力的蠕虫，它不但能感染系统中 exe、com、pif、src、html、asp 等文件，它还能终止大量的反病毒软件进程并且删除扩展名为 gho 的文件
扫荡波	2008 年	被攻击的计算机会下载并执行一个“下载者病毒”，而“下载者病毒”还会下载“扫荡波”，同时再下载一批游戏盗号木马，被攻击的计算机再向其他计算机发起攻击，如此向互联网中蔓延开来

续表

蠕虫名称	发作时间	造成损失
震网(Stuxnet)	2010年6月	一种由美国和以色列联合研发的计算机蠕虫病毒，目的在于破坏伊朗的核武器计划。作为世界上首个网络“超级破坏性武器”，震网的计算机病毒已经感染了全球超过45000个网络，伊朗遭到的攻击最为严重，60%的个人计算机感染了这种病毒
QQ群蠕虫病毒	2011年	一种利用QQ群共享漏洞传播流氓软件和劫持IE主页的恶意程序，QQ群用户一旦感染了该蠕虫，便会向其他QQ群内上传该病毒，以“一传十，十传百”的方法扩散开来
Conficker	2016年	一种针对Windows操作系统的计算机蠕虫，其最早的版本出现在2008年秋季。Conficker作为一种“感染”工具，其传播主要通过运行Windows系统的服务的缓冲区漏洞。不过当Conficker蠕虫接收来自CC服务器的指令时，还可以下载其他恶意软件、窃取凭证或禁用安全软件
WannaCry（又称Wanna Decryptor）	2017年	一种“蠕虫式”的勒索病毒软件，由不法分子利用NSA(美国国家安全局)泄露的危险漏洞“EternalBlue”(永恒之蓝)进行传播。WannaCry利用Windows操作系统445端口存在的漏洞进行传播，并具有自我复制、主动传播的特性。被该勒索软件入侵后，用户主机系统内的图片、文档、音频、视频等几乎所有类型的文件都将被加密，加密文件的后缀名被统一修改为.WNCRY，并会在桌面弹出勒索对话框，要求受害者支付价值数百美元的比特币到攻击者的比特币钱包，且赎金金额还会随着时间的推移而增加
GandCrab	2018年	该蠕虫利用多种方式对企业网络进行攻击传播，受感染主机上的数据库、文档、图片、压缩包等文件将被加密
Emotet、Ryuk和TrickBot	2019年	一组联合攻击方式，通过Emotet分发TrickBot，并利用TrickBot窃取数据和下载Ryuk勒索软件。一旦此恶意软件成功渗透，它将收集个人数据、密码、邮件文件、浏览器数据、注册表项等信息，可以使攻击者访问个人和企业银行账户、个人或与工作相关的电子邮件通信、个人和业务数据等

6.3.4 蠕虫的防范方法

如果说病毒的清除是当务之急，那么病毒的防范则是居安思危。防患于未然是每一位网络管理人员应该养成的良好习惯。本节将具体介绍蠕虫的防范方法。

1. 更新系统补丁

更新系统补丁的目的之一是堵住系统的漏洞。前面介绍的“SQL蠕虫王”“冲击波”和“震荡波”病毒都是利用系统存在的不同漏洞来入侵并发作的，所以及时更新补丁对于防范蠕虫是非常重要的。

针对Windows操作系统的漏洞，各类杀病毒软件一般都提供了漏洞扫描功能，同时也有一些专门的漏洞扫描软件。但是，最有效和方便的方法是利用Windows操作系统自带的Windows Update补丁管理工具为系统安装补丁程序。对于企业用户，可以部署Windows

Server 更新服务补丁更新服务器，为局域网内部的计算机统一更新系统补丁。

Windows Update 分为在线更新和自动更新两种方法。其中，在线更新需要将安装补丁程序的计算机接入 Internet，在 IE 浏览器中输入微软公司补丁程序网站的地址 http://windowsupdate.microsoft.com，或在 IE 浏览器中选择“工具”菜单下的“Windows Update”打开在线更新功能。当用户打开在线更新功能时，系统会把自己的相关信息上传至补丁程序更新网站，然后网站根据收到的系统信息判断系统有哪些补丁程序还没有安装，并且将结果以列表的形式显示出来，如图 6-5 所示。用户可以在该列表中选择要安装的补丁程序。

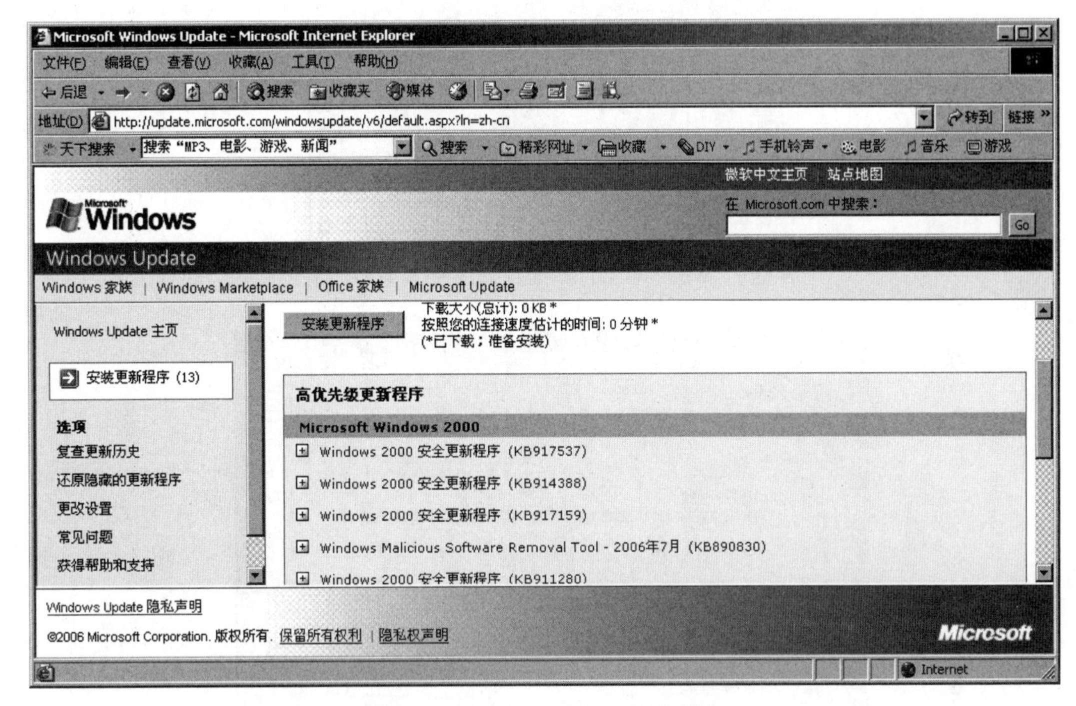

图 6-5　Windows Update 更新列表

对于单位的网络管理人员，由于管理的机器较多，可能忘记给每一台机器及时安装补丁程序，这时就可以使用自动更新功能。Windows Update 自动更新功能的使用方法为：选择“开始→设置→控制面板→自动更新”，在打开的如图 6-6 所示的对话框中进行配置，其中需要选择“自动(推荐)”可选项，然后在下方的下拉列表中选择自动更新的时间。一般建议系统“每天”都要进行更新，但更新的时间可以放在机器和网络都比较空闲的时候，如夜里“1：00”。这样，系统会在用户指定的时间自动到 Windows Update 网站下载并安装最新的补丁程序。

除自动更新之外，系统还提供了“下载更新”和“下载通知”两个功能。如图 6-6 所示，如果选择了“下载更新，但是由我来决定什么时候安装”一项，系统会随时到 Windows Update 网站下载补丁程序，之后会提示用户是否要安装该补丁程序；当选择了“有可用下载时通知我，但是不要自动下载或安装更新”一项时，如果 Windows Update 网站有新的补丁发布，系统会提示用户来下载并安装该补丁程序，如图 6-7 所示。用户可以选择“快速安装”，安装所有的补丁程序，也可以选择“自定义安装”安装部分补丁程序。

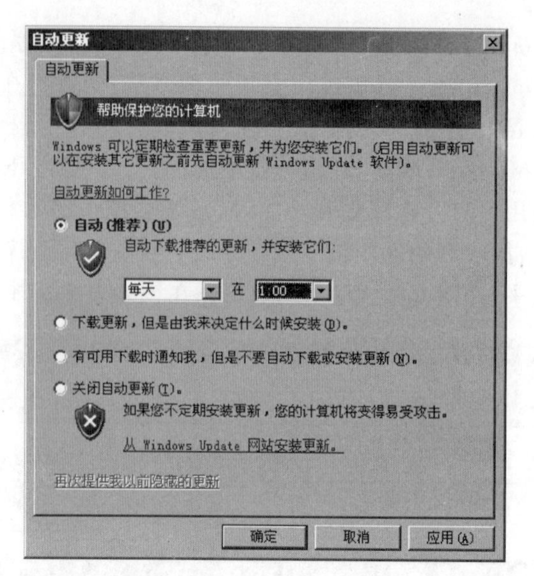

图 6-6　Windows Update 的自动更新配置对话框

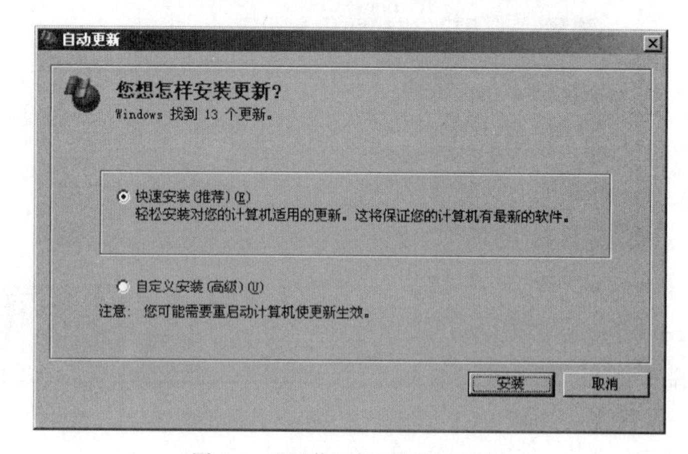

图 6-7　“下载通知”操作对话框

2. 加强对系统账户名称及密码的管理

现在的一些蠕虫已经具备了黑客程序的一些功能，有些蠕虫会通过暴力破解的方法获得系统管理员的账户名称和密码，从而以系统管理员身份入侵系统，并对其进行破坏。为此，我们必须加强对系统管理员账户及密码的管理。

Windows 2000/XP 及以上版本的操作系统，默认的系统管理员账户名称为 Administrator，为了防止蠕虫轻而易举地获得该账户名称，建议用户将 Administrator 进行重命名（如 Admin-jsnj），如图 6-8 所示。

为了提高系统的安全性，Windows Server 2003 及以上版本的服务器操作系统对账户密码设置进行了严格要求，但 Windows 个人桌面操作系统并没有提供此功能。为此，对于 Windows 个人计算机，必须加强对账户密码的管理。对于密码的设置，建议使用“四维空间”规则，“四维空间”分别为小写字母、大写字母、数字和特殊字符（如 &、/等）4 类符号，即每个账户的密码中应同时包括这 4 类符号，同时密码的长度应在 8 位以上。

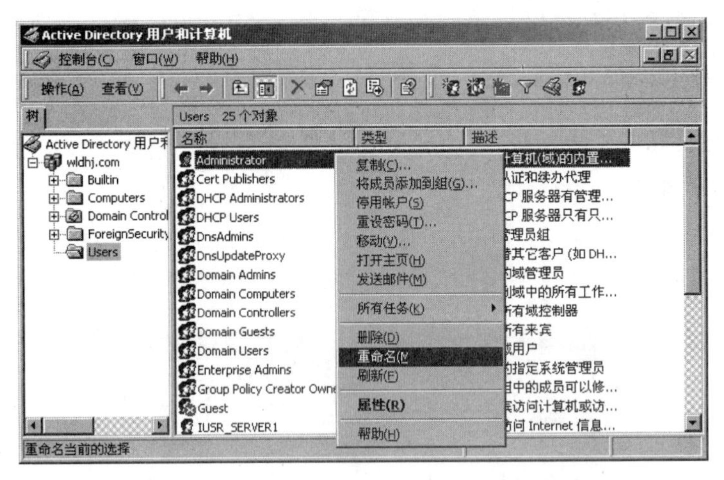

图 6-8 对 Administrator 进行重命令操作

据相关数字统计，一个密码前 6 位的安全性是非常重要的。为此，建议用户在设置密码尤其是系统管理员账户的密码时，其前 6 位一定要使用“四维空间”规则。

另外，如果没有特殊要求，建议不要在系统中创建太多的账户，尤其是与 Administrator 具有相同权限的管理员账户。对于 Guest 账户，在不需要的时候可将其停用或直接删除。但是，有些时候 Guest 账户是不能停用的，如设置了文件共享时，就需要 Guest 账户，否则其他用户将无法访问该共享文件。

对于 Administrator 和 Guest 账户，除设置较为复杂的密码外，还有一个方法能够让 Administrator 和 Guest 调换其身份。具体方法是选择“开始→运行”，在打开的对话框中输入“gpedit. msc”，单击“确定”按钮后，在打开的“组策略”窗口中选择“Windows 设置→安全设置→本地策略→安全选项”，在右侧窗口中将显示“重命名来宾账户”和“重命名系统管理员账户”两项，如图 6-9 所示。

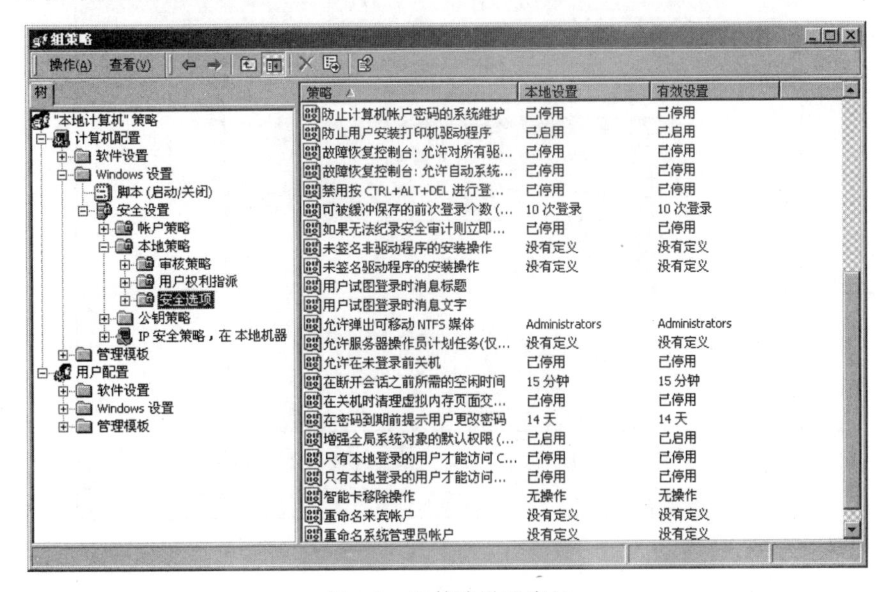

图 6-9 组策略设置窗口

利用这两个策略，用户可以把系统管理员 Administrator 的账户名称更改为 Guest，而将 Guest 账户的名称更改为 Administrator。通过这样的设置，就会给蠕虫设置一个陷阱，即使有蠕虫获得了 Administrator 的密码，当其入侵系统后也只能从事 Guest 账户的操作，对系统产生的危害相应要小一些。

3. 取消共享连接

文件和文件夹共享及 IPC(Internet Process Connection)连接是蠕虫常用的入侵途径。所以，为了防止蠕虫入侵，建议关闭不需要的共享文件或文件夹以及 IPC，如图 6-10 所示。

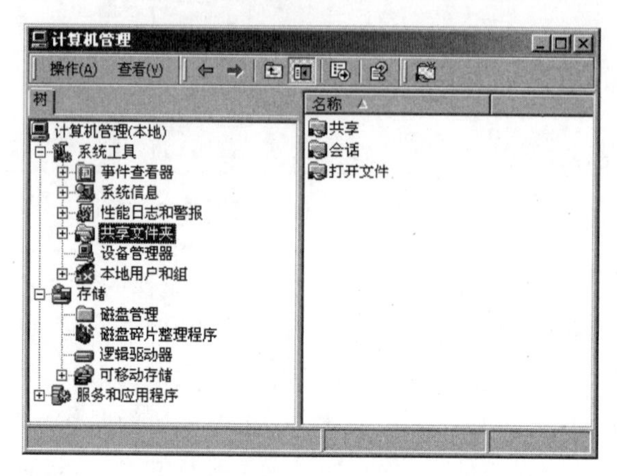

图 6-10 显示已存在的共享设置

具体方法如下。选择“开始→运行”，在打开的对话框中输入“services. msc”命令，单击“确定”按钮，打开“服务”窗口。在该窗口中找到“Server”服务，右击，在出现的快捷菜单中选择“停止”项，将打开如图 6-11 所示的对话框。单击“是”按钮，将关闭所有的共享服务，这样原来在如图 6-10 中所示的共享连接将无法使用。

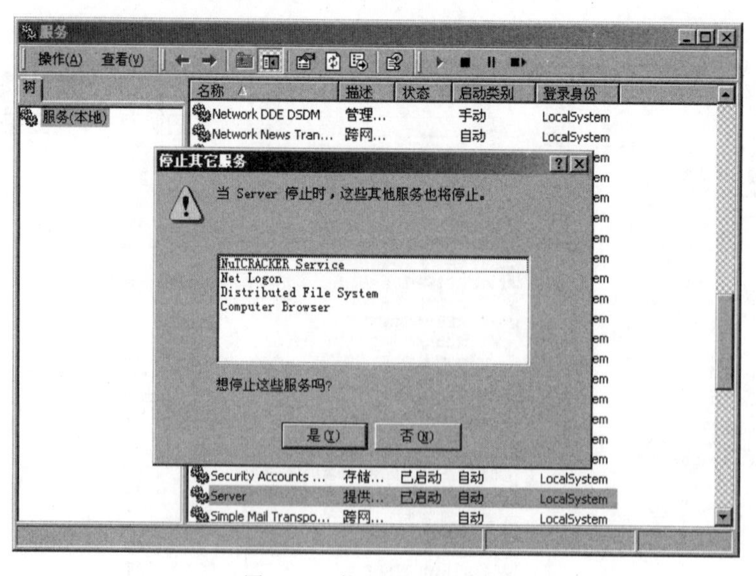

图 6-11 停止 Server 服务

在局域网中如果确实要通过共享访问某些资源，这时可以通过设置访问者及其权限增强其安全性。打开共享设置对话框（见图 6-12），单击“权限”按钮，将打开如图 6-13 所示的对话框。其中，系统默认每一个用户（Everyone）都能够访问该共享资源，而且访问权限是“完全控制”。为了加强共享的安全性，可以将 Everyone 账户删除，然后单击“添加”按钮，添加允许访问该共享资源的用户名，同时可以根据用户实际需求来设置相应的权限。例如，只需要通过网络访问该共享文件夹下的文件时，可以将权限设置为“读取”即可。

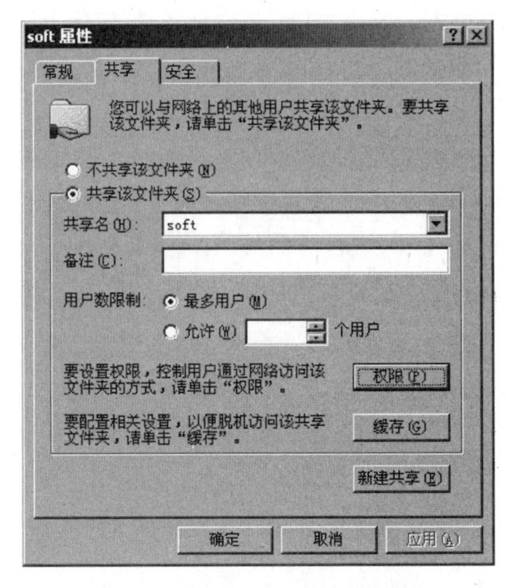

图 6-12　设置文件夹的共享属性

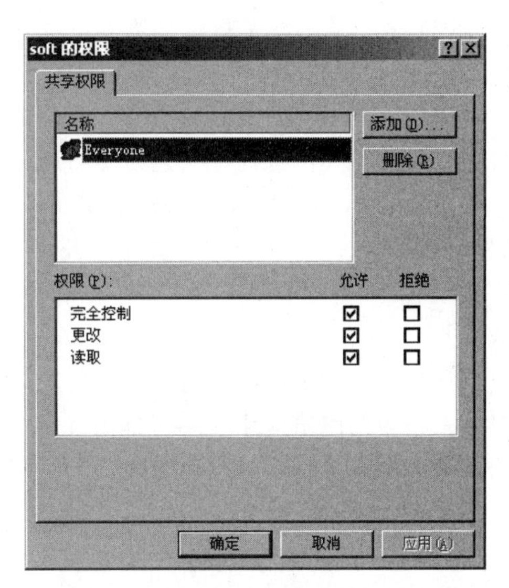

图 6-13　设置访问者的账户名称和权限

另外，由于一些蠕虫直接利用脚本语言来编写，所以为了避免蠕虫的入侵，可以删除基于窗口和命令行的两个脚本解释器 WScript. exe 和 CScript. exe，这部分内容将在 6.4 节进行介绍。同时，为了防止蠕虫通过 IE 浏览器入侵用户的系统，可以在 IE 安全设置中将 Active X 控件和 Java 脚本删除。还有，像“冲击波”和“震荡波”等利用端口进行入侵和传播的蠕虫，可以在防火墙上关闭其端口，如 TCP 135、TCP 4444、UDP 69、TCP 5554、TCP 445、TCP 9996 等。

6.4　脚本病毒的清除和防范方法

视频讲解

脚本（Script）是使用一种特定的描述性语言，依据一定的格式编写的可执行文件，又称为宏或批处理文件。脚本通常可以由应用程序临时调用并执行。因为脚本不仅可以减小网页的规模和提高网页浏览速度，而且可以丰富网页的表现（如动画、声音等），所以各类脚本目前被广泛地应用于网页设计中。也正因为脚本的这些特点，所以往往被一些别有用心的人所利用。例如，在脚本中加入一些破坏计算机系统的命令或直接植入木马等，这样当用户浏览网页时，一旦调用这类脚本，便会使用户的系统受到攻击。本节将介绍脚本病毒的特征和防范方法。

6.4.1 脚本的特征

脚本语言能够嵌入 HTML 文件中,同时具有解释执行功能。根据脚本语言的工作原理,可以将其分为两大类:服务器端脚本和客户端脚本。

(1) 服务器端脚本是指由 Web 服务器负责解释执行的脚本,客户端的浏览器只需要显示服务器端的执行结果。ASP、PHP 和 JSP 是常用的服务器端脚本语言。

(2) 客户端脚本是指由浏览器负责解释执行的脚本。常见的客户端脚本语言有 Visual Basic Script(简称为 VBS)语言和 Java Script(简称为 JS)语言。

Visual Basic Script 语言是在 Microsoft Visual Basic 语言的基础之上开发的能够嵌入 HTML 的脚本语言,其特点是易学易用;而 Java Script 是一种基于对象(Object)和事件驱动(Event Driven)的并具有安全性能的脚本语言。Java Script 主要用于 HTML 页面,其源码可直接嵌入 HTML 中。用 Java Script 编写的程序不必在运行前编译,它可以直接写入 Web 页面中,并由调用它的浏览器来解释执行,以降低客户端的响应时间,提高其运行效率。

正是由于脚本语言具有以上的特征,所以现在大量的 Web 页面都嵌入了脚本语言,同时越来越多的网络应用使用脚本语言编写。也正是如此,一些别有用心的用户便使用脚本语言来编辑病毒程序(即脚本病毒),并通过网络进行传播。

6.4.2 脚本病毒的特征

脚本病毒主要是由 Visual Basic Script 语言和 Java Script 语言编写的计算机病毒,可以直接添加到同类的程序代码(如 HTML)中,通过调用 Windows 组件或对象,直接对注册表、文件系统进行操作。

脚本病毒的传播途径比较多,由于 Visual Basic Script 和 Java Script 编写的代码可以直接插入 HTML 文件中,同时浏览器也直接支持对这两种语言所编写的代码的解释,所以脚本病毒多通过 Web 页面进行传播,也可以经常插入电子邮件的附件或通过局域网的共享设置来传播。总的来说,脚本病毒具有以下特点。

(1) 编写简单。即使一个以前对病毒一无所知的用户,只要略懂得 HTML、Visual Basic Script 和 Java Script 语言的编写方法,就可以在很短的时间里编写出一个新型病毒来。例如,下面就是一段通过使用脚本语言显示当前时间的代码。用户只需要使用任何一个文本编辑器输入这段代码,并将其保存为以 HTML 为扩展名的文件,当利用浏览器打开时就会直接执行,结果如图 6-14 所示。

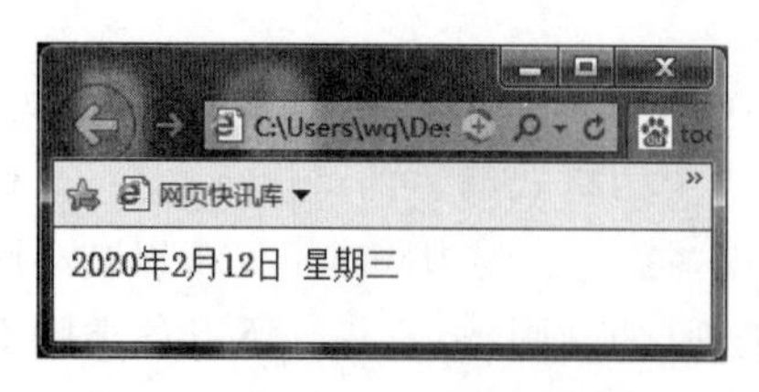

图 6-14 一个显示当时时间的脚本

```
<tr><TD width=210 align="center"><font color="#0000FF">
<SCRIPT language=JavaScript>
today=new Date();
```

```
function initarray(){
this.length = initarray.arguments.length
for(var i = 0;i < this.length;i++)
this[i + 1] = initarray.arguments[i] }
var d = new initarray(
" 星期日 ",
" 星期一 ",
" 星期二 ",
" 星期三 ",
" 星期四 ",
" 星期五 ",
" 星期六 ");
document.write(
today.getFullYear(),"年",
today.getMonth() + 1,"月",
today.getDate(),"日",
d[today.getDay() + 1]);
</SCRIPT>
</font></TD></tr>
```

(2) 破坏力大。脚本病毒的破坏力不仅表现在对用户的系统文件的破坏，还可以使邮件服务器崩溃，网络发生严重阻塞。

(3) 感染力强。由于脚本是直接解释执行，同时它不像其他病毒那样需要做复杂的文件格式处理，因此脚本病毒可以直接通过自我复制的方式感染其他同类文件。

(4) 病毒源代码容易被获取，且变种较多。由于VBS和JS病毒直接解释执行，其源代码的可读性非常强，即使病毒源代码经过加密处理，其源代码的获取还是比较简单。因此，这类病毒变种比较多，稍微改变一下病毒的结构，或者修改一下特征值，就会使很多杀毒软件一时无法发现它。

(5) 欺骗性强。脚本病毒为了能够迷惑用户得以运行，往往会对自己进行必要的伪装。例如，有些插入电子邮件附件中的脚本病毒，它会使用像“.jpg.vbs”的后缀名，由于Windows操作系统在默认情况下不会显示后缀名，这样用户看到的将是一个jpg图片文件。

正因为以上几个特点，脚本病毒的发展异常迅速，许多新型脚本病毒层出不穷。

6.4.3 脚本病毒的防范方法

脚本病毒一般通过电子邮件的附件，局域网共享和HTML、ASP、JSP、PHP网页等方式传播。在传播过程中，脚本病毒具有以下特点。

(1) 运行时需要FileSystemObject(文件系统对象)的支持。

(2) 运行时需要通过Windows脚本宿主(Windows Scripting Host，WSH)解释执行。

(3) 运行时需要其关联程序文件WScript.exe的支持。

(4) 当通过网页传播时需要ActiveX控件的支持。

(5) 当通过电子邮件传播时需要Outlook的支持。

在掌握了以上脚本病毒的传播途径后，下面介绍几类脚本病毒的防范方法。

1. 网页脚本病毒的防范

根据微软公司权威软件开发指南 MSDN(Microsoft Developer Network)的定义,ActiveX 控件以前也叫作 OLE 控件或 OCX 控件,它是一些软件组件或对象,可以将其插入 Web 网页或其他应用程序中。

在互联网上,ActiveX 控件软件的特点是:一般软件需要用户单独在操作系统上进行安装,而 ActiveX 控件是当用户浏览到特定的网页时,Internet Explorer 浏览器即可自动下载并提示用户安装。ActiveX 控件安装的一个前提是必须经过用户的同意或确认,如图 6-15 所示。

此站点可能需要下列ActiveX 控件:来自'Beijing 3721 Technology Co., Ltd'的'中文上网 升级包,升级电脑的中文搜索功能,并帮助您屏蔽恶意网站、修复IE、拦截弹出广告(点...'。单击此处安装...

图 6-15 系统提示是否安装 ActiveX 控件

ActiveX 插件技术是国际上通用的基于 Windows 平台的软件技术,除了网络实名插件之外,许多软件均采用此种方式开发,如 Flash 动画播放插件、Microsoft Media Player 插件等。

当通过 Internet 发行软件时,软件的安全性是一个非常引人关注的问题,IE 浏览器通过以下方式保证 ActiveX 插件的安全。

(1) ActiveX 使用了两个补充性的策略:安全级别和证明,以追求进一步的软件安全性。

(2) 微软公司提供了一套工具,可以用来增加 ActiveX 对象的安全性。

(3) 通过微软公司的验证代码工具,可以对 ActiveX 控件进行签名,告诉用户你的确是控件的作者而且没有他人篡改过这个控件。

(4) 为了使用验证代码工具对组件进行签名,必须从证书授权机构获得一个数字证书。证书包含表明特定软件程序是正版的信息,这确保了其他程序不能再使用原程序的标识。证书还记录了颁发日期。当用户试图下载软件时,Internet Explorer 会验证证书中的信息,以及当前日期是否在证书的截止日期之前。如果在下载时该信息不是最新的和有效的,Internet Explorer 将显示一个警告。

(5) 在 Internet Explorer 默认的安全级别中,ActiveX 插件安装之前,用户可以根据自己对软件发行商和软件本身的信任程度,选择决定是否继续安装和运行此软件(见图 6-15)。

网络实名插件使用了国际权威安全厂商 Verisign 颁发的数字证书进行签名,因此可以确保网络实名插件的真实性和安全性。

网络实名插件通过微软公司的 ActiveX 技术进行安装,单击弹出窗口中的"详细信息"按钮后,微软公司已经告诉用户应该了解的信息(包括数字证书的发行商、有效期、所有者等),并根据用户单击"是"或"否"按钮决定是否安装插件。网络实名插件安装时的弹出窗口是 ActiveX 标准的安装界面,是由 Windows 控制的,只能通过单击上面的链接查看软件详细介绍和使用许可协议等信息。

从组成来看,ActiveX 既包含服务器端技术,也包含客户端技术,其主要内容如下。

(1) ActiveX 控制(ActiveX Control),用于向 Web 页面、Office Word 等支持 ActiveX

的容器(Container)中插入 COM 对象。

(2) ActiveX 文档(ActiveX Document),用于在 Web 浏览器(主要是 Internet Explorer)或其他支持 ActiveX 的容器中浏览复合文档(非 HTML 文档),如 Office Word 文档、Office Excel 文档或用户自定义的文档等。

(3) ActiveX 脚本描述(ActiveX Scripting),用于从客户端或服务器端操纵 ActiveX 控制和 Java 程序,传递数据,协调它们之间的操作。

(4) ActiveX 服务器框架(ActiveX Server Framework),提供了一系列针对 Web 服务器应用程序设计各个方面的函数及其封装类,如服务器过滤器、HTML 数据流控制等。

Internet Explorer 中内置了 Java 虚拟机(Java Virtual Machine),从而使 Java Applet 能够在 Internet Explorer 上运行,并可以与 ActiveX 控制通过脚本描述语言进行通信。

从上面 ActiveX 的工作原理可以看出,网页脚本病毒与 ActiveX 控件之间存在着一种依赖关系,如果用户在技术上保证了 ActiveX 的安全,也就保证了网页的安全。其实,用户只需要对 Internet Explorer 自带的安全属性进行必要的配置就可以阻止网页脚本病毒的侵扰。具体配置方法如下。在桌面上右击"Internet Explorer",在出现的快捷菜单中选择"属性",将打开如图 6-16 所示的对话框。单击"自定义级别"按钮,在打开的如图 6-17 所示的对话框中设置 ActiveX 控件和插件的属性。从安全角度考虑,对不安全的控件和插件全部设置为"禁用",同时将"安全级"设置为"高"。

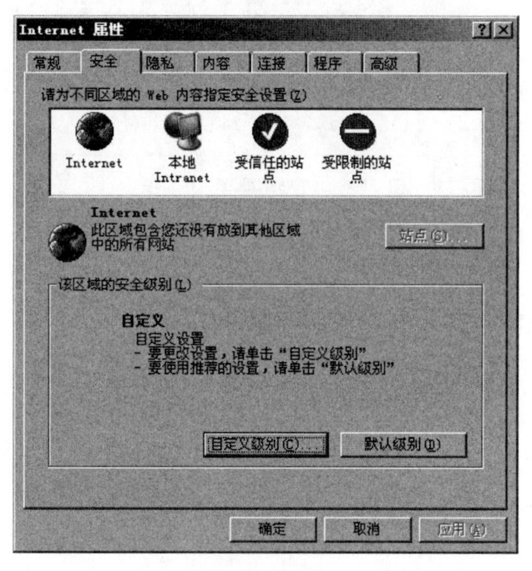

图 6-16　"Internet 属性"对话框

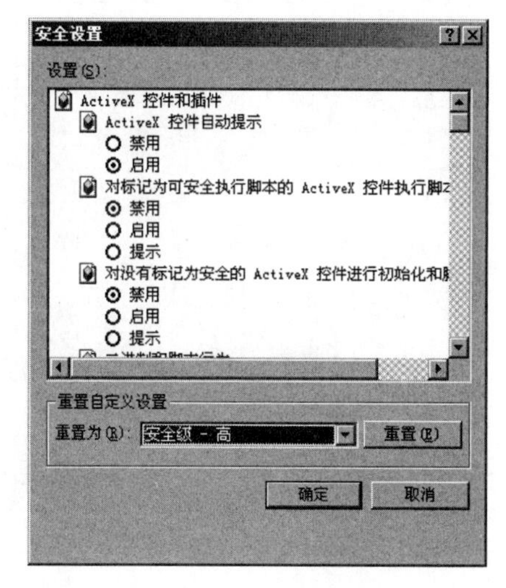

图 6-17　设置 ActiveX 控件和插件

如果我们将下载 ActiveX 控件和插件的功能全部设置为"禁用",这样即使我们浏览了带有脚本病毒的网页,但由于 Internet Explorer 无法解析和执行这些 ActiveX 控件,这样病毒将找不到执行自身的程序,从而避免了脚本病毒入侵网页。

需要注意的是,如果我们禁用了 ActiveX 控件,这时当用户浏览带有 ActiveX 控件的网站时,将无法查看和使用一些脚本语言实现的特效。这时,就需要在应用功能与安全之间进行必要的选择。

2. 局域网中脚本病毒的防范

大多数单位组建局域网的主要目的是实现资源共享，而局域网中的资源共享是大多数脚本病毒传输的首选途径。同时，局域网中的脚本病毒很难完全清除，只要有一台计算机未彻底地清除病毒，就会使局域网中的清除病毒工作前功尽弃，当这台未清除病毒的计算机接入局域网后，病毒就会利用网络很快传播开来。

局域网中脚本病毒入侵的方法很简单，脚本病毒主要是利用共享资源的“可写”属性，将病毒文件放入共享文件夹，或添加到共享文件夹中的文件中。所以，在局域网中预防脚本病毒的方法主要是取消对共享资源的“可写”属性，将其修改为“只读”，如图 6-18 所示。

另外，在局域网中传播的许多脚本病毒会将自己伪装成为脚本文件，如病毒文件 love. jpg 文件在传播之前为了避开杀病毒软件的扫描，便将其修改为双扩展名的文件 love. jpg. vbs，而脚本文件 *. vbs 系统默认是隐藏起来的，这样脚本病毒也就“骗过”了用户的检查。为此，在手工清除这类双扩展名的脚本病毒文件时，首先要取消系统默认的隐藏扩展名的设置。具体操作方法如下。在打开的文件夹中，选择“工具→文件夹选项→查看”，在打开的如图 6-19 所示的对话框中，取消对“隐藏已知文件类型的扩展名”的选取，然后单击“确定”按钮即可。

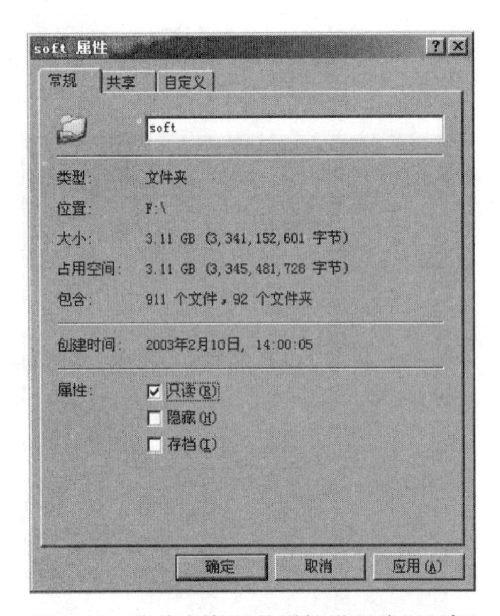

图 6-18　将共享资源的属性设置为“只读”

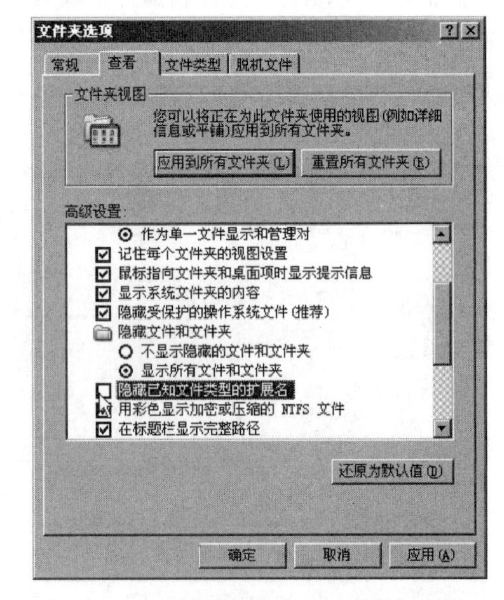

图 6-19　取消对“隐藏已知文件类型的扩展名”的选取

由于脚本病毒在局域网中会利用邮件附件进行传播，所以在局域网中使用邮件系统时，对于来路不明的邮件，建议不要随意打开其附件，否则会导致脚本病毒入侵并破坏用户的计算机系统。对于局域网用户，一个良好的习惯是在打开邮件的附件之前，首先将附件下载到指定的磁盘上，然后再利用杀毒软件对其进行查毒操作，在确认附件没有感染病毒后再打开。

目前在市面上销售的杀毒软件，只要用户能够及时更新病毒库，一般都能够清除各类脚本病毒(同时也包括其他的计算机病毒)。

6.5　木马的清除和防范方法

特洛伊木马(简称为“木马”,英文为 Trojan)由于不感染其他的文件,也不破坏计算机系统,同时也不进行自我的复制,所以不具备传统计算机病毒的特征。由于目前市面上的杀毒软件一般都直接支持对木马的查杀,所以大家习惯于将木马称为“木马病毒”。

6.5.1　木马的特征和类型

在恶意代码家族中,木马主要用来远程控制和窃取用户隐私信息,它同时具有计算机病毒和后门程序的特征。

1. 木马的特征

一般的木马程序包括客户端和服务器端两个程序,其中客户端用于攻击者远程控制植入木马的计算机(即服务器端),而服务器端即是植入木马程序的远程计算机。当木马程序或带有木马的其他程序执行后,木马首先会在系统中潜伏下来,并修改系统的配置参数,每次启动系统时都能够实现木马程序的自动加载。有时,木马程序会修改某一类型文件的关联,从而使木马的潜伏变得更加容易,并不易被用户发现。如图 6-20 所示,运行木马的客户端和服务器端在工作方式上属于客户端/服务器模式(Client/Server,C/S),其中,客户端在本地主机执行,用来控制服务器端;而服务器端则在远程主机上执行,一旦执行成功,该主机就中了木马,就可以成为一台服务器,可以被控制者远程管理。

木马通常采取如图 6-21 所示的方式实施攻击:配置木马(伪装木马)→传播木马(通过文件下载或电子邮件等方式)→运行木马(自动安装并运行)→信息泄露→建立连接→远程控制。

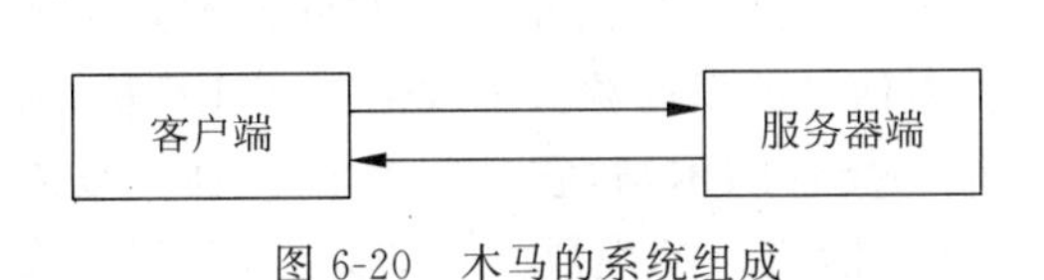

图 6-20　木马的系统组成

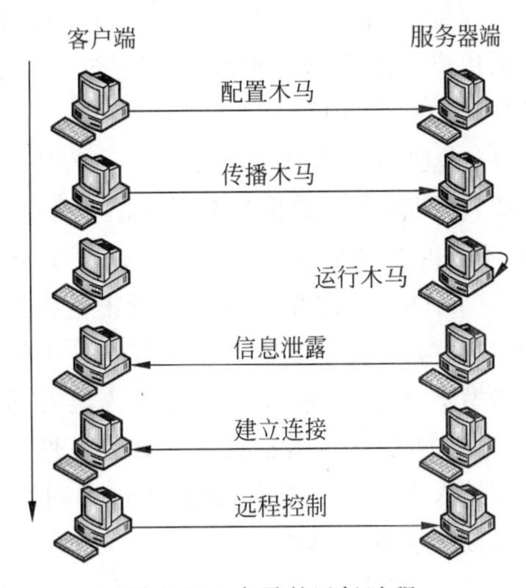

图 6-21　木马的运行过程

目前,木马入侵的主要途径是通过电子邮件的附件或文件下载等方式,将木马程序复制到用户的计算机中,然后通过修改系统配置文件或故意误导用户(如谎称有人给你送贺卡)

使木马程序悄悄地在后台执行。一般的木马程序只有几千字节到几万字节的大小，所以当木马程序隐藏在正常的文件中后用户一般很难发现。

木马也可以通过脚本、ActiveX及ASP.CGI交互脚本的方式植入，由于IE浏览器在执行脚本时存在一些漏洞，这就为攻击者植入木马提供了便利。例如，曾出现过一个利用微软公司的Scripts脚本漏洞对用户的硬盘进行格式化的HTML页面。

2. 常见木马的种类

从木马程序产生以来，不但其隐蔽性得到加强，而且木马的编写和控制技术及功能也在不断加强。从总体来看，可以对目前已发现的木马程序进行如下分类。

(1) 远程控制型木马。远程控制型木马一般集成了其他木马和远程控制软件的功能，实现对远程主机的入侵和控制，包括访问系统的文件、截取主机用户的私人信息(包括系统账号、银行账号等)。在木马家族中，远程控制型木马是数量最多的一种，也是危害最大的一种，它可以让攻击者完全控制已植入木马的主机，从事一些甚至连本地用户本身都不能顺利进行的操作。大家熟知的“冰河”就是一个远程控制型木马，当服务器端程序运行时，客户端只要能够知道服务器端的IP地址，就能方便地实现远程控制，从事键盘记录、上传和下载信息、修改注册表等操作。

(2) 密码发送型木马。密码发送型木马是专门为了窃取别人计算机上的密码而编写的，木马一旦被执行，就会自动搜索内存、Cache、临时文件夹以及其他各种包含有密码的文件，如Windows Server操作系统的SAM文件中保存的Administrator账户密码等。一旦搜索到有用的密码，木马就会利用免费的电子邮件服务将密码发送到指定的邮箱，从而达到非法窃取别人计算机上密码的目的。这种木马的设计目的是找到所有的隐藏密码并且在用户不知道的情况下把密码发送到指定的邮箱。

(3) 键盘记录型木马。键盘记录型木马的设计目的主要是用于记录用户的键盘敲击，并且在日志文件(log文件)中查找密码。该类木马分别记录用户在线和离线状态下敲击键盘时的按键信息。攻击者在获得这些按键信息后，很容易就会得到用户的密码等有用信息，包括用户可能在网上输入的银行账号。当然，在该类木马中，记录信息的返回一般也通过邮件发送功能来完成。

(4) 破坏型木马。破坏型木马的功能比较单一，即破坏已植入木马的计算机上的文件系统，轻则使重要数据被删除，重则使系统崩溃。破坏型木马的功能与计算机病毒有些相似，不同的是破坏型木马的激活是由攻击者控制的，并且传播能力也比病毒慢。

(5) DoS攻击型木马。随着拒绝服务(DoS)和分布式拒绝服务(DDoS)攻击越来越广泛的应用，与之相伴的DoS攻击型木马也越来越流行。当黑客入侵了一台主机并植入了DoS攻击型木马，那么这台主机就成为黑客进行DoS攻击的最得力助手。黑客控制的主机越多，发起的DoS攻击也就越具有破坏性。由此可以看出，DoS攻击型木马的危害不是体现在被植入木马的主机上，而是攻击者利用它作为攻击信息的发起源头来攻击其他计算机，从而使被攻击的计算机瘫痪。另外，还有一种称为邮件炸弹的木马，它有些类似于DoS攻击型木马，一旦某台主机被植入并运行了木马，木马就会随机自动生成大量的邮件，并将其发送到特定的邮箱中，直到对方的邮件服务器瘫痪为止。

(6) 代理型木马。在计算机网络中，代理是一种被广泛使用的技术。所谓代理，其实就是一个跳板或中转，即两台主机之间的通信必须借助另一台主机(该主机在网络中称为代理服务器)完成。代理型木马被植入主机后,像 DoS 攻击型木马一样,该主机本身不会遭到破坏。其实,代理型木马这样做的初衷就是掩盖自己的足迹,谨防别人发现自己的身份。通过代理型木马,攻击者可以在匿名的情况下使用 Telnet 远程登录程序以及 ICQ、QQ、IRC 等即时信息程序,从而隐蔽自己的踪迹。

(7) FTP 木马。FTP 木马使用了网上广泛应用的 FTP 功能,通过 FTP 使用的 TCP 21 端口实现主机之间的连接。现在新型的 FTP 木马还加上了密码功能,这样只有攻击者本人才知道正确的密码,从而进入对方的计算机。FTP 木马是出现比较早的一类木马。

(8) 程序杀手木马。程序杀手木马的功能就是关闭对方计算机上运行的某些程序(多为专门的防病毒或防木马程序),让其他的木马安全进入,实现对主机的攻击。

(9) 反弹端口型木马。反弹端口型木马主要是针对防火墙而设计的。防火墙一般将网络分为内、外两部分,其主要目的是保护内网资源。所以防火墙会对从外网进入内网的数据包进行严格的分析和过滤,而对从内网发往外网的数据包不做较多的处理。而木马的工作原理与防火墙正好相反,一般情况下,木马的攻击多由客户端发起,所以当被攻击者位于防火墙的内部时,位于外网的客户端将无法与位于内网的服务器端建立连接。针对这类情况,便出现了反弹端口型木马。反弹端口型木马的服务器端使用主动端口,客户端使用被动端口。木马定时监测控制端的存在,发现控制端可以连接后便立即弹出端口主动连接控制端打开的主动端口。多数反弹端口型木马被动端口设置为 80 端口以避开用户使用端口扫描软件发现木马的存在。很显然,防火墙一般是不会封闭 80 端口的,否则所有的 Web 页面将无法打开。

(10) 硬件木马。硬件木马是指插入原始电路的微小的恶意电路。这种电路潜伏在原始电路之中,在电路运行到某些特定的值或条件时,使原始电路发生本不该有的情况。这种恶意电路可对原始电路进行有目的性的修改,如泄露信息给攻击者,使电路功能发生改变,甚至直接损坏电路。硬件木马能够实现对专用集成电路(Application Specific Integrated Circuit,ASIC)、微处理器、微控制器、网络处理器、数字信号处理器(Digital Signal Processor,DSP)等硬件的修改。

另外,随着比特币、勒索软件等应用的流行,在已有木马不断产生新的变种的同时,还出现了一些新的木马类型,如挖矿木马可以利用网络中的计算机的帮助攻击者进行挖矿,以赚取比特币;另外,新的木马与僵尸程序结合,实施网络勒索攻击等。

6.5.2　木马的隐藏方式

由于木马所从事的是"地下工作",因此为了防止"别人"发现它,它必须采取一定的方式隐藏起来。木马开发者一开始就想到了可能暴露木马踪迹的问题。例如,木马会修改注册表和系统文件,以便计算机在下一次启动后仍能载入木马程序,而不需要生成一个启动程序。有些木马在服务器端实现了与正常程序的绑定,这种绑定称为"EXE-Binder 绑定程序",可以在使用被绑定的正常程序时实现木马的入侵。有些木马程序能把它自身的可执行文件和服务器端的图片文件(如扩展名为.jpg、.bmp 的图片文件)绑定,在用户打开图片时,木马便侵入了系统。总体来看,木马主要通过以下几种方式进行隐藏。

1. 在任务栏里隐藏

这是木马最常采用的隐藏方式。因此,如果用户在 Windows 的任务栏里发现了莫名其妙的图标,应怀疑可能是木马程序在运行。但现在的许多木马程序已实现了在任务栏中的隐藏,木马运行时已不会在任务栏中显示其程序图标。

2. 在任务管理器里隐藏

在任务栏的空白位置右击,在出现的快捷菜单中选择“任务管理器”,打开其“进程”列表,就可以查看正在运行的进程。在进程列表中如果看到一些来路不明的名称,这时可以怀疑是木马程序。为了隐藏自己,现在的一些木马程序已实现了在进程中的伪装,使自己不出现在任务管理器里。有时,木马程序会将自己伪装为“系统服务”进程以骗过用户。

3. 隐藏通信方式

隐藏通信方式也是木马经常采用的手段之一。通过前面的介绍,读者已经明白任何木马运行后都要和攻击者(客户端)进行通信连接。这种连接一般有直接连接和间接连接两种方式,其中直接连接是指攻击者通过客户端直接接入植有木马的主机(服务器端);而间接连接即是通过电子邮件、文件下载等方式,木马把侵入主机的敏感信息送给攻击者。现在大部分木马一般会在植入主机后,通过 TCP 或 UDP 端口进行驻留,而且有些木马多选择一些像 53、80、23 等常用的端口。例如,有一种木马还可以做到在通过 80 端口进行 HTTP 连接后,在收到正常的 HTTP 请求时仍然将其交给 Web 服务器进行处理,只有收到一些特殊约定的数据分组时才调用木马程序。

4. 隐藏加载方式

木马在植入主机后如果不采取一定的方式运行也就等于在用户的计算机上植入了一个无用的文件,为此,木马植入主机后需要伺机运行。在运行时,如果木马不做任何伪装,可以被用户很快发现,所以木马必须采取非常隐蔽的方式通过欺骗用户来运行。

木马为了控制服务器端,必须在系统启动时跟随启动,所以它必须潜入用户计算机的启动配置文件中,如 win. ini、system. ini、winstart. bat 以及启动组文件等。目前,随着一些互动网站的大量应用,为木马的植入和运行提供了方便之门,像 Java Script、VBScript、ActiveX、XML 等万维网的每一个新功能已几乎成为木马入侵的媒介。

5. 通过修改系统配置文件来隐藏

木马可以通过修改虚拟设备驱动程序(Virtual X Driver,VXD)或动态链接库(Dynamic Link Library,DLL)文件进行加载。这种方法与一般方法不同,它基本上摆脱了原有的木马所采用的监听端口进行连接的模式,而将木马程序改写成系统已知的 VXD 或 DLL 文件,以替代系统功能的方法来入侵。这样做的好处是没有增加新的文件,不需要打开新的端口,没有新的进程,使用常规的方法监测不到。在这种方式中,木马几乎没有表现出任何症状,且木马的控制端向被控制端发出特定的信息后,隐藏的程序就立即开始运行。

6. 具有多重备份功能

现在许多木马程序已实现了模块化,其中一些功能模块已不再由单一的文件组成,而是具有多重备份,可以相互恢复。当用户删除了其中的一个模块文件时,其他的备份文件就会立即运行,这类木马很难防范。

6.5.3　系统中植入木马后的运行和表现形式

任何一种恶意代码在成功入侵系统后都会表现出一些特征，掌握这些特征可帮助查找和清除木马程序。

1. 系统植入木马后的表现形式

与计算机病毒一样，当木马入侵系统后也会表现出一定的症状，主要表现为以下几种。

(1) 随意弹出窗口。虽然用户的计算机已经连接在网上，但没有打开任何的浏览器，这时，如果系统突然弹出一个上网窗口，并打开某一个网站，这时有可能运行了木马。如果用户上网使用的是拨号方式，系统突然进行自动拨号，也可能是有木马在运行。另外，在用户操作计算机时，有时会弹出一些警告或信息提示对话框，这时也可能已运行了木马程序。

(2) 系统配置参数发生改变。有的时候，用户使用的 Windows 操作系统的配置参数(如屏幕保护、时间和日期显示、声音控制、鼠标的形状及灵敏度、CD-ROM 的自动运行程序等)莫名其妙地被自动更改。

(3) 频繁读写硬盘。在计算机上并未进行任何操作时，如果系统频繁地读写硬盘(硬盘指示灯会不停地闪烁)，有时软盘驱动器也会经常自己读盘，这时可能有木马在运行。另外，在本章前面已经介绍过，木马还可能在任务栏、任务管理器等处显示其运行的图标和进程。

(4) 系统资源占用率高。目前，以比特币为代表的数字货币受到关注，许多基于区块链技术的数字货币也纷纷问世，如以太币、门罗币等。这类数字货币并非由特定的货币发行机构发行，而是依据特定算法通过大量运算所得，而完成如此大量运算的工具就是挖矿木马。挖矿木马运用计算机强大的运算力进行大量运算，由此获取数字货币。由于硬件性能的限制，数字货币玩家需要大量计算机进行运算以获得一定数量的数字货币，因此，一些不法分子通过各种手段将挖矿木马植入受害者的计算机中，利用受害者计算机的处理能力进行挖矿，从而获取利益。由于挖矿木马要占用大量的 CPU 等计算资源，所以突出表现为在没有计算任务的情况下计算机的 CPU、内存等资源的利用率很高。

2. 木马的自运行方式

一个优秀的木马程序必须具备自启动功能，一个典型的例子就是把木马植入用户经常执行的程序(如 explorer. exe、winword. exe)中，用户执行该程序时，木马则会自动运行。更普遍的方法是通过修改 Windows 系统文件和注册表达到目的，主要表现在以下几个方面。

(1) 在 win. ini 中启动。Windows 操作系统的 win. ini 文件，其中[windows]字段中有“load=”和“run=”两个启动命令，系统默认情况下这两条后面是空白的。如果木马要利用 win. ini 实现自运行，就可以将要运行的木马程序加载到这两条启动命令中。

(2) 在 system. ini 中启动。在 Windows 的安装目录下有一个系统配置文件 system . ini，在[386Enh]字段下的“driver=路径\程序名”一般是木马经常加载的地方。再有，在 system. ini 中的[mic]、[drivers]、[drivers32]这 3 个字段主要是 Windows 操作系统来加载驱动程序，这也为添加木马程序提供了良好的场所。

(3) 在 autoexec. bat 和 config. sys 中启动。在硬盘的第一个引导分区(一般为 C：分区)下存放着 autoexec. bat 和 config. sys 两个系统批处理和配置文件，这两个文件也是木马经常实现自运行的地方。

(4) 在 Windows 启动组中启动。如果用户要在 Windows 操作系统启动时自动启动某一个程序,就可以将其添加到“开始→程序→启动”组中,所以 Windows 的启动组也成为木马经常选择的驻留之地。启动组对应的文件夹为 C:\Windows\start menu\programs\startup,在注册表中的位置为 HKEY_CURRENT_USER\Software\Microsoft\windows\CurrentVersion\Explorer\shell Folders 中的 Startup,如图 6-22 所示。

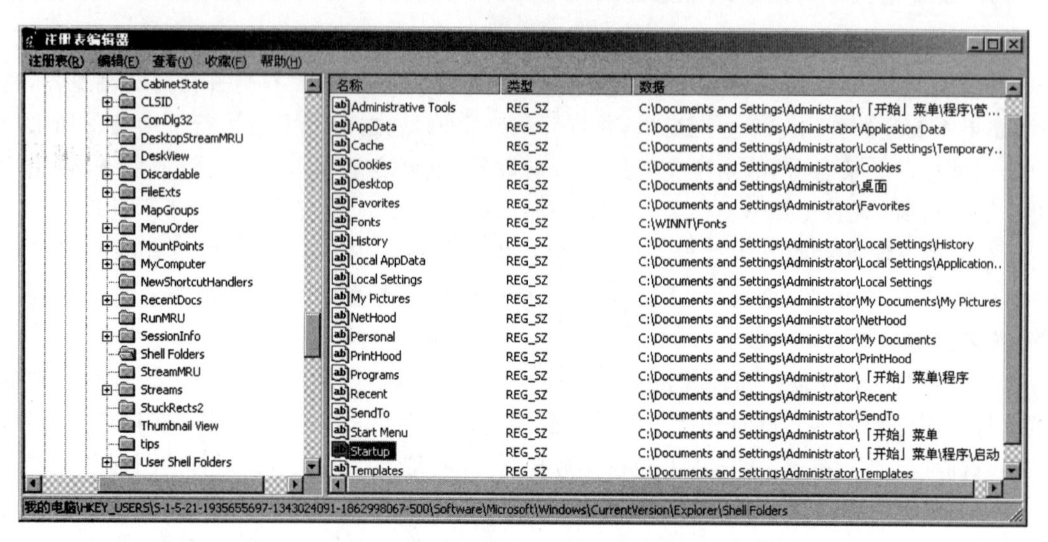

图 6-22 启动组在注册表中的位置

(5) 修改文件关联。木马本身无法方便地实现自启动,就需要借助其他合法程序完成,将这一过程称为文件关联。例如,在 Windows 下我们经常使用“记事本”工具(notepad.exe)打开文本文件,但是如果被木马修改了 notepad.exe 的关联后,当我们打开.txt 的文本文件时,将会自动运行木马程序,著名的国产木马“冰河”就是以这种方式实现木马程序的启动的。在修改了 notepad.exe 的文件关联后,一旦用户打开.txt 文件,就启动了木马程序。

(6) 捆绑文件。当控制端和服务器端已通过木马建立了连接后,控制端通过工具软件将木马文件和某一应用程序捆绑在一起后上传到服务器端,并覆盖服务器端的同名文件,这样当已运行的木马被发现并删除后,只要运行了捆绑有木马的应用程序,木马就会再次运行。现在,每一台上网的计算机一般都安装了杀毒软件,而杀毒软件一般在系统启动后都在自动运行,并驻留内存。所以,如果将木马程序捆绑到杀毒软件,那么每次 Windows 启动均会启动木马,而且杀毒软件一般也不会发现该木马。

(7) 嵌入 Web 页面中。攻击者首先将挖矿木马植入指定的网站(具有一定诱惑力的网站)的网页中,只要访问者通过浏览器浏览被恶意植入了木马的站点,浏览器会即刻执行挖矿指令,从而沦为僵尸矿机,为攻击者提供算力,间接为其生产虚拟货币。

6.5.4 木马的防范方法

防范木马的过程,其实就是预先采取一定的措施预防木马进入系统,即将木马阻止在计算机之外。

1. 防止以电子邮件方式植入木马

目前电子邮件的使用已非常广泛,每一个使用 Internet 的用户几乎都拥有自己的电子邮箱。为此,大量的木马便利用电子邮件植入用户的计算机系统。

木马在电子邮件中的位置一般有两种：附件和正文。早期的电子邮件正文多使用文本,很显然在文本中是无法隐藏木马程序的,所以木马只能藏匿在电子邮件的附件中,而且采取双后缀名方式。一旦用户打开了藏有木马的附件,就将木马植入系统中。为预防这类木马,建议用户不要随意打开来路不明的电子邮件的附件。如果确实要打开不确定来历的电子邮件附件,建议先将其下载到指定的文件夹中,用杀毒软件查杀病毒并用专用查杀木马工具扫描后再打开。

现在的电子邮件系统在正文中已直接支持图片、HTML 页面等内容的显示,有些电子邮件系统还支持语音和视频。例如,当邮件正文中显示了 HTML 页面,并显示了一些链接时,一般不要点击这些链接。另外,HTML 页面中本身也可以隐藏不安全的代码,一旦打开这类邮件,不知不觉中就已感染了计算机病毒或植入了木马。对于利用邮件正文传播的病毒和木马,唯一可行的预防方法是不要打开这类邮件,将其直接删除。

2. 防止在下载文件时植入木马

计算机网络的特点之一是提供了海量的信息和资源,其中包括一些软件。目前,很多网络用户已习惯于在网络上搜索和下载所需要的软件,但没有任何人能够保证网络上下载的软件是"干净"的。为了防止通过在网上下载文件时植入木马,建议在服务器上安装的所有软件不要使用从网上下载的。对于客户端上使用的软件,如果确实需要从网上下载,建议先将软件下载至某一个指定的文件夹中,用杀毒软件查杀病毒并用专用查杀木马工具扫描后再安装使用。

建议习惯于从网上下载软件的用户使用专用的下载工具(如 FlashGet)将文件下载到指定的文件夹中,同时把下载工具和杀毒或查杀木马软件进行绑定,这样每当下载完一个文件后,下载工具便会利用已绑定的杀毒或查杀木马软件对其进行自动扫描。以 FlashGet 为例,实现与杀毒或查杀木马软件绑定的方法为：在 FlashGet 操作窗口中选择"工具→选项→文件管理",在打开的如图 6-23 所示的对话框中勾选"下载完毕后进行病毒检查"项,并单击"浏览"按钮,选择本机上已使用的杀毒或查杀木马软件名称,同时勾选"下载完毕后打开或者查看已下载的文件"项。

3. 防止在浏览网页时植入木马

由于 IE 浏览器本身存在的缺陷,许多程序可以在用户不知情的情况下安装到系统中,这也为木马的植入提供了一条途径。加强 IE 浏览器的安全性,一方面可以使用最新版本的 IE 软件,因为新版本的 IE 修改了旧版本的许多不足,尤其在安全性方面得到了提高,同时,在使用任何一个 IE 时,都要及时升级 Services Pack 补丁程序,以修补 IE 存在的漏洞；另一方面是设置 IE 的设置属性,具体方法是在 IE 窗口中,选择"工具→Internet 选项→安全",打开如图 6-24 所示的对话框,选择安全设置对象栏中的"Internet"后,单击"自定义级别",在打开的如图 6-25 所示的对话框中把"ActiveX 控件和插件"下的选项全部设置为"禁用",这样就阻止了 IE 自动下载和执行文件。

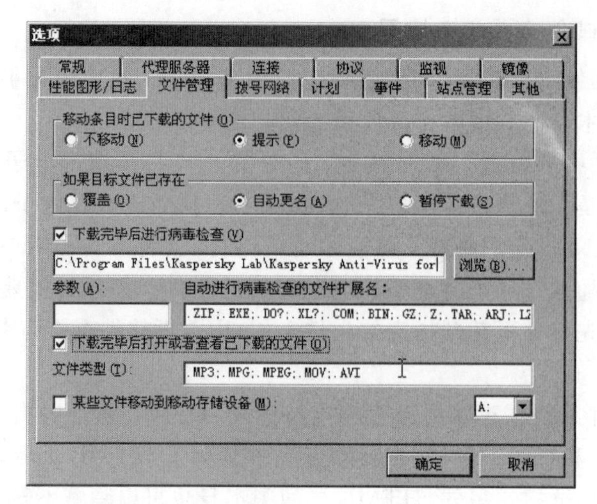

图 6-23 使用专用下载工具并绑定杀毒软件

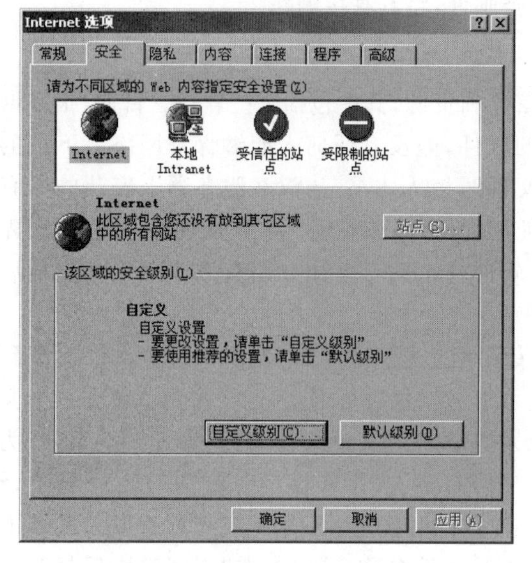

图 6-24 “Internet 选项”对话框

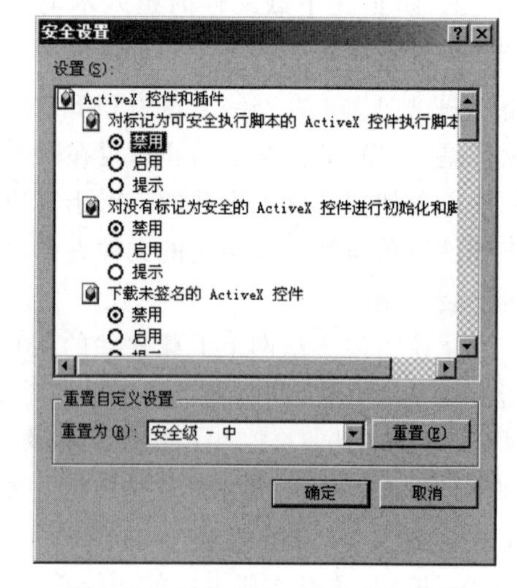

图 6-25 禁用 AcitveX 控件和插件

除此之外，还可以使用木马消除工具(如木马克星、木马分析专家、木马专家等)定期对计算机系统进行扫描。

6.5.5 病毒、蠕虫和木马

病毒、蠕虫和木马是破坏计算机和计算机中信息的恶意程序。但病毒、蠕虫和木马之间在本质上还是有区别的。

1. 病毒的特点

计算机病毒是一段程序，它可以在未经用户许可，甚至在用户不知情的情况下改变计算机的运行方式。病毒必须满足以下两个条件。

(1) 必须能自行执行。它通常将自己的代码置于另一个程序的执行路径中。

(2) 必须能自我复制。病毒代码的明确目的是自我复制。例如,它可能用受病毒感染的文件副本替换其他可执行文件。病毒既可以感染桌面计算机也可以感染网络服务器。

与蠕虫相比,病毒可以破坏计算机硬件、软件和数据。

2. 蠕虫的特点

蠕虫属于计算机病毒的子类,所以也称为"蠕虫病毒"。通常,蠕虫的传播无须人为干预,并可通过网络进行自我复制,在复制过程中可能有改动。与病毒相比,蠕虫可消耗内存或网络带宽,并导致计算机停止响应。

与病毒类似,蠕虫也在计算机与计算机之间自我复制,但蠕虫可自动完成复制过程,因为它接管了计算机中传输文件或信息的功能。一旦计算机感染了蠕虫,蠕虫即可独自传播。但最危险的是,蠕虫可大量复制。例如,蠕虫可向电子邮件地址簿中的所有联系人发送自己的副本,联系人的计算机也将执行同样的操作,结果造成多米诺效应(网络通信负担沉重),业务网络或整个局域网的速度都将减慢。一旦新的蠕虫被释放,传播速度将非常迅速。蠕虫不仅会使网络堵塞,还会使用户的上网速度变慢。

与病毒相比,蠕虫的传播不必通过"主机"程序或文件,因此,蠕虫可潜入用户的系统并允许其他用户或程序远程操控由蠕虫感染的计算机。例如,MyDoom 蠕虫可打开受感染系统的"后门",然后使用这些系统对网站发起攻击。

蠕虫是不使用驻留文件即可在系统之间复制自身的程序。这点与病毒不同,病毒需要传播受感染的驻留文件。尽管蠕虫通常存在于其他文件(通常是 Word、Excel 等)内部,但蠕虫和病毒使用驻留文件的方式不同。通常,蠕虫将发布其中已包含"蠕虫"宏的文档。这样,整个文档将在计算机之间传播,所以应将整个文档视为蠕虫。

蠕虫的前缀一般是 Worm。这种病毒的公有特性是通过网络或计算机系统漏洞进行传播,大部分的蠕虫都有向外发送带毒邮件,阻塞网络的特性,如"冲击波"和"震荡波"(阻塞网络)、"小邮差"(发送带毒邮件)等。

3. 木马的特点

木马的全称为"特洛伊木马",它是具有欺骗性的文件(宣称是良性的,但事实上是恶意的)。在神话传说中,特洛伊木马表面上是"礼物",但实际却藏匿了大量袭击特洛伊城的希腊士兵。现在,特洛伊木马是一些表面有用的程序,但实际目的是危害计算机安全并破坏计算机系统。所以,我们可以将木马定义为:一种表面有用,但实际有破坏作用的计算机程序。

木马与病毒的重大区别是木马并不像病毒那样能复制自身。木马包含能够在触发时导致数据丢失甚至被窃的恶意代码。要使木马传播,必须在计算机上有效地启用这些程序,如打开电子邮件附件等。

目前,木马主要通过两种途径进行传播:电子邮件和文件下载。一旦用户禁不起诱惑打开了自认为安全的电子邮件的附件,木马便会趁机传播。例如,为了更好地保护用户的系统,现在许多公司或用户通过电子邮件给用户发送安全公告时都不包含附件,如微软公司的安全公告等。另外,木马也可能包含在免费下载软件中,所以用户在 Internet 上下载了免费软件后,在安装之前一定要进行安全检查,对于安全要求较高的计算机,建议不要安装从

Internet 上直接下载的软件。

木马的前缀是 Trojan。木马的公有特性是通过网络或系统漏洞进入用户的系统并隐藏,然后向外界泄露用户的信息。木马和黑客软件往往是成对出现的,即木马负责侵入用户的计算机,而黑客软件则会通过该木马来进行控制。

对于 Windows 用户,为了有效地防止木马,还需要经常利用 Microsoft Update 或 Microsoft Office Update 下载 Microsoft 更新程序或修补程序。

需要注意的是,病毒、蠕虫与木马之间存在着一定区别,但由于它们都对计算机及网络系统产生危害和威胁,所以人们将三者统称为“计算机病毒”或“病毒”。为此,在本章随后的内容介绍中,也会出现“蠕虫病毒”和“木马病毒”的提法。

6.6 间谍软件和防范方法

间谍软件是目前计算机网络中继病毒、蠕虫、木马之后新出现的一种以窃取他人信息和进行广告宣传为主的程序,已成为网络安全的重要隐患之一。

6.6.1 间谍软件的概念

间谍软件(Spyware)是一种能够在计算机用户不知情或没有感觉存在安全隐患的情况下,在用户的计算机上安装的“后门程序”软件。与计算机病毒不同的是,计算机在运行了间谍软件后,使用者并没有感觉到有什么异常,但用户的数据和重要信息可能被间谍软件获取,并被发送给另一端的操纵者,甚至这些“后门程序”还能使黑客操纵用户的计算机。目前大家对间谍软件没有一个确切的定义,但间谍软件一般具有以下三大特征。

(1) 能够在用户不知情的情况下,将用户个人计算机的识别信息发送到互联网的某处,这些信息中也可能包括一些敏感的个人隐私信息。

(2) 没有病毒的传染性,同时不像病毒隐藏得那么深,更不会感染文件。

(3) 能监视用户在网络上进行的一些操作、活动等,甚至访问了哪些网站都能监视到。

目前无论从技术还是从法律的角度,对间谍软件的界定还比较模糊。间谍软件最早被一些广告商用于监视和收集用户的网上行为、兴趣爱好和一些习惯性操作,他们将这些信息收集整理后转换为经济利益。而如今,间谍软件已被更多的公司及个人利用,其目的也从初期的单纯收集有用信息转化为今天的窃取他人信息,甚至直接盗取用户银行账号、密码。有些间谍软件还可以记录用户的键盘操作,捕捉并传送屏幕图像,具备一些木马程序的功能。

与间谍软件类似的是广告软件,该类软件只是为某些特定的网站做宣传,自动弹出一些用户并不想访问的网站。目前将广告软件也归为间谍软件的范围。

目前对付间谍软件还没有十分有效的办法,国内反病毒厂商会将一些危害特征明显的间谍软件加入杀毒软件病毒库,而大部分“良性间谍软件”并没有被当作病毒查杀。国外一些安全厂商推出了反间谍软件(Anti-Spyware)程序,如 Ad-aware、SpyBot Search & Destroy、Windows AntiSpyware 等,但这些反间谍软件只能在一定程度上对已知间谍程序进行查杀。

6.6.2　间谍软件的入侵方式

在系统入侵方面，间谍软件在许多方面与木马有些类似。但由于间谍软件的出现相对较晚，所以在采取的技术上又表现出了一些特点。总体来看，间谍软件通过以下几种方式入侵用户的计算机系统。

(1) 捆绑。间谍软件或广告软件与另一个程序捆绑在一起，从表面上看到的是熟悉的系统或应用程序，但在该程序上却捆绑了间谍软件。

(2) 通过网页随机入侵。互联网上的许多提供免费下载的网站已成为间谍软件藏匿的场所。每当用户访问这些网站尤其是下载文件时，间谍软件就会乘虚而入。

(3) 假冒实用程序。间谍软件会伪装成为一些实用程序而伺机入侵。例如，当用户在网上打开一个图片文件时，系统提示用户在浏览图片文件之前必须安装所需的浏览工具，这时一旦用户安装了所谓的“浏览工具”，间谍软件也就进入到用户的计算机系统。

通过以上几种主要的方式，间谍软件就可以进入用户的计算机系统。如果是一个广告软件，则会显示一些广告页面，或强迫浏览器进入相关网站，或重新把用户引向由广告商控制的搜索结果，而不是显示用户习惯使用的搜索结果(如谷歌、百度等)。

6.6.3　间谍软件的防范

间谍软件与计算机病毒不同，由于它一般不影响计算机的正常运行，所以间谍软件入侵计算机系统后没有明显的症状。但事实上，凡是接入互联网的计算机基本上都有间谍软件在运行，所以对间谍软件进行防范是很有必要的。

Spybot 的首创人 Patrick Kolla 曾说过：“间谍软件制造者们正在系统中寻找新的、隐蔽性更强的地方来达到他们的目的，对于任何反间谍软件来说，挑战在于同时升级探测机制和探测数据库。”所以，间谍软件(Spyware)与反间谍软件(Anti-Spyware)之间的较量将是一个长期的过程，在此过程中，间谍软件是主导者，而反间谍软件总处于一种被动状态，像前面介绍的 Spybot 也只能在一定程度上对已知间谍程序进行查杀。因此，有效地防止已知和未知的间谍软件侵害将更为重要。以下是几种常用的防范方法。

1. 尽量少使用 P2P 下载文件

P2P 的传统解释为 Peer-to-Peer，即点对点通信。现在，P2P 被赋予了更广泛的应用，称为 Pointer-to-Pointer，即 PC-to-PC(计算机到计算机)。简单地说，P2P 就是指数据的传输不再通过服务器，而是在网络用户之间直接传递数据。由于 P2P 软件的特点，现在在互联网上的应用非常广泛，如 BT、电驴、迅雷等。由于 P2P 软件的工作特点，致使两个利用 P2P 软件进行通信的计算机之间没有确定性，也就没有安全保护。正因为这样，现在互联网上的大量间谍软件被伪装成其他的可能引起用户关注的文件名，而等用户下载了这些软件后却被安装了间谍软件。

2. 关闭邮件的预览功能

现在的电子邮件正文一般都直接支持 HTML 页面，而 HTML 页面文件可以直接插入脚本等语言。这样，当用户打开被感染的 HTML 电子邮件的时候，间谍软件将被激活。所以，建议用户不要打开可疑邮件，同时关闭邮件收发软件的预览功能，这样可以在不打开的情况下就直接删除信息。以 Outlook 2003 为例，选择“工具”菜单中的“选项”，在打开的如图 6-26 所示的对话框中勾选“阻止 HTML 电子邮件中的图像和其他外部内容”项。

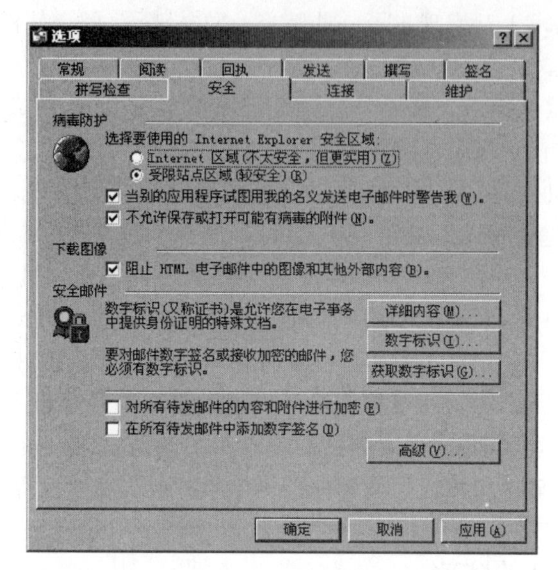

图 6-26 关闭对 HTML 中图片和其他内容的自动打开功能

3. 防止安装软件时安装间谍软件

我们在安装一些软件时，系统会提示(有时根本不提示)同时安装其他的一些软件，有时被同时安装的这些软件就是间谍软件。为此，在安装软件之前或安装过程中，用户一定要仔细阅读终端用户许可协议(End User License Agreements，EULA)，因为有些 EULA 会告诉你如果安装了本软件，也就同时决定安装这个软件中带有的间谍软件。

另外，在 IE 浏览器中，应将安全设置至少处于中等水平，同时禁止浏览器安装任何用户没有要求的 ActiveX 控件。同时，可以选择使用防间谍软件对计算机进行保护。

6.6.4 软件嵌入式广告

由于软件嵌入式广告具有间谍软件的一些特征，但目前没有较为权威的定义，所以将其放在本节进行介绍。

软件嵌入式广告源于植入式广告，却又不等同于植入式广告。植入式广告是指将产品或品牌及其代表性的视觉符号甚至服务内容策略性地融入电影、电视剧或电视节目内容中，通过场景的再现，让观众留下对产品及品牌的印象，继而达到营销的目的。软件嵌入式广告是把软件作为广告的平台和载体，在使用过程中在软件内部预留广告版块放置广告，当用户浏览宿主网页时自动弹出广告宣传页面，或者当用户打开浏览器时根据用户上次浏览的历史信息自动打开产品宣传页面，甚至是当启动计算机时自动加载并显示宣传页面。具体地讲，广告的展现方式主要表现为以下几种形式。

(1) 弹出式。自动弹出，或在打开浏览器时弹出。

(2) 在软件中特定位置专门放置广告。

(3) 隐藏在浏览器、压缩软件等一些常用软件的使用过程中。

(4) 通过一则故事或一组图片吸引用户主动点击链接进而播放嵌入式广告。

(5) 在安装和卸载软件时内置默认安装嵌入式广告的插件或其他挂靠软件进而达到宣传目的。

软件嵌入式广告的出现本来是利用互联网平台进行产品宣传的一种很好的方式,但是大量内容低劣、信息不实甚至是窥探用户上网习惯的页面弹出式广告,不仅严重影响了用户的网络使用体验,更带来了信息泄露等安全问题。目前,有效的防范方法之一是通过对浏览器的设置,打开“启用弹出窗口阻止程序”功能,如图 6-27 所示。

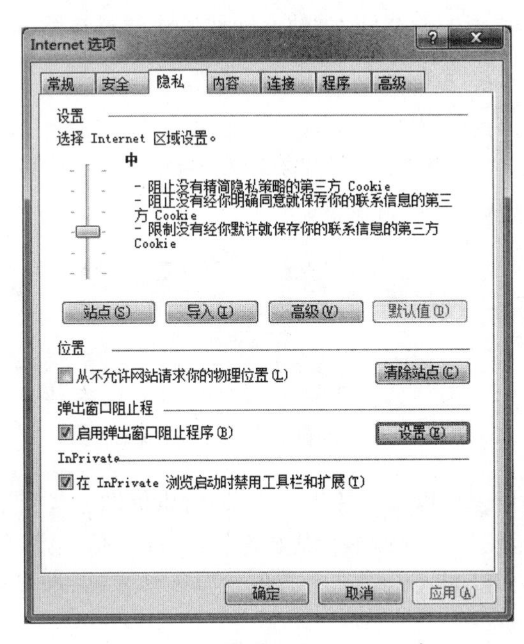

图 6-27　启用弹出窗口阻止程序

*6.7　勒索软件

随着互联网应用的快速发展,尤其是网络经济呈现出的繁荣景象,给勒索软件(Ransomware)这一恶意代码提供了平台和机遇,进而为网络安全带来了新的威胁和挑战。

6.7.1　勒索软件的概念和特征

自 1989 年勒索软件出现至今,这一恶意代码不但没有走向消亡,反而伴随着互联网应用的发展愈演愈烈。从最初的伪装反病毒软件到勒索比特币,再到开始感染不同平台,不断进行开发与更新,如今勒索软件已经呈现出爆发式增长的趋势,对网络安全构成了巨大的威胁。

1. 勒索软件的概念

勒索软件属于木马家族中的特殊类型。一旦勒索软件安装到设备上并启动时,它就会企图感染和控制设备。例如，它会搜索有特定扩展名的重要文件，如.txt、.doc、.ppt 和.jpg 等，之后使用加密算法对设备上的文件进行加密或锁定设备屏幕，这导致用户无法访问他们的文件或设备。此外，勒索软件还会通过威胁性文字恐吓用户，如果用户想要解锁设备或恢复被加密的文件，需要向攻击者支付相应的赎金。

勒索软件除针对传统的个人计算机之外，还将移动智能终端作为主要攻击对象。随着智能手机等移动智能终端应用越来越普及，智能终端所遭受到的安全威胁也越来越多。其中，手机勒索软件就是近年来针对智能手机的一种危害极大的安全威胁，并有愈演愈烈的趋势。手机勒索软件是一种恶意应用，这种恶意应用通过锁住用户设备或加密文件，使用户无法正常使用，并以此胁迫用户支付解锁或解密费用的恶意软件，给用户移动设备带来了巨大安全威胁。不同于其他类别的恶意软件，勒索软件无法通过被移除使得用户恢复对设备或文件的控制权。

2. 勒索软件的主要传播方式

勒索软件同其他恶意代码类似，同样采用多种途径进行传播，如短信、网站、邮件等。图 6-28 显示了典型勒索软件的攻击流程。

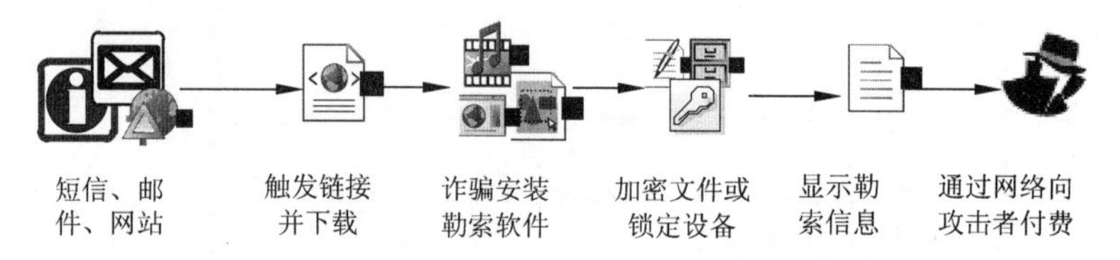

图 6-28 勒索软件的攻击流程

勒索软件的传播手段主要以邮件传播为主，同时也借助一些安全配置不高的 Web 服务器，通过入侵 Web 网站，使用批量脚本及其勒索软件负载的简单组合，通过半自动化的方式向网络中散播勒索软件。随着人们对勒索软件的警惕性提高，勒索者也增加了其他的传播渠道，具体的传播方式如下。

(1) 邮件传播。攻击者以垃圾邮件方式大量传播垃圾邮件、钓鱼邮件，一旦收件人打开邮件附件或点击邮件中的链接地址，勒索软件会以用户看不见的形式在后台静默安装，实施勒索。

(2) 漏洞传播。当用户正常访问网站时，攻击者利用页面上的恶意广告验证用户的浏览器是否存在可利用的漏洞。如果存在，则利用漏洞将勒索软件下载到用户的主机。

(3) 捆绑传播。与其他恶意软件捆绑传播，并实现不同恶意软件之间的协同功能。

(4) 僵尸网络传播。一方面，僵尸网络可以发送大量的垃圾邮件；另一方面，僵尸网络为勒索软件的发展起到了支撑作用。

(5) 可移动存储介质、本地和远程的驱动器(如 C 盘和挂载的磁盘)传播。恶意软件会自我复制到所有本地驱动器的根目录中，并成为具有隐藏属性和系统属性的可执行文件。

(6) 文件共享网站传播。勒索软件存储在一些小众的文件共享网站，等待用户点击链接下载文件。

(7) 网页挂马传播。当用户不小心访问恶意网站时，勒索软件会被浏览器自动下载并在后台运行。

(8) 社交网络传播。勒索软件以社交网络中的图片或其他恶意文件为载体进行传播。

另外,手机勒索软件主要伪装成游戏外挂、低俗视频播放器、Adobe Flash Player、杀毒软件等,运行时要求用户激活设备管理器,并强行将勒索界面置顶,造成手机无法正常使用,更有甚者加密手机 SD 卡,使用前置摄像头对用户进行拍照上传、设置新锁屏密码等恶意行为。

3. 勒索软件的分类

根据勒索软件攻击方式的不同,将勒索软件分为控制设备类、绑架数据类和恐吓用户类 3 种类型。

(1) 控制设备类。勒索软件对用户进行敲诈勒索的一个最主要方式就是控制受害者的设备。无论在 Windows 平台还是 Android 平台,勒索软件制造者经常恶意指控受害者访问非法内容,从而导致设备运行异常。该类勒索软件控制设备的方式包括锁定屏幕、修改个人身份识别(PIN)码、持续弹窗和屏蔽按键等。一旦设备被攻击者控制,用户将无法访问任何数据和任何功能,使智能设备失去应有功能。

(2) 绑架数据类。勒索软件实施敲诈勒索的第二个重要方法是绑架受害者的数据,包括数据加密、隐私窃取和文件贩卖等。近几年来,智能手机变得越来越私有化,很多重要的数据都保存在这些设备上。因此,攻击者可以通过加密或窃取用户数据的方式对用户进行敲诈。通常,他们会选择性地加密对用户有价值的文件,如文档、密钥、短信等。相比普通系统文件,一旦这些有价值文件被加密或窃取,用户支付赎金以降低损失的可能性会更大。

(3) 恐吓用户类。恐吓用户类勒索软件本身并没有控制设备或绑架数据的能力,只是利用用户的恐惧心理达到攻击目的。一般情况下,它们会扮演当地政府机构控告用户违反了严重的法律规定或发现了严重的安全威胁,并给出详细的处罚说明。例如,控告用户访问了色情网站,违反了互联网管理条例等。这些指控往往看起来非常真实,没有经验的用户会感到紧张并试图支付罚款。

6.7.2 勒索软件的发展及典型勒索软件介绍

从 1989 年第一款勒索软件出现开始,早期的勒索软件主要是针对 Windows 平台,直到 2013 年第一款针对 Android 平台的勒索软件(即 Fakedefender)才开始出现,并快速威胁到智能终端的安全。

1. 勒索软件的演进过程

在网络安全领域,勒索软件虽然出现较早,但一直没有引起广泛关注,只是近年来随着互联网应用的普及,勒索软件成为网络安全最大的威胁之一。

(1) 最早的勒索软件。最早的勒索软件出现于 1989 年,是由哈佛大学毕业的 Joseph Popp 编写的。该勒索软件发作后,计算机 C 盘的全部文件名会被加密,从而导致系统无法启动。此时,屏幕将显示信息,声称用户的软件许可已经过期,要求用户向"PC Cyborg"公司位于巴拿马的邮箱寄去 189 美元,以解锁系统。该木马采取的方式为对称加密,解密工具很快可恢复文件名称。

(2) 加密用户文件的勒索软件。2005 年出现了一种加密用户文件的木马(Trojan/

Win32. GPcode)。该木马在被加密文件的目录下生成,具有警告性质的 txt 文件,要求用户购买解密程序。所加密的文件类型包括. doc、. html、. jpg、. xls、. zip、. rar 等。

(3) 首次使用 RSA 加密的勒索软件。Archievus 是在 2006 年出现的勒索软件,勒索软件发作后,会对系统中"我的文档"目录中所有内容进行加密,并要求用户从特定网站购买密码解密文件。它在勒索软件的历史舞台上首次使用 RSA 非对称加密算法,使被加密的文档更加难以恢复。

(4) 国内首个勒索软件。2006 年出现的 Redplus 勒索木马(Trojan/Win32. Pluder),是国内首个勒索软件。该木马会隐藏用户文档,然后弹出窗口要求用户将赎金汇入指定银行账号。2007 年,出现了另一个国产勒索软件 QiaoZhaz,该木马运行后会弹出"发现您硬盘内曾使用过盗版了的我公司软件,所以将您部分文件移动到锁定了的扇区,若要解锁将文件释放,请电邮 liugongs19670519@yahoo. com. cn 购买相应软件"的对话框。

(5) 最早出现的 Android 平台勒索软件家族。2014 年 4 月下旬,勒索软件陆续出现在以 Android 系统为代表的移动智能终端,而较早出现的是 Koler 家族(Trojan[rog,sys,fra]/Android. Koler)。该类勒索软件的主要行为是:在用户解锁屏及运行其他应用时,会以手机用户非法浏览色情信息为由,反复弹出警告信息,提示用户须缴罚款,从而向用户勒索高额赎金。

(6) 首例 Linux 平台勒索软件。俄罗斯杀毒软件公司 Doctor Web 的研究人员发现了一种名为 Linux. Encoder. 1 的针对 Linux 系统的恶意软件,这个 Linux 恶意软件使用 C 语言编写,启动后,作为一个守护进程加密数据,并从系统中删除原始文件,使用 AES-CBC-128 对文件加密之后,会在文件尾部加上". encrypted"扩展名。

(7) 首例具有中文提示的勒索软件。2016 年出现的名为"Locky"的勒索软件,通过 RSA-2048 和 AES-128 算法对 100 多种文件类型进行加密,同时在每个存在加密文件的目录下提示勒索文件。这是一类利用垃圾邮件进行传播的勒索软件,是首例具有中文提示的比特币勒索软件。Locky 和其他勒索软件的目的一致,都是加密用户数据并向用户勒索金钱。与其他勒索软件不同的是,它是首例具有中文提示的比特币勒索软件,这预示着勒索软件作者针对的目标范围逐渐扩大,勒索软件将发展出更多的本地化版本。

(8) 首例将蠕虫和勒索功能相结合的勒索软件。2017 年 5 月 12 日,一种名为 WannaCry(该勒索软件的中文名称为"永恒之蓝")的勒索蠕虫病毒在全球大范围传播,波及全球 100 多个国家和地区,包括政府部门、教育、医院、能源、通信、制造业等多个行业的数十万用户的网络和计算机受到攻击感染。这是一次波及全球、影响恶劣、危害严重的网络安全事件。勒索软件以前主要通过电子邮件等社交工程学方式传播,这一次是蠕虫技术和勒索软件结合,所以传播感染的速度很快,影响面大,造成的后果影响也较为严重。这也充分展示了网络攻击将多种攻击技术结合、复杂度和攻击强度提高、传播更加快速等趋势。

2. 典型勒索软件介绍

勒索软件的本质是木马,下面以几个典型勒索软件为例,通过对其工作过程的介绍,使读者对勒索软件有一个较为全面的认识。

(1) 主攻 Windows 系统的 CryptoLocker。CryptoLocker 在 2013 年 9 月被首次发现,它可以感染 Windows XP/7/8 等操作系统。CryptoLocker 通常以邮件附件的方式进行传播,附件执行之后会使用 RSA&AES 加密算法对特定类型的文件进行加密。随后,弹出如

图 6-29 所示的勒索界面，提示需要用户使用 Moneypak（一种充值卡）或比特币，在 72 小时或 4 天内付款 300 美元或欧元，方可对加密的文件进行解密。

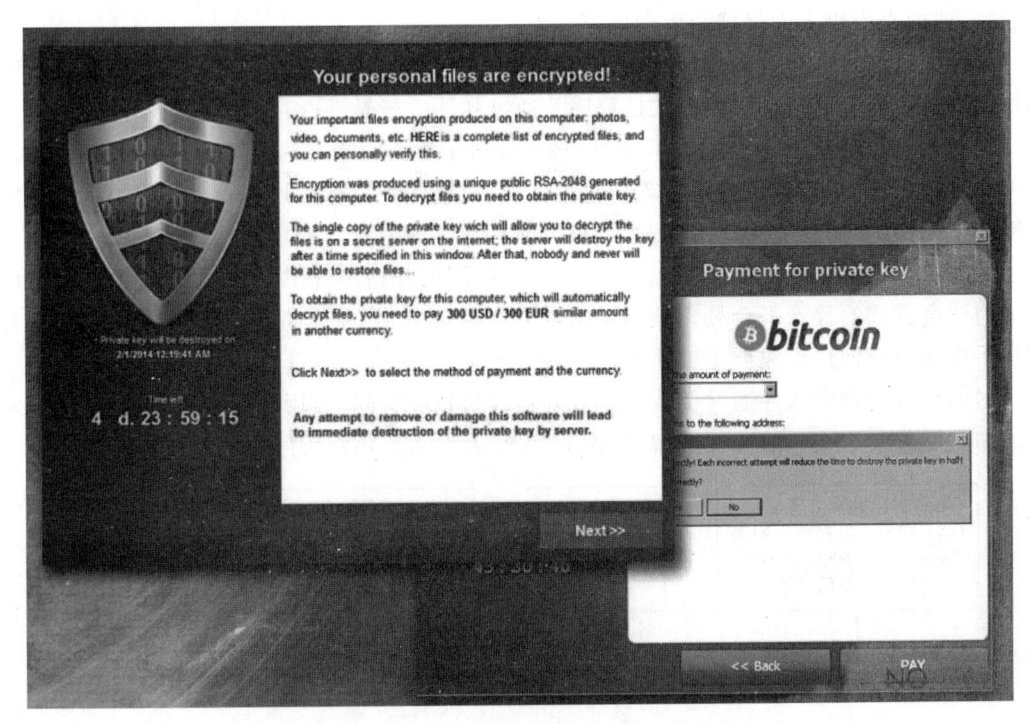

图 6-29 CryptoLocker 勒索软件弹出的勒索信息

（2）勒索软件即服务模式 Cerber。自 2016 年以来，采用勒索软件即服务（Ransomware as a Service，RaaS）模式的名为 Cerber 的勒索软件开始爆发。攻击者在 2016 年下半年开始了频率极高的版本升级，仅在 2016 年 8 月就发现了 Cerber2 和 Cerber3 两个版本，而在 10 月及 11 月，Cerber4 和 Cerber5 相继推出。

勒索软件即服务（RaaS）是一整套体系，指从勒索到解锁的服务。勒索软件编写者开发出恶意代码，通过在暗网中出售、出租或以其他方式提供给有需求的攻击者作为下线，下线实施攻击并获取部分分成，原始开发者获得大部分利益，在只承担最小风险的前提下扩大了犯罪规模。而采用这种服务模式的勒索软件越来越多地将目标放在了企业上，对于很多企业来说，他们不希望失去重要的数据资料，因此更愿意去支付赎金。

Cerber 通过垃圾邮件和漏洞利用工具 Rig-V Exploit EK 传播，自 Cerber4 开始，它不再使用 Cerber 作为加密文件的后缀，而是使用 4 个随机字符。Cerber 采用 RSA2048 加密文件，拥有文件夹及语言地区的黑名单，而在黑名单中的文件夹及语言地区均不能加密。

（3）可感染工控设备的 LogicLocker。在 2017 年旧金山 RSA 大会上，乔治亚理工学院（GIT）的研究员向人们展示了一种名为 LogicLocker 的可以感染工控设施并向水中投毒的勒索软件。该勒索软件可以改变可编程逻辑控制器（Programmable Logic Controller，PLC），也就是控制关键工业控制系统（Industrial Control System，ICS）和监控及数据采集（Supervisory Control And Data Acquisition，SCADA）的基础设施，如发电厂或水处理设施。通过 LogicLocker，可以关闭阀门，控制水中氯的含量并在机器面板上显示错误的读数。

LogicLocker 针对 3 种已经暴露在互联网上的 PLC，感染后修改密码，锁定合法用户并要求赎金。如果用户付钱，可以找回他们的 PLC；但是如果没有，攻击者可以使水厂设备发生故障，或向水中投入大量威胁生命的氯元素。

该勒索软件攻击生命周期包括对 PLC 的攻击、侦察并感染更多的 PLC、获取设备密码和控制列表等资源、窃取并加密 PLC 程序及通过邮件进行勒索这几个节点。

针对工业控制系统的攻击并不少见，像 Stuxnet、Flame 和 Duqu 已经引起了全球的普遍关注。但是，利用勒索软件进行攻击是第一次，以金钱为目标的攻击者可能很快就会瞄准关键的基础设施，而在这些攻击的背后，很可能是拥有国家背景的攻击者。

(4) 移动平台的勒索软件攻击。2014 年 4 月，国内开始出现了以人民币、Q 币、美元、卢布等为赎金方式的移动平台勒索软件。勒索方式有锁屏、加密文件、加密通讯录等方式，对用户手机及用户信息形成严重威胁。

国内出现的勒索软件通常伪装成游戏外挂或付费破解软件，用户点击即会锁定屏幕，要求添加 QQ 好友去支付赎金才能解锁，图 6-30 所示为该类勒索软件的一个真实案例。

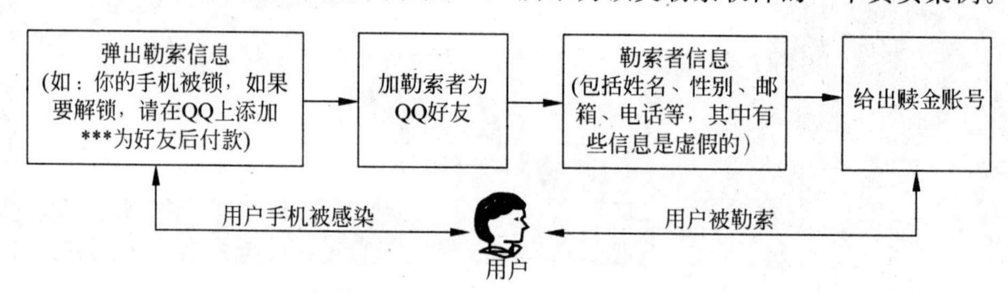

图 6-30　利用手机进行勒索的过程

受害用户手机被锁定，勒索软件作者在手机界面给出 QQ 号码，要求受害用户加 QQ 好友并支付一定赎金才能解锁。用户添加该 QQ 号，显示勒索者的相关资料，在用户个人信息中可以看到勒索者的相关身份信息，但无法确保其真实性。在受害用户加好友以后，勒索软件编写者与其聊天，勒索一定数量的人民币，并要求用户转账到指定账户才给出解锁密码。

该勒索软件编写者同时也对其他 Android 手机用户进行勒索，并且在受害用户支付赎金后，未能提供解锁密码，甚至还在勒索软件中加入短信拦截木马功能，盗取用户支付宝和财富通账户。有时，受害用户在多次进行充值、转账等操作后，仍不能获得解锁密码，甚至会被勒索软件编写者加入黑名单。

6.7.3 勒索软件的防范方法

目前，虽然勒索软件的类型较多，但主要功能都是实施勒索行为。从恶意代码的特征来看，勒索软件在许多方面与木马类似。下面介绍针对常见勒索软件的主要防范方法。

1. 解密方法

就目前而言，勒索软件多采用非对称加密方式，除使用攻击者提供的密钥外，破解密码的可能性几乎为零。现有的勒索软件解密工具主要是通过以下几个方式获得密钥，恢复被加密的文件。

(1) 通过逆向分析,发现勒索软件执行上的逻辑漏洞,根据漏洞获得加密密钥或跳过密钥直接解密文档。

(2) 勒索软件保存密钥的服务器被安全厂商反制,在取得服务器权限后,将服务器内的密钥导出制作成相应勒索软件的解密工具。

(3) 一些勒索软件加密算法复杂程度较低,加密过程照搬其他现有的加密算法或只作小部分修改,使得网络安全技术人员可以编写程序暴力破解,计算出对应的解密密钥。

(4) 密钥在上传的过程中没有使用加密的通信协议,被网络安全技术人员截获解密密钥。

2. 预防勒索软件的建议

为了避免受到勒索软件的威胁,分别对个人计算机用户和移动智能终端用户日常的上网行为提一些建议。

1) 个人计算机用户

对于个人计算机用户,可以从以下几个方面做好勒索软件的防范工作。

(1) 及时备份重要文件,且文件备份应与主机隔离。

(2) 及时安装更新补丁,避免一些勒索软件利用漏洞感染计算机。

(3) 尽量避免打开社交媒体分享的来源不明的链接,给信任网站添加书签并通过书签访问。

(4) 对非可信来源的邮件保持警惕,避免打开附件或邮件中的链接。

(5) 定期用反病毒软件扫描系统,如果杀毒软件有启发式扫描功能,可使用该功能扫描计算机。

2) 移动智能终端

对于 Android 平台的移动智能终端用户,可以通过以下方法防范勒索软件的攻击。

(1) 安装手机杀毒软件。

(2) 在可靠的安卓市场下载手机应用程序。

(3) 尽量少或不访问博彩、色情等潜在危险程度较大的网站。

3. 针对个人用户的勒索软件防范方法

1) 个人计算机用户

高强度加密方式绑架用户数据的勒索软件一旦感染主机,将对用户的数据安全构成严重威胁,所以,良好的安全意识和预防工作就显得非常重要。如果个人用户不慎感染勒索软件,且没有做好数据备份,则可根据勒索软件特性,如勒索界面、加密文件名等特征在网络中查找是否有相应解密工具。国内一些网络安全机构对新发布的勒索软件解密工具做了收集,可为用户提供一些快速查找解密工具的服务。

2) 已经受到勒索软件感染的移动终端用户

对于感染勒索软件的移动终端用户,可采取以下方法删除恶意程序。

(1) 如果手机已 Root 并开启 USB 调试模式,可进入 adb shell 后直接删除恶意应用。

(2) 如果是利用系统密码进行锁屏,部分手机可尝试利用找回密码功能。

(3) 可进入手机安全模式删除恶意应用程序。

4. 针对企业用户的勒索软件防范方法

对于企业用户,针对勒索软件类的安全威胁防护可通过预警、防御、保护、处置和审计几个步骤进行有效防御和处理,保护系统免受攻击。在病毒查杀的基础上,结合勒索软件的行为特性,采用“边界防御+主动防御+文档安全工具”的三重防御模式,可以有效阻止已知和未知勒索软件的进入、启动和破坏等行为。

习题 6

6-1 名词解释:恶意代码、计算机病毒、多态病毒、蠕虫、木马、软件嵌入式广告、勒索软件。

6-2 计算机病毒具有哪些特征?

6-3 目前流行的计算机病毒可分为哪几类?分类具有哪些特点?

6-4 计算机病毒、蠕虫和木马有哪些区别?

6-5 计算机在感染了蠕虫后有哪些具体的表现形式?

6-6 如何防范蠕虫病毒?

6-7 什么是脚本?常用的脚本软件有哪些?

6-8 如何防范脚本病毒?

6-9 与蠕虫和脚本病毒相比,木马有哪些具体的特征?

6-10 如何判断系统中被植入了木马程序?

6-11 如何防范木马?

6-12 什么是间谍软件?间谍软件对系统有哪些危害?

6-13 如何清除和防范间谍软件?

6-14 简述恶意代码演进过程和特征。

6-15 与木马相比,勒索软件在实现方法和功能上有哪些不同?

6-16 如何有效防范勒索软件?

第7章

网络攻击与防范

互联网的无处不在和无所不能已经完全改变了我们对"网络"这个概念已有的定义。20 世纪 70 年代以前，计算机网络还基本上是完全孤立的存在。而现在这种无处不在的网络在能够使用户完成过去不可想象的工作的同时，也为各类网络入侵、攻击甚至是犯罪提供了平台。为了应付各种威胁，用户开始应用入侵检测系统(IDS)，通过 IDS 监视经过网络和服务器的通信。针对 IDS 存在的不足，入侵防御系统(Intrusion Prevention System，IPS)则从防御入手对网络进行安全防护。本章在重点介绍各类网络攻击手段后，将有针对性地介绍 DoS/DDoS、IDS、IPS 的工作原理和防范方法。最后，介绍网络漏洞扫描的相关知识，以提升读者应对日常网络安全管理的能力。

7.1 网络攻击概述

随着网络应用的日渐普及，安全威胁日益突出，其中网络攻击成为目前网络安全中危害最严重的现象之一，所以研究和解决各种攻击方法很有必要。

7.1.1 网络入侵与攻击的概念

网络入侵是一个广义上的概念，它是指任何威胁和破坏计算机或网络系统资源的行为，如非授权访问或越权访问系统资源、搭线窃听网络信息等。具有入侵行为的人或主机称为入侵者。一个完整的入侵包括入侵准备、攻击、入侵实施等过程。而攻击是入侵者进行入侵所采取的技术手段和方法，入侵的整个过程都伴随着攻击，有时也把入侵者称为攻击者。

其实，在整个网络行为中，入侵和攻击仅仅是在形式和概念描述上有所不同，其实质基本上是相同的。对于计算机和网络系统，入侵与攻击没有本质的区别，入侵伴随着攻击，攻击的结果就是入侵。例如，在入侵者没有侵入目标网络之前，会采取一些方法或手段对目标网络进行攻击。当侵入目标网络之后，入侵者利用各种手段窃取和破坏别人的资源。

从网络安全角度看，入侵和攻击的结果都是一样的。一般情况下，入侵者或攻击者可能是黑客、破坏者、间谍、内部人员、被雇用者、计算机犯罪者或恐怖主义者。攻击时，所使用的工具(或方法)可能是电磁泄漏、搭线窃听、程序或脚本、软件工具包、自治主体(能独立工作的小软件)、分布式工具、用户命令或特殊操作等。在本章的描述中，将集中使用攻击这一概念。

入侵者(或攻击者)所采用的攻击手段主要有以下8种特定类型。

(1) 冒充。将自己伪装成为合法用户(如系统管理员)，并以合法的形式攻击系统。

(2) 重放。攻击者首先复制合法用户所发出的数据(或部分数据)，然后进行重发，以欺骗接收者，进而达到非授权入侵的目的。

(3) 篡改。采取秘密方式篡改合法用户所传送数据的内容，实现非授权入侵的目的。

(4) 拒绝服务。终止或干扰服务器为合法用户提供服务或抑制所有流向某一特定目标的数据。

(5) 内部攻击。利用其所拥有的权限对系统进行破坏活动。这是最危险的类型，据有关资料统计，80%以上的网络攻击及破坏与内部攻击有关。

(6) 外部攻击。通过搭线窃听、截获辐射信号、冒充系统管理人员或授权用户、设置旁路躲避鉴别和访问控制机制等各种手段入侵系统。

(7) 陷阱门。首先通过某种方式侵入系统，然后安装陷阱门(如植入木马程序)，并通过更改系统功能属性和相关参数，使入侵者在非授权情况下能对系统进行各种非法操作。

(8) 特洛伊木马。这是一种具有双重功能的C/S体系结构。特洛伊木马系统不但拥有授权功能，还拥有非授权功能，一旦建立这样的体系，整个系统便被占领。

7.1.2 拒绝服务攻击

拒绝服务攻击是出现较早、实施较为简单的一种攻击方法。攻击者利用一定的手段，让被攻击主机无法响应正常的用户请求。拒绝服务攻击主要表现为以下几个方面。

1. 死亡之 ping

死亡之 ping(ping of Death)是最常使用的拒绝服务攻击手段之一，它利用 ping(Packet Internet Groper)命令发送不合法长度的测试包，使被攻击者无法正常工作。在早期的网络中，路由器对数据包的最大尺寸都有限制，在 TCP/IP 网络中，许多系统对 ICMP 包的大小都规定为 64KB。当 ICMP 包的大小超过该值时就导致内存分配错误，直至 TCP/IP 协议栈崩溃，最终使被攻击主机无法正常工作。

在基于 TCP/IP 协议的 Internet 广泛使用的今天，为了阻止死亡之 ping，现在所使用的网络设备(如交换机、路由器、防火墙等)和操作系统(如 UNIX、Linux、Windows、Solaris 等)都能够过滤掉超大的 ICMP 包。以 Windows 操作系统为例，单机版从 Windows 98 之后，Windows NT 从 Service Pack 3 之后都具有抵抗一般死亡之 ping 攻击的能力。

2. 泪滴

在 TCP/IP 网络中，不同的网络对数据包的大小有不同的规定，如以太网的数据包最大为 1500B。将数据包的最大值称为最大数据单元(Maximum Transmission Unit，MTU)，令牌总线网络的 MTU 为 8182B，而令牌环网和 FDDI 对数据包没有大小限制。如果令牌总线网络中一个大小为 8000B 的 IP 数据包要发送到以太网中，由于令牌总线网络的数据包比以太网的大，所以为了能够完成数据的传输，需要根据以太网数据包的大小要求，将令牌总线网络的数据包分成至少 6 部分(1500×6＝9000B)，将这一过程称为分片。

在 IP 报头中有一个偏移字段和一个分片标识(MF)，如果 MF 标识设置为 1，则表明这个 IP 数据包是一个大 IP 数据包的片段，其中偏移字段指出了这个片段在整个 IP 数据包中的位置。例如，对一个 4000B 的 IP 数据包进行分片(MTU 为 1500B)，则 3 个片段中偏移字段的值依次为：0，1480/8＝185，2960/8＝370(在填入"偏移量"字段时，需要对每个分片的第一个字节的编号除以 8)。这样接收端就可以根据这些信息成功地重组该 IP 数据包。

如果一个攻击者打破这种正常的分片和重组 IP 数据包的过程，把偏移字段设置成不正确的值(例如，把上面的偏移设置为 0，1300，3000)，在重组 IP 数据包时可能出现重合或断开的情况，就可能导致目标操作系统崩溃。这就是所谓的泪滴(Teardrop)攻击。

防范泪滴攻击的有效方法是给操作系统安装最新的补丁程序，修补操作系统漏洞。同时，对防火墙进行合理的设置，在无法重组 IP 数据包时将其丢弃，而不进行转发。

3. ICMP 泛洪

ICMP 泛洪(ICMP Flood)是利用 ICMP 报文进行攻击的一种方法。在平时的网络连通性测试中，经常使用 ping 命令诊断网络的连接情况。如图 7-1 所示，当输入了一个 ping 命令后，就会发出 ICMP 响应请求报文(ICMP ECHO)，接收主机在接收到 ICMP ECHO 后，会回应一个 ICMP ECHO Reply 报文(图 7-1 中共收回了 4 个 ICMP ECHO Reply 报文)。在这个过程中，当接收端收到 ICMP ECHO 报文进行处理时需要占用一定的 CPU 资源。如果攻击者向目标主机发送大量的 ICMP ECHO 报文，将产生 ICMP 泛洪，目标主机会将大量的时间和资源用于处理 ICMP ECHO 报文，而无法处理正常的请求或响应，从而实现对目标主机的攻击。

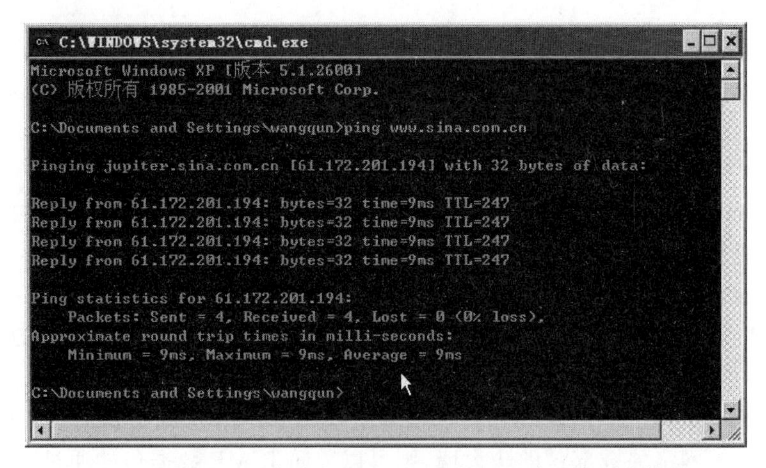

图 7-1　利用 ping 命令发出的 ICMP 报文测试网络连接情况

防范 ICMP 泛洪的有效方法是对防火墙、路由器和交换机进行相应的设置，过滤来自同一台主机的、连续的 ICMP 报文。对于网络管理员，在网络正常运行时建议关闭 ICMP 报文，即不允许使用 ping 命令。例如，如图 7-2 所示，在 Windows XP/2003 系统中启用了

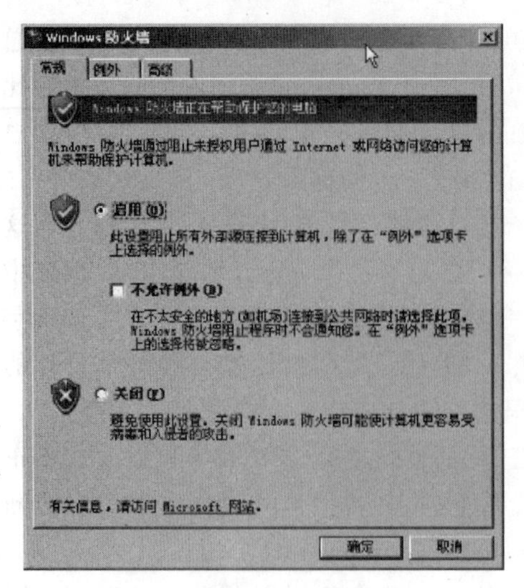

图 7-2　启用 Internet 防火墙

Internet 防火墙后，则默认所有的 ICMP 报文选项均被禁用，从而可以阻止来自网络的 ping 试探。

4. UDP 泛洪

UDP 泛洪（UDP Flood）的实现原理与 ICMP 泛洪类似，攻击者通过向目标主机发送大量的 UDP 报文，导致目标主机忙于处理这些 UDP 报文，而无法处理正常的报文请求或响应。

5. LAND 攻击

局域网拒绝服务(Local Area Network Denial，LAND)攻击利用了 TCP 连接建立的三次握手过程，通过向一个目标主机发送一个用于建立请求连接的 TCP SYN 报文而实现对目标主机的攻击。与正常的 TCP SYN 报文不同的是，LAND 攻击报文的源 IP 地址和目的 IP 地址是相同的，都是目标主机的 IP 地址。这样，目标主机在接收到这个 SYN 报文后，就会向该报文的源地址发送一个确认报文(ACK)，并建立一个 TCP 连接控制结构，而该报文的源地址就是自己。由于目的 IP 地址和源 IP 地址是相同的，都是目标主机的 IP 地址，因此这个 ACK 报文就发给了目标主机本身。

利用该过程，当攻击者发送 SYN 报文达到一定的数量时，目标主机的连接控制结构将被耗尽，从而无法为其他用户提供正常的服务。

防范 LAND 攻击的可行方法是给操作系统安装最新的补丁程序，同时在网络设备(防火墙、路由器、交换机等)上进行相应的配置，将那些通过外部接口进入内部网络的含有内部源地址的 IP 数据包过滤掉。

6. Smurf 攻击

如图 7-1 所示，我们在网络连通性诊断中通常使用 ICMP ECHO，当一台主机接收到这样一个报文后，会向报文的源地址回应一个 ICMP ECHO Reply 应答报文。在 TCP/IP 网络中，一般情况下主机不会检查该 ICMP ECHO 请求的源地址。利用该"漏洞"，攻击者可以把 ICMP ECHO 的源地址设置为一个广播地址或某一子网的 IP 地址，这样目标主机就会以广播形式回复 ICMP ECHO Reply，导致网络中产生大量的广播报文，形成广播风暴，轻则影响网络的正常运行，重则由于耗用过量的网络带宽和主机(如路由器、交换机等)资源，导致网络瘫痪。这种利用虚假源 IP 地址进行 ICMP 报文传输的攻击方法称为 Smurf 攻击。

为了防止 Smurf 攻击，在路由器、防火墙和交换机等网络硬件设备上可关闭广播、组播等特性。对于位于网络关键部位的防火墙，则可以关闭 ICMP 数据包的通过。

另外，还有借助 TCP 三次握手的拒绝服务，读者可参阅本书第 5 章的相关内容。

7. 电子邮件炸弹

电子邮件炸弹(E-mail Bomb)是指电子邮件的发送者利用某些特殊的电子邮件软件，在很短的时间内连续不断地将大容量的电子邮件发送给同一个收件人，而一般收件人的邮箱容量是有限的，同时电子邮件服务器也很难接收这些数以千万计的大容量信件，其结果是导致电子邮件服务器不堪重负，最终崩溃。

电子邮件炸弹是最古老、最简单的一种攻击方法，也是最有效的方法之一。当一台或多台计算机向某一台邮件服务器不断发送大容量的电子邮件时，轻则耗尽接收者的网络带宽，重则使邮件服务器瘫痪。防范电子邮件炸弹的有效方法是在邮件服务器或防火墙设备上进行相关的设置，使其自动删除来自同一台主机的过量或重复的邮件。

7.1.3　利用型攻击

利用型攻击是一类试图直接对用户的主机进行控制的攻击方法，最常见的有以下 3 种。

1. 口令攻击

口令(也称为"密码")是网络安全的第一道防线，但从目前的技术来看，口令已没有足够的安全性，各种针对口令的攻击不断出现。所谓口令攻击是指通过猜测或获取口令文件等方式获得系统认证口令，从而进入系统。目前，网络中存在的弱口令(也称为危险口令)主要有用户名、用户名的变形、生日、常用的英文单词、5 个字符以下长度的口令、空口令或系统默认的口令(如 admin、manager、supervisor 等)。

攻击者在识别了一台主机，并且发现了基于 NetBIOS、Telnet 或网络文件系统(Network File System，NFS)等服务的可利用的用户账号的口令时，便会实现对主机的控制。有效的防范方法是选用难以猜测的口令，关闭主机上不需要的 NetBIOS、Telnet 或 NFS 等服务。

2. 特洛伊木马

特洛伊木马是一个包含在合法程序中的非法程序。该非法程序在用户不知情的情况下被执行。特洛伊木马的名称源于古希腊的特洛伊木马神话，传说古希腊人围攻特洛伊城，久久不能得手。后来他们想出了一个木马计，让士兵藏匿于巨大的木马中，大部队假装撤退而将木马弃于特洛伊城，让敌人将其作为战利品拖入城内。木马内的士兵则乘夜晚敌人庆祝胜利、放松警惕的时候爬出来，与城外的部队里应外合，攻下了特洛伊城。

一般的木马都有客户端和服务器端两个执行程序，其中客户端用于攻击者远程控制植入木马的机器，服务器端程序即是木马程序。攻击者要通过木马攻击用户的系统，所做的第一步工作是把木马的服务器端程序植入用户的计算机中。有关特洛伊木马的相关知识已在本书第 6 章进行了详细介绍，在此不再赘述。

3. 缓冲区溢出

缓冲区溢出攻击利用了目标程序的缓冲区溢出漏洞，通过操作目标程序堆栈并暴力改写其返回地址，从而获得目标控制权。缓冲区溢出的工作原理是：攻击者向一个有限空间的缓冲区中复制过长的字符串。这时可能产生两种结果：一是过长的字符串覆盖了相邻的存储单元而造成程序瘫痪，甚至造成系统崩溃；二是可让攻击者运行恶意代码，执行任意指令，甚至获得管理员用户的权限等。

利用缓冲区溢出漏洞而发起的攻击非常普遍。例如，1988 年，美国康奈尔大学计算机科学系 23 岁的研究生莫里斯利用 UNIX fingered 程序不限制输入长度的漏洞，输入 512 个字符后使缓冲区溢出。莫里斯又写了一段特别大的程序使他的恶意程序能以 Root(根)身份执行,并感染到其他机器上。另外,曾破坏过大量的数据库系统的"SQL Slammer"蠕虫王,也是利用未及时更新补丁的 MS SQL Server 数据库缓冲区溢出漏洞,采用不正确的方式将数据发到 MS SQL Server 的监听端口,发起缓冲区溢出攻击。

7.1.4 信息收集型攻击

与前面介绍的拒绝服务攻击不同,信息收集型攻击并不对目标主机本身造成危害,而是将目标主机作为一个跳板,用来对其他主机进行攻击。信息收集型攻击主要包括扫描技术、体系结构探测、利用信息服务等类型。

1. 扫描技术

扫描技术主要分为两类:网络安全扫描技术和主机安全扫描技术,其中网络安全扫描技术主要针对系统中存在的弱口令或与安全规则相抵触的对象进行检查;而主机安全扫描技术则是通过执行一些脚本文件,对系统进行模拟攻击,同时记录系统的反应,从而发现其中的漏洞。常见的扫描技术主要有端口扫描和漏洞扫描。

1) 端口扫描技术

一个端口就是一个潜在的通信通道,也是一个入侵通道。对目标主机进行端口扫描,能得到许多有用的信息。根据 TCP 协议规范,当一台主机收到一个 TCP 连接建立请求报文(TCP SYN)时,需要进行以下的工作:如果请求的 TCP 端口是开放的,则返回一个 TCP ACK 确认报文,并建立 TCP 连接控制结构(TCB);如果请求的 TCP 端口没有开放,则返回一个 TCP RST(TCP 头部中的 RST 标识设为 1)报文,告诉 TCP 连接的发起端该端口没有开放。

与 TCP 相似,如果主机收到一个 UDP 报文,需要进行以下的工作:如果该报文的目标端口开放,则把该 UDP 报文上交给其上层协议进行处理,由于 UDP 为面向非连接的协议,所以它并不返回任何报文;如果该报文的目标端口没有开放,则向 UDP 信息的发送者返回一个 ICMP 不可到达的报文,告诉发送方该 UDP 报文的端口不可到达。

利用这个原理,攻击者便可以通过发送合适的报文来判断目标主机哪些 TCP 或 UDP 端口是开放的,过程如下。

(1) 发出 TCP SYN 或 UDP 报文,端口号从 0 开始,一直到 65535。

(2) 如果收到了针对这个 TCP 报文的 RST 报文,或针对这个 UDP 报文的 ICMP 不可到达的报文,则说明这个端口没有开放。

(3) 相反,如果收到了针对这个 TCP SYN 报文的 ACK 报文,或者没有接收到任何针对该 UDP 报文的 ICMP 报文,则说明该 TCP 或 UDP 端口可能是开放的。

通过以上操作,便可以很容易地判断出目标主机开放了哪些 TCP 或 UDP 端口,然后利用端口进行下一步攻击。

2) 漏洞扫描技术

漏洞扫描主要通过以下两种方法检查目标主机是否存在漏洞:在端口扫描后得知目标主机开启的端口以及端口上的网络服务,将这些相关信息与网络漏洞扫描系统提供的漏洞库进行匹配,查看是否有满足匹配条件的漏洞存在;通过模拟黑客的攻击手法,对目标主机系统进行攻击性的安全漏洞扫描,如测试弱口令等。如果模拟攻击成功,则表明目标主机系统存在安全漏洞。

2. 体系结构探测

体系结构探测是指攻击者使用具有已知响应类型的数据库的自动工具，对来自目标主机的响应进行检查，从而探测到目标主机的操作系统、数据库的类型和版本等信息，为进一步入侵做好准备。例如，在 Windows 2000/2003 操作系统中对 TCP/IP 协议的实现与 Solaris 有所不同，所以每种操作系统都有其独特的响应方法，攻击者在获得独特的响应后，再与数据库中已知的响应进行对比，便可以确定目标主机所运行的操作系统。

3. 利用信息服务

利用信息服务中最有代表性的是 Finger 服务。Finger 是计算机网络中最古老的协议之一，用于提供站点及用户的基本信息。利用 79 号端口，通过 Finger 服务可以查询到网站上的在线用户列表和其他一些有用的信息。出于安全考虑，目前大部分网站取消了 Finger 服务，不过还有部分主机仍然在继续提供 Finger 服务。在 UNIX 平台上，Finger 是一个常用的工具。

由于 Finger 服务一般都是提供在线用户的用户名，因此入侵者通过 Finger 服务可以方便地取得有效用户名列表，然后使用暴力破解等方法获得用户的账号密码，为进一步入侵做好准备。

7.1.5　假消息攻击

假消息攻击主要包括 DNS 缓存中毒和伪造电子邮件两类。

1. DNS 缓存中毒

由于 DNS 服务器与其他名称服务器交换信息的时候并不进行身份验证，这就使得攻击者可以将不正确的信息加入其中，并把用户引向攻击者自己的主机。

现代的计算机网络尤其是 Internet 离不开 DNS 服务。为了提高 DNS 服务器的工作效率，绝大部分 DNS 服务器都能够将 DNS 查询结果在答复发出请求的主机之前保存到高速缓存中。但是，如果 DNS 服务器的高速缓存被大量假的 DNS 信息“污染”了，用户的请求就有可能被发送到一些恶意或不健康的网站，而不是原本要访问的网站。

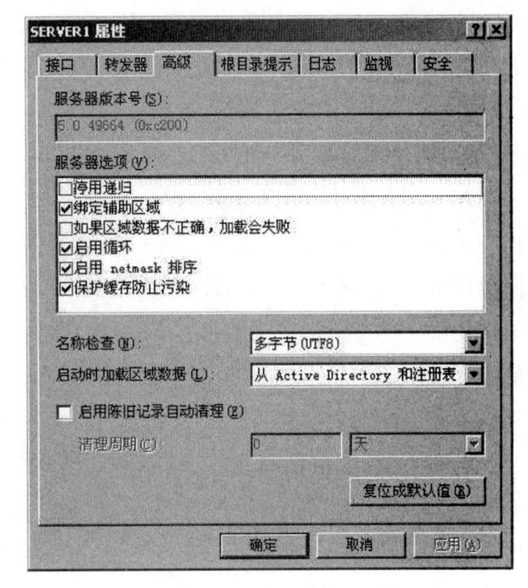

图 7-3　勾选“保护缓存防止污染”选项

绝大部分 DNS 服务器都能够通过配置阻止缓存中毒。基于 Windows Server 2003 的 DNS 服务器默认的配置状态就能够防止缓存污染。如果用户使用的是基于 Windows 2000 的 DNS 服务器，可以通过配置防止缓存污染。具体方法是：选择“开始→程序→管理工具→DNS”，打开 DNS 服务器，右击 DNS 服务器名称，在出现的快捷菜单中选择“属性”，在打开的如图 7-3 所示的对话框中勾选“服务器选项”列表中的“保护缓存防止污染”选项，然后重新启动 DNS 服务器即可。

有关 DNS 缓存中毒的详细介绍，读者可参看本书第 5 章的相关内容。

2. 伪造电子邮件

在发送电子邮件时，由于所使用的 SMTP 协议并不对邮件发送者的身份进行鉴别，因此攻击者便可以伪造并发送大量的电子邮件。这些电子邮件一般还会附上可安装的特洛伊木马程序或一个引向恶意或不健康网站的链接。目前，Internet 中大量的垃圾邮件都是通过伪造电子邮件的方式来发送的。

7.1.6 脚本和 ActiveX 攻击

脚本(Script)和 ActiveX 是近年来随着 Internet 的广泛应用而出现的攻击方法，也是目前危害最大的攻击方法之一。

1. 脚本攻击

脚本(Script)是一种可执行的文件，常见的编写脚本的语言有 Java Script 和 VB Script。脚本在执行时需要由一个专门的解释器翻译成计算机指令，然后在本地计算机上运行。与 Java 和 VB 等编程语言相比，脚本编写简单，但功能较为强大。

脚本的另一个特点是可以直接嵌入 Web 页面中，当执行一些静态 Web 页面时，脚本与之共同执行，可实现诸如数据库查询和修改以及系统信息的提取等操作。脚本在带来方便和强大功能的同时，也为攻击者提供了便利途径。攻击者可以编写一些对系统有破坏性的脚本，然后嵌入 HTML 的 Web 页面中，一旦这些页面被下载到本地计算机，计算机便会以当前用户的权限执行这些脚本。当前用户所具有的任何权限，脚本都可以使用，由此可以看出脚本攻击的破坏程度很强。

2. ActiveX 攻击

ActiveX 是建立在微软公司的组件对象模型(Component Object Model，COM)上的一种对象控件，而 COM 则几乎是 Windows 操作系统的基础结构，它可以被应用程序加载，以完成一些特定的功能。但需要注意的是，这种对象控件不能自己执行，因为它没有自己的进程空间，而只能由其他进程加载。这时，这些控件便在加载进程的进程空间运行，类似于操作系统的可加载模块，如 DLL 库。

ActiveX 控件可以嵌入 Web 页面中，当浏览器下载这些页面到本机后，相应地也下载了嵌入其中的 ActiveX 控件，这样这些控件便可以在本地浏览器进程空间中运行。因此，当前用户的权限有多大，ActiveX 的破坏性便有多大。如果一个攻击者编写一个含有恶意代码的 ActiveX 控件，然后嵌入 Web 页面中，当被一个浏览用户下载并执行后，将会对本机造成破坏。

由于 ActiveX 对系统的操作没有严格的限制，所以如果一旦被下载并执行，就可以像安装在本机上的可执行程序一样运行。针对这一特点，IE 浏览器也做了某些限制，如图 7-4 和图 7-5 所示，针对不安全的站点，在 IE 浏览器的默认设置中将不允许用户进行下载或在下载时给予警告。目前，从事基于 ActiveX 开发的公司(如 VeriSign 公司)对 ActiveX 控件都进行了编号。当用户在下载控件时，IE 浏览器会给用户提示，并显示可信赖程度，由用户决定是否相信这个控件，以加强系统的安全性。

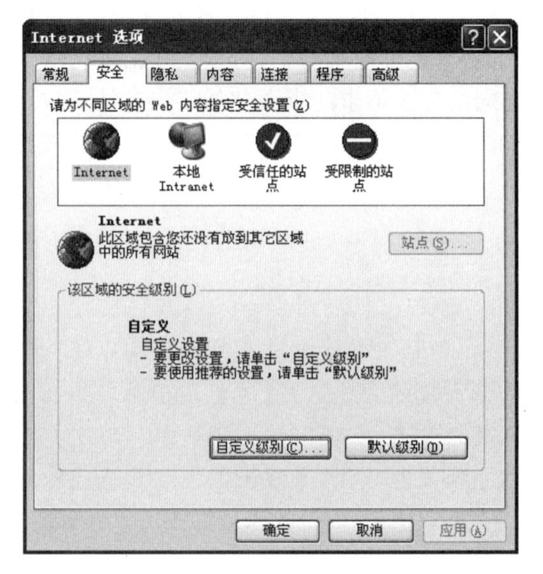

图 7-4　设置 IE 浏览器的安全属性

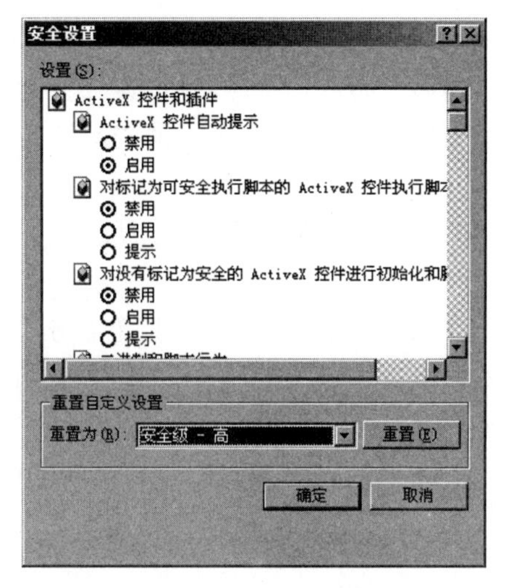

图 7-5　设置 ActiveX 控件和插件

在实际应用中，还有一些缺乏操作经验的用户，他们有时会不自觉地对 ActiveX 安全设置进行修改，让这个 ActiveX 控件在没有任何提示的情况下被下载安装，为网络安全带来隐患。

7.2　DoS 和 DDoS 攻击与防范

DoS 攻击和 DDoS 攻击是两种常见的攻击方式，虽然实现原理比较简单，但产生的破坏性却较强。

7.2.1　DoS 攻击的概念

DoS 攻击，即前面提到过的"拒绝服务"攻击，是一种实现简单却很有效的攻击方式。DoS 攻击的目的就是让被攻击主机拒绝用户的正常服务访问，破坏系统的正常运行，最终使用户的部分 Internet 连接和网络系统失效。最基本的 DoS 攻击就是利用合理的服务请求占用过多的服务资源，从而使合法用户无法得到服务，攻击过程如图 7-6 所示。

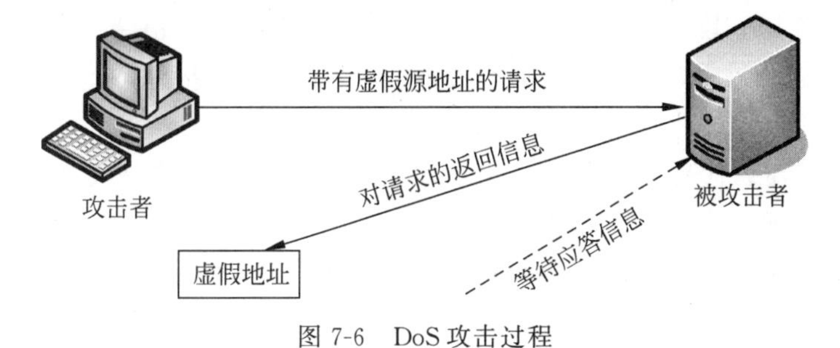

图 7-6　DoS 攻击过程

从图 7-6 中可以看出，在 DoS 攻击过程中，首先攻击者向被攻击者发送大量的带有虚假源地址的服务请求，被攻击者在接收到请求后返回确认信息，等待攻击者的确认，此过程需要 TCP 的三次握手。由于攻击者所发送的请求的源地址是虚假的，所以被攻击者无法接收到确认（第三次握手），一直处于等待状态，而分配给这次请求的资源却始终没有被释放。当被攻击者等待一定的时间后，连接会因超时而被断开，这时攻击者还会再度传送新的一批请求。在此过程中，被攻击者的资源最终会被耗尽，直到瘫痪。

7.2.2 DDoS 攻击的概念

DDoS 攻击，即“分布式拒绝服务”攻击，它是一种基于 DoS 攻击但实现过程比较特殊的拒绝服务攻击方式。DDoS 是一种分布的、协作的大规模攻击方式，主要用于对一些大型的网站或系统进行攻击。DoS 攻击只是单机对单机的攻击，实现方法比较简单。与之不同的是，DDoS 攻击是利用一批受控制的主机向一台主机发起攻击，其攻击的强度和造成的威胁要比 DoS 攻击严重得多，当然其破坏性也要强得多。DDoS 攻击的原理如图 7-7 所示。

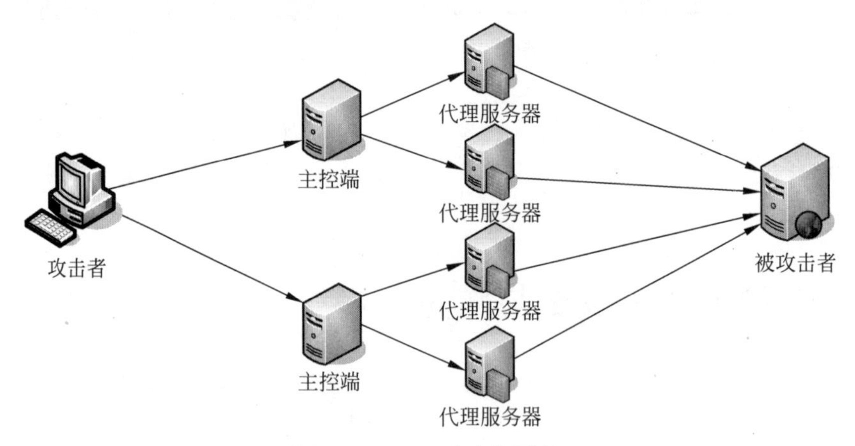

图 7-7　DDoS 攻击的原理

从图 7-7 中可以看出，整个 DDoS 攻击过程共由 4 部分组成：攻击者、主控端、代理服务器和被攻击者，其中每一个组成部分在攻击中扮演的角色不同。

（1）攻击者。攻击者是指在整个 DDoS 攻击中的主控台，它负责向主控端发送攻击命令。与 DoS 攻击略有不同，DDoS 攻击中的攻击者对计算机的配置和网络带宽的要求并不高，只要能够向主控端正常发送攻击命令即可。

（2）主控端。主控端是被攻击者非法侵入并控制的一些主机，通过这些主机再分别控制大量的代理服务器。攻击者首先需要入侵主控端，在获得对主控端的写入权限后，在主控端主机上安装特定的程序，该程序能够接收攻击者发来的特殊指令，并且可以把这些命令发送到代理服务器上。

（3）代理服务器。代理服务器同样也是攻击者侵入并控制的一批主机，同时攻击者也需要在入侵这些主机并获得对这些主机的写入权限后，在上面安装并运行攻击程序，接收和运行主控端发来的命令。代理服务器是攻击的直接执行者，真正向被攻击主机发送攻击。

（4）被攻击者。被攻击者是 DDoS 攻击的直接受害者，目前多为一些大型企业的网站或数据库系统。

在整个DDoS攻击过程中，攻击者发起DDoS攻击的第一步就是要寻找在Internet上有漏洞的主机，进入系统后安装后门程序，攻击者入侵的主机越多，参与攻击的主机也就越多。第二步是在入侵主机上安装攻击程序，其中一部分主机充当攻击的主控端，一部分主机充当攻击的代理服务器。最后，各部分主机各司其职，在攻击者的统一指挥下对被攻击主机发起攻击。由于攻击者在幕后操纵，所以在攻击时不会受到监控系统的跟踪，身份不容易被发现。

7.2.3　利用软件运行缺陷的攻击和防范

在实际应用中没有一款软件在安全特性上是十全十美的，任何一款软件都存在这样或那样的缺陷，其中有些缺陷在其运行过程中反映出来。如果这些缺陷被攻击者发现，就会被用来进行攻击。由于软件在开发过程中对某种特定类型的报文或请求没有进行较好的处理，这些软件在遇到这种类型的报文时将会出现异常，导致软件本身或系统崩溃。这类攻击有其特殊性，故在这里进行单独介绍。

利用软件运行缺陷进行DoS攻击的工具主要有Teardrop攻击（如teardrop.c、boink.c、bonk.c等）、LAND攻击、ICMP碎片包攻击等，另外还有针对Cisco 2600路由器IOS version 12.0(10)远程拒绝服务攻击的专用工具等。这些攻击都是利用了被攻击软件在实现过程中存在的缺陷而进行的。例如，teardrop.c攻击工具可通过如下命令对其他主机进行DoS攻击。

```
teardrop  <源 IP>  <目标 IP>  [-s 源端口][-d 目的端口][-n 次数]
```

从Windows NT开始，当系统未及时安装补丁程序时，就可以使用一些专用工具进行DoS攻击。例如，SMBdie.exe就是针对Windows的服务器信息块（Server Message Block，SMB）实现的DoS攻击，可以对Windows系统的NetBIOS(139)进行攻击，该工具在局域网中使用非常有效，操作界面如图7-8所示。

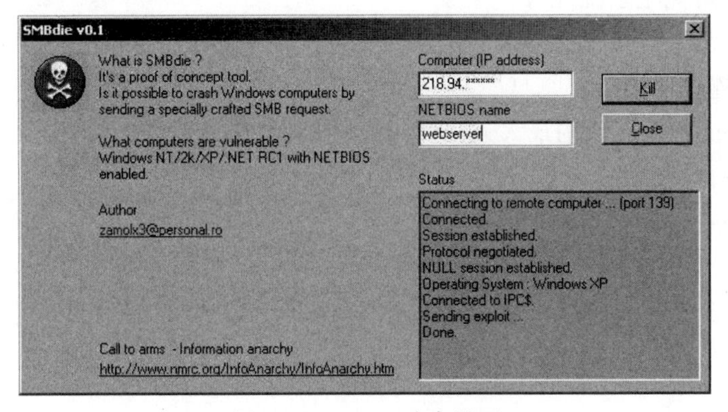

图7-8　SMBdie攻击界面

SMB用于在Windows操作系统中实现资源共享，包括共享文件、文件夹、磁盘、打印机等，在某些情况下甚至可以共享COM端口。一个SMB客户端或服务器可以与多种机器和网络相互连接。

从前面的介绍可以看出，这种攻击行为威力很大，而且难以察觉。不过，由于这种攻击主要是针对软件运行中的缺陷而实现的，所以对于用户来说最有效的防范这类 DoS 攻击的方法是及时安装软件的补丁程序。例如，对于大家普遍使用的 MS SQL、Oracle 等数据库，建议能够及时安装相应的补丁程序，以防止 DoS 攻击，增强其运行的安全性。

7.2.4 利用防火墙防范 DoS/DDoS 攻击

DoS 攻击是一种很简单却很有效的网络攻击方式，它可以利用合理的服务请求占用对方过多的服务资源，从而使合法用户无法得到服务。DDoS 攻击是一种基于 DoS 的特殊形式的拒绝服务攻击方式，攻击者通过事先控制大批主控端和代理服务器(将主控端和代理服务器通常称为"傀儡机")，并控制这些主机同时发起对目标主机的 DoS 攻击，具有较大的破坏性。

从实际应用来看，防火墙是抵御 DoS/DDoS 攻击的最有效设备。因为，防火墙的主要功能之一就是在网络的关键位置对数据包进行相应的检测，并判断数据包是否被放行。下面说明防火墙在各种网络环境中对 DoS/DDoS 攻击的有效防范方法。

1. 通过基于状态的资源控制保护内网资源

目前绝大多数主流防火墙(如 Cisco PIX、NetScreen、SmartHammer 等)都支持 IP Inspect(IP 检测)功能，防火墙会对进入防火墙的信息进行严格的检测。这样，各种针对系统漏洞的攻击包(如前面介绍的 ping of Death、TearDrop 等)会自动被系统过滤掉，从而保护网络免受来自外部的漏洞攻击。对防火墙产品来说，资源是十分宝贵的，当受到外来的 DDoS 攻击时，系统内部的资源全都被攻击数据包占用，此时正常的服务请求和响应肯定会受到影响。防火墙基于状态的资源控制会自动监视网络内所有的连接状态，当发现存在连接长时间但还未得到应答的处于半连接状态(即未完成第三次握手)的数据包超过预设置的范围时，就判断有可能遭受到了 DoS/DDoS 攻击，从而清除所有的半连接状态。另外，还可以通过以下的策略优化系统配置。

(1) 有些防火墙可以控制连接与半连接的超时时间，必要时还可以缩短半连接的超时时间，以加速半连接的老化。

(2) 限制系统各个协议的最大连接数，保证协议的连接总数不超过系统限制值，在达到连接值的上限后自动删除新建的连接。

(3) 针对源或目标 IP 地址进行流量限制。检测功能可以限制每个 IP 地址的资源，用户在资源控制的范围内的使用并不会受到任何影响，但当用户感染了蠕虫病毒或发送攻击报文时，针对流的资源控制可以限制每个 IP 地址发送的连接数目，超过限制的连接将被丢弃。这种做法可以有效地抑制病毒产生攻击的效果，避免其他正常使用的用户受到影响。

(4) 单位时间内如果穿过防火墙的"同类"数据流超过已设置的上限值，可以设定对该类数据流进行阻断。这样可以有效防御对于 IP、ICMP、UDP 等非连接的泛洪(Flood)攻击。

2. 防范 SYN 泛洪

SYN 泛洪(SYN Flood)是 DDoS 攻击中危害性最强也最难防范的一种攻击方法。SYN 泛洪攻击利用 TCP 协议缺陷,发送大量伪造的 TCP 连接请求,从而使被攻击方资源耗尽(CPU 满负荷或内存不足)。不同品牌的防火墙处理 SYN 泛洪攻击的方法可能存在实现细节上的不同。例如,SmartHammer 系列防火墙利用智能 TCP 代理技术判断连接的合法性,从而保护网络资源,其工作原理如图 7-9 所示。

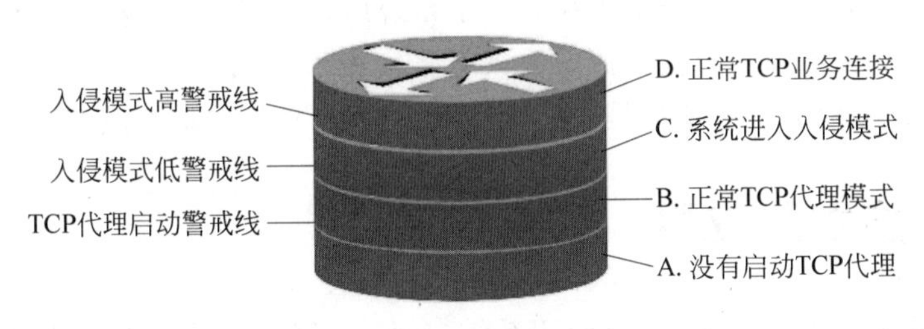

图 7-9　TCP 代理技术的工作原理

从图 7-9 中可以看出,防火墙正常工作时并不会立即启动 TCP 代理(以免影响速度),只有当网络中的 TCP 半连接数量达到系统设置上限(TCP 代理启动警戒线)时,正常的 TCP 入侵模式会自动启动,并且当系统的 TCP 半连接超过系统 TCP 入侵模式高警戒线时,系统进入入侵模式,此时新建立的连接会覆盖原有的 TCP 连接;此后,系统全连接数增多,半连接数减少,当半连接数降到入侵模式低警戒线时,系统退出入侵模式。如果此时攻击停止,系统半连接数量逐渐降到 TCP 代理启动警戒线以下,智能 TCP 代理模块停止工作。通过智能 TCP 代理可以有效防止 SYN 泛洪攻击,保证网络资源安全。

3. 利用 NetFlow 对 DoS 攻击和病毒监测

在介绍 NetFlow 之前,要先介绍 Flow。Flow 是网络设备厂商为了在设备内部提高路由转发速度而引入的一项技术,其本意是将高 CPU 消耗的路由表软件查询匹配作业部分转移到硬件实现的快速转发模块上(如 Cisco 的 CEF 模式)。在这种功能模式中,数据包将通过几个给定的特征定义合并到特定的集合中,这个集合就是 Flow。目前,Flow 数据被广泛用于高端网络流量测量技术中,以提供网络监控、流量图式分析、应用业务定位、网络规划、快速排错、安全分析(如 DDoS 攻击)、域间记账等数据挖掘功能。在实际软件实现中,Flow 所包含的字段定义及数量将会随着厂商甚至协议版本的不同而发生变化,业界因此也相应出现了各种不同的实现版本。而在这些不同的 Flow 版本中,NetFlow 得益于思科公司在网络设备行业内的领先地位而获得最大范围的认同,因此目前多使用 NetFlow。

网络监控在抵御 DoS/DDoS 攻击中有着重要的意义。目前主流的防火墙一般都支持 NetFlow 功能,它将网络交换中的数据包识别为流的方式加以记录,并封装为 UDP 数据包发送到分析器上,这样就为网络管理、流量分析和监控、入侵检测等提供了丰富的信息来源,可以在不影响转发性能的同时记录、发送 NetFlow 信息,并能够利用网络安全管理平台对接收到的资料进行分析、处理。利用 NetFlow 可以完成以下操作。

(1) 监视网络流量。防火墙可以有效地抵御 DoS/DDoS 攻击,但当攻击流数量已经完全占据了带宽时,虽然防火墙已经通过安全策略把攻击数据包丢弃,但由于攻击数据包已经占据了所有的网络带宽,正常的用户访问依然无法完成。此时网络的流量是很大的,防火墙可以利用内置的 NetFlow 统计分析功能，查找攻击流的数据源，并告知网络管理员，对数据流分流或导入黑洞路由。通过在防火墙相关接口(一般为外网连接接口，也可以是内网连接接口)中开启 NetFlow 采集功能，并设置 NetFlow 输出服务器地址，这样就可以利用安全管理平台对接收的信息进行分析处理，并以此为标准，当发现网络流量异常的时候，就可以利用 NetFlow 有效地查找、定位 DDoS 攻击的来源。

(2) 监视蠕虫。防止蠕虫的攻击，重要的是防止蠕虫病毒的入侵，只有尽早发现，才可以迅速采取措施有效阻止。各种蠕虫在感染了系统后，为了传播自身，会主动向外发送特定的数据包并扫描相关端口。目前主流的防火墙多集成了蠕虫查询模板并定期查询，当发现了匹配的蠕虫时，可以分析该地址是否已经感染了病毒，然后采取相应的措施。

7.3 IDS 技术及应用

随着网络安全技术的发展，入侵检测系统(IDS)在网络环境中的应用越来越普遍。本节将介绍入侵检测技术的相关概念、信息的采集、规则的建立和实现等内容。

7.3.1 IDS 的概念

国家标准 GB/T 18336《信息技术安全性评估准则》对入侵检测(Intrusion Detection，ID)的定义为“通过对行为、安全日志或审计数据或其他网络上可以获得的信息进行操作，检测到对系统的闯入或闯入的企图”。入侵检测技术是为保证计算机系统的安全而设计与配置的一种能够及时发现并报告系统中未授权或异常现象的技术，是一种用于检测计算机网络中违反安全策略行为的技术。进行入侵检测的软件与硬件的组合便是入侵检测系统。

1. 入侵检测(ID)的功能

入侵检测(ID)的功能如下。

(1) 监督并分析用户和系统的活动。

(2) 检查系统配置和漏洞。

(3) 检查关键系统和数据文件的完整性。

(4) 识别代表已知攻击的活动模式。

(5) 对反常行为模式的统计分析。

(6) 对操作系统的校验管理，判断是否有破坏安全的用户活动。

2. IDS 中的相关术语

随着 IDS 技术的发展，与之相关的术语相应出现，且同一术语也在发生着不同程度的变化，下面介绍与 IDS 技术相关的一些基本术语。

1) 报警

当一个入侵正在发生或者试图发生时，IDS 系统将发布一个报警(Alerts)信息，通知系统管理员。对于 IDS，报警信息一般是通过远程控制台来显示。其中，IDS 与远程控制台之间可以通过 SNMP(简单网络管理协议)、E-mail、短信息中的一种或几种方式的组合传递给管理员。报警可分为错误报警和正确报警两种。其中,错误报警又分为误报和漏报两种。

(1) 误报。IDS工作于正常的状态下所产生的报警称为误报。误报使网络管理员浪费宝贵的时间和资源分析根本不存在的攻击。所以,网络管理员需要正确设置IDS的报警参数。如果一个IDS经常发生误报,时间一长就可能降低管理员的敏感性,当有正确的报警产生时可能被管理员疏忽,或处理不及时。此现象类似于"狼来了"的故事。

(2) 漏报。IDS对已知的入侵活动未产生报警的现象称为漏报。漏报说明IDS虽然在进行攻击的检测,但它没有命中真正的攻击。大多数IDS都通过相关技术尽量使系统避免漏报,但完全清除漏报是很困难的,基本是不可能的。由于漏报会导致攻击者能够实现攻击过程,但IDS却没有检测到,这对网络系统会产生严重的安全威胁。一般情况下,漏报是由IDS的软件缺陷导致的。

2) 攻击

攻击(Attacks)指试图渗透系统或绕过系统的安全策略以获取信息、修改信息以及破坏目标网络或系统功能的行为。IDS的攻击主要包括DoS/DDoS、Smurf、木马、勒索软件、蠕虫等。

7.3.2 IDS的分类

根据不同的标准,可以对IDS进行不同的分类。下面主要从IDS的工作原理对其进行类别划分。根据实现技术的不同,IDS可以分为异常检测模型、误用检测模型和混合检测模型3种类型。

1. 异常检测模型

异常检测(Anomaly Detection)模型主要检测与可接受行为之间的偏差,将当前主体的活动与网络行为比较,网络行为一般是指网络中正常的访问行为特征参数及其阈值的集合,当网络行为与系统正常行为有较大偏离时,判定为入侵。异常检测常用的是统计方法,最大的特点是能够让入侵检测系统自动学习主体的行为习惯。常见的异常检测模型如图7-10所示。

如果可以预先定义每项可接受的行为(如对HTTP的正常访问、正常的TCP连接、正常的SMTP协议使用等),那么每项不可接受的行为(如TCP半连接状态、大量连续的SMTP连接等)就应该判定为入侵。首先总结正常操作应该具有的特征(用户轮廓),当用户活动与正常行为有重大偏离时即被认为是入侵。这种检测模型的漏报率低,但误报率高。因为不需要对每种入侵行为进行定义,所以能有效检测未知的入侵。

2. 误用检测模型

如图7-11所示,误用检测(Misuse Detection)模型主要检测与已知到不可接受行为之间的匹配程度。如果可以定义所有的不可接受行为,那么每种能够与之匹配的行为都会引起报警。收集非正常操作的行为特征,建立相关的特征库,当监测的用户或系统行为与库中的记录相匹配时,系统就认为这种行为是入侵。误用检测基于已知的系统缺陷和入侵模式,所以又称为"特征检测模型"。它能够准确地检测到某些特征的攻击,但过度依赖事先定义好的安全策略，所以无法检测系统未知的攻击行为，从而产生入侵或攻击的漏报。

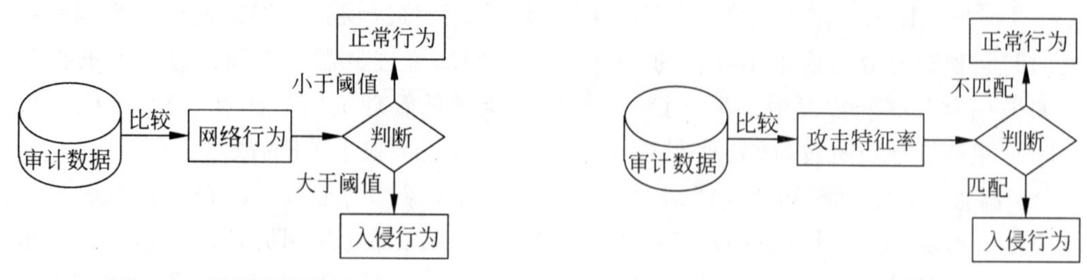

图 7-10 异常检测模型

图 7-11 误用检测模型

3. 混合检测模型

混合检测模型是对异常检测模型和误用检测模型的综合。近几年来，混合检测模型日益受到人们的重视。这类检测在做出决策之前，既分析系统的正常行为，同时又观察可疑的入侵行为，所以判断结果更全面、准确、可靠。

混合检测并不为不同的入侵行为分别建立模型，而是首先通过大量的事例学习什么是入侵行为以及系统的正常行为，发现描述系统特征的一般使用模式，然后再形成对异常和误用都适用的检测模型。

7.3.3 IDS的信息收集

入侵检测的第一步是信息收集，收集内容包括系统、网络、数据及用户活动的状态和行为。此工作由放置在不同网段的传感器或不同主机上的代理进行，包括系统和网络日志文件、网络流量、非正常的目录和文件改变、非正常的程序执行等。

1. 信息收集的方法

就准确性、可靠性和效率而言，IDS收集到的信息是它进行检测和决策的基础。如果收集信息的时延太大，很可能在检测到攻击的时候，入侵者已经完成了入侵过程；如果信息不完整，系统的检测能力就会下降；如果信息本身不正确，系统就无法检测到某些攻击，从而给用户形成一种不真实的安全感。所以，研究信息收集机制是非常重要的。根据对象的不同，信息收集的方法可分为基于主机的信息收集、基于网络的信息收集和混合型信息收集3种类型。

1）基于主机的信息收集

系统分析的数据是计算机操作系统的事件日志、应用程序的事件日志、系统调用、端口调用和安全审计记录。主机型入侵检测系统保护的一般是所在的主机系统，是由代理(Agent)实现的，代理是运行在目标主机上的可执行程序，它们与命令控制台(Console)通信。基于主机的IDS部署如图7-12所示。

2）基于网络的信息收集

系统分析的数据是网络上的数据包。网络型入侵检测系统担负着保护整个网段的任务，基于网络的入侵检测系统由遍及网络中每个网段的传感器(Sensor)组成。传感器是一台将以太网卡置于混杂模式的计算机，用于嗅探网络上的数据包。基于网络的 IDS 部署如图 7-13 所示（当单位内部网络存在多个网段时，建议在每一个网段分别安装一个传感器）。

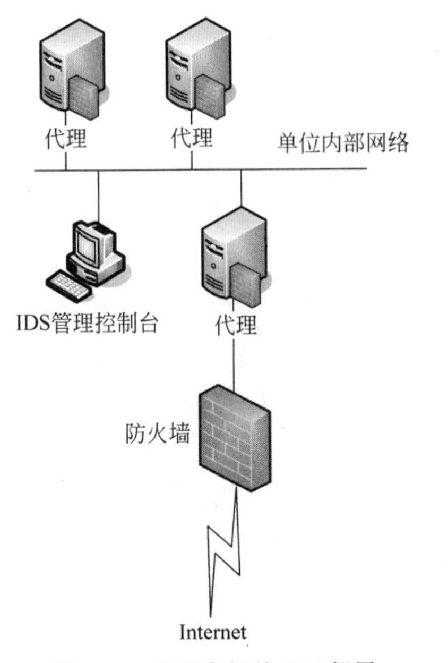

图 7-12　基于主机的 IDS 部署

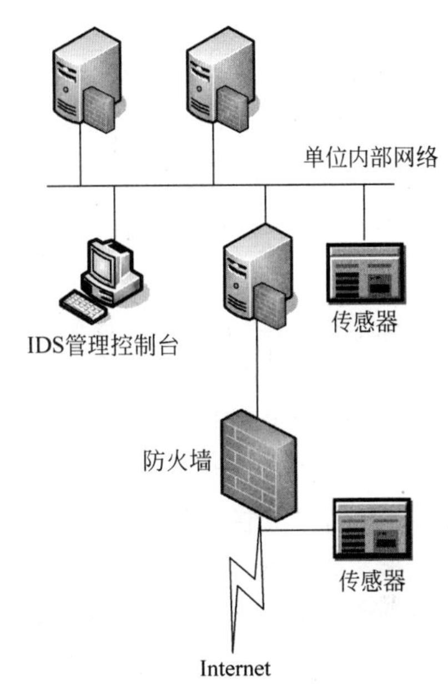

图 7-13　基于网络的 IDS 部署

3）混合型信息收集

混合型信息收集是基于网络的信息收集和基于主机的信息收集的有机结合。基于网络的信息收集和基于主机的信息收集都存在不足之处，会造成防御体系的不全面，而混合型入侵检测系统既可以发现网络中的攻击信息，也可以从系统日志中发现异常情况。

基于网络的数据收集有时会比基于主机的数据收集效果更好，尤其是主机对攻击行为没有反应的时候（如攻击数据包指向的端口是关闭的），也可以通过终端主机网络协议的底层检测到这些攻击。总体而言，基于主机的数据收集占有一定的优势，如下所示。

（1）基于主机的信息收集所收集到的数据能准确反映主机上发生的情况，而不是根据从网络上收集到的数据包去猜测发生了什么事情。

（2）在数据流量很大的网络中，由于受线路的影响，网络监视器经常会产生丢包，但主机监视器则可以报告每台主机上发生的所有事件。

（3）基于网络的信息收集机制对插入攻击和规避攻击无能为力，但基于主机的信息收集就不存在这样的问题，它能够处理主机收到的所有数据。

2. 直接监控与间接监控

我们将信息收集的途径分成直接监控和间接监控。

（1）直接监控是从信息生成地或属地直接获取数据。例如，如果要直接监控某台主机的 CPU 负载情况，就需要从主机相应的内核结构中获取数据。

（2）间接监控是从能反映监控目标行为的数据源处获取数据。例如，如果要监控某台主机的 CPU 负载情况，间接监控可以通过读取记录 CPU 负载的日志文件，完成对主机 CPU 负载的监控。

就检测入侵行为而言，直接监控要优于间接监控，原因如下。

(1) 从非直接数据源获取的数据(如审计踪迹)在被 IDS 使用之前，有被入侵者修改的潜在可能。尤其是以明文方式传输和存储的数据被篡改的可能性更大。

(2) 非直接数据源可能无法记录某些事件。

(3) 在间接监控中，数据一般都是通过某种机制生成的(如编写审计踪迹的代码)，但那些机制并不了解 IDS 使用数据的具体需求。因此，从间接数据源获取的数据量总是非常大，一个 C2 级生成的审计踪迹可能包含每个用户每天 50～500KB 的记录，对于一个中等规模的用户组来说，每天审计踪迹数据可能有好几百兆字节。由于这个原因，IDS 在使用间接数据源时，通常必须消耗大量的资源对数据进行过滤和精简。直接监控方法只获取它需要的数据，所以生成的数据量相对较小。此外，监控组件自身也会对数据进行分析，只有在检测到相关事件时才产生结果，这样就减少了数据的存储量。

(4) 间接监控机制的伸缩性差。因为当主机及其内部被监控要素的数目增加时，过滤数据的开销会降低被监控主机的性能。

(5) 间接数据源常常在数据产生和 IDS 访问这些数据之间有一个时延，而直接监控的时延就小得多，这样 IDS 才能据此做出更及时的响应。

3. 信息收集的渠道

IDS 目前所能检测到的大部分入侵都是由主机上的活动引起的，如执行某一命令、访问某项服务并提供不正确的数据等，这些攻击活动发生在终端机上，有时通过网络检测也可以发现。针对网络本身的攻击通常都是数据流，即发送的数据量超过网络的承受能力，以致合法数据包通信受阻。但在终端机上也照样可以检测到这些攻击，如通过查看主机 ICMP 报文是否有大量的 Echo-Request 分组，也可以检测到是否有 ping 的泛洪数据流攻击发生。入侵检测利用的信息一般来自以下 4 个方面。

1) 系统和网络日志文件

攻击者经常在系统日志文件中留下他们的踪迹，因此，充分利用系统和网络日志文件信息是检测入侵的必要条件。日志中包含发生在系统和网络上的不寻常和不期望活动的证据，这些证据可以指出有人正在入侵或已成功入侵了系统。通过查看日志文件，能够发现成功的入侵或入侵企图，并很快地启动相应的应急响应程序。日志文件中记录了各种行为类型，每种类型又包含不同的信息。例如，记录"用户活动"类型的日志，就包含登录、用户 ID 改变、用户对文件的访问、授权和认证信息等内容。很显然，不正常的或不期望的用户行为就是重复登录失败、登录到不期望的位置以及非授权的企图访问重要文件等。图 7-14 所示为通过 Windows 系统"事件查看器"记录的相关日志，网络管理员要养成经常查看日志记录的习惯。

2) 目录和文件中的不期望的改变

网络环境中的文件系统包含很多软件和数据文件，保存重要信息的文件经常是入侵者获取、修改或破坏的目标。目录和文件中的不期望的改变(包括修改、创建和删除)，很

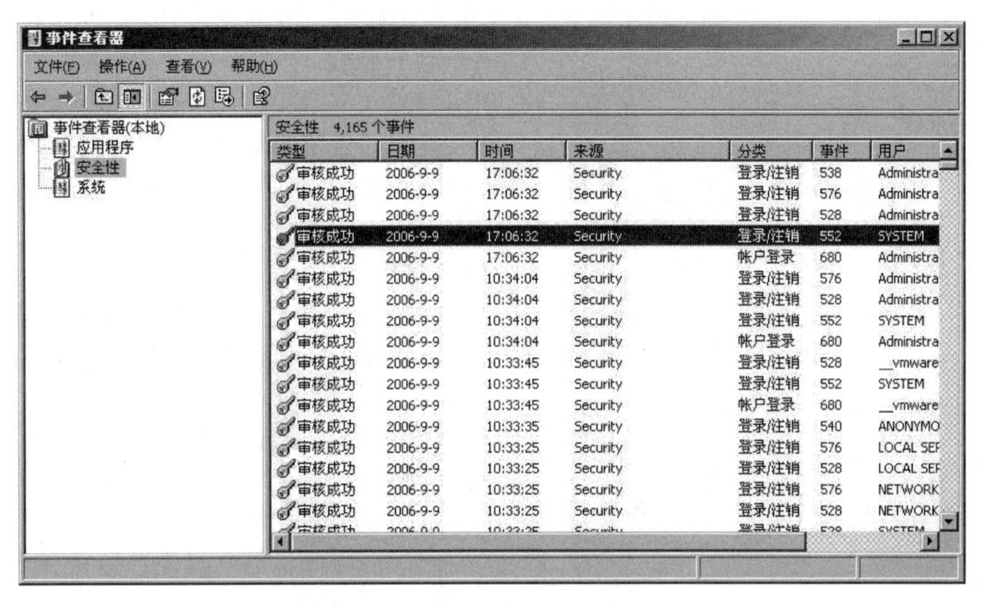

图 7-14　Windows 系统的日志记录

可能就是一种入侵产生的指示和信号。对于 FTP 服务器，我们会根据不同的用户对指定的目标分配相应的权限，如果我们给某些用户仅指定了“读”(Read)权限(见图 7-15)，却发现该用户对应的目录下产生了大量的文件或文件夹，这很可能就是有入侵者行为发生。

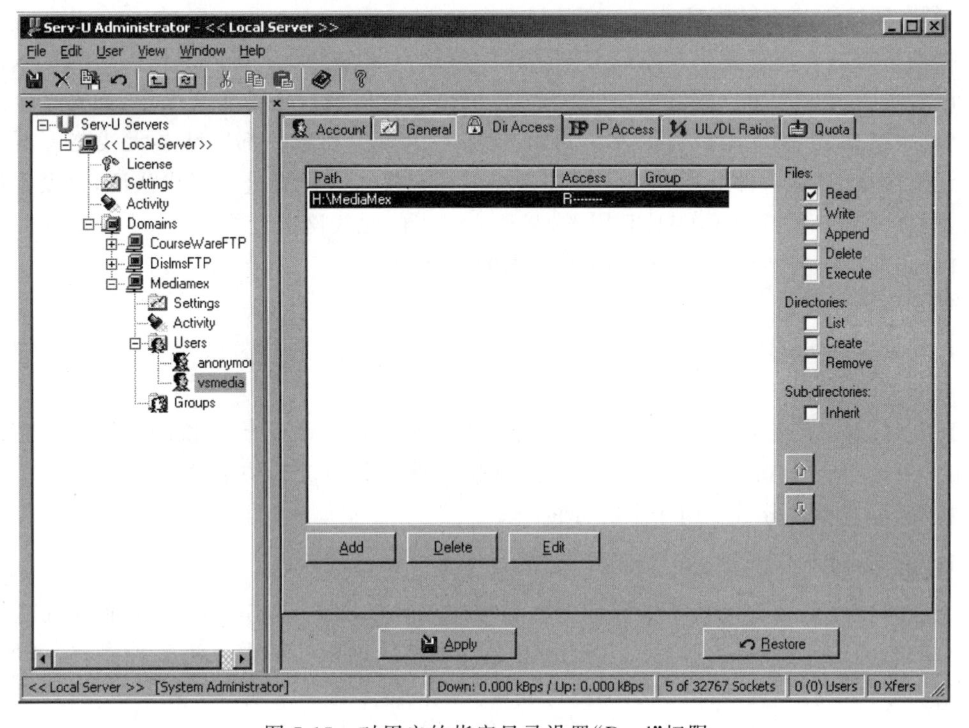

图 7-15　对用户的指定目录设置“Read”权限

另外，出于安全考虑，当我们在网络中共享某些资源时，会在共享名后加上"$"符号对共享资源进行隐藏，这样，只有知道完整的共享名称的用户才能访问，如图7-16所示。但是，如果我们发现这些已设置了隐藏的文件夹中突然出现了一些不明的文件，或某些文件被修改，也可能是入侵者所为。

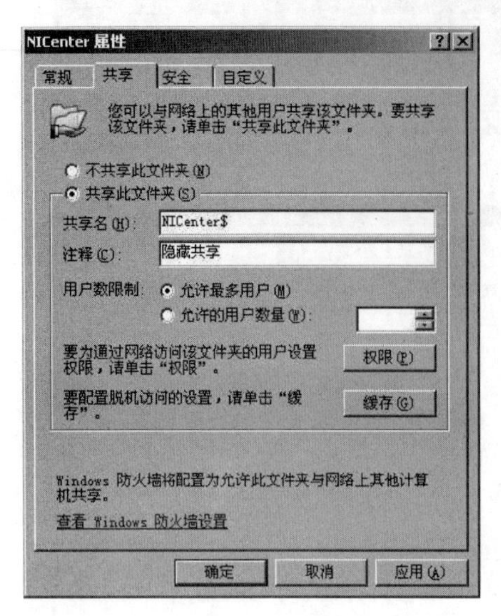

图7-16 对共享文件夹设置隐藏属性

3）程序执行中的不期望的行为

网络系统上的程序执行一般包括操作系统、网络服务和特定的应用程序。每个在系统上执行的程序对应一到多个进程。每个进程的执行都拥有不同的环境，特殊的环境决定了进程可访问的系统资源（如硬盘空间、外设等）、程序和数据文件等。一个进程的运行由它对应的操作来体现，操作执行的方式不同，利用的系统资源也就不同。操作包括计算、文件传输，以及与网络中其他进程的通信等。一个进程出现了不期望的行为，可能表明攻击者正在入侵或用户的系统已被入侵。一般情况下，入侵者在进入用户的系统后，为了安全地运行后门程序，会将该程序运行时的进程修改为系统中已有的进程。所以，一些熟悉的进程的运行状态也要引起网络管理员的关注，当某一进程出现异常（如CPU占用率持续保持在较高的水平）时，就要查看该进程提供的服务。

4）物理形式的入侵信息

物理形式的入侵包括未授权的对网络硬件连接以及对物理资源的未授权访问。入侵者会利用各种方法进入用户的网络（一般为内部网络），然后进行各种非法操作，如安装应用软件、修改系统参数、删除用户数据等。例如，现在不少单位和家庭都安装了无线路由器来提供无线上网服务，但大部分用户对无线路由器的用户接入既没有进行用户认证，也没有进行加密，而且大部分还打开了DHCP服务，只要入侵者的无线网卡设置为"自动获取IP"地址，就可以通过无线路由器访问Internet或公司的内部网络。

7.3.4 IDS的信息分析

IDS对于收集到的各类信息（如系统、网络、数据及用户活动状态和行为等），一般通过3种技术手段进行分析：模式匹配、统计分析和完整性分析。其中前两种方法用于实时的入侵检测，而完整性分析则用于事后分析。

1. 模式匹配

模式匹配就是将收集到的信息与IDS数据库中已知的记录进行比较，从而发现违背安全策略的行为，并将此行为确定为入侵或攻击行为。该过程的实现方法多种多样，例如，可以通过简单的字符串的匹配完成，也可以利用复杂的数学算法完成。一般来说，一种进攻模式可以用一个过程（如执行一条指令）或一个输出（如获得权限）表示。

模式匹配的最大优点是只需要收集相关的数据集合，系统的负担较小，且技术已相当成熟。IDS 的模式匹配有些类似于病毒防火墙，只要不断升级各类攻击的数据库，就能够实现较高的检测准确率和效率。但是，模式匹配不能检测到从未出现过的攻击或入侵手段。

2. 统计分析

统计分析方法首先为系统对象(如用户、文件、目录和设备等)创建一个统计描述，统计正常使用时的一些测量属性(如访问次数、操作失败次数和延时等)。测量属性的平均值将被用来与网络、系统的行为进行比较，任何观察值在正常值范围之外时，就认为有入侵或攻击发生。例如，对于使用 Windows 服务器操作系统的企业域用户，可以根据企业内部管理的规定，允许员工在周一到周五的 8:00—18:00 登录域控制器访问企业的内部资源，如图 7-17 和图 7-18 所示。如果在如图 7-14 所示的“事件查看器”中发现有用户在非规定时间频繁地试图登录该域控制器，则可以确定为入侵行为。

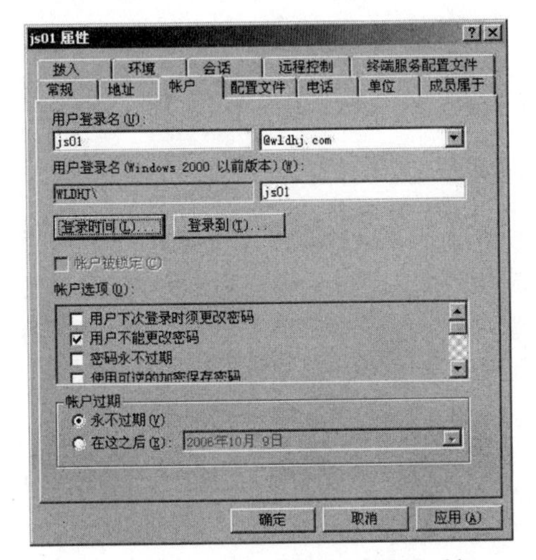

图 7-17　用户账号的属性设置对话框

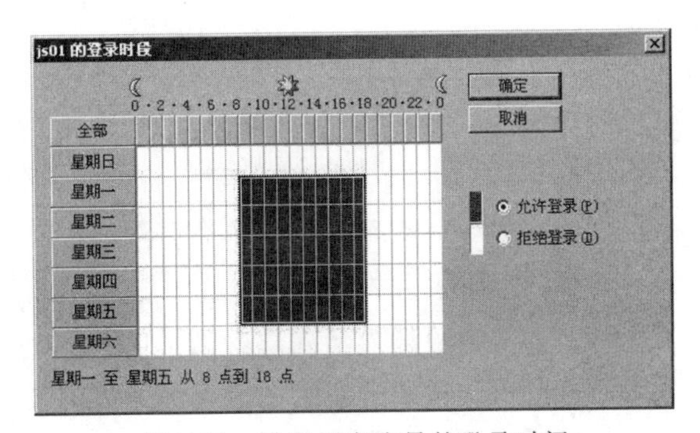

图 7-18　设置用户账号的登录时间

统计分析的优点是可检测到未知的或更为复杂的入侵，缺点是误报、漏报率较高，且不适应用户正常行为的突然改变。

3. 完整性分析

完整性分析主要关注某个文件或对象是否被更改，可以通过该文件或该文件所在目录的属性发现。完整性分析利用强有力的加密机制，可以识别微小的变化。完整性分析的优点是不管模式匹配方法和统计分析方法能否发现入侵，只要是成功的攻击导致了文件或其他对象的任何改变，它都能够发现。其缺点是一般以批处理方式实现，不能用于实时响应。尽管如此，完整性分析方法还是网络安全产品的必要手段之一。例如，可以在每一天的某个特定时间内开启完整性分析模块，对网络系统进行全面的扫描检查。

7.3.5　IDS 的主要实现技术

入侵检测技术主要的研究方向是把各个领域的研究成果(如目前的大数据技术、人工智能技术等)应用于入侵检测系统中，更好地与其他各种安全技术逐渐融合。目前，IDS 所使用的技术比较多，本节仅介绍几类常用的技术和方法。

1. 生物免疫技术

生物体自身的免疫系统主要是保护生物体自身,使其不受外界的病毒或细菌的侵害,其作用与 IDS 的作用十分接近,它们都属于防御系统。生物体的免疫过程与计算机的入侵检测过程的对照如图 7-19 所示。

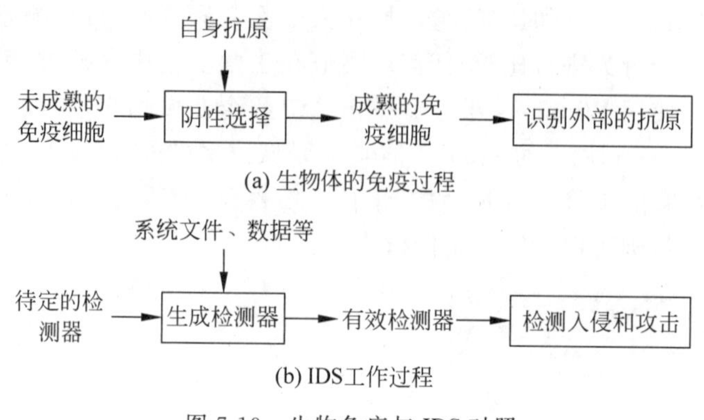

图 7-19　生物免疫与 IDS 对照

基于生物免疫技术的入侵检测系统使用阴性选择算法。该算法的核心是根据对象的特征进行编码,并产生一系列的检测器,根据阴性选择算法,用该检测器能检测出异常,进而发现入侵和攻击行为。这种入侵检测系统具有较强的学习能力和非常好的自适应能力,利用该系统能检测出许多未知类型的入侵和攻击。

2. 分布式协作技术

分布式入侵检测包括两层含义：一是针对分布式的网络入侵行为的检测技术；二是利用分布式的方法检测分布式的攻击。关键的技术是协同处理检测信息,安全地共享信息,有效地提取入侵攻击的有效信息。

一般情况下,分布式入侵检测系统由 5 个单元组成：数据采集、通信传输、入侵检测分析、应急处理和管理单元。根据不同的情形,可对这些单元进行组合。例如,将数据采集单元和通信传输单元组合,可产生新的单元,新单元能完成数据的采集和传输的任务。按不同的网络配置情况和入侵检测需要,可以将这些单元安装在一台主机上或分布在网络中的不同位置。基于协议分析技术的分布式检测方法更好地解决了传统入侵检测技术中计算量大、检测效率低等问题。其中,数据采集单元和管理单元功能的实现需要借助安全信息库,三者之间的关系如图 7-20 所示。

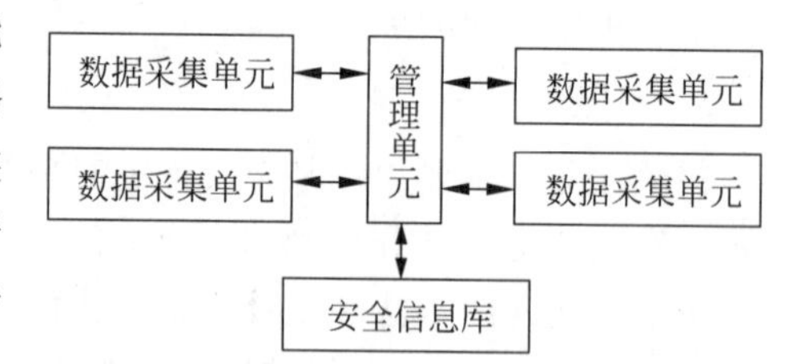

图 7-20　分布式入侵检测系统中数据采集单元、管理单元与安全信息库之间的关系

3. 数据挖掘技术

数据挖掘是指从数据库中提取出相关的有用的知识,知识一般可表示为概念、规则、规律、模式等形式。用数据挖掘技术处理所搜集到的审计数据,提取相关的知识并形成相应的规则,为正常的操作和各种入侵行为建立精准的行为模式,IDS 利用这些行为模式对整个网络进行入侵检测。

基于数据挖掘的实时入侵检测系统由检测引擎、检测器、数据库和检测模型组成。其中，检测引擎用来观察原始数据，并计算用来进行模型评估的特征；检测器用来获取检测引擎的数据，利用检测模型进行判定是否属于攻击；数据库用来存储数据和各种检测模型。

4. 移动代理技术

移动代理指的是在网络中的一台主机上运行安全监测和入侵检测的软件，使该主机具备自治、自适应等特性。将移动代理技术应用于入侵检测，具有如下特性：多代理合作、网络数据流量低、应对主机间的动态迁移、分布灵活。

移动代理技术最显著的特点是主机上自动地运行这些代理，可以从一台主机移动到另外一台主机上工作，并且还能和其他类似的代理进行交流和相互协作。基于代理的入侵检测方法是非常有利的，它允许入侵检测系统提供异常检测和误用检测的混合能力。

7.3.6 IDS 部署实例分析

根据 IDS 信息收集方式的不同，目前的 IDS 产品基本上分为基于主机、基于网络和混合型 3 种类型，其中有些是软件形式(以基于主机的信息收集方式为主)，而有些是软件和专用硬件相结合(以基于网络的信息收集方式为主)。下面分别以 ISS RealSecure 和 Cisco IDS 为例进行介绍。

1. ISS RealSecure 的部署

IDS 的典型代表是国际互联网安全系统(Internet Security Systems，ISS)的 RealSecure，它是一个自动实时的入侵检测和响应系统，通过监控网络传输并自动检测和响应可疑的行为，在系统受到危害之前截取和响应安全漏洞和内部误用，从而最大限度地为企业网络提供安全保障。RealSecure 在网络中的部署如图 7-21 所示，根据企业网络的特点，可以在每一个网络主干(三层交换机)上安装一个网络传感器(Network Sensor)，然后将通过该主干的流量全部镜像到该网络传感器上，再通过 RealSecure 控制台进行分析。对于小型网络，仅在中心交换机上安装一个网络传感器即可，如图 7-22 所示。

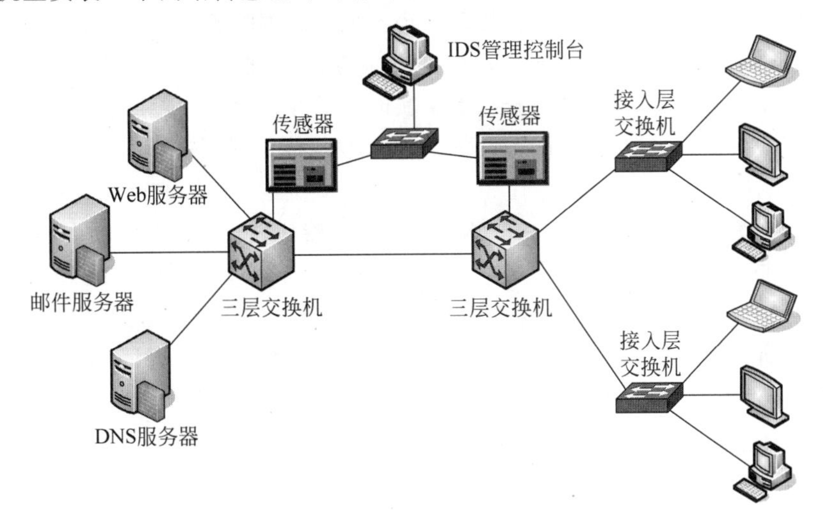

图 7-21　RealSecure 在大中型网络中的部署

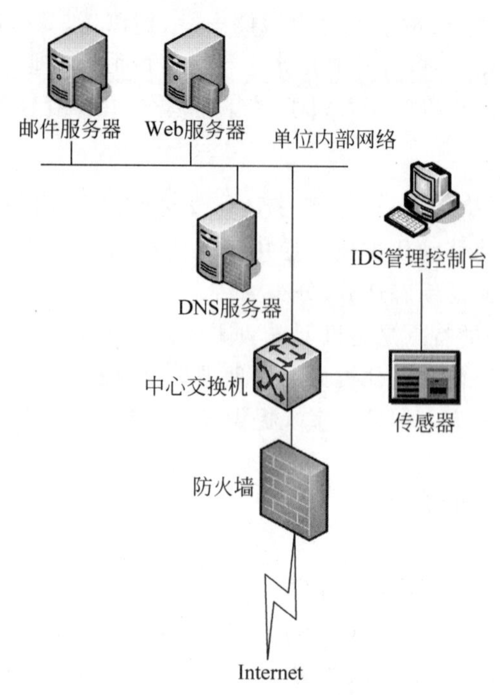

图 7-22 RealSecure 在小型网络中的部署

RealSecure 是一种混合型的入侵检测系统，同时提供基于网络和基于主机的实时入侵检测。其控制台可以运行在 Windows 2000/2003 等操作系统上。RealSecure 的传感器是自治的，能被许多控制台控制。

(1) RealSecure 控制台可同时对多台网络传感器和服务器代理进行管理，对被管理传感器进行远程配置和控制。各个监控器发现的安全事件实时地报告到控制台。

(2) 网络传感器(Network Sensor)对网络进行监听并自动对可疑行为进行响应，最大限度保护网络安全；运行在特定的主机上(目前广泛使用的 RealSecure 6. x/7. x 可运行在 UNIX、Linux 和 Windows 服务器操作系统上)，监听并解析所有的网络信息，及时发现具有攻击特征的信息包；检测本地网段，查找每一个数据分组内隐藏的恶意入侵，对发现的入侵及时响应。当检测到攻击时，网络传感器能即刻响应，进行报警/通知(向管理控制台报警，向安全管理员发送 E-mail、SNMP Trap，查看实时会话和通报其他控制台)，记录现场(记录事件日志及整个会话)，采取安全响应行动(终止入侵连接、调整网络设备配置，如防火墙、执行特定的用户响应程序)。

(3) 服务器传感器(Server Sensor)属于一种服务器代理，安装在各个服务器(如图 7-21 和图 7-22 所示的邮件、Web、DNS 服务器等)上对主机的核心级事件、系统日志以及网络活动实现实时入侵检测；具有分组拦截、智能报警以及阻塞通信的能力，能够在入侵到达操作系统或应用之前主动阻止入侵；自动重新配置网络引擎和选择防火墙阻止黑客的进一步攻击。

2. Cisco IDS 的部署

在网络安全领域，防火墙就好像是坚固的门锁和窗闩，能够阻挡他人的非法入侵。事实上，好的安全战略也应该使用入侵检测。与安全大厦内的警报器和摄像机相似，IDS 警报不但能为警卫提供很多详细信息(包括入侵者进入大厦的方法和目前所在的位置等)，还能提供必要的数据，帮助安全管理人员确定快速缉拿入侵者的最佳方式，以及将来怎样预防类似入侵的发生。

思科公司的 IDS 产品多以硬件形式存在。思科公司不但推出专用的 IDS 产品(如 Cisco-IDS-4200 系列)，而且还为思科交换机、路由器、防火墙开发了专门的硬件模块。只要在这些网络设备上安装相应的模块就可以作为一台网络传感器来使用。同时，思科基于主机的代理(思科安全代理)可以运行在服务器主机上，为主机提供安全保障。

值得一提的是，为了同时管理网络中的大量传感器，思科公司使用了 IDS 管理员中心，它能够在一个管理控制台上同时管理几百个传感器。IDS 管理员中心是 Cisco Works 2000 VPN/安全管理解决方案产品的一个组件，可以部署在 Windows 2000(Service Pack3 及以上版本)及以上版本的操作系统上。

另外，在中小型网络中，为了同时监控多个网段，思科公司还推出了多监控接口的传感器，在该传感器上提供了多个网络接口，每一个网络接口可以分别连接一个网段，如图 7-23 所示。需要说明的是，多监控接口从 Cisco IDS 4.1 版本开始支持。

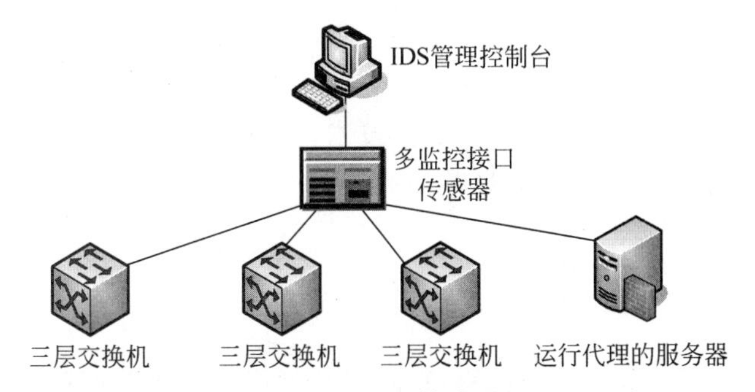

图 7-23　使用多监控接口传感器的 Cisco IDS

7.3.7　IDS 的特点

入侵检测被认为是继防火墙之后的第二道安全闸门，它在尽量不影响网络性能的情况下对网络进行监测，从而提供对各类攻击和误操作的实时防范。

1. IDS 的特点

入侵检测是防火墙的有机补充，可帮助系统应对网络攻击和入侵，扩展了系统的安全管理手段(包括安全审计、监视、攻击识别和响应等)，提高了信息安全基础结构的完整性。它从计算机网络系统中的多个关键点(如路由器、防火墙、服务器等)收集信息，并分析这些信息，再通过一定的措施查看网络中是否有违反安全策略的行为和遭到袭击的迹象。这些功能都是通过 IDS 执行以下的任务来实现的。

(1) 收集、分析用户及系统的各项活动。

(2) 对系统构造和弱点的审计。

(3) 识别响应已知进攻和入侵的活动模式，并且采取一定的方式通知网络管理人员。

(4) 异常行为模式的统计分析。

(5) 评估重要系统和数据文件的完整性。

(6) 操作系统的审计跟踪管理,并识别用户违反安全策略的行为。

对于一个成熟的IDS,它不但可使系统管理员时刻了解网络系统(包括程序、文件和硬件设备等)的任何变更,还能为网络安全策略的制定提供帮助和指南。更重要的一点是,它的配置、使用和管理应用简单明了,适合大量的非专业人员使用。另外,入侵检测的规模还应根据网络所受到的威胁、系统构造和用户的安全需求的改变而适时地进行调整。同时,IDS在发现入侵后,能够及时作出响应,包括切断网络连接、记录事件和报警等。

2. IDS存在的不足

入侵检测系统(IDS)存在的不足如下。

(1) 在无人干预的情况下,无法执行对攻击的检查。

(2) 无法感知单位内部网络安全策略的内容。

(3) 不能弥补网络协议的漏洞。

(4) 不能弥补系统提供的原始信息的质量缺陷或完整性问题。

(5) 不能分析网络繁忙时所有的事务。

(6) 不能总是对数据分组级的攻击进行处理。

(7) 不能应对现代网络的硬件及特性。

入侵检测作为一种积极主动的安全防护技术,提供了针对内部攻击、外部攻击和误操作的实时保护,在网络系统受到危害时拦截和响应入侵。

7.4 IPS技术及应用

安全防护是一个多层次的保护机制,它既包括网络的安全策略(相关的安全管理制度、系统安全策略的运行等),又包括防火墙、防病毒、入侵检测系统等产品的部署和应用。根据技术的发展,继IDS后又出现了入侵防御系统(Intrusion Protection System,IPS)。由此可见,为了保障网络安全,还必须建立一套完整的安全防护体系,进行多层次、多手段的检测和防护。IPS正是构建安全防护体系中不可缺少的一个环节。

7.4.1 IPS的概念

IPS是继IDS之后发展起来的一项新型技术,它在继承了IDS优势的同时,避免了IDS存在的一些不足,适应了现代计算机网络对安全的要求。

IPS是一种主动的、智能的入侵检测和防御系统,其设计目的主要是预先对入侵活动和攻击行为的网络流量进行拦截,避免造成损失。如图7-24所示,IDS以关联方式部署在不同的服务器和网段上,先将服务器或网段上的流量镜像到网络传感器上,再通过IDS管理控制台进行分析,如果发现入侵或攻击,则会产生报警。与IDS对比,IPS最大的不同是以串联的方式部署在网络的进出口处,像防火墙一样,它对进出网络的所有流量进行分析,当检测到有入侵或攻击企图后,会自动将相应的数据包丢弃,或采取相应的措施将攻击源阻断,IPS在网络中的部署方式如图7-25所示。

在介绍IPS时,我们不得不提到防火墙和IDS。防火墙是实施访问控制策略的系统,对

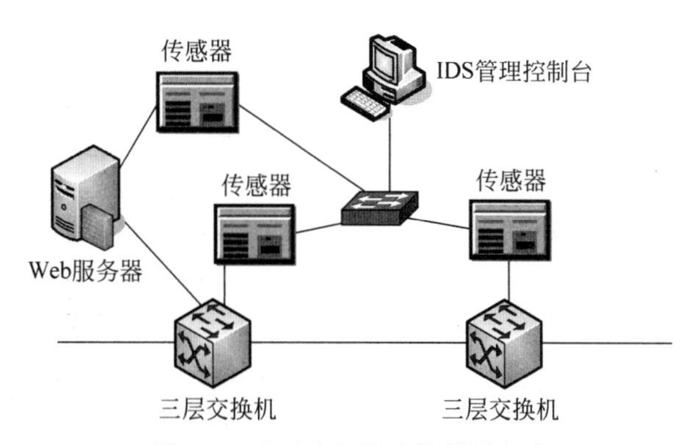

图 7-24　IDS 在网络中的部署方式

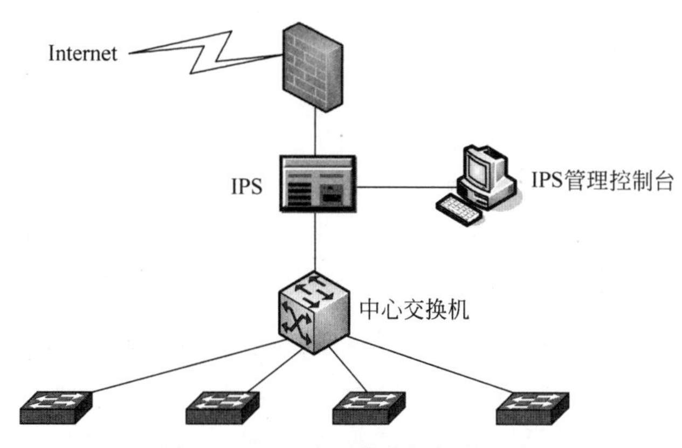

图 7-25　IPS 在网络中的部署方式

流经网络的流量进行检查，拦截不符合安全策略的数据分组。同时，传统的防火墙只能对 OSI 参考模型网络层和传输层的数据单元进行检查，不能检测应用层的内容，而且防火墙的包过滤技术不会针对每一个字节进行检查，因而也就无法发现攻击活动。所以，防火墙的主要功能是拒绝那些明显可疑的网络流量，但仍然允许某些流量通过，因此防火墙对于大部分入侵攻击仍然无能为力。

IDS 通过监视网络或系统资源，寻找违反安全策略的行为或攻击迹象，并发出报警。IDS 从工作方式来看基本上是被动的，在攻击或入侵实际发生之前，IDS 往往无法预先发出报警。而 IPS 则倾向于提供主动防御，而不像 IDS 那样简单地在恶意流量传送时或传送后才发出警报。IPS 是通过直接嵌入网络流量中实现这一功能，即通过一个网络端口接收来自外部系统的流量，经过检查确认其中不包含异常活动或可疑内容后，再通过另外一个端口传送到内部系统中。这样一来，有问题的数据包，以及所有来自同一数据流的后续数据包，都能在 IPS 设备中被清除掉。

IPS 实现实时检查和阻止入侵的原理在于它拥有数目众多的过滤器，能够防止各种攻击。当新的攻击手段被发现之后，IPS 就会创建一个新的过滤器。所有流经 IPS 的数据包都被分类，分类的依据是数据包的头部信息，如源 IP 地址、目的 IP 地址、端口号和应用域等。每种过滤器负责分析相对应的数据包。通过检查的数据包可以继续向前发送，包含恶意内容的数据包会被丢弃，被怀疑的数据包需要接受进一步的检查。

IPS具有如下技术特征。

(1) 嵌入式运行。只有以嵌入模式运行的IPS设备才能够实现实时的安全防护,实时阻断所有可疑的数据包,并对该数据流的剩余部分进行拦截。

(2) 深入分析和控制。IPS必须具有深入分析能力,以确定哪些流量已经被拦截,并能够根据攻击类型、策略等确定哪些流量应该被拦截。

(3) 入侵特征库。与防病毒系统的病毒库一样,较为完整的高质量的入侵特征库是IPS高效运行的必要条件。当我们在选择一款IPS产品时,除考虑其硬件性能和所采用的技术等指标外,还要重点考虑IPS入侵特征库的升级等问题。

(4) 高效处理能力。IPS必须具有对数据包的高效处理能力,争取对整个网络性能的影响降至最低水平,避免IPS成为网络的瓶颈。

7.4.2 IPS的分类

IPS根据部署方式的不同,分为基于主机的入侵防御系统(Host IPS,HIPS)、基于网络的入侵防御系统(Network IPS,NIPS)和应用入侵防护(Application Intrusion Prevention,AIP)3种类型。

1. 基于主机的入侵防御系统

基于主机的入侵防御系统(HIPS)通过在服务器等主机上安装代理程序防止对主机的入侵和攻击,保护服务器免受外部入侵或攻击。HIPS可以根据自定义的安全策略以及分析学习机制阻断对服务器等主机发起的恶意入侵,HIPS可以阻断缓冲区溢出、更改登录口令、改写动态链接库以及其他试图获得操作系统入侵权的行为,加强了系统整体的安全性。

HIPS利用由包过滤、状态包检测和实时入侵检测组成的分层防护体系,不但能够阻止诸如缓冲区溢出这一类的已知攻击,还能够防范未知攻击,防止针对Web页面、应用系统和资源的未授权的任何非法访问,提供对主机整体的保护。它能够在满足网络实际吞吐率的前提下,最大限度地保护主机的敏感内容,既可以通过将相关软件嵌入应用程序对操作系统的调用中,拦截针对操作系统的可疑调用,提供对主机的安全防护,也可以通过更改操作系统内核程序的方式,提供比操作系统更加严谨的安全控制机制。HIPS与具体的主机或服务器上所运行的操作系统紧密相关,不同的操作系统需要不同的代理程序。

2. 基于网络的入侵防御系统

基于网络的入侵防御系统(NIPS)通过检测流经的网络流量,提供对网络系统的安全保护。与IDS的并联方式不同,由于IPS采用串联方式,所以一旦检测出入侵行为或攻击数据流,NIPS就可以去除整个网络会话。另外,由于IPS以串联方式接入整个网络的进出口处,所以NIPS的性能也影响着整体网络的性能,NIPS有可能成为整个网络的瓶颈。为此,对NIPS的硬件组成和处理能力就提出更高的要求。

除在硬件上为NIPS提供保障外,还需要从实现技术上寻找突破。NIPS吸取了目前几乎IDS所有的成熟技术,包括特征匹配、协议分析和异常检测等。其中,特征匹配具有准确率高、速度快等特点,是应用最为广泛的一项技术。基于状态的特征匹配不但检测攻击行为的特征，还要检查当前网络的会话状态，避免受到欺骗攻击。协议分析是一种较新的入侵检测技术，它充分利用网络协议的特征，并结合高速数据包捕捉和协议分析技术，快速检测某种攻击特征。协议分析能够理解不同协议的工作原理，以此分析这些协议的数据包，寻找可疑或不正常的访问行为。

3. 应用入侵防护

应用入侵防护(AIP)是NIPS产品的一个特例，它把NIPS扩展成为位于应用服务器之前的网络设备，为应用服务器提供更安全的保护。AIP被设计成一种高性能的设备，配置在特定的网络链路上，以确保用户遵守已设定好的安全策略，保护服务器的安全。而NIPS工作在网络上，直接对数据包进行检测和阻断，与具体的服务器或主机的操作系统平台无关。

7.4.3 IPS的发展

IDS入侵检测系统一直以来充当安全防护系统的重要角色。IDS技术是通过从网络上获取数据包后进行分析，从而检测和识别出系统中的未授权或异常现象。IDS注重的是网络监控和审核跟踪，告知网络是否安全，发现异常行为时，自身不作为，而是通过与防火墙等安全设备联动的方式进行防护。目前，IDS是一种受到企业欢迎的解决方案，但其存在以下几个显著缺陷：部署过程复杂，误报率高，自身防攻击能力较差，等等。

以上现象的存在，是因为绝大多数IDS系统都是被动的，而不是主动性的。在攻击实际发生之前，IDS往往无法预先发出报警。IPS则倾向于提供主动性的防御，其设计目的为预先对入侵活动和攻击性网络流量进行拦截，避免其造成损失，而不是简单地在恶意流量传送时或传送后才发出报警。目前，结合病毒、木马、入侵、攻击等的混合威胁不断发展，所以单一的防御措施已经无能为力，企业需要对网络进行多层、深层的防御以有效保证其网络安全。真正的深层防御体系不仅能够发现恶意代码，而且还能够主动地阻止恶意代码的攻击。在当前混合威胁泛滥的情况下，只有深层防御才可以确保网络的安全。IPS在深层防御方面具有一定的技术优势。

但是有专家认为，入侵防护应该是由多种安全设备组成的安全体系共同实现，而不是由IPS单独完成，IPS只是主动防御的一部分，而不是主动防御的全部。主动防御系统还需要加入应用级防火墙与应用级IDS，应用级的IDS产品能够重组信息流，跟踪应用会话过程，并准确描述和识别攻击，而应用级的防火墙能够阻断向应用层发起的攻击，保护Web应用。

所以，未来较长的一段时间内，IPS还不可能完全取代IDS和防火墙产品，IPS还有许多不完善的地方，如单点故障、性能瓶颈、误报和漏报等。这是由于IPS必须串联到网络中，这就可能造成网络瓶颈或单点故障。如果IDS出现故障，最坏的情况也就是造成某些攻击无法被检测到，而串联式的IPS设备出现问题，就会严重影响网络的正常运转，甚至造成所有用户都将无法访问企业网络。即使正常使用的IPS设备也仍然是一个潜在的网络瓶颈，串联到网络中的IPS不仅会增加正常的响应时间，而且会降低网络的效率，IPS必须与数千兆或更大容量的网络流量保持同步，尤其是当加载了数量庞大的检测特征库时，设计不够完善的IPS设备将很难支持这种响应速度，这就对IPS设备的制造技术和成本提出了更高的要求。

针对以上问题，IPS厂商纷纷采用各种方式加以解决。例如，综合应用多种检测技术，采用专用硬件加速系统来提高IPS的运行效率，等等。不过，需要说明的是，因为网络威胁的多样性和综合性已越来越突出，所以IPS的不足并不会成为阻止人们使用IPS的理由。在众多的安全产品中，入侵防御系统的重要性会不断被用户所认可。

由于IPS技术还处于快速的发展阶段，相应的网络应用目前还较少。为此，本节仅介绍了IPS的相关概念和技术优势，对IPS感兴趣的读者可关注其发展。

*7.5 漏洞扫描

随着技术的不断进步，漏洞的发掘水平和速度在快速提高，与此同时，漏洞的利用技术也在不断发展，尤其是利用安全漏洞的网络攻击事件频繁发生，互联网正在遭遇一场前所未有的漏洞危机。

7.5.1 漏洞扫描的概念

在任何情况下，安全都是相对的，任何系统都存在漏洞，这些漏洞都可能被攻击者利用。找出一个已知的漏洞，远比找出一个未知漏洞要容易得多，因为前者是将待检测系统与已知的漏洞库比对，而后者是通过系统、细致的分析去发现。

1. 漏洞的分类

漏洞大体上分为两大类：应用软件漏洞和操作系统漏洞。应用软件漏洞主要是系统提供的网络服务软件的漏洞，如Web服务漏洞、FTP服务漏洞、SMTP服务漏洞、Telnet服务漏洞等。由于同一网络服务可由不同的服务程序提供，因此，除了一些由网络服务协议（如FTP协议、HTTP协议等）决定的共同具有的漏洞外，还存在各服务程序特有的漏洞。目前，操作系统漏洞主要分为针对传统计算机操作系统（主要包括服务器操作系统和个人计算机操作系统）的漏洞、针对移动智能终端的漏洞和针对工业控制系统的漏洞3大类，本节主要针对传统计算机操作系统中Windows系统的漏洞进行介绍。Windows操作系统由于功能丰富、实现代码庞大、应用广泛，所以存在和发现的漏洞数量也非常大，如常见的远程过程调用（Remote Procedure Call，RPC）漏洞、NetBIOS漏洞等。

出于安全考虑，需要采用适当的工具，及时发现系统中存在的漏洞，找出网络安全的薄弱点，并实时进行修复。利用安全漏洞扫描技术，可以对局域网、Web站点、操作系统以及部分网络设备（主要有路由器、防火墙等）的安全漏洞进行扫描，系统管理员可以检查出正在运行的网络系统中存在的不安全网络服务，以及在操作系统上存在的可能导致遭受各类攻击的安全漏洞；还可以检查出主机中是否被安装了木马程序，路由器、防火墙等系统是否存在安全漏洞和配置错误等。

网络攻击的实现过程一般是利用漏洞扫描工具对锁定目标进行扫描，找到目标系统的漏洞或脆弱点，然后进行攻击。漏洞扫描工具是入侵时首先使用的必备工具。任何技术应用都有两面性，攻击者利用扫描工具实施入侵前的准备，同时网络安全管理人员使用漏洞扫描工具可以提前发现系统存在的漏洞（尤其是安全漏洞），并实时进行修复或防范。所以，对于网络安全管理人员，其首要工作应该是利用扫描工具对系统定期进行扫描，发现系统的漏洞和脆弱点后及时采取相应修复或防范措施。

2. 漏洞现状及趋势

网络安全是攻击与防守之间的博弈。网络攻击者为了实施系统入侵行为而收集和发现网络系统中存在的安全漏洞，与此同时，网络安全管理人才为了保护网络安全则去分析网络中存在的安全漏洞和脆弱点，攻与防之间的智力博弈在互联网这个虚拟世界一直没有停止过，而且正在愈演愈烈。

在网络安全管理中，及时准确地审视当前网络系统中存在的脆弱点，掌握信息系统存在的安全漏洞，才能在网络安全对抗中立于不败之地。目前，互联网安全漏洞具有如下特点。

(1) 应用软件漏洞增势明显。在所有发现的漏洞中，基于应用系统尤其是 Web 应用的漏洞所占的比例明显上升。另外，浏览器的漏洞也在不断增加，IE 浏览器和 Mozilla Firefox 浏览器是用户常用的网页浏览器，其漏洞数量也位居所有浏览器之首。随着互联网的发展及经济利益的驱动，攻击者正逐渐将攻击重点转至 Web 应用服务器上，如利用网站漏洞获取网站数据，通过网页挂马等危害服务器安全及客户端安全等。

(2) 从发现漏洞到攻击程序出现的时间在不断缩短。从发现漏洞到发布相关攻击程序所需的平均时间越来越短，0-day 攻击现象也显著增多。另外，各应用软件和系统厂商在发现漏洞后，发布相应漏洞修补程序需要一段时间，一旦漏洞公布但没有被及时修补，用户系统遭受攻击的可能性会大大增加。

(3) 漏洞可以被购买。漏洞可以被购买的报道并不少见，甚至在有些网站上公开叫卖。这表明漏洞已经跟利益集团联系到一起，作为获取非法收益的工具。一旦一个重要的业务系统漏洞被非法分子利用，造成的损失将难以估量。

目前，漏洞数量在快速增加，漏洞种类越来越多，受到漏洞影响的信息系统也越来越容易遭受攻击。

7.5.2 漏洞扫描的步骤和分类

一次完整的漏洞扫描过程一般分为 3 个阶段：第一阶段是发现目标主机或网络；第二阶段是进一步搜集目标信息，包括操作系统类型、运行的服务以及服务软件的版本等，如果目标是一个网络，还可以进一步发现该网络的拓扑结构、路由设备及各主机的信息；第三阶段是根据搜集到的信息判断或进一步测试系统是否存在安全漏洞。

可以从不同角度对漏洞扫描技术进行分类，按照扫描对象的不同，可以将漏洞扫描分为基于网络的扫描(Network-based Scanning)和基于主机的扫描(Host-based Scanning)；按照扫描方式的不同，可以分为主动扫描(Active Scanning)与被动扫描(Passive Scanning)。

1. 基于网络的漏洞扫描

基于网络的漏洞扫描，就是通过远程检测目标主机 UDP 或 TCP 不同端口的服务，记录目标主机给予的回答。通过这种方法，可以搜集到大量目标主机的各种信息，如是否允许匿名访问、是否存在可写的 FTP 目录、是否允许 Telnet 登录等。在获得目标主机的端口和对应的网络访问服务的相关信息后，再与网络漏洞扫描系统提供的漏洞库进行匹配，如果满足匹配条件，则视为漏洞存在。此外，通过模拟攻击者的进攻方法，可以对目标主机系统进行攻击性的安全漏洞扫描,如测试弱口令等。如果模拟攻击成功,则视为漏洞存在。在匹配原理上,网络漏洞扫描工具采用的是基于规则的匹配技术,即根据安全专家对网络系统安全漏洞、攻击案例的分析和系统管理员关于网络系统安全配置的实际经验,形成一套标准的系统漏洞库,再在此基础上构成相应的匹配规则,由程序自动进行系统漏洞扫描的分析工作。

如图 7-26 所示,基于网络的漏洞扫描工具一般由以下部分组成。

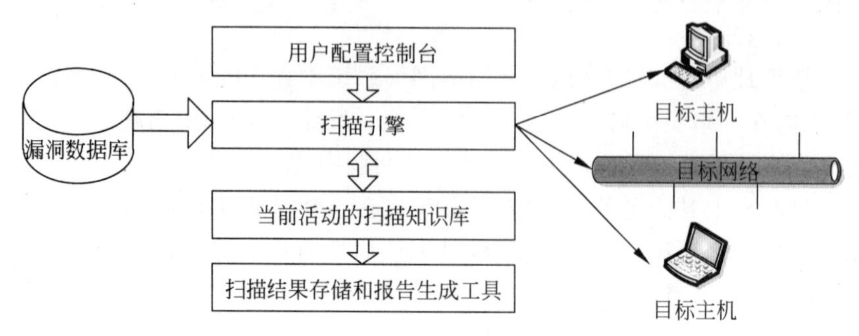

图 7-26 漏洞扫描系统的结构

(1) 漏洞数据库模块。漏洞数据库包含各种操作系统和应用系统的各种漏洞信息,以及如何检测漏洞的指令。

(2) 用户配置控制台模块。用户配置控制台与安全管理员进行交互,用来设置要扫描的目标系统,以及扫描哪些漏洞。

(3) 扫描引擎模块。扫描引擎是扫描工具的主要部件。根据用户配置控制台部分的相关设置,扫描引擎先组装好相应的数据包,然后发送到目标系统,接下来将接收到的目标系统的应答数据包与漏洞数据库中的漏洞特征进行比较,以此判断所选择的漏洞是否存在。

(4) 当前活动的扫描知识库模块。通过查看内存中的配置信息,该模块监控当前活动的扫描,将要扫描的漏洞的相关信息提供给扫描引擎,同时还接收扫描引擎返回的扫描结果。

(5) 扫描结果存储和报告生成工具。报告生成工具利用当前活动扫描知识库中存储的扫描结果生成扫描报告。扫描报告将告诉用户:配置控制台设置了哪些选项;根据这些设置,扫描结束后,在哪些目标系统上发现了哪些漏洞。

基于网络的漏洞扫描工具的工作原理如下。当用户通过用户配置控制台模块发出了扫描命令后,用户配置控制台模块即向扫描引擎模块发出相应的扫描请求,扫描引擎模块在接到请求后立即启动相应的子功能模块,对被扫描主机进行扫描。通过对从被扫描主机返回的信息进行分析判断,利用当前活动扫描知识库中存储的扫描结果生成扫描报告,再由用户配置控制台模块最终呈现给用户。

2. 基于主机的漏洞扫描

基于主机的漏洞扫描,就是以管理员身份登录目标网络上的主机,记录系统配置的各项主要参数,然后分析配置漏洞的过程。通过这种方法,可以搜集到一些目标主机的配置信息。在获得目标主机配置信息的情况下,将其与安全配置标准库进行比较和匹配,凡不满足者即视为漏洞。基于主机的漏洞扫描,通常需要在目标系统上安装一个代理(Agent)或服务(Services),以便能够访问所有的文件与进程,这也使得基于主机的漏洞扫描工具能够扫描更多的漏洞。

基于主机的漏洞扫描工具的工作原理如下。漏洞扫描器控制台安装在一台计算机中，漏洞扫描器管理器安装在企业网络中，所有的目标系统都需要安装漏洞扫描器代理。漏洞扫描器代理安装完后，需要向漏洞扫描器管理器注册。当漏洞扫描器代理收到漏洞扫描器管理器发来的扫描指令时，漏洞扫描器代理单独完成本目标系统的漏洞扫描任务。扫描结束后，漏洞扫描器代理将结果传给漏洞扫描器管理器。最后，用户可以通过漏洞扫描器控制台浏览扫描结果。

3. 主动扫描和被动扫描

不同的扫描方式，可以应用于不同的网络环境，并获得不同的被扫描对象的信息。在具体的网络漏洞扫描中，要能够掌握不同扫描方式存在的优缺点，并有针对性地选择使用。

(1) 主动扫描。主动扫描是传统的扫描方式，拥有较长的发展历史，它是通过给目标主机发送特定的数据包并收集响应包取得相关信息的。当然，无响应本身也是信息，它表明可能存在过滤设备对探测包或探测响应包进行了过滤处理。主动扫描的优势在于通常能够较快获取信息，准确性也比较高；缺点在于易于被发现，很难掩盖扫描痕迹。要成功实施主动扫描通常需要突破防火墙，但突破防火墙是很困难的。

(2) 被动扫描。被动扫描通过监听网络数据包取得信息。被动扫描一般只需要监听网络流量而不需要主动发送网络探测数据包，不易受防火墙影响。而其主要缺点在于速度较慢且准确性较差，当目标不产生网络流量时，就无法得知目标的任何信息。对于被动扫描存在的不足，可以通过一些技术手段来解决，如使用看似正常实则欺骗的方式让目标系统产生流量等。

7.5.3 漏洞扫描系统

由于漏洞扫描涉及的对象复杂，而且漏洞类型和数量也非常庞大，所以在日常的网络安全管理中多使用漏洞扫描系统或漏洞扫描工具。利用漏洞扫描系统，通过综合运用多种最新的漏洞扫描与检测技术，能够快速发现网络资产(网络中被扫描的对象)，准确识别资产属性，扫描安全漏洞，清晰定性安全风险，给出修复建议和预防措施，并对风险控制策略进行有效审核，从而帮助用户在弱点全面评估的基础上实现安全管理。一个较为完善的漏洞扫描系统应具有以下功能。

(1) 资产发现与管理。通过综合运用多种手段(如主机存活探测、智能端口检测、操作系统指纹识别等)全面、快速、准确地发现被扫描网络中的存活主机，准确识别其属性，包括主机名称、设备类型、端口情况、操作系统以及开放的服务等，为进一步进行脆弱性扫描做好准备。

(2) 系统漏洞扫描模块。所提供的扫描方法能够让系统利用已经发现的资产信息进行针对性扫描，发现主机上不同应用对象(操作系统和应用软件)的脆弱性和漏洞，同时能够提供准确的扫描结果。对于一个漏洞扫描系统，能够识别的应用对象类型是非常重要的。根据当前网络应用，扫描对象应涵盖各种常见的操作系统、数据库系统、网络设备、应用系统、常用软件、云计算平台等。

(3) 脆弱性风险评估。能够对漏洞、主机和网络的脆弱性风险进行评估和定性。能够采用最新的标准来对所有漏洞进行统一评级，客观地反映其危险级别。在此基础上，利用通用漏洞评分系统(Common Vulnerability Scoring System，CVSS)评分，综合被扫描资产的保护等级和资产价值，参考国家标准制定的风险评估算法，对主机、网络的脆弱性风险做出定量和定性的综合评价，帮助用户明确主机和网络的脆弱性风险等级，制定合理的脆弱性风险管理策略。

(4) 弱点修复指导。通过 CVSS 评分，能够直接给修复工作提供具体的指导，以确保最危险的漏洞最先引起重视并修复。

需要强调的是，当网络安全管理人员通过扫描发现漏洞后，必须对漏洞进行综合评估后再安装补丁程序进行修复。尤其是服务器操作系统和应用系统的漏洞，如果在发现了漏洞后莽撞地安装补丁程序，有可能导致操作系统无法启动或应用软件无法正常运行的现象。

(5) 安全策略审核。用户可以通过计划任务的定期执行，进行基于主机、网络和脆弱点的趋势对比分析，对风险控制策略和以往修复工作进行审核，以评价风险控制策略和脆弱性管理工作的有效性，为安全策略的调整提供决策支持。

(6) 扫描结果分析。在扫描任务执行的过程中，可以将扫描的过程信息、阶段性的扫描结果在线显示出来，供管理人员实时查看。同时，扫描结束后，可以生成各种文件格式(如EXCEL、WORD、PDF 等)的报表，还可以使用报表管理功能对扫描结果进行细致全面的分析，生成面向不同安全管理角色的报表。

习题 7

7-1 什么是网络攻击？网络攻击主要采取哪些方式？

7-2 名词解释：死亡之 ping、泪滴攻击、ICMP 泛洪、UDP 泛洪、LAND 攻击、Smurf 攻击、电子邮件炸弹、口令攻击、缓冲区溢出。

7-3 什么是扫描技术？区分端口扫描和漏洞扫描的异同。

7-4 介绍假消息攻击的特点及常用的实现方法。

7-5 分别介绍脚本攻击和 ActiveX 攻击的特点及实现方法。

7-6 分别介绍 DoS 和 DDoS 攻击的实现方法和特点。

7-7 名词解释：IDS、误报、漏报。

7-8 试分析 IDS 的异常检测、滥用检测和混合检测 3 种模型的原理与应用特点。

7-9 结合实际，说明 IDS 中数据的收集和分析方法及其重要性。

7-10 与 IDS 相比，IPS 具有哪些功能优势？

7-11 联系网络安全实际，试分析 HIPS、NIPS 和 AIP 的技术特点和应用优势。

7-12 什么是漏洞？漏洞是如何出现的？如何防范漏洞？

第8章

防火墙技术及应用

网络防火墙(简称为“防火墙”)是计算机网络安全管理中应用最早和技术发展最快的安全产品之一。随着互联应用的迅猛发展,各种安全问题和安全隐患日渐突出。防火墙及相关安全技术能够最大限度地解决各类安全问题,修复已知的安全漏洞,并提供相应的安全预警和安全态势分析,为用户提供可信赖的网络应用区域。目前,基于防火墙的各类安全技术和产品伴随着网络攻击带来的威胁不断推陈出新,具体表现为:防火墙技术已不再局限于单一的防火墙产品,已集成到操作系统、杀病毒软件、路由器、交换机等各类网络产品中;基于防火墙技术,先后出现了 IDS、IPS、Web 防火墙等同类安全技术和产品,并在应用中不断更新迭代;细化了网络安全防御措施,出现了漏洞扫描、堡垒机等技术和管理手段;基于大数据技术,综合各类安全技术的网络安全态势感知技术得到应用,为网络安全主动防御提出了有效解决方法。本章从传统防火墙技术入手,在对传统防火墙的工作原理和实现技术进行系统介绍的基础上,有针对性地介绍个人防火墙、Web 应用防火墙和网络安全态势感知技术的相关知识,力求使内容更加全面,知识更加新颖,实用性更强。

8.1 防火墙技术概述

视频讲解

防火墙的产生动因之一是防范非法用户的入侵,为主机或局域网提供安全防护。目前,防火墙已成为大多数机构构建可信赖安全网络的主要支柱。

8.1.1 防火墙的概念、基本功能及工作原理

护城河作为古人的防御手段,利用水的作用,引水注入人工开挖的壕沟,形成人工河作为城墙或重要建筑的屏障,阻止入侵者的进入,维护城内安全。在早期修建木质结构房屋时,为防止火灾的发生和蔓延,建设者将坚固的石块堆砌在房屋周围作为屏障,这种用石块

构筑的屏障称为防火墙。

1. 防火墙的概念

计算机网络中的防火墙功能类似于古代的护城河和建筑物周围的石块屏障。从网络的结构来看，当一个局域网接入互联网(如 Internet)时，局域网内部的用户就可以访问互联网上的资源，同时外部用户也可以访问局域网内的主机资源。然而，在许多情况下，局域网属于单位的内部网络，有一些资源是不允许外网用户访问的。为此，需要在局域网与互联网之间构建一道安全屏障，其作用是阻断来自外部网络对局域网的威胁和入侵，为局域网提供一道安全和审计的关卡。

防火墙是指设置在不同网络(如可信赖的企业内部局域网和不可信赖的公共网络)之间或网络安全域之间的一系列部件的组合，通过监测、限制、更改进入不同网络或不同安全域的数据流，尽可能地对外部屏蔽网络内部的信息、结构和运行状况，以防止发生不可预测的、潜在破坏性的入侵，实现网络的安全保护。功能上，防火墙是被保护的内部网络与外部网络之间的一道屏障，是不同网络或网络安全域之间信息的唯一出入口，能根据内部网络用户的安全策略控制(允许、拒绝、监测)出入网络的信息流；逻辑上，防火墙是一个分离器，一个限制器，也是一个分析器，能够有效地监控内部网和外部网络(如 Internet)之间的所有活动，保证内部网络的安全；物理实现上，防火墙是位于网络特殊位置的一系列安全部件的组合，它既可以是专用的防火墙硬件设备，也可以是路由器或交换机上的安全组件，还可以是运行有安全软件的主机或直接运行在主机上的防火墙软件。

防火墙本身应具有较强的抗攻击能力，能够提供信息安全服务。防火墙是实现网络和信息安全的基础设施，一个高效可靠的防火墙应具备以下基本特性。

(1) 防火墙是不同网络之间，或网络的不同安全域之间的唯一出入口，从内到外和从外到内的所有信息都必须通过防火墙。

(2) 通过安全策略控制不同网络或网络不同安全域之间的通信，只有本地安全策略授权的通信才允许通过。

(3) 防火墙本身是免疫的，即防火墙本身具有较强的抗攻击能力。

(4) 防火墙将网络划分为不同的安全域——可信任和不可信任域。

2. 防火墙的基本功能

防火墙技术随着计算机网络技术的发展而不断向前发展，其功能也越来越完善。一台高效可靠的防火墙应具有以下基本功能。

1) 监控并限制访问

针对网络入侵的不安全因素，防火墙通过采取控制进出内、外网络数据包的方法，实时监控网络上数据包的状态，并对这些状态加以分析和处理，及时发现存在的异常行为；同时，根据不同情况采取相应的防范措施，从而提高系统的抗攻击能力。

2) 控制协议和服务

针对网络自身存在的不安全因素，防火墙对相关协议和服务进行控制，使只有授权的协议和服务才能通过防火墙，从而大大降低了因某种服务、协议的漏洞而引起安全事故的可能性。例如，当允许外部网络用户匿名访问内部 DNS 服务器时，就需要在防火墙上对访问协议和服务进行限制，只允许 HTTP 协议利用 TCP 80 端口进入网络，而其他协议和端口将被拒绝。防火墙可以根据用户的需要在向外部用户开放某些服务(如 WWW、FTP 等)的同时,禁止外部用户对受保护的内部网络资源进行访问。

3）保护内部网络

针对应用软件及操作系统的漏洞或“后门”,防火墙采用了与受保护网络的操作系统、应用软件无关的体系结构,其自身建立在安全操作系统之上；同时,针对受保护的内部网络,防火墙能够及时发现系统中存在的漏洞,对访问进行限制；防火墙还可以屏蔽受保护网络的相关信息。

4）网络地址转换

网络地址转换(NAT)是指在局域网内部使用私有 IP 地址,而当内部用户要与外部网络(如 Internet)进行通信时,就在网络出口处将私有 IP 地址替换成公用 IP 地址。NAT 具有以下主要功能。

(1) 缓解目前 IP 地址(主要是 IPv4)紧缺的局面。一个单位可以申请有限的几个甚至一个合法的公用 IP 地址,通过 NAT 就可以实现使用私有 IP 地址的内部局域网用户访问 Internet。

(2) 屏蔽内部网络的结构和信息。一个单位如果不希望外部网络用户知道本单位内部的网络结构,可以通过 NAT 将内部网络与外部网络隔开,即使外部用户能够访问单位内部的部分网络服务(如 WWW、FTP、电子邮件等),也感觉不到是通过 NAT 进行 IP 地址转换的。同时,所有内部网络中的计算机对于外部网络来说是不可见的,而位于内部网络中的计算机用户通常也不会意识到 NAT 的存在。

(3) 保证内部网络的稳定性。如果内部网络更换了 ISP,意味着要更换公用 IP 地址,使用了 NAT 后,只需要在 NAT 设备(如防火墙、路由器等)上进行简单的设置即可,单位内部的计算机和网络设备不需要进行任何改动。

(4) 适应目前国内互联网络的应用现状。目前,国内互联网络之间存在的互联互通问题已非常明显,许多高校和企业在网络出口处都提供了两条以上的线路,每一条线路连接一个 ISP,如中国电信、中国联通、中国教育和科研网等。通过 NAT,解决了同一内部网络使用多出口的问题。目前,NAT 主要通过防火墙和路由器来实现。

5）虚拟专用网

虚拟专用网(VPN)是在公用网络中建立的专用数据通信网络。在虚拟专用网中,任意两个节点之间(如局域网与局域网之间、主机与主机之间、主机与局域网之间)的连接并没有传统专用网络所需的端到端的物理链路,而是利用已有的公用网络资源(如 Internet、ATM、帧中继等)建立的逻辑网络,节点之间的数据在逻辑链路中传输。虚拟专用网中的“虚拟”是指用户不需要拥有实际的长途数据线路,而是使用 Internet 等公用数据网络的长途数据线路；“专用网”是指用户可以为自己制定一个符合自己需求的网络。目前,VPN 在网络中得到了广泛应用,作为网络特殊位置的防火墙应具有 VPN 的功能,以简化网络配置和管理。有关 VPN 的详细内容将在第 9 章进行专门介绍。

6）日志记录与审计

当防火墙系统被配置为所有内部网络与外部网络(如 Internet)连接均须经过的安全节点时,防火墙会对所有的网络请求做出日志记录。日志是对一些可能的攻击行为进行分析和防范的十分重要的情报信息。另外,防火墙也能够对正常的网络使用情况做出统计。这样，网络管理人员通过对统计结果的分析，就能够掌握网络的运行状态，进而更加有效地管理整个网络。

3. 防火墙的基本工作原理

所有的防火墙功能的实现都依赖于对通过防火墙的数据包的相关信息进行检查，而且检查的项目越多，层次越深，防火墙就越安全。由于现在计算机网络结构采用自顶向下的分层模型，而分层的主要依据是各层的功能划分，不同层次功能的实现又是通过相关的协议实现的。所以，防火墙检查的重点是网络协议及采用相关协议封装的数据。

对于一台防火墙，如果知道了它运行在TCP/IP体系的哪一层，就可以知道它的体系结构是什么，主要功能是什么。例如，当防火墙主要工作在TCP/IP体系的网络层时，由于网络层的数据是IP分组，所以防火墙主要针对IP分组进行安全检查，这时就需要结合IP分组的结构(如源IP地址、目的IP地址等)掌握防火墙的功能，进而有针对性地在网络中部署防火墙产品。再如，当防火墙主要工作在应用层时，就需要根据应用层的不同协议(如HTTP、DNS、SMTP、FTP、Telnet等)了解防火墙的主要功能。

一般来说，防火墙在TCP/IP体系中的位置越高，需要检查的内容就越多，对CPU和内存的要求就越高，也就越安全。但是，防火墙的安全不是绝对的，它寻求一种在可信赖和性能之间的平衡。在防火墙的体系结构中，在CPU和内存等硬件配置基本相同的情况下，高安全性的防火墙的效率和速度较低，而高速度和高效率的防火墙的安全性则较差。为此，对于防火墙的应用，业界的共识是：性能和安全之间是成反比的。近年来，随着计算机性能的提升以及操作系统对对称多处理器(Symmetrical Multi-Processor，SMP)系统及多核CPU的支持，防火墙的处理能力得到了加强，防火墙对数据包的处理速度和效率得到了提升，防火墙在OSI参考模型中的不同工作位置对其速度和效率的影响逐渐缩小。

8.1.2 防火墙的基本准则

作为可信赖的单位内部网络与不可信赖的外部网络之间的连接节点，防火墙在安全功能上可以遵循以下基本准则。

1. 所有未被允许的就是禁止的

所有未被允许的就是禁止的，这一准则是指根据用户的安全管理策略，所有未被允许的通信禁止通过防火墙。基于该准则，防火墙应封锁所有信息流，然后对希望提供的服务逐项开放，对不安全的服务或可能存在安全隐患的服务一律关闭。这是一种非常有效、实用的方法，可以构建一个较为安全的网络应用环境，因为只有经过管理人员确认是安全的服务才被允许使用。

这一准则的优势是安全性高，但弊端是用户所能使用的服务范围受到限制，造成用户使用不方便。例如，Cisco PIX防火墙的初始化配置就采用了该准则。

2. 所有未被禁止的就是允许的

所有未被禁止的就是允许的，这一准则是指根据用户的安全管理策略，防火墙转发所有信息流，允许所有的用户和站点对内部网络的访问，然后网络管理员按照IP地址等参数对未授权的用户或不信任的站点进行逐项屏蔽。这种方法构成了一种更为灵活的应用环境，可为用户提供更多的服务。其弊端是随着网络服务的增多,网络管理人员的工作量将会随之增大,特别是受保护的网络范围增大时,很难提供可靠的安全防护。目前,许多国产防火墙都使用这一准则。

8.2　防火墙的应用

在计算机网络管理中,防火墙是一种非常有效的安全解决方案,它可以为用户提供一个相对安全的网络环境。但是,并不是说防火墙在安全管理中是万能的,采用了防火墙的网络同样存在一些安全漏洞和隐患。

8.2.1　防火墙在网络中的应用

作为最基本的网络安全防护措施,防火墙不但将网络在物理上进行了分割,而且在安全逻辑上进行了严格的划分。

1. 防火墙在网络中的位置

防火墙多应用于一个局域网的出口处(见图 8-1(a))或置于两个局域网中间(见图 8-1(b))。对于绝大多数局域网,在将局域网接入 Internet 时,在路由器与局域网中心交换机之间一般都要配置一台防火墙,以实现对局域网内部资源的安全保护。

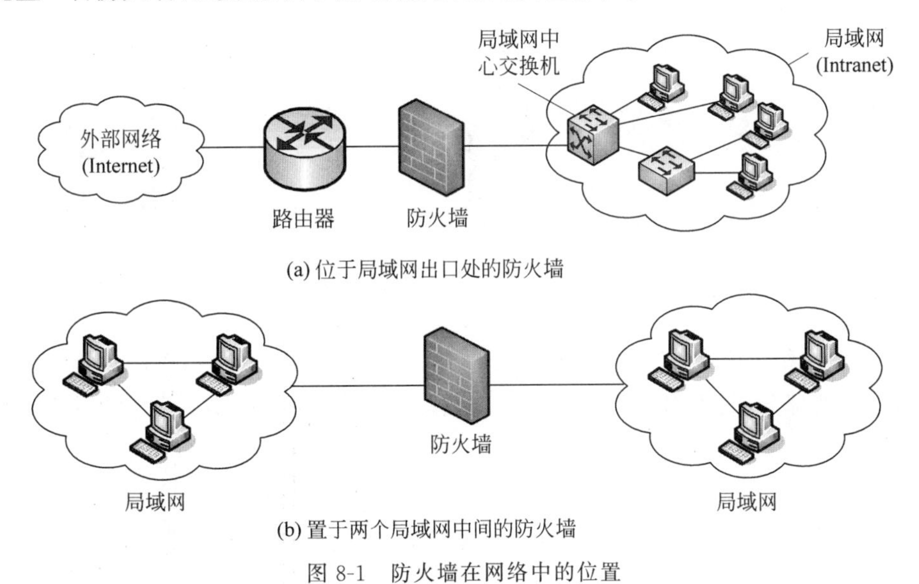

(a) 位于局域网出口处的防火墙

(b) 置于两个局域网中间的防火墙

图 8-1　防火墙在网络中的位置

根据应用的不同,防火墙一般可以分为路由模式防火墙和透明模式防火墙两类。其中,路由模式防火墙可以让处于不同网段的计算机通过路由转发的方式互相通信(见图 8-1(b)),路由模式防火墙存在以下两个局限。

(1) 防火墙各端口所连接的网络必须位于不同的网段,否则两个网络之间将无法进行通信。

(2) 与防火墙直接连接的设备(计算机、路由器或交换机)的网关都要指向防火墙。

简单来讲，路由模式防火墙是让防火墙同时承担路由器的功能，而路由器主要用于连接不同的网络。

路由模式防火墙也称为“不透明”的防火墙。而透明模式防火墙克服了路由模式防火墙的不足，可以连接两个位于同一逻辑网段的物理子网，将其加入一个已有的网络时，可以不用修改边缘网络设备的设置。透明模式防火墙的应用如图 8-1(a)所示。

为了适应不同网络的应用需要，目前市面上的主流防火墙一般都同时支持路由模式和透明模式两种工作模式，使用者可以根据实际的网络需要在两种模式之间进行选择。

2. 使用防火墙后的网络组成

防火墙是构建可信赖网络域的安全产品。如图 8-2 所示，当一个网络在加入了防火墙后，防火墙将成为不同安全域之间的一个屏障，原来具有相同安全等级的主机或区域将会因为防火墙的介入而发生变化，主要如下所示。

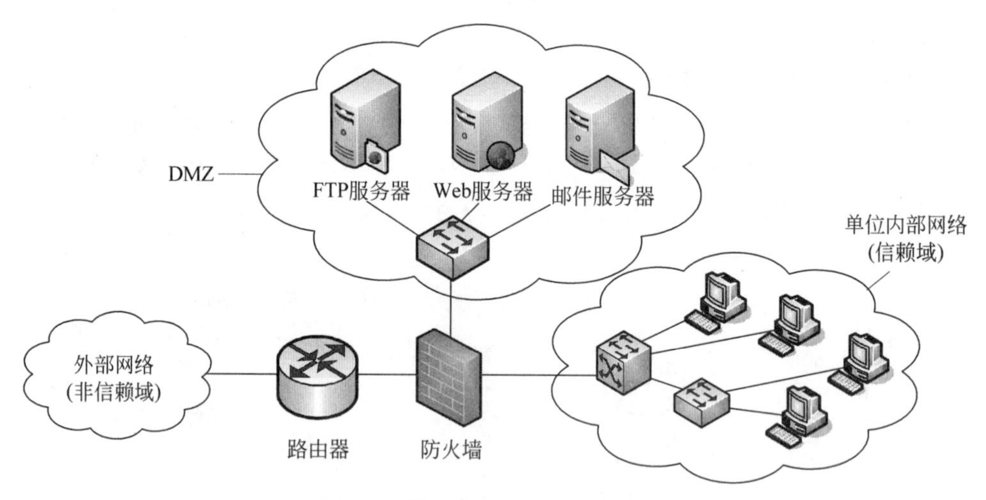

图 8-2　使用防火墙后的网络组成

(1) 信赖域和非信赖域。当局域网通过防火墙接入公共网络时，以防火墙为节点将网络分为内、外两部分，其中内部的局域网称为信赖域，而外部的公共网络(如 Internet)称为非信赖域。

(2) 信赖主机和非信赖主机。位于信赖域中的主机因为具有较高的安全性，所以称为信赖主机；而位于非信赖域中的主机因为安全性较低，所以称为非信赖主机。

(3) DMZ。DMZ(Demilitarized Zone)称为“隔离区”或“非军事化区”，它是介于信赖域和非信赖域之间的一个安全区域。因为在设置了防火墙后，位于非信赖域中的主机是无法直接访问信赖区主机的，但原来(未设置防火墙时)位于局域网中的部分服务器(如单位的 Web 服务器、FTP 服务器、邮件服务器等)需要同时向内外用户提供服务。为了解决设置防火墙后外部网络不能访问内部网络服务器的问题，便设置了一个信赖域与非信赖域之间的缓冲区，这个缓冲区中的主机(一般为服务器)虽然位于单位内部网络，但允许外部网络访问。

支持 DMZ 功能的防火墙至少需要提供 3 个网络接口，一个连接信赖域，一个连接非信赖域，还有一个连接 DMZ，如图 8-3 所示。其实，图 8-2 中的非信赖域还包括路由器。在进行 IP 地址分配时，连接信赖域的接口一般配置内部网络使用的私有 IP 地址，连接非信赖域和 DMZ 的接口一般配置公网 IP 地址。另外，DMZ 接口也可以配置成为私有 IP 地址，然后再通过防火墙或路由器中的 NAT 功能将其映射为一个公网 IP 地址。

图 8-3 防火墙上的网络连接接口

例如，Cisco PIX 防火墙就用 0～100 的安全级别定义接口的安全类型。在默认配置中，连接非信赖外部网络的接口安全级别为 0，而连接可信赖的内部网络的接口安全级别为 100，DMZ 接口的安全级别可由网络管理员在 1～99 内选择，一般设置为 50。

8.2.2 防火墙应用的局限性

虽然防火墙是目前应用最广泛，同时也是最有效的网络安全技术，但它并不是全能的，它存在一定的应用局限性。防火墙应用中存在的不足主要表现如下。

1. 防火墙不能防范未通过自身的网络连接

防火墙一般位于内部网络与外部网络的边界处，负责检查所有通过它的通信情况。对于有线网络，防火墙是进出网络的唯一节点。但是，如果使用无线网络（如无线局域网），内部用户与外部网络之间以及外部用户与内部网络之间的通信就会绕过防火墙，这时防火墙就没有任何用处。

目前，无线局域网技术的发展非常迅速，应用需求迅速上升。所以，在使用无线网络的环境中必须考虑到防火墙存在的局限性，需要通过其他的安全技术和措施加强对无线网络进行安全管理。

2. 防火墙不能防范全部的威胁

防火墙安全策略的制定建立在已知的安全威胁上，所以防火墙能够防范已知的安全威胁。但是，对于一些未知的安全威胁（如采用最新操作系统漏洞的网络攻击等），防火墙将无能为力。所以，在现在的网络安全实施方案中，在采取防火墙技术的同时，还要综合采用入侵检测（IDS）、入侵保护（IPS）等技术，最好能够实现彼此之间的联动效果。

3. 防火墙不能阻止感染了病毒的软件或文件的传输

随着技术的发展，虽然目前主流的防火墙可以对通过的所有数据包进行深度的安全检测，决定是否允许其通过，但一般只会检查源 IP 地址、目的 IP 地址、TCP/UDP 端口及网络服务类型，较新的防火墙技术也可以通过应用层协议决定某些应用类型是否通过，但对于这些协议所封装的具体内容，防火墙并不检查。所以，即使是最先进的数据包过滤技术，在病毒防范上也是不适用的，因为病毒的种类太多，操作系统多种多样，而且目前的病毒编写技术很容易将病毒隐藏在数据中。

正因为以上原因，所以在进行单位网络的安全设计和部署时，除防火墙等安全技术和产品外，还需要使用防病毒系统。对于单位内部网络建议使用企业级防病毒系统。

4. 防火墙不能防范内部用户的恶意破坏

据相关资料统计,目前局域网中有80%以上的网络破坏行为是由内部用户所为,如在局域网中窃取其他主机上的数据、对其他主机进行网络攻击、散布计算机病毒等。这些行为都不通过位于局域网出口处的防火墙,防火墙对其无能为力。

5. 防火墙本身也存在安全问题

防火墙的工作过程要依赖于防火墙操作系统。与我们平常所使用的Windows、Linux等操作系统一样,防火墙操作系统也存在安全漏洞,而且防火墙的功能越强、越复杂,其漏洞就会越多。目前,在IP网络中使用的防火墙是基于TCP/IP模型实现的,而TCP/IP本身就存在安全问题(详细内容见第5章)。所以,影响TCP/IP安全的因素同样会影响防火墙的安全,防火墙在功能设计上就存在安全隐患。例如,如果防火墙要允许用户使用HTTP服务,就必须开放TCP 80端口;允许用户使用FTP服务,至少要开放TCP 20端口,但防火墙却无法防范针对已开放端口的DoS、DDoS等攻击。所以,防火墙在高安全性方面的缺陷驱使用户追求更高安全性的解决方案。

6. 人为因素在很大程度上影响了防火墙的功能

防火墙仅仅提供了安全策略,但具体策略的配置和应用都需要由网络管理员完成,即使是最智能化的防火墙也不可能了解用户的安全需求,也不会自动识别所有的安全威胁。网络管理员的知识水平、网络管理员对单位网络安全需求的正确定位、网络管理员对具体使用的防火墙产品的熟悉程度等人为因素,在很大程度上决定了防火墙的实际应用效果。

需要说明的是,介绍防火墙在网络安全应用上存在的不足,是提醒读者任何安全技术的应用不是万能的,因为每一种安全技术的出现有其针对性。因此,读者在网络安全认识上要有全局意识,要培养综合运行各类安全技术解决网络问题和防范安全风险的能力。

视频讲解

8.3 防火墙的基本类型

作为内部网络与外部公共网络之间的一道屏障,防火墙是最先受到人们重视的网络安全产品之一。对于防火墙的工作类型,可以根据不同的方式进行分类。例如,按照防火墙对数据包处理方式的不同,可以分为包过滤防火墙和代理防火墙(也称为“应用层网关防火墙”)两大体系,前者主要有以色列的Chechpoint防火墙和Cisco PIX防火墙,后者主要有AI公司的Cauntlet防火墙。考虑到读者的需要,本节则从防火墙的体系结构(或架构)入手,介绍防火墙的基本类型。

8.3.1 包过滤防火墙

包过滤防火墙是最早使用的一种防火墙技术,它在网络的进出口处对通过的数据包进行检查,并根据已设置的安全策略决定是否允许数据包通过。

1. IP分组的组成

要学习包过滤防火墙的功能,就需要掌握数据包(IP分组)的组成结构和功能。IP分组的结构如图8-4所示。

版本(4)	头长度(4)	服务类型(8)	总长度(16)	
标识(16)			标志(3)	段位移(13)
生存期(8)	协议(8)		头校验和(16)	
源IP地址(32)				
目的IP地址(32)				
IP选项(如果有，0或32)				
数据				

图 8-4 IP 分组结构

其中,除"数据"之外的部分称为"IP 头部"。IP 头部共占有 20B,表 8-1 对 IP 头部的各个组成域进行了简单的描述。

表 8-1 IP 头部的功能描述

名 称	描 述
版本(VERS)	表明了一个数据包采用的是 IP 协议的哪个版本,对于 IPv4,这个域的值为 4
头长度(HLEN)	以字节为单位的报头长度
服务类型(Type of Service)	数据包的处理方式,前 3 位是优先级
总长度(Total Length)	报头和数据的总长度
标识(Indentification)	唯一的 IP 数据包值,可以理解为 IP 报文的序列号,用于识别潜在的重复报文等
标志(Flags)	指出数据包是否存在
段位移(Frag Offset)	段位移也称为片偏移,指对数据包分片以允许互联网上的不同 MTU
生存期(TTL,Time to Live)	报头的存活时间,一旦该计数值减为 0,该报就被丢弃。TTL 用于限制一个数据包所经历的站点数,正常设为 64,最大设为 255,TTL 每经过一个路由器便减 1。当值为 0 时,数据包被丢弃。同时,路由器向发送者返回一个 ICMP 超时信息。通常数据包只会由于网络存在路由回路而被丢弃。例如,当第一台路由器认为到达某一目的端的路径要经过第二台路由器,而第二台路由器又认为该路径应经过第一台路由器,这时会发生什么情况呢?当第一台路由器接收到一个发往该目的地址的数据包时,它会将数据包转发给第二台路由器,而第二台路由器又会将数据包重新转发给第一台路由器,然后第一台路由器又将包转发回第二台路由器。如果没有 TTL,这个包就会在这两台路由器构成的回路中永远转下去。这样的回路在大的网络中经常会出现
协议(Protocol)	发送数据包的上层(第 4 层)协议
头校验和(Header Checksum)	报头上的完整性检查。头校验用来确认接收到的 IP 报头中有没有差错。头校验和只由 IP 报头中的各个域计算得来,而与 IP 包的净荷无关,IP 包净荷的校验则是高层协议的工作。如果目的地计算的校验和与报文所含的校验和不同,那么这个数据包就会被丢弃
源 IP 地址(Source IP address)	标识发送方通信终端设备的 IP 地址
目的 IP 地址(Destination IP address)	标识下一站通信终端设备的 IP 地址
IP 选项(IP Options)	网络测试、调试、安全等功能选项
数据(Data)	需要被传输的数据

2. 包过滤防火墙的工作原理

包过滤(Packet Filter)是在网络层中根据事先设置的安全访问策略(过滤规则),检查每一个数据包的源IP地址、目的IP地址以及IP分组头部的其他各种标识信息(如协议、服务类型等),确定是否允许该数据包通过防火墙。其实,从早期的包过滤防火墙开始,防火墙除能够根据IP分组的头部信息进行数据包的检查外,还能够检查TCP和UDP协议及使用的端口,并将其作为数据包的过滤规则。为此,包过滤防火墙同时工作在OSI参考模型的网络层和传输层。

包过滤防火墙中的安全访问策略(过滤规则)是网络管理员事先设置好的,主要通过对进入防火墙的数据包的源IP地址、目的IP地址、协议及端口进行设置,决定是否允许数据包通过防火墙。

例如,如果拒绝从IP地址为172.16.1.100的主机发出的数据包通过防火墙,则可以通过如下命令实现。

```
deny ip host 172.16.1.100 any
```

如果允许使用80端口的TCP协议和使用20端口的UDP协议的数据包通过,则可以通过如下两条命令实现。

```
permit tcp any any eq 80
permit udp any any eq 20
```

网络管理员可以根据网络安全的实际需要,通过相应的命令行允许(permit)或拒绝(deny)数据包通过。

如图8-5所示,当网络管理员在防火墙上设置了过滤规则后,在防火墙中会形成一个过滤规则表。当数据包进入防火墙时,防火墙会将IP分组的头部信息与过滤规则表进行逐条比对,根据比对结果决定是否允许数据包通过。假设某一防火墙的过滤规则表中只有以下4条规则(实际应用中要远远超过4条)。

```
deny ip host 172.16.1.100 any
permit tcp any any eq 80
permit udp any any eq 20
deny ip any any
```

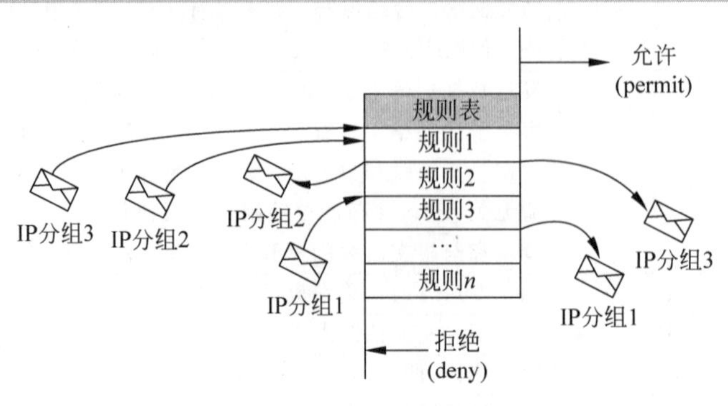

图8-5 包过滤防火墙工作示意图

防火墙的过滤规则表其实是一个访问控制列表(ACL),当数据包进入防火墙时,防火墙首先提取IP分组的头部信息,然后再与ACL中的条目从上到下进行一一比对。如果第一条规则不匹配,就开始检查第二条规则,以此类推。当ACL中的某一条规则匹配时,防火墙开始执行该规则,不再进行以下条目的检查。

3. 包过滤防火墙的应用特点

包过滤防火墙是一种技术非常成熟、应用非常广泛的防火墙技术,具有以下主要特点。

(1) 过滤规则表需要事先进行人工设置,规则表中的条目根据用户的安全要求确定。

(2) 防火墙在进行检查时,从过滤规则表中的第一个条目开始逐条进行,所以过滤规则表中条目的先后顺序非常重要。当网络管理员要添加新的过滤规则时,不能简单地添加在规则表的最前面或最后面,而要视具体规则的应用特点确定其位置。

(3) 由于包过滤防火墙工作在OSI参考模型的网络层和传输层,所以包过滤防火墙对通过的数据包的速度影响不大,实现成本较低。但包过滤防火墙无法识别基于应用层的恶意入侵,如恶意Java小程序、携带在电子邮件中的病毒等。另外,包过滤防火墙不能识别IP地址的欺骗,内部非授权的用户可以通过伪装成为合法IP地址的使用者访问外部网络,同样外部被限制的主机也可以通过使用合法的IP地址欺骗防火墙进入内部网络。

8.3.2 代理防火墙

代理防火墙也称为应用层网关防火墙。这里的代理(Proxy)类似于今天社会上的中介公司或经纪人,即真正参与交流的双方必须借助于第三方(即代理)完成,否则他们之间是完全隔离的。

1. 代理防火墙的工作原理

代理防火墙具有传统的代理服务器和防火墙的双重功能。如图8-6所示,代理服务器位于客户机与服务器之间,完全阻挡了二者间的数据交流。从客户机来看,代理服务器相当于一台真正的服务器;而从服务器来看,代理服务器仅是一台客户机。代理防火墙的工作原理是将每一个从内部网络到外部网络的连接请求分为两部分:首先,代理服务器根据安全过滤规则决定是否允许这个连接,如果允许则代理服务器就代替客户机向外部网络中的服务器发出请求;然后,当代理服务器接受外部网络中的服务器发送回来的响应数据包时,同样要根据安全过滤规则决定是否让该数据包进入内部网络,如果允许这个数据包进入,代理服务器便将其转发给内网部网络中发起请求的客户机。

从图8-6可以看出,代理防火墙无论是接收到内部网络发出的请求,还是接收外部服务器返回的响应,都要进行安全策略(协议分析和规则过滤)的处理。只有与安全策略相匹配的数据才能交给代理服务器继续进行处理。例如,当内部网络中的客户机向外部的某一台Web服务器发出HTTP访问请求时,代理服务器首先根据安全策略检查是否允许HTTP请求通过。如果代理服务器允许该HTTP请求通过,则将其交给代理服务器进行处理。从外部的Web服务器返回的响应数据也要经过相同的处理过程。

在整个通信过程中,网络的连接和转发对用户来说是完全透明的,所以操作都由代理防

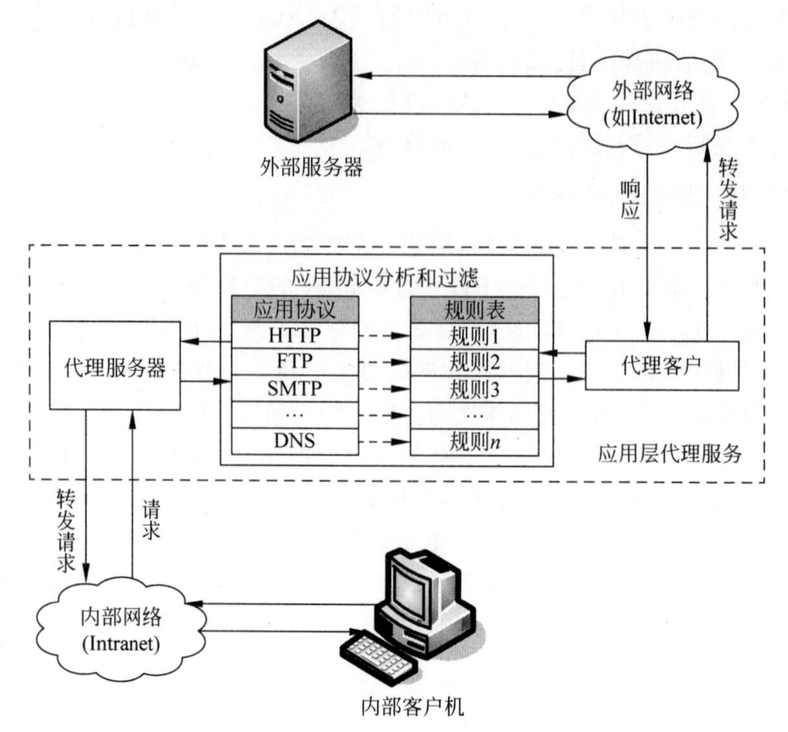

图 8-6 代理防火墙的工作示意图

火墙自动处理。目前,代理防火墙可以支持对常见的 HTTP、HTTPS、SSL、SMTP、POP3、IMAP、SNMP、Telnet、FTP 等应用层协议的代理,一些新的应用层协议也会逐渐加入其中。

2. 代理防火墙的应用特点

包过滤防火墙可以根据 IP 分组的头部信息决定数据包是否允许通过,但它无法根据应用层的协议进行访问控制,所以包过滤防火墙主要应用于安全功能较为单一的中小型网络。对于大中型企业网络,代理防火墙可以通过对应用层协议的控制,实现对具体应用的控制和安全管理。代理防火墙具有以下主要特点。

(1) 代理防火墙可以针对应用层进行检测和扫描,可有效防止应用层的恶意入侵和病毒。

(2) 代理防火墙具有较高的安全性。由于每一个内外网络之间的连接都要通过代理服务器的介入和转换,而且在代理防火墙上会针对每一种网络应用(如 HTTP)使用特定的应用程序来处理。当一个数据包到达代理防火墙时,代理防火墙首先检查是否有针对该数据包的应用层协议,如果没有,则直接丢弃。

(3) 代理服务器通常拥有高速缓存,缓存中保存了用户最近访问过的站点内容。当下一个用户要访问同样的站点时,代理服务器就直接利用缓存中的内容,而不需要再次建立与远程服务器之间的连接,节约了时间和网络资源,在一定程度上提高了内部用户访问外部服务器的速度。

(4) 代理防火墙的缺点是对系统的整体性能有较大的影响,系统的处理效率会有所下降,因为代理防火墙对数据包进行内部结构的分析和处理,这会导致数据包的吞吐能力降低(低于包过滤防火墙)。

8.3.3　状态检测防火墙

状态检测防火墙是在传统包过滤防火墙的基础上发展而来的。因此，将传统的包过滤防火墙称为静态包过滤防火墙，而将状态检测防火墙称为动态包过滤防火墙。

1. 静态包过滤的缺陷

掌握状态检测防火墙的工作原理，其实就是掌握静态包过滤和动态包过滤技术的区别。静态包过滤防火墙根据预先定义好的过滤规则检查每一个数据包，从而决定该数据包是否通过防火墙。过滤规则基于数据包的头部信息进行制定，其中包括源 IP 地址、目的 IP 地址、传输协议（TCP、UDP、ICMP 等）、TCP/UDP 端口、ICMP 消息等类型。静态包过滤防火墙要遵循的一条基本准则是“最小特权原则”，即明确允许某些数据包通过，而拒绝其他一切数据包。

由于静态包过滤技术要检查进入防火墙的每一个数据包，所以在一定程度上影响了网络的通信速度。另外，静态包过滤技术固定地根据数据包的头部信息进行规则的匹配，这种方法在遇到利用动态端口的应用协议时就会出现问题。例如，FTP 通信在整个通信过程中使用了两种类型的 TCP 连接——控制连接和数据连接，其中，控制连接用于客户端与服务器之间交互协商与命令的传输，而数据连接用于客户端与服务器之间传输数据。我们首先来看控制连接的建立过程。客户端向服务器固定的 21 端口发起 TCP 连接请求希望建立 FTP 控制连接。对于静态包过滤防火墙，如果不允许用户使用 FTP 服务，就可以直接在防火墙上关闭 TCP 21 端口。但是，如果静态防火墙允许用户使用 FTP 服务，情况又会怎么样呢？这时当客户端向服务器的 21 端口发起 TCP 连接请求时，如果服务器同意与客户端建立连接，首先客户端与服务器会在控制连接信息中交换用于数据传输的 TCP 端口，这一端口一般在 1024～65535 之间。然后，客户端与服务器之间使用彼此交换后的 TCP 端口进行数据传输，即进入数据连接过程。由以上过程可以看出，数据连接中使用的端口是动态的，即每次使用的端口都有可能不同，而静态防火墙无法知道哪些端口需要打开。如果要在静态防火墙上允许用户使用 FTP 服务，就需要将所有可能的端口打开，同时在通信结束后防火墙也不会自动关闭这些端口。这也会存在一定的安全隐患。

2. 状态检测技术及其优势

在静态包过滤技术中检查的数据包称为无状态包。无状态包之间是独立存在的，防火墙关心的仅是数据包的静态信息（如源 IP 地址、目的 IP 地址、端口等），而不关心数据包的历史和未来情况。动态包过滤技术中检查的数据包称为有状态包。有状态包之间是关联的，即多个数据包之间会存在一些共性。例如，在一次 FTP 通信过程中，所有的控制连接和数据连接之间都存在共性：由谁（以客户端的 IP 地址为主）发出请求、由谁（以服务器的 IP 地址为主）得到响应、在数据传输中使用的 TCP 端口是什么等。

状态检测技术即动态包过滤技术。状态检测防火墙检查的不仅仅是数据包中的头部信息，而且会跟踪数据包的状态，即不同数据包之间的共性。还以前面介绍的 FTP 通信过程为例，在状态检测防火墙中，一旦允许客户端与服务器之间的数据传输，状态检测防火墙就会在缓存中记录最近的连接信息：某一特定 IP 地址的 FTP 应用程序与某一特定 IP 地址的服务器之间使用某一 TCP 端口建立的连接。当这一 FTP 通信过程中的后续数据包进入防火墙时,防火墙就会与缓存中的连接信息进行匹配,如果相同,就被允许通信。

状态检测防火墙的关键技术是实现连接的跟踪功能。对于单一连接的协议(如 SMTP、HTTP 等)相对比较简单,只需要数据包的头部信息就可以进行跟踪。但是,对于一些复杂的协议(如 FTP、一些多媒体通信协议和一些数据库通信中使用的协议等),除了使用一个公开的连接端口建立控制连接外,在通信过程中还会动态建立子连接进行数据传输,而子连接(一般为数据连接)中使用的端口是在主连接(控制连接)中通过协商得到的随机值。因此,对于这类复杂的协议,如果使用静态包过滤技术,就只能打开所有可能使用到的端口,带来了安全隐患。状态检测防火墙则能够进一步分析主连接中的信息,识别出所协商的子连接的端口,并在防火墙上将其打开,连接结束时自动关闭,保证了系统的安全性。

3. 状态检测防火墙的工作过程

状态检测防火墙的工作过程如图 8-7 所示。在状态检测防火墙中有一个状态检测表,它由规则表和连接状态表两部分组成。状态检测防火墙的工作过程如下。首先利用规则表进行数据包的过滤,此过程与静态包过滤防火墙基本相同。如果某一个数据包(如“IP 分组 B1”)在进入防火墙时,规则表拒绝它通过,则防火墙直接丢弃该数据包,与该数据包相关的后续数据包(如“IP 分组 B2”“IP 分组 B3”等)同样会被拒绝通过。

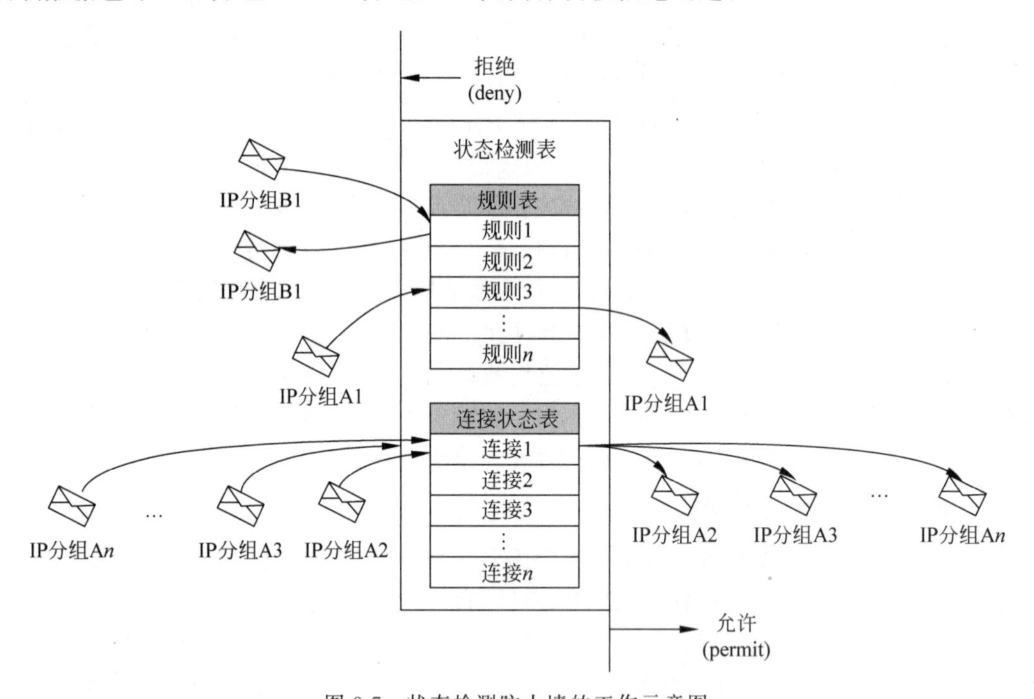

图 8-7 状态检测防火墙的工作示意图

如果某一个数据包(如“IP 分组 A1”)在进入防火墙时,与该规则表中的某一条规则(如是“规则 3”)相匹配,并允许其通过,此时,状态检测防火墙会分析已通过的数据包(“IP 分组 A1”)的相关信息,并在连接状态表中为这一次通信过程建立一个连接(如“连接 1”)。之后,当同一通信过程中的后续数据包(如“IP 分组 A2” “IP 分组 A3”…“IP 分组 An”)进入防火墙时,状态检测防火墙不再进行规则表的匹配,而是直接与连接状态表进行匹配,由于后续的数据包与已允许通过防火墙的数据包"IP 分组 A1"具有相同的连接信息，所以会直接允许其通过。

4. 跟踪连接状态的方式

状态检测防火墙跟踪连接状态的方式取决于所使用的传输层协议，下面进行简要的分析和介绍。

(1) TCP 数据包。当建立一个 TCP 连接时需要进行三次握手(详见第 5 章)，其中发起连接请求的数据包中包含有 SYN 的标识。除特殊设置外，状态检测防火墙可以允许由内部发起的 TCP 连接请求通过，同时在缓存中记录这次连接的相关信息，而丢弃所有外部网络中发起的 TCP 连接请求。如果从外部网络传入状态检测防火墙的数据包是响应数据包，则允许其进入，然后再与相关策略进行匹配，决定是否允许进入内部网络。

以上的特殊设置主要是在防火墙上通过 NAT 功能建立的内部私有 IP 地址与外部公有 IP 地址之间的一对一连接，即为了使外部网络中的用户能够访问内部网络中的服务器而设置的内外 IP 地址之间的静态映射。

(2) UDP 数据包。与 TCP 数据包相比，UDP 数据包相对要简单得多，位于传输层的一个 UDP 数据包除数据外，只包含源端口、目的端口、报文长度和校验和 4 个区域的头部信息，如图 8-8 所示。

<table>
<tr><td>源端口(2B)</td><td>目的端口(2B)</td></tr>
<tr><td>报文长度(2B)</td><td>校验和(2B)</td></tr>
<tr><td colspan="2">数据</td></tr>
</table>

图 8-8　UDP 数据包的结构

同时，UDP 数据包的传输不需要进行三握手过程，这使得状态检测防火墙不能采用对 TCP 数据包的跟踪方式跟踪 UDP 数据包。通过跟踪数据包的状态情况就可以解决这一问题。因为不管是 TCP 连接还是 UDP 连接，都需要由用户发出连接请求，所以当内部网络中的客户端向外部网络中的服务器发出连接请求时，如果状态检测防火墙允许这一请求通过，就会在缓存中保存相应的连接信息。这样，对从外部网络中进入防火墙的 UDP 数据包，就可以在检查它的地址和协议后，通过与缓存中保存的连接信息进行比较，决定是否允许该 UDP 数据包进入内部网络。

通过以上分析可知，对于状态检查防火墙，除特殊设置外，所有从外部网络发起的连接请求是不允许通过的。

5. 状态检测防火墙的应用特点

状态检测防火墙综合应用了静态包过滤防火墙的成熟技术，并对其功能进行了扩展，可在 OSI 参考模型的多个层次对数据包进行跟踪检查，其实用性得到了加强。状态检测防火墙具有以下主要特点。

(1) 与静态包过滤防火墙相比，采用动态包过滤技术的状态检测防火墙通过对数据包的跟踪检测技术，解决了静态包过滤防火墙中某些应用需要使用动态端口时存在的安全隐患，解决了静态包过滤防火墙存在的一些缺陷。

(2) 与代理防火墙相比,状态检测防火墙不需要中断直接参与通信的两台主机之间的连接,对网络速度的影响较小。

(3) 状态检测防火墙具有新型的分布式防火墙的特征。状态检测防火墙产品还可以使用分布式探测器,这些探测器安置在各种应用服务器和其他网络设备上。所以,状态检测防火墙不但可以对外部网络的攻击进行检测,同时可以对内部网络的恶意破坏进行防范。这使状态检测防火墙已超出了对防火墙的传统定义。

(4) 状态检测防火墙的不足主要表现为:对防火墙 CPU、内存等硬件要求较高、安全性主要依赖于防火墙操作系统的安全性、安全性不如代理防火墙。其实,状态检测防火墙提供了比代理防火墙更强的网络吞吐能力和比静态包过滤防火墙更高的安全性,在网络的安全性和数据处理效率这两个相互矛盾的因素之间实现了较好的平衡。

8.3.4 分布式防火墙

分布式防火墙是近年来发展起来的一种新型的防火墙体系结构,它将传统的防火墙技术和分布式网络应用进行了有机结合,具有广泛的研究和应用前景。

1. 传统防火墙的不足

虽然本章前面介绍的几类传统防火墙仍然是现代计算机网络安全防范的支柱,但它们在安全要求较高的大型网络中存在一些不足,主要表现如下。

(1) 结构性限制。传统的防火墙属于一种边界安全设备,所以也称为边界防火墙。但边界防火墙的工作机理依赖于网络的物理拓扑结构。如今,越来越多的跨地区企业利用 Internet 构架自己的网络,致使企业内部网络已基本上成为一个逻辑概念,所以用传统的方式区别内外网络已非常困难。

(2) 防外不防内。虽然有些传统的防火墙(如状态检测防火墙)可以防止内部用户的恶意破坏,但在绝大多数情况下,用户使用和配置防火墙时还是主要防止来自外部网络的入侵。

(3) 效率问题。传统防火墙把检查机制集中在网络边界处的单一节点上,所以防火墙容易成为网络的瓶颈。虽然防火墙产品可以通过提高处理能力尽可能地解决瓶颈问题,但网络应用的复杂性却在另一方面增加了防火墙的压力。

(4) 故障问题。传统防火墙本身也存在单点故障问题,一旦处于安全节点上的防火墙出现故障或被入侵,整个内部网络将完全暴露在外部攻击者的面前。

2. 分布式防火墙的概念

为了解决传统防火墙面临的问题,美国 AT&T 实验室研究员 Steven M. Bellovin 于 1999 年在他的论文“分布式防火墙”中首次提出了分布式防火墙(Distributed Firewalls, DFW)的概念。文中提供了 DFW 的方案:策略集中定制,在各台主机上执行,日志集中收集处理。根据 DFW 所需要完成的功能,分布式防火墙系统由以下 3 部分组成。

(1) 网络防火墙。网络防火墙承担着与传统边界防火墙相同的职能,负责内外网络之间不同安全域的划分。同时,用于对内部网络各子网之间的防护。与传统边界防火墙相比,分布式防火墙中的网络防火墙增加了一种用于对内部子网之间的安全防护,这样使分布式防火墙实现了对内部网络的安全管理功能。

(2) 主机防火墙。为了扩大防火墙的应用范围，在分布式防火墙系统中设置了主机防火墙。主机防火墙驻留在主机中，并根据相应的安全策略对网络中的服务器及客户端计算机进行安全保护。

根据实现方式的不同，主机防火墙可以分为主机驻留和嵌入操作系统内核两种方式。主机驻留是指防火墙功能驻留在主机的内存中，对主机进行实时的安全保护。主机驻留类似于单机中使用的个人防火墙，它只负责对本地主机进行安全保护，不信赖除本地主机外的其他主机。嵌入操作系统内核方式主要防范由操作系统自身存在的安全漏洞引起的安全问题，如 Windows XP/2003/Vista 自带的“Windows 防火墙”。这种类型的主机防火墙的安全程序直接嵌入操作系统的内核中运行，直接接管网卡，检查进入操作系统的所有数据包。

(3) 中心管理服务器。中心管理服务器是整个分布式防火墙的管理核心，负责安全策略的制定、分发及日志收集和分析等操作。

3. 分布式防火墙的工作模式

分布式防火墙的基本工作模式是：由中心管理服务器统一制定安全策略，然后将这些定义好的策略分发到各个相关节点；而安全策略的执行则由相关主机节点独立实施，由各主机产生的安全日志集中保存在中心管理服务器上。分布式防火墙的工作模式如图 8-9 所示。

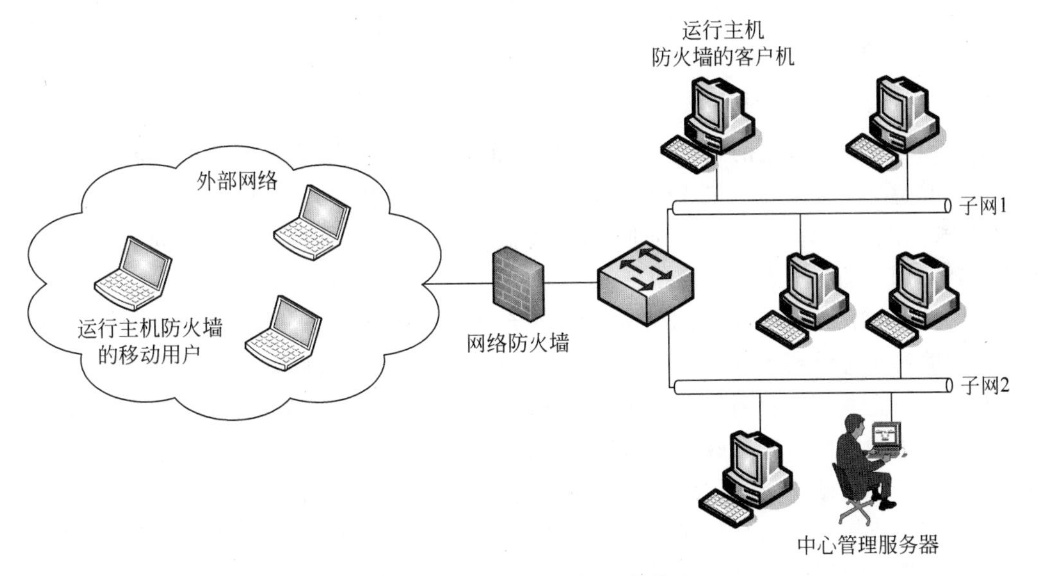

图 8-9　分布式防火墙的工作模式

由图 8-9 可以看出，在分布式防火墙中已不再完全依赖网络的拓扑结构来定义不同的安全域，可信赖的内部网络发生了概念上的变化，内部网络已成为一个逻辑上的网络，从而避免了传统防火墙对网络拓扑的依赖。但是，各主机节点在处理数据包时，必须根据中心管理服务器所分发的安全策略决定是否允许某一数据包通过防火墙。

4. 分布式防火墙的应用特点

由于在分布式防火墙中采用了中心管理服务器对整个防火墙系统进行集中管理的方

式,其中安全策略在统一制定后被强行分发到各个节点,所以分布式防火墙不仅保留了传统防火墙的优点,同时还解决了传统防火墙在应用中存在的对网络物理拓扑结构的依赖、内部恶意破坏、网络应用瓶颈等不足。分布式防火墙的应用优势主要表现为以下几方面。

(1) 增加了针对主机的入侵检测和防护功能,加强了对来自内部网络的攻击防范,可以实施全方位的安全策略。

(2) 提高了系统性能,克服了结构性瓶颈问题。

(3) 与网络的物理拓扑结构无关,支持 VPN 和移动计算等应用,应用更加广泛。

8.4 个人防火墙技术

本章前面介绍的防火墙概念和主要实现技术一般都是针对单位用户而言的,所以这类防火墙也称为企业级防火墙。企业级防火墙虽然功能强大,但价格昂贵、配置困难、维护复杂,需要具有一定安全知识的专业人员配置和管理。近年来,随着以家庭用户为代表的个人计算机的不断普及,个人防火墙技术开始出现并得到了广泛应用。

8.4.1 个人防火墙概述

与企业级防火墙相比,个人防火墙的出现相对较晚,但应用功能较为全面,而且策略的设置比较简单,适合普通用户的应用需求。

1. 个人防火墙的产生动因

随着以 Internet 为主的互联网技术在商业领域中应用价值的不断提升,为了提高企业的竞争力并追求企业效益的最大化,现在大大小小的企业都接入了互联网。所有接入互联网的企业都存在内部机密数据被窃取、修改或盗用的危险,为解决这一安全问题,企业级防火墙得到了用户的普遍重视和应用。

从 1985 年第一个在思科网络产品的操作系统上提供的防火墙到现在,防火墙产品已经从最初的静态包过滤技术发展到随后的代理、动态包过滤(状态检测)及现在的分布式防火墙技术。由于企业网络应用的多样性和复杂性,虽然企业级防火墙在技术上不断推陈出新,以应对不断出现的网络安全威胁,但其价格昂贵、配置和管理复杂、缺乏结构的灵活性、防范策略总滞后于安全威胁,在很大程度上影响了企业级防火墙产品向家庭、小型办公用户的扩展。为保护单机用户接入互联网时的安全,防止个人计算机上信用卡、银行账号等私有信息被泄露和窃取,防止计算机病毒及各种恶意程序对个人计算机的入侵和破坏,个人防火墙产品应运而生。

2. 个人防火墙的概念

个人防火墙是一套安装在个人计算机(包括智能手机等移动智能终端)上的软件系统,它能够监视计算机的通信状况,一旦发现有对计算机产生危险的通信,就会报警通知管理员或立即中断网络连接,以此实现对个人计算机上重要数据的安全保护。

个人防火墙是在企业级防火墙的基础上发展而来的,个人防火墙采用的技术也与企业级防火墙基本相同,但在规则的设置、防火墙的管理等方面进行了简化,使非专业的普通用户能够容易地安装和使用。

Windows 操作系统是目前应用最为广泛的个人计算机操作系统。为了实现对 Windows 操作系统的安全保护，Windows 本身提供了防火墙功能。目前市面上推出了大量基于 Windows 操作系统的个人防火墙产品。

8.4.2　个人防火墙的主要功能

对于连接到互联网上的个人计算机，存在的最大安全隐患是个人的私有信息被窃取或被破坏，以及个人计算机被攻击者用作盗取他人关键信息的跳板；同时，还存在恶意软件造成的网络或系统资源的浪费。为了防止安全威胁对个人计算机产生的破坏，个人防火墙产品应提供以下主要功能。

1. 防止 Internet 上用户的攻击

个人防火墙可以保护连接到 Internet 上的主机不被攻击，尤其是长期接入 Internet 的个人计算机。目前，长期接入 Internet 的个人计算机越来越多，这些计算机不仅仅是作为浏览 Web 网页以及下载文件使用，同时还可以作为 Web、FTP 等服务器为 Internet 上的用户提供服务。随着动态域名服务（Dynamic Domain Name Server，DDNS）技术的广泛应用，一般一台能够与 Internet 连接的个人计算机就可以成为一台 Web、FTP 或电子邮件服务器。个人防火墙可以在很大程度上保护这些个人服务器系统。

2. 阻断木马及其他恶意软件的攻击

计算机木马可以通过网页浏览、电子邮件、软件下载等诸多方式进入个人计算机，在计算机上开设一个后门，然后攻击者通过这个后门进入计算机，破坏、窃取用户的个人信息。个人防火墙可以阻断来自外部主机的木马入侵。

现在较新的个人防火墙还针对个人计算机用户存在的安全风险，提供了反钓鱼、反流氓软件、防 ARP 欺骗和 DHCP 欺骗等功能，最大程度保护了个人计算机的安全。

3. 为移动计算机提供安全保护

随着家庭办公等移动办公方式的兴起，以及移动 IP 应用的广泛应用，员工可以在自己家里或外出时利用 VPN 方式连接到单位内部的网络，实现与单位内部计算机用户相同的资源访问功能。如果移动计算机没有个人防火墙的保护，当其以 VPN 方式接入单位内部网络时，单位内部的网络将暴露在 Internet 上，攻击者将把这台 VPN 终端作为进入单位内部网络的桥梁。

4. 与其他安全产品进行集成

个人防火墙除能够满足个人用户的一些需求外，还可以与其他的网络安全产品进行集成，在安全防范上产生联动效应，最大范围地提供安全性。目前主流的方法是将个人防火墙与防病毒软件进行集成，将两者的功能结合起来。例如，Norton、瑞星、金山等防病毒软件一般都集成了个人防火墙功能。

随着技术的发展，个人防火墙的功能也在不断发展和完善，如自动检测个人计算机操作系统存在的安全漏洞、为操作系统提供补丁安装服务、提供为个人计算机上资源的授权访问、提供入侵检测功能等。

8.4.3 个人防火墙的主要技术

由于个人防火墙是在企业级防火墙的基础上发展起来的，所以个人防火墙所采用的主要技术与企业级防火墙基本相同，但也存在一些应用特点。下面介绍个人防火墙所使用的主要技术。

1. 基于应用层网关

典型的个人防火墙属于应用层网关类型，应用层网关也称为代理。应用层网关随时检测用户应用程序的执行情况，可以根据需要对特定的应用拒绝或允许。例如，当用户需要运行一个FTP应用程序时，可以允许文件的上传和下载，其他的应用可以被关闭。基于应用层网关的防火墙在企业级防火墙的配置中比较复杂，但在个人防火墙的策略配置中却比较简单，用户需要什么服务，就允许什么服务通过防火墙，该服务使用结束后可以及时关闭。

2. 基于IP地址和TCP/UDP端口的安全规则

在个人防火墙上实现基于IP地址和TCP/UDP端口的控制非常容易。例如，如果不允许某一台个人计算机使用FTP服务，就可以在个人防火墙上直接关闭TCP 20端口，这样，即使有人从想通过这台计算机利用FTP下载文件，其FTP的连接请求在个人防火墙上将被直接拒绝，根本无法建立与FTP服务器之间的控制连接；如果不允许访问某一站点，则可以直接在个人防火墙上拒绝将数据包发往该网站对应的IP地址。基于IP地址和TCP/UDP端口的安全规则其实就是一种静态包过滤技术。同样，静态包过滤防火墙存在的不安全因素在个人防火墙上也同样存在。

3. 端口“隐蔽”功能

先来看一个针对网络端口的扫描实例：假设通过端口扫描软件对一台远程计算机进行端口扫描操作，如果远程计算机上的某一端口是开放的，扫描软件自然会收到该端口已打开的响应报文；如果该端口是关闭的，远程计算机会返回一个拒绝连接的响应报文。从这一实例可以看出，不管端口是否关闭，扫描软件都会知道远程计算机的存在。既然知道了远程计算机的存在，就可以采取其他方式对其进行攻击。

而端口“隐蔽”会将主机上的端口完全隐藏起来，而不返回任何拒绝响应的报文。由于不发送响应报文，所以它是一个非标准的连接行为。在个人防火墙上启用端口“隐蔽”功能，则会隐蔽掉该计算机的存在。

4. 邮件过滤功能

一个标准的电子邮件通常具有几个重要特征：收发件人邮箱名、收发人邮箱服务器的IP地址或域名、主题、信件内容（包括正文、关键字、附件）等相关字段，这些特征是邮件过滤技术判断、分析、统计和提取的依据。个人防火墙的邮件过滤功能可以对接收到的电子邮件的主要特征进行提取和分析，确定是否需要接收邮件或给用户相应的提示信息。

通过以上介绍，读者会发现个人防火墙虽然继承了企业级防火墙的技术和功能，但是其主要功能集中在防攻击、防木马及恶意软件的入侵、防病毒等方面，而不是对某一个网络的安全保护。

8.4.4 个人防火墙的现状及发展

个人防火墙为接入 Internet 的个人计算机提供了所需要的安全保护，主要包括：

(1) 可有效地防范各种网络攻击；

(2) 高效的入侵检测、报警和日志收集与分析；

(3) 防火墙本身应该具有良好的容错性；

(4) 及时阻止攻击的继续，同时还应能对攻击源进行定位，并具有自我学习、扩充和更新规则的功能；

(5) 操作界面友好，操作过程简单、易学、易用，并具有在线安全策略的维护功能。

个人防火墙从产生到现在，已经经历了多次技术上的更新，从简单、单一的数据包拦截，到对应用层协议的分析，再到与防病毒、防入侵等安全功能的有机结合。在个人保密要求提高、网络开放性逐渐增大、攻击手段日益多样化的情况下，个人防火墙技术也紧随用户的安全需求发生着变化。与企业级防火墙相比，个人防火墙更多考虑的是实用性和灵活性，在实现方式上没有企业级防火墙那样复杂，在功能上没有企业级防火墙那样完备。由于个人防火墙是面向个人用户的，从结构上来讲只是一个端系统，并没有复杂的网络拓扑，从实现形式来讲也几乎都是一种纯软件的方式。

有关个人防火墙未来的发展，除技术的不断创新和功能的不断完善外，在实现形式上还需要从以下几个方面取得发展。

(1) 与网络设备集成。可将个人防火墙功能集成到 xDSL、电缆调制解调器、无线 AP 等设备中，使个人防火墙成为这些网络设备的组成模块。

(2) 与防病毒软件集成，并实现与防病毒软件之间的安全联动。例如，同一网络安全厂商开发的防病毒软件和个人防火墙软件可以合并成同一个产品，而不是将个人防火墙作为防病毒软件的一个可选组件。

(3) 使个人防火墙成为企业级防火墙的一个子系统，通过企业级防火墙对个人防火墙进行分布式管理。这一思想其实就是将个人防火墙作为分布式防火墙中的主机防火墙。

*8.5 Web 应用防火墙

基于 HTTP/HTTPS 协议的 Web 技术推动了互联网的发展，目前 Web 应用已成为互联网应用的主流，与此同时，Web 应用安全也成为大家普遍关注的问题。

8.5.1 Web 应用安全概述

随着互联网技术的飞速发展，基于 Web 和数据库结合的 B/S 架构已经广泛应用于企业内部和外部的业务系统中，Web 系统发挥着越来越重要的作用。与此同时，越来越多的 Web 系统也因为存在安全隐患而频繁遭受到各种攻击，导致 Web 系统敏感数据、页面被篡改，甚至成为传播木马的傀儡，给更多访问者造成伤害，带来严重的安全威胁。

1. Web应用安全问题

针对Web应用中存在的安全问题,在Web服务器端普遍采取各项有效的安全管理措施,具体如下。

(1) 部署防火墙、IDS/IPS等网络安全系统,有效防范传统的网络攻击行为。

(2) 针对Web应用特点设置严格的网络访问控制策略,特别对于需要提供有效用户账户信息才能访问的受限系统,可通过用户名/口令和部署PKI系统,加强对访问用户的身份认证和访问资源的授权。

(3) 加强对系统自身的安全管理。例如,对于仅提供Web服务的服务器端,一般只开放HTTP协议需要的服务端口,使攻击者难以通过传统网络层攻击方式攻击网站。

虽然通过运行各类安全措施有效加强了对网络的安全管理,但是传统的安全防护方式无法完全应对针对Web应用的网络攻击。尤其是近年来随着Web应用的深入普及,Web应用程序漏洞发掘和攻击速度越来越快,基于Web漏洞的攻击更容易被利用,已经成为互联网安全的最大隐患。据统计,目前对网站的成功攻击中,超过70%基于Web应用层,而非传统的网络层。例如,在最近开放式Web应用程序安全项目(Open Web Application Security Project,OWASP)机构发布的全球网络安全威胁中,排名最前面的是SQL注入和跨站脚本攻击(Cross Site Scripting,XSS),成为目前存在最普遍、利用最广泛、造成危害最严重的两类Web威胁。

一般情况下,攻击者采用以下两种方式实施对Web系统的攻击。

(1) 篡改Web系统数据。攻击者通过SQL注入等方式,利用Web应用程序漏洞获得Web系统权限后,可以进行网页挂马、网页篡改、修改数据等操作。例如,攻击者可以通过网页挂马,利用被攻击的Web系统作为后续攻击的跳板,致使更多用户受害;也可以通过网页篡改,丑化Web系统所有者的声誉甚至造成政治影响;还可以通过修改Web系统敏感数据,直接达到获取利益的目的。

(2) 窃取用户信息。利用Web应用程序漏洞,构造特殊网页或链接引诱Web系统管理员、普通用户点击,以达到窃取用户数据的目的。例如,游戏、网银、论坛等账号的窃取,大多是利用Web系统的XSS漏洞实现的。

2. Web安全问题产生的主要原因

Web应用系统安全问题已经成为网络安全最大的威胁,究其原因,主要表现在以下几个方面。

(1) 重功能轻安全。目前,由于Web网站设计的技术门槛较低,但需求量较大,致使大多数Web系统设计时只注重功能的实现,而忽视了代码的安全。即使是一些影响力较大的商业网站,设计者更多地考虑满足应用要求,很少考虑Web系统抵抗网络攻击的能力。同时,一些网站开发者和系统维护人员对网站攻防技术的了解较少。由于过多地强调功能甚至是页面的效果,而忽视了代码和系统部署的安全,致使Web网站存在安全漏洞,正常的使用者并不会察觉。但这些漏洞的存在,正是攻击者希望搜集和利用的,一旦网站存在的这些漏洞被挖掘出来,将成为攻击者直接实施网络恶意攻击或间接获取利益的途径。

(2) 没有察觉已经发生的攻击行为。有些攻击者通过篡改网页来传播一些非法信息或炫耀自己的技术水平,但篡改网页之前,攻击者已经通过对系统存在漏洞的发掘和利用,获得了 Web 系统的控制权限。不过，攻击者在获取 Web 系统的控制权限之后，并不会暴露自己，而是持续利用所控制 Web 系统进行攻击。例如，通过网页挂马给访问者种植木马，被种植木马的用户通常是在不知情的情况下被攻击者窃取了自身的隐私信息。这样，网站成了攻击者散布木马的一个渠道。网站被植入木马后，Web 系统本身虽然能够提供正常服务，但 Web 系统的访问者却遭受着持续的危害。

(3) 缺乏有效的防御措施。目前，大多数防御都是传统的访问控制、入侵检测等方式，这种方式对保护 Web 系统抵御网络攻击的效果不佳，对 SQL 注入、XSS 攻击这类基于应用层构建的攻击无法有效应对。因此，目前有很多攻击者将 SQL 注入、XSS 攻击作为入侵 Web 系统的首选攻击技术。

(4) 对发现的安全问题无法有效解决。Web 系统技术发展较快，安全问题日益突出，但由于关注重点不同，绝大多数的 Web 系统开发公司对安全代码设计方面了解不够深入和全面，在发现 Web 系统存在的安全问题和漏洞后，其修补方式只能停留在简单的针对页面实现的代码方面，很难针对 Web 系统具体的漏洞原理对源代码进行修改，而"木桶原理"在网络安全中的效应尤为突出。这也是为什么有些 Web 系统在安装网页防篡改、Web 系统恢复等安全系统后仍会遭受攻击。

8.5.2 传统网络安全产品的局限性

Web 应用防火墙在继承传统防火墙应用功能的基础上，结合 Web 技术和应用，有针对性地实现了对 Web 应用的安全防护。传统安全产品因各自的定位、原理不同，在安全上缺乏针对性，无法提供对 Web 应用的有效保护，存在局限性。

1. 防火墙的局限性

防火墙是网络安全保障体系的第一道防线，但防火墙主要工作在网络层，无法提供对应用层的防护。

(1) 启用网络访问控制策略后，防火墙可以阻挡对 Web 系统其他服务端口的访问，只开放允许访问 HTTP 服务端口，这样，基于其他协议、服务端口的漏洞扫描和攻击尝试都将被阻断。但针对正在流行的 Web 应用层攻击，其行为类似一次正常的 Web 访问，防火墙是无法识别和阻止的，一旦阻止，将意味着正常的 Web 访问也会被切断。

(2) 传统的防火墙作为访问控制设备，主要工作在 TCP/IP 体系的网络层，仅对 IP 报文进行检测。防火墙无须理解 Web 应用程序语言(如 HTML、XML 等)，也无须理解 HTTP 会话。因此，防火墙不可能对 HTML 应用程序用户端的输入进行验证，也不能检测到一个已经被恶意修改过参数的 URL 请求。

(3) 一些定位比较综合、功能比较丰富的防火墙，虽然也具备一定程度的应用层防御能力，但局限于最初产品的定位以及对 Web 应用攻击的研究深度不够，只能提供非常有限的 Web 应用防护。

(4) 随着攻击者知识的日趋成熟，攻击工具与手法的日趋复杂多样，单纯的防火墙无法针对 TCP/IP 体系的各层进行防护，无法满足 Web 应用防护的需求。

2. 防病毒系统的局限性

无论在网关处还是 Web 服务器上部署防病毒系统，都可以有效地实现病毒检测和防护,但无法识别网页中存在的恶意代码(如网页挂马)。由于网页挂马通常表现为网页程序中一段正常的脚本,只有在被执行的时候,才可能去下载有害的程序或直接盗取访问者的隐私信息。同样,对于 Web 应用程序中的漏洞,防病毒系统更难以识别。

3. IDS/IPS 的局限性

IDS/IPS 虽然弥补了防火墙的某些缺陷,但由于对 Web 的检测粒度不够细,随着网络技术和 Web 应用的发展复杂化,在 Web 专用防护领域也力不从心。

(1) IDS/IPS 工作定位在分析传输层和网络层数据,对复杂的各种应用层协议报文特别是对经过加密、编码、分片的数据包,其分析检测存在局限性。

(2) IDS/IPS 主要基于已发现的知名漏洞,通过被动添加方式进行防护,对于未知攻击以及存在于用户编写的 Web 应用程序代码内的漏洞隐患的检测无能为力。

(3) IDS/IPS 的优势在于纵横度,也就是对于网络中的所有流量进行监管,对网络中各种类型威胁都会进行检测,但是它对 Web 应用检测的深度和粒度不够,无法充分理解分析 HTTP 协议及 Web 应用威胁。

8.5.3 Web 应用防火墙技术

事实表明,针对复杂网络环境下 Web 应用系统存在的安全问题,需要变被动应对为主动关注,实施积极防御,这就需要以一个全新的视角看待 Web 应用系统的安全,并依托相关技术之间的关联互动,加强对 Web 应用系统的安全管理。

1. Web 应用防火墙的工作原理

面对 Web 应用的攻击,最关键的就是有效的检测防护机制。针对此现象,可以通过 Web 应用安全网关等设备加强对 Web 系统的安全防护,对 SQL 注入、XSS 攻击等针对应用层的攻击进行防护。并针对 Web 应用访问进行各方面优化,以提高 Web 或网络协议应用的可用性,确保业务应用能够快速、安全、可靠地交付。实现这些安全管理功能的技术和产品便是 Web 应用防火墙(Web Application Firewall,WAF),WAF 的主要工作流程如图 8-10 所示,其主要功能如下。

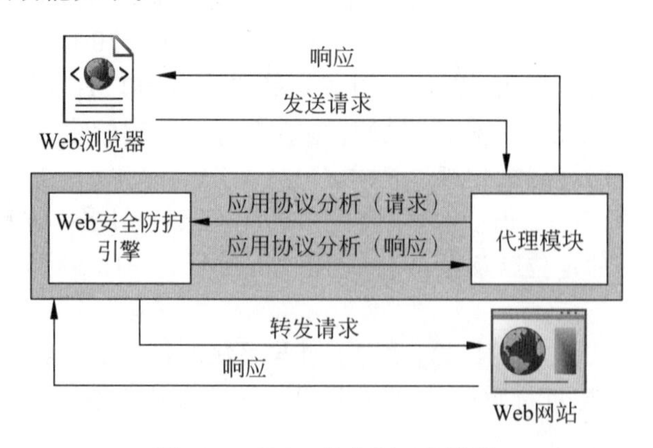

图 8-10 WAF 的主要工作流程

(1) WAF旨在保护Web应用程序免受常见攻击的威胁，通过分析应用层的流量以发现任何违背安全策略的安全问题。

(2) WAF在网络中一般位于Web应用服务器前端，用于保护防火墙之后的应用服务器。它提供的功能可能包括服务器之间的流量负载均衡、压缩、加密，HTTP/HTTPS流量的反向代理，检查应用程序的一致性和汇聚TCP会话等。

如图8-10所示，可将WAF的工作原理描述为：Web应用客户端(Web浏览器)向Web网站发起访问请求，该请求报文没有直接发送到Web网站，而是先提交给一个代理模块，由该代理模块将该请求报文转发给Web安全防护引擎进行协议分析，之后再将该请求报文转发给Web网站；Web网站接受Web请求，并进行响应回复，该响应报文首先在Web安全防护引擎上进行安全性分析，之后再由代理模块转发给Web应用客户端。在以上操作过程中，主要体现WAF功能的代理模块和Web安全防护引擎中断了Web应用客户端与Web网站之间的直接连接，其目的是对往来的数据包进行安全性分析。在整个工作过程中，对于Web应用客户端和Web网站，WAF的存在是透明的。

2. WAF的主要功能模块

WAF提供的主要模块有代理模块和Web安全防护引擎，除此之外，还包括Web扫描、Web防篡改、Web应用交付等功能。

1) 代理模块

WAF中的代理(Proxy)是Web客户端与Web网站之间的中转站，负责转发Web客户端与Web网站之间的合法信息。根据工作模式的不同，WAF的代理模块主要分为透明代理、反向代理和路由代理3种模式。

(1) 透明代理模式。透明代理模式的工作原理是：当Web客户端向Web网站发起连接请求时，TCP连接请求被WAF截取和监控。WAF代理了Web客户端和Web网站之间的会话，将会话分成两段，并基于桥接模式进行转发。从Web客户端来看，Web客户端仍然是直接访问Web网站，感知不到WAF的存在。

(2) 反向代理模式。反向代理模式是指将真实服务器的地址映射到代理服务器上，该代理服务器称为反向代理服务器。在反向代理模式中，由于客户端实际访问的就是WAF，所以代理服务器在收到HTTP请求报文后，将该请求报文转发给对应的真实服务器。同时，真实服务器在接收到请求后，会将响应先发送给WAF，再由WAF将应答报文发送给客户端。

(3) 路由代理模式。在路由代理模式中，代理模块扮演着网关的角色。由于网关的存在，Web客户端与Web网站之间的通信被分割开来，所有往来数据都要经过代理模块。如果WAF工作在路由代理模式下，需要给WAF设备配置合法的IP地址并启用IP路由功能。其他的工作过程与透明代理模式相同。

2) Web安全防护引擎

WAF通过Web安全防护引擎来抵御外部网络攻击，从而实现对Web网站的安全保护。同时，Web安全防护引擎能够实现对数据内容的过滤，保证数据内容的安全性，防止恶意代理的攻击。与传统的防火墙和IDS系统相比较，Web安全防护引擎具有以下特点。

(1) 能够实现对HTTP协议的分析，具体表现为：完整地分析HTTP协议，包括报文头部、参数及载荷；支持各种HTTP编码(如压缩)；提供严格的HTTP协议验证；提供

HTML 限制；支持各类字符集编码；具备对响应对象(Response)的过滤能力。

(2) 应用层规则。Web 应用通常是定制化的,传统的针对已知漏洞的规则往往无效。WAF 提供专用的应用层规则,而且能够检测到潜在的攻击行为,如检测 SSL 加密流量中混杂的攻击等。

(3) 应用层协议过滤。WAF 通过解码所有进入的请求,检查这些请求是否合法或符合规范,仅允许正确的格式或符合相关规范(如 RFC 标准)的请求通过。已知的恶意请求将被阻断,非法植入协议头部(Header)、表单(Form)和 URL 中的脚本将被阻止。

(4) 正向安全模型(白名单)。仅允许已知有效的输入通过,为 Web 应用提供了一个外部的输入验证机制,使安全性更好。

(5) 会话防护机制。HTTP 协议最大的弊端在于缺乏一个可靠的会话管理机制。WAF 针对此问题进行了有效补充,可以对基于会话的攻击类型(如 Cookie 篡改及会话劫持攻击等)进行有效的隔离。

8.5.4 Web 应用防火墙的应用

Web 应用防火墙主要针对 Web 服务器进行 HTTP/HTTPS 流量分析,防护以 Web 应用程序漏洞为目标的攻击,并针对 Web 应用访问进行必要的性能优化,以提高 Web 应用的安全性。WAF 的主要安全防护功能如图 8-11 所示。

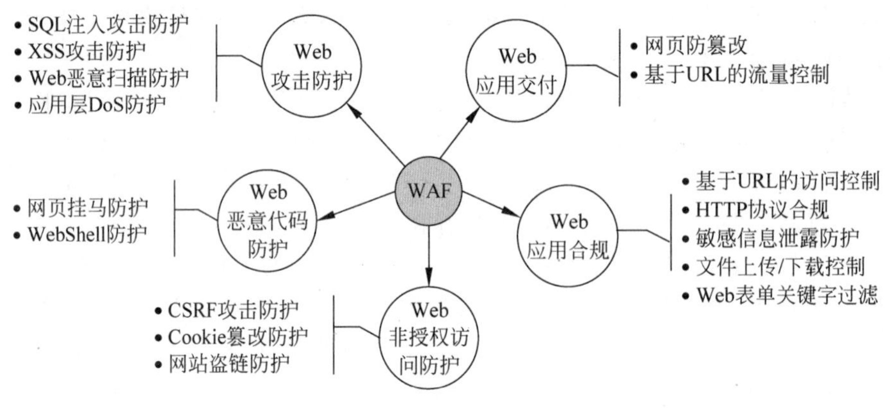

图 8-11 WAF 的主要安全防护功能

1. Web 攻击防护

WAF 可以识别并防护常见的 Web 攻击,主要包括基于 HTTP 协议的蠕虫、木马、间谍软件、网络钓鱼等攻击；SQL 注入攻击、XSS 攻击等 Web 攻击；爬虫、公共网关接口(Common Gateway Interface,CGI)扫描、漏洞扫描等扫描攻击等。

1) SQL 注入和 XSS 攻击防护

SQL 注入攻击利用 Web 应用程序没有对输入数据进行检查过滤的缺陷,将恶意的 SQL 命令注入后台数据库引擎执行,达到窃取数据甚至控制数据库服务器的目的。XSS 攻击指恶意攻击者向 Web 页面中插入恶意 HTML 代码,当受害者浏览该 Web 页面时,嵌入其中的 HTML 代码会被受害者 Web 客户端执行,达到恶意目的。

正是由于 SQL 注入和 XSS 这类攻击所利用的并不是通用漏洞，而是每个页面自己的缺陷，所以针对此类攻击的变种和变形攻击数量非常多，如果还是以常规方法进行检测，漏报和误报率将会很高。WAF 能够分析和提取 Web 攻击的行为特征而非数据特征，建立 Web 攻击行为特征库，以此判断攻击行为的发生。

2）Web 恶意扫描防护

常见的 Web 恶意扫描有：攻击者利用扫描工具，检测 Web 应用程序是否存在 SQL 注入、跨站脚本漏洞；攻击者利用爬虫或扫描工具，频繁对网站发起 HTTP 请求，占用大量的 Web 服务器资源。

针对 Web 恶意扫描，WAF 可以细化防护内容。

（1）Web 漏洞扫描防护。针对 HTTP 所有请求报文进行检测，通过相关算法发现扫描攻击变量，检测出扫描行为后采取措施进行防护。

（2）爬虫防护。Web 攻击时一般会伴随对网站链接进行爬取，遍历网站的每个页面，探测存在漏洞的页面。WAF 可以针对短时间内发起大量连接、消耗 Web 服务器资源的恶意爬虫进行检测防护。

（3）CGI 扫描防护。Web 扫描时，一般会对 CGI 程序进行针对性探测，WAF 可以针对 CGI 类型文件，即对可执行文件或者页面的访问进行检测，通过算法发现攻击行为，并采取措施进行防护。

3）应用层 DoS（HTTP 泛洪）防护

应用层 DoS 攻击是一种与高层服务相结合的攻击方法，目前最常见就是 HTTP 泛洪攻击（如 CC 攻击）。与传统的基于网络层的 DoS 攻击相比，应用层 DoS 具有更加明显的攻击效果，检测难度较大。HTTP 泛洪是指从一个或多个客户端频繁向指定 Web 服务器请求资源，导致 Web 服务器拒绝服务的攻击。

针对 HTTP 泛洪攻击，WAF 可以有效识别出攻击行为和正常请求，在 Web 服务器受到 HTTP 泛洪攻击时，过滤攻击行为，抑制异常用户对 Web 服务器的资源消耗。同时，WAF 可以针对 HTTP 请求中的 XML 数据流进行合规检查，防止非法用户通过构造异常的 XML 文档对 Web 服务器进行 DoS 攻击。

2. Web 非授权访问防护

1）CSRF 攻击防御

跨站请求伪造（Cross-Site Request Forgery，CSRF）攻击可以在受害者毫不知情的情况下以受害者名义伪造请求报文发送给受攻击站点，从而在并未授权的情况下执行在权限保护之下的操作，具有很大的危害性。

CSRF 攻击的常见情景如下。B 正在浏览论坛，同时 A 也在此论坛中，A 编写了一个在 B 的个人网上银行进行取款的表单提交链接，并将此链接作为图片标签。如果 B 的个人网上银行在 Cookie 中保存授权信息，并且此 Cookie 未过期，当 B 的浏览器尝试加载图片时将会提交这个取款表单和他的 Cookie，这样在没有经过 B 同意的情况下便授权了这次操作，可对 B 的银行账户进行消费、转账等操作。

针对 CSRF 攻击，WAF 可以通过设定“访问被保护 URL 的来源 URL”实现防护。实现的逻辑是：只有从设定的来源 URL 才能访问到被保护 URL，一个被保护 URL 可以设定多个来源 URL。例如，被保护 URL 的根路径为/paymoney. asp，设定来源 URL 根路径为

/index.asp 和/shoping.asp，表示用户只有通过/index.asp 或/shoping.asp 页面，才能成功跳转到/paymoney.asp。

2）Cookie 篡改防护

WAF 可以针对 Cookie 进行签名保护，避免 Cookie 在明文传输过程中被篡改。用户可指定需要重点保护的 Cookie，对于检测出的不符合签名的请求，允许进行丢弃或删除 Cookie 处理，同时记录相应日志。

3）网站盗链防护

网站盗链（也称为"暗链"）是指网站拥有者自己并不具备服务内容（如视频、歌曲、文件）所需要的条件，而是通过技术手段绕过相关利益关联的最终用户界面（如广告），直接在自己的网站向访问者提供其他网站的服务内容，骗取浏览和点击率。网站盗链会大量消耗被盗链网站的带宽，严重损害被盗链网站的利益。常见的网站盗链主要有图片盗链、音频盗链、视频盗链和文件盗链等。

WAF 应能够针对被保护网站的资源访问请求进行检测，判断请求是否包含在允许的访问来源范围内，如果不属于站内提交或信任站点提交，则会被视作网站盗链行为。

3. Web 恶意代码防护

1）网页挂马防护

网页挂马的攻击者，其主要目的是让用户将木马下载到用户本地，并进一步执行，当木马被执行后，就意味着会有更多的木马被下载、执行，进入一个恶性循环，从而使用户计算机遭到攻击和控制，最终目的是盗取用户的敏感信息，如各类账号和密码等。Web 服务器一旦成为网页木马传播的"傀儡主机"，将会严重影响到网站的公众信誉度。

网页挂马的方式非常多：将木马伪装为网页元素，被浏览器自动下载到本地；利用脚本运行漏洞下载木马；利用脚本运行的漏洞释放隐含在网页脚本中的木马；将木马伪装为缺失的组件，或和缺失的组件捆绑在一起（如 Flash 播放插件），下载的组件被浏览器自动执行等。

WAF 可以针对网页标签链接中嵌入的链接内容进行检测。针对网页挂马，主要采用黑名单和异型检测两种技术。一方面，利用恶意 URL 库，如果检查到网页标签链接里嵌入的链接属于恶意 URL，则认为该链接是恶意的，禁止用户进一步访问；另一方面，通过异型检测方式检查网页标签和其中的内容是否匹配，如果不匹配，则认为是恶意木马。例如，如果是一个<IMG>标签，但里面的内容却是一个 js 脚本，则认为是被植入恶意代码，禁止用户进一步访问。

2）WebShell 防护

简单来说，WebShell 就是一个 ASP 或 PHP 木马，攻击者在入侵网站后，常常将这些木马文件放置在 Web 服务器的站点目录中，与正常的页面文件混在一起。然后，攻击者就可以基于 Web 方式，通过 ASP 或 PHP 木马控制 Web 服务器，上传或下载文件、查看数据库、执行任意程序命令等。由于与被控制的 Web 服务器交换的数据绝大多数是通过 80 端口传递的，因此 WebShell 不会被其他网络安全设备拦截。同时，使用 WebShell 一般不会在系统日志中留下记录，只会在网站日志中留下一些数据提交记录，没有经验的管理员是很难看出入侵痕迹的。

WAF 可以针对恶意 WebShell 上传进行拦截，另外，基于 Web 文件上传控制功能，用户可定义禁止 ASP 或 PHP 页面文件上传，有效防护基于 WebShell 的恶意攻击。

4. Web 应用合规

1) 基于 URL 的访问控制

WAF 支持基于 URL 的应用层访问控制功能，可通过设定基于单一 URL 的源 IP 地址黑/白名单，控制用户针对单一 URL 的访问权限。

2) HTTP 协议合规

HTTP 协议合规是对 HTTP 请求做合规性检查，不符合设置规定的请求将被丢弃，符合规定的请求按正常请求进行处理。

针对 HTTP 请求，WAF 应能够针对请求信息中的请求头长度、Cookie 个数、HTTP 协议参数个数、协议参数值长度、协议参数名长度等进行限制。对于检测出的不合规请求，允许进行丢弃或返回错误页面处理，并记录相应日志。

3) 敏感信息泄露防护

WAF 应具有敏感信息泄露防护策略，可以定义 HTTP 错误时返回的默认页面，避免因为 Web 服务异常而导致的敏感信息的泄露。

(1) Web 服务器操作系统类型。隐藏或修改能够导致泄露 Web 服务器操作系统指纹的数据，防止访问者得到 Web 服务器操作系统的类型信息。

(2) Web 服务器应用软件类型。隐藏或修改能够导致泄露 Web 服务器应用软件的类型(如 IIS、Apache Tomcat 等)，防止访问者得到 Web 服务器应用软件类型的信息。

(3) Web 错误页面信息。将 Web 服务器的错误页面提示信息，替换为标准、通用的错误提示信息，以迷惑攻击者通过对 Web 页面访问时系统默认的出错提示信息获取 Web 服务器端的配置信息，防止 Web 服务器系统核心问题泄露。通过这种方法，可以使来不及修复漏洞的 Web 服务器免受漏洞探测攻击。

(4) 银行卡号。依据支付卡行业数据安全标准(Payment Card Industry-Data Security Standard，PCI-DSS)，能够修改 Web 返回页面中的银行卡号，将数字替换为其他字符，防止在页面中显示并传递用户的银行账户信息。

(5) 身份证号。能够修改 Web 返回页面中的身份证号，将数字替换为其他字符，防止在页面中显示并传递用户的身份证号信息。

4) 文件上传/下载控制

有些网站在代码设计时并不具有文件上传限制的配置选项，在带宽有限、服务器处理性能有限、存储空间有限的前提下，如果不对上传文件的类型、大小、数量进行限制，将会耗费 Web 服务器资源。同时，对基于 Web 的文件访问做上传/下载控制，可以抵御文件操作的攻击风险，如 WebShell；也能较好防护针对 Web 服务器敏感文件的访问，如直接获取 ACCESS 数据库而导致的数据库信息泄露等。

WAF 可以支持基于 HTTP 协议的文件上传、下载控制功能，可指定文件类型、文件名长度、文件大小，有效保护 Web 服务器资源与文件访问安全。

5) Web 表单关键字过滤

WAF 可以支持 Web 表单关键字过滤功能，具有针对 Webmail、网站论坛、博客等上传内容的关键字过滤功能，进行内容清洗，从而保护 Web 服务器的内容健康与合规性、安全性。

5. Web应用交付

1）网页防篡改

网页防篡改模块会定期将被保护网页的正常返回页面复制到设备存储器内，一旦检测出被保护URL页面有被篡改的情况，用户有针对该网页的请求时，会将事先备份的正常页面返回给用户，屏蔽被篡改的网页不被直接访问。

2）基于URL的流量控制

基于URL的流量控制主要是根据Web服务器的处理性能对Web页面访问频率进行控制，确保一些性能消耗比较大的Web页面能在Web服务器承受的性能范围之内被访问。

WAF可以针对指定URL的流量控制功能，包括每秒最大请求数、每秒最大速率等。与基于URL的流量控制不同的是，HTTP泛洪防护功能主要是过滤恶意的流量。

*8.6 网络安全态势感知

互联网基础设施的不断发展和新应用的不断涌现使得网络规模日益扩大，网络拓扑结构日益复杂，安全问题也日益突出，影响程度也越来越大，虽然采取了各种安全防护措施，但是它们只是从各自的角度发现网络中存在的问题，并没有考虑其中的关联性，无法系统、整体地发现网络中存在的问题。网络安全态势感知(Network Security Situation Awareness，NSSA)是近几年发展起来的一个热门研究领域，它能够融合所有可获取的信息并对网络的安全态势进行评估，为安全分析员提供决策依据，将不安全因素带来的风险和损失降到最低，在提高网络的监控能力、应急响应能力和预测网络安全的发展趋势等方面都具有重要的意义。

8.6.1 网络安全态势感知产生的背景

网络安全态势感知是最近几年出现并得到快速发展的一项技术，下面从网络攻击和安全防御两个方面对其产生的历史背景进行必要介绍。

1. 网络攻击的发展概述

以计算机病毒的发展为主线，分析恶意代码攻击的发展历程，可以对网络安全态势发展有一个宏观的认识。

1）计算机病毒的猜想阶段

一个标志性的事件是在第一台商用计算机出现之前，计算机的先驱者冯·诺伊曼就在《复杂自动装置的理论及组织》(*Theory and Organization of Complicated Automata*)一文中勾勒出病毒程序的框架，但当时对病毒的预测仅停留在理论和猜想阶段。

2）计算机病毒的诞生

1987年，第一个计算机病毒C-BRAIN(业界对此有争议，但并不影响这里的阶段划分)诞生，意味着病毒程序从科幻走到现实。

3）利用网络传播的计算机病毒的出现

2001年出现的红色代码病毒(CodeRed)被视为新一代病毒，它集病毒、蠕虫、木马、

DDoS 等特征于一身，不再像传统病毒那样通过文件和引导扇区传播，而是通过互联网实现了不同机器内存与内存之间的传播，其传播速度远远超过传统的依赖磁盘传播的计算机病毒。

4）勒索软件的出现

2017 年 5 月，全球 150 多个国家遭受到 Wannacry 勒索软件的攻击，波及金融、能源、医疗、公共安全等多个行业。Wannacry 勒索软件的爆发，虽然从技术角度来讲并无特殊之处，但在恶意代码攻击的发展上具有明显的特征。

（1）传播的广泛性。勒索软件在实际传播中将所有互联网用户都作为攻击对象。

（2）感染的普遍性。勒索软件的感染率极高，只要漏洞未得到修补，主机被感染的可能性就存在，引起用户的巨大恐慌。

（3）攻击实施的周密性。相较以往的网络安全威胁攻击者为个人或小团伙、具有随机性、生命周期短、规模小、关系简单等特点，现在的网络攻击越来越呈现出特定组织甚至是国家实施的行为特点，更明显地表现出潜伏式、大规模、精准攻击的特征，其生命周期长、规模大、关系复杂，直接攻击要害，传统的单点防范已经不再有效，需要观察、预警、跟踪相结合，开展体系化的防范。

如何做好网络安全防护已经成为目前面临的最大问题。做好网络安全防护，离不开网络安全态势感知。不但需要了解网络安全现状，还应预测网络安全发展态势；不但要知道网络发生了攻击，而且要追踪到是何人、何时、何地、何方式、何目标进行了攻击。

2. 网络安全技术的发展概述

针对网络安全方面的研究自信息网络诞生之日起就已经开始。网络规模和应用的指数级增长，尤其是 Internet 的快速发展，使得网络安全问题的研究更加复杂化。下面简要介绍网络安全技术的发展过程，具体如表 8-2 所示。

表 8-2　网络安全技术发展的 4 个主要阶段

时间区间	阶段特征	主要思想	关键技术
20 世纪 60 年代以前	设计保证	建立一个绝对安全的系统，保证攻击不会发生	软、硬件技术层面的架构设计
20 世纪 70 至 80 年代	入侵检测	构建一个安全辅助系统，攻击发生时能检测到，并采取措施	入侵监测系统（误用检测、异常检测）
20 世纪 90 年代	主动防御	不只是被动防御，还进行主动评价，在攻击发生之前制定防御策略	攻击模型（攻击树、攻击图、状态图等）
21 世纪	态势感知	感知时间和空间环境中的元素，把握网络整体安全状况及预测未来变化趋势	高级随机模型（复杂网络演化、博弈论等）

（1）设计保证。在 20 世纪 60 年代以前，人们针对网络安全问题的研究热点是面对破坏如何建立一个绝对安全的系统，减少设计上的漏洞来保证系统的保密性、完整性以及可用性等要求，这可以视为网络安全研究的第一阶段。

（2）入侵检测。进入 20 世纪 70 年代，人们很快意识到通过设计来保证系统的安全，在实际操作中是不可能的，因为在具体应用中存在着恶意入侵行为，这使人们开始思考构建一个安全辅助系统，目标是当入侵发生时能实时的检测到，并采取相应的措施，其中最典型的应用就是入侵检测系统(IDS)。

在入侵检测技术出现以后，相关的研究大体上分为异常检测和误用检测两类，目前大部分 IDS 也是基于这两类技术实现的，入侵检测技术在网络攻击发生时通过预警信息保证网络安全，但其对绕过防火墙的隐蔽攻击、综合运用多种手段的复合型攻击等无能为力，这样的被动防御技术在检测实时性上也不尽如人意。

(3) 主动防御。20 世纪 90 年代以后，网络安全技术的关注重点从被动防御转到主动分析上来，其源于黑客技术的发展，意图是在网络攻击发生之前进行整体化安全评价，制定防御策略，保证网络遭受破坏的情形下仍能提供预定的服务功能。

(4) 态势感知。1999 年首次出现了网络态势感知(Cyber Situation Awareness，CSA)的概念，希望通过感知时间和空间环境中的元素，使人们可以更好地把握网络整体安全状况及预测未来变化趋势，这在一定程度上促进了网络安全技术的发展。

目前的态势感知(Situational Awareness)技术源于 CSA 概念，与网络空间概念进行了有机结合，并随着大数据、人工智能等技术的应用得到了快速的发展。同时，各个国家都将网络安全上升到了国家战略层面，从各国公开的网络安全策略中可以看出，虽然在对网络安全的理解、所实施的策略上有所不同，但是各国都意识到了需要行动起来，保护关键信息和相关的基础设施，同时更需要研究新的方法和技术，实现网络安全态势预测的智能化。

8.6.2 网络安全态势感知的概念

网络安全态势感知(NSSA)是在传统网络安全管理的基础上，通过对分布式环境中信息的动态获取，经数据融合、语义提取、模式识别等综合分析处理后，对当前网络的安全态势进行实时评估，从中发现攻击行为和攻击意图，为安全决策提供相应的依据，以提高网络安全的动态响应能力，尽可能降低因攻击而造成的损失。

1. 态势

态势是系统中各个要素(如指向某个节点的 DDoS 攻击流量、发往某个特定主机指定端口的探测报文等)从当前状态到下一个状态的变化趋势。网络安全中的态势不仅仅指某一特定要素的变化情况，还包括特定网络环境中相关联的不同要素之间的变化情况。

态势是系统中各个对象状态的综合，是一个整体和全局的概念。任何单一的情况和状态都不能成为态势，它强调系统及系统中的对象之间的关系，态势感知的认识过程如图 8-12 所示。

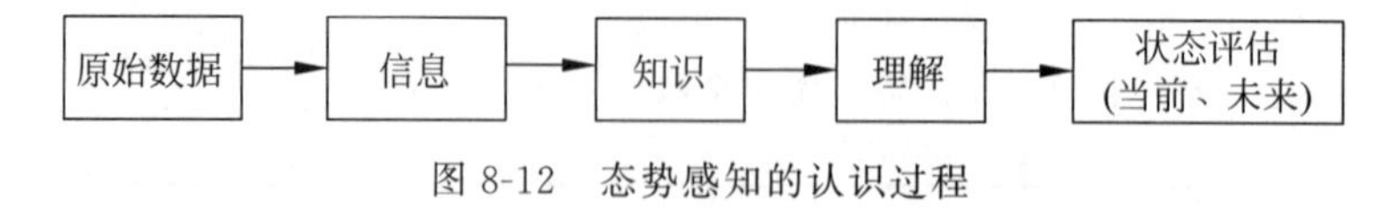

图 8-12 态势感知的认识过程

(1) 原始数据。传感器产生的未经处理的数据，它反映的是原始数据的观测结果。

(2) 信息。对原始数据进行有效性处理后得到的数据记录。

(3) 知识。采用相关技术所识别出的系统中的活动内容。

(4) 理解。针对各个活动，分析得到的意图和特征。

(5) 状态评估。预测这些活动对系统中各个对象所产生的作用。

2. 态势感知

态势感知是指在一定时空范围内，采取一系列技术手段，对从不同位置获取的不同格式、代表不同意图的信息进行分析处理，从而获得更全面准确的状态信息，再将这些状态信息与系统中建立的知识库（专家数据库）进行比对，进而得出当前网络的安全运行状况。态势感知以时间轴为主线，形成针对特定要素以及不同要素之间的变化趋势，是一个基于经验知识的动态学习和更新过程，其中知识库所提供的经验知识的质量影响着态势感知的实际效果。从实现过程看，态势感知可分为观察（Observe）、导向（Orient）、决策（Decision）和行动（Act）共 4 个阶段，构成了一个动态环，如图 8-13 所示。其中，观察过程实现了对网络信息的获取，导向的功能是将获取到的信息与经验知识库中的信息进行比对，决策的作用是根据比对和评估结果为即将采取的安全响应决策提供依据，行动是根据决策所采取的应急响应行为。

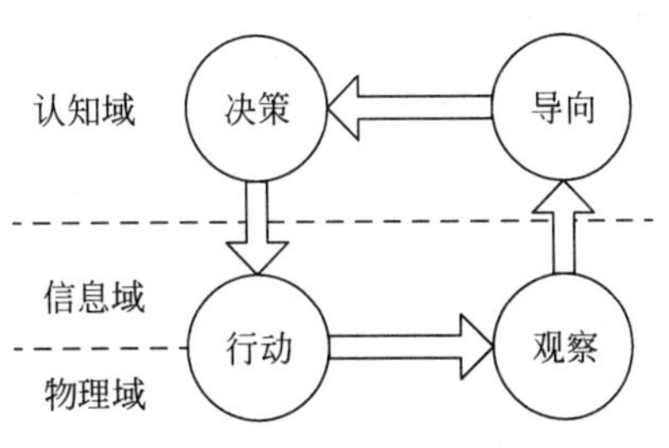

图 8-13　态势感知的 4 个阶段

3. 网络安全态势感知

在 20 世纪末，态势感知技术就已经应用到网络入侵检测系统（Network Intrusion Detection System，NIDS）中，用于融合来自不同 IDS 的异构数据，识别出攻击者的身份，确定攻击频率和受威胁程度。NSSA 是态势感知技术和方法在信息安全领域的具体应用，具体是指在能够提供足够可用信息的大规模网络中，实时获取引起网络态势发生变化的安全要素，使安全管理人员能够以直观的方式从宏观上掌握网络的安全态势，以及该安全态势对网络正常运行的影响。NSSA 的任务主要表现为：对测量到的被检测设备与系统产生的原始异构数据的融合与语义提取，辨识出网络活动的意图，判断活动意图产生的安全威胁。为便于观察，NSSA 还需要将网络安全状况以可视化方式展现出来。

（1）网络系统是对各种形态网络的抽象，包括由计算机组成的互联网、物联网以及其他采用不同通信方式和终端类型的网络。这意味着不同类型的网络在网络安全态势感知的概念和方法上是具有共性的。

（2）感知数据的生成不是 NSSA 的任务，而这些数据的获取则由 NSSA 来实现。这意味着网络安全态势感知技术的具体实现内容与网络管理和网络入侵检测等这些传统的应用之间有着区分和不同的侧重点，但所关注的对象都是与安全相关的数据。

（3）系统当前所处的运行状态是一个动态变化的过程，“安全”只有在动态的系统中才有意义，因此，攻击活动及安全缺陷对系统的影响效果，应当基于系统当前的状态进行判定。

（4）要进行安全态势察觉，管理人员应当了解系统中存在的所有活动，不能仅仅局限于辨识攻击活动，还要辨析清楚攻击的来源、方式、途径和目标。

8.6.3　网络安全态势感知的实现原理

网络安全数据量庞大，来源层次丰富，影响因子复杂。如果单凭单一维度的数据，只能实现针对某一特定安全攻击的分析和处理，仅能做到对过去的有限还原和对现在的有限认识，无法实现从宏观的角度解决安全问题的方法。为此，网络安全态势感知技术的应用对于复杂网络中的网络安全管理是非常必要的。

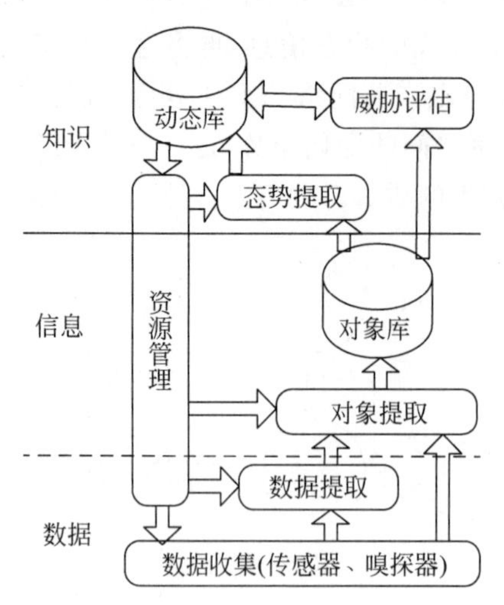

图 8-14 网络安全态势感知的功能组成

目前，网络安全态势感知技术的发展较快，本节基于数据融合的 JDL(Joint Directors of Laboratories)模型(见图 8-14)，对网络安全态势感知技术的实现方法和过程进行介绍。

需要说明的是，不同模型的组成部分名称可能不同，但功能基本都是一致的。基于网络安全态势感知的功能，本节将从网络安全态势要素提取、网络安全态势评估和网络安全态势预测 3 个方面进行介绍。

1. 网络安全态势要素提取

准确、全面地提取网络中的安全态势要素是网络安全态势感知研究的基础。由于网络已经发展成一个庞大的复杂系统，具有很强的结构上的灵活性、功能上的差异性和应用上的广泛性，这给网络安全态势要素的提取带来了一定的难度。

目前网络的安全态势要素主要包括静态的配置信息、动态的运行信息以及网络的流量信息等。其中，静态的配置信息包括网络的拓扑信息、脆弱性信息和状态信息等基本的环境配置信息；动态的运行信息包括从各种防护措施的日志采集和分析技术获取的威胁信息等基本的运行信息；网络流量信息是指在网络中实时传输和交流的数据。

2. 网络安全态势评估

网络安全态势的理解是指在获取海量网络安全数据信息的基础上，通过解析信息之间的关联性，对其进行融合，以获取宏观的网络安全态势。对于网络安全态势的理解过程其实也是一个对其态势的评估过程，数据融合是这一工作的核心。

网络安全态势评估摒弃了针对单一的安全事件，而是从宏观角度去考虑网络整体的安全状态，以期获得网络安全的综合评估，达到辅助决策的目的。目前应用于网络安全态势评估的数据融合方法，大致分为以下几类：基于逻辑关系的融合方法、基于数学模型的融合方法、基于概率统计的融合方法以及基于规则推理的融合方法。

3. 网络安全态势预测

网络安全态势预测是指根据网络安全态势的历史信息和当前状态信息对网络未来一段时间的发展趋势进行预测。网络安全态势的预测是态势感知的一个基本目标。

由于网络攻击的随机性和不确定性，将攻击行为作为衡量基础的安全态势变化是一个复杂的过程，限制了传统预测模型的使用。目前网络安全态势预测一般采用神经网络、时间序列预测法和支持向量机等方法。

8.6.4 网络安全态势感知的实现方法

网络态势是对网络设备运行状况、网络行为以及用户行为等因素所构成的网络空间当前状态和将来的发展趋势，态势的监测对象包括组成网络空间的网络链路、传输系统和业务应用中所承载数据以及网络设备、终端、服务器和安全设备。

网络安全态势感知利用大数据融合、分析和挖掘技术，在人工智能等技术的支持下，对用户网络空间中的网络安全要素进行获取、理解、显示以及预测。网络安全态势感知总体框架如图 8-15 所示。

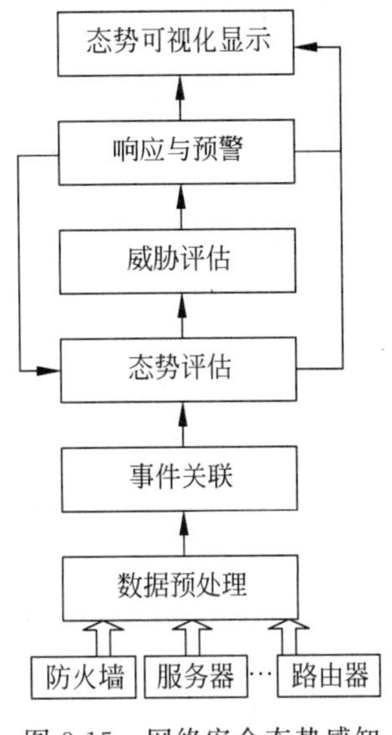

图 8-15 网络安全态势感知总体框架

(1) 数据预处理。数据预处理的数据来自网络态势监测设备，主要实现网络安全态势数据的清洗、格式转换以及安全存储等功能。

(2) 事件关联。事件关联分析主要采用多维数据融合技术，对多源异构网络安全态势数据从协议自身、时间节点和承载的设备等多个维度进行关联和识别。

(3) 态势评估。事件关联分析输出安全事件，供态势评估使用。态势评估主要利用大数据清洗、分析和挖掘技术，实现安全态势元素提取、挖掘分析，提供未来安全态势的预测，形成整体网络综合态势图，为安全技术人员和管理人员提供辅助决策信息。

(4) 威胁评估。威胁评估是构建在态势评估基础上的，需要有态势评估的先验知识。威胁评估是对恶意网络攻击的破坏能力和损害程度的评估。因此，态势评估侧重分析事件出现的频率、种类和分布情况，而威胁评估则重点关注对网络空间的威胁程度。

(5) 响应与预警。响应与预警则是根据网络安全日常管理和应急处置流程实施安全响应，包括调整安全设备的防护策略和实施访问阻断等措施，并将响应结果进行可视化展示。

(6) 态势可视化显示。态势可视化为管理者和技术人员提供可视化界面，开展安全态势研判和预测。

网络安全态势感知研究是近几年发展起来的一个热门研究领域。它融合网络中所有可获取的信息实时评估网络的安全态势，为网络安全的决策分析提供依据，将不安全因素带来的风险和损失降到最低。网络安全态势感知在提高网络的监控能力、应急响应能力和预测网络安全的发展趋势等方面都具有重要的意义。网络安全态势感知技术的发展较快，尤其是随着大数据、人工智能、智能感知等技术的应用，将会使该项技术更加成熟。

习题 8

8-1 试分析防病毒软件与防火墙的功能特点，并比较两者在应用上的不同。

8-2 结合实际应用，从用户的角度分析防火墙应具有的功能。

8-3 试分析防火墙的“所有未被允许的就是禁止的”和“所有未被禁止的就是允许的”这两条规则的特点。

8-4 试描述包过滤防火墙的工作原理，并分析包过滤防火墙的应用特点。

8-5 代理防火墙的工作原理是什么？与包过滤防火墙相比有何特点？

8-6 状态检测防火墙是如何工作的？与包过滤防火墙相比有何特点？

8-7　名词解释：企业级防火墙、个人防火墙。

8-8　与企业级防火墙相比，个人防火墙有哪些应用特点？

8-9　从计算机网络的安全现状和未来发展入手，试分析企业级防火墙和个人防火墙技术和产品的发展趋势。

8-10　选择一款个人防火墙软件，通过对安全规则的配置掌握个人防火墙的功能及应用特点。

8-11　结合实际应用，试分析 Web 应用存在的主要安全问题和产生的原因。

8-12　结合 Web 技术和防火墙知识，试分析 WAF 的工作原理。

8-13　试分析态势、态势感知、网络安全态势感知之间的关系。

8-14　为了网络安全，系统中已经部署了防火墙（包括企业级防火墙、个人防火墙、Web 防火墙）、IDS/IPS、漏洞扫描等系统，为什么还要使用网络安全态势感知？

第9章

VPN技术及应用

近年来,随着全球信息化建设的快速发展,对网络基础设施的功能和可延伸性提出了新的要求。例如,一些跨地区组织的各分支机构之间需要进行远距离的互联;一些单位的员工需要远程接入内部网络进行移动办公。为了解决各分支机构局域网之间的互联问题,早期只能通过直接铺设网络线路或租用运营商的专线,不但成本高,而且实现困难。对于移动办公用户,早期一般采用拨号方式接入内部网络,在需要支付较高的通信费用的同时,还要考虑通信的安全问题。虚拟专用网(VPN)技术可以在公共网络(如 Internet)中为用户建立专用的通道,为局域网之间的远程互联以及内部网络的远程接入提供廉价和安全的方式。本章将较为系统地介绍 VPN 技术的原理及实现方法。

9.1 VPN 技术概述

视频讲解

虚拟专用网(VPN)不是一种独立的组网技术,它只是一组通信协议,其目的是在 Internet 等公共网络中虚拟出一条专用通道,供通道的两个端节点之间安全地传输信息。

9.1.1 VPN 的概念

VPN 是利用 Internet 等公共网络的基础设施,通过隧道技术,为用户提供一条与专用网络具有相同通信功能的安全数据通道,实现不同网络之间以及用户与网络之间的相互连接。IETF 草案对基于 IP 网络的 VPN 的定义为:使用 IP 机制仿真出一个私有的广域网。

从 VPN 的定义来看,“虚拟”是指用户不需要建立自己专用的物理线路,而是利用 Internet 等公共网络资源和设备建立一条逻辑上的专用数据通道,并实现与专用数据通道相同的通信功能;“专用网络”是指这一虚拟出来的网络并不是任何连接在公共网络上的用户都能使用的,而是只有经过授权的用户才可以使用。同时,该通道内传输的数据经过了加密和认证,从而保证了传输内容的完整性和机密性。由此可以看出,VPN 不是一个物理意义上的专用网络,但它具有与物理专用网络相同的功能。

从实现方法来看,VPN 是指依靠 Internet 服务提供商(Internet Service Provider,ISP)和网络服务提供商(Network Service Provider,NSP)的网络基础设施,在公共网络中建立专用的数据通信通道。在 VPN 中,任意两个节点之间的连接并没有传统的专用网络所需的端到端的物理链路,只是在两个专用网络之间或移动用户与专用网络之间,利用 ISP 和 NSP 提供的网络服务,通过专用 VPN 设备和软件,根据需求构建永久的或临时的专用通道。图 9-1(a)所示的是 VPN 的物理拓扑,其功能等价于图 9-1(b)所示的逻辑拓扑。

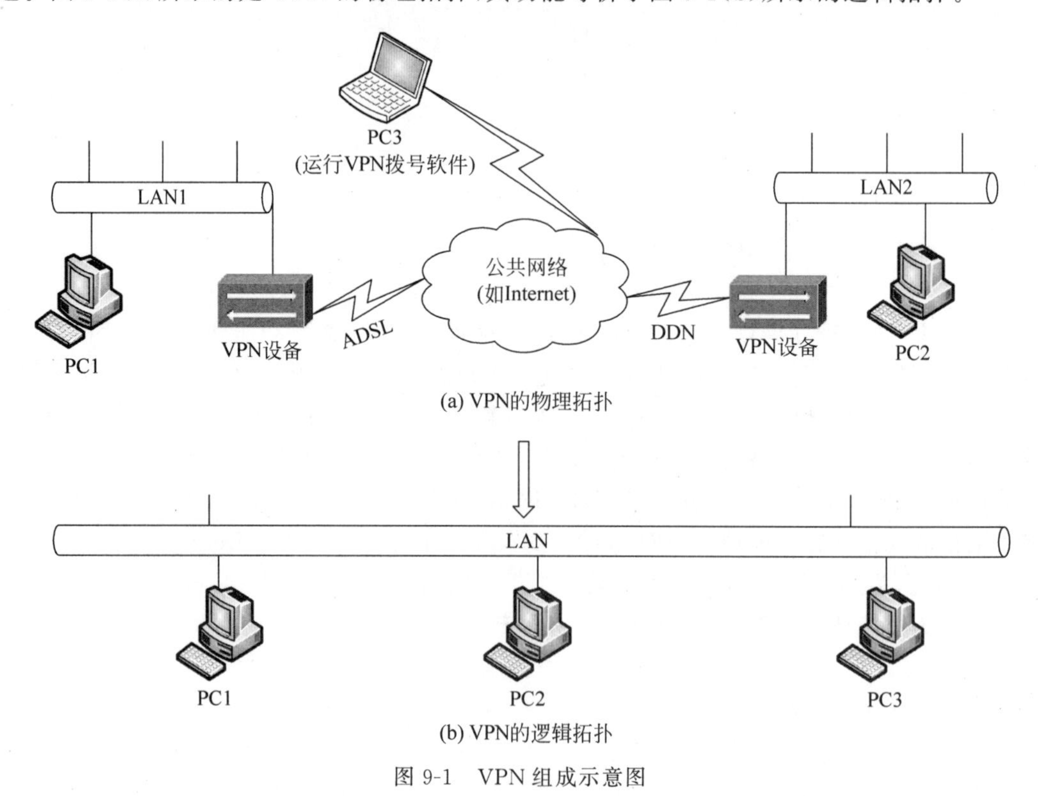

图 9-1 VPN 组成示意图

9.1.2 VPN 的基本类型及应用

根据应用环境的不同,VPN 主要分为 3 种典型的应用方式:内联网 VPN、外联网 VPN 和远程接入 VPN。

1. 内联网 VPN

内联网 VPN(Intranet VPN)的组网方式如图 9-2 所示。这是一种最常使用的 VPN 连接方式,它将位于不同地址位置的两个内部网络(LAN1 和 LAN2)通过公共网络(主要为 Internet)连接起来,形成一个逻辑上的局域网。位于不同物理网络中的用户在通信时,就像在同一局域网中一样。

在内联网 VPN 未使用之前,如果要实现两个异地网络之间的互联,就必须直接铺设网

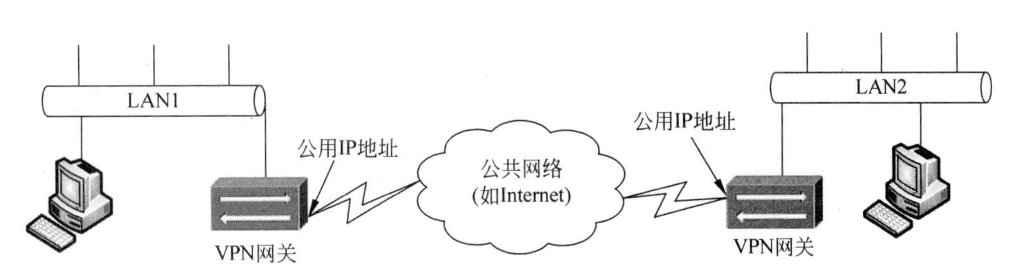

图 9-2　内联网 VPN 连接示意图

络线路，或租用运营商的专线。不管采用哪一种方式，使用和维护成本都很高，而且不便于网络的扩展。在使用了内联网 VPN 后，可以很方便地实现两个局域网之间的互联，其条件是分别在每一个局域网中设置一台 VPN 网关，同时每一个 VPN 网关都需要分配一个公用 IP 地址，以实现 VPN 网关的远程连接。而局域网中的所有主机都可以使用私有 IP 地址进行通信。图 9-2 所示为两个局域网之间通过 VPN 的远程互联方式，根据用户需求也可以实现多个局域网之间的远程互联。

目前，许多具有多个分支机构的组织在进行局域网之间的互联时，多采用内联网 VPN 这种方式。

2. 外联网 VPN

外联网 VPN(Extranet VPN)的组网方式如图 9-3 所示。与内联网 VPN 相似，外联网 VPN 也是一种网关对网关的结构。在内联网 VPN 中位于 LAN1 和 LAN2 中的主机是平等的，可以实现彼此之间的通信。但在外联网 VPN 中，位于不同内部网络(LAN1、LAN2 和 LAN3)的主机在功能上是不平等的。

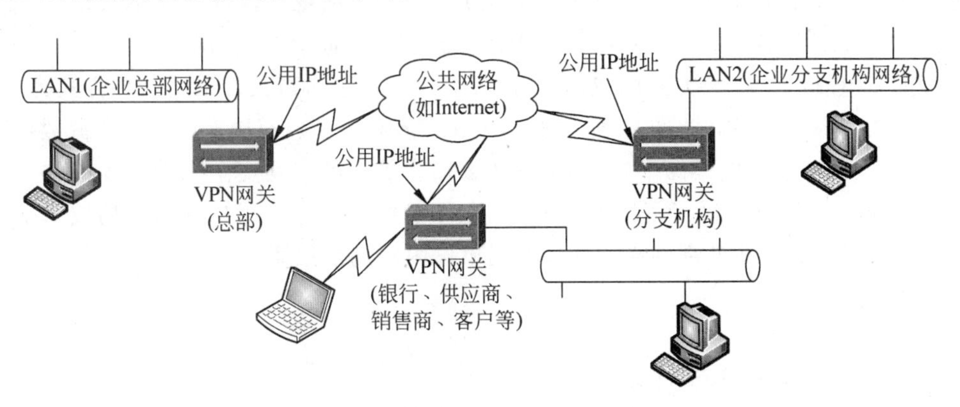

图 9-3　外联网 VPN 连接示意图

外联网 VPN 是随着企业经营方式的发展而出现的一种网络连接方式。现代企业需要在企业与银行、供应商、销售商以及客户之间建立一种联系(即电子商务活动)，但是在这种联系过程中，企业需要根据不同的用户身份(如供应商、销售商等)进行授权访问，建立相应的身份认证机制和访问控制机制。

外联网 VPN 其实是内联网 VPN 在应用功能上的延伸，在内联网 VPN 的基础上增加了身份认证、访问控制等安全机制。

3. 远程接入 VPN

远程接入 VPN(Access VPN)的组网方式如图 9-4 所示。远程接入 VPN 也称为移动 VPN,即为移动用户提供一种访问单位内部网络资源的方式,主要应用于单位内部人员在外(非内部网络)访问单位内部网络资源的情况,或为家庭办公的用户提供远程接入单位内部网络的服务。

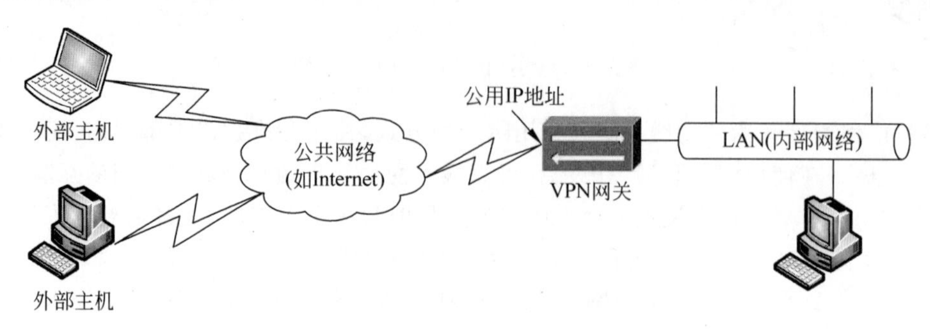

图 9-4 远程接入 VPN 连接示意图

在远程接入 VPN 技术出现之前,如果用户要通过 Internet 连接到单位内部网络,需要在单位内部网络中部署一台远程访问服务器(Remote Access Server,RAS),用户通过拨号方式连接到该 RAS 后再根据相应权限访问内部网络中的相应资源。远程拨号方式需要 RAS 的支持,而且用户与 RAS 之间的通信以明文方式进行,缺乏安全性。另外,远程的拨号用户可能需要支付长途电话通信费。而远程接入 VPN 方式中的远程用户,只需要通过当地的 ISP 接入 Internet 就可以连接到单位的 VPN 网关,并访问单位内部的资源。与传统的远程拨号方式相比,远程连接 VPN 方式实现容易,使用费用较低。简单来说,只要用户能够接入 Internet,就可以使用远程接入 VPN 方式连接到单位内部网络。

目前,远程接入 VPN 方式的使用非常广泛,许多企业和高校都采用这种方式为本单位用户提供访问内部网络资源的服务。例如,现在许多高校都建有内部的数字资源数据库,如中国期刊全文数字库、电子图书馆、学位论文数据库等。考虑到安全和版权等问题,对这些数据库系统的访问权限进行了限制,一般只允许本单位内部的用户在内部局域网中使用。为了方便本单位用户在外部网络中能够访问单位内部的网络资源,许多高校都部署了远程访问 VPN 系统。

9.1.3 VPN 的实现技术

VPN 是在 Internet 等公共网络基础上,综合利用隧道技术、加密技术和身份认证技术来实现的。

1. 隧道技术

隧道(Tunneling)技术是 VPN 的核心技术,利用 Internet 等公共网络已有的数据通信方式,在隧道的一端将数据进行封装,然后通过已建立的虚拟通道(隧道)进行传输。在隧道的另一端,进行解封装操作,将得到的原始数据交给对端设备。

在进行数据封装时,根据在 OSI 参考模型中位置的不同,可以分为第二层隧道技术和第三层隧道技术两种类型。其中,第二层隧道技术是在数据链路层使用隧道协议对数据进行封装,然后再把封装后的数据作为数据链路层的原始数据,并通过数据链路层的协议进行传输。第二层隧道协议主要有:

(1) L2F(Layer 2 Forwarding),主要在 RFC 2341 文档中进行定义;

(2) PPTP(Point-to-Point Tunneling Protocol),主要在 RFC 2637 文档中进行定义;

(3) L2TP(Layer 2 Tunneling Protocol),主要在 RFC 2661 文档中进行定义。

第三层隧道技术是在网络层进行数据封装,即利用网络层的隧道协议将数据进行封装,封装后的数据再通过网络层的协议(如 IP)进行传输。第三层隧道协议主要有:

(1) IPSec(IP Security),主要在 RFC 2401 文档中进行定义;

(2) GRE(Generic Routing Encapsulation),主要在 RFC 2784 文档中进行定义。

有关隧道技术的详细内容,本章随后将进行专门介绍。

2. 加密技术

通过 Internet 等公共网络传输的重要数据必须经过加密处理,以确保网络上其他未授权的实体无法读取该信息。目前在网络通信领域中常用的信息加密体制主要包括对称加密体制和非对称加密体制两类。实际应用时,一般是将对称加密体制和非对称加密体制混合使用,利用非对称加密技术进行密钥的协商和交换,而采用对称加密技术进行用户数据的加密。

在 VPN 解决方案中最普遍使用的对称加密算法主要有 DES、3DES、AES、RC4、RC5、IDEA 等;使用的非对称加密算法主要有 RSA、Diffie-Hellman、椭圆曲线等。加密算法和密钥管理的相关内容已在本书第 2 章和第 3 章进行了介绍。

3. 身份认证技术

VPN 系统中的身份认证技术包括用户身份认证和信息认证两个方面。其中,用户身份认证用于鉴别用户身份的真伪,而信息认证用于保证通信双方的不可抵赖性和信息的完整性。从实现技术来看,目前采用的身份认证技术主要分为非 PKI 体系和 PKI 体系两类,其中非 PKI 体系主要用于用户身份认证,而 PKI 体系主要用于信息认证。

非 PKI 体系一般采用“用户 ID+密码”的模式,目前在 VPN 系统中采用的非 PKI 体系的认证方式主要有以下几种。

(1) 密码认证协议(Password Authentication Protocol,PAP)。PAP 是一种不安全的身份验证协议。当使用 PAP 时,客户端的用户账号名称和对应的密码都以明文形式进行传输。由于采用了未加密的明文传输方式,所以 PAP 协议存在不安全性。

(2) Shiva 密码认证协议(Shiva Password Authentication Protocol,SPAP)。SPAP 是针对 PAP 的不足而设计的,当采用 SPAP 进行身份认证时,SPAP 会加密客户端发送给服务器端的密码,所以 SPAP 比 PSP 安全。

(3) 询问握手认证协议(CHAP)。CHAP 会将客户端用户的密码采用标准的 MD5 算法进行加密处理,然后再发送给服务器端。所以,CHAP 要比 PAP 和 SPAP 安全。

(4) 扩展身份认证协议(EAP)。EAP 允许用户根据自己的需要自定义认证方式。EAP 的使用非常广泛,它不仅用于系统之间的身份认证,而且还用于有线和无线网络的验证。除此之外,相关厂商可以自行开发所需要的 EAP 认证方式,如视网膜认证、指纹认证等都可以使用 EAP。

(5) 微软询问握手认证协议(Microsoft Challenge Handshake Authentication Protocol, MS-CHAP)。MS-CHAP是微软公司针对Windows系统设计的,它是采用MPPE(Microsoft Point-to-Point Encryption)加密方法将用户的密码和数据同时进行加密后再发送。

(6) 远程用户认证拨号系统(RADIUS),相关内容已在本书第4章进行了介绍。

PKI体系主要通过CA,采用数字签名和Hash函数保证信息的可靠性和完整性。例如,目前用户普遍关注的SSL VPN就是利用PKI支持的SSL协议实现应用层的VPN安全通信。有关PKI的内容已在本书第3章进行了介绍。

9.1.4 VPN的应用特点

由于VPN技术具有非常明显的应用优势,所以近年来VPN产品引起了企业用户的普遍关注,各类纯软件平台的VPN、专用硬件平台的VPN及集成到网络设备(主要为防火墙)中的VPN产品不断推出,而且在技术上推陈出新,以满足不同用户的应用需求。

1. VPN的应用优势

对于企业用户,VPN提供了基于Internet的安全、可靠和廉价的远程访问通道,具有以下的应用优势。

(1) 节约成本。VPN的实现是基于Internet等公共网络的,用户不需要单独铺设专用的网络线路(如铺设光纤等),也不需要向ISP或NSP租用专线(如数字数据网、光纤、虚电路等),只需要连接到当地的ISP就可以安全地接入单位内部网络,降低了网络建设、使用和维护成本。

(2) 提供了安全保障。VPN综合利用数据加密和身份认证等技术,保证了通信数据的机密性和完整性,使信息不被泄露或暴露给未经授权的用户。

(3) 易于扩展。如果同一组织的不同局域网之间采用专线连接,不但费用昂贵,而且不便扩展和维护。如果采用VPN方式,则只需要在每一个LAN中增加一台VPN设备,就可以利用Internet建立安全连接,配置和维护比较简单,费用较低。

2. VPN存在的不足

VPN存在的不足主要是安全问题。VPN扩展了网络的安全边界。例如,在局域网出口处设置了VPN网关(见图9-4)后,网络的安全边界将由局域网扩展到外部主机。如果外部主机的安全比较脆弱,那么入侵者可以利用外部主机连接到VPN网关后进入内部网络。另外,VPN系统中密钥的产生、分配、使用和管理,以及用户身份的认证方式都会影响VPN系统的安全性。

在实际应用中,一种有效的安全解决方案是除建立完善的加密和身份认证机制外,还需要将VPN和防火墙配合应用,通过防火墙增强VPN系统的安全性。

视频讲解

9.2 VPN的隧道技术

VPN技术是网络安全领域继防火墙之后出现的一项安全技术,它的技术核心是隧道技术,VPN的加密和身份认证等安全技术都需要与隧道技术相结合来实现。

9.2.1 VPN隧道的概念

网络隧道技术的核心内容是利用一种网络协议(称为隧道协议)传输另一种网络协议。在面向非连接的公共网络上建立一个逻辑的、点对点连接的过程称为建立一个隧道。目前，隧道技术在计算机网络中的应用非常广泛，除本章介绍的VPN隧道外，隧道技术在IPv4与IPv6互联等应用领域也大量使用。隧道有多种实现方式，本章主要介绍基于IP网络的VPN隧道技术。

1. 隧道的组成

要形成隧道，需要有以下几项基本要素。

(1) 隧道开通器(TI)。隧道开通器的功能是在公用网中创建一条隧道。

(2) 有路由能力的公用网络。由于隧道是建立在公共网络中的，要实现VPN网关之间或VPN客户端与VPN网关之间的连接，这一公共网络必须具有路由功能。

(3) 隧道终止器(TT)。隧道终止器的功能是使隧道到此终止，不再继续向前延伸。

2. 隧道的实现过程

图9-5所示为一个基于IP网络的VPN隧道，通过隧道将LAN1和LAN2连接起来，使位于LAN1和LAN2中的主机之间可以像在同一网络中一样利用IP进行通信。为了便于对隧道的工作过程进行描述，现假设与LAN1连接的VPN网关为隧道开通器，而与LAN2连接的VPN网关为隧道终止器，用户数据从LAN1发往LAN2，具体过程如下。

(1) 封装。封装操作发生在隧道开通器上。当用户数据(包括IP头部和数据两部分)到达隧道开通器时，隧道开通器将用户数据作为自己的净载荷，并对该净载荷利用隧道协议进行第一次封装。这一次封装其实是利用隧道协议对上层数据(用户数据)进行加密和认证处理。

第一次封装后形成的数据成为第二次封装的净载荷。为了使第一次封装后的数据能够通过具有路由功能的公共网络(如Internet)进行传输，还需要给它添加一个IP头部，即进行第二次封装。第二次封装后的数据根据其IP头部信息进行路由选择，并传输到与LAN2连接的VPN网关。

(2) 解封装。解封装操作发生在隧道终止器上。解封装操作是封装操作的逆过程，第一次解封装去掉最外层用于在公共网络中进行寻址的IP头部信息，第二次解封装去掉隧道协议，最后得到的是用户数据。用户数据再根据其头部信息在LAN2中找到目的主机，完成通信过程。

在数据封装过程中，虽然出现了两个“IP头部”，但用户数据中的“IP头部”在隧道中是不可见的，即在隧道中传输时主要依靠第二次封装时添加的“IP头部”信息进行路由寻址。所以，用户数据中的“IP头部”对于隧道是透明的。

3. 隧道的功能

从以上隧道的工作原理可以看出，隧道通过封装和解封装操作，只负责将LAN1中的用户数据原样传输到LAN2，使LAN2中的用户感觉不到数据是通过公共网络传输过来的。通过隧道的建立，可实现以下功能。

(1) 将数据流量强制传输到特定的目的地。虽然隧道建立在公共网络上，但是由于在

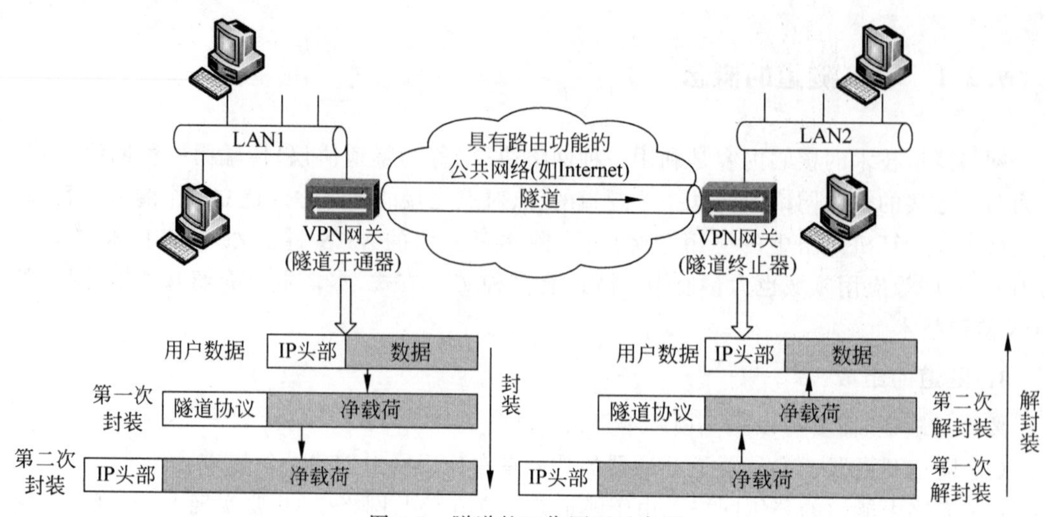

图 9-5 隧道的工作原理示意图

隧道的两个端点(如 VPN 网关)之间建立了一条虚拟的通道,所以从隧道一端进入的数据只能被传输到隧道的另一端。

(2) 隐藏私有的网络地址。在如图 9-5 所示的 VPN 连接中,LAN1 和 LAN2 中的主机一般使用私有 IP 地址(用户数据中的"IP 头部"),只有 VPN 网关使用公用 IP 地址(第二次封装添加的"IP 头部")。隧道的功能就是在隧道开通器和隧道终止器之间建立一条专用通道,私有网络之间的通信内容经过隧道开通器封装后通过公共网络的虚拟专用通道进行传输,然后在隧道终止器上进行解封装操作,还原成私有网络的通信内容,并转发到私有网络中。这样对于两个使用私有 IP 地址的私有网络,公共网络就像普通的通信电缆,而接在公共网络上的 VPN 网关则相当于两个特殊的节点。

(3) 在 IP 网络上传输非 IP 协议的数据包。隧道只需要连接两个相同类型(使用相同的通信协议)的网络,至于这两个网络内部使用什么类型的通信协议,隧道并不关心。对于隧道开通器,不管接收到的是什么类型的数据,都会对它进行封装,然后通过隧道传输到另一端的隧道终止器,由隧道终止器通过解封装操作进行还原。所以,可以在 IP 网络上通过建立隧道传输 IPX/SPX、NetBEUI、Appletalk 等任何一类协议的数据。

(4) 提供数据安全支持。由于在隧道中传输的数据是经过加密和认证处理的,从而可以保证这些数据在传输中的安全性。

概括地讲,隧道技术是一种在公共网络基础设施上建立的端到端数据传输方式。使用不同协议(如 TCP/IP、IPX/SPX、NetBEUI、Appletalk 等)的用户数据都可以在隧道中传输。首先,隧道协议将这些用户数据进行重新封装,然后在重新封装后的数据前添加一个头部。头部提供了路由信息,从而使封装的数据能够通过具有路由功能的公共网络进行传输。

9.2.2 隧道的基本类型

根据建立方式的不同,隧道可分为主动式隧道和被动式隧道两种基本类型。

1. 主动式隧道

当一个客户端计算机利用隧道客户端软件主动与目标隧道服务器建立一个连接时,该连接称为主动式隧道。在主动式隧道的建立过程中，需要在客户端计算机上安装所需要的隧道协议，并且能够通过 Internet 等公共网络连接到隧道服务器。如图 9-6(a)所示，如果客户端计算机通过 Internet 拨号方式建立与隧道服务器的连接，需要以下 3 个步骤的操作。

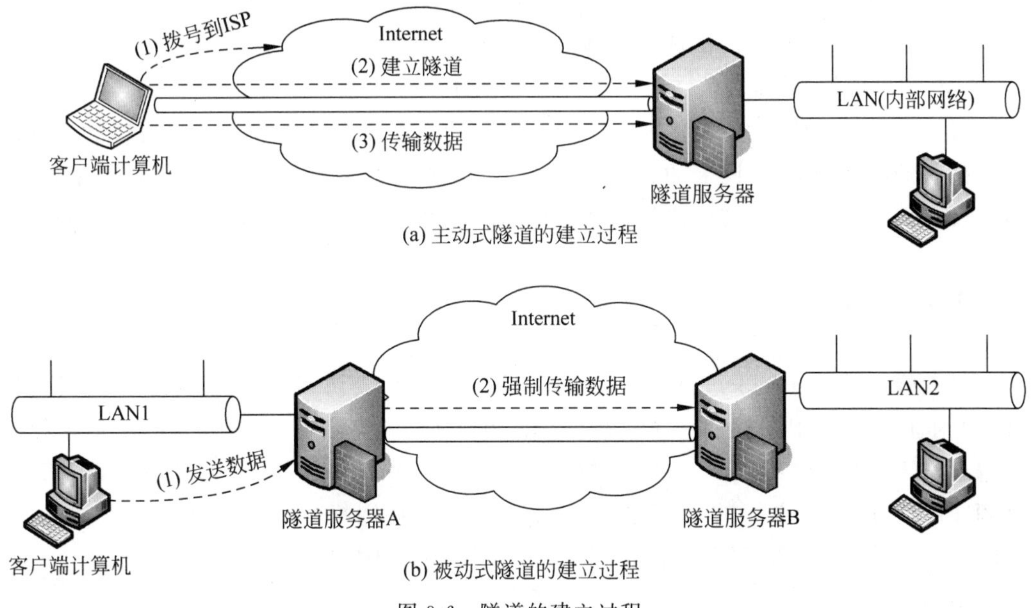

图 9-6 隧道的建立过程

(1) 客户端计算机可以拨号连接到当地的 ISP，建立一个到 Internet 的连接。

(2) 在客户端计算机上利用隧道客户端软件与隧道服务器之间建立隧道。在此过程中，客户端计算机首先要知道隧道服务器的 IP 地址(或主机名)，同时在隧道服务器上为该客户端创建连接账户，并分配访问内部网络资源的相应权限。

(3) 将客户端的 PPP 帧(用户数据)进行封装，通过隧道传送到目的地。

这是一种最为常用的隧道建立方式。对于专线接入 ISP 的用户，由于客户端计算机本身已经建立到 Internet 的连接，则免去步骤(1)，可以直接建立起与隧道服务器的连接，然后进行数据的传输。

Access VPN 中用户与 VPN 网关之间的隧道建立一般采用主动式隧道。

2. 被动式隧道

被动式隧道的建立过程如图 9-6(b)所示。在主动式隧道模式中，客户端计算机根据需要与隧道服务器之间建立临时的隧道。与主动式隧道不同的是，被动式隧道主要用于两个内部网络(LAN1 与 LAN2)之间的固定连接。所以，当 LAN1 中的某一客户端计算机需要与 LAN2 中的计算机进行通信时，数据全部被交给隧道服务器 A。隧道服务器 A 在接收到该数据后，将其强制通过已建立的隧道传输到对端的隧道服务器 B。与主动式隧道的另一个不同是，被动式隧道可以被多个客户端共享，而主动式隧道只能供建立该隧道的客户端计算机单独使用。

在被动式隧道中，两个内部网络之间的隧道在用户传输数据之前就已经建立，所有发往另一个内部网络的用户数据都自动地汇集到已建立的隧道中传输。所以，被动式隧道也称为强制式隧道。

Intranet VPN 和 Extranet VPN 中，VPN 网关之间的隧道属于被动式隧道。

9.3 实现VPN的第二层隧道协议

第二层隧道协议是在OSI参考模型的第二层(数据链路层)实现的隧道协议。由于数据链路层的数据单位为帧,所以第二层隧道协议是以帧为数据交换单位实现的。用于实现VPN的第二层隧道协议主要有PPTP、L2TP和L2F。

视频讲解

在具体介绍相关协议之前,需要对第二层协议的功能进行说明。第二层协议的实现依靠的是设备的物理地址(如网卡的MAC地址),负责在两个直连的设备之间进行数据交换。所以,下面所介绍的第二层隧道协议都是一种以物理寻址为基础的点对点的数据传输方法。

9.3.1 PPTP

点对点隧道协议(PPTP)是建立在PPP协议和TCP/IP协议之上的第二层隧道协议。PPTP实际上是对PPP协议的一种扩展,它在PPP的基础上增加了认证、压缩、加密等功能,提高了PPP协议的安全性。PPTP协议是一个第二层的隧道协议,它提供了PPTP客户端与PPTP服务器之间的加密通信,允许在公共IP网络(如Internet)上建立隧道。PPTP支持TCP/IP、IPX/SPX、Appletalk、NetBEUI等多种网络协议。

1. PPP

由于PPTP是在PPP的基础上发展而来的,所以在介绍PPTP之前,对PPP进行简要的介绍。PPP是Internet中使用的一个点对点的数据链路层协议,其目的是在TCP/IP网络中的一个物理节点实现对上层数据(IP数据报)的封装,然后通过已确定的物理链路将封装后的数据发送到下一个物理节点。在下一个物理节点进行解封装操作后,将封装前的数据(IP数据报)提供给该节点的上一层(网络层)进行处理。为此,PPP的主要功能是在TCP/IP网络中实现两个相邻物理节点(路由器或计算机)之间的通信,它只负责在两个物理节点之间"搬运"上层数据,并不关心上层数据的具体内容。

2. PPTP的工作过程

微软公司是PPTP协议的主要发起者,所以Windows操作系统都支持PPTP协议。PPTP中创建的隧道属于主动式隧道,一般由PPTP客户端发起隧道建立连接请求,在得到PPTP服务器认证后才能建立隧道。

PPTP提供了在IP网络中建立多协议的安全VPN的通信方式,远端用户能够通过任何支持PPTP的ISP访问企业内部网络。PPTP提供了PPTP客户端与PPTP服务器之间的安全通信。其中,PPTP客户端是指运行PPTP协议的计算机,而PPTP服务器是指运行PPTP协议的服务器。通过PPTP,客户端可以采用PSTN、ISDN、xDSL、以太网、无线等连接,以拨号方式接入公共IP网络。拨号客户端首先按正常的网络接入方式拨号到ISP的网络接入服务器(NAS),建立PPP连接;在此基础上,客户端进行第二次拨号建立到PPTP服务器的连接,该连接称为PPTP隧道。PPTP隧道实质上是基于IP协议的另一个PPP连接,其中IP数据报可以封装成TCP/IP、IPX/SPX、NetBEUI等多种协议数据。如果客户端直接接入本地局域网,而且本地局域网已连接到IP网络,这时客户端则不需要第一次的

PPP 拨号连接,可以直接与 PPTP 服务器建立隧道。

对于基于 PPTP 的 VPN,由于客户端通过拨号方式接入 VPN 服务器,所以该 VPN 服务器也称为虚拟专用拨号网(VPDN)服务器。下面以 Windows 操作系统为例,介绍基于 PPTP 协议的 VPN 的实现过程。如图 9-7 所示,基于 PPTP 协议的 VPN 是一种客户端/服务器(Client/Server)的结构,包括 PPTP 服务器(VPDN 服务器)和 PPTP 客户端两部分。具体工作过程如下。

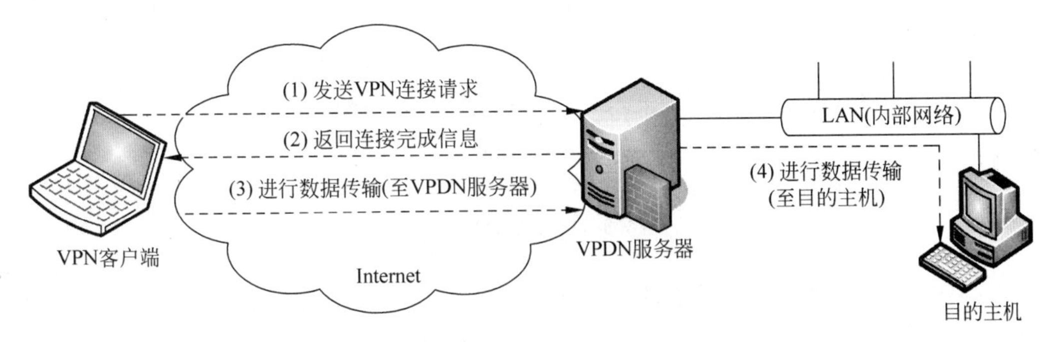

图 9-7 基于 PPTP 隧道的 VPN 工作示意图

(1) 发送建立连接请求。在此之前,需要在 VPDN 服务器为 PPTP 客户端建立好用户账户(包括登录账号和对应的密码)。PPTP 客户端向 VPDN 服务器发起连接请求,具体可利用客户端 VPN 连接软件实现(Windows 操作系统自带)。在输入 VPDN 服务器的 IP 地址后,首先要将登录账号和密码发送到 VPDN 服务器进行用户认证,以防止非法用户侵入受保护的内部网络。

其中,PPTP 用户的认证可以使用多种方法,如 PAP、SPAP、CHAP、MS-CHAP、EAP 等。

(2) 返回连接完成信息。当 VPDN 服务器验证了用户的合法性后,返回连接完成信息,表示已经正式建立了 VPN 连接。

(3) 进行数据传输(至 VPDN 服务器)。在接收到连接完成信息后,表示 VPN 安全隧道已经建立,这时就可以进行正常的数据通信。在 VPN 客户端与 VPDN 服务器之间进行数据通信时,为了保证数据传输的安全性,可以选用 MPPE、RSA、DES 等算法对 IP 数据报进行加密。其中,在 Windows 操作系统中多使用微软公司自己的 MPPE 算法进行数据的加密处理。

(4) 进行数据传输(至目的主机)。当 VPDN 服务器接收到远程用户发送过来的 PPTP 数据报后,开始对其进行处理。首先进行解封装操作,从 PPTP 数据报中取出本地内部网络中的计算机的 IP 地址(私有 IP 地址)或计算机名称信息,然后根据此信息将其中的 PPP 数据报转发到目的主机。

3. PPTP 的报文格式

在 PPTP 客户端与 PPTP 服务器之间传输的报文分为两种类型:控制报文和数据报文。

1) PPTP 控制报文

PPTP 控制报文负责 PPTP 隧道的建立、维护和断开。当 PPTP 客户端通过第一次拨号建立了与 IP 网络的连接后，再通过第二次拨号建立与 PPTP 服务器的隧道连接。其中，第二次拨号通过 PPTP 客户端上的 PPTP 拨号软件（使用 TCP 动态端口）与 PPTP 服务器的 TCP 1723 端口建立控制连接。PPTP 控制报文的结构如图 9-8(a)所示，其中各字段的定义如下。

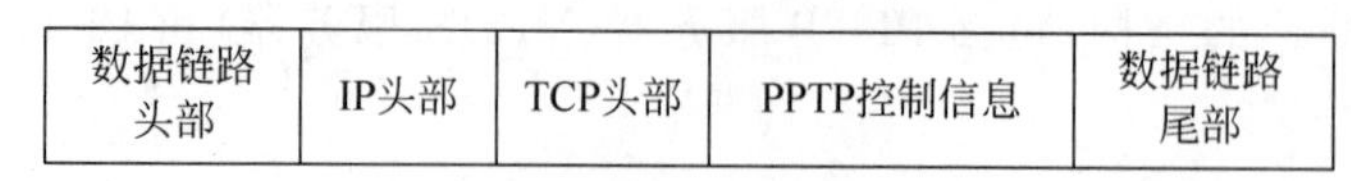

(a) PPTP控制报文

数据链路头部	IP头部	GRE头部	PPP头部	加密的PPP净载荷	数据链路尾部

(b) PPTP数据报文

图 9-8　PPTP 报文格式

（1）IP 头部标明参与隧道建立的 PPTP 客户端和 PPTP 服务器的 IP 地址及其他相关信息。

（2）TCP 头部标明建立隧道时使用的 TCP 端口等信息，其中 PPTP 服务器的端口为 TCP 1723。

（3）PPTP 控制信息携带了 PPTP 呼叫控制和管理，用于建立和维护 PPTP 隧道。

（4）数据链路头部和数据链路尾部。用数据链路层协议对连接数据包（IP 头部、TCP 头部和 PPTP 控制信息）进行封装，从而实现相邻物理节点之间的数据包传输。

PPTP 控制连接的建立过程如下。

（1）在 PPTP 客户端上动态分配的 TCP 端口（1024 以上）与 PPTP 服务器上的 TCP 1723 端口之间建立一个 TCP 连接。

（2）PPTP 客户端发送一个用以建立 PPTP 控制连接的 PPTP 消息。

（3）PPTP 服务器向 PPTP 客户端返回一条 PPTP 消息，对连接请求进行响应。

（4）PPTP 客户端在接收到 PPTP 服务器的响应后，再向 PPTP 服务器发送另一条 PPTP 消息，并且选择一个用来标识 PPTP 客户端向 PPTP 服务器发送数据的 PPTP 隧道的调用 ID。

（5）当 PPTP 服务器接收到该消息后，通过另一条 PPTP 消息进行应答。并且为自己选择一个标识从 PPTP 服务器向 PPTP 客户端发送数据的 PPTP 隧道的调用 ID。

（6）PPTP 客户端发送一条 PPTP Set-Link-Info 消息，以便指定 PPP 协商选项。

2）PPTP 数据报文

PPTP 数据报文负责传输用户的数据，结构如图 9-8(b)所示。在利用 PPTP 控制报文完成隧道的建立后，初始的用户数据（如 TCP/IP 数据报、IPX/SPX 数据报或 NetBEUI 数据帧等）经过加密后，形成加密的 PPP 净载荷。然后添加 PPP 头部信息，封装形成 PPP 帧；PPP 帧再进一步添加 GRE 头部信息，经过第二次封装，便形成 GRE 报文；第三次封装将添加 IP 头部信息，其中 IP 头部信息包含数据包的源 IP 地址和目的 IP 地址；数据链路层封装是对 IP 数据报根据网络连接的情况，添加相应的数据链路头部和数据链路尾部信息。

在进行第二次封装时使用了 GRE 协议。当通过 PPTP 连接发送数据时，PPP 帧将利用 GRE 协议进行封装，其中 GRE 头部信息中包含了标识数据包所使用的特定 PPTP 隧道的信息。有关 GRE 的详细内容将在本章后续内容中进行介绍。

当 PPTP 服务器接收到 PPTP 数据包时，通过以下过程进行解封装操作。

(1) 处理并去掉数据链路层头部和尾部信息。

(2) 处理并去掉 IP 头部信息。

(3) 处理并去掉 GRE 和 PPP 头部信息。

(4) 如果需要，对 PPP 有效净载荷(即用户数据)进行解密或解压缩处理，具体根据 PPTP 客户端对用户数据的处理情况而定。

(5) 对用户数据进行接收或转发处理。

9.3.2 L2F

第二层转发(L2F)协议是由思科公司提出的可以在多种网络类型(如 ATM、帧中继、IP 网络等)上建立多协议的安全 VPN 的通信方式。它将数据链路层的协议(如 HDLC、PPP 等)封装起来传送，所以网络的数据链路层完全独立于用户的数据链路层协议。L2F 协议于 1998 年提交给 IETF，并在 RFC 2341 文档中发布。

1. L2F 的工作过程

以在 IP 网络中实现基于 L2F 的 VPN 为例(见图 9-9)，L2F 远端用户通过 PSTN、ISDN、以太网等方式拨号接入公共 IP 网络，并通过以下步骤完成隧道的建立和数据的传输。

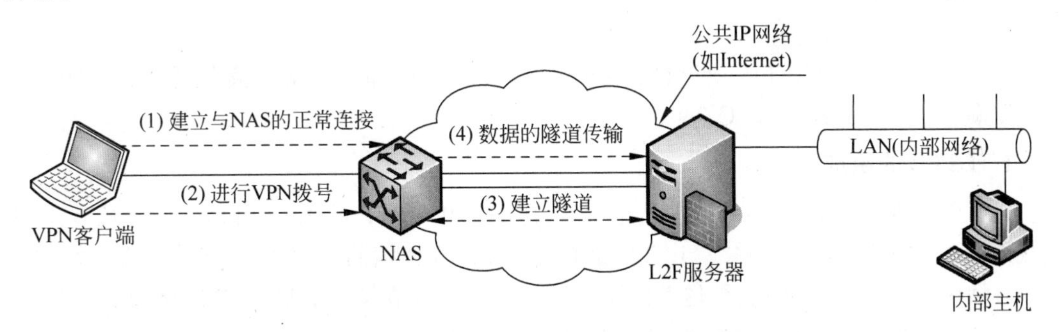

图 9-9　L2F 隧道建立和数据传输示意图

(1) 建立与 NAS 的正常连接。用户按正常访问 IP 网络的方式连接到 NAS 服务器，建立 PPP 连接。

(2) 进行 VPN 拨号。VPN 客户端通过 VPN 软件向 NAS 服务器发送请求，希望建立与远程 L2F 服务器的 VPN 连接。

(3) 建立隧道。NAS 根据用户名称等信息对远程 L2F 服务器发送隧道建立连接请求。这种方式下，隧道的配置和建立对用户是完全透明的。

(4) 数据传输。L2F 服务器允许 NAS 发送 PPP 帧，并通过公共 IP 网络连接到 L2F 服务器。这时，由 VPN 客户端发送过来的数据，在 NAS 上进行 L2F 封装，然后通过已建立的隧道发送到 L2F 服务器。

L2F 服务器将接收到报文进行解封装操作后，把封装前的用户数据（净载荷）接入内部网络中，进一步交付给目的主机。

2. L2F 的报文格式

与 PPTP 一样，L2F 的报文也分为控制报文和数据报文两部分。其中，L2F 控制报文用于 L2F 隧道的建立、维护和断开，而 L2F 数据报文负责在 L2F 隧道中进行数据的传输。L2F 控制报文和 L2F 数据报文的格式分别如图 9-10(a)和图 9-10(b)所示。

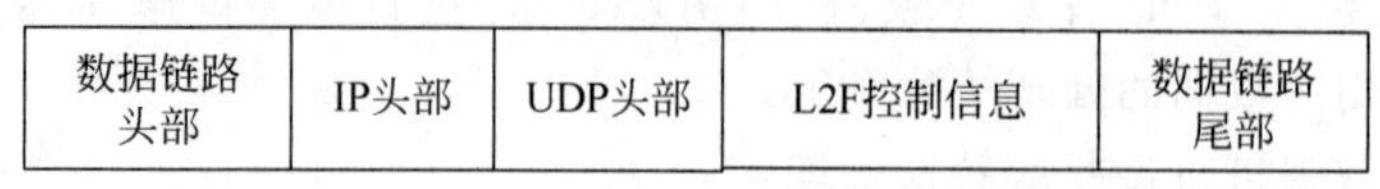

(a) L2F控制报文

数据链路头部	IP头部	UDP头部	L2F头部	PPP头部	加密的PPP净载荷	L2F校验(可选)	数据链路尾部

(b) L2F数据报文

图 9-10 L2F 报文格式

L2F 具有两个特殊之处：一是在进行 L2F 的封装时，增加了可选的 L2F 检验信息，以确保 L2F 数据帧的可靠传输；二是 L2F 使用 UDP 端口封装 L2F 数据帧。另外，在创建 L2F 隧道的过程中，使用的认证协议为 PAP 或 CHAP。除此之外，L2F 报文格式与 PPTP 类似，所以 L2F 报文的封装和解封装过程不再单独介绍。

9.3.3 L2TP

第二层隧道协议（L2TP）由思科、Ascend、微软、3Com 和 Bay 等厂商共同制定，1999 年 8 月公布了 L2TP 的标准 RFC 2661。

1. L2TP 的组成

L2TP 是典型的被动式隧道协议，它结合了 L2F 和 PPTP 的优点，可以让用户从客户端或接入服务器发起 VPN 连接。L2TP 是把链路层 PPP 帧封装在公共网络设施（如 IP、ATM、帧中继、X.25 等）中进行隧道传输的封装协议。本节仅介绍基于 IP 网络的 L2TP。

L2TP 主要由 L2TP 接入集中器（L2TP Access Concentrator，LAC）和 L2TP 网络服务器（L2TP Network Server，LNS）构成。

LAC 支持客户端的 L2TP，用于发起呼叫、接收呼叫和建立隧道。LAC 要求具有 PPP 端系统和 L2TP 协议处理功能，一般是一个 NAS，为用户提供通过 PNST、ISDN、xDSL 等多种方式接入网络的服务。

LNS 是所有隧道的终点。在正常的非使用隧道的 PPP 连接中，用户拨号连接的终点是 LAC，而 L2TP 将 PPP 连接的终点延伸到 LNS。LNS 一般是一台能够处理 L2TP 服务器协议的主机。

2. L2TP 的特点

在安全性考虑上，L2TP 对传输中的数据（控制报文和数据报文）并不加密，所以 L2TP 并不能满足用户对安全性的需求。为了消除 L2TP 协议的安全隐患，在实际应用中可以使用 IPSec 安全协议对 L2TP 控制报文和 L2TP 数据报文提供安全保护。所以，在部署基于 L2TP 的 VPN 系统时，一般通过 IPSec 加强系统的安全性。

L2TP 解决了多个 PPP 链路的捆绑问题。L2TP 隧道建立在 LAC 和 LNS 之间，在同一对 LAC 和 LNS 之间可以建立多个 L2TP 隧道，同时在同一个 L2TP 隧道中可以绑定多个 PPP 链路。这是因为 L2TP 头部信息中包含有隧道标识(Tunneling ID)和会话标识(Session ID)，分别用来识别不同的隧道和会话，可以将隧道标识相同而会话标识不同的多个 PPP 链路复制到同一条隧道中。隧道标识在建立隧道时被分配，而会话标识是在隧道建立后分配并用于传输用户数据。

3. L2TP 的工作过程

L2TP 的建立过程如图 9-11 所示。

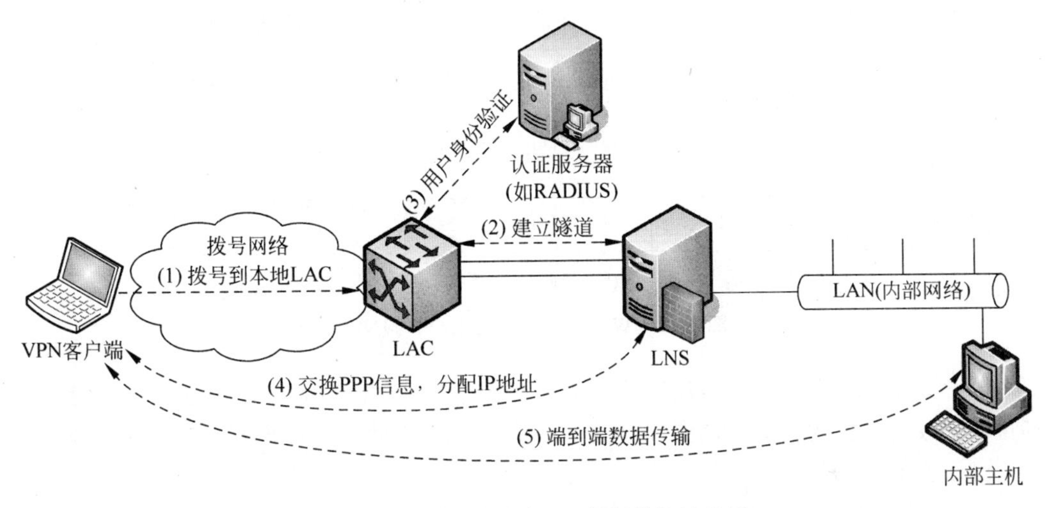

图 9-11　L2TP 隧道建立和数据传输示意图

(1) 用户通过 PSTN、ISDN、xDSL 等拨号方式连接到本地接入服务器 LAC，LAC 接收呼叫并进行基本的辨别。其中，辨别方式可以采用域名、呼叫线路识别(Calling Line Identification，CLID)或拨号 ID 业务(Dialed Number Identification Service，DNIS)等。

(2) 当用户被确认为合法用户时，就建立一个通向 LNS 的拨号 VPN 隧道。

(3) 位于内部网络中的安全认证服务器(如 RADIUS 服务器)对拨号用户的身份进行鉴别。

(4) LNS 与远程用户交换 PPP 信息，并分配 IP 地址。LNS 分配给远程用户的 IP 地址由管理人员设置，既可以是公共 IP 地址，也可以是私有 IP 地址。在实际应用中一般使用私有 IP 地址，因为 LNS 分配的 IP 地址将通过网络服务提供商(NSP)的公共 IP 网络在 PPP 帧内传送，LNS 分配的 IP 地址对 NSP 来说是透明的。其中，LAC 和 LNS 需要使用公共 IP 地址。

(5) 端到端的数据从拨号用户传到 LNS。在实际应用中，LAC 将拨号用户的 PPP 帧封装后，传送到 LNS，LNS 去掉封装的头部信息得到 PPP 帧，再去掉 PPP 帧的头部信息，得到网络层的用户数据。

4. L2TP 的报文格式

L2TP 客户端与 LNS 之间的报文也有两种：控制报文和数据报文。与 PPTP 不同的是，L2TP 的两种报文采用 UDP 来封装和传输。下面，以 Windows Server（如 Windows Server 2012/2016 等）操作系统中的 L2TP 为例，介绍基于 IPSec 的 L2TP 的报文格式。

1）L2TP 控制报文

Windows Server 中使用 IPSec 加密的 L2TP 控制报文的结构如图 9-12（a）所示。与 PPTP 一样，L2TP 的控制报文用于隧道的建立、维护与断开。但与 PPTP 不同的是，Windows Server 中的 L2TP 控制报文在 L2TP 服务器使用了 UDP 1701 端口，L2TP 客户端系统默认也使用 UDP 1701 端口，但也可以使用其他的 UDP 端口。另外，与 PPTP 不同的是，在 L2TP 的控制报文中，对封装后的 UDP 数据报使用 IPSec ESP 进行加密处理，同时对使用 IPSec ESP 加密后的数据进行了认证。其他操作与 PPTP 基本相同。

数据链路头部	IP头部	IPSec ESP头部	UDP头部	L2TP控制信息	IPSec ESP尾部	IPSec ESP认证尾部	数据链路尾部

(a) Windows Server L2TP控制报文

数据链路头部	IP头部	IPSec ESP头部	UDP头部	L2TP头部	PPP头部	加密的PPP净载荷	IPSec ESP尾部	IPSec ESP认证尾部	数据链路尾部

(b) Windows Server L2TP数据报文

图 9-12 Windows Server L2TP 报文格式

ESP 是 IPSec 安全体系中使用的一个安全协议，主要用来处理 IP 数据报的加密，同时还可以实现对数据的认证等功能。有关 ESP 的详细内容将在本章后续内容中进行介绍。

2）L2TP 数据报文

L2TP 数据报文负责传输用户的数据，其封装后的报文结构如图 9-12（b）所示。下面介绍客户端 L2TP 数据报文的封装过程（即客户端发送 L2TP 数据的过程）。

（1）PPP 封装。为 PPP 净载荷（如 TCP/IP 数据报、IPX/SPX 数据报或 NetBEUI 数据帧等）添加 PPP 头部，封装成为 PPP 帧。

（2）L2TP 封装。在 PPP 帧前添加 L2TP 头部信息，进行第二封装，形成 L2TP 帧。

（3）UDP 封装。在 L2TP 帧的头部添加 L2TP 客户端和 L2TP 服务器的 UDP 端口（默认为 1701），将 L2TP 帧封装成为 UDP 报文。

（4）IPSec 封装。当 L2TP 使用 IPSec 进行加密和安全认证时，可在 UDP 报文的头部添加 IPSec ESP 头部信息，在尾部依次添加 IPSec ESP 尾部和 IPSec ESP 认证尾部信息，用于对数据的加密和安全认证。

（5）IP 封装。在 IPSec 报文的头部添加 IP 头部信息，形成 IP 报文。其中，IP 头部信息中包含 IPSec 客户端和 IPSec 服务器的 IP 地址。

（6）数据链路层封装。根据 L2TP 客户端连接的物理网络类型（如以太网、PSTN、ISDN 等）添加数据链路层的帧头和帧尾，完成对数据的最后封装。封装后的数据帧在链路上进行传输。

L2TP 服务器端的处理过程正好与 L2TP 客户端相反，为解封装操作，最后得到封装之前的净载荷。有效的净载荷将交付给内部网络，由内部网络发送到目的主机。

通过前面对 PPTP、L2F 和 L2TP 协议的介绍，在隧道的整个实现过程中共存在 3 种不同类型的协议：乘客协议(Passenger Protocol)、封装协议(Encapsulating Protocol)和运载协议(Carrier Protocol)。其中，乘客协议为被封装在隧道内的协议，在第二层隧道中主要为 PPP(或 SLIP，SLIP 是 PPP 的早期协议)；封装协议用来创建、维护和断开隧道，如前面介绍的 PPTP、L2F 和 L2TP；运载协议用来运载乘客协议，它是公共网络中使用的通信协议，如 TCP/IP、IPX/SPX、Appletalk 等。由于 Internet 应用的广泛性，目前主要使用的运载协议为 TCP/IP。需要说明的是，运载协议与封装协议之间不存在依赖关系。

9.4 实现 VPN 的第三层隧道协议

第三层隧道协议对应于 OSI 参考模型中的第三层(网络层)，使用分组(也称为包)作为数据交换单位。与第二层隧道协议相比，第三层隧道协议在实现方式上相应要简单些。用于实现 VPN 的第三层隧道协议主要有 GRE 和 IPSec。

9.4.1 GRE

视频讲解

通用路由封装(GRE)是由思科和 Net-Smiths 公司共同提出的，并于 1994 年提交给 IETF，分别以 RFC 1701 和 RFC 1702 文档发布。2002 年，思科等公司对 GRE 进行了修订，称为 GRE v2，相关内容可参阅 RFC 2784 文档。

1. GRE 的工作原理

如图 9-13 所示，在最简单的情况下，路由器接收到一个需要封装和路由的原始数据报文(净载荷)后，这个报文首先被 GRE 封装成 GRE 报文，接着被封装在 IP 协议中，然后完全由 IP 层负责路由寻址和转发。由此可以看出，GRE 在封装过程不用关心原始数据包的具体格式和内容。原始数据包和 IP 头部都将成为封装后数据包的一部分。

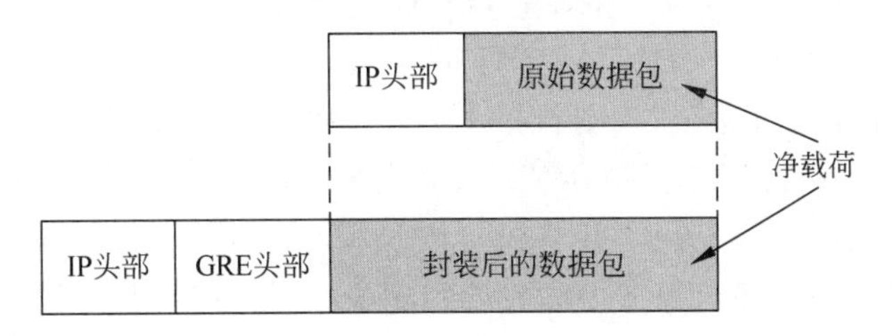

图 9-13 GRE 的报文格式

GRE 除封装 IP 报文外，还支持对 IPX/SPX、Appletalk 等多种网络通信协议的封装，同时还广泛支持对 RIP、OSPF、BGP、EBGP 等路由协议的封装。

隧道是一个虚拟的点对点连接，提供了一条通路，使封装的数据报文能够在这个通路上传输，并且在一个隧道的两端分别对数据包进行封装及解封装。一个第三层的报文要想在隧道中传输，必须要经过加封装与解封装两个过程，下面以图 9-14 所示的网络为例对基于第三层隧道技术的 GRE 封装和解封装过程进行说明。封装过程(假设数据从 IPX/SPX 网络 A 发往网络 B)如下。

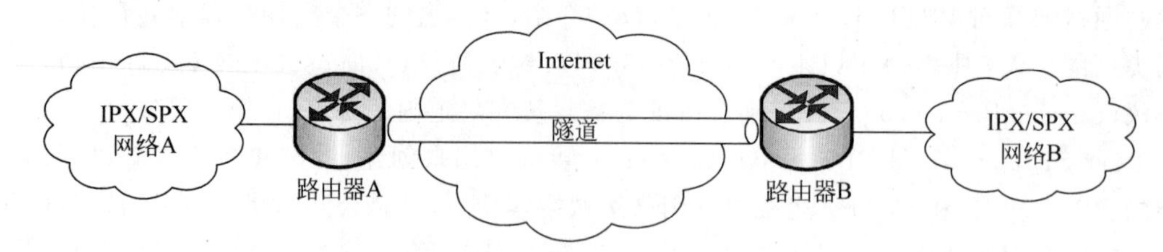

图 9-14 IPX/SPX 网络之间通过基于 Internet 的 GRE 隧道互联

(1) 路由器 A 连接 IPX/SPX 网络 A,并接收从网络 A 发过来的 IPX 报文。

(2) 路由器 A 检查 IPX 报头中的目的地址,并以此确定如何路由该报文。

(3) 如果报文需要通过隧道传输,则路由器 A 将该 IPX 报文发给路由器 A 上与隧道相连的接口。

(4) 路由器 A 的隧道接口接收到此 IPX 报文后添加 GRE 头部信息,进行 GRE 封装。IP 模块处理对 GRE 封装后的报文进行添加 IP 头部信息,进行 IP 封装,形成新的 IP 报文。

(5) 路由器 A 根据 IP 的目的地址查看自己的路由表,进行对 IP 报文的转发。

解封装是封装的逆过程,具体过程如下。

(1) 路由器 B 从隧道接口收到 IP 报文,检查目的地址。

(2) 因为路由器 B 是隧道的末端路由器,所以路由器 B 去掉 IP 报文的头部信息,交给 GRE 协议模块处理。

(3) GRE 协议模块完成相应的处理(如密码验证、报文的序列号检查等)后,去掉 GRE 头部信息,将封装之前的净载荷交给 IPX/SPX 网络 B。

(4) IPX/SPX 协议模块对该报文进行后续的转发处理。

2. GRE 的安全性

为了提高 GRE 隧道的安全性,GRE 支持对隧道端口的认证和对隧道封装的报文进行端到端校验功能。在 RFC 1701 中规定:如果 GRE 报文头部信息中的 Key 标识设置为 1,则收发双方将进行通道识别关键字(或密码)的验证,只有隧道两端设置的识别关键字完全(或密码)一致时才能通过验证,否则将报文丢弃;如果 GRE 报文头部信息中校验和标识设置为 1,则需要对隧道中传输的 GRE 报文进行校验。发送方将对图 9-13 中的 GRE 头部及封装后的数据包计算校验和,并将包含校验和的报文发送给隧道对端。接收方对接收到的报文计算校验和,并与报文中的校验和比较,如果一致,则对报文进一步处理,否则丢弃。

由于 GRE 的安全性较弱,所以可以将 IPSec 安全体系应用到 GRE 中,以提高 GRE 的安全性。

视频讲解

9.4.2 IPSec

IPSec(IP Security)是 IETF 的 IPSec 工作组于 1998 年制定的一组基于密码学的开放网络安全协议。IPSec 工作在网络层,为网络层及以上层提供访问控制、无连接的完整性、数据来源认证、防重放保护、保密性、自动密钥管理等安全服务。IPSec 是一套由多个子协议组成的安全体系。

1. IPSec 体系结构

IPSec 主要由认证头部(Authentication Header, AH)协议、封装安全载荷(Encapsulating Security Payload, ESP)协议和负责密钥管理的 Internet 密钥交换(Internet Key Exchange, IKE)协议组成。IPSec 通过 AH 协议和 ESP 协议对网络层或上层协议进行保护,通过 IKE 协议进行密钥交换。各协议之间的关系如图 9-15 所示。

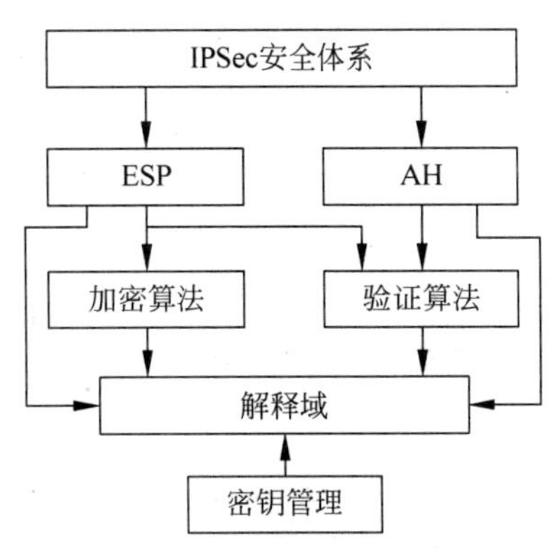

图 9-15 IPSec 安全体系结构

(1) AH。AH 为 IP 数据报提供无连接的数据完整性和数据源身份认证,同时具有防重放(Replay)攻击的能力。可通过消息认证(如 MD5)产生的校验值保证数据完整性;通过在待认证的数据中加入一个共享密钥实现数据源的身份认证;通过 AH 头部的序列号防止重放攻击。AH 的详细内容可参阅 RFC 2402 文档。

(2) ESP。ESP 为 IP 数据报提供数据的保密性(通过加密算法实现)、无连接的数据完整性和数据源身份认证以及防重放攻击保护。与 AH 相比,数据保密性是 ESP 的新增功能。ESP 中的数据源身份认证、数据完整性校验和防重放攻击保护的实现与 AH 相同。ESP 的详细内容可参阅 RFC 2406 文档。

需要说明的是,AH 和 ESP 既可以单独使用,也可以配合使用。由于 ESP 提供了对数据的保密性,所以在目前的实际应用中多使用 ESP,而很少使用 AH。

(3) 解释域。解释域将所有的 IPSec 协议捆绑在一起,为 IPSec 的安全性提供综合服务。例如,当系统中同时使用了 ESP 和 AH 时,解释域将两者的安全性进行集成。

(4) IKE。IKE 协议是密钥管理的一个重要组成部分,它在通信系统之间建立安全关联,提供密钥确定、密钥管理的机制,是一个产生和交换密钥并协调 IPSec 参数的框架。IKE 将密钥协商的结果保留在 SA(安全关联)中,供 AH 和 ESP 通信时使用。IKE 的详细内容可参阅 RFC 2409 文档。

2. IPSec 的工作模式

IPSec 协议可以在两种模式下运行:传输模式和隧道模式。其中,传输模式使用原来的 IP 头部,将 AH 或 ESP 头部插入 IP 头部与 TCP 端口之间,为上层协议提供安全保护。传输模式保护的是 IP 数据报中的有效载荷(上层的 TCP 报文段或 UDP 数据报)。传输模式的 IPSec 组成结构如图 9-16(a)所示。

隧道模式首先为原始 IP 数据报增加 AH 或 ESP 头部,然后再在外部添加一个新 IP 头部。原来的 IP 数据报通过这个隧道从 IP 网络的一端传递到另一端,途中所经过的路由器只检查最外面的 IP 头部(新 IP 头部),而不检查原来的 IP 数据。由于增加了一个新 IP 头部,因此新 IP 数据报的目的地址可能与原来的不一致。隧道模式的 IPSec 组成结构如图 9-16(b)所示。

IPSec 的传输模式实现了主机之间的端到端的安全保障,AH 和 ESP 保护的是用户数据(净载荷)。在通常情况下,传输模式只用于两台主机之间的安全通信。隧道模式为整个IP数据报提供了安全保护。隧道模式通常用在隧道的其中一端或两端是安全网关(防火墙、路由器等)的网络环境中。使用隧道模式后,安全网关后面的主机可以使用内部私有IP地址进行通信,而且在内部通信中不需要使用IPSec。

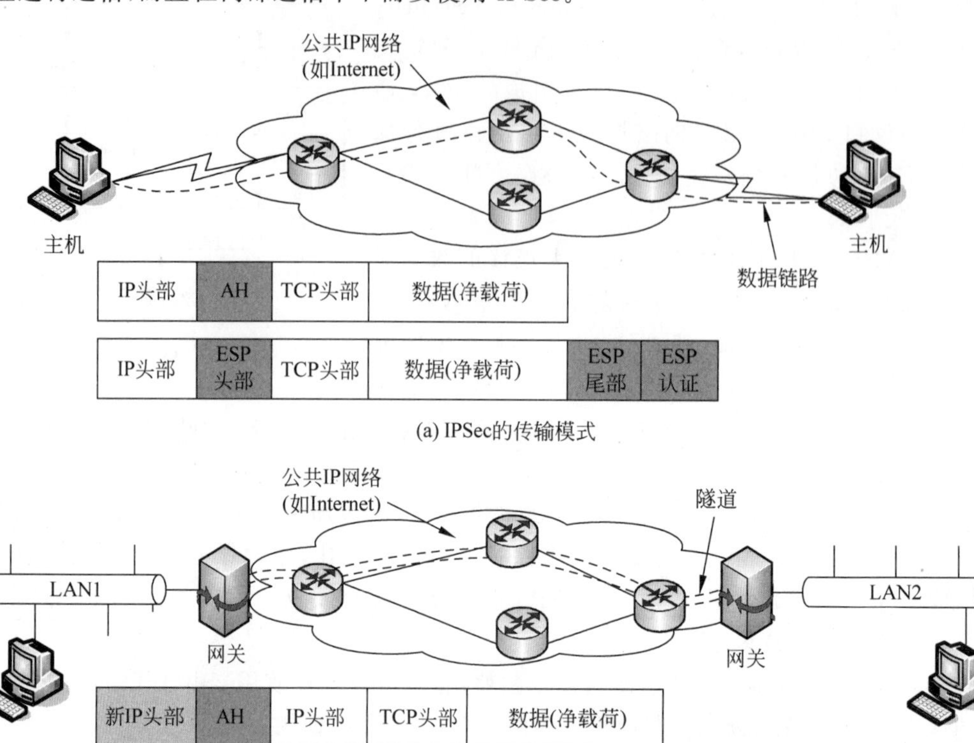

图 9-16 IPSec 的工作模式

传输模式下的IPSec数据包未对原始IP头部提供加密和认证,因而存在利用IP头部信息进行网络攻击的隐患。传输模式的优点是对原始数据包的长度增加很少,因此占用系统的开销也较小。在隧道模式下,由于原始数据包成了新数据包的净载荷,所以安全性较高,但对系统的开销较大。

3. AH

如图9-15所示,在IPSec安全体系中,AH通过验证算法为IP数据报提供了数据完整性和数据源身份认证功能,同时还提供了防重放攻击能力(可选),但AH协议不提供数据加密功能。

数据完整性是指保证数据在存储或传输过程中,其内容未被有意或无意改变。数据源身份认证是指对数据的来源进行真实性认证,认证依据主要有源主机标识、用户账户、网络特性(IP地址、接口的物理地址等)。重放攻击是指攻击者通过重放消息或消息片段达到对目标主机进行欺骗的攻击行为,其主要用于破坏认证的正确性。

在传输模式中，AH 头部位于 IP 头部和传输层协议(TCP)头部之间，而在隧道模式中，AH 位于新 IP 头部与原 IP 数据报之间，如图 9-17 所示。AH 可以单独使用，也可以与 ESP 协议结合使用。

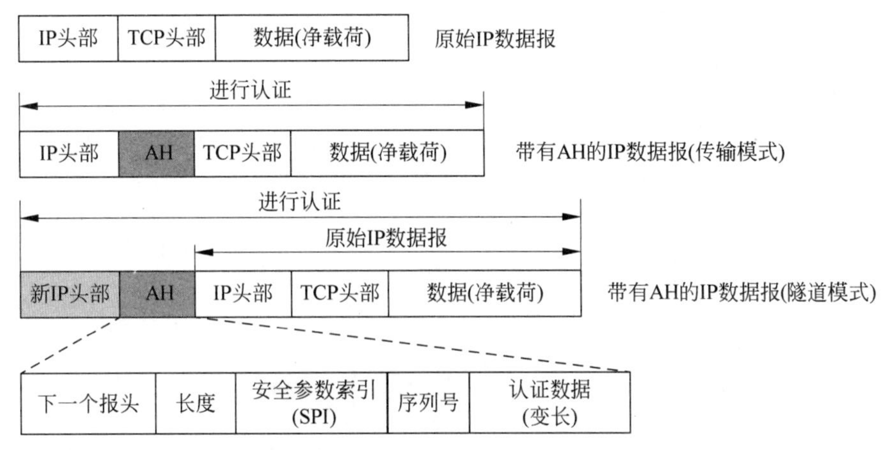

图 9-17　AH 的认证方式及协议组成

(1) 下一个报头(Next Header)。用于识别在 AH 后面的一个 IP 数据报的类型。在传输模式下，将是原始 IP 数据报的类型，如 TCP 或 UDP；在隧道模式下，如果采用 IPv4 封装，这一字段值设置为 4，如果是 IPv6 封装，这一字段值设置为 41。

(2) 长度(Length)。AH 头部信息的长度。由于在 AH 头部信息中还设置了“保留”字段(图 9-17 未标出)，在不同应用中 AH 头部的长度是不确定的，所以对于某一个具体应用需要标明整个 AH 头部的长度值。

(3) 安全参数索引(Security Parameters Index，SPI)。在 AH 头部中，SPI 字段的长度为 32 位。SPI 的值可以任意设置，它与 IP 头部(如果是隧道模式，则为“新 IP 头部”)中的目的 IP 地址一起用于识别数据报的安全关联。其中，SPI 为 0 被保留用来表明“没有安全关联存在”。

(4) 序列号(Sequence Number)。序列号字段的长度为 32 位，它是一个单向递增的计数器，不允许重复，用于唯一地标识每一个发送数据包，为安全关联提供防重放攻击的保护。接收端通过校验序列号，确定使用某一序列号的数据包是否已经被接收过，如果已接收过，则拒收该数据包，避免重放攻击的发生。

(5) 认证数据(Authentication Data)。认证数据字段是一个可变长度的字段，但该字段中包含一个非常重要的项，即完整性检查值(ICV)，它是一个 Hash 函数值。接收端在接收到数据包后，首先执行相同的 Hash 运算，将运算值再与发送端所计算的 ICV 值进行比较，如果两者相同，表示数据完整；如果数据在传输过程中被篡改，则两个计算结果将不一致。

4. ESP

ESP 为 IP 数据报提供数据的保密性(通过加密实现)、无连接的数据完整性、数据源身份认证以及防重放攻击的功能。ESP 安全协议的特点如下。

(1) ESP 服务依据建立的安全关联(SA)是可选的。

(2) 数据完整性检查和数据源身份认证一起进行。

(3) 仅当与数据完整性检查和数据源身份认证一起使用时，防重放攻击保护才是可选的。

(4) 防重放攻击保护只能由接收方选择使用。

(5) ESP 的加密服务是可选的,但当启用了加密功能后,也就选择了数据完整性检查和数据源身份认证。因为仅使用加密功能对 IPSec 系统来说是不安全的。

(6) ESP 可以单独使用,也可以与 AH 结合使用。一般 ESP 不对整个 IP 数据报加密,而是只加密 IP 数据报的有效载荷部分,不包括 IP 头部。但在端对端的隧道通信中,ESP 需要对整个原始数据报进行加密。

ESP 的安全体系和协议组成如图 9-18 所示。其中,ESP 头部包括安全参数和序列号两个字段,其功能描述与 AH 相同。ESP 尾部包括以下几部分。

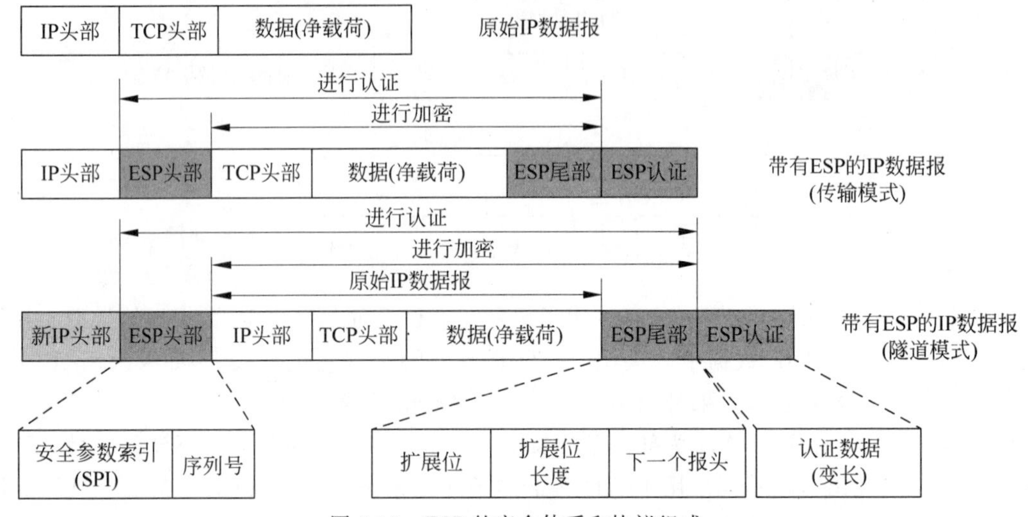

图 9-18 ESP 的安全体系和协议组成

(1) 扩展位(Padding)。其值在 0～255B,主要是在进行数据加密处理的过程中,为了使加密数据的长度符合某一加密算法的要求(如 512 的整数倍),或在加密时隐藏用户数据的真实长度,就使用扩展位来填充。

(2) 扩展位长度(Padding Length)。它是 ESP 尾部的必选字段,表示扩展位的长度值。如果该字段值为 0,表示没有扩展(没有使用填充)。

(3) 下一个报头(Next Header)。用于识别在 AH 后面的一个 IP 数据报的类型,具体含义与 AH 协议中的下一个报头的定义相同。

ESP 认证部分仅包含一个认证数据(Authentication Data)字段,只有在安全关联(Security Association,SA)中启用了认证功能时,才会有此字段。其功能与 AH 中的数据认证字段的定义相同,但要认证的字段包括 ESP 头部、原始 IP 数据报和 ESP 尾部。

5. IKE

Internet 密钥交换协议(IKE)是 IPSec 规定的一种用来动态创建安全关联(SA)的密钥协商协议。在 IPSec 系统中,IKE 对 SA 进行协商,并对安全关联数据库(Security Association Database,SAD)进行维护。IKE 是 IETF 提出的一种混合型协议,按照其框架设计,采用 3 个 RFC 文档定义 IKE 协议。

- ISAKMP(Internet Security Association and Key Management Protocol),定义了一个密钥交换的基本框架,包括报文格式、报文如何解析、密钥协商过程等。

- IPSec DOI(IPSec Domain of Interpretation),它是对ISAKMP应用于IPSec解释域的描述,规定了ISAKMP和IKE究竟要协商什么。
- IKE：符合ISAKMP的一个密钥交换协议。IKE是在ISAKMP的框架下定义的,它的某些细节又在IPSec DOI中进行描述。同时,IKE还采用了Oakley密钥管理协议的部分交换模式,以及SKEME协议的共享和密钥更新技术。

1) IKE协商SA的两个阶段

IKE协商SA时分为两个阶段：第一阶段的主要目的在于验证对方的身份,从而得到ISAKMP SA,为第二阶段建立一个安全信道；第二阶段是在第一阶段协商的基础上利用找到的IPSec安全策略库中的相应策略进行协商,建立实际使用的IPSec SA。一个ISAKMP SA可用来建立多个IPSec SA。

2) 模式

IKE协议规定了4种模式：主模式、野蛮模式、快速模式和新群模式。其中,第一阶段只能采用主模式或野蛮模式,两种模式的区别是：主模式包括6条消息,交换过程提供身份认证；野蛮模式只包括3条消息,如果不使用公钥验证方法,交换过程不提供身份认证功能。第二阶段只能采用快速模式。新群模式既不属于第一阶段,也不属于第二阶段,它跟在第一阶段之后,利用第一阶段的协商结果协商新的群参数。

3) 验证方法

IKE协议指定第一阶段可以使用下列方式进行验证。

(1) 预共享密钥。通信双方通过某种安全途径获取交换双方唯一共享的密钥,通过Hash运算完成认证。

(2) 数字签名。通信双方利用自己的私钥对特定的信息进行签名,对方利用获得的公钥进行解密处理,以确定对方的身份,完成认证过程。

(3) 公钥加密。通信双方利用对方的公钥加密特定的信息,同时根据对方返回的结果以确定对方的身份。在IKE协议中可采用两种加密方法：一种是一次公钥加密,一次私钥解密；另一种是两次公钥加密,两次私钥解密。

9.5　VPN实现技术

本章前面重点介绍了第二层和第三层隧道协议的实现原理及应用特点,隧道协议是VPN的基础。对于用户,可以利用公共网络基础设施,通过VPN实现多个内部网络之间的远程互联；对于电信运营商,VPN已成为目前最具潜力的业务之一。所以,不管是针对企业用户还是电信运营商,VPN都蕴含着极大的商机,已经成为提供新一代电信业务的基石。近年来,VPN在网络互联和用户远程接入中得到了广泛应用,本节介绍的MPLS VPN和SSL VPN则是目前应用领域的主流技术。

*9.5.1　MPLS VPN

视频讲解

多协议标签交换(Multiprotocol Label Switch,MPLS)VPN是基于MPLS协议构建的一种站点到站点的VPN技术,它继承了MPLS网络的优势,具有扩展性强、易于实现服务质量、服务等级和流量工程等特点，目前在电信网络中得到了广泛应用，同时在大型企业等园区网络中也非常普及。

1. MPLS 的概念和组成

MPLS 是一个可以在多种第二层网络(如 ATM、帧中继、以太网、PPP 等)上进行标签交换的网络技术。这一技术结合了第二层交换和第三层路由的特点，将第二层的基础设施和第三层的路由有机地结合起来。第三层的路由在网络的边缘实施，而在 MPLS 的网络核心采用第二层交换。

MPLS 是一种特殊的转发机制，它为进入网络中的 IP 数据包分配标签，并通过对标签的交换实现 IP 数据包的转发。标签位于 IP 数据包的头部，在 MPLS 内部通过标签替代原有的 IP 地址进行寻址。在 MPLS 网络内部，带有标签的数据包在到达某一节点(如路由器)时，节点通过交换数据包的标签(而不是 IP 地址)实现转发。当数据包要离开 MPLS 网络时，数据包被去掉入口处添加的标签，继续按照 IP 包的路由方式到达目的网络。

如图 9-19 所示，MPLS 网络主要由核心部分的标签交换路由器(Label Switching Router，LSR)、边缘部分的标签边缘路由器(Label Edge Router，LER)和在节点之间建立和维护路径的标签交换路径(Label Distribution Path，LSP)组成。

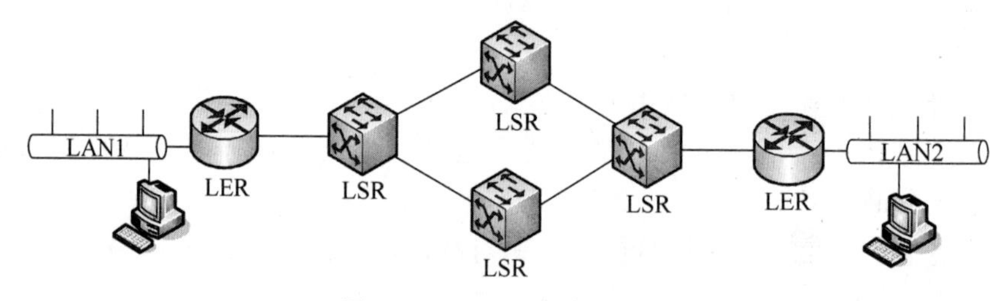

图 9-19 MPLS 网络的组成

(1) LSR 可以看作是 ATM 交换机与传统路由器的结合，提供数据包的高速交换功能。LSR 位于 MPLS 网络的中心，主要完成运行 MPLS 控制协议(如 LDP)和第三层的路由协议的功能。同时，负责与其他的 LSR 交换路由信息，建立完善的路由表。

(2) LER 的作用是分析 IP 数据包的头部信息，在一端负责 IP 数据包进入 MPLS 网络，在另一端负责 IP 数据包离开 MPLS 网络。同时，在 LER 处可以实现对业务的分类、分发标签及去掉标签(在另一端)，而且还可以实现策略管理和流量工程控制等功能。其中流量工程控制是 MPLS 除 VPN 之外的另一项重要应用。传统 IP 网络一旦为某一个 IP 数据包选择了一条路径，IP 数据包就会沿着这条路径传输，而不管这一条路径是否出现阻塞或还有更好的路径可供选择。MPLS 可以控制 IP 数据包在网络中的传输路径，动态地选择目前的最佳路径进行 IP 数据包的传输。

(3) 在 MPLS 节点之间的路径称为标签交换路径(LSP)。MPLS 在分配标签的过程中便建立了一条 LSP。LSP 可以是动态的，由路由信息自动生成；也可以是静态的，由人工进行设置。LSP 可以看作是一条贯穿网络的单向隧道，所以当两个节点之间要进行全双工通信时，需要两条 LSP。

另外，为了控制 LSR 之间交换标签和绑定信息，以及协调 LSR 之间的工作，MPLS 还提供了标签分配协议(Label Distribution Protocol，LDP)。LDP 是 MPLS 的核心部分，LDP

将某一个 LSR 生成的标签及其隐含在标签中的信息传送给相邻的 LSR，从而在相邻 LSR 之间建立一条信息传输的通道。正是 LDP 具有的标签分发功能，才能够使 LSR 之间在标签的分发、使用和维护中达到一致性，进而建立一条从一端的 LER 到另一端的 LER 的完整 LSP。

2. MPLS 的工作过程

如图 9-20 所示，MPLS 的工作过程如下。

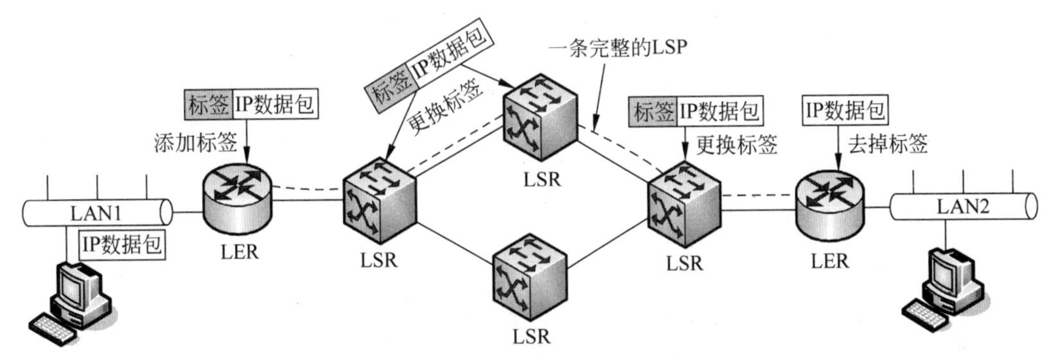

图 9-20　MPLS 的工作过程

(1) 由标签分配协议(LDP)和传统路由协议(如 OSPF、RIP 等)共同在各个 LSR 中为需要使用 MPLS 服务的转发等价类(Forwarding Equivalence Class，FEC)建立标签交换转发表和路由表。

其中，转发等价类(FEC)是指一组具有相同的转发特征的 IP 数据包，当 LSR 接收到这一组 IP 数据包时将会按照相同的方式处理每一个 IP 数据包，如从同一个接口转发到相同的下一个节点，并具有相同的服务类别和服务优先级。FEC 与标签是一一对应的，标签用来绑定 FEC，即用标签表示属于一个从上游 LSR 流向下游 LSR 的特定 FEC 的分组。标签的结构如图 9-21 所示。

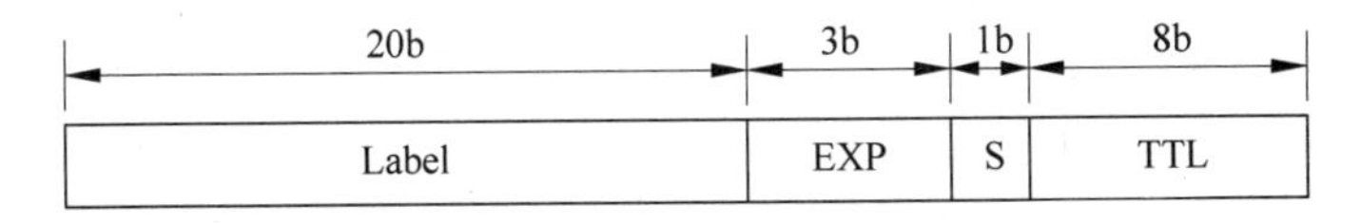

图 9-21　MPLS 中标签的结构

Label 为标签字段，长度为 20b，用于存放与相邻节点(LER 和 LSR)的 LSP 等信息相关的标识符。

EXP 为实验字段，长度为 3b，用于标记该 MPLS 中 IP 数据包的优先级，实现不同的服务质量。

S 为堆栈(Stack)字段，长度为 1b。S 的值为 1 表示在该标签内部还有标签，否则为 0。

TTL 字段表示生存周期(Time To Live)，长度为 8b，是 IP 数据包在网络中经过的最大路由节点数。

值得注意的是，LDP 信令以及标签绑定信息只在 MPLS 相邻节点间传递。LSR 之间或 LSR 与 LER 之间依然需要运行标准的路由协议(如 OSPF、RIP 等)，并由此获得网络拓扑信息。通过这些信息，LSR 可以明确选取 IP 数据包的下一跳并可最终建立特定的 LSP。

(2) 在MPLS网络的入口处为IP数据包添加标签。LER接收到IP数据包,完成第三层的功能(如带宽管理、服务质量等),判定IP数据包所属的FEC,根据IP数据包中的目的地址或有关服务质量(QoS)等信息映射规则将IP数据包的头部信息和固定长度的标签对应起来。这样就给IP数据包加上了标签,形成了MPLS标签分组并通过标签中标明的接口转发出去。

(3) 在LSP上进行标签交换。在IP数据包以后的网络转发过程中(即在MPLS域内),LSR只是根据IP数据包所携带的标签进行标签交换和数据转发,不再进行任何第三层(如IP路由寻址)处理。在每一个节点上,LSR首先去掉由前一个节点添加的标签,然后将一个新的标签添加到该IP数据包的头部,并告诉下一跳(下一个节点)如何转发它。

(4) 在出口处为IP数据包去掉标签。在MPLS的出口LER上,将IP数据包中的标签去掉,然后继续进行转发。

3. MPLS VPN的概念和组成

在学习了MPLS的相关知识后,下面学习MPLS VPN的有关内容。MPLS VPN是利用MPLS中的LSP作为实现VPN的隧道,用标签和VPN ID对特定VPN的数据包进行唯一识别。在无连接的网络上建立的MPLS VPN,所建立的隧道是由路由信息的交互而得的一条虚拟隧道(即LSP)。

与本章前面介绍的基于第二层和第三层隧道协议的VPN相比较,MPLS VPN可以充分利用MPLS技术的一些优势,为用户提供更安全、可靠的隧道连接服务,如MPLS的流量工程控制、服务质量(QoS)等。对于电信运营商,只需要在网络边缘设备(LER)上启用MPLS服务,对于大量的中心设备(LSR)不需要进行配置,就可以为用户提供MPLS VPN等服务。根据电信运营商边界设备是否参与用户端数据的路由,运营商在建立MPLS VPN时有两种选择:第二层解决方案,通常称为第二层MPLS VPN;第三层解决方案,通常称为第三层MPLS VPN。在实际应用中,MPLS VPN主要用于远距离连接两个独立的内部网络,这些内部网络一般都提供有边界路由器,所以多使用第三层MPLS VPN来实现。下面将以第三层MPLS VPN为例进行介绍。如图9-22所示,一个MPLS VPN系统主要由以下几个部分组成。

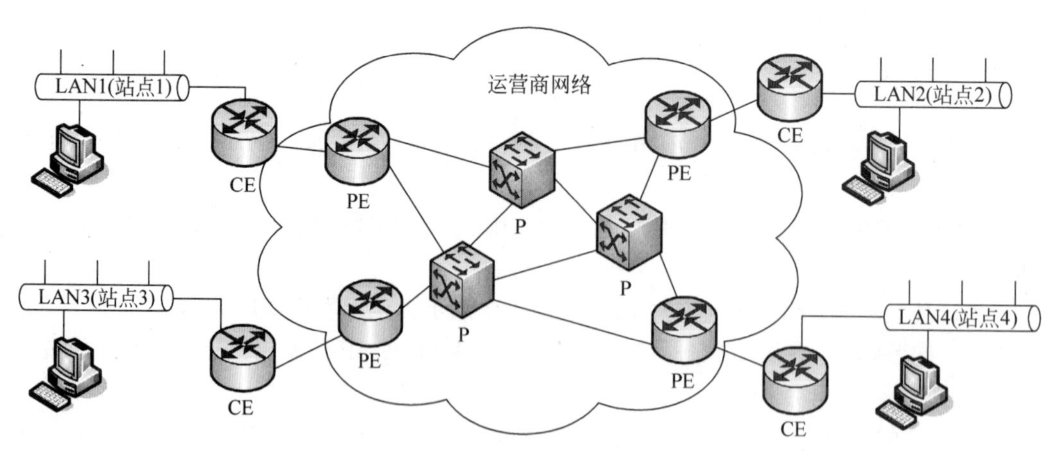

图9-22 MPLS VPN的组成

(1) 用户边缘(Custom Edge,CE)设备。CE 设备属于用户端设备，一般由单位用户提供，并连接到电信运营商的一个或多个提供商边缘路由器。通常情况下，CE 设备是一台 IP 路由器或三层交换机，它与直连的提供商边缘路由器之间通过静态路由或动态路由(如 RIP、OSPF 等)建立联系。之后，CE 将站点的本地路由信息广播给提供商边缘路由器，并从直连的提供商边缘路由器学习到远端的路由信息。

(2) 提供商边缘(Provider Edge,PE)设备。PE 路由器为其直连的站点维持一个虚拟路由转发表(Virtual Routing Forwarding,VRF)，每个用户链接被映射到一个特定的 VRF。需要说明的是，一般在一个 PE 路由器上同时会提供多个网络接口，而多个接口可以与同一个 VRF 建立联系。PE 路由器具有维护多个转发表的能力，以便每个 VPN 的路由信息之间相互隔离。PE 路由器相当于 MPLS 中的 LER。

(3) 提供商(Provider,P)设备。P 路由器是电信运营商网络中不连接任何 CE 设备的路由器。由于数据在 MPLS 主干网络中转发时使用第二层的标签堆栈，所以 P 路由器只需要维护到达 PE 路由器的路由，并不需要为每个用户站点维护特定的 VPN 路由信息。P 路由器相当于 MPLS 中的 LSR。

(4) 用户站点(Site)。用户站点是在一个限定的地理范围内的用户子网，一般为单位用户的内部局域网。

4. MPLS VPN 的数据转发过程

在 MPLS VPN 中，通过以下 4 个步骤完成数据包的转发。

(1) 当 CE 设备将一个 VPN 数据包转发给与之直连的 PE 路由器后，PE 路由器查找该 VPN 对应的 VRF，并从 VRF 中得到一个 VPN 标签和下一跳(下一节点)出口 PE 路由器的地址。其中，VPN 标签作为内层标签首先添加在 VPN 数据包上，接着将在全局路由表中查到的下一跳出口 PE 路由器的地址作为外层标签再添加到数据包上。于是，VPN 数据包被封装了内、外两层标签。

(2) 主干网的 P 路由器根据外层标签转发 IP 数据包。其实，P 路由器并不知道它是一个经过 VPN 封装的数据包，而把它当作一个普通的 IP 分组进行传输。当该 VPN 数据包到达最后一个 P 路由器时，数据包的外层标签将被去掉，只剩下带有内层标签的 VPN 数据包，接着 VPN 数据包被发往出口 PE 路由器。

(3) 出口 PE 路由器根据内层标签查找到相应的出口后，将 VPN 数据包上的内层标签去掉，然后将不含标签的 VPN 数据包转发给指定的 CE 设备。

(4) CE 设备根据自己的路由表将封装前的数据包转发到正确的目的地。

综上所述，MPLS VPN 的优势在于可以通过相同的网络结构支持多种 VPN，并不需要为每一个用户分别建立单独的通道。同时，MPLS VPN 将基于 IP 网络的 VPN 功能内置于网络本身，无需复杂的配置和管理。

9.5.2 SSL VPN

视频讲解

前面介绍的 MPLS VPN 是由电信运营商为企业用户提供的一种实现内部网络之间远程互联的业务，而本节将要介绍的 SSL VPN 主要供企业移动用户访问内部网络资源时使用。

1. SSL VPN 的功能

SSL VPN 是一种借助 SSL 协议实现安全 VPN 通信的远程访问解决方案。远程用户通过 SSL VPN 能够访问企业内部的资源，这些资源包括 Web 服务、文件服务（如 FTP 服务、Windows 网上邻居服务）、可转换为 Web 方式的应用（如 Webmail）以及基于 C/S 的各类应用等。SSL VPN 属于应用层的 VPN 技术，VPN 客户端与服务器之间通过 HTTPS 安全协议建立连接和传输数据。

SSL VPN 的核心是 SSL 协议。SSL 协议是基于 Web 应用的安全协议，它指定了在应用层协议（如 HTTP、Telnet、FTP 等）和 TCP/IP 协议之间进行数据交换的安全机制，为 TCP/IP 连接提供数据加密、服务器认证以及可选的客户端认证等功能，有关 SSL 协议的详细内容已在本书第 4 章进行了专门介绍。

目前 SSL VPN 的应用模式基本上分为 3 种：Web 浏览器模式、SSL VPN 客户端模式和 LAN 至 LAN 模式。其中，由于 Web 浏览器模式不需要安装客户端软件，只需要通过标准的 Web 浏览器（如 Windows 操作系统的 IE 等）连接 Internet，即可以通过私有隧道访问到企业内部的网络资源。这样，无论是在软件购买成本，还是系统的维护、管理成本上都具有一定的优势，所以 Web 浏览器模式的应用最为广泛。不过，需要说明的是，SSL VPN 并非"无须安装客户端软件"，而是可以不单独安装客户端软件。根据用户需要，现在大部分 SSL VPN 系统既可以使用专门的 SSL VPN 客户端软件，也可以直接使用标准的 Web 浏览器。当使用标准的 Web 浏览器时，一般需要安装专门的 Web 浏览器控件（插件）。本节主要以 Web 浏览器模式为主介绍 SSL VPN 的实现原理和主要应用。

2. 基于 Web 浏览器模式的 SSL VPN

基于 Web 浏览器模式的 SSL VPN 在技术上将 Web 浏览器软件、SSL 协议及 VPN 技术进行了有机结合，在使用方式上可以利用标准的 Web 浏览器，并通过遍及全球的 Internet 实现与内部网络之间的安全通信，已成为目前应用最为广泛的 VPN 技术。

如图 9-23 所示，SSL VPN 客户端使用标准 Web 浏览器通过 SSL VPN 服务器（也称为 SSL VPN 网关）访问单位内部网络中的资源。在这里，SSL VPN 服务器扮演的角色相当于一个用于数据中转的代理服务器，所有 Web 浏览器对内部网络中以 Web 方式提供的资源的访问都经过 SSL VPN 服务器的认证。内部网络中的服务器（如 Web、FTP 等）发往 Web 浏览器的数据经过 SSL VPN 服务器加密后送到 Web 浏览器，从而在 Web 浏览器和 SSL VPN 服务器之间由 SSL 协议构建了一条安全通道。

在以上通信过程中，需要注意以下几点。

(1) SSL VPN 系统是由 SSL、HTTPS、SOSKS 这 3 个协议相互协作实现的。其中，SSL 协议作为一个安全协议，为 VPN 系统提供安全通道；HTTPS 协议使用 SSL 协议保护 HTTP 应用的安全；SOCKS 协议实现代理功能，负责转发数据。SSL VPN 服务器同时使用了这 3 个协议，而 SSL VPN 客户端对这 3 个协议的使用有所差别，Web 浏览器只使用 HTTPS 和 SSL 协议，而 SSL VPN 客户端程序则使用 SOCKS 和 SSL 协议。

(2) SSL VPN 客户端与 SSL VPN 服务器之间通信时使用的是 HTTPS 协议。由于 HTTPS 协议是建立在 SSL 协议之上的 HTTP 协议，所以在 SSL VPN 客户端与 SSL VPN 服务器之间进行通信时，首先要进行 SSL 握手，握手过程结束后再发送 HTTP 数据包。

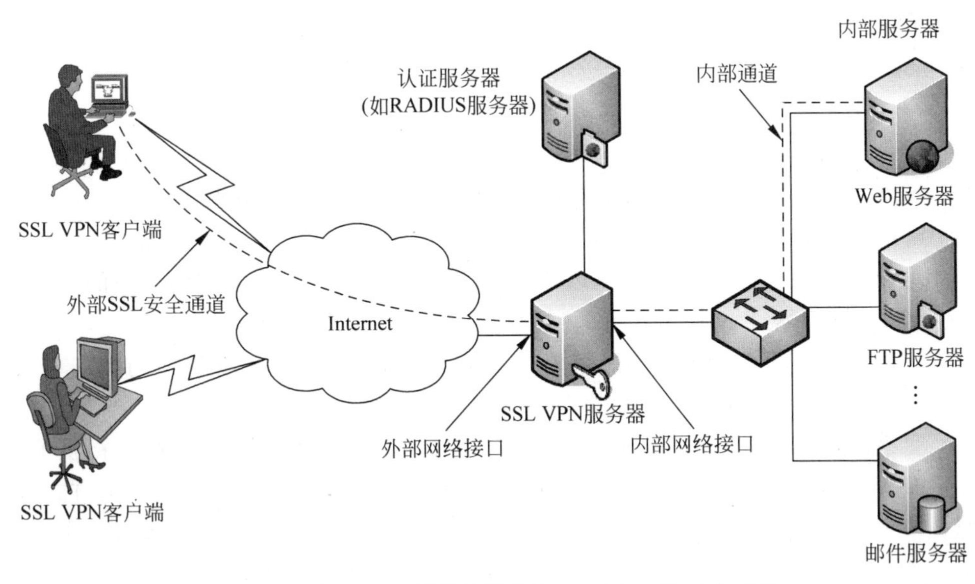

图 9-23 基于 Web 浏览器模式的 SSL VPN 的工作过程

(3) SSL VPN 服务器与单位内部网络中的服务器之间的通信使用的是 HTTP 协议。SSL VPN 客户端对发送的数据首先进行加密处理，然后通过 HTTPS 协议发送给 SSL VPN 服务器。当 SSL VPN 服务器接收到 SSL VPN 客户端的该数据后，解密该数据，得到明文的 HTTP 数据包。然后，SSL VPN 服务器将 HTTP 数据包利用内部的数据通信传输给要访问的资源服务器。从内部资源服务器到 SSL VPN 客户端的数据传输过程正好相反。

(4) HTTP 代理。SSL VPN 服务器提供了 HTTP 代理功能。HTTP 代理用于将客户端的请求转发给服务器，同时将服务器的响应转发给客户端。在 SSL VPN 系统中，SSL VPN 服务器相当于一台代理服务器，它将客户端与服务器之间的通信进行了隔离，隐藏了内部网络的信息。不过，HTTP 代理是基于 TCP 协议的，UDP 数据报无法通过 HTTP 代理。如果客户端需要通过 HTTP 代理来访问 UDP 服务，客户端就需要将 UDP 数据报转换为 TCP 报文段，再发送给 HTTP 代理，而 HTTP 代理在接收到 TCP 报文段后将它再还原为 UDP 数据报，并转发给目的服务器。

(5) 可 Web 化应用。凡是可以通过应用转换，隐藏其真实应用协议和端口，以 Web 页面方式提供给用户的应用协议，称为可 Web 化应用。例如，当我们使用邮件客户端软件（如 Foxmail、Outlook 等）进行邮件收发操作时，邮件服务器需要同时开放 POP3 协议的 110 端口和 SMTP 协议的 25 端口。但是，在支持 Webmail 方式的邮件系统中，用户可以通过访问 Web 页面收发邮件，邮件系统向用户隐藏了真正的邮件服务器所提供的端口。

(6) 客户端控件。当客户端需要访问内部网络中的 C/S 应用时，它从 SSL VPN 服务器下载控件。该控件是一个服务监听程序，用于将客户端的 C/S 数据包转换为 HTTP 协议支持的连接方法，并通知 SSL VPN 服务器它所采用的通信协议（TCP 或 UDP）及要访问的目的服务地址和端口。客户端上的控件与 SSL VPN 服务器建立安全通道后，在本机上接收客户端的数据，并通过 SSL 通道将数据转发给 SSL VPN 服务器。SSL VPN 服务器解密数据包后直接转发给内部网络中的目的服务器。SSL VPN 服务器在接收到内部网络中目的服务器的响应数据包后，再通过 SSL 通道发送给客户端控件。客户端控件解密 SSL 数据包后转发给客户端应用程序。

3. SSL VPN 的应用特点

在 VPN 应用中，SSL VPN 属于较新的一项技术。相对于传统的 VPN(如 IPSec VPN)，SSL VPN 既有其应用优势，也存在不足。SSL VPN 的主要优势如下。

(1) 可以不安装单独的客户端软件。虽然 SSL VPN 支持 3 种不同的工作模式，但在实际应用中多使用 Web 浏览器模式。Web 浏览器模式不需要在客户端安装单独的客户端软件，只要使用标准的 Web 浏览器即可。

(2) 支持大多数设备。SSL VPN 不仅支持在计算机上使用，还支持使用标准 Web 浏览器的个人数字助理(Personal Digital Assistant，PDA)等移动设备。

(3) 安全性较高。SSL VPN 在 Internet 等公共网络中通过使用 SSL 协议提供了安全的数据通道，并提供了对用户身份的认证功能，认证方式除了传统的用户名/密码方式外，还可以是数字证书、RADIUS 等多种方式。SSL VPN 能对加密隧道进行细分，从而使用户在浏览 Internet 上公有资源的同时，还可以访问单位内部网络中的资源。

(4) 方便部署。SSL VPN 服务器一般位于防火墙内部，为了使用 SSL VPN 业务，只需要在防火墙上开启 HTTPS 协议使用的 TCP 443 端口即可。

(5) 支持的应用服务较多。通过 SSL VPN，客户端目前可以方便地访问单位内部网络中的 WWW、FTP、电子邮件、Windows“网上邻居”等常用的资源。目前，一些公司推出的 SSL VPN 产品已经能够为用户提供在线视频、数据库等多种访问。而且随着技术的不断发展，SSL VPN 将会支持更多的访问服务。

虽然 SSL VPN 技术具有很多优势，但在应用中存在的一些不足也逐渐显露了出来。

(1) 占用系统资源较大。SSL 协议由于使用公钥密码算法，所以运算强度要比 IPSec VPN 大，需要占用较多的系统资源。所以，SSL VPN 的性能会随着同时连接的用户数的增加而下降。

(2) 支持的应用有限。目前，大多数 SSL VPN 都是基于标准的 Web 浏览器工作的，能够直接访问的主要是 Web 资源，其他资源的访问需要经过可 Web 化应用处理，系统的配置和维护都比较困难。另外，SSL VPN 客户端对 Windows 操作系统的支持较好，但对 UNIX、Linux 等操作系统的支持较差。

另外，SSL VPN 的稳定性还需要提高，同时，许多客户端防火墙软件和防病毒软件都会对 SSL VPN 产生影响。

习题 9

9-1 什么是 VPN 技术？与传统的应用专线连接相比，VPN 有何特点？

9-2 分别介绍内联网 VPN、外联网 VPN 和远程接入 VPN 的组网特点。

9-3 结合如图 9-5 所示的隧道工作示意图，描述隧道的工作原理及应用特点。

9-4 在隧道建立过程中，主动式隧道与被动式隧道有何不同？

9-5 结合 OSI 参考模型各层的功能划分，试分析第二层隧道协议和第三层隧道协议的实现原理及应用特点。

9-6　对比分析第二层隧道协议 PPTP、L2F 和 L2TP 的实现原理及应用特点。

9-7　简述 GRE 隧道的形成过程及应用特点。

9-8　分析 IPSec 的安全体系，掌握 IKE、AH、ESP 的功能及实现方法。

9-9　结合 IP 技术和 ATM 技术，介绍 MPLS 的技术优势及实现原理。

9-10　结合 MPLS 的实现原理，介绍 MPLS VPN 的数据转发过程。

9-11　与 MPLS VPN 相比，SSL VPN 有何应用特点？

9-12　简述基于标准 Web 浏览器方式的 SSL VPN 的工作过程。

9-13　利用单位网络（如校园网）已有的条件，组建一台 VPN 服务器，供用户在外部（如家中）拨号访问内部的网络资源。

*第10章

网络安全前沿技术

目前，网络空间安全博弈日趋激烈，先进的网络安全技术已成为主动应对安全威胁、及时打破安全攻防不对称局面的关键要素。针对目前复杂的网络环境，其安全现状及趋势主要表现在以下几个方面。

(1) 在新一代面向信息服务的网络安全威胁中，80%是传统攻击，20%是新型攻击。基于未知漏洞、后门、共享资源侧信道等威胁成为主流。

(2) 现有网络安全系统对付已知恶意代码攻击采用传统的“老三样”(防火墙、病毒查杀、入侵检测)基本可以胜任，但对付未知恶意代码、协同攻击或企业网内部攻击则没有什么有效的办法。

(3) 大安全时代下，国家运转、社会基础设施、老百姓的衣食住行都架构在网络上，网络一旦遭受攻击，国家安全、社会秩序和人民生活将受到严重影响。因此，必须具备“看见”威胁和攻击的能力，只有“看见”威胁才能阻断威胁。

(4) 总体上，网络空间安全形势日趋复杂严峻，主要表现在：边界范畴更加扩大，恶性事件更加频发，攻防对抗更加升级，国家竞争更加突出。

(5) 工业控制系统成为恶意攻击的主要目标，针对工业控制领域的安全问题主要表现在：大量的工业控制系统采用私有协议通信，缺少安全设计和论证；工业控制系统运行环境相对复杂；牺牲安全性，换取智能化；安全更新维护不及时。因此，须构建设备安全、架构安全、通信安全、配置安全、数据安全的系统安全防护体系。

(6) App违法违规收集使用个人信息现象严重，需要建立实时处置和事前预防机制，营造全社会对个人信息保护高度关注的氛围。

为此，本章选择部分有代表性的技术进行介绍，希望能够拓宽读者的知识面。

10.1　可信计算

目前，无论是信息的提供者还是访问者，对信息的安全要求及重视程度越来越高，人们对信息安全的要求已超出了传统定义中的保密性、完整性、可靠性、可用性和不可抵赖性这5大要素，继承传统技术和应用、体现当前应用需求和技术特点、融合现代管理理念和人类社会信任机制的可信计算(Trusted Computing)技术成为信息安全领域的新元素，并在实践中不断探索和发展。

10.1.1　可信计算概述

在现代信息安全领域，密码学是理论基础，网络安全是基本手段，硬件尤其是芯片安全是基本保障，操作系统安全是关键，应用安全是目的。对于计算机系统，要增强系统的安全性，就需要从底层软硬件(包括芯片、主板、BIOS、体系结构等)、操作系统、数据库、应用系统、网络等方面逐层逐级做起，从技术、制度和管理等方面综合采取措施，立足系统、注重环节、加强关联，从早期以防火墙、入侵检测技术为代表的边界安全到关注每个节点的全网安全，从传统的分而治之的安全措施到今天的注重整体的安全思路，从以往众多安全设备的逻辑叠加到现在以统一的视角去审视和实现安全，从前一阶段集中于数据传输过程到如今从接入、传输、应用直至后期存储和分析处理等全过程的安全观的转变，这便是可信计算的实现思路。

国内外学者通过多年来的广泛研究和实践，提出了可信计算的基本思想：在计算平台中，首先创新一个安全信任根，再建立从硬件平台、操作系统到应用系统的信任链，在这条信任链上从根开始进行逐级度量和验证，以此实现信任的逐级扩展，从而构建一个安全可信的计算环境。一个可信计算系统由信任根、可信硬件平台、可信操作系统和可信应用组成，其目标是提高计算平台的安全性。

随着1983年美国国防部国家计算机安全中心《可信计算机系统评价准则》(TCSEC)的问世，可信计算机(Trusted Computer)和可信计算基(TCB)的概念被提出。随后，美国国防部分别在1987年和1991年相继提出了可信网络解释(Trusted Network Interpretation，TNI)和可信数据库解释(Trusted Database Interpretation，TDI)。这一系列信息安全指导文件即著名的“彩虹系列”，标志着可信计算技术的出现，并给出了可信计算的评价检测和主要应用领域。

1999年，美国的IBM、HP、Intel、Microsoft、Compaq和日本的SONY等世界著名IT公司联合成立了可信计算平台联盟(Trusted Computing Platform Alliance，TCPA)，并于2003年更名为可信计算组织(Trusted Computing Group，TCG)，标志着可信计算技术从原来的评价准则发展到开始有了相应的技术规范和系统结构，可信计算从最初的设想已经演进为可供应用或借鉴的标准和技术。目前，TCG这一非营利组织已制定了可信PC、可信平台模块(Trusted Platform Module，TPM)、可信软件栈(TCG Software Stack，TSS)、可信服务器、可信网络连接(Trusted Network Connect，TNC)、可信多租户基础设施(Trusted Multi-tenant Infrastructure，TMI)、可信移动解决方案(Trusted Mobility Solutions，TMS)、可信手机模块等一系列可信技术规范。在这些技术规范文件的指导下，推出了一系列可信计算产品，可信计算技术快速走向应用。我国从2000年开始进行可信计算的研究，结合我国信息安全要求，在TCG相关规范的指导下开发了大量的安全产品，并以成功研制出的自主安全芯片可信密码模块(Trusted Cryptography Module，TCM)为基础建立了可信计算密钥支撑平台体系结构。

在可信计算中，针对环境是信息系统，实现方法是可信度量的继承和传递，目标是实体行为预期的可靠性、可用性和安全性。

10.1.2 可信根

可信根是可信计算中的信任源，它是公认的不需要再次证明的可信起点，是信任关系建立的基础和核心。TPM的3个可信根分别为可信度量根(Root of Trust for Measurement，RTM)、可信存储根(Root of Trust for Storage，RTS)和可信报告根(Root of Trust for Reporting，RTR)。

1. RTM

RTM是对平台进行度量的可信源，它是可信计算中一个存储在TPM之外的软件模块，其功能是计算被度量模块的状态信息，并将结果保存在过程控制系统中。RTM在具体实现时以可信度量核心根(Core Root of Trust for Measurement，CRTM)为度量根。CRTM是平台执行RTM时的一段代码，而且是系统初始化时执行的第一段代码，通过执行最初的可信度量来奠定系统最初的可靠性。在CRTM执行后，再引导TPM开始工作。在可信计算机系统中，CRTM一般存放在BIOS中，在系统加电时首先对BIOS的完整性进行度量。

RTM分为动态可信根度量(Dynamic RTM，DRTM)和静态可信根度量(Static RTM，SRTM)两种类型。图10-1所示为SRTM的执行过程，其中左边是度量过程，右边是执行过程，整个工作过程为先度量后转换控制权的方式。显然，SRTM只用于系统启动时执行，而DRTM还可以在系统启动后的任何时候根据需要执行。表10-1列出了TCG规范中SRTM和DRTM的主要区别。

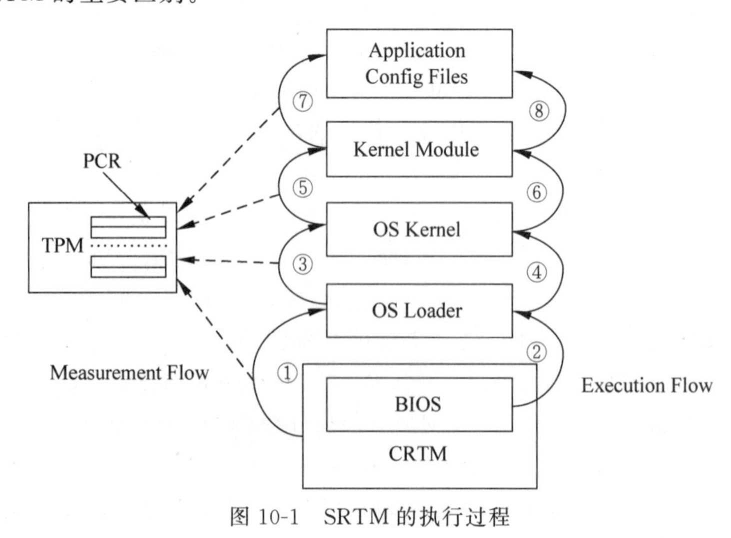

图10-1 SRTM的执行过程

表 10-1　TCG 规范中 SRTM 和 DRTM 的主要区别

名　　称	度量方式	可信根	运行方式	主要用途
静态可信根度量(SRTM)	基于数据完整性的静态度量	TPM	仅平台启动时	PC 等频繁开关机的系统
动态可信根度量(DRTM)	基于软件行为的动态度量	CPU	平台启动后的任何时间	服务器等长时间运行的计算平台

TCG 采用数据的完整性作为对其可信性度量的依据，具体通过计算数据的 Hash 函数实现。对于正确无误的原始数据，首先计算其 Hash 值，将结果保存在安全存储器(如 PCR)中。之后，当系统需要调用这些数据资源时，需要重新计算其当前的 Hash 值，然后将计算结果与安全存储器中保存的值进行比较，根据比较结果是否相等判断数据的完整性是否被破坏。进而确定当前数据的正确性以及系统运行状况的真实性和可靠性，基于数据完整性的度量是一种静态度量。度量既是一种手段，也是一种方法，通过对静态数据和动态信息计算 Hash 值，并与安全存储器中的真实值进行比较，不但能够实现对用户身份、平台身份和平台状态的可信认证，而且可有效防范病毒、蠕虫等恶意代码的破坏和有目的的网络攻击。

2. RTS

RTS 是 TPM 芯片中一个记录模块完整性度量值的计算引擎，完整性度量的 Hash 值保存在 TPM 芯片的一组平台配置寄存器(Platform Configuration Register，PCR)中。另外，需要在 TPM 中使用的存储根密钥(Storage Root Key，SRK)和数据也存储在 PCR 中，其中密钥用于完成解密和签名。

考虑到 TPM 存储空间的有限性，在平台启动时 PCR 值被重置为默认值，而在平台正常启动之后则以如下所示的扩展计算 Hash 值的方式更改 PCR 的值，即新的 PCR 值等于原 PCR 值与扩展值(New Value)关联后再计算得到的 Hash 值。

PCR 值的这种迭代更改机制，建立了位于安全存储空间 PCR 中的 Hash 值与外部存储空间中的数据(如存放在磁盘中的日志文件)之间关联性，以及扩展值的顺序性和 PCR 值的不可回滚性。

3. RTR

RTR 是一个可靠报告 RTS 的计算引擎，它由 TPM 芯片中的 PCR 和背书密钥(Endorsement Key，EK)组成。RTR 向外提供精确和可靠的报告信息，以证实平台状态的可信性。

需要说明的是，RTM 是一个软件模块，是对平台进行度量的可信源；RTS 由 TPM 芯片和 SRK 组成，是平台可信性度量值存储的可信源；RTR 由 TPM 芯片和 EK 组成，是平台向外提供平台可信性状态报告的可信源。这 3 个可信根保存在 TPM 和 BIOS 中，其功能符合相关的可信标准，而且不能进行修改，同时确保其物理安全性。在此基础上，首先对平台的可信性进行度量，再将度量值进行存储，当平台访问实体需要时再提供可信性状态报告。这一机制不仅实现了平台内部的可信，而且能够向外提供可信服务。

10.1.3 信任链

图 10-2 所示为 TCG 信任链度量模型。可信计算平台将 BIOS 引导模块作为完整性度量的可信根，将 TPM 作为完整性报告的可信根，当平台加电启动时，BIOS 引导模块度量 BIOS 的完整性并将结果保存在 TPM 的 PCR 中，同时在自己的可写内存中记录日志信息；紧接着，BIOS 度量硬件和 ROM 的完整性，并将值保存在 TPM 中，而且将该日志记录在内存中；随后，OS Loader 度量操作系统（Operating System，OS），OS 度量应用程序和新的 OS 组件。通过先度量再移交控制权的方式，创建一条以 CRTM 为信任源的信任链，保证了系统平台的可信性。

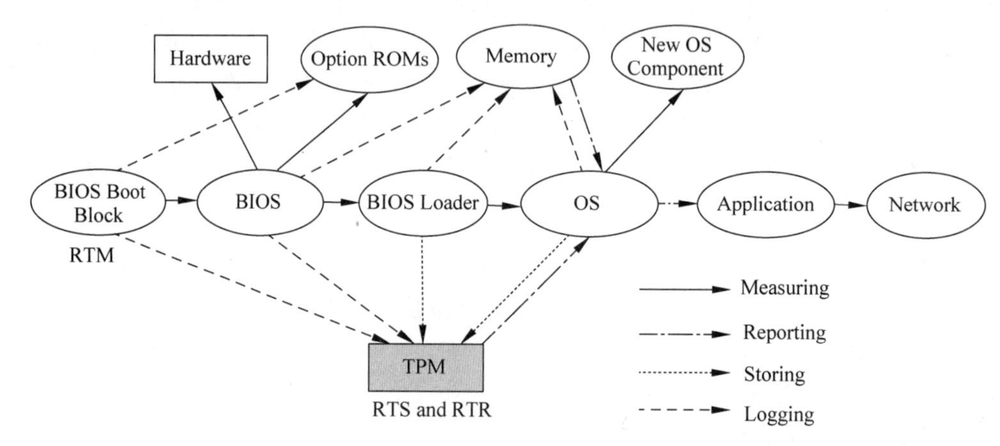

图 10-2 TCG 信任链度量模型

TCG 在不改变计算机系统启动方式的前提下，利用启动过程中每个环节的数据完整性来度量和判断平台的可信状态，实现系统控制权随着度量操作的进行而转移。TCG 采用度量、存储和报告的机制证明平台的可信性，信任链技术便是完整记录这一过程并将度量结果保存，以及当访问实体询问时提供报告的一种技术。TCG 定义的信任链如下。

CRTM→BIOS→OSLoader→OS→Application

10.1.4 密钥和证书体系

可信计算是基于公钥密钥技术实现的，本节介绍可信计算中密钥管理体系的建设以及密钥的管理方法。

1. TPM 密钥管理体系

设计 TPM 时，在充分考虑其可靠性和安全性的同时，系统的实用性和可扩展性也是其重要特征。在 TPM 中，每个密钥在创建时都赋予了相应的属性。其中，根据一个密钥能否从一个可信计算平台移动到另一个可信计算平台，TPM 中的密钥分为可迁移密钥和不可移动密钥两种类型。其中，可迁移密钥可以用于在不同的 TPM 平台之间交换信息，而不可迁移密钥只能封装在 TPM 中，对接收到的信息进行解密操作。下面简要介绍 TCG 规范定义的7种密钥类型(主要功能介绍如表10-2所示),为了限制密钥的应用,每一种密钥类型都存在一定的约束条件,其中TCG规范中定义的RSA密钥长度为512～16384b,但实际使用时只有1024b和2048b两种。另外,TCG规范中也允许使用运行效率更高的对称密码。同时,Hash函数采用SHA-1。

表10-2　TCG中定义的7种密钥类型

名称	密钥长度/b	类　型	属　性	主要用途
背书密钥	2048	非对称密钥	不可迁移密钥	解密平台拥有者的授权数据和与产生AIK相关的数据
平台身份认证密钥	2048	非对称密钥	不可迁移密钥	专用于对TPM产生的数据进行签名
存储密钥	1024或2048	非对称密钥	可迁移密钥(除SRK外)	加密数据或其他密钥
签名密钥	1024	非对称密钥	可/不可迁移密钥	对应用数据和信息进行签名
绑定密钥	1024	非对称密钥	可/不可迁移密钥	对对称密钥进行安全管理
验证密钥	1024	对称密钥	可/不可迁移密钥	保护TPM传输会话
继承密钥	/	非对称密钥	可/不可迁移密钥	签名和加密

(1) 背书密钥。背书密钥(EK)也称为签署密钥,是一个2048b的RSA密钥,每一个TPM拥有一个唯一的EK,是TPM唯一的标识,它在TPM芯片制造时产生,并固化到安全芯片中,不允许被修改。EK是一种封闭在TPM保护区中的不可迁移密钥,其私钥priv_EK以明文形式保存在TPM中的屏蔽区域(Shield Location),永远不会离开TPM,而且只用于解密SRK和从CA接收到的平台身份认证密钥(Attestation Identity Key,AIK)证书,而不能用来加密数据或进行签名操作,而公钥pub_EK以数字证书的形式进行管理和使用。

(2) 平台身份认证密钥。由于EK与TPM之间存在一一对应的关系,当直接用EK进行签名操作时会暴露TPM的身份,而TPM在日常应用中则与平台使用者(互联网中的人、车联网中的车辆等)建立对应关系,所以为了避免产生对平台使用者隐私的泄露,一般不直接使用EK,而是通过平台身份认证密钥(AIK)作为EK的代理实现对PCR的签名操作。

AIK是一个2048b的RSA不可迁移签名密钥,仅对TPM产生的数据(如TPM配置信息、PCR寄存器的值等)进行签名。AIK在EK的控制下在TPM内部产生,考虑到TPM内部存储空间的限制,AIK可以在存储根密钥加密后移出TPM保存到本地的硬盘上,当需要时再移入TPM并经SRK解密后使用。在可信计算环境中,一般采用AIK密钥对作为身份认证协议,所以加强对AIK密钥对的管理是确保身份认证可靠性的前提。

(3) 存储密钥。存储密钥(Storage Key,SK)是一种用于加密数据和其他密钥的非对称密钥,分为存储根密钥(Storage Root Key,SRK)和普通存储密钥SK。其中,SRK是一个永久保存在TPM中的不可迁移的密钥,它是一个最高级的存储密钥。SK在TPM内部产生,如果SK是不可迁移的,它被SRK或其父密钥加密后保存在本平台的硬盘上;如果SK是可迁移的,它被其父密钥加密后保存在本平台或其他平台的硬盘上。存储在TPM之外的SK处于未激活状态,当需要时必须调入TPM进行激活。

(4) 签名密钥。签名密钥(Signing Key,SIGK)是用来对应用数据和消息进行签名的非对称密钥，既可以是可迁移密钥，也可以是不可迁移密钥。SIGK 在 TPM 内部产生，在其父密钥加密后保存到 TPM 外部的硬盘中，需要时再调入 TPM 内部使用。

(5) 绑定密钥。在使用对称密钥的加密系统中，密钥的发布和管理是一件困难的事情。绑定密钥(Binding Key，BK)的主要功能是使用非对称密钥机制，在一个 TPM 平台上利用公钥加密对称密钥，然后在另一个 TPM 平台利用对应的私钥进行解密。BK 的保存和使用方法与 SIGK 相同。

(6) 验证密钥。验证密钥(Authentication Key，AK)是一种对称密钥，用于对 TPM 传输会话的保护。传输会话(Transport Session)是在软件调用 TPM 命令时采用的一种保护机制，可以防止攻击者窃听在硬件总线上传递的数据。

(7) 继承密钥。继承密钥(Legacy Key，LK)是在 TPM 外部生成的可迁移密钥，当需要进行签名和加密操作时再导入 TPM 中。

图 10-3 所示为 TPM 密钥体系结构，其中，EK 和 SRK 封装在 TPM 内部，SRK 是一个根密钥，用于在 TPM 内部生成其他的密钥。当一个密钥需要离开 TPM(可迁移密钥)时，需要使用位于 TPM 中的父密钥进行加密。在以 SRK 为根的树状结构中，由于存在层层加密的关系，所以一个经加密后的数据需要从树叶到树根依次解密后才能使用。TPM 的这种工作机制，构建了可靠的信任链。

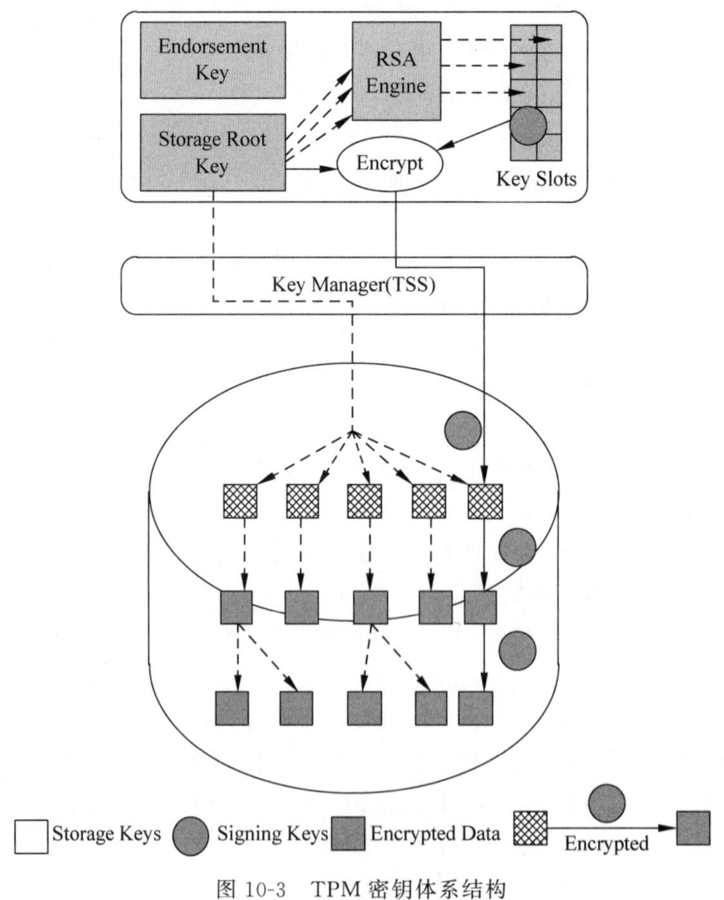

图 10-3　TPM 密钥体系结构

2. TPM 的证书

TCG 采用公钥基础设施(PKI)体系对 TPM 公钥密码的密钥进行管理,所以 TCG 规范中提供了各类数字证书。在可信计算信任链建立过程中,数字证书是可信传递的重要手段,在可信计算应用中,实体之间的身份认证需要证书技术作为保障。无论是可信计算技术自身的实现,还是可信计算对外提供的安全服务,都离不开数字证书的支持。为配合不同的应用,TCG 规范定义了 5 类证书:背书证书(Endorsement Credential,也称为 EK 证书)、一致性证书(Conformance Credential)、平台证书(Platform Credential)、确认证书(Validation Credential)和平台身份认证证书(Attestation Identity Credential,也称为 AIK 证书)。

1) 背书证书

背书证书是发给特定 TPM 的证书,与 TPM 是一一对应关系,其包含的公钥为 pub_EK,对应的私钥为 priv_EK,该证书在 TPM 生成 EK 时同时生成。出于对 TPM 身份的保护,pub_EK 仅在极少数情况下(如 TPM 向 CA 申领 AIK 证书时)会向外公布,用来向 TPM 发送加密信息,然后用 priv_EK 解密。而 priv_EK 永远保存在 TPM 中,也永远不会用于签名。

2) 一致性证书

一致性证书用于声明和证实某一类计算平台的实现是基于 TCG 规范中的哪些具体内容,或符合哪些具体的安全要求,即指出 TPM 的设计和实现所遵循的 TCG 规范。

3) 平台证书

平台证书又称为平台背书证书,用于声明和证实某一个计算平台(集成有 TPM 和 RTM)符合的 TCG 规范。与一致性证书不同的是,一致性证书是针对某一类计算平台的,而平台证书是针对某一个具体平台的。

4) 确认证书

确认证书是由第三方发布的针对系统中某一具体硬件、软件或组件的证书,该证书中包括了有关组件的度量值,用于证明该组件是安全的,如微软公司在某一版本的 Windows 操作系统中针对某一显卡驱动程序颁发的证书。

5) 平台身份认证证书

平台身份认证证书又称为 AIK 证书或 TPM 身份证书,它由隐私 CA(Privacy CA)产生,用于证明某一个平台是可信的,但并没有暴露该平台的私有信息。这是因为虽然 AIK 是由 EK 生成,即凡是经过 AIK 签名的实体都得到了 EK 的许可,但 AIK 中不包含任何有关平台和 EK 的隐私,这就使得 AIK 在不泄露 TPM 信息的情况下可以间接地证明 TPM 的身份,提高了系统的安全性。由于背书证书与 TPM 之间存在的一一对应关系,为了保护 TPM 的隐私,一般不直接使用背书证书,而是用平台身份认证证书来替代背书证书的应用。

表 10-3 描述了 TCG 规范中定义的 5 种证书类型的功能。

表 10-3　TCG 规范中定义的 5 种证书类型的功能

名　称	类　型	颁　发　者	主要用途
背书证书	X. 509 身份证书	TPM 制造商	确定 TPM 的身份
一致性证书	X. 509 属性证书	平台或模块制造商,或第三方 CA	指出某一类计算平台符合的 TCG 规范

续表

名　称	类　型	颁　发　者	主 要 用 途
平台证书	X.509属性证书	计算机平台制造商	指出某一个具体的计算平台符合的TCG规范
确认证书	X.509属性证书	设备制造商	指出某一个硬件的驱动程序符合的TCG规范
平台身份认证证书	X.509身份证书	隐私CA	代替背书证书证明某一平台是可信的

10.1.5　可信平台模块和可信计算平台

可信平台模块是可信计算中的关键技术，本节结合当前研究和应用实际，分别对其进行介绍。

1. 可信平台模块

TPM既是一套定义了安全密码处理器的规范，也是对此规范的一种实现方法，即TPM芯片。TPM是可信计算平台的信任根(分别为RTM、RTS和RTR)，是可信计算系统的核心模块，必须通过密钥管理和数据加密等技术，在确保自身安全的同时，能够为构建可信计算平台和远程证明提供可靠的服务。可信计算建立在密码学基础上，并以完整性度量作为可信依据，实现对度量值、加密数据、密钥、数字证书等平台数据的安全保护，并在外部实体需要时能够以数字签名方式证实和报告所存储的完整性度量值的真实性，是构建可信平台的基础。

1）TPM.next

TPM.next在TPM的基础上，广泛吸收以往的应用经验，主要对TPM的密码算法进行了较大幅度的改进。在原来TPM规范中主要配置了RSA公钥密钥算法，Hash函数采用了SHA-1，导致TPM的应用滞后于密钥技术的发展。为解决这一问题，TPM.next中开始支持对不同密钥算法(包括对称密码、非对称密码、Hash函数等)的自定义功能，具有适应性更广、运行效率更高、抗暴力攻击和中间人攻击的能力强、可管理性好等优点。同时，TPM.next还支持虚拟化功能，以适应服务器环境下的应用。

2）中国的TCM和TPCM

我国在可信计算领域的研究和应用创新虽然起步较晚，但成果已跻身于世界前列。其中，可信密码模块(Trusted Cryptography Module，TCM)是我国自行研制的可信安全芯片。TCM在借鉴TPM技术架构的基础上，密切联系我国信息安全的要求，在设计思想和技术路线上进行了有效创新，主要表现为：TCM的PKI采用签名密钥＋加密密钥的双证书机制，在密钥管理体系和基础密码服务体系等方面进行了改进，使用中的安全性更好，等等。

为解决TPM存在的一些不足，并使可信计算技术和产品能够符合我国信息安全的要求，我国在TPM的基础上研制了可信平台控制模块(Trusted Platform Control Module，TPCM)。TPCM的特点主要为：将RTM置于TPCM内部以增加平台信任根的安全性；平台启动时采用主动度量方式确保了平台可信度量的安全性；引入了我国国家商用密码算法以适应我国信息安全的要求；采用了高带宽的PCI/PCI-E总线作为TPCM与系统之间的数据通道从而提高了 TPCM 的适应性；增强了身份认证功能，等等。

2. 可信计算平台

为了将可信计算技术应用到具体的计算平台，TCG 提出了可信计算平台（Trusted Computing Platform，TCP）的概念。TCP 的实现思路是：通过在通用计算平台上引入可信安全芯片，再以该安全芯片为根实现信任链的构建、可信性度量、远程证明等可信计算技术，为平台环境提供从平台启动到应用程序运行全过程的可信度量、基于匿名证明及远程证明机制的平台证明、对待接入网络的平台的可信性进行验证等可信与安全保障。针对不同类型的计算平台，TCG 分别制定了可信 PC、可信服务器、可信 PDA、可信手机、可信虚拟机等相关的技术规范。同时，可信计算的相关技术、思想和研究成果也开始应用到当前各热点技术领域，如可信无线传感器网络、可信无线局域网、可信云计算等网络环境中。

TCG 规定一个可信计算平台需要具备保护能力（Protected Capabilities），完整性度量、存储及报告（Integrity Measurement，Storage and Reporting）和证明能力（Attestation Capabilities）3 个必要功能。

1）保护能力

保护能力是唯一能够对保护区域（如内存、寄存器等）中的敏感数据进行操作的一组命令，TPM 保护能力同时提供了密钥管理、随机数生成等安全与管理功能。

2）完整性度量、存储及报告

完整性度量指获得衡量某个模块可信度的特征值（Metrics），并将该值的摘要（Hash 函数值）保存到 PCR 的过程。其中，PCR 位于 TPM 内部，只用来存储度量值。当需要验证某个模块的完整性时，只需要计算该模块的摘要，然后与 PCR 中存储的值进行比较即可。在 TCG 体系中，所有软件和硬件（包括平台 BIOS 和操作系统等）都以模块的形式纳入被度量和保护的范围，都可能通过计算和比较其摘要值来验证完全性和可靠性。保护区域中存储的完整性度量值的真实性需要通过完整性报告证明。

3）证明能力

证明能力是用于确认信息正确性的过程，也是体现可信计算最根本的问题之一。在一个开放环境中，证明（Attestation）是建立可信关系的基本手段和有效途径。针对可信计算平台的证明主要涉及平台身份和平台配置状态两个方面。其中，平台身份证明（Attestation of Identity）一般通过提供与平台相关的证书来证明其是否可信，例如，背书证书是用于证明某一平台唯一性的证据；平台配置状态证明（Attestation of Platform）是一种比较和报告 PCR 中存储完整性度量值与当前计算所得的度量值之间是否一致的机制，以证明应用系统和软件是否安全可信。

可信计算的思想来自人类社会的信任机制，以权威的可信基为核心，通过实体（个体或群体）间信任逻辑关系的建立、度量和传递，实现信息系统的可信性。任何一个信息系统都由相应的硬件、网络和软件组成，为不同的用户（授权用户和非授权用户）提供不同类型的服务，同时，可信信息系统的构建是一个随着环境和应用需求的变化而变化的动态过程，信任机制的构建和信任关系的传递同时涉及硬件、软件、网络、用户、测评方法、管理架构等诸多方面。

10.2 大数据安全

各行各业已经转移到以数据为中心的轨道上，大数据时代已经到来。每天，遍及全球的互联网、社交网络、移动互联网设备、在线交易平台等都在持续不断地创造数量惊人的数据，而且数据产生的速度将会越来越快，产生的数据类型也会越来越复杂。大数据的产生自然带来了大数据的安全问题。

10.2.1 大数据概述

大数据从产生到现在，其概念和外延一直在随着技术和应用的发展而不断发展，本节主要介绍大数据的基本概念和特点，使读者对大数据有一个总体的认识。

1. 大数据的概念

大数据的应用和技术是在互联网快速发展中诞生的。随着互联网应用的快速发展，每天新增的网页数量以千万级计算，使用户检索信息越来越不方便。针对互联网信息检索带来的问题，2000年前后，谷歌等公司率先建立了覆盖数十亿网页的索引库，开始提供较精确的搜索服务，大大提升了人们使用互联网的效率，这是大数据应用的起点。

当时搜索引擎要存储和处理的数据，不仅数量之大前所未有，而且以非结构化数据为主，传统技术无法应对。为此，谷歌提出了一套以分布式为特征的全新技术体系，即后来陆续公开的Google文件系统（Google File System，GFS）、分布式并行计算（MapReduce）和分布式数据库（BigTable）等技术，以较低的成本实现了之前技术无法达到的数据规模。这些技术奠定了当前大数据技术的基础，可以认为是大数据技术的源头。

伴随着互联网产业的崛起，这种创新的海量数据处理技术在电子商务、定向广告、智能推荐、社交网络等方面得到应用，取得了巨大的商业成功。这启发了全社会开始重新审视数据的巨大价值，于是，金融、电信、公共安全等拥有大量数据的行业开始尝试这种新的理念和技术，取得初步成效。与此同时，业界也在不断对谷歌提出的技术体系进行扩展，使之能在更多的场景中使用。2011年，麦肯锡、世界经济论坛等机构对这种数据驱动的创新进行了研究总结，随即在全世界兴起了一股大数据热潮。

虽然大数据已经成为全社会热议的话题，但到目前为止，"大数据"尚无公认的统一定义。本书采用目前业界广泛使用的定义：大数据是指无法用现有的软件工具提取、存储、搜索、共享、分析和处理的海量复杂数据集合，同时也指新一代架构和技术，用于更经济、有效地从高频率、大容量、不同结构和不同类型的数据中获取价值。大数据的数据规模超出传统数据库软件采集、存储、管理和分析等能力的范畴，多种数据源、多种数据种类和格式冲破传统的结构化数据范畴，社会向着数据驱动型的预测、发展和决策方向转变，决策、组织、业务等行为日益基于数据和客观分析提出结果。

2. 大数据的基本特征

目前对于大数据特征的研究归纳起来可以分为规模、变化频度、种类和价值密度等几个维度，具体从数量（Volume）、多样性（Variety）、速度（Velocity）、价值（Value）以及真实性

(Veracity)5个方面(5V)进行认识和理解。

1) 数量

聚合在一起供分析的数据规模非常庞大。谷歌前CEO艾里克·施密特曾说:“现在全球每两天创造的数据规模等同于从人类文明至2003年产生的数据量总和。”“大”是相对的概念,对于搜索引擎,EB级(数据的存储单位从小到大依次为B、KB、MB、GB、TB、PB、EB、ZB、YB、DB、NB,依次为1024倍的关系)属于比较大的规模,但是对于各类数据库或数据分析软件,其规模量级会有比较大的差别。

2) 多样性

数据形态多样,根据生成类型可分为交易数据、交互数据、传感数据;根据数据来源可分为社交媒体数据、传感器数据、系统数据;根据数据格式可分为文本、图片、音频、视频、光谱等;根据数据关系可分为结构化、半结构化、非结构化数据;根据数据所有者可分为公司数据、政府数据、社会数据等。

3) 速度

一方面,数据的增长速度快;另一方面,要求数据访问、处理、交付等速度快。美国的马丁·希尔伯特说:“数字数据储量每3年就会翻一倍。人类存储信息的速度比世界经济的增长速度快4倍。”

4) 价值

尽管我们拥有大量数据,但是发挥价值的仅是其中非常小的一部分。大数据背后潜藏的价值巨大。美国社交网站Facebook有10亿用户,网站对这些用户信息进行分析后,广告商可根据结果精准投放广告。对广告商而言,10亿用户的数据价值可达到上千亿美元。

5) 真实性

一方面,对于虚拟网络环境下如此大量的数据需要采取措施确保其真实性和客观性,这是大数据技术与业务发展的迫切需求;另一方面,通过大数据分析,真实地还原和预测事物的本来面目也是大数据未来发展的趋势。

在以上介绍的大数据的5个基本特征中,“多样性”和“价值”最被大家所关注。“多样性”之所以最被关注,是因为数据的多样性使得其在存储、应用等各个方面都发生了变化,针对多样化数据的处理需求也成为技术重点攻关方向。而“价值”则不言而喻,不论是数据本身的价值还是其中蕴含的价值,都是企业、部门、政府机关所希望的。因此,如何将如此多样化的数据转化为有价值的存在,是大数据所要解决的重要问题。目前,大数据正在改变经济社会的管理方式、促进行业整合发展、推动产业转型升级、助力智慧城市建设、提升公安机关打防控能力等方面发挥着重要作用。

10.2.2 大数据关键技术

为了便于对大数据有一个整体的认识,下面主要从数据处理、存储、计算和分析方面,简要介绍有关大数据的主要技术。

1. 大数据处理技术

大数据对传统数据处理技术体系提出挑战。大数据来源于互联网、企业系统和物联网等信息系统,经过大数据处理系统的分析挖掘,产生新的知识用以支撑决策或业务的自动智能化运转。从数据在信息系统中的生命周期看,大数据从数据源经过分析挖掘到最终获得价值一般需要经过5个主要环节,包括数据准备、数据存储与管理、计算处理、数据分析和知识展现,技术体系如图10-4所示。每个环节都面临不同程度的技术上的挑战。

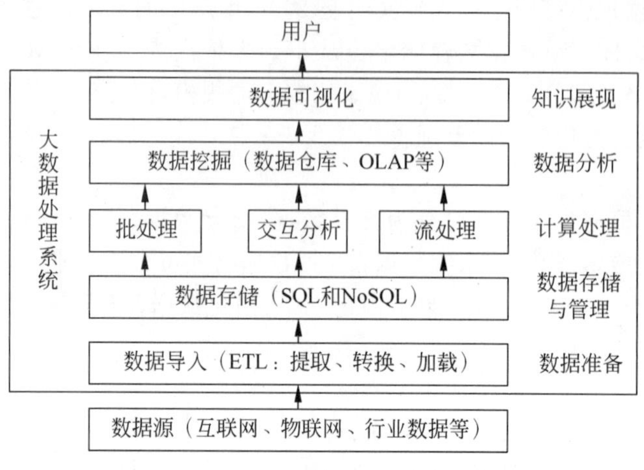

图10-4 大数据技术框架

1)数据准备环节

在进行存储和处理之前,需要对数据进行清洗、整理,传统数据处理体系中称为ETL(Extracting,Transforming,Loading),即提取、转换、加载过程。与以往的数据分析相比,大数据的来源多种多样,包括企业内部数据库、互联网数据和物联网数据,不仅数量庞大、格式不一,质量也良莠不齐。这就要求数据准备环节一方面要规范格式,便于后续存储管理,另一方面要在尽可能保留原有语义的情况下去粗取精、消除噪声。

2)数据存储与管理环节

当前全球数据量正以每年超过50%的速度增长,数据存储的成本和性能面临非常大的压力。大数据存储系统不仅需要以极低的成本存储海量数据,还要适应多样化的非结构化数据管理需求,具备数据格式上的可扩展性。

3)计算处理环节

需要根据处理的数据类型和分析目标,采用适当的算法模型,快速处理数据。海量数据处理要消耗大量的计算资源,对于传统单机或并行计算技术来说,速度、可扩展性和成本上都难以适应大数据计算分析的新需求。分而治之的分布式计算成为大数据的主流计算架构,但在一些特定场景下的实时性还需要大幅提升。

4)数据分析环节

数据分析环节需要从纷繁复杂的数据中发现规律,提取新的知识,是大数据价值挖掘的关键。传统数据挖掘对象多是结构化、单一对象的小数据集,更侧重根据先验知识预先人工建立模型,然后依据既定模型进行分析。对于非结构化、多源异构的大数据的分析,往往缺乏先验知识,很难建立显式的数学模型,这就需要发展更加智能的数据挖掘技术。

5)知识展现环节

在大数据服务于决策支撑场景下,以直观的方式将分析结果呈现给用户,是大数据分析的重要环节。如何让复杂的分析结果易于理解是一个不小的挑战。

2. 大数据存储管理技术

大数据存储管理中遇到的两个突出问题是：存储量大和数据格式多样。

(1) 数据的海量化和快速增长特征是大数据对存储技术提出的首要挑战。这要求底层硬件架构和文件系统在性价比上要大大高于传统技术，并能够弹性扩展存储容量。但以往网络附着存储系统(NAS)和存储区域网络(SAN)等体系，存储与计算在物理设备上分离，它们之间要通过网络接口连接，这导致在进行数据密集型计算(Data Intensive Computing)时I/O容易成为瓶颈。同时，传统的单机文件系统(如NTFS)和网络文件系统(如NFS)要求一个文件系统的数据必须存储在一台物理机器上，且不提供数据冗余性，在这种情况下，可扩展性、容错能力和并发读写能力难以满足大数据需求。

Google文件系统(GFS)和Hadoop分布式文件系统(Hadoop Distributed File System, HDFS)奠定了大数据存储技术的基础。与传统系统相比，GFS/HDFS将计算和存储节点在物理上结合在一起，从而避免在数据密集计算中易形成的I/O吞吐量的制约，同时这类分布式存储系统的文件系统也采用了分布式架构，具有较高的并发访问能力。

(2) 大数据对存储技术提出的另一个挑战是多种数据格式的适应能力。格式多样化是大数据的主要特征之一，这就要求大数据存储管理系统能够适应对各种非结构化数据进行高效管理的需求。数据库的一致性(Consistency, C)、可用性(Availability, A)和分区容错性(Partition-Tolerance, P)不可能都达到最佳，在设计存储系统时，需要在C、A、P三者之间做出权衡。传统关系数据库管理系统(Relational Database Management System, RDBMS)以支持事务处理为主，采用了结构化数据表的管理方式，为满足强一致性(C)要求而牺牲了可用性(A)。

为大数据设计的新型数据管理技术，如GoogleBigTable和Hadoop HBase等非关系型数据库(Not only SQL, NoSQL)，通过使用"键—值(Key-Value)"对、文件等非二维表的结构，具有很好的包容性，适应了非结构化数据多样化的特点。同时，这类NoSQL数据库主要面向分析型业务，一致性要求可以降低，只要保证最终一致性即可，为并发性能的提升让出了空间。

3. 大数据并行计算技术

大数据的分析挖掘是数据密集型计算，需要巨大的计算能力。与传统"数据简单、算法复杂"的高性能计算不同，大数据的计算是数据密集型计算，对计算单元和存储单元间的数据吞吐量要求极高，对性价比和扩展性的要求也非常高。传统依赖大型机和小型机的并行计算系统不仅成本高，数据吞吐量也难以满足大数据要求，同时靠提升单机CPU性能、增加内存、扩展磁盘等实现性能提升的纵向扩展(Scale Up)的方式也难以支撑平滑扩容。

谷歌在2004年公开的MapReduce分布式并行计算技术，是新型分布式计算技术的代表。一个MapReduce系统由廉价的通用服务器构成，通过添加服务器节点可线性扩展系统的总处理能力(Scale Out)，在成本和可扩展性上都有巨大的优势。谷歌的MapReduce是其内部网页索引、广告等核心系统的基础。之后出现的Apache Hadoop MapReduce是Google MapReduce的开源实现，已经成为目前应用最广泛的大数据计算软件平台。

MapReduce架构能够满足"先存储后处理"的离线批量计算(Batch Processing)需求，但也存在局限性，最大的问题是时延过大，难以应用于机器学习迭代、流处理等实时计算任务，也不适合针对大规模图数据等特定数据结构的快速运算。为此，业界在 MapReduce 的基础上，提出了多种不同的并行计算技术路线。

4. 大数据分析技术

在全部数字化数据中，仅有非常小的一部分（约占总数据量的 1%）数值型数据得到了深入分析和挖掘（如回归、分类、聚类）；大型互联网企业对网页索引、社交数据等半结构化数据进行了浅层分析（如排序）；占总量近 60%的语音、图片、视频等非结构化数据还难以进行有效的分析。

大数据分析技术的发展需要在两个方面取得突破：一是对体量庞大的结构化和半结构化数据进行高效率的深度分析，挖掘隐性知识，如从自然语言构成的文本网页中理解和识别语义、情感、意图等；二是对非结构化数据进行分析，将海量复杂多源的语音、图像和视频数据转化为机器可识别的、具有明确语义的信息，进而从中提取有用的知识。

目前的大数据分析主要有两条技术路线：一是凭借先验知识人工建立数学模型来分析数据；二是通过建立人工智能系统，使用大量样本数据进行训练，让机器代替人工获得从数据中提取知识的能力。由于占大数据主要部分的非结构化数据，往往模式不明且多变，因此难以靠人工建立数学模型去挖掘深藏其中的知识。

通过人工智能和机器学习技术分析大数据，业界认为具有很好的前景。2006 年，谷歌等公司的科学家根据人脑认知过程的分层特性，提出增加人工神经网络层数和神经元节点数量，加大机器学习的规模，构建深度神经网络，可提高训练效果，并在后续实验中得到证实。

目前，基于深度神经网络的机器学习技术已经在语音识别和图像识别方面取得了很好的效果。但未来深度学习要在大数据分析上广泛应用，还有大量理论和工程问题需要解决，主要包括模型的迁移适应能力，以及超大规模神经网络的工程实现等。

10.2.3 大数据安全挑战

科学技术是一把双刃剑。大数据所引发的安全问题与其带来的价值同样引人注目。与传统的信息安全问题相比，大数据安全面临的挑战主要体现在以下 3 个方面。

1. 大数据中的用户隐私保护

大量事实表明，大数据未被妥善处理会对用户的隐私造成极大的侵害。根据需要保护的内容不同，隐私保护又可以进一步细分为位置隐私保护、标识符匿名保护、连接关系匿名保护等。

与当前其他的信息一样，大数据在存储、处理和传输等过程中面临安全风险，具有数据安全与隐私保护需求。而实现大数据安全与隐私保护，较以往其他安全问题更为棘手，因为在大数据背景下，这些大数据运营商既是数据的生产者，又是数据的存储者、管理者和使用者。因此，单纯通过技术手段限制商家对用户信息的使用，实现用户数据安全和隐私保护是极其困难的。大数据收集了各种来源、各种类型的数据，其中包含了很多和用户隐私相关的信息。很多时候人们有意识地将自己的行为隐藏起来，试图达到隐私保护的目的，但是，在大数据环境下，我们可以通过用户零散数据之间的关联属性，将某个人的很多行为数据聚集在一起，他的隐私就很可能暴露，因为有关他的信息已经足够多，这种隐性的数据泄露往往是个人无法预知和控制的。在大数据时代，人们面临的威胁并不仅限于个人隐私泄露，还在于基于大数据对人们状态和行为的预测。例如，零售商可以通过历史记录分析，得到顾客在衣食住行等方面的爱好、倾向等。社交网络分析研究也表明，可以通过其中的群组特性发现用户的属性，如通过分析用户的微博等信息，可以发现用户的消费习惯和其他爱好等。

我们需要对大数据中的用户数据和隐私进行保护。我们必须解决好大数据时代数据公开与数据安全和隐私保护之间的矛盾，如果仅仅因为担心数据安全和隐私问题而不公开数据，则大数据的价值无法体现，因此，大数据时代的隐私性主要体现在不暴露用户敏感信息的前提下进行有效的数据挖掘，这有别于传统的信息安全领域更加关注文件的私密性等安全属性。但大数据时代的数据快速变化给隐私保护带来了新的挑战，因为现有隐私保护技术主要基于静态数据集，我们必须考虑如何在这种复杂环境下实现对动态数据的利用和隐私保护。当前很多组织都认识到了大数据的安全问题，并积极行动起来关注大数据安全问题。

2. 大数据可信性

关于大数据的一个普遍的观点是，数据自己可以说明一切，数据自身就是事实。但实际情况是，如果不仔细甄别，数据也具有欺骗性，就像人们有时会被自己的双眼欺骗一样。

1）伪造数据

大数据可信性的威胁之一是伪造或刻意制造的数据，而错误的数据往往会导致错误的结论。如果数据应用场景明确，就可能有人刻意制造数据、营造某种“假象”，诱导分析者得出对其有利的结论。虚假信息往往隐藏于大量信息中，使人们无法鉴别真伪，从而做出错误判断。例如，一些点评网站上的虚假评论混杂在真实评论中，使用户无法分辨，可能误导用户去选择某些劣质商品或服务。由于当前网络社区中虚假信息的产生和传播越来越容易，其所产生的影响不可低估。用信息安全技术手段鉴别所有数据来源的真实性是不可能的。

2）数据在传播中失真

大数据可信性的另一个威胁是数据在传播中的逐步失真。原因之一是人工干预的数据采集过程可能引入误差，由于失误导致数据失真与偏差，最终影响数据分析结果的准确性。

此外，数据失真还有数据的版本变更的因素。在传播过程中，现实情况发生了变化，早期采集的数据已经不能反映真实情况。例如，餐馆电话号码已经变更，但早期的信息已经被其他搜索引擎或应用记录了下来，所以用户可能看到矛盾的信息而影响其判断。

因此，大数据的使用者应该有能力基于数据来源的真实性、数据传播途径、数据加工处理过程等，了解各项数据的可信度，防止分析得出无意义或错误的结果。

3. 如何实现大数据访问控制

访问控制是实现数据受控共享的有效手段。由于大数据可能被用于多种不同场景，其访问控制需求十分突出。大数据访问控制的特点与难点如下。

(1) 难以预设角色，实现角色划分。由于大数据应用范围广泛，它通常要被来自不同组织或部门、不同身份与目的的用户访问，实施访问控制是基本需求。然而，在大数据的场景下，有大量的用户需要实施权限管理，但是在大部分情况下，用户具体的权限要求是未知的。面对未知的大量数据和用户，预先设置角色十分困难。

(2) 难以预知每个角色的实际权限。由于大数据场景中包含海量数据,安全管理员可能缺乏足够的专业知识,无法准确地为用户指定其可以访问的数据范围。而且从效率角度讲,定义用户所有授权规则也不是理想的方式。以警务大数据应用为例,警务人员根据工作需要可能要访问大量信息,但在具体实践中,需要访问什么数据应由警务人员根据具体工作需求来决定,不需要管理员对每个警务人员进行特别的配置。同时,又应该提供对警务人员访问不同业务系统(如重点人员信息系统、常住人口信息系统等)行为的检测与控制,限制警务人员对数据的过度访问。

此外,不同类型的大数据中可能存在多样化的访问控制需求。例如,在 Web 2.0 个人用户数据中,存在基于历史记录的访问控制;在地理地图数据中,存在基于尺度以及数据精度的访问控制需求;在流数据处理中,存在数据时间区间的访问控制需求,等等。如何统一地描述与表达访问控制需求也是一个挑战性问题。

10.2.4 大数据安全技术

安全与应用是相伴而生的。随着大数据应用的不断发展,安全问题也随之出现。本节主要从数据采集、传输、存储、挖掘、应用等方面介绍一些有关大数据的安全技术和方法。

1. 大数据采集安全技术

海量数据在大规模的分布式采集过程中需要从数据的源头保证数据的安全性,在数据采集时便对数据进行必要的保护,必要时要对敏感数据进行加密处理等。安全的数据融合技术是利用计算机技术将来自多个传感器或多源的观测信息进行分析、综合处理的技术,不但可以去除冗余信息,减少数据传输量,提高数据的收集效率和准确度,还可以确保采集数据的完整性,进行隐私保护。

2. 大数据传输安全技术

在数据传输过程中,虚拟专网技术(VPN)拓宽了网络环境的应用,有效地解决信息交互中带来的信息权限问题,大数据传输过程中可采用 VPN 建立数据传输的安全通道,将待传输的原始数据进行加密和协议封装处理后再嵌套到另一种协议的数据报文中进行传输,以此满足安全传输要求,主要采用的安全协议有 SSL 协议、IPSec 协议等。

3. 大数据存储安全技术

大数据存储需要保证数据的机密性和可用性,涉及的安全技术包括非关系型数据的存储、静态和动态数据加密以及数据的备份与恢复等。

非关系型数据存储利用云存储分布式技术可以很好地解决大规模非结构化数据的在线存储、查询和备份,为海量数据的存储提供有效的解决方案。对于大数据中需要保密的敏感数据,静态数据是先加密再存储,动态数据的加密目前研究较多的是利用同态加密技术,将明文的任意运算对应于相应的密文数据的特定操作,在整个处理过程无须对数据进行解密,解决了将数据及其操作委托给第三方时的保密问题。对于大数据环境下的数据备份和恢复,一般采用磁盘阵列、数据备份、双机容错、NAS(网络附属存储)、数据迁移、异地容灾备份等方式。

4. 大数据挖掘安全技术

大数据挖掘是从海量数据中提取和挖掘知识，在大数据挖掘的特定应用和具体过程中，首先，需要做好隐私保护，目前隐私保护的数据挖掘方法按照基本策略主要分为数据扰乱法、查询限制法和混合策略。基于隐私保护的数据挖掘主要研究集中关联规则挖掘、隐私保护分类挖掘和聚类挖掘、隐私保护的序列模式挖掘等方面。其次，大数据挖掘安全技术方面还需要加强第三方挖掘机构的身份认证和访问管理，以确保第三方在进行数据挖掘的过程中不植入恶意程序，不窃取系统数据，保证大数据的安全。

5. 大数据安全发布与应用安全技术

大数据安全发布与应用安全关键技术主要包括用户管控安全技术和数据溯源安全防护技术。

1）用户管控安全技术

在大数据的应用过程中需要对使用这些大数据的用户进行管理和控制，对他们进行身份认证和访问控制，并对他们的安全行为进行审计。大数据用户安全管控使用的身份认证机制一般采用基于PKI公钥密钥体系认证。随着身份认证技术的发展，融合动态口令认证和生物识别技术的强用户认证、基于Web应用的单点登录技术得到广泛应用。大数据用户管控采取的访问控制主要根据访问策略或权限限制用户对资源的访问，通常采用自主访问控制、强制访问控制和基于角色访问控制的组合策略，这样可以将强制访问控制的执行扩展到巨大的用户群，限制对关键资源的访问。大数据用户管控的安全审计主要是记录用户一切与大数据系统安全有关的安全活动，通过审查分析发现安全隐患，大数据系统通常优先选用网络监听审计技术，并结合其他审计技术实现用户管控的安全审计。

2）数据溯源安全防护技术

大数据领域内的数据溯源就是对大数据应用生命周期各个环节的操作进行标记和定位，在发生数据安全问题时可以准确地定位到出现问题的环节和责任，以便针对数据安全问题制定更好的安全策略和安全机制。大数据系统中，数据溯源需要在多个分布式系统之间进行数据追踪，通常可采用数字水印技术。在大数据应用场景下鲁棒水印类（Robust Watermark）可用于大数据的起源证明，而脆弱水印类（Fragile Watermark）可用于大数据的真实性证明，通过对数字水印的提取可以确定数据泄露的源头，对数据进行追踪溯源。

6. 隐私数据保护技术

隐私是可用于确认特定个人（或团体）身份或其特征，但个人（或团体）不愿暴露的敏感信息。在具体应用中，隐私即用户不愿意泄露的敏感信息，包括用户和用户的敏感数据。例如，病人的病历数据、个人的位置轨迹信息、公司的财务信息等敏感数据都属于隐私。

隐私数据包括个人身份信息、数据资料、财产状况、通信内容、社交信息、位置信息等，隐私保护的研究主要集中在如何设计隐私保护原则和算法，既保证数据应用过程中不泄露隐私，同时又能更好地利用数据。针对大数据的隐私保护技术主要有以下两类。

1）数据匿名化技术

为了从大数据中获益，数据持有方有时需要公开发布己方数据，这些数据通常会包含一定的用户信息，服务方在数据发布之前需要对数据进行处理，使用户隐私免遭泄露。此时，确保用户隐私信息不被恶意的第三方获取是极为重要的。一般地，用户希望攻击者无法从数据中识别出自身,更何况窃取自身的隐私信息,匿名技术就是这种思想的实现方式之一。

在匿名技术应用的早期,服务方仅仅删除数据表中有关用户身份的属性作为匿名实现方案。但实践表明,这种匿名处理方案是不充分的。攻击者能从其他渠道获得包含用户标识符的数据集,并根据准标识码连接多个数据集,重新建立用户标识符与数据记录的对应关系。这种攻击称为链接攻击(Linking Attack),安全隐患很大。

大数据匿名化技术主要有静态匿名和动态匿名两类。其中,在静态匿名策略中,数据发布方需要对数据中的准标识码进行处理,使得多条记录具有相同的准标识码组合,以此来打乱用户之间的关联性。针对大数据的持续更新特性,研究者提出了基于动态数据集的匿名策略,这些匿名策略不但可以保证每一次发布的数据都能满足某种匿名标准,攻击者也无法关联历史数据进行分析与推理。

2) 数据加密技术

相对于数据匿名化技术,使用数据加密的隐私保护技术更能保证最终数据的准确性和安全性,其中密文检索技术是实现隐私数据安全共享的重要技术。此外,利用全同态加密直接对密文处理,更能保障隐私数据安全。

10.3 物联网安全

当前,物联网正在加速融入人们的生产生活,传统的网络攻击和风险正在向物联网和智能设备蔓延。在万物互联时代,安全问题更加突出。

10.3.1 物联网概述

自计算机技术、互联网和移动通信技术所产生的划时代影响以及创造的丰厚价值之后,物联网(Internet of Things,IoT)被视为全球信息产业的又一次产业浪潮,受到了全球许多国家政府、企业、科研机构的高度关注,并分别从体系结构、信息标准、实现技术、行业应用等方面进行了大量的理论研究和实践探索,取得了初步的研究成果。物联网是现代信息技术发展到一个特定历史阶段融合了多学科知识的产物,是基于人与人之间的通信方式在快速发展过程中出现"瓶颈"时力求突破现有模式,进而实现人与物、物与物之间通信的应用创新。物联网的出现和应用,代表着信息社会这一客观的发展需求和方向,也标志着互联网的发展步入了一个崭新的阶段,基于智能感知和智慧服务功能的后互联网时代已经到来。

1. 物联网的概念

由于物联网的技术内涵和外延还在不断地演进,所以到目前还没有一个完整、权威、精确的普适定义,目前只有一些功能性描述和行业性的概念。例如,美国将"智能电网"作为国家发展战略,强调了物联网的应用功能;日本和韩国分别从国家发展层面提出了"U计划"(日本的U-Japan,韩国的U-Korea),突出了物联网的泛在化(Ubiquitous)服务属性;在IBM提出的"智慧地球"战略方案中,通过嵌入或装备到电网、铁路、桥梁、公路、建筑、供电系统、大坝、油气管道等物体中的传感器感知物体的信息,然后通过现有互联网进行信息收集与管理,说明了物联网的本质特性,即物联网是具有智能感知功能的互联网;2009年8月7日,温家宝总理提出了"感知中国"的概念,随后在2010年10月27日又提出"感知中国的中心,就定在无锡!"感知中国的技术思想是通过传感器等智能终端将互联网应用延伸到社会基础设施和服务产业。

2005年,国际电信联盟(ITU)提出了物联网的概念:物联网是在现有互联网的基础上,利用射频识别(Radio Frequency Identification,RFID)、无线数据通信、计算机、分布式数据库等技术,构造的一个主要由物品组建的互联网络。2011年11月,ITU-T下设的物联网全球标准化工作组(IoT-GSI)对物联网给出了一个基本的概念:物联网是全球信息社会的基础设施,物理的和虚拟的物与物之间通过现有的和演进的信息通信技术进行互联,从而提供更加先进的服务。虽然ITU在不同时期对物联网概念的描述存在一定的差异,却给出了物联网的本质特征:物联网是通过RFID、传感器、摄像机、全球定位系统(Global Positioning System,GPS)等具有标识、感知、定位和控制功能的智能设备获取物体(虚拟的和物理的)的信息,然后通过通信网络进行互联与管理,利用互联网这一成熟的信息平台为社会各行各业提供面向物体的各类服务。

2. 物联网的特征

由于物联网是在互联网的基础上发展起来的,所以它在继承了互联网基本功能的基础上,体现了自身的特点。可以将物联网的特征概括为以下几点。

(1) 物联网是在现有互联网基础上发展起来的,也称为后互联网,是互联网发展到一定阶段后的必然产物,也是信息技术从以人为主的社会维度应用到物理世界的产物。

(2) 嵌入物理对象中实现对象系统智能化的嵌入式系统,是实现物体联网功能的核心,传感器、RFID、摄像机、GPS等终端都通过嵌入式系统实现与互联网的信息交互,成为物联网的感知神经末梢。

(3) 物联网是互联网发展到高级阶段并在发展中遇到阻力时的产物。互联网发展到现在,在技术和应用中都遇到了瓶颈,下一代网络(Next Generation Network,NGN)、云计算、传感网等被认为是有效的解决技术,这些技术正是构成物联网的基本要素。

(4) 物联网是计算机、通信、电子技术、微电子等多学科交叉融合后形成的一个综合应用技术,从技术现状和发展趋势来看,物联网所需要的不仅仅是单学科的研究成果,更需要多学科间的交叉融合,但这种融合不是简单的集成,必须解决大量已知和未知的技术与非技术问题。

(5) 智能化、自动化、实时性、可扩展性是物联网必须具备的特征。

10.3.2 物联网的结构

可以将物联网的技术路线概括为"融合"(Convergence)。传感器网络与泛在网络有机融合,同时助推了两者的发展进程。产品电子代码(Electronic Product Code,EPC)系统作为理想的物联网应用,只有实现与泛在网络的融合并借助这一平台才能逐步将当初的愿望变成现实。传感器网络、EPC系统和泛在网络交叉融合后形成了今天的物联网,即泛在物联网。

泛在网络(Ubiquitous Network)即泛在物联网,也称为"M2M系统",这里的M2M可以代表机器之间的通信(Machine to Machine)、人机交互通信(Man to Machine,Machine to Man)和人与人之间的通信(Man to Man)。泛在网络是通信方式从仅关注人与人之间的交流过渡到人机交互和机器之间通信的产物，是对当前互联网和移动通信方式的扩展和功能延伸。泛在网络的体系结构如图10-5所示，根据功能域的不同可以将其划分为泛在设备域、网络域和应用域3部分，分别对应目前普遍认可的感知层、传送层和应用层的物联网架构定义。

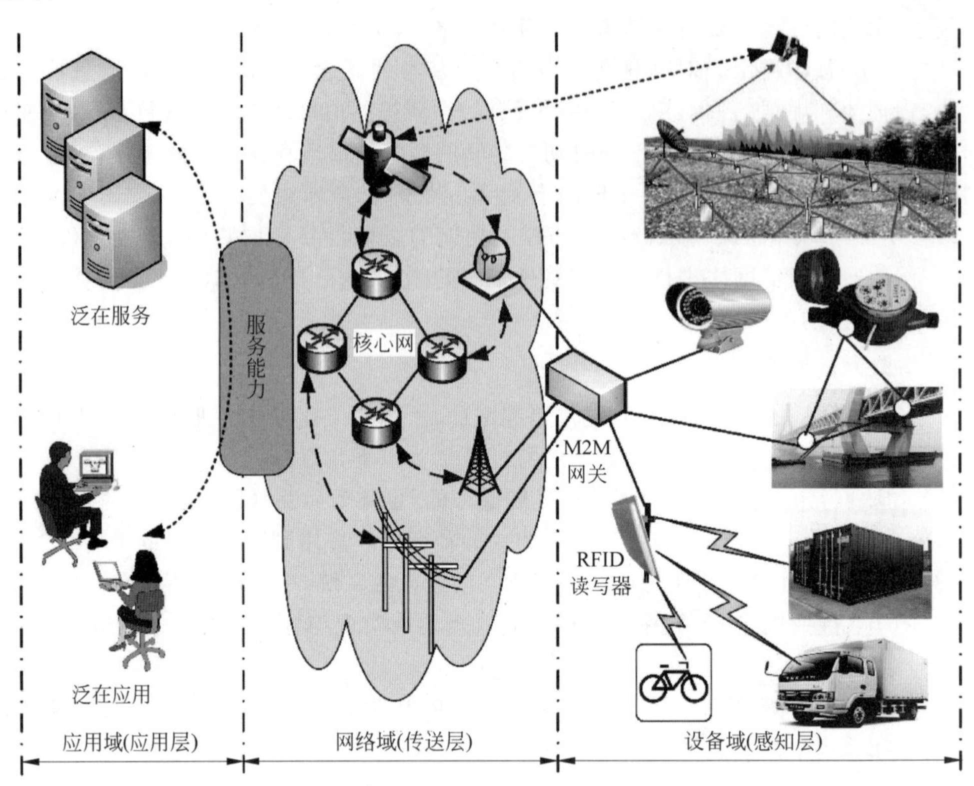

图10-5　泛在网络的体系结构

1. 感知层

感知层是泛在网络的智能神经末梢，主要完成信息的采集、转换和转发，一般由传感器、EPC标签等智能终端设备(也称“M2M设备”)和短距离传输网络两部分组成。M2M设备具有将采集到的数据进行自动传输以及对接收到的控制信息进行响应的能力。一般情况下，M2M设备既可以直接接入通信网络(如手机、GPS等)，也可以利用ZigBee、蓝牙等无线个人局域网(Wireless Personal Area Network，WPAN)技术组网后再通过网关接入通信网络。短距离传输网络提供M2M设备与M2M网关之间的连接，一般包括传感器网络、RFID系统、ZigBee、UWB、IEEE 802.15、M-BUS、Wireless M-BUS等。

M2M网关是一类能够使M2M设备协调操作并将其接入通信网络的装置。对于互联网、电信网络等通信网络，M2M网关属于其终端设备，而M2M设备不属于其管理范围。M2M网关需要同时具备通用网关和路由的双重功能，一方面要确保M2M设备等具有通信功能但被通信网络“看不见”的设备能够接入通信网络；另一方面应用平台能够通过M2M网关对M2M设备进行管理。因此，由应用系统与M2M网关组成的分布式系统实现通用的数据传输服务功能，由M2M网关与M2M设备组成的分布式系统实现轻量级的应用数据交换功能，M2M 网关必须提供不同分布式系统间的协议转换和地址映射服务。

2. 传送层

传送层是泛在网络中的通信网络部分，主要实现 M2M 网关与 M2M 应用之间的通信功能，包括接入网和核心网两部分。接入网为 M2M 设备提供直接和间接的网络接入功能，并实现对移动终端的管理等，接入网主要包括各种有线和无线接入类型，如 xDSL、HFC、卫星、WLAN、WiMAX 等。核心网是基于 IP 的统一数据格式、高宽带、可扩展的分组交换网络，具有异构互联和终端的移动接入与管理等特性，主要包括目前广泛使用的互联网、电信网和广电网以及演进中的 NGN。

作为物联网的数据汇集和承载网络，通信网络具有泛在异构的特征，并且要同时满足固定和移动用户接入的具体要求。为此，从技术和体制方面加强对通信网络的规划与管理，解决当前网络应用中普遍存在的互联互通问题，提高信息基础设施的服务能力和管理水平，是推进物联网建设和应用的基本保障。

3. 应用层

应用层主要完成数据的分析、处理、管理与控制功能，同时根据不同行业的应用需求提供所需要的智能化应用和服务，包括服务能力(Service Capabilities)和泛在服务与应用。其中，服务能力是一种 M2M 应用能够发现 M2M 服务，并且 M2M 设备和网关能够向 M2M 服务进行注册的机制，具体通过中间件完成。物联网中间件基于现有的通用、标准化软件构架，归纳并总结了物联网行业应用的一些共性问题，形成了一整套产品化的通过模块为物联网应用的共性问题提供通用的、标准化的、可复用的业务构件，大大提高了物联网软件设计的工作效率。泛在服务与应用提供的是面向用户的各种应用功能，目前主要是针对不同行业需求的应用，如智能电网、智能家电、智能交通、精细农业、信息旅游、物流管理、食品安全等。泛在服务与应用是物联网开发与普及的源动力，也是物联网发展的直接目的。

泛在网络作为当前物联网的主导，在将连接对象从人延伸到物的同时，在 M2M 设备域交叉融合了传感器网络和 EPC 系统，在体现了物联网泛在化特点的同时，也加快了传感器网络和 EPC 系统的应用。同时，在泛在网络中各种接入网和核心网也分别趋于交叉融合，各类针对物联网应用的通用软件和标准也在交叉融合过程中得以完善和发展。

物联网的泛在化网络特征使万物互联成为现实。智能家居、车联网、人工智能、智慧城市等应用都在不同方面将物联网技术推向不同的行业和领域。物联网的基础与核心仍然是互联网，物联网是在互联网基础上的延伸与拓展，而云计算、移动互联网、智能终端等则在帮助物联网的体系架构变得愈发丰富。然而，正是由于物联网对于互联网的天然继承性，针对互联网所发起的各类恶意攻击开始蔓延到了物联网领域，并借助物联网的独有环境进行攻击目标和方法的变换。

10.3.3　物联网的安全挑战

互联网在设计之初就没有将“安全”作为首要考虑的因素，这使其在应用之初就存在“安全免疫缺陷”。继承于互联网的物联网，不仅融合了互联网的优势，同时也天然携带了这份“安全免疫缺陷”基因，加之物联网自身不断展现出来的新特性，使得这一安全缺陷被持续扩大。结合物联网的分层结构,本节针对具体的层次介绍物联网的安全挑战及应对方法。

1. 感知层安全挑战

物联网感知层的主要功能是进行信息采集、捕获和物体识别,主要通过传感器、摄像头、识别码、RFID和实时定位芯片等采集各类信息,然后通过短距离传输、无线自组织等技术实现数据的初步处理。感知层是实现物联网全面感知功能的核心部分。针对物联网感知层的攻击越来越多,主要包括以下几种。

1) 物理攻击

攻击者对传感器等实施的物理破坏,致使物联网终端无法正常工作,攻击者也可能通过盗窃终端设备并破解获取用户敏感信息,或非法更换传感器设备导致数据感知异常,破坏业务正常开展。

2) 伪造或假冒攻击

攻击者通过利用物联网终端的安全漏洞,获得节点的身份和密码信息,假冒身份与其他节点进行通信,进行非法的行为或恶意的攻击,如监听用户信息、发布虚假信息、置换设备、发起 DoS 攻击等。

3) 信号泄露与干扰

攻击者对传感网络中传输的数据和信令进行拦截、篡改、伪造、重放,从而获取用户敏感信息或导致信息传输错误,业务无法正常开展。资源耗尽攻击则是攻击者向物联网终端发送垃圾信息,耗尽终端电量,使其无法继续工作。

此外,RFID标签、二维码等的嵌入,使物联网接入的用户不受控制地被扫描、定位和追踪等行为攻击,极容易造成用户个人隐私泄露。

2. 传送层安全挑战

物联网的传送层主要用于把感知层收集到的信息安全可靠地传输到应用层,然后根据不同的应用需求进行信息处理。传送层主要是网络基础设施,包括互联网、移动网和一些专业网(如国家电力专用网、广播电视网)等。在信息传输过程中,可能经过一个或多个不同架构的网络进行信息交接。例如,普通电话座机与手机之间的通话就是一个典型的跨网络架构的信息传输实例。在信息传输过程中跨网络传输是很普遍的,在物联网环境中这一现象更突出,而且很可能在正常而普通的事件中产生信息安全隐患。传送层的主要安全隐患包括以下几类。

1) 网络协议自身的缺陷

传送层功能本身的实现中所使用的技术与协议(如网络存储、异构网络技术、信息转换等)存在安全缺陷,特别在异构网络信息交换方面,易受到异步、合谋等攻击破坏。网络通信协议自身的安全性向来都不是很高,某些设备所采用的自定义网络通信协议存在的安全问题更为突出。而在一些特殊的物联网环境里,网络通信过程中所传输的信息仅采用了很简单的加密办法,甚至没有采用任何安全加密手段,直接对信息进行明文传输。攻击者只要破解通信传输协议,就可以直接读取其中所传输的数据,并任意进行篡改、屏蔽等操作。

2) 拒绝服务攻击

在物联网发展过程中,目前的互联网以及下一代互联网将是物联网传输层的核心载体,多数信息要经过互联网传输。互联网遇到的 DoS/DDoS 攻击仍然存在,因此需要有更好的防范措施和灾难恢复机制。考虑到物联网所连接的终端设备性能和对网络需求的巨大差异,对网络攻击的防护能力也会有很大差别,因此很难设计通用的安全方案,而应针对不同网络性能和网络需求有不同的防范措施。

3) 伪基站攻击

攻击者通过假冒基站骗取终端驻留其上,并通过后续信息交互窃取用户信息。

物联网传送层的这些安全威胁,轻则使网络通信无法正常运行,重则使网络服务中断,甚至陷于瘫痪状态。

3. 应用层安全挑战

物联网应用层是对网络传送层的信息进行处理,实现智能化识别、定位、跟踪、监控和管理等实际应用,主要包括以下几个方面。

1) 应用系统和业务平台的安全威胁

物联网技术与行业信息化需求相结合,产生广泛的智能化应用,包括智能制造、智慧农业、智能家居、智能电网、智能交通和车联网、智能节能环保、智慧医疗和健康养老等,因此,物联网应用层的安全问题主要来自各类新业务及应用的相关业务平台。

2) 数据存储和处理的安全威胁

物联网的各种应用数据分布存储在云计算平台、大数据挖掘与分析平台,以及各业务支撑平台中进行计算和分析,其云端海量数据处理和各类应用服务的提供使得应用层很容易成为攻击目标,容易导致数据泄露、恶意代码攻击等安全问题,操作系统、平台组件和服务程序自身漏洞和设计缺陷很容易导致未授权的访问、数据破坏和泄露,数据结构的复杂性将带来数据处理和融合的安全风险,包括破坏数据融合的攻击、篡改数据的重编程攻击、错乱定位服务的攻击、破坏隐藏位置目标攻击等。

3) 隐私泄露风险

在物联网应用层,各类应用业务会涉及大量公民个人隐私、企业业务信息甚至国家安全等诸多方面的数据,存在隐私泄露的风险。物联网应用中的隐私保护集中反映在以下几个方面。

(1) 针对位置信息,用户既需要知道(或被合法知道)其位置信息,又不愿意自己的位置信息被非法用户获取。

(2) 用户既需要证明自己合法使用某种业务,又不想让他人知道自己在使用(或使用过)某种业务,如在线游戏。

(3) 病人急救时需要及时获得该病人的电子病历信息,但又要保护该病历信息不被非法获取,包括病历数据管理员。

(4) 许多业务需要匿名性,如网络投票。很多情况下,用户在进行网络身份认证时需要提供与个人隐私相关的信息,但这些信息又不能被泄露,这是一个具有挑战性的问题。例如,医疗病历管理系统需要病人的相关信息来获取正确的病历数据,但又要避免该病历数据与病人的身份信息相关联。

10.3.4　物联网安全技术

物联网是新一代信息技术的高度集成和综合应用。万物互联的泛在接入、高效传输、海量异构信息处理和智能设备控制,对物联网安全需要从系统角度提出更高的要求。

1. 有效的密钥管理机制

密钥系统是安全的基础,是实现感知信息隐私保护的手段之一。在互联网环境中,由于不存在计算资源的限制,非对称和对称密钥系统都可以适用,互联网面临的安全问题主要来自其最初的开放式管理模式的设计,是一种没有严格管理中心的网络。移动通信网是一种相对集中式管理的网络,而无线传感器网络和感知节点由于计算资源的限制,对密钥系统提出了更多的要求,因此,物联网密钥管理系统面临两个主要问题:一是如何构建一个贯穿多个网络的统一密钥管理系统,并与物联网的体系结构相适应;二是如何解决传感网的密钥管理问题,如密钥的分配、更新、组播等问题。

实现统一的密钥管理系统可以采用两种方式:一是以互联网为中心的集中式管理方式,由互联网的密钥分配中心负责整个物联网的密钥管理,一旦传感器网络接入互联网,通过密钥中心与传感器网络汇聚点进行交互,实现对网络中节点的密钥管理;二是以各自网络为中心的分布式管理方式。

在物联网密钥管理系统的实现方法中,人们提出了基于对称密钥系统的方法和基于非对称密钥系统的方法。

2. 硬件安全

硬件安全控制的目标是确保芯片内系统程序、终端参数、安全数据和用户数据不被篡改或非法获取。在硬件安全方面将主要解决物联网终端芯片的安全访问、可信赖的计算环境、加入安全模块的安全芯片以及加密单元的安全等。

另外,物联网中许多终端的存储能力、计算能力都极为有限,在这些终端上部署安全软件或高复杂度的加解密算法都会大大增加终端运行负担,甚至导致终端无法正常运行。移动化更是使传统网络边界"消失",依托于网络边界的安全软、硬件产品都无法正常发挥作用。为此,可将身份识别、认证过程"固化"到硬件中,以硬件生成、存储和管理密钥,并把加密算法、密钥及其他敏感数据存放于安全存储器中,以便增强物联网终端的硬件安全防护。

3. 认证与访问控制

认证指使用者采用某种方式"证明"自己确实是自己宣称的某人,网络中的认证主要包括身份认证和消息认证。

身份认证可以使通信双方确信对方的身份并交换会话密钥。保密性和及时性是认证的密钥交换中两个重要的问题。为了防止假冒和会话密钥的泄露,用户标识和会话密钥这样的重要信息必须以密文的形式传送,这就需要事先已有能用于这一目的的主密钥或公钥。因为可能存在消息重放,所以及时性非常重要,在最坏的情况下,攻击者可以利用重放攻击威胁会话密钥或成功假冒另一方。

消息认证中主要是接收方希望能够保证其接收的消息确实来自真正的发送方。有时收发双方不同时在线,如在电子邮件系统中,电子邮件消息发送到接收方的电子邮件中,并一直存放在邮箱中直至接收方读取为止。广播认证是一种特殊的消息认证形式,在广播认证中一方广播的消息被多方认证。

在物联网的认证过程中,传感网的认证机制是重要的研究内容,无线传感器网络中的认证技术主要包括基于轻量级公钥的认证技术、预共享密钥的认证技术、随机密钥预分布的认证技术、利用辅助信息的认证、基于 Hash 函数的认证等。

4. 容侵与容错技术

1）容侵

容侵是指在网络中存在恶意入侵的情况下，网络仍然能够正常地运行。无线传感器网络的安全隐患在于网络部署区域的开放特性以及无线电网络的广播特性，攻击者往往利用这两个特性，通过阻碍网络中节点的正常工作，进而破坏整个传感器网络的运行，降低网络的可用性。

无人值守的恶劣环境导致无线传感器网络缺少传统网络中的物理上的安全，传感器节点很容易被攻击者俘获、毁坏或妥协。现阶段无线传感器网络的容侵技术主要集中于网络的拓扑容侵、安全路由容侵以及数据传输过程中的容侵机制。

2）容错

无线传感器网络可用性的另一个要求是网络的容错性。一般意义上的容错性是指在故障存在的情况下系统不失效，仍然能够正常工作的特性。无线传感器网络的容错性指的是当部分节点或链路失效后，网络能够进行传输数据的恢复或网络结构自愈，从而尽可能减小节点或链路失效对无线传感器网络功能的影响。由于传感器节点在能量、存储空间、计算能力和通信带宽等诸多方面都受限，而且通常工作在恶劣的环境中，网络中的传感器节点经常会出现失效的状况。

5. 安全路由协议

物联网的路由要跨越多种类型的网络，有基于 IP 地址的互联网路由协议，有基于标识的移动通信网和传感网的路由算法，因此需要至少解决两个问题：一是多网融合的路由问题；二是传感网的路由问题。前者可以考虑将身份标识映射成类似的 IP 地址，实现基于地址的统一路由体系；后者是由于传感网的计算资源的局限性和易受到攻击的特点，设计抗攻击的安全路由算法。

6. 计算机取证和数据销毁技术

1）计算机取证技术

在各类网络活动中，特别是在物联网环境中，不论采取什么样的技术防护手段，都难免会有恶意行为的发生。这时就需要通过计算机取证技术获取相关的证据，因此，计算机取证就显得非常重要。

2）数据销毁技术

数据销毁的目的是销毁那些在密码算法或密码协议实施过程中所产生的临时中间变量，一旦密码算法或密码协议实施结束，这些中间变量将不再有用。但这些中间变量如果落入攻击者手里，可能为攻击者提供重要的参数，从而增大成功攻击的可能性。因此，这些临时中间变量需要及时安全地从计算机内存和存储单元中彻底删除。

计算机数据销毁技术不可避免地会为计算机犯罪提供证据销毁工具，从而加大计算机取证的难度。

7. 隐私性保护

物联网的数据要经过信息感知、获取、汇聚、融合、传输、存储、挖掘、决策和控制等处理流程，而末端的感知网络几乎要涉及上述信息处理的全过程，只是由于传感节点与汇聚点的资源限制，在信息的挖掘和决策方面不占据主要的位置。物联网应用不仅面临信息采集的安全性问题，也要考虑信息传送的私密性，要求信息不能被篡改和非授权用户使用，同时，还要考虑网络的可靠、可信和安全。物联网能否大规模推广应用，很大程度上取决于其是否能够保障用户数据和隐私的安全。

物联网数据处理过程中涉及基于位置的服务与在信息处理过程中的隐私保护问题。基于位置的服务是物联网提供的基本功能，是定位、电子地图、基于位置的数据挖掘和发现、自适应表达等技术的融合。定位技术目前主要有 GPS 定位、基于手机的定位、无线传感网定位等实现方式。无线传感网的定位主要是射频识别、蓝牙及 ZigBee 等。基于位置的服务面临严峻的隐私保护问题，这既是安全问题，也是法律问题。

基于位置的服务中的隐私内容涉及两个方面：一是位置隐私；二是查询隐私。位置隐私中的位置指用户过去或现在的位置，而查询隐私指敏感信息的查询与挖掘，如某用户经常查询某区域的餐馆或医院，就可以利用大数据技术分析出该用户的居住位置、收入状况、生活行为、健康状况等敏感信息，造成个人隐私信息的泄露，查询隐私保护就是数据处理过程中的隐私问题。

所以，目前在物联网中面临一个困难的选择：一方面希望提供尽可能精确的位置服务；另一方面又希望个人的隐私得到保护。这就需要在技术上给以保证。目前的隐私保护方法主要有位置伪装、时空匿名、空间加密等。

物联网的多源异构性使其安全问题非常复杂，就单一网络而言，互联网、移动通信网等已建立了一些行之有效的安全机制和方法，而物联网的安全研究仍处于初始阶段，还没有提供一个完整的解决方案。由于物联网中大部分设备的资源局限性，使其安全问题的解决难度增大。同时，如何建立有效的多网融合的安全架构，建立一个跨越多网的统一安全模型，形成有效的共同协调防御系统是物联网安全需要解决的问题。本节仅对物联网的基本功能、安全挑战和安全技术进行了探索性的介绍，希望读者在此基础上通过查阅相关文献进一步学习。

10.4 区块链技术

区块链(Blockchain)的概念首次出现在 2008 年中本聪发表的《比特币：一种点对点电子现金系统》(*Bitcoin: a Peer-to-Peer Electronic Cash System*)一文。该文提出以区块链技术为基础的比特币(Bitcoin)系统构架。至此，区域链作为比特币的一种实现技术开始进入大家的视线。随后，随着技术的不断发展和完善，区域链开始脱离比特币而成为一个独立的技术体系，并渗透到金融、医疗、法律等各个领域。

10.4.1 区块链技术概述

比特币的盛行和在虚拟货币领域中的影响力将区块链技术推向了前端，比特币是迄今为止最为成功的区块链应用场景。其实，区块链虽然因比特币而受到关注，但又跳出比特币而成为一项具有独立体系的技术，进而得到普遍关注。

1. 区块链的产生

2008年,中本聪在其论文中提出了区块链的概念,悄然掀开了互联网新的一页。2009年1月4日,比特币的第一个区块(创世区块)诞生,同时中本聪发布了比特币系统软件的开源代码,并发行了第一批共50枚比特币,自此,一种全新的虚拟货币诞生了。随后,逐渐有新技术爱好者加入比特币这种虚拟货币系统的开发与维护、持有或交易中,形成了比特币社区。2010年5月22日,美国佛罗里达州程序员Hanyecz花费了1万个比特币向比特币论坛用户购买了两个比萨,比特币首次实现了由名义货币向实物货币的转变。2013年12月,Buterin提出了以太坊(Ethereum)区块链平台,除了可基于内置的以太币(Ether)实现数字货币交易外,还提供了编程语言以编写智能合约(Smart Contract),从而首次将智能合约应用到了区块链。

比特币是一种开放的基于密码技术的数字货币系统。任何人可以随时加入比特币系统,成为其中一个点对点网络的节点,获得货币发行和交易的权利。同时,也可以随时离开比特币系统。比特币交易必须得到全网节点的共识,交易单被收集整理成区块并记录到全网唯一的一条数据链上,该链称为区块链。形成的全网唯一的区块链也称为比特币账本,所有节点都可以读取和验证该账本上的所有交易,保存并实时更新该账本的备份。最先将一些新交易单验证并记录到链上,证明自己完成了要求的工作量,并得到全网其他节点认可的节点将获得一定数量比特币的奖励,产生一个特殊的交易,这个过程称为“挖矿”,这样的节点也被称为“矿工”。用户加入节点也可以只持有或交易比特币,而不参与挖矿以发行比特币。

2. 区块链的概念

区块链是以比特币为代表的数字加密货币体系的核心支撑技术。区块链技术的核心优势是去中心化,能够通过运用数据加密、时间戳、分布式共识和经济激励等手段,在节点无须互相信任的分布式系统中实现基于去中心化信用的点对点交易、协调与协作,从而为解决中心化机构普遍存在的高成本、低效率和数据存储不安全等问题提供了解决方案。

随着比特币近年来的快速发展与普及,区块链技术的研究与应用也呈现出爆发式增长态势,被认为是继大型机、个人计算机、互联网、移动/社交网络之后计算范式的第5次颠覆式创新,是人类信用进化史上继血亲信用、贵金属信用、央行纸币信用之后的第4个里程碑。

区块链可以从狭义和广义两个角度理解。狭义的区块链是一种按照时间顺序将数据区块以链条的方式组合而成的数据结构,并以密码学方式保证不可篡改和不可伪造的分布式账本;广义的区块链技术则是为了实现在无第三方信任机构的介入下,利用密码学、共识算法和奖励机制等技术,使各个节点在不需要信任其他任何节点,也不需要中心认证机构的情况下完成一对一交易,并保证交易可追溯、不被篡改、不能伪造。

区块链技术为我们提供了一种新的技术思想,即如何在无第三方机构的情形下构建可信机制,该思想有助于推动金融服务、公共服务、物联网(IoT)等领域的技术革新。

3. 区块链的特点

区块链的实现涉及各项技术的综合应用,其中涉及的每一项技术都不是最新的,但将多项成熟的技术进行融合后却产生了划时代的影响。将区块链的特点概括为以下几个方面。

(1) 去中心化。区块链数据的验证、记账、存储、维护和传输等过程都基于分布式系统结构,采用纯数学方法而不是中心机构建立分布式节点间的信任关系,从而形成去中心化的可信任的分布式系统。

区块链技术可以实现全球数据信息的分布式记录(可以由系统参与者集体记录,而非由一个中心化的机构集中记录)与分布式存储(可以存储在所有参与记录数据的节点中,而非集中存储于中心化的机构节点中),具有高安全性和高可靠性。

(2) 时序数据。区块链采用带有时间戳的链式区块结构存储数据,从而为数据增加了时间维度,具有极强的可验证性和可追溯性。

(3) 集体维护。区块链系统采用特定的经济激励机制保证分布式系统中所有节点均可参与数据区块的验证过程(如比特币的"挖矿"过程),并通过共识算法选择特定的节点将新区块添加到区块链。

具体来讲,区块链系统中的每一个人都有机会参与验证过程。系统会在一段时间内(比特币默认为 10min)选出这段时间参与验证过程最快、最好的一个节点,然后将这个节点作为新区块添加到区块链中。该系统中每一个节点都有一模一样的账本,因此,这种技术也被称为分布式账本技术。由于节点都有一模一样的账本,并且每个节点都有着完全相等的权利,所以不会由于单个节点失去联系或宕机而导致整个系统崩溃。

(4) 可编程。区块链技术可提供灵活的脚本代码系统,支持用户创建高级的智能合约、货币或其他去中心化应用。

(5) 安全可信。区块链技术采用非对称密码学原理对数据进行加密,同时借助分布式系统各节点的工作量证明等共识算法形成的强大算力抵御外部攻击、保证区块链数据不可篡改和不可伪造,因而具有较高的安全性。

10.4.2 区块链基础架构

区块链具有的去中心化、不可篡改性、数据透明性、交易可溯源性以及匿名性等特性保证了交易活动可以在任何时间和任何地点进行,突破了传统贸易在时空上的限制,同时也为交易双方创造了更多的交易机会。区块链的这些特性源于它的基础架构,区块链基础架构模型如图 10-6 所示,从下到上分别是数据层、网络层、共识层、合约层和应用层。

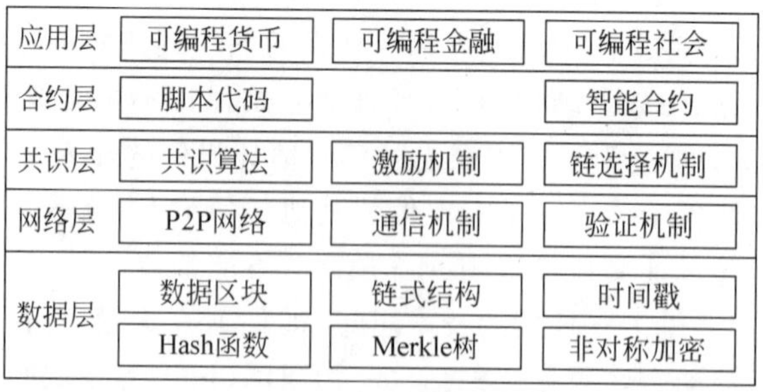

应用层	可编程货币	可编程金融	可编程社会
合约层	脚本代码		智能合约
共识层	共识算法	激励机制	链选择机制
网络层	P2P网络	通信机制	验证机制
数据层	数据区块	链式结构	时间戳
	Hash函数	Merkle树	非对称加密

图 10-6 区块链基础架构

(1) 数据层。数据层是区块链通过使用各种密码学技术,如非对称加密、Merkle 树以及 Hash 函数等创建的数据存储格式,用以保证区块链数据的稳定性和可靠性。

(2) 网络层。网络层将区块链底层的 P2P 网络组织起来,并且快速让交易在网络中扩散,以确保能够及时地验证交易的正确性。

(3) 共识层。共识层主要实现了整个网络中的高度分散的节点对交易和数据快速地达成共识,确保全网记账的一致性。

(4) 合约层。合约层的主要功能分为两部分:一是提供一定的激励方式,去鼓励网络中每个节点积极参与区块链中区块的生成和验证工作,以保证区块链的稳定运行,并能够按预定规则延长;二是提供用于编写可执行代码的接口,利用该接口可以开发基于区块链的各种实际应用。

(5) 应用层。应用层将区块链技术推广到各种具体的应用领域。由区块链独特的技术设计可见,区块链系统具有分布式高冗余存储、时序数据且不可篡改和伪造、去中心化信用、自动执行的智能合约、安全和隐私保护等显著的特点,这使得区块链技术不仅可以成功应用于数字加密货币领域,同时在经济、金融和社会系统中也存在广泛的应用场景。

本节主要介绍数据层、网络层、共识层和合约层的基本功能和关键技术,由于区块链技术的应用各不相同,无法提供统一的描述,读者可视具体应用场景查阅相关文献,本节不再赘述。

10.4.3　区块链数据结构

区块链数据层主要定义了区块链的数据结构,这部分内容是区块链技术的基础。狭义的区块链是一个去中心化系统中各个节点共享的数据账本。每个分布式节点都可以通过特定的 Hash 算法和 Merkle 树数据结构,将一段时间内接收到的交易数据和代码封装到一个带有时间戳的数据区块中,并链接到当前最长的主区块链上,形成最新的区块。该过程涉及区块、链式结构、Hash 算法、Merkle 树和时间戳等技术要素。

1. 数据区块

不同区块链平台在数据结构的具体细节虽有差异,但整体上基本相同。以比特币为例,每个区块由区块头(Header)和区块体(Body)两部分组成,其结构如图 10-7 所示。其中,区块头封装了版本号(Version)、前一区块哈希(Prev-block Hash)、用于当前区块工作量证明的目标难度值(Bits)、用于工作量证明算法的随机数(Nonce)、用于验证区块体交易的哈希 Merkle 根(Merkle-root)以及当前区块的生成时间戳(Timestamp)等信息。

比特币网络可以动态调整工作量证明(Proof of Work,PoW)共识过程的难度值,只有最先找到正确的随机数 Nonce,并经过全体矿工验证的矿工,才会获得当前区块的记账权。区块体则包括当前区块的交易数量以及经过验证的、区块创建过程中生成的所有交易记录。这些记录通过 Merkle 树的哈希过程生成唯一的 Merkle 树根并记入区块头部指定的字段。

2. 链式结构

在区块链结构中,对区块头中的前一区块哈希(Prev-block Hash)、随机数(Nonce)和 Merkle 根等元数据进行两次 SHA256 运算即可得到该区块的块哈希。在图 10-7 中,前一区块哈希(Prev-block Hash)字段用于存放前一区块的块哈希,所有区块按照生成顺序以 Prev-block Hash 字段为哈希指针链接在一起,就形成了一条区块链表。相邻区块之间的关系如图 10-8 所示。

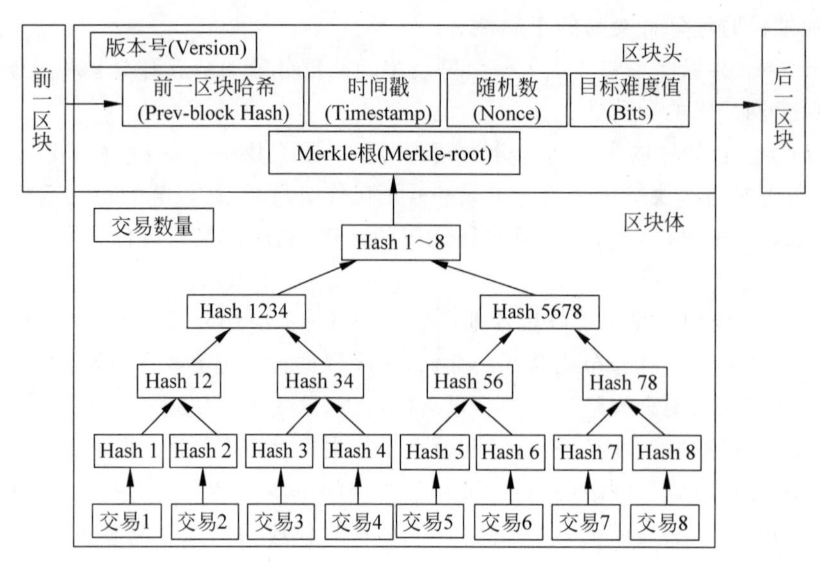

图 10-7　数据区块结构

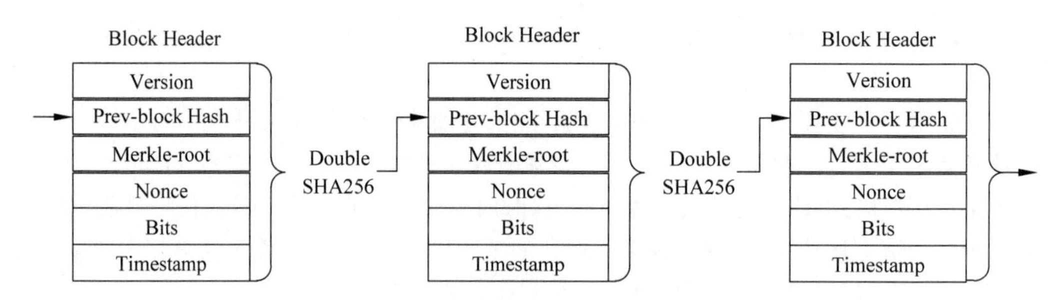

图 10-8　相邻区块之间的关系

区块头包含交易 Merkle 根(Merkle-root)，所以通过块哈希可以验证区块头部和区块中的交易数据是否被篡改；区块头还包含前一区块哈希 Prev-block Hash，所以通过块哈希还可验证该区块之前直至创世区块的所有区块是否被篡改。依靠前一区块哈希指针 Prev-block Hash，所有区块环环相扣，任一区块若被篡改，都会引发其后所有区块哈希指针的连锁改变。当从不可信节点下载某块及之前所有块时，基于块哈希可验证各块是否被修改过。

3. Merkle 树

Merkle 树是区块链的重要数据结构，其作用是快速归纳和校验区块数据的存在性和完整性。比特币使用了最简单的二叉 Merkle 树，树上的每个节点都是哈希值，每个叶节点对应块内一笔交易数据的 SHA256 Hash；两个子节点的值连接之后，再经 Hash 运算可得到父节点的值；如此反复执行两两 Hash 运算，直至生成根 Hash 值，即交易的 Merkle 根。Merkle 树具有以下优点。

(1) 极大地提高了区块链的运行效率和可扩展性，使得区块头只需要包含根 Hash 值而不必封装所有底层数据，这使得 Hash 运算可以高效地运行在智能手机甚至物联网设备上。

(2) Merkle 树可支持“简化支付验证”协议，即在不运行完整区块链网络节点的情况下，也能够对“交易”数据进行检验。“简化支付验证”协议的基本原理是：无须树上其他节点参与，仅根据交易节点到 Merkle 根路径上的直接分支，即可确认一个交易是否存在于该块。例如，仅需图 10-7 中的节点 Hash 7、Hash 56 和 Hash 5678 即可验证“交易 8”的存在性和正确性。这将极大地降低区块链运行所需的带宽和验证时间，并使仅保存部分相关区块链数据的轻量级客户端成为可能。

4. 区块链交易

区块链技术的核心基础是对交易(Transaction)的支持，通过区块链交易可实现数字资产的创建、转移、变更、终止等过程。比特币常规交易中的每个输出都是下一笔交易的输入来源，每一笔交易的输入也能追溯到上一个交易的输出，所以每一笔交易都可以进行向前溯源，从而找到所有历史记录。

1）比特币交易的数据结构

以数字货币为基础的区块链中的交易通常就是转账，图 10-9 为比特币交易的数据结构。每个交易由交易输入(Transaction Input)和交易输出(Transaction Output)组成，交易输入和交易输出可以有多项，表示一次交易可以将先前多个账户中的比特币合并后转给另外多个账户。

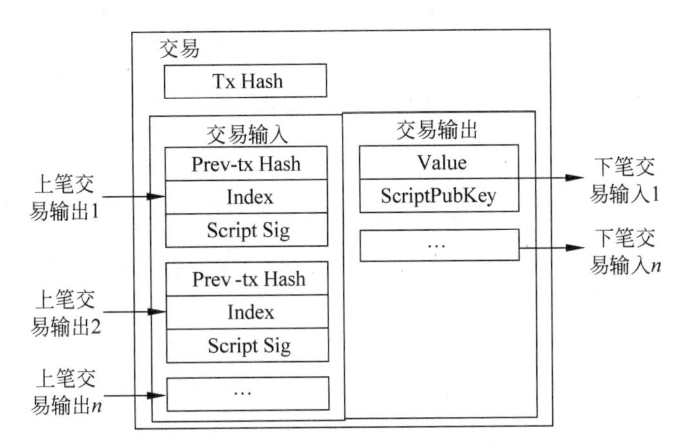

图 10-9　比特币交易的数据结构

每笔交易输入主要由上笔交易的哈希(Prev-tx Hash)、上笔交易的输出索引(Index)和输入脚本(Script Sig)组成。每笔交易的输入都对应于某笔历史交易的输出，Prev-tx Hash Hash 指针是之前某笔历史交易的 Hash 值；Index 指出输入对应于该历史交易的第几个交易输出；脚本 Script Sig 包含了比特币持有者对当前交易的签名。

每个输出包括转账金额(Value)和包含接收者公钥哈希的脚本(Script PubKey)。所有交易依靠上笔交易哈希指针构成了多条以交易为节点的链表，每笔交易可一直向前追溯至源头的挖矿所得的比特币，向后可追踪至尚未花费的交易。

如果一笔交易的输出没有任何另一笔交易的输入与之对应，则说明该输出中的比特币未被花费。针对某一比特币地址，其所有未花费交易的比特币之和，即为该账户的比特币余额。

2）UTXO 模型

在介绍 UTXO 模型之前，先介绍大家都熟悉的余额模型。相信许多人都使用过支付宝,支付宝采用的是账户余额模型。例如,小王的支付宝账户有 100 元,他给小李转账 80 元,小王的账户余额会减少 80 元,而变成 20 元,小李的账户余额则由 0 元变成 80 元,小王和小李的账户都会直接显示一个余额,这就是账户余额模型。

比特币使用交易输入和交易输出进行支付操作。例如,当小王转账 80 元给小李的时候,这 80 元对小王来说是一笔交易输出,对小李来说是一笔交易输入,如果后面某个时候小李把这 80 元又花出去了,那么这 80 元对小李来说也变成了交易输出,而在小李还没有把这笔钱花出去之前,它就是一笔还没有被花费掉的交易输出,即未花费的交易输出(Unspent Transaction Outputs,UTXO)。

与现金支付不同的是,现金支付的找零是由收款人负责,而 UTXO 模型的找零是发起者自己进行设置;现金支付的面值是固定的(如人民币有 10 元、50 元、100 元等),而 UTXO 的面值不固定,是根据不同的交易而定的。例如,在 UTXO 模型中,小王有余额 80 元,需要支付给小李 20 元,在具体支付时小王必须一次性将 80 元支付给小李,然后再由小李返还 60 元。所以,在 UTXO 模型的交易过程中,支付方不仅要指出接收方的地址,还要指明找零地址,找零地址可以是支付方的地址,也可以由支付方指定一个地址。

3) 交易地址

现实生活中,人们想进行存钱、转账等一系列操作,首先得前往银行开个账户,然后领取银行分配的一串数字账号(银行卡号),账号的密码由用户设定。而在比特币体系中,账户不需要由中心机构来开设,用户首次使用比特币时只需要下载客户端。此时,用户的公私钥对由签名方案的密钥生成算法产生,公钥即为比特币地址,私钥由用户保存在钱包文件中。

如图 10-10 所示,比特币系统一般通过调用操作系统底层的随机数生成器生成 256 位随机数作为私钥。为便于识别,这 256 位二进制形式的比特币私钥将通过 SHA256 算法和 Base58 转换,形成 50 个字符长度的易识别和书写的私钥提供给用户;比特币的公钥是由私钥首先经过椭圆曲线算法(具体使用 Secp256k1 椭圆曲线算法)生成 65B 的随机数。该公钥可用于产生比特币交易时使用的地址,其生成过程为:首先将公钥进行 SHA256 和 RIPEMD160 运算并生成 20B 的摘要结果(即 Hash160 结果);再通过 SHA256 算法和 Base58 转换形成 33 字符长度的比特币地址。

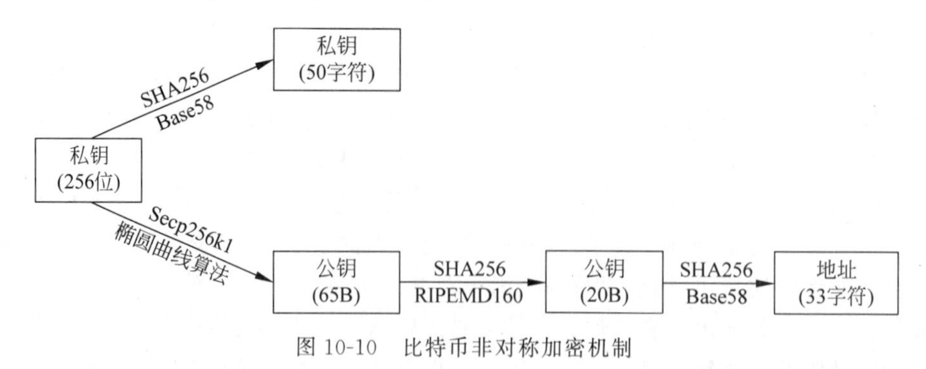

图 10-10 比特币非对称加密机制

公钥生成过程是不可逆的,即不能通过公钥反推出私钥。比特币的私钥通常保存于比特币钱包文件,丢失了私钥就意味着丢失了对应地址的全部比特币资产。

10.4.4　区块链网络

区块链系统构建在互联网基础上，借鉴了互联网上成熟的 P2P 技术，实现了网络层的去中心化。

1. 区块链网络的特点

区块链建立在非中心化的、对等点对点(P2P)网络基础上，可支持全球范围内任意一个节点自由接入和退出。网络中的资源和服务分散在所有节点上，信息的传输和服务的实现都直接在节点之间进行，无须中间环节和服务器的介入，避免了可能存在的瓶颈。

区块链网络节点具有平等、自治、分布等特性，所有节点以扁平拓扑结构相互连通，不存在任何中心化的权威节点和层级结构，每个节点都拥有路由发现、广播交易、广播区块、发现新节点等功能。

区块链网络的 P2P 协议主要用于节点间传输交易数据和区块数据，比特币和以太坊的 P2P 协议基于 TCP 协议实现。在区块链网络中，节点时刻监听网络中广播的数据，当接收到邻居节点发来的新交易和新区块时，首先会验证这些交易和区块是否有效，包括交易中的数字签名、区块中的工作量证明等，只有验证通过的交易和区块才会被处理(新交易被加入正在构建的区块，新区块被链接到区块主链)和转发，以防止无效数据的继续传播。

2. 区块链系统的分类

区块链系统的运转围绕区块链账本的记录和维护过程展开。因此，按照记录权利的归属，区块链系统可以分为公有链、联盟链和私有链 3 种类型。

1) 公有链

公有链在网络拓扑上服从小世界模型(Small World Model)。该模型具有路径长度较小、聚合系数较大的特点，在这样的网络中，数据只需要经过较少节点(六度原则)就可达到目的节点，从而保证了交易信息在大规模区块链网络中传播的高效性。公有链网络拓扑的"高聚集度"和"短链"特征使区块链可以支撑世界各地的海量用户进行大规模、并发的交易，及时地将交易数据通过记账节点生成区块的方式存储，并实现全网内的数据同步，为保证区块链数据的健壮性、完整性和一致性奠定了网络基础。

所谓六度原则，是指通常一笔交易被确认的区块数达到 6 个的时候，就认为这笔交易已经是一个完成的状态，并且不可逆了。具体来说，当一笔交易被放进一个区块里，添加到区块链上最新的那个块的时候，该区块确认数(Confirmation)是 1，后面会有新的区块不断增加上来，得到的区块确认数就会依次变成 2,3,4,5,6。这样不断增加下去，当新区块后面新生成的区块有 5 个时，也就是说这笔交易得到的区块确认数为 6 的时候，就认为这笔交易不可能再逆转了，在系统里变成了"加锁"状态。

2) 联盟链

联盟链基于全连通网络，所有节点都是互联的，每个节点能够管理较大规模用户，包括用户个人信息、权限、密钥(包括公/私密钥)等。与公有链任何人可随时加入和离开不同，联盟链中的节点通常数目固定、接入管理更加严格，一般由具有共同利益或业务需求的多个机构协同创建和维护。

3）私有链

私有链由单一的节点参与记录维护。这些链的访问权限由区块链的维护者决定，一般不对外部用户开放。在私有链中，参与运行的节点都具有较高的信任度。与目前中心化的数据库相比，私有链能够有效保证数据的安全性，并且可以使数据在链上不能被篡改，提高了数据的可信度。

10.4.5 区块链共识机制

在使用中心数据库的集中式管理系统中很容易就某一事项达成共识，但是在不可靠的去中心化分布式系统中高效地达成共识，需要采取特殊的工作机制。区块链技术的核心优势之一就是能够在决策权高度分散的去中心化系统中使各节点高效地针对区块数据的有效性达成共识。

早期的比特币区块链采用高度依赖节点算力的工作量证明（PoW）共识机制保证比特币网络分布式记账的一致性。随着区块链技术的发展和各种竞争币的相继涌现，先后出现了多种不依赖算力而能够达成共识的机制，如点点币（Peercoin）应用了区块生成与节点所占有股权成反比的权益证明（Proof of Stake，PoS）共识机制；比特股（Bitshares）应用了获股东投票数最多的几位代表按既定时间段轮流产生区块的授权股份证明（Delegated Proof of Stake，DPoS）共识机制等。在区块链体系结构的共识层，就封装了这些共识机制。本节主要介绍 PoW 的实现原理和方法。

1. 哈希现金

比特币作为重要的密码货币之一，它的产生、交易和记账都依赖于严谨的密码学原理。区块链是比特币的核心技术，而区块链事实上是一条哈希链，通过哈希（Hash）函数串联一块块历史数据。

Hash 函数（也称为“散列函数”）以任意长度的消息为输入，输出固定长度的消息摘要。例如，Hash 函数 SHA 256 输出的 Hash 值为 256b。通常情形下，Hash 函数是一类压缩函数，它的值域远小于定义域。由于 Hash 函数具有单向性和抗碰撞性，因此可用于检验消息的完整性，即检验消息在传送过程中是否被篡改。

1997 年，26 岁的英国埃克塞特大学博士亚当·巴克（Adam Back）提出了哈希现金（Hashcash）的概念，其思想类似于密码学的 RSA 算法：计算两个质数之积是容易的，但分解两个质数之积是困难的。

下面以防止垃圾邮件的实现为例介绍哈希现金的特点。用户 A 要求发给他的邮件的 Hash 值必须包含某段特定字符串，如要求邮件的 Hash 值的前 8 位必须是 0，否则拒绝接收该邮件。那么发给 A 的邮件正文必须添加某些随机字符使 Hash 值满足该要求，这个工作是没有捷径的，计算机必须不断循环进行如下步骤：随机选取某些字符，并将其串联到邮件末尾，计算串联后的邮件的 Hash 值，直到 Hash 值的前 8 位是 0 为止。当然，计算开销取决于计算机的算力，当要求的难度提升较大时，想要通过随意转发垃圾邮件的方式完成 A 的要求的可能性几乎为零，从而达到防止垃圾邮件的目的。

2. PoW 共识机制

哈希现金的本质是一种 PoW 系统，即只有完成了一定计算工作并提供了证明的邮件才会被接收。中本聪在其比特币奠基性论文中设计了 PoW 共识机制，其核心思想是通过引入分布式节点的算力竞争来保证数据一致性和共识的安全性。

比特币系统中，各节点（矿工）基于各自的计算机算力相互竞争来共同解决一个求解复杂但验证容易的 SHA256 数学难题（挖矿），最快解决该难题的节点将获得区块记账权和系统自动生成的比特币奖励。

PoW 共识机制要求每个节点基于自身算力解决求解复杂但验证容易的 SHA256 计算难题，即寻找一个合适的随机数 Nonce，使得区块头部元数据的双 SHA256 Hash 值小于区块头中难度目标的设定值，即

$$H(H(n \| h)) \leqslant t$$

其中，H 为 SHA256 函数，在这里进行了两次 Hash 函数计算；n 为随机数 Nonce；h 为区块头部数据，主要包含前一区块哈希、Merkle 根等内容；t 为难度目标，t 值越小，n 值越难找到。最先寻找到的节点可获得新区块的记账权。PoW 在区块链网络中的共识流程如下。

(1) 每笔新交易被广播到区块链网络的所有节点，同时，每个节点也在全网搜集自前一区块生成以来接收到的所有交易，并将其添加到当前区块体中。

(2) 为了构建新的区块，每个节点根据当前区块体的交易，计算出区块头部的 Merkle 根，并填写区块头的其他元数据，其中随机数 Nonce 置零。

(3) 全网节点同时参与计算，将区块头部的随机数 Nonce 从 0 开始递增加 1，直至区块头的两次 SHA256 Hash 值小于或等于难度目标的设定值，则成功搜索到合适的随机数并获得该区块的记账权。否则，继续本步骤的操作，直到任一节点得到合适的随机数为止。

(4) 如果在一定时间内，全网所有参与节点均未成功搜索到合适的随机数，则更新时间戳和未确认交易集合，重新计算 Merkle 根，再继续步骤(3)。

(5) 如果某一节点先找到了合适的随机数，则该节点将获得新区块的记账权及奖励（奖励包括新区块中的区块奖励及每笔交易的交易费用），并将该区块向全网广播。

(6) 其他节点接收到新区块后，验证区块中的交易和随机数的有效性，如果正确，就将该区块加入本地的区块链，并基于该区块开始构建下一区块。

PoW 共识机制将经济激励与共识过程相结合，促使更多节点参与挖矿并保持诚信，从而增强了网络的可靠性与安全性，这是其他共识算法不具备的。

挖矿实质是寻找由多个前导零构成的区块头 Hash 值，难度目标的设定值越小，区块头 Hash 值的前导零就越多，寻找到合适随机数的概率越低，挖矿的难度就越大。根据区块链实时监测网站 Blockchain.info 显示，截止到 2016 年 2 月，符合要求的区块头哈希值一般有 17 个前导零，如第 398346 号区块 Hash 值为"0000000000000000077f754f22f21629a7975cf…"。为了适应硬件技术的快速发展及计算能力的不断提升，比特币每 2016 块就会调整一次难度目标，以控制区块的平均生成时间（10min）始终保持不变。

3. GHOST 协议

在区块链中，由于所有节点在一个没有第三方统一协调的环境中几乎同时在同一个区块上进行挖矿，这样有可能出现多个节点同时挖出不同新区块的现象，此现象称为"分叉"，根据区块链的工作机制，最终只允许其中一个区块得到确认。当发生分叉时，花费了最多算力的链被确定为主链，主链是最长链，位于其他分支上的交易都将被引用或忽略。分叉不但

影响了区块链系统的稳定性，还容易引起“双花”(双重花费)攻击。当产生分叉时，位于比特币分支节点上的区块称为孤块，并被丢弃，而以太坊引入了 GHOST(Greedy Heaviest Observed Subtree)协议来处理分叉。

由于比特币的出块(产生新区块)的时间为 10min，所以产生分叉的概率并不高，而以太坊的出块时间为 15s，受区块链共识算法和网络运行机理等因素对网络事件响应机制的制约，在 15s 的时间内，当一个新区块还没来得及得到其他节点的验证和接受之前，其他节点可能在相同的区块位置上挖出了新的区块，从而频繁的产生分叉。为了体现以太坊挖矿的公平性，以太坊采用了 GHOST 协议将产生的分叉尽快进行合并。GHOST 协议是一种主链选择算法，其思想是基于“利益均沾”的原则，让挖出新区块的节点都会受益。

如图 10-11 所示，假设节点 A 是一个拥有较大算力的矿池，而且所在网络位置、带宽等都具有较大优势，所以出块概率较高。再假设，所有节点都在已确认的 2 号区块上开始挖 3 号区块，由于节点 A 具有的挖矿优势，先挖出了 3 号区块，并将其广播到区块链网络以便得到其他节点的确认，从而拥有对 3 号区块的记账权。同时，节点 A 开始挖 4 号区块。但在 3 号区块还没有得到其他节点确认之前，节点 A 陆续收到其他节点挖出 3 号区块的消息(如图中的 3A、3B、3C 和 3D 等)。这时，节点 A 为了拥有对 3 号区块的记账权，在自己正在挖的 4 号区块中引用了 2 个特殊的交易(图中的 3A 和 3B)，这两个叔块的出块节点将从区块链系统中分别获得相当于主区块 7/8 的奖励，节点 A 除获得对 3 号区块的出块奖励外，还将获得相当于主区块 1/32 的奖励。当节点 A 挖出了 4 号区块并广播到网络后，之前挖出 3A 和 3B 区块的节点对由节点 A 挖出的 3 号和 4 号区块的合法性进行验证，验证通过后将其依次链接到主链上，并开始从 4 号区块的基础上继续挖 5 号区块。之后，当挖出 5 号区块时，另两个叔块(3B 和 3C)将会被引用，出块节点将分别获得相当于主区块 6/8 的奖励，另外，挖出 5 号区块的节点同时获得 1+1/32 的出块奖励。以此类推，如果在 3 号位还有其他的叔块，在分别挖出 6、7、8、9 和 10 号区块时，每次被引用的 2 个叔块分别获得相当于主区块 5/8、4/8、3/8、2/8 和 1/8 的奖励，每个记入主链的区块所在的节点同时获得 1 个 1+1/32 的出块奖励。

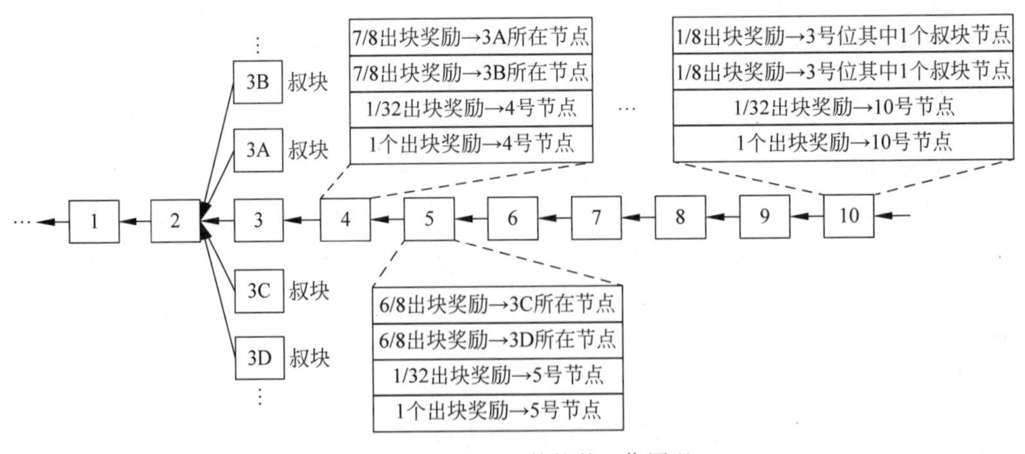

图 10-11 GHOST 协议的工作原理

分叉会带来交易的不确定性和系统运行的不稳定性。目前，比特币在连续产生 6 个区块之后，当前的交易确定为不可逆，所以其交易确认时间为 60min；以太坊在连续产生 12

个区块之后，交易已基本不可逆，所以其交易确认时间为3min。需要说明的是，当区块间距离达到8时，还未被引用的分叉上的叔块将得不到奖励，而自动废弃。另外，在叔块上挖出来的区块也得不到奖励，以太坊这样规定的目的是激励节点在发现了最长区块链时尽快合并，而不是在自己的分支链上继续挖下去。

10.4.6　智能合约

传统意义上的合约（或合同）是指双方当事人基于意思表示合致而成立的法律行为。1994年，美国计算机科学家Nick Szabo提出了智能合约（Smart Contract）的概念——一套以程序代码指定的承诺以及执行这些承诺的协议。智能合约的设计初衷是借助计算机程序在没有任何第三方可信权威参与控制的情况下，通过编写能够自动执行合约条款的程序代码，并将代码嵌入具有价值的信息化物理实体，作为合约各方共同信任的执行者代为履行合约规定的条款，并按合约约定创建相应的智能资产。智能合约伴随着区块链应用发生了一次华丽蜕变，尤其是借助区块链的去中心化基础架构，使得智能合约得以在去信任的可执行环境中实现。区块链触发了智能合约的生机和活力，智能合约催生了区块链技术更加广泛的应用场景。

1. 智能合约的概念

狭义的智能合约可看作是运行在分布式账本上预置规则，具有状态、条件响应的，可封装、验证、执行分布式节点复杂行为，完成信息交换、价值转移和资产管理的计算机程序。广义的智能合约则是无须中介、自我验证、自动执行合约条款的计算机交易协议。按照设计目的不同，智能合约可以分为：

(1) 旨在作为法律的替代和补充的智能法律合约；

(2) 旨在作为功能型软件的智能软件合约；

(3) 旨在引入新型合约关系的智能替代合约，如在物联网中约定机器对机器行为的智能合约。

在比特币系统中，比特币脚本是最早应用于区块链的智能合约，但由于比特币脚本不支持循环语句，只能实现基本的算术、逻辑运算及验证加密功能，所以早期的智能合约通常无法具有复杂逻辑。在以太坊系统中，可以通过编程语言实现复杂逻辑和控制功能，所以以太坊成为目前流行的智能合约开发平台。

2. 智能合约的运行机制

智能合约是运行在区块链上的一段计算机程序，其扩展了区块链的功能，丰富了区块链的上层应用，智能合约的运作机制如图10-12所示。

智能合约一般具有“值”和“状态”两个属性，依照商业逻辑，代码中用If-Then和What-If语句预置了合约条款的相应触发场景和响应规则，智能合约经多方共同协定、各自签署后随用户发起的交易提交，经P2P网络传播、矿工验证后存储在区块链特定区块中，用户得到返回的合约地址及合约接口等信息后即可通过发起交易来调用合约。矿工受系统预设的激励机制激励，将贡献自身算力验证交易，矿工收到合约创建或调用交易后在本地沙箱执行环境（如以太坊虚拟机）中创建合约或执行合约代码，合约代码根据可信外部数据源（也称为预

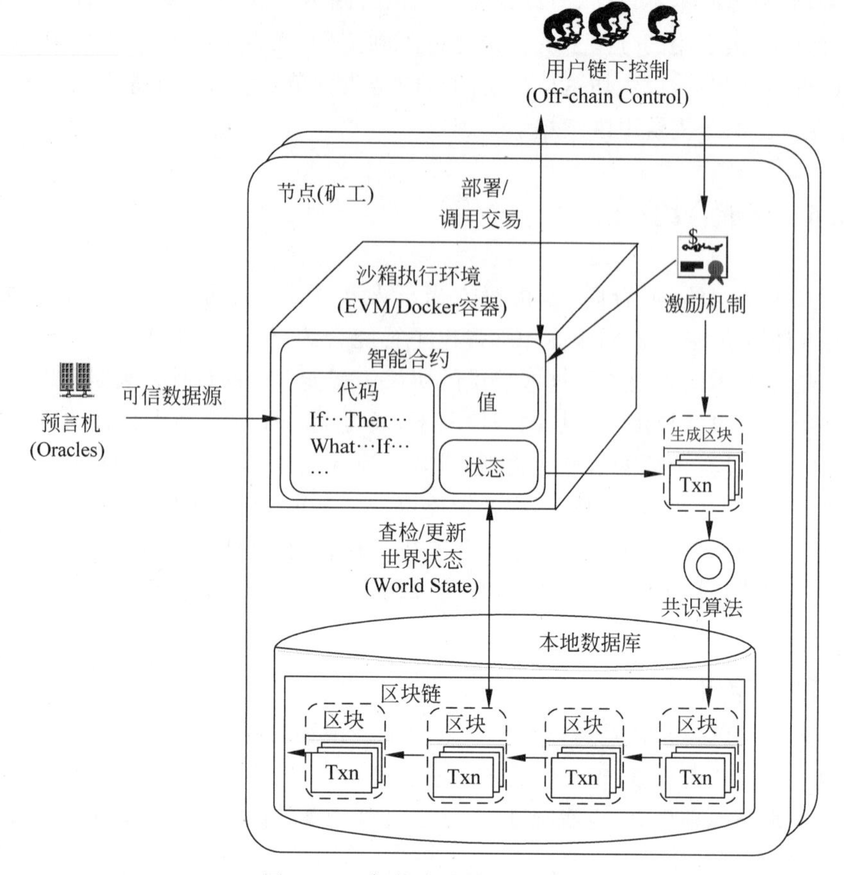

图 10-12　智能合约的运行机制

言机,Oracle)和世界状态(World State)的检查信息自动判断当前所处场景是否满足合约触发条件以严格执行响应规则并更新世界状态。交易验证有效后被打包进新的数据区块,新区块经共识算法认证后链接到区块链主链,所有更新生效。

3. 智能合约的特点

通过前面对区块链中智能合约运行机制的介绍,可以看出:智能合约执行是基于事件触发机制的,区块链中保存智能合约的一个中间状态,当有外部事件时(如账户调用、定时器自动调用等),调用者会先在本地执行合约,通过从区块链中获取代码、合约状态,计算出执行结果。然后,将调用参数与计算结果广播至全网,由所有挖矿节点执行验证,在达成共识之后与其他交易组装成区块,记录在区块链中。区块链与智能合约结合主要体现在以下几点。

(1) 智能合约采用区块链的共识机制,由所有挖矿节点运行智能合约程序,程序运算结果经过 P2P 网络传播并达成共识上传到区块链上。

(2) 区块链为智能合约提供存储空间。区块链中的数据是经过共识的且不可篡改的,保证了智能合约数据来源的可信性。

(3) 区块链的激励机制促使挖矿节点参与运行和验证智能合约程序。

由于智能合约的验证过程需要全部挖矿节点运行智能合约,一旦出现无限循环或是过于复杂的程序代码,会占用大量计算资源甚至导致区块链网络崩溃,且在公有链中这点很容易成为恶意节点的攻击方式,需要采取一定限制措施。例如,以太坊采用了收取交易费的方式对合约的执行进行限制,合约执行过程中依据占用的CPU和内存会消耗费用(Gas),Gas由以太币兑换而来,一旦Gas耗尽,合约就会终止执行,消耗的费用不会退回,从而防范了垃圾交易或含有死循环的智能合约。

4. 智能合约中的编程语言

比特币平台提供了处理交易的简单脚本,这些脚本是基于栈的一组指令,为了避免可能的漏洞与攻击,所以没有设计循环指令和系统函数。因而,比特币平台不存在严格意义上的智能合约。

以太坊自定义了规范的脚本语言以开发智能合约,自定义脚本语言是为了实现特殊的合约功能。以太坊智能合约内置了表示"账户地址"的Address数据类型,倾向于支持基于数字货币的支付应用。以太坊的合约账户和外部账户共享同一地址空间,合约地址被看作一个外部账户地址,可通过向合约地址发送交易来调用智能合约。

5. 沙箱

沙箱(Sandboxie)是一种按照安全策略限制程序行为的执行环境。沙箱早期主要用于测试可疑软件,如网络安全研究人员为了测试某种病毒或攻击程序的执行效果,往往可以在沙箱环境中进行。

智能合约不能直接运行在区块链节点上,因为合约中如果含有漏洞或恶意代码,就会直接威胁到区块链节点的安全,所以智能合约必须运行在隔离的沙箱环境中。合约与宿主系统之间、合约与合约之间被沙箱执行环境有效隔离、互不干扰,这就限制了漏洞或恶意代码的影响范围。

由于区块链种类及运行机制的差异,不同平台上沙箱的运行方式也有所不同,以太坊和超级账本(Hyperledger Fabric)是目前最广泛的两种智能合约开发平台,它们的沙箱的运行方式具有代表性。其中,以太坊使用自定义的以太坊虚拟机作为沙箱;超级账本使用轻量级的Docker容器作为沙箱,基于Docker自身提供的隔离性和安全性,保护了宿主机不受容器中恶意合约的攻击,也防止容器之间相互影响。

10.5　暗网

暗网是在Internet中随着匿名通信的应用而出现的一种具有特殊功能的网络,在发展了Internet功能的同时,其应用在近年来被诟病。本节主要从网络安全的角度介绍暗网的实现技术和方法。

10.5.1　暗网概述

暗网是近年来Internet应用中出现的一个新的概念,人们一直以来缺乏对其正确的理解和认识,甚至将它与各类邪恶与犯罪紧密联系在一起。下面从匿名通信入手,介绍暗网的概念和应用特点。

1. 匿名通信

"匿名"源于古希腊语,其含义主要是指无法识别一个人的身份信息。匿名是人类社会活动中的基本需求之一,这种需求在现代信息社会中更显示了其迫切性、重要性以及应用广泛性。

在现实生活中,可以看到很多活动是以匿名方式进行的,如选举活动、慈善捐款、违法行为举报以及大量的商业活动等,对于除参与者之外的第三方是匿名的。随着 Internet 应用的发展,特别是基于网络的电子商务应用越来越多,如电子投票、网络银行、电子证券交易和电子商务等,还有 Internet 在军事、公共安全等领域的应用,人们在保护传输数据秘密性、完整性和真实性的基础上,越来越关注如何保护通信用户的身份信息,尤其是保护提供网络服务的用户身份信息,进而如何抵御对用户通信的流量分析,这正是匿名通信的研究范围。

Internet 最初设计目的是信息共享,每一个 Internet 的成员都具有唯一的标识 IP 地址,每一个传输的 IP 报文都包括明确报文源地址和目的地址。因此,每一个用户的行为都可以唯一识别,通信中的每一个报文也都可以识别发送者和接收者的身份。

匿名通信是一种通过采用数据转发、内容加密、流量混淆等措施隐藏通信内容及关系的隐私保护技术。匿名通信系统本质上是一种提供匿名通信服务的覆盖网络,可以向普通用户提供 Internet 匿名访问功能以掩盖其网络通信源和目标,向服务提供商提供隐藏服务机制以实现匿名化的网络服务部署。

匿名通信中的匿名属性包括不可辨识性(Unidentifiability)和不可联系性(Unlinkability)。其中,不可辨识性是指对方(攻击者)无法识别用户的身份和行为;不可联系性是指对方无法通过观察系统将消息、行为和用户相关联。

不可辨识性由发送者匿名、接收者匿名、相互匿名和位置匿名 4 个部分构成。发送者匿名是指不能辨识消息发送者的身份;接收者匿名是指不能辨识消息接收者的身份;相互匿名是指既不能辨识消息发送者的身份,也不能辨识消息接收者的身份;位置匿名是指无法辨识消息发送者和消息接收者的位置、移动、路由或拓扑信息。

不可联系性主要是通信匿名。通信匿名是指特定的消息不能和任意通信会话相关联,或者特定的通信会话不能和任意的消息相关联。

2. 暗网的概念

由于匿名通信系统具有节点发现难、服务定位难、用户监控难、通信关系确认难等特点,利用匿名通信系统隐藏真实身份从事恶意甚至网络犯罪活动的匿名滥用现象层出不穷。由于用户必须通过特殊软件或进行特殊配置才能访问服务,隐藏服务机制更是被用于从事非法活动甚至网络犯罪的暗网。

"暗网"概念最早源于 20 世纪 90 年代,美国海军为保证船只通信安全,启动了一项由代理服务器对数据加密传输的计划,旨在建立使用户在连接网络时身份信息不被泄露的系统。随后,美国海军研究所的 3 位科学家在一篇题名为《隐藏路径信息》的论文中正式提出了"暗网"的概念,指难以通过超链接方式进行访问,未被搜索引擎标引,只能采用动态请求方式获取信息的"不可见"网络。

1) 暗网

暗网(Darknet 或 Dark Web)也叫作"隐藏网",是指存储在网络数据库里且不能通过普通链接进行访问,需要采用动态网页技术进行访问的一种资源集合。暗网的服务器不会被

日常所用的 Google、百度、360 搜索等搜索引擎直接抓取，是一种建立在 Internet 基础之上，经过加密的匿名网络。它是一种需要使用特定的软件、设置或授权才可接入的深层网络，同时还具有被限制访问的站点功能。

2）明网

"明网"又称为"表层网"(Surface Web 或 Surface Net)，是指能够通过公共计算机网络进行访问，利用普通浏览器或搜索引擎便可以检索并访问的网络站点或各种资源。明网数据量在互联网全部资源中仅占很少一部分(有统计仅为 4%左右)，而暗网体量较明网要大。

3）深网

"深网"(Deep Web 或 Deepnet)指不能用搜索引擎检索到的网络资源集合，主要分为以下几种类型。

(1) 未被其他网页链接指向，从而无法被搜索引擎爬虫获取的孤岛网站。

(2) 需要人工注册才能访问的网络数据库。

(3) 限制访问权限的站点。

(4) 个人或公司的私有站点。

(5) 特定情景下方可浏览的网页。

(6) 由于搜索引擎的更新周期较长，造成无法同步实时更新的数据，如股票、飞机、天气数据等。

即便目前在互联网上应用功能最强大的 Google、百度搜索引擎，也只能检索到非常少的互联网上的信息(有统计为不超过所有网络信息的 0.03%)。暗网属于深网中"被限制访问站点"的一种，比深网的规模小。

4）不可见网

"不可见网"(Invisible Web)的概念由美国学者 Dr. JII Ellswath 于 1994 年提出，指网络中部分仅在被用户查询时才由服务器动态生成结果页面，从而难以被搜索引擎获取，无法直接索引和查询，但可被专用软件或人工方式搜索的网络数据库。不可见网虽与暗网同属于被限制访问的网站范畴，但其无论在范围还是数据体量上相比暗网都要小很多。

暗网、明网、深网、不可见网之间的关系分别如图 10-13 和图 10-14 所示。

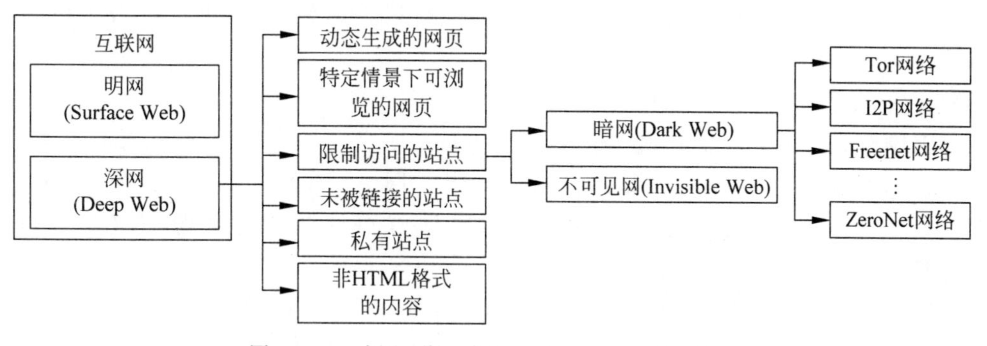

图 10-13　暗网、明网、深网、不可见网之间的关系

需要说明的是，如果不进行严格的细分，可将互联网分为明网和深网两部分，在深网中同时包含暗网和不可见网，而暗网之所以受到关注，是因为其具有的匿名化的通信机制和应用上的影响(虽然多是被人诟病的负面影响)。

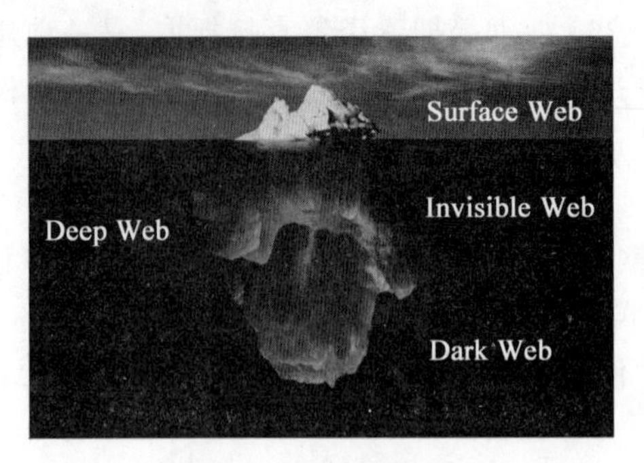

图 10-14 暗网简图

3. 暗网的主要特征

1）高度隐匿性

隐匿性作为暗网的核心特征之一，是指暗网通常难以被常规搜索引擎发现，用户须通过严格注册，以动态请求方式借助 Tor 浏览器等特定工具才能登录浏览。多节点、分布式的数据会在服务器构成的“保护层”进行加密，将客户端信息隐藏在网络的最深处，用户访问后不会留下完整的链接痕迹。网络服务提供商和执法部门都无法通过层层破解暗网加密体系，获取网络访问记录、服务器的具体位置、网站地址、用户身份、IP 地址等重要信息。

因此，暗网常被军队和商业部门广泛使用，作为数据保护、提升通信安全性、保护服务使用者个人隐私的最佳方式。

2）交易便捷性

随着世界各国对现金和网络金融交易的管制日益严格，资金转移与积累受到金融体系的严密监管。暗网非法交易则以比特币（Bitcoin）、门罗币（Monero）、零币（Zcash）等数字货币作为匿名支付手段，并且支持与美元、欧元、人民币等主要货币进行兑换，资金收付双方信息均被加密隐藏，执法部门难以通过资金流向查询犯罪主体的个人信息。

3）接入简便性

暗网接入虽有一定的技术要求但并不复杂，只需要通过代理服务器进入 Internet，再简单安装专门用于访问暗网资源的浏览器（如 Tor 浏览器），经过设置便能够匿名访问网络资源。

4）生态混乱性

据美国权威机构调查显示，暗网内容主要由极端主义、黑客、非法色情、毒品贩卖、武器贩卖、人口拐卖、私人杀手等不良信息组成。今天，暗网更承载着极为恶劣的网络犯罪行径，毒品交易、杀人越货、贩卖武器、买卖销赃、色情服务、信息倒卖、数据泄露、恐怖宣扬和政治颠覆等犯罪行为充斥在整个暗网中。

“暗网”已经成为网络犯罪的代名词。例如，在 2018 年，美国多个政府部门联合打掉了 35 个暗网交易平台，缴获了价值约 2360 万美元的商品，其中包括 2000 比特币。另外，2013 年被美国联邦调查局查抄的全球最有影响力的暗网网站“丝绸之路”（Silk Road），在该平台上进行毒品交易、枪支贩卖、儿童色情等违法犯罪活动，甚至人体器官的买卖也在其中，用该网站创始人乌布利莱特（Ross Ulbricht）的话来说，暗网就是“一个经济传真体”，暗网变成了网络违法犯罪的避风港。

10.5.2　Tor 网络

目前,主要的暗网形态有 4 种：Tor、I2P、Freenet 和 ZeroNet。其中,Tor 网络的影响面最广,而且在技术上最具有代表性。为此,本节主要以 Tor 网络为例进行暗网通信方式的介绍。

1. Tor 网络结构

Tor(The Second-Generation Onion Router)是目前使用范围最广的一类匿名通信系统,其核心技术"洋葱路由"(Onion Router)在 20 世纪 90 年代中期由美国海军研究实验室提出,并在 1997 年交由美国国防高级研究计划局(DARPA)进一步开发。2003 年,Tor 正式版发布；2004 年美国海军研究实验室公开其源码。

Tor 使用多跳代理机制对用户通信隐私进行保护。首先,客户端(Client)通过一定的算法分别选择 3 个中继节点,并逐跳与这些中继节点建立链路。在数据传输过程中,客户端对数据进行 3 层加密,由各个中继节点依次进行解密。由于中继节点和目的服务器无法同时获知客户端 IP 地址、目的服务器 IP 地址以及数据内容,从而保障了用户隐私。Tor 网络的结构如图 10-15 所示。

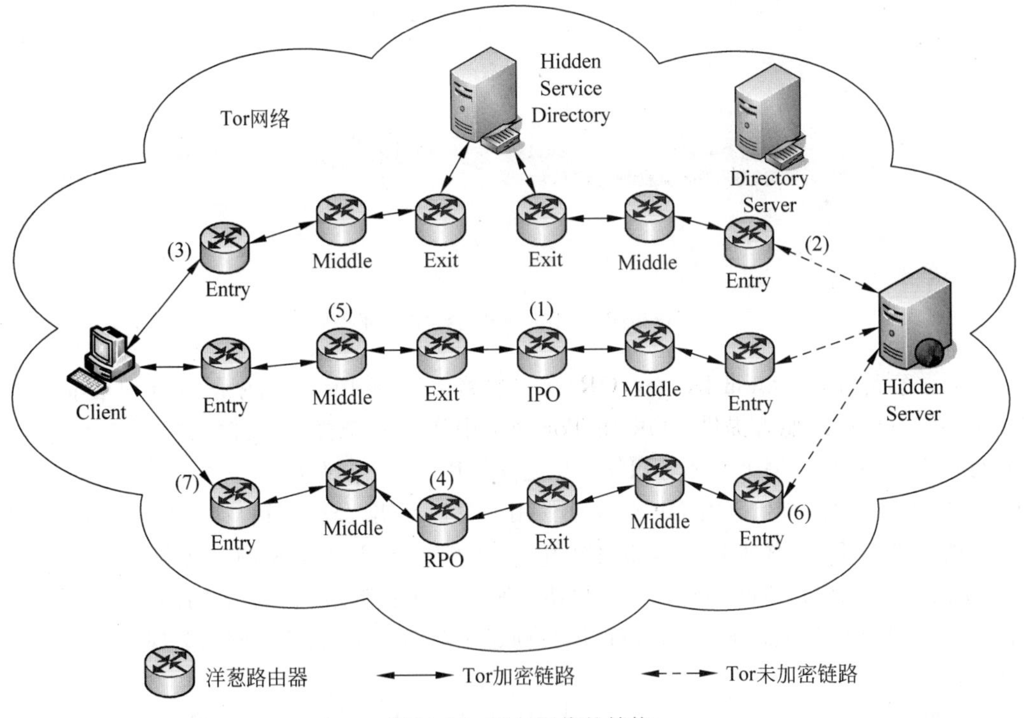

图 10-15　Tor 网络的结构

(1) 客户端(Client)。客户端是运行在用户操作系统(如 Windows、Linux、Android 等)上的本地程序,该程序起到代理作用,因此也称为洋葱代理(Onion Proxy,OP)。OP 将用户数据封装成 Tor 信元(信元为 Tor 网络中的应用层的数据单元,每个信元为固定长度 512B)并层层加密,为各类 TCP 应用程序提供匿名代理服务。客户端在访问暗网服务器(隐藏服务器)上的资源时,需要安装专门用于 Tor 网络的 Tor 浏览器(如图 10-16 所示,安装后的操作界面与普遍浏览器没有什么不同)。与互联网中常用的 IE、Chrome 等浏览器不同的是,Tor 浏览器集成了 OP 功能,除进行洋葱路由器的选择和链路(Tor 网络中称为"电路"(Circuit))的建立外,还需要数据的加解密功能。

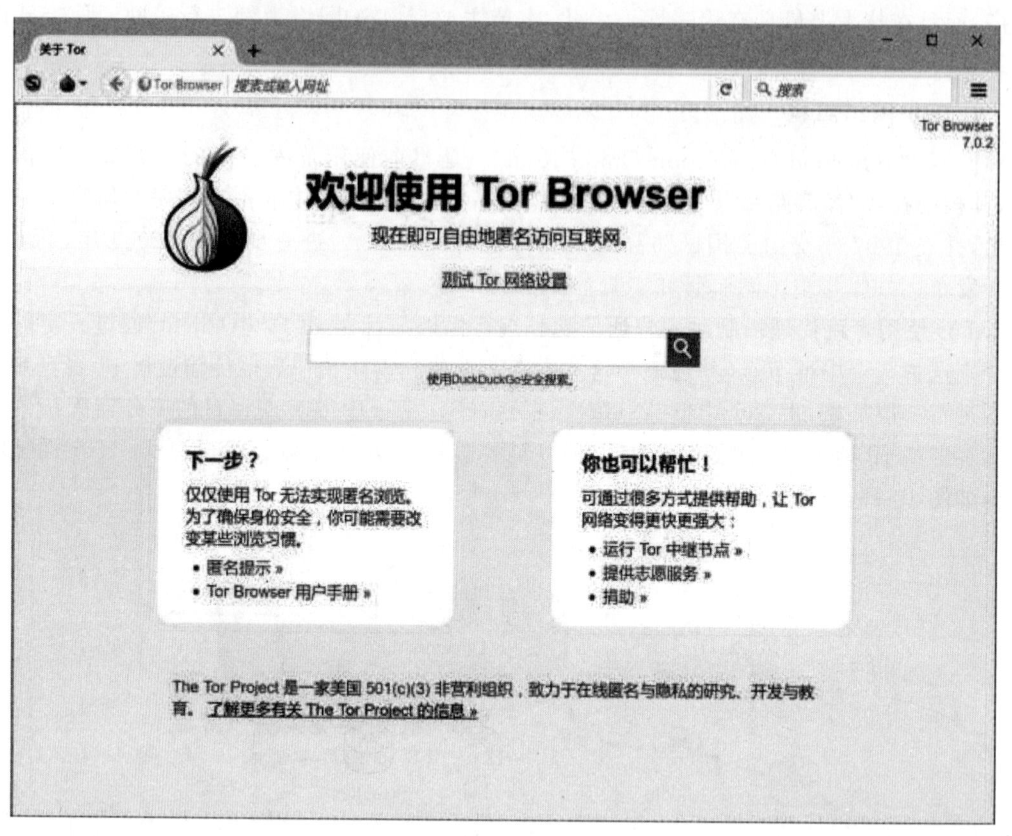

图 10-16 Tor 浏览器操作界面

(2) 洋葱路由器(Onion Router,OR)。洋葱路由器是 Tor 网络中的数据中继节点,一般由 Internet 中的志愿者提供。OR 在 Tor 网络中作为一个普通的、没有特权的用户级进程运行在操作系统上,每个 OR 与相邻 OR 之间使用 TLS 协议连接。

每个 OR 维护一个代表本 OR 的长期使用的身份密钥(公钥密钥)和一个仅在某次通信时使用的短期密钥(对称密钥),身份密钥用于加密 TLS 证书、OR 的描述符(包括密钥摘要、IP 地址、带宽、出口策略等)信息,而短期密钥用于建立链路和节点之间的协商信息。与此同时,OR 之间进行通信时,TLS 协议还会创建短期会话密钥,会话密钥会周期性更新,以防密钥泄露。

Tor 网络中的默认匿名链路由 3 个 OR 组成,分别为入口节点(Entry)、中间节点(Middle)和出口节点(Exit),其中入口节点一般选择可信度较高的守护节点(Guard),也就是说当某个 OR 在通信中的可信度(如在线时间、带宽等)提高后,其身份就可以从守护节点升级为入口节点。其中,入口节点用于连接客户端,中间节点用于连接其他的 OR,而出口节点用于连接隐藏服务器或其他具有特殊服务功能的服务器和 OR。

图 10-17 中的箭头分别标出了某次 Tor 随机建立的 4 条链路，每条链路都由入口节点(Guard)、中间节点(Middle)和出口节点(Exit)组成，并且还显示了每个节点的 IP 和国家代码等信息。

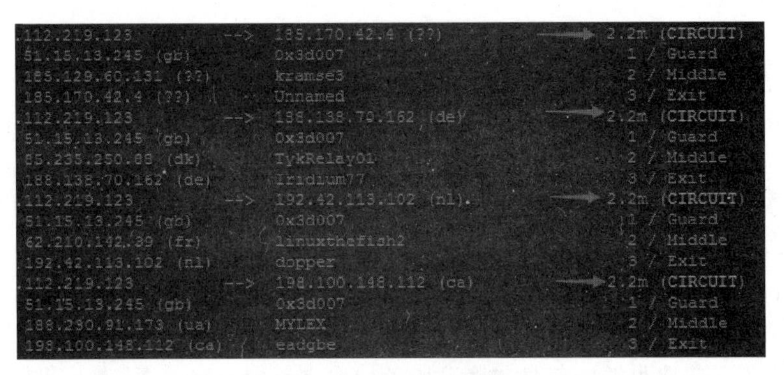

图 10-17　Tor 链路信息

(3) 隐藏服务器(Hidden Server)。隐藏服务器向 Tor 网络用户提供 Web、IRC、FTP 等 TCP 应用服务。隐藏服务器受到 Tor 匿名性的保护，必须使用 Tor 客户端才能够访问其 TCP 应用服务。

(4) 目录服务器(Directory Server)。目录服务器保存了所有洋葱路由器的 IP 地址、带宽等信息，这些信息是客户端和隐藏服务器选择洋葱路由器时主要考虑的参数。客户端在首次启动后向目录服务器请求洋葱路由器信息，以便完成节点选择和链路建立。Tor 网络中的目录服务器提供的服务与 Windows Server 操作系统中提供的活动目录(Active Directory)服务在功能上类似，只不过目录服务数据库中数据的对象不同。

(5) 隐藏服务目录服务器(Hidden Service Directory)。隐藏服务目录服务器是 Tor 网络中除目录服务器外的另一类服务器，其中目录服务器也称为中继节点目录服务器，专门用于存储 Tor 网络中 OR 节点的 IP 地址、带宽等最新状态信息；而隐藏服务目录服务器专门用来存储 Tor 网络中隐藏服务器的信息，为客户端提供隐藏服务器的引入节点(Introduction Point，IPO)、公钥等节点信息。当要访问隐藏服务内容时，就通过 OR 到隐藏服务目录服务器中查询相关信息。

2. Tor 网络的工作机制

在学习了 Tor 网络的组成后，下面介绍 Tor 网络的工作机制。

(1) 客户端、洋葱路由器、目录服务器、隐藏服务目录服务器和隐藏服务器的功能都集成在 Tor 软件包中，用户可以通过配置文件对具体功能进行配置。

(2) Tor 隐藏服务器在启动时会选择 3 个引入节点作为其前置代理，并将引入节点及其公钥信息上传至隐藏服务目录服务器。

(3) 客户端访问隐藏服务时，首先建立 3 跳链路访问隐藏服务目录服务器，获取引入节点和公钥信息。

(4) 客户端选择一个汇聚节点(Rendezvous Point，RPO)作为客户端和隐藏服务器通信链路的汇聚点，并将汇聚节点的信息通过引入节点告知隐藏服务器。

(5) 客户端和隐藏服务器各自建立到达汇聚节点的链路，完成 6 跳链路的搭建后即可开始通信。

（6）Tor 用户通过 6 跳链路访问隐藏服务器，在此过程中任意节点无法同时获知 Tor 客户端 IP 地址、隐藏服务器 IP 地址以及数据内容，保障了 Tor 客户端与隐藏服务器的匿名性。

3. Tor 隐藏服务

暗网服务是指必须通过特殊的软件、特殊的配置才能访问，并且明网中使用的搜索引擎无法对其进行检索的服务，包括了 Web、IRC、文件共享等多种服务类型。Tor 隐藏服务是通过隐藏服务域名（即洋葱域名）唯一标识和查找的。隐藏服务器首次运行后将生成一个隐藏服务域名，其域名形式为＜z＞. onion，其中＜z＞是长度为 16B 的字符串，由 RSA 公钥哈希值的前 80b 进行 base32 编码获得（具体实现方法请参阅相关文献，在此不再赘述）。

Tor 隐藏服务器在启动过程中会将其信息上传到隐藏服务目录服务器，Tor 客户端能够通过目录服务器获取足够的信息与隐藏服务器建立双向链路。图 10-15 展示了客户端访问隐藏服务的具体过程。

（1）隐藏服务器选择 3 个洋葱路由器作为其引入节点，并与引入节点建立 3 跳链路。

（2）隐藏服务器将其隐藏服务描述符（Hidden Service Descriptor）上传到隐藏服务目录服务器，描述符中包含引入节点的信息与自身 RAS 公钥。

（3）客户端通过隐藏服务域名（＜z＞. onion）进行访问时，从隐藏服务目录服务器获取引入节点的相关信息。

（4）客户端选择一个洋葱路由器作为汇聚节点并与该节点建立 3 跳链路。

（5）客户端建立到达引入节点的 3 跳链路，并通过引入节点将汇聚节点的信息发送到隐藏服务器。

（6）隐藏服务器建立到达汇聚节点的 3 跳链路，并对该链路进行认证。

（7）经过汇聚节点，客户端与隐藏服务器通过 6 跳链路进行交互。

10.5.3 洋葱路由

Tor 于 2004 年开始支持隐藏服务，为 Tor 暗网的出现提供了技术支撑。Tor 暗网是目前规模最大的暗网之一，其中包含大量的敏感内容与恶意内容。Tor 隐藏服务是仅能在 Tor 暗网中通过特定形式的域名（＜z＞. onion）访问的网络服务。

洋葱路由技术的核心思想是通过多跳代理与层层加密的方法为用户的通信隐私提供保护。Tor 是最典型的使用洋葱路由技术的匿名通信系统，因此本节以 Tor 为例，对洋葱路由技术进行介绍。

1. Tor 数据包结构

Tor 数据包（信元）分为控制数据包和转发数据包，长度都为 512B。控制数据包主要在洋葱代理创建或删除通信链路时使用，携带了传输控制命令；而转发数据包则在洋葱路由器传输数据时使用。Tor 数据包结构如图 10-18 所示。

1）控制数据包结构

控制数据包由电路标识符（CircID）、命令（CMD）和负载数据（DATA）3 部分组成。其

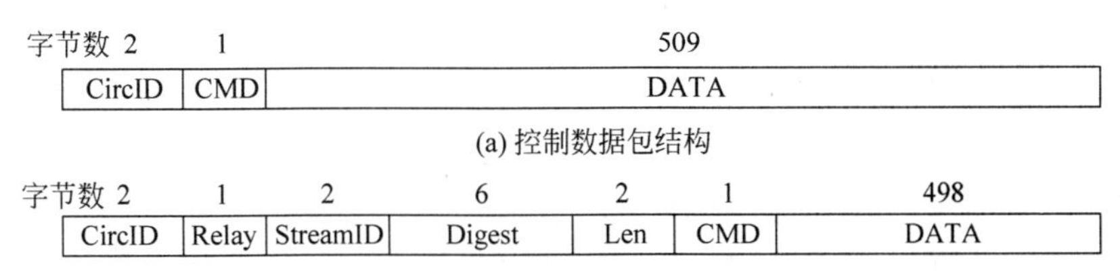

(a) 控制数据包结构

(b) 转发数据包结构

图 10-18　Tor 数据包结构

中，CircID 用来表示数据包到底要走哪一条链路，不同的匿名通信链路拥有不同的 CircID；CMD 用于描述数据(DATA)的作用，主要有：

(1) Create：由洋葱代理发出建立新的链路；

(2) Created：目标节点对 Create 命令的应答，表示同意创建链路；

(3) Destroy：拆除一条已经创建的匿名链路，用于链路使用结束时；

(4) Padding：填充数据包，使 DATA 的长度达到 509B。

2) 转发数据包结构

转发数据包在控制数据包的基础上，增加了以下内容：

(1) Relay(中继)：转发数据；

(2) StreamID(流标识符)：由于 Tor 网络中允许多条数据流共用同一条传输信道，所以为了区别不同的数据流，便使用 StreamID 进行识别；

(3) Digest(校验)：用于节点到节点之间的完整性校验；

(4) Len(长度)：转发数据包的长度。

Tor 的控制数据包和转发数据包都是应用层的数据包，在传输的过程中会依次封装在 TLS 头部、TCP 头部和 IP 头部，以便在 Internet 中传输。

2. Tor 的通信机制

在 Tor 网络中，客户端与隐藏服务器之间需要各自选择 3 个节点建立多跳链路才能进行通信。目前，Tor 主要采用基于加权随机的路由选择算法选择洋葱路由器构建链路。该算法依据服务器描述符(Server Descriptor)与共识文档(Consensus Document)中的带宽信息与缩放因子计算各节点的加权值，并按照出口节点、入口节点和中间节点的顺序选择链路节点。

需要说明的是，出于安全考虑，链路中任意两个洋葱路由器应来自不同的 C 类网段，而且路由选择策略会尽可能让一条链路穿越不同的国家。

在节点选择完成之后，OP 从入口节点开始逐跳建立匿名链路，节点之间均采用 TLS/SSLv3 对链路进行认证。

下面将入口节点、中间节点、出口节点分别用 OR_E、OR_M 和 OR_O 表示，介绍洋葱路由的工作过程。

(1) 运行在客户端的 OP 与 OR_E 建立 TLS 链接，即 OP 发送 CELL_CREATE 信元，OR_E 进行响应以完成 Diffie-Hellman 握手并协商会话密钥 k_1，从而建立第一跳链路。其中，CELL_CREATE 信元是 Tor 中的一种数据传输基本单元，长度为 512B。

(2) OP 向 OR_E 发出与 OR_M 建立链路的 Tor 信元，OR_E 收到后与 OR_M 建立 TLS 链

路，并通过 Diffie-Hellman 协议协商 OP 与 OR_M 之间的会话密钥 k_2。OR_E 将会话密钥通过加密报文告知 OP，完成第二跳链路的建立。以此类推，Tor 建立多跳链路实现与通信目标的安全连接。

（3）在匿名链路建立后，用户可以通过 OP 访问公共网络进行数据传输。当 OP 获得目标服务的 IP 地址和端口后，使用 k_1、k_2、k_3 对数据信元进行层层加密封装，即 $\{\{\{<IP:port>\}k_3\}k_2\}k_1$，这种加密方式称为“洋葱加密”。

（4）该信元经过每个 OR 节点时，都会被使用对应的密钥对最外层进行解密并转发。当到达 OR_O 后进行最后一次解密，即可识别出目标服务器的 IP 地址和端口，从而建立 TCP 连接。

如图 10-19 所示，用户的上行数据经过 OP 层层加密，由各 OR 逐层解密并转发到目标服务器；与此相反，目标服务器的下行数据经过各 OR 加密，由 OP 逐层解密并最终返回给应用程序。对于目标服务器来说，Tor 用户是透明的，其始终认为自己在与 OR_O 通信，而各 OR 无法同时获得 Tor 用户 IP 地址、目的服务器 IP 地址和应用数据，从而保证了通信的匿名性。

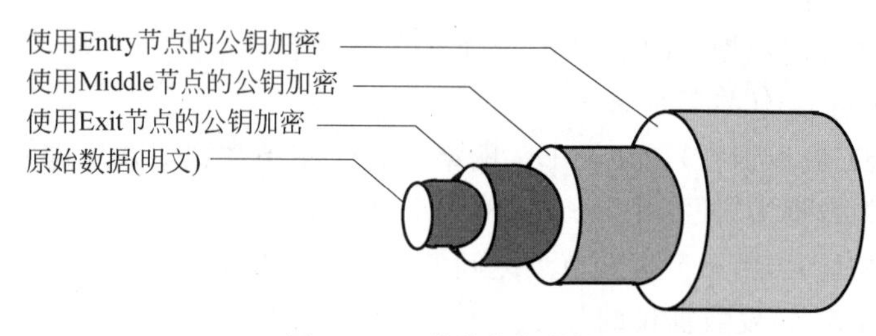

图 10-19　洋葱数据结构

习题 10

10-1　什么是可信计算？可信计算能够解决哪些主要安全问题？

10-2　简述 SRTM 的执行过程。

10-3　名词解释：SRTM、DRTM、TPM、PCR、RTS、RTM、RTR、信任链、背书密钥、可信平台模块、可信计算平台。

10-4　通过对数量(Volume)、多样性(Variety)、速度(Velocity)、价值(Value)以及真实性(Veracity)5 个方面的理解，分析大数据的概念和特征。

10-5　结合传统的数据处理技术，试分析大数据在数据处理、数据计算、数据存储、数据分析与展示等方面的技术特点。

10-6　结合当前互联网应用，联系实际，试分析大数据应用遇到的挑战和具体的解决方法。

10-7　针对大数据遇到的安全问题，有哪些主要的安全解决技术和方法？

10-8　什么是物联网？物联网与互联网之间有什么关系？

10-9　试分析物联网的分层结构，并介绍感知层、传送层和应用层的基本功能。

10-10　针对物联网的分层结构，介绍针对各层存在的安全隐患和相应的安全解决方法。

10-11　什么是匿名通信？一个匿名通信系统应该具有哪些属性？

10-12　名词解释：Internet、明网、深网、不可见网、暗网。

10-13　介绍 Tor 网络的结构及工作过程，并分析其安全性是如何得到实现的。

10-14　介绍洋葱路由的工作过程，结合本书前面章节学习的内容，试分析洋葱路由安全性的实现原理和方法。

10-15　名词解释：区块、区块链、挖矿、矿工、账本、沙箱。

10-16　分别简述比特币与区块链的概念，并介绍两者之间的关系。

10-17　简述 PoW 共识机制的实现原理及方法。

10-18　区块链中的新区块是如何产生的？

参考文献

[1] 王世伟.论信息安全、网络安全、网络空间安全[J].中国图书馆学报,2015,41(3):72-84.

[2] 郭亚军,宋建华,李莉,等.信息安全原理与技术[M].北京:清华大学出版社,2017.

[3] 刘跃进.信息安全、网络安全、国家安全之间的概念关系与构成关系[J].保密科学技术,2014(5):12-19.

[4] 俞晓秋.信息安全与网络安全辨析[J].中国信息安全,2014(8):112-113.

[5] 韦韬,王贵驷,邹维.软件漏洞产业:现状与发展[J].清华大学学报(自然科学版),2009,49(S2):2087-2096.

[6] 陈鑫,崔宝江,范文庆,等.软件漏洞的攻击与防范[J].电信科学,2009,25(2):66-71.

[7] 徐树民,刘建巍,田心,等.国产算法安全芯片与市场应用[J].信息安全与通信保密,2012(2):36-38.

[8] 沈海波,洪帆.访问控制模型研究综述[J].计算机应用研究,2005(6):9-11.

[9] 汪厚祥,李卉.基于角色的访问控制研究[J].计算机应用研究,2005(4):125-127.

[10] 石荣,邓科,阎剑.物理层加密及其在空间信息网络防护中的应用[J].航天电子对抗,2014,30(4):12-15.

[11] 徐震.网络安全等级保护:从1.0到2.0[J].信息安全,2019(7):63-64.

[12] 肖冰,王映辉.人脸识别研究综述[J].计算机应用研究,2005(8):1-5.

[13] 张杰,戴英侠.SSH协议的发展与应用研究[J].计算机工程,2002,28(10):13-15.

[14] 吴行军,葛元庆.TEA密码算法的VLSI实现[J].半导体学报,2001,22(8):1087-1092.

[15] 方淡玉.ECC公钥密码体制发展的未来[J].信息安全与通信保密,2005(6):58-60.

[16] 肖皇培,张国基.基于Hash函数的报文鉴别方法[J].计算机工程,2007,33(6):101-103.

[17] 安晓龙,陈晓苏.PKI体系架构设计策略分析[J].当代通信,2004(6):47-50.

[18] 蒋辉柏,蔡震,容晓辉,等.PKI中几种信任模型的分析研究[J].计算机测量与控制,2003,11(3):201-204.

[19] 刘炘,刘爱江,史燕.CRL与OCSP相结合的证书撤销方案[J].通信技术,2003(12):153-155.

[20] 王福,谭成翔,刘欣.基于OCSP方式的证书撤销策略[J].计算机工程,2007,33(15):144-146.

[21] 胡廉民.基于分层信任模型的PKI机构证书更新研究[J].通信技术,2007(8):79-81.

[22] 张基温,裴浩.基于PMI的安全匿名授权体系[J].计算机工程与设计,2007,28(3):547-549.

[23] 谭强,黄蕾.PMI原理及实现初探[J].计算机工程,2002,28(8):187-189.

[24] 周小为.PKI、PMI技术研究[J].计算机安全,2007(2):35-37.

[25] 李传目.安全密码认证机制的研究[J].计算机工程与应用,2003(28):176-178.

[26] 戚文静,张素,于承新,等.几种身份认证技术的比较及其发展方向[J].山东建筑工程学院学报,2004(2):84-87.

[27] 赵洁,宋如顺,姜华.基于虹膜的网络身份认证研究[J].计算机应用研究,2005(7):141-143.

[28] 黄林,朱卫东.SSL协议的分析和应用[J].电脑知识与技术,2007(2):347-348.

[29] 常强林,陈鸣,李兵.RADIUS服务器的实现及其在宽带网计费系统中的应用[J].军事通信技术,2003,24(2):5-8.

[30] 方蕾,钱华林.DNS安全漏洞以及防范策略研究[J].微电子学与计算机,2003,20(10):53-57.

[31] 董建平.域名系统安全扩展(DNSSEC)[J].数据通信,2005(6):42-43.

[32] 宋文纳,彭国军,傅建明,等.恶意代码演化与溯源技术研究[J].软件学报,2019,30(8):2229-2267.

[33] Jacobson D.网络安全基础——网络攻防、协议与安全[M].仰礼友,赵红宇,译.北京:电子工业出版社,2016.

[34] 陈幼雷,王张宜,张焕国.个人防火墙技术的研究与探讨[J].计算机工程与应用,2002(8):136-139.

[35] 郝辉,钱华林.VPN及其隧道技术研究[J].微电子学与计算机,2004(11):47-51.

[36] 杨威,苏锦海,张永福. 基于 IKE 的 IPSec 参数协商过程的研究[J]. 计算机工程,2003,29(3):73-75.

[37] 包丽红,李立亚. 基于 SSL 的 VPN 技术研究[J]. 网络安全技术与应用,2004(5):38-40.

[38] 安天安全研究与应急处理中心(安天 CERT). 勒索软件简史[J]. 中国信息安全,2017(4):50-57.

[39] 隋新,杨喜权,陈棉书,等. 入侵检测系统的研究[J]. 科学技术与工程,2012,33(12):8971-8979.

[40] 姜成斌,郑薇,赵亮,等. 论漏洞扫描技术与网络安全[J]. 中国信息界,2012(3):58-62.

[41] 刘志光. Web 应用防火墙技术分析[J]. 情报探索,2014(3):103-105.

[42] 刘欣然,王小群. 网络安全态势感知的现在与未来[J]. 保密科学技术,2017(7):9-11.

[43] 李艳,王纯子,黄光球,等. 网络安全态势感知分析框架与实现方法比较[J]. 电子学报,2017,47(4):927-945.

[44] 龚俭,臧小东,苏琪,等. 网络安全态势感知综述[J]. 软件学报,2017,28(4):1010-1026.

[45] 席荣荣,云晓春,金舒原,等. 网络安全态势感知研究综述[J]. 计算机应用,2012,32(1):1-4,59.

[46] 王斯梁,冯暄,蔡友保,等. 等保 2.0 下的网络安全态势感知方案研究[J]. 信息安全研究,2019,5(9):828-833.

[47] 冯登国,张敏,李昊. 大数据安全与隐私保护[J]. 计算机学报,2014,37(1):246-258.

[48] 吕欣,韩晓露. 大数据安全和隐私保护技术架构研究[J]. 信息安全研究,2016,2(3):244-250.

[49] 中国电子技术标准化研究院. 大数据标准化白皮书[R],2015.

[50] 工业和信息化部电信研究院. 大数据白皮书[R],2014.

[51] 王群,钱焕延. 物联网的技术路线及属性形成[J]. 电信科学,2012,38(7):92-99.

[52] 王群,钱焕延. 一种面向物联网的 M2M 通信解决方案[J]. 微电子学与计算机,2012,39(11):13-17.

[53] 王群,钱焕延. 面向 M2M 通信的传输控制机制与方法[J]. 计算机科学,2013,40(11):74-80.

[54] 王群,李馥娟,钱焕延. 云计算身份认证模型研究[J]. 电子技术应用,2015,41(2):135-138.

[55] 王群,李馥娟. 可信计算技术及其进展研究[J]. 信息安全研究,2016,2(9):834-843.

[56] 武传坤. 物联网安全架构初探[J]. 中国科学院院刊,2010,25(4):411-419.

[57] 信息安全与通信保密杂志社,梆梆安全研究院. 2016 物联网安全白皮书[J]. 信息安全与通信保密,2017(2):110-121.

[58] ITU. ITU Internet Reports 2005: The Internet of Things[R]. Tunis,2005.

[59] EPoSS. Internet of Things in 2020 a Roadmap for the Future[R],2008.

[60] EPCglobal. EPCglobal Object Name Service (ONS) 1.0.1[S],2008.

[61] ITU Y.202(Y.NGN-UbiNet). Overview of Ubiquitous Networking and of its Support in NGN[S]. Geneva,2009.

[62] OASIS. Security Assertion Markup Language (SAML) V2.0 Technical Overview (Committee Draft02)[S],2008.

[63] OASIS. Security Assertion Markup Language (SAML) v2.0(OASIS Standard Set)[S],2005.

[64] Internet Engineering Task Force (IETF). The OAuth 2.0 Authorization Framework (RFC 6749) [EB/OL]. [2012-10]. http://www.rfc-editor.org/rfc/pdfrfc/rfc6749.txt.pdf.

[65] OpenID Authentication 2.0-Final [EB/OL]. [2007-12-05]. http://openid.net/specs/openid-authentication-2_0.html.

[66] OASIS. Extensible Resource Identifier (XRI) Resolution Version 2.0 (Committee Draft 02) [EB/OL]. [2007-10-25]. http://docs.oasis-open.org/xri/2.0/specs/cd02/xri-resolution-V2.0-cd-02.pdf.

[67] 刘鑫,王能. 匿名通信综述[J]. 计算机应用,2010,30(3):719-722.

[68] 罗军舟,杨明,凌振,等. 匿名通信与暗网研究综述[J]. 计算机研究与发展,2019,56(1):103-130.

[69] 李超,周瑛,魏星. 基于暗网的反恐情报分析研究[J]. 情报杂志,2018,37(6):10-19.

[70] 刘源. Tor 匿名追踪技术研究[D]. 西安:西安电子科技大学,2007.

[71] 朱岩，王巧石，秦博涵，等. 区块链技术及其研究发展[J]. 工程科学学报，2019，41(11)：1361-1373.
[72] 林成骏，伍玮. 比特币生成原理及其特点[J]. 中兴通讯技术，2017，24(6)：13-18.
[73] 邵厅峰，金澈清，张召，等. 区块链技术：架构与进展[J]. 计算机学报，2018，41(5)：969-988.
[74] 袁勇，王飞跃. 区块链技术发展现状与展望[J]. 自动化学报，2016，42(4)：481-494.
[75] Sidhu J. Syscoin：A Peer-to-Peer Electronic Cash System with Blockchain-Based Services for E-Business[C]//2017 26th International Conference on Computer Communication and Networks (ICCCN). IEEE，2017.
[76] NAKAMOTO S. Bitcoin：A Peer-to-Peer Electronic Cash System[EB/OL]. https://bitcoin.org/bitcoin.pdf.
[77] 欧阳丽炜，王帅，袁勇，等. 智能合约：架构及进展[J]. 自动化学报，2019，45(3)：445-457.

图书资源支持

感谢您一直以来对清华版图书的支持和爱护。为了配合本书的使用，本书提供配套的资源，有需求的读者请扫描下方的“书圈”微信公众号二维码，在图书专区下载，也可以拨打电话或发送电子邮件咨询。

如果您在使用本书的过程中遇到了什么问题，或者有相关图书出版计划，也请您发邮件告诉我们，以便我们更好地为您服务。

资源下载、样书申请

书圈

扫一扫，获取最新目录

课程直播

我们的联系方式：

地　　址：北京市海淀区双清路学研大厦A座701

邮　　编：100084

电　　话：010-83470236　010-83470237

资源下载：http://www.tup.com.cn

客服邮箱：2301891038@qq.com

QQ：2301891038（请写明您的单位和姓名）

用微信扫一扫右边的二维码，即可关注清华大学出版社公众号“书圈”。